사이트 구축에 꼭 필요한 실용 예제 중심의

스트럿츠2
실무 프로그래밍

최 민, 표재은 공저

삼양미디어

ⓒ Copyright

사이트 구축에 꼭 필요한 실용 예제 중심의

스트럿츠2
실무 프로그래밍

발 행 일	초판 1쇄 발행 2009년 4월 10일
지 은 이	최 민 · 표재은
발 행 인	신 재 석
발 행 처	(주)삼양미디어
주 소	서울시 마포구 서교동 394-67
전 화	02) 335-3030
팩 스	02) 335-2070
등록번호	제 10-2285호
	Copyright ⓒ 2009 samyangmedia
웹사이트	www.samyang𝓜.com
I S B N	978-89-5897-163-4
정 가	36,000원

편집디자인	함미옥
표지디자인	안은주

삼양미디어는 이 책에 대한 독점권을 가지고 있습니다.
따라서 삼양미디어의 서면 동의 없이는 누구도 이 책의
전체 또는 일부를 어떤 형태로도 사용할 수 없습니다.
부록 CD-ROM에 제공되는 각종 파일들과 프로그램에 대해서는
삼양미디어에서 기술적인 보증이나 책임을 지지 않습니다.
이 책에 등장하는 제품명은 각 개발 회사의 상표 또는 등록상표입니다.
잘못 만들어진 책은 바꾸어 드립니다.

스트럿츠는 전체 웹 어플리케이션의 개발 및 유지 관리 등 개발 사이클을 아우르는 통합 웹 개발 프레임워크이다. 이러한 스트럿츠 프레임워크는 웹 어플리케이션 개발 시 자바 개발자들로부터 오랫동안 활용되어 왔다. 왜냐하면 확장성 및 유지보수성 측면에서 구조화된 결과물을 생산할 수 있는 데다가 스트럿츠2는 Ajax 지원, 스프링 프레임워크(Spring Framework), POJO 지원과 같은 추가적인 장점이 결합되어 스트럿츠 사용자들로 하여금 더욱 더 강력하고 편리한 웹 어플리케이션 개발을 가능하도록 했기 때문이다. 스트럿츠2의 액션 처리 방식은 서블릿과 요청 프로세서(request processor) 기반의 기존 방식으로부터 필터(filter)와 인터셉터(interceptor) 기반의 아키텍처로 진화하였다. 즉, MVC와 웹워크2의 구조를 결합한 기존 스트럿츠 대비 완전히 새로운 프레임워크인 셈이다.

기존 스트럿츠2 서적들이 기존 스트럿츠와의 차이점 및 개념 설명 등에 치중하여 스트럿츠2 프레임워크의 실제적인 활용을 간과하는 측면이 있었다. 따라서, 본서는 스트럿츠2의 이론 설명뿐 아니라, 웹 어플리케이션 개발에 있어 필수적으로 적용되는 테크닉을 소스 코드 수준에서 분석하고 적용한다. 따라서, 독자들은 본서에서 다루는 여러 가지 응용 예제의 소스 코드를 그대로 본인의 상업용 웹 사이트에 적용하고 운용할 수 있다.

본서의 1~3장은 스트럿츠 프레임워크를 처음 학습하시는 독자들 혹은 대학이나 학원 등에서 스트럿츠 입문 교재로 활용할 수 있도록 개발 환경 구축부터 JSP 개념 설명까지 꼭 필요한 기본 설명을 제공하였다. 특히, 1장에서는 무작정 따라하기식 구성으로 환경 구축에 익숙하지 않은 스트럿츠 입문자들이 손쉽게 학습할 수 있도록 하였다.

이미 스트럿츠(혹은 스트럿츠2) 프레임워크를 사용하고 있지만, 개념을 좀 더 확실하게 하고 싶은 개발자들을 위해 실제적인 웹 사이트 응용에 적용할 수 있는 우편번호 검색, 유효성검사, 게시판, 파일 업로드/다운로드, 국제화, 검색 엔진, Ajax, 자바를 위한 SOAP 결합 API(SAAJ) 등에 대해서 자세한 설명과 소스 코드를 제공한다.

그동안 필자가 스트럿츠2 학습 및 개발 과정에서 시행착오를 겪으면서 경험했던 사항들을 되새기며, 학습자들의 욕구를 최대한 반영하려고 노력하였다. 따라서 개발자들이 스트럿츠2를 접목하면서 고민했던 부분을 이 책이 시원하게 해결해줄 수 있기를 희망한다.

저자

Intro
스트럿츠2 프레임워크 소개

p.a.r.t

스트럿츠2의 기본

C.o.n.t.e.n.t.s

chapter **03** | **JSP(Java Server Page)의 기본**

chapter **04** | **프레임워크 환경 설정 파일**

C.o.n.t.e.n.t.s

02 p.a.r.t
스트럿츠2의 실전 응용

chapter 08 | **파일 업로드/다운로드**

C.o.n.t.e.n.t.s

chapter **11** | **어플리케이션의 국제화**

C.o.n.t.e.n.t.s

C.o.n.t.e.n.t.s

Intro

스트럿츠2의
프레임워크 소개

01. 스트럿츠2 프레임워크를 왜 사용하는가

과거 인터넷 환경에서는 서버측에 미리 준비되어 있는 정적인 데이터만을 서비스해줄 수 있는 제약이 있었던 데 비해, 오늘날의 많은 웹 어플리케이션은 사용자가 원하는 데이터를 동적으로 생성하여 제공한다는 측면에서 과거 웹 어플리케이션과 다르다. 이에 따라, 웹 어플리케이션 개발 테크닉도 많은 변화를 거듭하였고, JSP, PHP, ASP 등과 같은 서버측 스크립트 언어를 넘어 오늘날에는 MVC 프레임워크라는 다양한 스트럿츠 어플리케이션으로 사용자 입력에 대해 특정한 비즈니스 로직을 적용하고, 데이터베이스를 검색하여 적절한 응답을 제공하는 등의 동적인 데이터 전달이 가능하다.

여기서 중요한 것은 우리가 스트럿츠 프레임워크를 사용하는 이유가 MVC 모델을 사용하기 때문이다. 모델은 데이터베이스에 대응하고, 뷰는 JSP 페이지와 같이 화면에 나타나는 부분이며, 컨트롤러는 비즈니스 로직에 해당한다. 스트럿츠 프레임워크는 개발자가 웹 어플리케이션을 개발하는 데 있어 MVC 아키텍처를 활용할 수 있도록 한다.

소프트웨어 재사용성의 범위가 극대화되면서 등장한 프레임워크 소프트웨어의 활용은 비즈니스 어플리케이션 개발의 필수요소로 자리잡았다. 이러한 프레임워크 소프트웨어는 오픈소스 개발모델로 성장하였으며, 현재 스트럿츠2 프레임워크나 스프링 프레임워크와 같은 오픈소스 소프트웨어는 JSP 웹 어플리케이션 개발 업계에서 산업표준으로 자리잡았다. 따라서, 본서와 함께 스트럿츠2 프레임워크를 공부하는 독자들은 웹 어플리케이션 개발에 있어 매우 핵심적인 역할을 수행할 수 있을 것이다. 특히, 스트럿츠 프레임워크는 대다수의 웹 사이트와 정부 프로젝트, 그리고 금융권 웹 어플리케이션이 거의 자바 기반 MVC 프레임워크로 개발되고 있다고 해도 과언이 아니다. 따라서, 스트럿츠2 프레임워크를 사용해 보면서 자바기반 MVC 프레임워크에 대한 개념을 파악해 두면 여러모로 도움이 될 것이다. 스트럿츠 이외에도 프리마커, 벨로시티, 사이트메쉬, 코쿤, 바라쿠타 등의 프레임워크 등이 웹 어플리케이션 구현에 적절히 활용되고 있다.

> **참고**
>
> 사이트메쉬 : http://www.opensymphony.com/sitemesh
> 코쿤 : http://xml.apache.org/cocoon
> 바라쿠타 : http://baraacuda.enhydra.org

아파치 스트럿츠는 자바 웹 어플리케이션을 개발하기 위한 오픈 소스 프레임워크이다. 아파치 스트럿츠2는 상업용 엔터프라이즈 자바 어플리케이션에 많이 사용되는 확장성 있는 프레임워크로서 개발, 적용, 그리고 어플리케이션의 유지 관리의 전체 개발 사이클에 관여한다. 아파치 스트럿츠 프로젝트는 스트럿츠 프레임워크의 두 가지 버전을 제공하고 있는데, 스트럿츠1은 이미 자바 개발자들 사이에서 가장 널리 사용되는 웹 어플리케이션 프레임워크이다. 스트럿츠1.x 버전대의 프레임워크는 이미 안정화되어 있고, 개발과 관련된 문서도 많이 제공된다. 반면, 스트럿츠2는 기존의 스트럿츠1과는 구조적으로 상당한 차이가 있다.

02. 스트럿츠2 프레임워크의 특징

아파치 스트럿츠1 초창기 버전은 크렉 맥클라난(Craig MacClanahan)에 의해서 개발되었고 2000년 5월에 발표되었다. 스트럿츠1은 그 당시 HTML과 JAVA 소스 코드가 혼재되어 있는 JSP의 복잡한 웹 개발 방법을 획기적으로 개선한 MVC 방법론을 도입하는 계기가 되었다. 물론, 자바 웹 어플리케이션 개발에 있어 스트럿츠1은 혁신적인 기여를 했지만, 그 후에도 여러 가지 문제점이 제기 되었다. 예를 들면, 스트럿츠1 프레임워크의 소스 코드가 너무 세밀하게 연관되어 있기 때문에 새로운 기능을 추가하고자 할 때 많은 어려움이 있었다. 그후, 2005년에 스트럿츠 Ti라고 명명한 새로운 버전의 프레임워크에 대한 제안이 나왔다. 이 제안서에 나타난 스트럿츠 Ti의 특징은 다음과 같다.

- 코아 프레임워크에서 서블릿 종속성을 제거
- 스프링 프레임워크와 플러그인 형태의 연동
- 벨로시티(Velocity)를 비롯한 다양한 뷰 테크놀로지 지원
- Ajax 지원

위와 같은 제안이 나올 무렵, 자바 웹 어플리케이션 개발에 있어 오픈심포니(Open Symphony)의 웹워크(WebWork2) 프레임워크가 많이 알려져 있었다. 웹워크2의 핵심 컴포넌트 중 하나는 XWork 커맨드의 패턴 구현이다. 원래 이들 두 개 프로젝트는 수년간 독립적으로 운용되어 왔다. 그러나 스트럿츠 Ti팀은 XWork 패턴을 도입하기로 결정한다. 따라서, 2005년 11월경 웹워크2가 스트럿츠 Ti로 통합되어, 2006년 6월경에 스트럿츠2가 세상에 등장한다. 일반에 공개된 첫 번째 스트럿츠2 버전은 2.0.0으로 2006년 9월에 릴리즈 되었으며, 그 후로 계속적인 업데이트가 제공되고있다.

스트럿츠2는 웹 어플리케이션의 개발 및 유지관리 등 전체 개발 사이클을 아우르는 통합 웹 개발 프레임워크이다. 스트럿츠2는 서블릿과 요청 프로세서(request processor) 기반으로 액션을 처리하던 기존 방식으로부터 필터(filter)와 인터셉터(interceptor) 기반 아키텍처로 진화하였다. 이와 같은 근본적인 프레임워크 기반 구조상의 변화 외에도, 스트럿츠2는 다양한 오픈소스 프로젝트를 연동하여 사용할 수 있도록 개선되었다. 예를 들어, Ajax 및 SOAP에 대한 지원이 그것이다.

참고

SOAP

'Simple Object Access Protocol' 또는 'Service-oriented architecture Protocol'의 약자로, HTTP, HTTPS, SMTP 등을 사용하여 XML 기반의 메시지를 컴퓨터 네트워크 상에서 교환하는 형태의 프로토콜이다. SOAP은 서비스를 이용하는 클라이언트와, 서비스를 제공하는 서버의 쌍방이 SOAP의 생성/해석엔진을 장착함으로써, 서로 다른 환경 하에서 오브젝트의 호출을 가능하게 한다.

SOAP는 데이브 위너(Deabe Winer), 돈 박스(Don Box), 밥 액킨슨(Bob Atkinson) 그리고 모슨 얼 고세인(Mohsen Al-Ghosein)들에 의해 1998년 마이크로소프트의 후원으로 객체 접근 규약(Object Acess Protocol)로서 최초로 디자인되었다. SOAP의 표준화 작업은 현재 W3C의 XML protocol Working Group 쪽에서 관리를 하고 있다. SOAP 메시지의 생성 엔진은 [SOAP프록시], 해석 엔진은 [SOAP리스너] 라고도 부른다.

Ajax

'Asynchronous JavaScript and XML'의 약자로, 대화식 웹 어플리케이션의 제작을 위해 표현 정보를 위한 HTML (또는 XHTML) 과 CSS, 동적인 화면 출력 및 표시 정보와의 상호작용을 위한 DOM, 자바스크립트, 웹 서버와 비동기적으로 데이터를 교환하고 조작하기 위한 XML, XSLT 등의 조합을 이용하는 웹 개발 기법이다. Ajax는 자체가 하나의 특정한 기술을 말하는 것이 아니며, 함께 사용하는 기술의 묶음을 지칭하는 용어이다.

오늘날 웹 사이트에서 거의 필수적으로 도입되고 있는 Ajax 기술은 웹 브라우저와 서버가 동적으로 데이터 교환할 수 있도록 하는 기술이다. 많은 검색엔진에서 키워드의 일부를 입력하면 그와 유사한 검색어들을 찾아서 화면에 나타내주는 기술을 도입하고 있는데, 이러한 기능이 바로 Ajax를 통해 검색어를 동적으로 얻어오는 것이다. SOAP은 HTTP 프로토콜에 터널링하는 기법을 활용하여 방화벽을 넘어 동작할 수 있는 프로토콜로서 웹 서비스 구현에 많이 사용된다. 이와 같이 스트럿츠2 프레임워크는 Ajax나 SOAP과 같은 기술을 적용하여 웹 어플리케이션을 개발하고자 할 때 최적화된 솔루션을 제공한다.

스트럿츠2의 기본

01 개발환경 구축하기

Chapter

| Point

스트럿츠2 개발에 필요한 개발환경은 서블릿 API 2.4, JSP API 2.0, 그리고 Java 5.0 이상 버전이
해당된다. 이들 툴킷에 존재하는 각 클래스들이 인터페이스를 통해 상호 작용하므로, 스트럿츠2 프레
임워크를 통한 웹 개발환경 구축을 위해서는 우선적으로 각 개발환경을 다운로드한 후 설치해야 한다.
이 책에서는 현재로서는 가장 최신 버전인 Java 6 Update 6 버전을 사용하도록 하겠다.

01. JDK 개발툴 다운로드 및 설치

(1) J2SE 설치

01 인터넷 브라우저를 이용하
여 http://java.sun.com
에 접속하여 선(SUN) 자
바 개발자 네트워크에 접
속한다. Downloads 탭에
서 Java SE를 선택하고,
Java 5 이상 버전을 선택
한다. 기본적으로 J2SE의
가장 최신 버전이 홈페이
지상의 다운로드 목록에
나타날 것이다.

[그림 1-1] JDK 다운로드 페이지

02 [그림 1-2]에서 볼 수 있듯이, 다운로드 페이지에 다양한 자바 관련 개발 툴이 제공되는데, 이때 JAVA SE (JDK) 6을 선택하여 다운로드 한다.

[그림 1-2] 자바 관련 개발툴 선택 화면

03 선택 가능한 운영체제 종류에는 Windows, Linux, 그리고 SUN Solaris 버전이 있으나, 이 책에서는 JAVA 6의 Window 버전을 사용하였다.

[그림 1-3] 플랫폼과 사용언어 선택과 라이선스 동의 화면

04 jdk-6u6-windows-i586-p.exe 파일을 실행하면 JDK 설치가 시작된다.

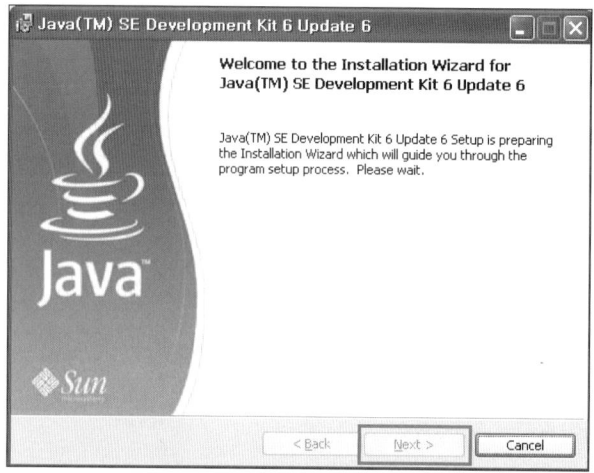

[그림 1-4] JDK 설치 과정 : 시작 화면

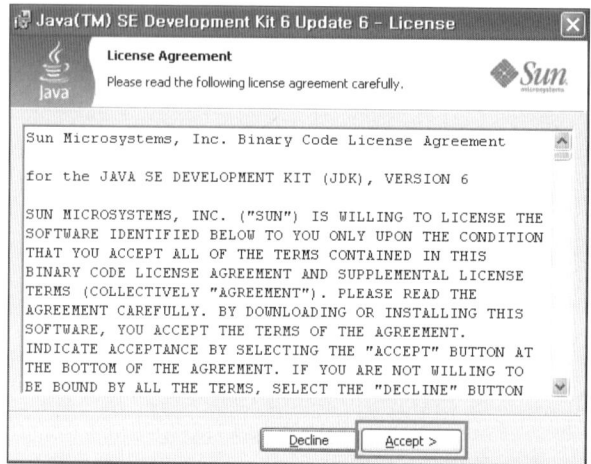

[그림 1-5] JDK 설치 과정 : 라이선스 동의 화면

특별히 하드디스크 공간의 제약이 없는 경우라면 설치시 기본 설정대로 설치하면
된다. 그렇지 않은 경우 아래와 같이 "Demos and Samples", "Source Code",
"Java DB"는 제외해도 스트럿츠2 프레임워크 실행에 직접적으로 영향을 미치지는
않는다.

05 JDK의 설치가 계속해서 진행된다.

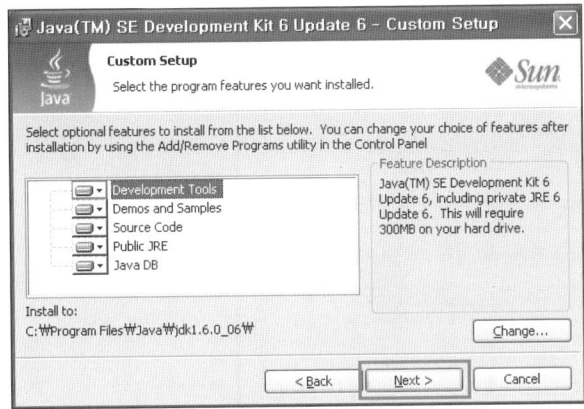

[그림 1-6] JDK 설치 과정 : 설치할 패키지 선택 화면

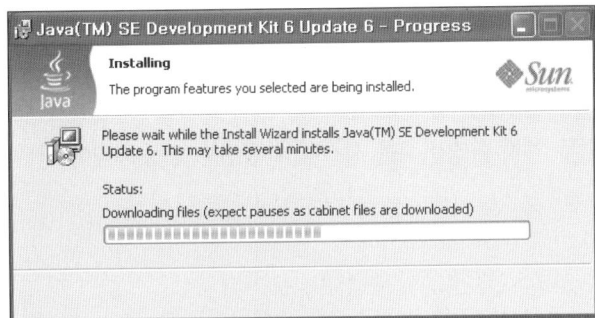

[그림 1-7] JDK 설치 과정 : 진행 화면

06 설치 작업이 마무리되면 곧바로 [그림 1-8]과 같은 JRE(Java Runtime Environment)
의 설치가 시작된다. 이것은 스트럿츠2 프레임워크의 실행에 반드시 필요하므로 꼭 설
치해야만 한다. JDK에 비해서 그다지 용량이 많이 나가지 않으므로 모든 구성요소를
설치할 것을 권장한다.

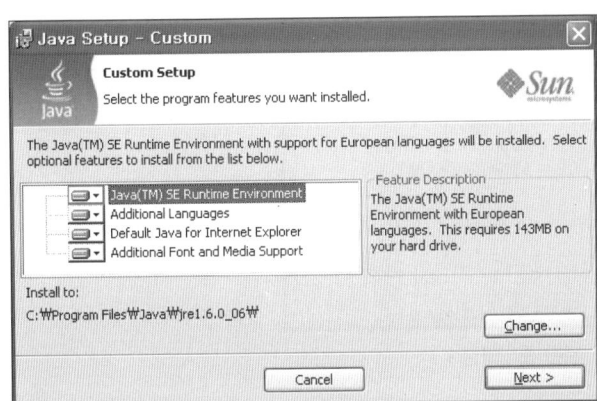

[그림 1-8] JDK 설치 과정 : JRE 설치 화면

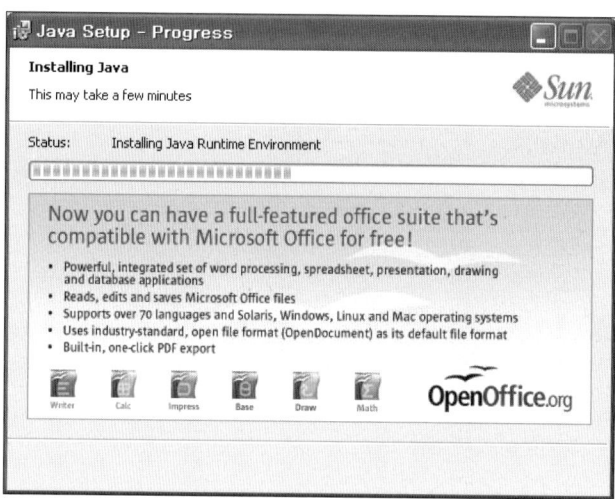

[그림 1-9] JDK 설치 과정 : JRE 설치 진행 화면

이상으로 설치가 완료되고, 이제 몇 가지 간단한 환경 설정만을 남겨두었다. JAVA_HOME과 JRE_HOME의 두 가지 환경변수를 시스템 환경변수에 등록해야 한다.

(2) 환경변수 설정하기

01 윈도키와 Pause Break 키를 함께 누르면 [그림 1-10]과 같은 시스템 등록 정보 창이 열린다 ([시작] 메뉴-[설정]-[제어판]-[시스템] 아이콘을 더블클릭해도 된다).

[그림 1-10] 환경변수 설정을 위한 준비과정 1

02 윈도 상단에서 [고급] 탭을 선택하고, [환경변수] 버튼을 누르면 환경 변수 창이 나타난다.

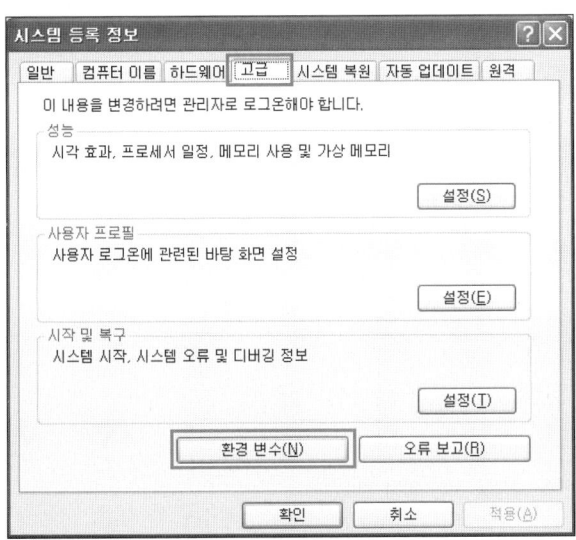

[그림 1-11] 환경변수 설정을 위한 준비과정 2

03 [그림 1-12]의 하단부에 위치한 "시스템 변수" 항목에서 [새로 만들기] 버튼을 클릭하여 JAVA_HOME([그림 1-13])과 JRE_HOME([그림 1-14])을 각각 여러분의 설치 디렉터리로 설정한다.

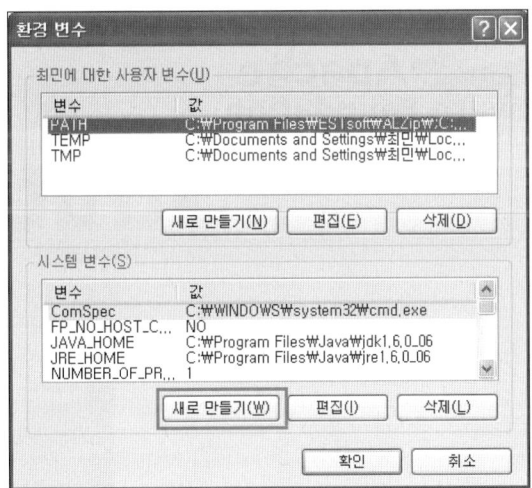

[그림 1-12] 환경변수 설정 과정

설치 과정에서 디렉터리에 대해 별다른 수정을 가하지 않은 경우 JAVA_HOME은 C:\Program Files\Java\jdk1.6.0_06, JRE_HOME은 C:\Program Files\Java\jre1.6.0_06이 될 것이다.

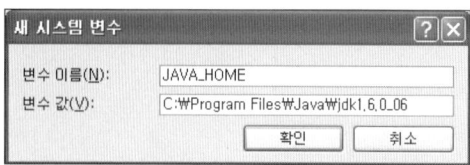

[그림 1-13] JAVA_HOME 환경변수 설정을 위한 팝업 윈도

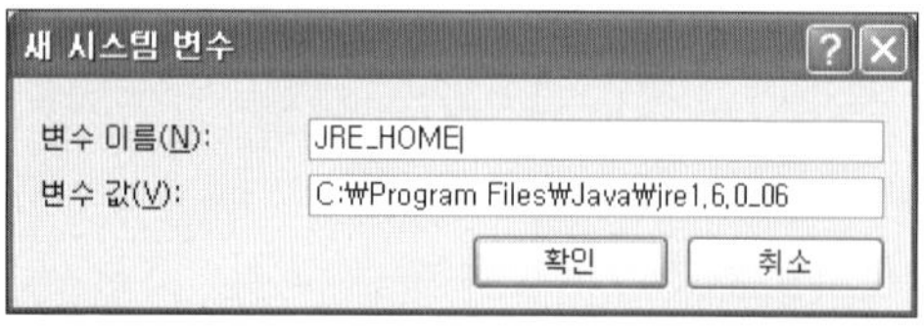

[그림 1-14] JRE_HOME 환경변수 설정을 위한 팝업 윈도

02. 스트럿츠2 프레임워크 다운로드 및 설치

스트럿츠 프레임워크의 홈페이지(http://struts. apache. org/)에 접속한 다. [그림 1-15]의 좌측 메뉴에서 Apache Struts 항목의 Releases를 선택 하면 현재까지 릴리즈 (release)된 스트럿츠 프 레임워크들이 나타난다.

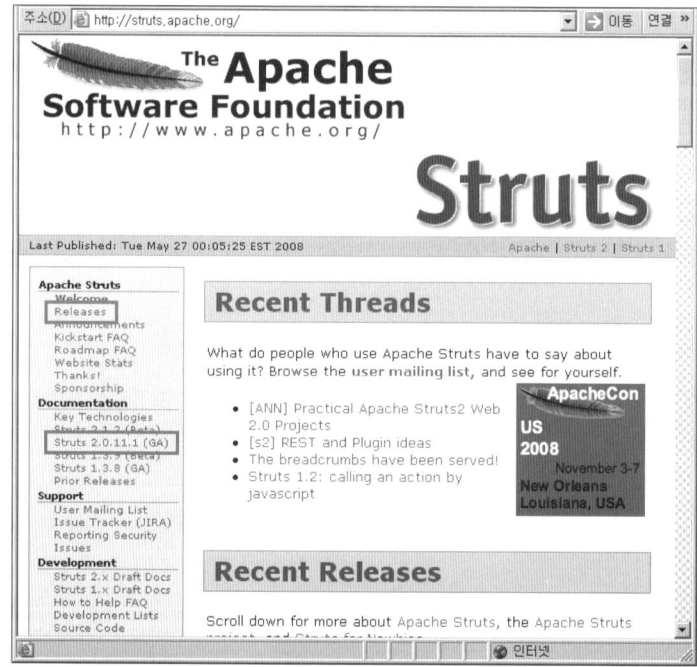

[그림 1-15] 아파치 그룹의 스트럿츠2 메인 홈페이지

우리는 일반적으로 다운로드 가능한 릴리즈로 표시된 스트럿츠 2.0.11 버전을 사용하기로 하겠다. 2.x 버전대의 스트럿츠2를 사용한다면 이 책에서 언급된 내용을 큰 문제없이 테스트해 볼 수 있을 것이다. 스트럿츠2는 다음과 같은 특징을 가지고 있다.

- 모든 프레임워크 클래스들이 HTTP로부터 독립적인 인터페이스를 사용한다.
- 모든 클래스들이 액션 클래스로 사용될 수 있다.
- 스트럿츠2는 Spring 프레임워크와도 쉽게 통합할 수 있다.
- AJAX를 최대한 지원하여 보다 동적인 웹 어플리케이션을 구축할 수 있다.
- 자동적인 포틀렛(portlet)* 지원을 통해서 포탈과 서블릿 적용이 매우 쉽다.

다운로드한 스트럿츠2는 별도의 설정이 필요 없다. 개발 단계에서 스트럿츠2 디렉터리에 있는 파일들을 참조하거나 가져다 사용할 예정이다. 따라서, 스트럿츠2의 설치는 단순히 다운로드한 파일의 압축을 해제하는 것으로 끝난다.

> **참고**
>
> **포틀렛(portlet)**
>
> 포틀렛은 서블릿 기반으로 포탈을 만들기 위한 규약으로, 포탈 서버에서 돌아가는 독립된 웹 어플리케이션이라고 생각하면 된다. 윈도에 여러 개의 창을 띄워 놓고 작업하듯이, 브라우저상에 Ajax 등으로 창을 여러 개 띄워놓을 수 있도록 하는 웹 서비스라고 볼 수 있다. 머지 않은 장래에 웹 서비스를 위해 각기 다른 업체의 제품이 서로 호환을 이룰 수 있는 포틀렛 표준이 개발될 것이다. 포틀렛 포탈 서버는 리페레이(liferay), 플루토(Pluto) 등이 있다.

03. 이클립스 다운로드 및 설치

이클립스(Eclipse)는 IBM에서 개발해 오픈소스 프로젝트로 기증한 통합 개발환경이다. 자바 언어 보급 초창기이던 1990년대에는 수많은 자바 개발도구가 출시되고 사용된 바 있다. Kawa, Diva, 블루엣, 이클립스, JBuilder, Visual Café, Visual Age for JAVA, 그리고 Visual J++ 등이 그것이다. 하지만 오늘날에는 이클립스가 선의 넷빈즈(NetBeans)와 함께 세계시장을 양분하고 있다. 이 책에서는 국내에서 좀 더 많은 사용자층을 확보하고 있으며, 대다수의 자바 및 웹 전문 개발자들이 사용하고 있는 이클립스를 기본 개발도구로 사용하도록 한다.

이클립스는 자바 언어를 사용하여 작성된 개발툴로서 막강한 기능을 제공하며, 2004년과 2006년에 졸트 어워드(Jolt Award, 미국 '소프트웨어 개발 매거진에서 매년 선정하는 상)를 수상한 바 있다. 자바로 개발된 만큼 다양한 플랫폼에서 사용할 수 있으며, 현재는 OGSi*를 도입하여 범용 응용 소프트웨어 개발 플랫폼이 되어, 자바뿐만 아니라 다양한 프로그래밍 언어를 지원한다.

01 www.eclipse.org에 연결하여 [그림 1-16]의 화면 중앙에 위치한 Download Eclipse 버튼을 클릭한다. 적당한 미러 사이트(mirror site)를 선택하고, [그림 1-17]에서 Eclipse IDE for Java Developer를 클릭하여 Window 버전 이클립스를 다운로드한다.

[그림 1-16] 이클립스 메인 홈페이지

참고

OGSi

'Open Service Gateway Initiatives'의 약자로, 로컬 네트워크에서 상호 호환성을 보장하고, 각 디바이스에서 관리되는 서비스들의 배포 및 공유에 관한 공개 스펙을 제정할 목적으로 만들어졌다. OSGi는 자바 기반의 컴포넌트 구조로 설계되어 있어 자바 런타임 환경하에서 실행 가능하며, 서비스 기반의 구조를 지향한다. 이때 서비스는 번들이라고 불리는 물리적 묶음을 포함하며, 복수 개의 서비스가 하나의 번들에 포함될 수도 있다. 번들은 배포와 관리의 기본 단위이며, 이 번들을 관리하는 것이 프레임워크이다. 즉, 프레임워크는 서비스 관리, 이벤트 처리를 담당한다.

[그림 1-17] 이클립스 다운로드 링크

02 이클립스는 별도의 설치 과정이 필요없으며, 다운로드한 압축 파일의 압축을 해제하고
eclipse.exe 파일을 실행하기만 하면 [그림 1-18]과 같은 로고가 나타난다.

[그림 1-18] 이클립스 실행시 나타나는 로고

03 이클립스 실행시 [그림 1-19]와 같이 작업공간(workspace)를 지정하라는 메시지가 나
타난다. 개인적인 작업 디렉터리가 있는 경우 그곳으로 설정하고, 그렇지 않은 경우 기
본 값을 그냥 사용해도 무방하다.

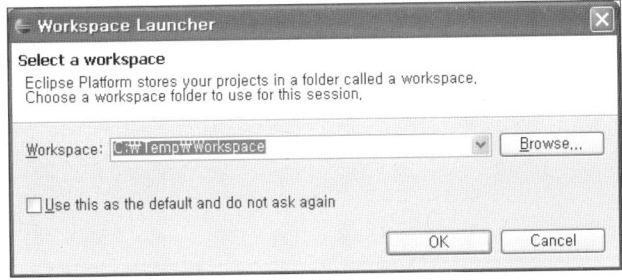

[그림 1-19] 이클립스 실행과 작업공간(workspace) 설정 창

04 이클립스 실행에 필요한 파일들을 조금 더 로딩한 후 [그림 1-20]과 같이 이클립스 첫 화면이 보인다. Welcome 탭 옆부분의 ⊠표시를 눌러 화면을 닫아주면 [그림 1-21]과 같이 이클립스 플랫폼의 개발 초기화면이 나타난다.

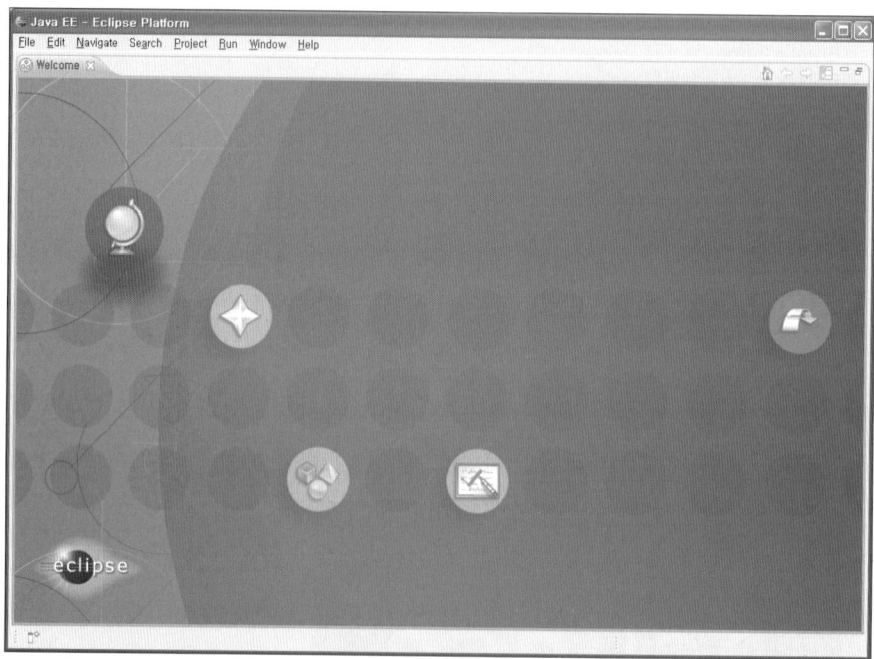

[그림 1-20] 이클립스 초기화면 1

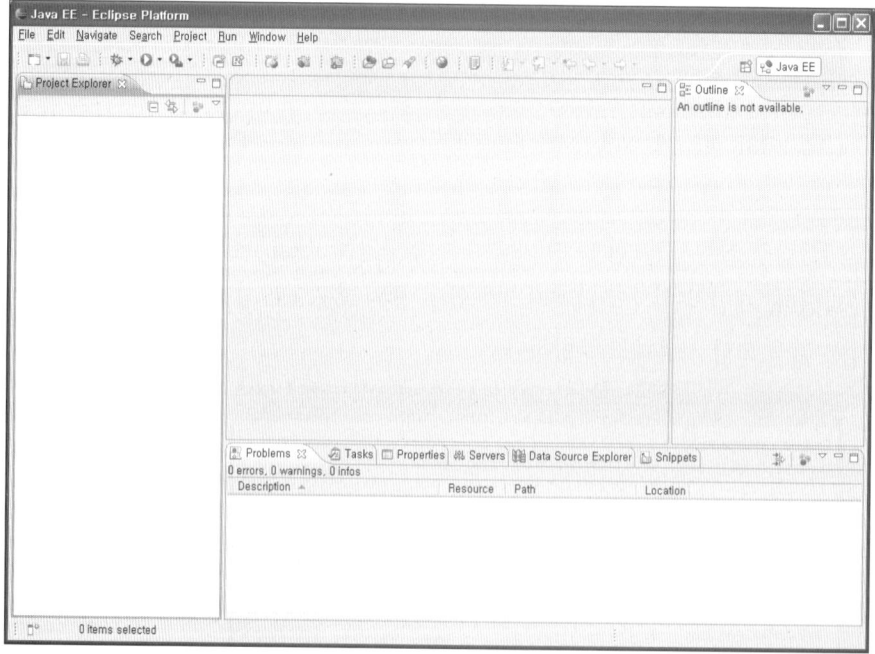

[그림 1-21] 이클립스 초기화면 2

04. 톰캣(Tomcat) 설치

(1) 톰캣 서버 설치

톰캣은 웹 서버이자 JSP 컨테이너의 두 가지 기능을 모두 제공한다. 서블릿 컨테이너 (Servlet Container)를 만드는 그룹은 초기에 Apache JServ라는 오픈소스 개발자들의 그룹과 선 마이크로시스템즈(Sun Microsystems)의 두 개 그룹이 있었다. 이들은 개발 방향이 서로 달라서 JServ는 성능 향상에 초점을 두었고, 선 마이크로시스템사는 서블릿의 스펙을 보다 충실하게 구현하는 데 주안을 두었다. 그런데, 향후 성능 향상과 충분한 서블릿 스펙 지원이라는 두 마리 토끼를 모두 잡기에는 이들 각각은 부족한 부분이 많았다. 이러한 사실로 인하여, 선 마이크로시스템즈는 자신들의 코드를 JServ의 아파치 공개소스 관리 그룹(apache software foundation)에 넘겨주었고, 두 가지 툴이 통합되어 톰캣이라는 서블릿 컨테이너를 개발하기 위한 자카르타(Jakarta) 그룹이 형성되었다. 이는 결국 톰캣의 탄생으로 이어졌다. 예전에는 아파치 웹 서버와 자바 어플리케이션 서버를 별도로 사용하여 개발환경을 구축하기도 했으나, 이제는 톰캣 서버 하나로 충분하다. 물론, 대규모 사이트 운용 환경에서는 상용 제품을 사용하는 경우가 많지만, 이 책에서는 무료로 사용할 수 있고 강력한 웹 서버 환경을 제공하는 톰캣을 사용하도록 한다.

01 http://tomcat.apache.org 에 접속한다.

02 [그림 1-22]에 나타난 톰캣 홈페이지의 좌측 프레임에 보면 다운로드(Download) 받을 수 있는 다양한 버전의 톰캣 서버가 준비되어 있다. 본서에서는 현재 시점에서 가장 최신 버전인 6.x를 선택하여 사용하였다.

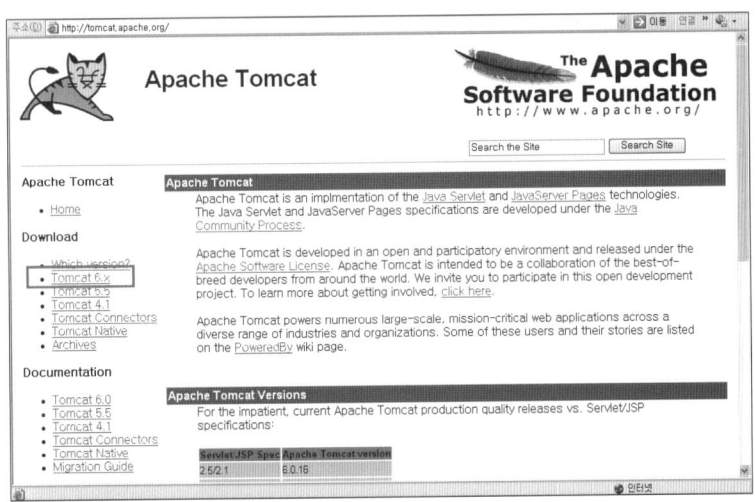

[그림 1-22] 톰캣 다운로드 화면

03 Tomcat 6.x를 클릭하여 [그림 1-23]과 같은 페이지로 들어가면 전송받을 미러 사이트 (mirror site)와 배포판(distribution)의 형태를 선택할 수 있다. 미러 사이트로는 국내 사이트(기본 값으로 카이스트의 FTP 사이트가 선택된다)를 선택하고, 6.0.16 배포판 선택시에는 Binary Distribution의 Core에서 zip 배포판을 선택한다. 물론, Windows Service Installer를 선택해도 문제는 없으나, 필자는 zip 버전을 조금 더 선호한다. 윈도와 리눅스에서 구분없이 사용할 수 있는데다가 환경 설정 작업이 조금 더 직관적이기 때문이다.

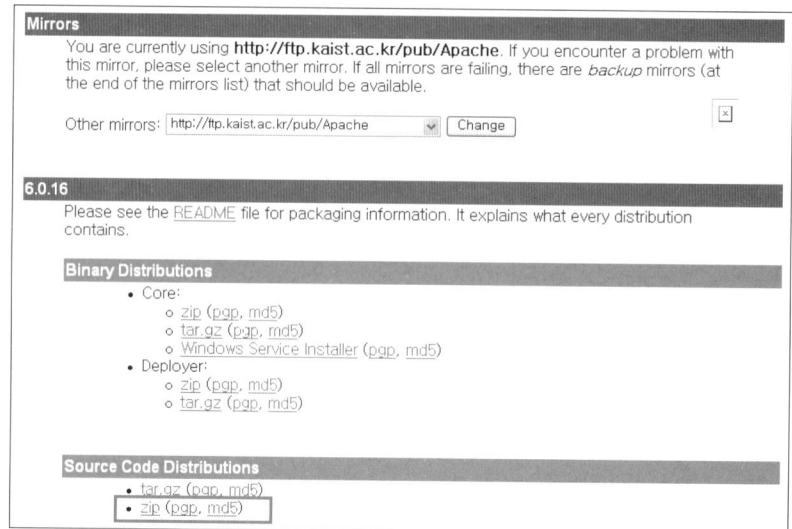

[그림 1-23] 톰캣 다운로드를 위한 미러 사이트 및 배포판 선택 화면

04 apache-tomcat-6.0.16.zip 파일을 다운로드하여 압축을 해제하면 별도의 설치 과정 없이 실행할 준비가 된다.

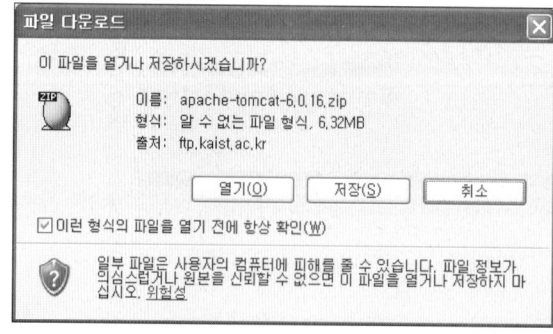

[그림 1-24] 톰캣 다운로드 팝업 창

05 아파치 웹 서버를 실행하기 위해서 압축을 해제한 디렉터리(apache-tomcat-6.0.16) 에서 bin 디렉터리로 이동하면 [그림 1-25]과 같은 startup의 이름을 갖는 배치 파일 이 보인다.

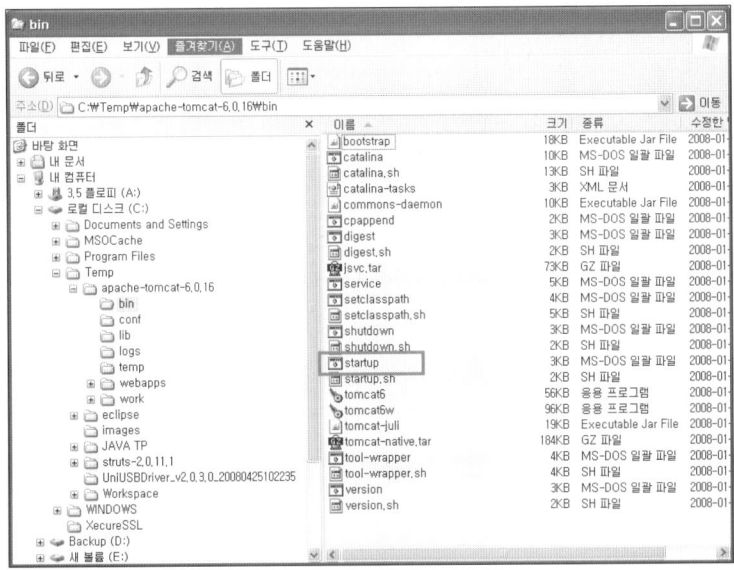

[그림 1-25] 톰캣 다운로드 파일 압축 해제 후 화면

06 Startup.bat 파일을 실행하면 [그림 1-26]과 같은 창이 열리면서 아파치 웹 서버가 가 동되며, 실행시 발생하는 다양한 이벤트에 대한 로깅(logging) 정보가 화면에 표시된 다. 별다른 에러없이 가장 마지막 줄에 "정보: Server startup in 64692 ms"라는 메 시지가 나타나면 정상적으로 서버가 시작된 것이다.

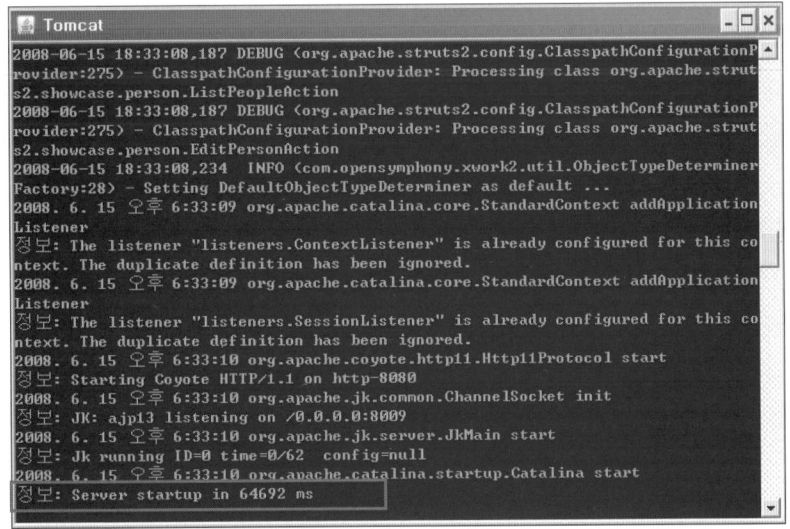

[그림 1-26] 톰캣 서버 실행 화면

07 정상적으로 설치가 되었는지 확인해 보자. 웹 브라우저를 열고 http://localhost:8080 을 입력했을 때, [그림 1-27]과 같은 화면이 나타나면 톰캣 웹 서버가 정상적으로 설치 되고 실행되는 것이다.

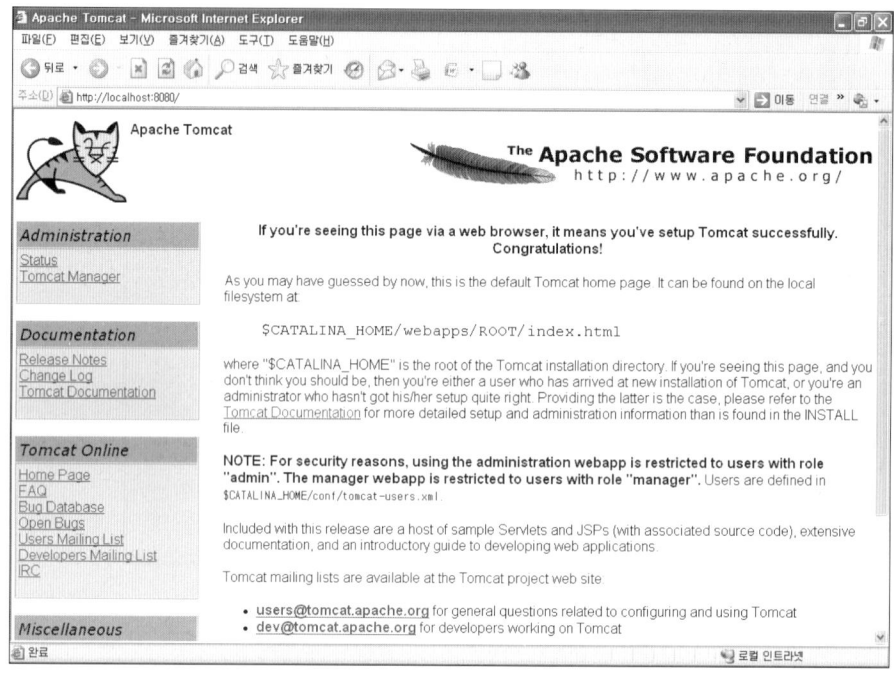

[그림 1-27] 톰캣 서버 실행 후 테스트 화면

(2) 톰캣 서버 추가 설정

다음의 설정 내용들은 주로 많이 쓰이는 톰캣 서버의 기능 설정 방법이다. 예를 들어, 접속 포트 번호를 변경하는 작업은 테스트용 웹 사이트를 구축한 후 실제로 서비스에 들어가는 단 계에서 필수적으로 적용되는 기능이며, 콘텐츠가 변경되었을 때 톰캣 서버가 자동으로 이를 읽어들여(reloading) 화면에 반영하는 기능 등이 있다.

① 접속 포트 번호 변경하기

처음 톰캣 서버를 설치한 후 우리는 http::://localhost:8080 (혹은 http://127.0.0.1:8080) 과 같은 방법으로 웹 서버에 접속하고 웹페이지 화면을 확인하였다. 그러나, 우리가 일반적으 로 상용 웹 사이트에 접속할 때에는 위와 같이 8080이라는 포트 번호를 사용하지 않고 서버 사이트 이름만 입력한다. 이는, 웹 브라우저의 HTTP 프로토콜이 사용하는 디폴트 포트 번호 가 80이고, 사이트 접속을 80포트로 하도록 설정해 두었기 때문에 8080과 같은 별도의 포트 번호를 기재할 필요가 없었던 것이다. 따라서, 우리도 톰캣 서버의 기본 설정 값인 8080 포트를 80포트로 변경하는 방법을 알아 놓는 게 좋다.

> **주 의!**
>
> 혹시, 윈도 플랫폼에서 작업중인 경우 IIS 서버가 이미 80포트를 사용하고 있을 수 있으므로, IIS 서버를 종료하고 예제를 수행한다.

포트 번호에 대한 설정은 [Tomcat 설치 디렉터리]/conf/server.xml 파일에 기재되어 있다. Server.xml 파일에서 Connector 엘리먼트에 보면 포트를 설정할 수 있는 필드가 마련되어 있는데, 이 부분을 80번으로 수정하면 된다.

> 〈**Connector port**= "**80**" **protocol**= "**HTTP/1.1**"

② 서버 리로딩(reloading)을 작동시키기

서버 리로딩은 톰캣 서버로 하여금 요청된 서블릿의 클래스 파일에 수정이 가해지는 경우, 이를 체크하여 변경된 내용을 다시 읽어서 화면에 뿌려주도록 하는 기능이다. 톰캣은 한 번 컴파일된 서블릿의 성능을 높이기 위해, 해당 서블릿이 차후에 재차 요청되는 경우 메모리에 다시 로딩하지 않고 그대로 수행한다. 만약 클래스 파일이 업데이트되었을 경우, 업데이트된 버전을 사용하기 위해서는 톰캣을 재시작해야 한다.

그런데 이러한 특성은 서블릿 개발 단계에서 소스를 고친 후 테스트해보는 과정을 수없이 반복해야 하는 경우, 그때마다 번번이 톰캣 서버를 재시작해야 하는 불편이 뒤따른다. 따라서, 이러한 문제를 해결하기 위해서 톰캣 서버는 자동 리로딩(auto-reloading) 기능을 제공하는데, 처음 설정시 이 기능을 켜놓으면 서블릿 컴파일 후 매번 다시 재로딩하는 불편을 겪지 않고 편리하게 개발을 할 수 있다. 단, 실제 서비스를 하는 경우에는 서버 성능 향상을 위해 자동-재로딩 기능을 비활성화하고 사용하는 경우가 있다.

02

Chapter

스트럿츠2 어플리케이션 무작정 따라하기

| Point

돌다리도 두드려보고 건너듯, 스트럿츠2 이론을 풀어놓기 전에 우선 사용해 보도록 하자. 본 장에서는 스트럿츠2 및 이클립스 설정부터 시작해 HelloWorld 예제와 웹사이트 로그온 기능을 스트럿츠2를 이용해 직접 구현함으로써 실전을 통해 감각을 익히도록 한다.

01. 웹 어플리케이션의 동작 원리 실습

(1) 기본적인 프로젝트 설정하기

01 우선, 여러분의 스트럿츠2 개발 환경을 구축하기 위해 톰캣 서버의 Context를 각자의 작업 디렉터리로 설정한다.

Context는 conf\catalina 디렉터리 내에 위치한 xml 파일로서 다음과 같은 내용을 포함하고 있다. 이는 톰캣 서버가 실행될 때 다음 디렉터리를 참조하겠다는 뜻이다.

```
〈Context path="/tutorial" docBase="C:\Temp\JAVA\Workspace\tutorial" debug=
"1" reloadable="true"〉
〈Logger className="org.apache.catalina.logger.FileLogger" directory="logs" prefix=
"localhost_log." suffix=".txt" timestamp="true" /〉
〈/Context〉
```

02 다음의 파일 여섯 개를 tomcat\lib 디렉터리에 복사해 놓는다.

① commons-logging-1.0.4

② commons-logging-api-1.1

③ freemarker-2.3.8

④ struts2-core-2.0.11.2

⑤ ognl-2.6.11

⑥ xwork-2.0.5

이 작업이 선행되지 않으면 스트럿츠2 프레임워크를 사용한 프로젝트를 실행하는 데 있어, 톰캣 서버 실행시 다음과 같은 에러가 나타나게 될 것이다.

> 2008. 10. 5 오후 11:11:21 org.apache.catalina.core.StandardContext filterStart
>
> 심각: Exception starting filter struts2
>
> org.apache.catalina.core.StandardContext start
>
> 심각: Context [/strutsTest] startup failed due to previous errors

이 오류는 스트럿츠2 프레임워크를 위해 반드시 필요한 몇몇 파일들이 톰캣 lib 디렉터리에 위치하지 않기 때문에 web.xml에서 지정한 필터 부분을 해석해 주지 못하고 스트럿츠2 실행에 실패하는 현상이다. 즉, 스트럿츠2가 최초로 시작될 때 필터디스패처(FilterDispatcher)*라는 컨트롤러를 찾는데, 이를 포함하고 있는 JAR 파일을 경로(path)상에서 찾을 수 없다는 것이다. 필터디스패처는 서블릿 필터이다. 스트럿츠1에서는 서블릿 방식을 사용했으나 스트럿츠2에서는 웹워크2 아키텍처로부터 도입한 필터 방식을 사용하기 때문에 이와 같이 변경되었다.

참고

필터디스패처

　사용자의 요청을 최초로 처리하는 서블릿 필터로, 필터 디스패처는 스트럿츠2의 컨트롤러이다. 필터 디스패처는 액션을 실행하기 위한 환경 구축과 사용자에게 보낼 응답을 처리한다.

---

03 여러분은 각자 사용하는 스트럿츠 프레임워크 버전에 따라 뒷부분에 따라오는 버전 숫자가 다를 수 있다. 위의 6개 파일들을 TOMCAT_HOME\lib 디렉터리에 존재하는 기존 jar 파일에 아래와 같이 추가하면 된다.

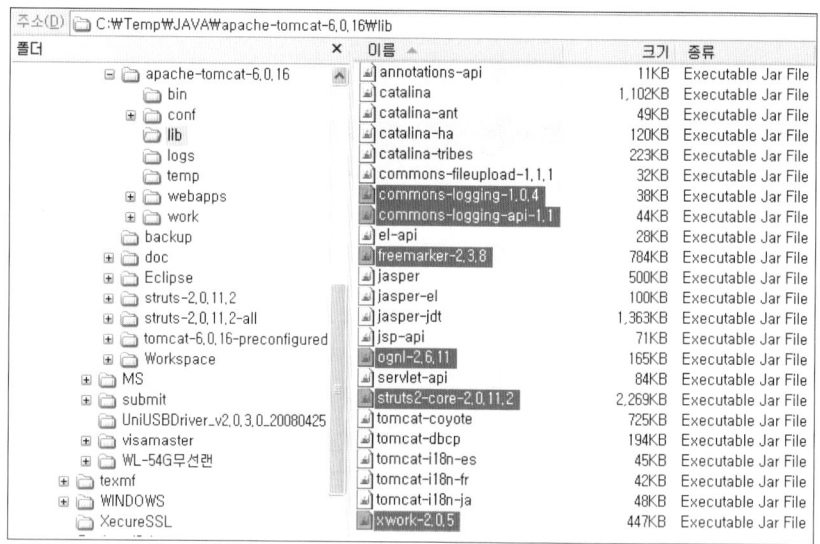

[그림 2-1] 스트럿츠2 프레임워크 실행에 필요한 jar 파일들

04 소스 2-1은 web.xml 파일에서 필터디스패처를 등록한 모습이다. 스트럿츠2의 web.xml 파일은 아래와 같이 모든 액션 실행에 앞서 필터디스패처를 먼저 호출하도록 기술한다.

소스 2-1: /WEB-INF/web.xml 파일 내용

```
<?xml version="1.0" ?>
<!DOCTYPE web-app PUBLIC "-//Sun Microsystems, Inc.//DTD Web Application 2.3//EN"
"http://java.sun.com/dtd/web-app_2_3.dtd">

<web-app>
  <display-name>My Application</display-name>
  <filter>
    <filter-name>struts2</filter-name>
    <filter-class>org.apache.struts2.dispatcher.FilterDispatcher</filter-class>
  </filter>

  <filter-mapping>
    <filter-name>struts2</filter-name>
    <url-pattern>/*</url-pattern>
  </filter-mapping>
</web-app>
```

05 이제 스트럿츠2를 활용하기 위한 이클립스 프로젝트를 생성하도록 한다. [새 프로젝트를 만들기]를 선택하고 [File -> New -> Java Project]의 순서로 선택한다.

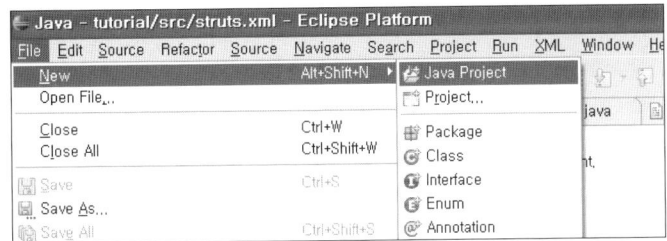

[그림 2-2] 새로운 이클립스 프로젝트 생성하기

06 새로운 자바 프로젝트(New Java Project) 설정 화면 [그림 2-3]에서 프로젝트 이름을 "helloworld"로 지정한다. 프로젝트 이름을 제외한 다른 옵션들(Content, JRE, Project layout, Working sets)은 디폴트 값으로 둔다.

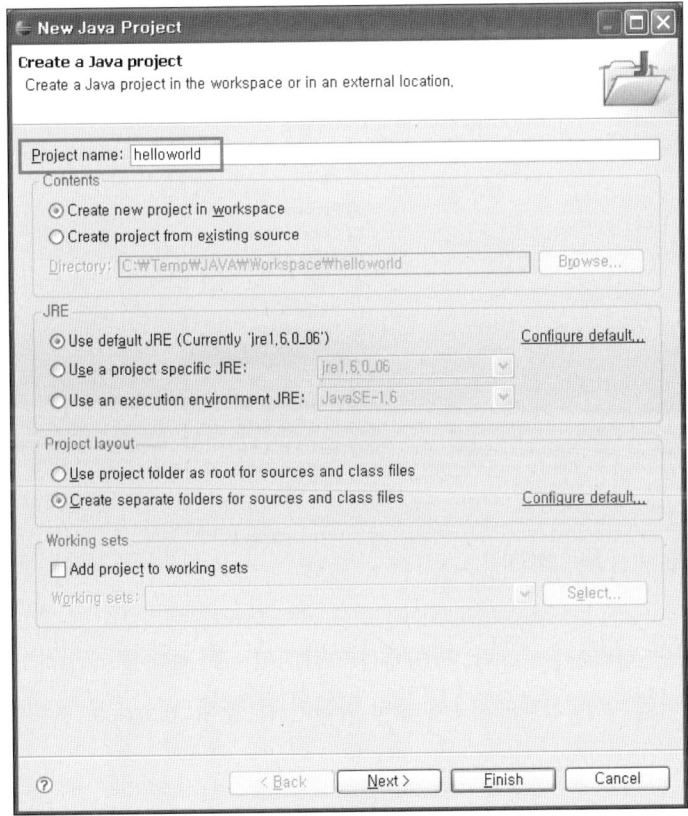

[그림 2-3] 새로운 자바 프로젝트 설정 화면

07 [Finish] 버튼을 눌러 새 프로젝트 설정을 종료하면 [그림 2-4]와 같은 빈 프로젝트 화면이 나타난다. 이제부터 이곳에 가장 기본적인 스트럿츠2 예제를 테스트하기 위해 필요한 파일들을 작성하고 추가하도록 하자.

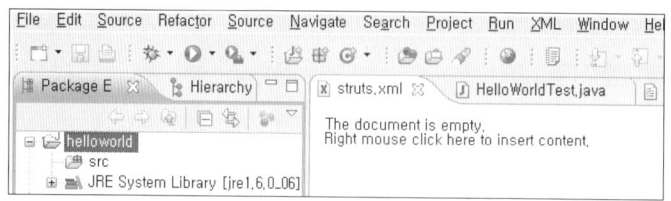

[그림 2-4] 생성된 프로젝트 화면

08 우선, 프로젝트 설정을 마무리하기 위한 몇 가지 작업들이 남아 있다. 좌측 패키지 탐색기(Package Explorer)에서 현재 우리가 만들어 놓은 helloworld 프로젝트 위에 마우스 커서를 위치한 뒤 오른쪽 버튼을 누른다. [그림 2-5]와 같이 팝업 메뉴 창이 뜨면 [New -> Folder] 메뉴를 선택하여 스트럿츠2 프레임워크에서 기본적으로 필요로 하는 몇 가지 폴더를 생성하도록 한다.

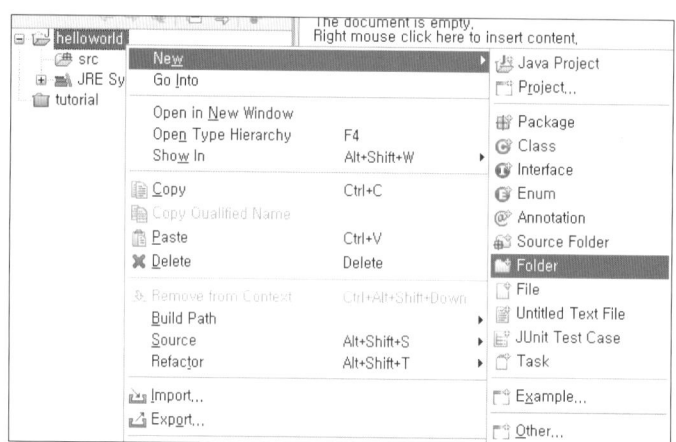

[그림 2-5] 프로젝트 내 새 폴더 생성하기

09 Folder를 선택하면 나타나는 [그림 2-6]에서 'WEB-INF' 폴더를 생성하고, 다시 'WEB-INF' 폴더를 누른 상태에서 [새 폴더 만들기]를 통해 'classes' 폴더를 생성한다.

[그림 2-6] 새 폴더 생성 과정

⑩ 결과적으로 [그림 2-7]와 같은 디렉터리 구조가 생성된다. 여기서, WEB-INF 디렉터리는 각종 스트럿츠 설정 파일(XML)이 위치하는 곳이며, classes 디렉터리는 현재 스트럿츠2 프로젝트가 컴파일된 후 실제적인 웹 어플리케이션 실행을 위해 바이너리 파일과 각종 설정 파일들이 위치하는 곳이다.

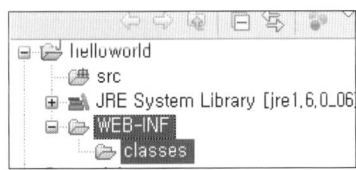

[그림 2-7] 새 폴더 추가 후 프로젝트 디렉터리 구조

⑪ 다음은 프로젝트 속성을 설정할 차례이다. [그림 2-8]과 같이 이클립스 메인 메뉴의 [Project → Properties] 메뉴를 선택하여 패키지 탐색기에서 현재 선택된 프로젝트에 대한 프로퍼티 윈도(property window)를 띄운다.

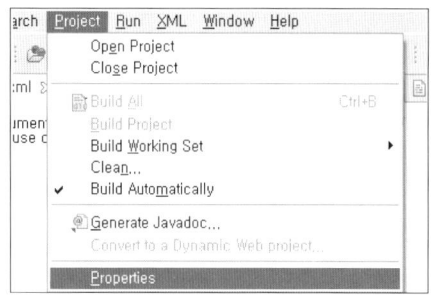

[그림 2-8] 프로젝트 속성 설정 작업

이때, 윈도 타이틀 부분에 〈Properties for "프로젝트 이름"〉과 같은 형태로 나타나는데, 이 프로젝트 이름이 우리가 현재 작업중인 프로젝트명과 동일해야 한다.

⑫ 우선, 화면에 기본적으로 라이브러리(Libraries) 설정 화면이 나타난다. 처음에는 JRE System Library에 속하는 기본 라이브러리만 추가되어 있다. 하지만, 우리가 스트럿츠2 프레임워크에 존재하는 다양한 클래스 라이브러리를 액션 객체 프로그램에 사용하기 위해서는 부가적인 JAR 파일들을 등록해 주어야 한다. 이를 위해서, [그림 2-9]의 우측 하단에 위치한 [Add External JARs] 버튼을 누른다.

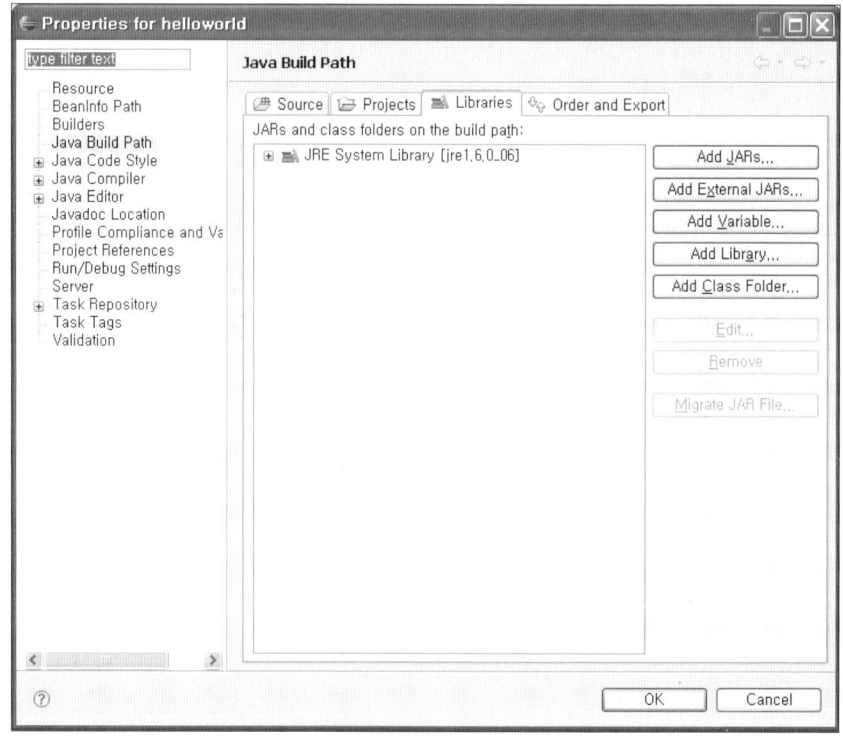

[그림 2-9] JAR 라이브러리 등록을 위한 창

13 [그림 2-10]과 같은 파일 선택 대화상자가 열리면, 스트럿츠2 프레임워크의 lib 디렉터리에 위치한 JAR 파일들을 추가한다.

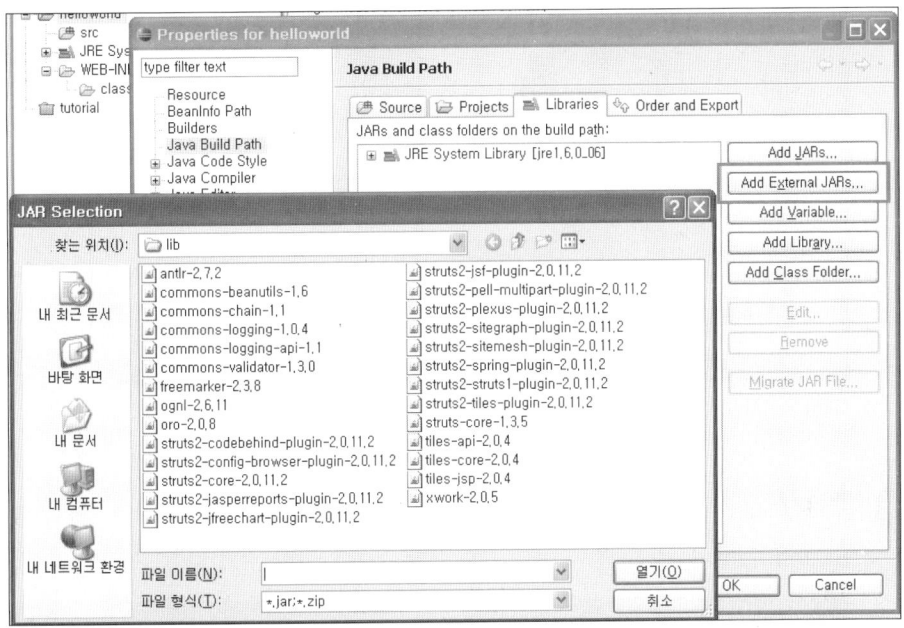

[그림 2-10] JAR 라이브러리 등록 과정

14 [그림 2-11]의 좌측 상단에 위치한 첫 번째 파일(antlr-2.7.2)을 마우스로 선택한 다음, Shift 키를 누른 채 가장 마지막 파일(xwork-2.0.5)을 선택하여 화면에 나타난 전체 파일을 선택한다. 이 상태에서 [열기] 버튼을 누르면 선택된 모든 파일들이 현재 프로젝트의 라이브러리에 추가된다.

향후 이클립스에서 코드를 입력하고 컴파일할 때 필요한 클래스 파일들이 지금 선택한 JAR 파일들 중에서 자동으로 검색되어 함께 링크된다.

이때 주의할 것은, 여기서 등록한 JAR 라이브러리가 톰캣 서버에서 실행할 때에는 아무런 영향을 미치지 않는다는 점이다. 이클립스 프로젝트 속성 창에서 현재 등록한 JAR 파일들은 이클립스 내에서 소스 코드를 컴파일할 때에만 참조하게 된다. 따라서, 외부 프로그램에서는 아무런 의미가 없다.

만약, 외부 프로그램에서 해당 JAR 파일들을 자동으로 참조하도록 하고 싶은 경우시스템 환경변수의 CLASSPATH에 해당 디렉터리 경로를 적어주면 된다.

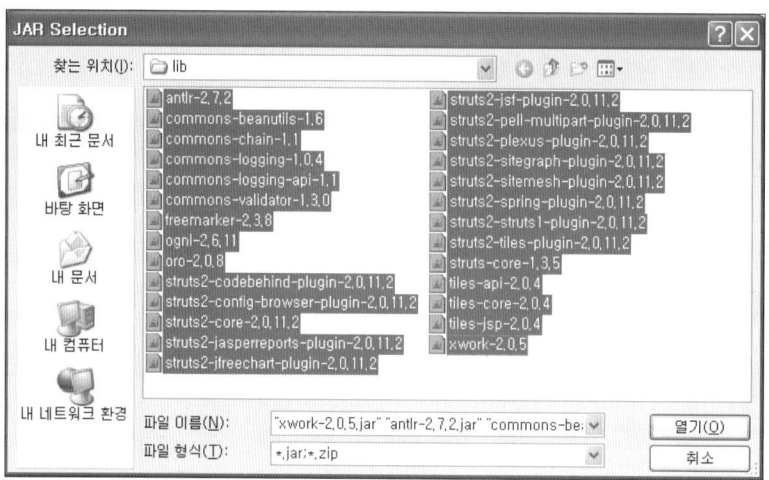

[그림 2-11] JAR 라이브러리 파일 선택 화면

⑮ 추가한 JAR 파일들이 [그림 2-12]과 같이 화면이 표시되고, 원래 존재하던 JRE
System Library는 화면 맨 아래로 이동한 것을 확인할 수 있다.

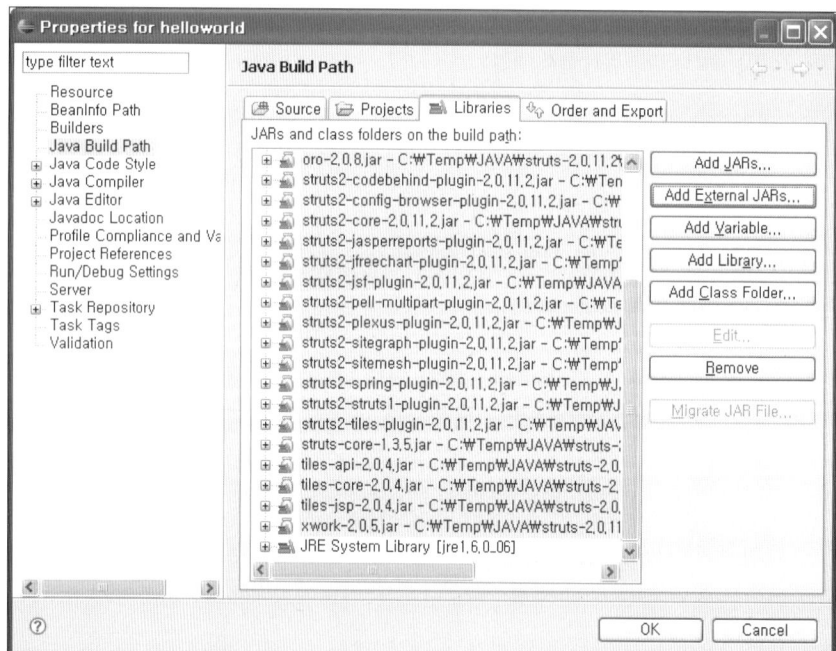

[그림 2-12] JAR 라이브러리 추가 완료 화면

파일이 화면에 나타난 순서는 JAR 파일 참조 우선순위와 동일한데, 이를 변경하고자
한다면 화면 우측에 있는 [Order and Export] 탭을 선택하면 된다.

16 다음엔 기본 출력 파일 폴더(Default output folder)를 지정해야 한다. 기본 출력 파일 폴더란 프로젝트를 컴파일했을 때 그 결과물이 위치하는 디렉터리를 의미한다. 일반적으로 스트럿츠2 프로젝트에서는 WEB-INF\classes 디렉터리를 많이 사용하므로 이러한 관례에 맞추어 앞에서 생성한 WEB-INF\classes 디렉터리를 Default output folder([그림 2-13])로 지정하도록 한다.

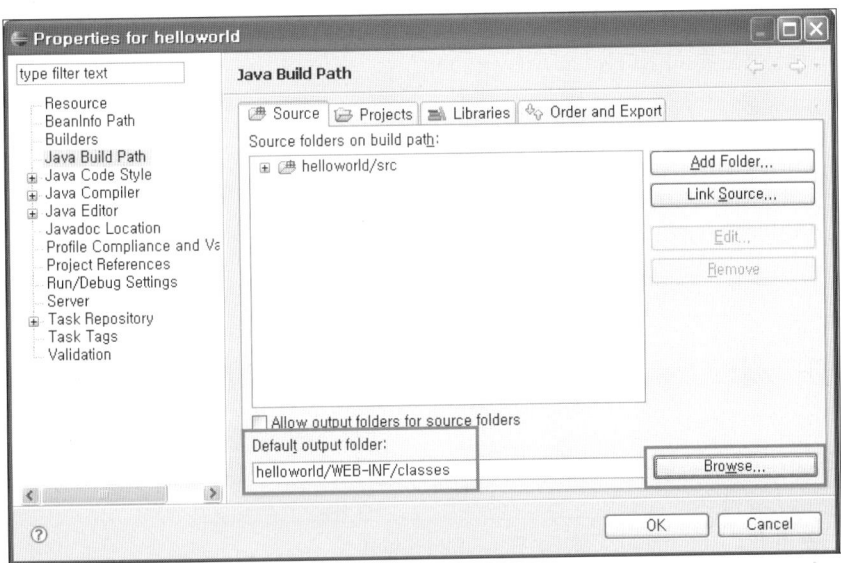

[그림 2-13] JAVA 프로젝트 기본 출력 파일 폴더를 위한 경로 설정

17 [그림 2-14]와 같이 [Browse] 버튼을 누르면 나타나는 폴더 선택 창에서 해당 디렉터리를 선택하고 [OK] 버튼을 누르면 아래 그림과 같이 출력 파일 디렉터리가 설정된다. [OK] 버튼을 눌러서 프로젝트 설정을 완료하도록 한다.

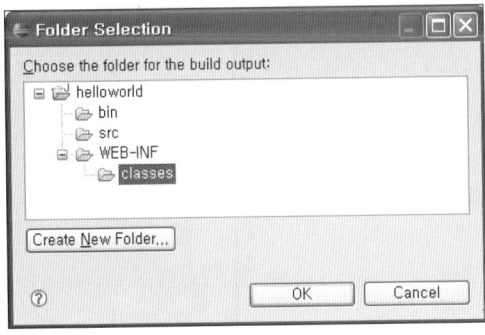

[그림 2-14] 기본 출력 파일 폴더 선택 화면

이상으로 기본적인 프로젝트 설정이 완료되었고, 이제부터는 스트럿츠2 프로젝트를 구성하는 기본적인 파일 작성에 들어가도록 한다.

(2) 스트럿츠2 프로젝트를 위한 기본 파일 작성하기

01 스트럿츠 프레임워크의 가장 기본이 되는 web.xml 파일을 작성하도록 한다. 이 파일
은 WEB-INF 디렉터리에 위치하므로 현재 프로젝트의 WEB-INF 디렉터리를 마우
스로 선택한 다음([그림 2-15]) 오른쪽 버튼을 눌러 다음과 같이 [New -> File]을 선택
한다. 본서에서는 XML 파일을 일반적인 File 형태로 생성하고 텍스트 에디터로 열어
서 작성하도록 하겠다.

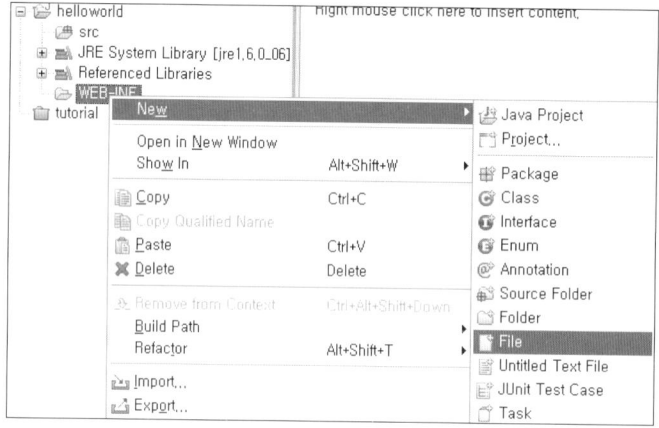

[그림 2-15] web.xml 파일 생성을 위한 디렉터리 설정

02 [그림 2-16]과 같은 새로운 파일 생성 창에서 파일 이름에 'web.xml'을 입력하고
[Finish] 버튼을 누른다.

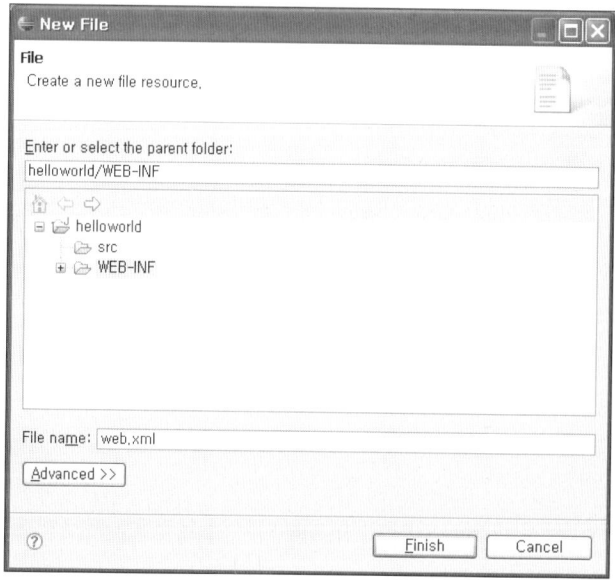

[그림 2-16] 생성된 WEB-INF 디렉터리에 web.xml 파일 생성하기

03 패키지 탐색기 화면을 보면 아래 [그림 2-17]과 같이 WEB-INF 디렉터리에 web.xml 파일이 생성된 것을 확인할 수 있다.

[그림 2-17] 패키지 탐색기에 나타난 WEB-INF 디렉터리와 web.xml 파일

이클립스 통합 개발환경에서 XML 파일을 열어서 편집하기 위해서는 약간의 주의가 필요하다. 기본적으로 이클립스는 XML 파일을 더블클릭할 경우 자체적인 XML Editor로 파일을 오픈하도록 되어 있다. 물론, 이클립스의 XML Editor에 익숙한 독자들은 이를 사용하면 되지만, 텍스트 에디터에 조금 더 익숙한 독자들은 [그림 2-18]의 방법을 사용하면 된다.

04 web.xml 파일에서 마우스 오른쪽 버튼을 누르고 나타나는 팝업 메뉴에서 [Open With]를 선택하고 다시 [Text Editor] 부분을 선택하면, XML 파일도 일반적인 JSP나 Java 소스 코드와 동일하게 텍스트 에디터로 편집할 수 있다.

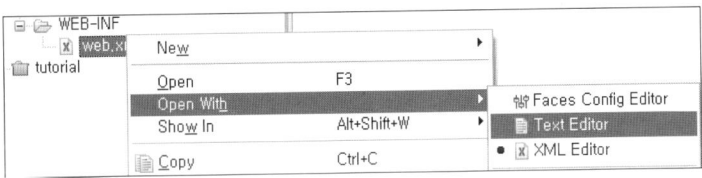

[그림 2-18] XML 파일 편집기 옵션

05 화면 중앙의 텍스트 파일 편집창에 web.xml 파일이 열리면 소스 2-2의 내용을 입력한다.

소스 2-2: web.xml 파일 내용

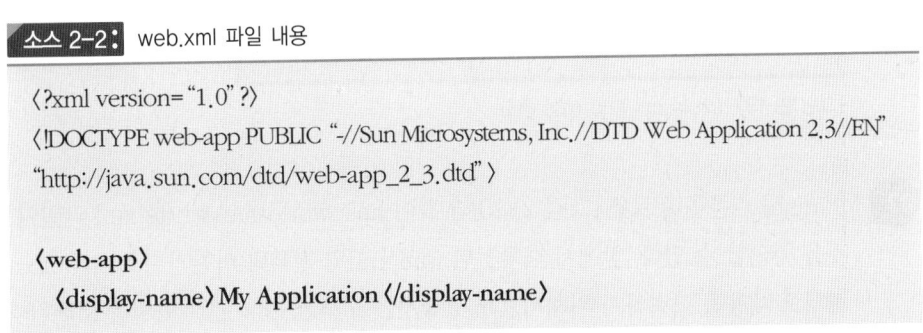

```
<?xml version= "1.0" ?>
<!DOCTYPE web-app PUBLIC "-//Sun Microsystems, Inc.//DTD Web Application 2.3//EN"
"http://java.sun.com/dtd/web-app_2_3.dtd" >

<web-app>
  <display-name> My Application </display-name>
```

```
⟨filter⟩
    ⟨filter-name⟩ struts2 ⟨/filter-name⟩
    ⟨filter-class⟩ org.apache.struts2.dispatcher.FilterDispatcher ⟨/filter-class⟩
⟨/filter⟩

⟨filter-mapping⟩
    ⟨filter-name⟩ struts2 ⟨/filter-name⟩
    ⟨url-pattern⟩ /* ⟨/url-pattern⟩
⟨/filter-mapping⟩
⟨/web-app⟩
```

06 ⌜Ctrl⌝ + ⌜S⌝키를 눌러서 파일을 저장한다. 이제 struts.xml 파일을 만들 차례다. struts.xml 파일은 src 폴더에 위치해야 하므로 패키지 탐색기의 src 폴더 위에서 마우스 오른쪽 버튼을 누른 뒤 새 파일 만들기 창을 실행하여 File name을 struts.xml 로 입력한다.

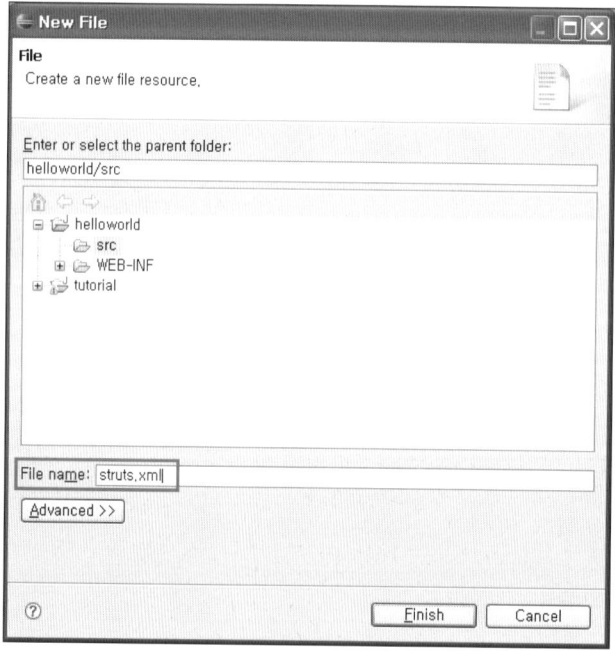

[그림 2-19] struts.xml 파일 생성 윈도

07 [Finish] 버튼을 누르면 [그림 2-20]과 같이 helloworld\src\struts.xml 파일이 생성된 것을 확인할 수 있다. 앞에서 다루었던 web.xml의 경우와 마찬가지로 struts.xml에 대해서도 내용을 입력하기 위해서 [Open with -> Text Editor]로 파일을 오픈한다.

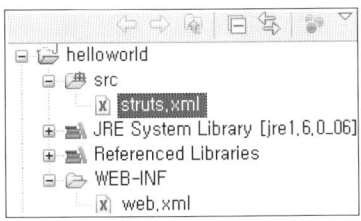

[그림 2-20] 패키지 탐색기에 나타난 struts.xml 파일 생성 결과

08 struts.xml 텍스트 편집기에 소스 2-3의 소스 코드를 입력하고 저장한다.

> **소스 2-3 :** struts.xml 파일 내용

```
⟨!DOCTYPE struts PUBLIC
    "-//Apache Software Foundation//DTD Struts Configuration 2.0//EN"
    "http://struts.apache.org/dtds/struts-2.0.dtd" ⟩
⟨struts⟩
    ⟨package name="tutorial" extends="struts-default" ⟩
        ⟨action name="HelloWorld" class="tutorial.HelloWorld" ⟩
            ⟨result⟩/HelloWorld.jsp ⟨/result⟩
        ⟨/action⟩
        ⟨!-- Add your actions here --⟩
    ⟨/package⟩
⟨/struts⟩
```

(3) 소스 코드 작성하기

01 이제 HelloWorld 액션 및 HelloWorldTest 클래스를 작성하도록 한다([그림 2-21]).
HelloWorld 액션은 HelloWorld 웹페이지가 필요로 하는 데이터를 제공한다.
HelloWorldTest 클래스는 HelloWorld 액션 객체를 생성하고 실행하는 역할을 한다.
이들 두 개 클래스는 모두 tutorial이라는 패키지에 존재하도록 그룹화시켰다. 따라서,
클래스 파일을 생성하는 단계에서 패키지 이름을 'tutorial'로 지정하도록 하자.

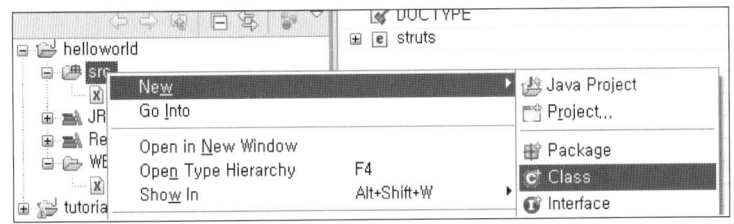

[그림 2-21] HelloWorld 액션 클래스 생성하기

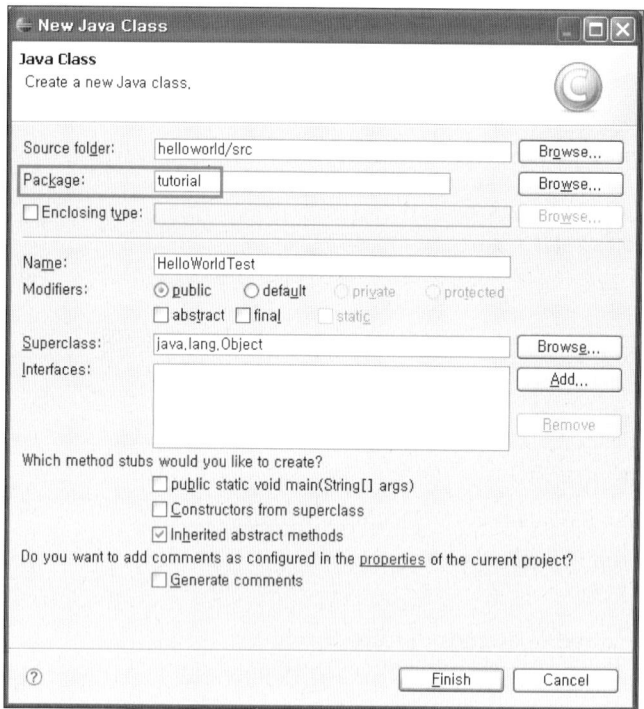

[그림 2-22] HelloWorldTest 클래스 생성 화면

02 [그림 2-22]와 같이 새로운 파일을 생성하면, 패키지 탐색기 창에서 tutorial 패키지 묶음이 생성된 것을 확인할 수 있으며, [그림 2-23]과 같이 tutorial 패키지 하단에 파일이 추가되는 것을 확인할 수 있다.

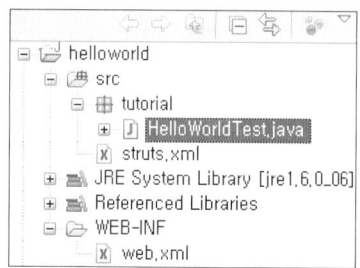

[그림 2-23] 패키지 탐색기로 확인한 HelloWorldTest.java 생성 결과

03 HelloWorld.java 클래스 파일도 HelloWorldTest.java 클래스와 동일한 방법으로 생성한다. 빈 파일이 생성되었다면 아래의 소스 코드를 각각 입력한다.

소스 2-4 : HelloWorld.java 파일 내용

```java
package tutorial;

import com.opensymphony.xwork2.ActionSupport;
public class HelloWorld extends ActionSupport {

    public static final String MESSAGE = "Struts is up and running ...";

    public String execute( ) throws Exception {
        setMessage(MESSAGE);
        return SUCCESS;
    }

    private String message;

    public void setMessage(String message){
        this.message = message;
    }

    public String getMessage( ) {
        return message;
    }
}
```

소스 2-5 : HelloWorldTest.java 파일 내용

```java
package tutorial;

import com.opensymphony.xwork2.Action;
import com.opensymphony.xwork2.ActionSupport;

public class HelloWorldTest {
    public void testHelloWorld( ) throws Exception {

        HelloWorld hello_world = new HelloWorld( );
        String result = hello_world.execute( );


    }
}
```

04 JSP 파일은 프로젝트 최상위 디렉터리에 위치하도록 한다. 이를 위해서는 [그림 2-24]와 같이 새 파일 추가시 프로젝트 이름(helloworld) 위에서 마우스 오른쪽 버튼을 누르고 [New -> File]을 선택하여 파일을 추가하면 된다.

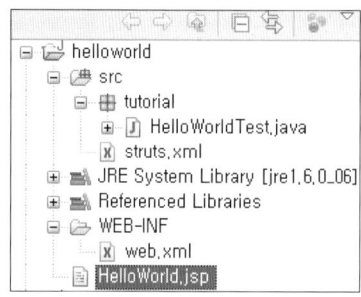

[그림 2-24] HelloWorld.jsp 파일 추가

본 예제에서 실제적인 화면 처리는 HelloWorld.jsp 파일(소스 2-6)이 담당한다. 이 파일은 JSP와 태그 라이브러리가 결합된 형태로 작성되어 있다. JSP와 태그 라이브러리의 상세한 문법에 대해서는 차차 다루어 나갈 것이므로 현재는 그냥 아래 소스 코드를 입력하여 사용하도록 하자.

소스 2-6 : HelloWorld.jsp 파일 내용

```
〈body〉
〈h2〉〈s:property value="message" /〉〈/h2〉

〈h3〉Languages〈/h3〉
〈ul〉
  〈li〉
    〈s:url var="url" action="Welcome" 〉
      〈s:param name="request_locale" 〉en〈/s:param〉
    〈/s:url〉
    〈s:a href="%{url}" 〉English〈/s:a〉
  〈/li〉
  〈li〉
    〈s:url var="url" action="Welcome" 〉
      〈s:param name="request_locale" 〉es〈/s:param〉
    〈/s:url〉
    〈s:a href="%{url}" 〉Espanol〈/s:a〉
  〈/li〉
〈/ul〉
〈/body〉
```

05 생성된 파일을 더블클릭하여 아래와 같은 내용을 입력한다. Welcome.jsp 파일도 이와 동일한 방법으로 생성한다.

소스 2-7 : Welcome.jsp 파일 내용

```
<%@ taglib prefix="s" uri="/struts-tags" %>
<html>
<head>
  <title>Welcome</title>
  <link href="<s:url value="/css/tutorial.css" />" rel="stylesheet"
    type="text/css" />
</head>
<body>
<h3>Commands</h3>
<ul>
  <li><a href="<s:url action="Register" />">Register</a></li>
  <li><a href="<s:url action="Logon" />">Sign On</a></li>
</ul>
</body>
</html>
```

(4) 컴파일 및 확인하기

프로젝트 설정 및 소스 코드 작성이 모두 완료되었다. 이제 이클립스 툴을 통해 컴파일하고 이를 웹 브라우저로 확인하는 일만 남았다.

01 이클립스에서는 [그림 2-25]와 같이 자동 빌드(Automatic Build) 기능이 기본석으로 지원되기 때문에 작업중에 소스 파일을 저장하는 순간 알아서 컴파일을 진행한다. 따라서, 화면 하단 콘솔(console) 창에 별다른 에러 메시지가 없으면 컴파일이 잘 수행된 것으로 간주하면 된다.

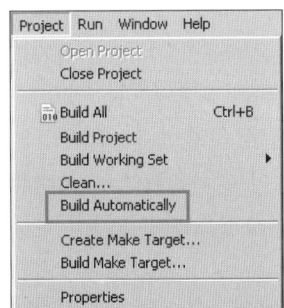

[그림 2-25] 자동 생성 기능 설정 방법

02 이제, 인터넷 웹 브라우저를 열어서 http://localhost:8080/tutorial/HelloWorld.action 을 입력하여 지금까지 작성한 웹페이지를 확인해 보도록 하자.

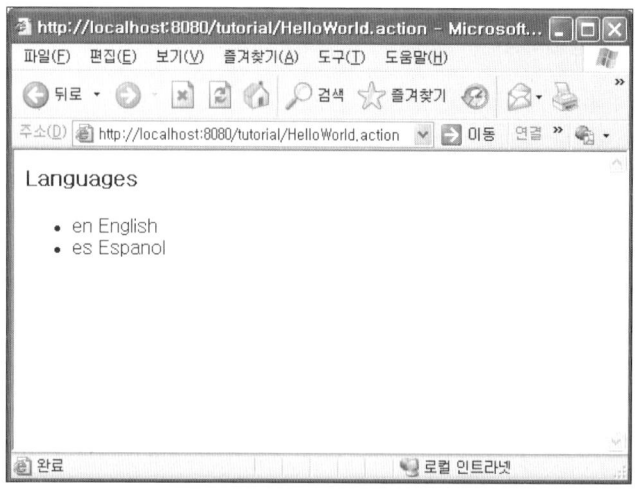

[그림 2-26] 예제 실행 결과

[그림 2-26]과 같은 화면이 나타나면 첫 번째 스트럿츠2 웹 어플리케이션이 정상적으로 설정되고 실행되고 있는 것이다.

그러면, 지금까지 실습한 웹 어플리케이션의 동작 원리에 대해서 살펴보도록 하자.

사용자 요청이 웹 브라우저로부터 웹 서버에 발생하면, 톰캣 서버는 HelloWorld.action 액션에 대한 컨테이너로서 동작한다. 이때, web.xml에서 기술한 바와 같이 컨테이너는 *.action으로 끝나는 모든 요청에 대해서 org.apache.struts2.dispatcher.FilterDispatcher 를 호출한다. 즉, FilterDispatcher는 스트럿츠 프레임워크로 들어오는 모든 요청에 대한 관문 역할을 하는 것이다.

그 다음, 스트럿츠 프레임워크는 HelloWorld 이름에 대해 매핑된 액션을 찾는다. 그리고, 이러한 매핑을 처리할 실제적인 HelloWorld.class 파일을 찾아서 이를 액션 객체로 인스턴스화하고, 해당 액션의 execute( ) 메소드를 호출한다. execute( ) 메소드는 인자로 넘어온 메시지를 설정하고 SUCCESS 반환값을 되돌린다.

스트럿츠 프레임워크는 최종적으로 해당 요청에 대한 응답을 사용자 웹 브라우저에 표시하도록 컨테이너로 하여금 HelloWorld.jsp 파일을 화면에 표시하도록 한다. 스트럿츠2 프레임워크는 위와 같은 방법으로 서블릿 컨테이너와 함께 사용자 요청을 처리한다.

02. 첫 번째 JSP 실습

(1) JSP 응용 프로그램의 동작 이해하기

지금까지 우리는 기본적인 자바 기반 웹 어플리케이션 서버 구축을 위한 여러 가지 개발 툴과 프로그램을 설치하였다. 설치가 올바르게 되었는지 확인해 보는 의미와 더불어 기본적인 JSP 응용 프로그램의 동작을 실험해 보기 위해 간단한 HelloWorld 프로그램을 실행해 보도록 하자.

소스 2-8에서 작성한 JSP 파일은 HTML과 JSP의 내장 코드로 구성되는데, 자바 프로그래밍 문법을 사용하여 "Hello World" 문자열을 4번 반복하여 출력하는 웹 어플리케이션이다.

소스 2-8 : HelloWorld 문자열 출력 예제

```
〈html〉
〈head〉
  〈title〉 Hello World Example 〈/title〉
〈/head〉
〈body〉
〈%
  for (int i = 1; i 〈 5; i++)
  {
%〉
  〈h 〈%=i%〉〉Hello World 〈/h〈%=i%〉〉
〈%
  }
%〉
〈/body〉
〈/html〉
```

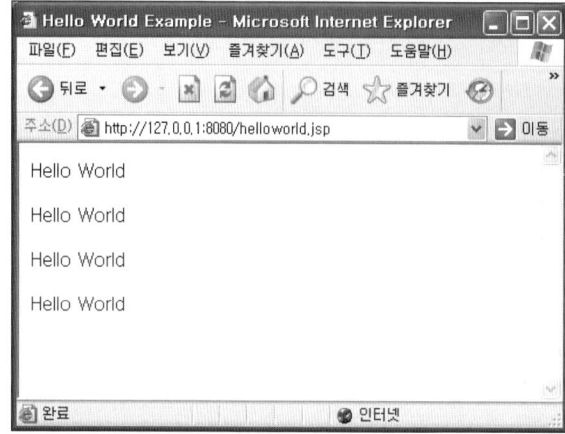

[그림 2-27] HelloWorld 예제 실행 결과

위와 같은 JSP 페이지가 웹 서버에 의해서 자동으로 컴파일 과정을 거치면 Servlet 코드가 생성되고 컴파일된다. Servlet 코드는 위 예제의 코드 스니펫(snippets)과 HTML을 확장한다. 이러한 과정을 통해 아래 소스 2-9와 같이 화면에 HTML 페이지를 출력하는 출력 스트림(output stream) 코드가 생성된다.

소스 2-9 : HelloWorld 예제의 자동 컴파일 결과

```
out.write("\n\n");
out.write("<html>\n");
out.write("<head>\n");
out.write(" <title> Hello World Example </title> ");
out.write("</head>\n");
out.write("</head>\n");
out.write("<body>\n");
for (int i=1; i <5; i++)
{
  out.write("\n   ");
  out.write("<h");
  out.write("String.valueOf(i));
  out.write("> Hello World");
  out.write("</h");
  out.write("String.valueOf(i));
  out.write("> \n");
}
out.write("</body>\n");
out.write("</html>\n");
```

위 코드는 실행될 때, 소스 2-10과 같은 HTML 코드를 사용자의 웹 브라우저로 전송한다. for 반복문(loop)에서 0부터 5까지 스텝을 반복함으로써 화면에 〈h1〉 크기부터 〈h4〉까지의 문자열을 출력할 수 있도록 한다.

소스 2-10: 자동 생성된 JSP 파일 실행시 생성되는 HTML 내용

```
〈html〉
〈head〉
  〈title〉 Hello World Example 〈/title〉
〈/head〉
〈body〉
  〈h1〉 Hello World 〈/h1〉
  〈h2〉 Hello World 〈/h2〉
  〈h3〉 Hello World 〈/h3〉
  〈h4〉 Hello World 〈/h4〉
〈/body〉
〈/html〉
```

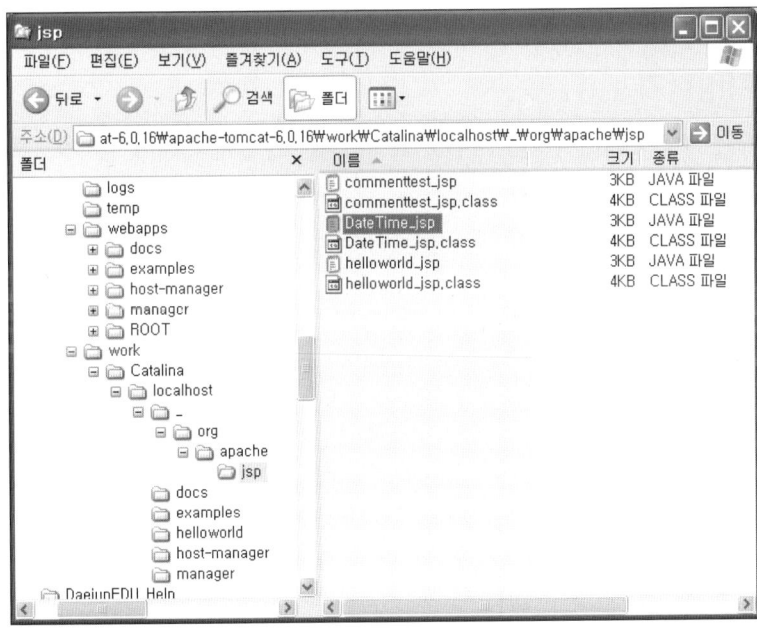

[그림 2-28] JSP로부터 변환된 자바 서블릿 소스 코드와 바이트 코드 디렉터리

자동 생성된 서블릿 파일은 아래의 디렉터리에 저장된다.

C:\Temp\apache-tomcat-6.0.16\work\Catalina\localhost_\org\apache\jsp

이때, 앞의 C:\Temp\apache-tomcat-6.0.16 디렉터리는 여러분의 설정과 다를 수 있다. 위 디렉터리로 이동하면 JSP가 JAVA 서블릿 코드로 변환되어 생성된 소스 코드(확장자 .java)가 존재하고, 이를 컴파일한 바이트 코드(확장자 .class)가 보인다.

위 예제는 사용자 요청에 대해서 JSP가 어떻게 동작하는지를 보여주는 간단한 소스 코드이다. 이를 서버에 적용하기 위해서는 웹 서버의 지정된 디렉터리에 소스 코드를 복사해 넣거나, WAR 파일로 패키징하는 방법이 있다. WAR 파일은 해당 JSP 소스 코드의 실행에 필요한 관련 컴포넌트들을 모두 하나의 파일로 패키징하는 기능을 제공한다. 여러분이 스트럿츠 프레임워크 디렉터리에서 예제 어플리케이션으로 실행해볼 수 있는 ./apps 디렉터리 내의 struts2-showcase-2.0.11.1.war, struts2-portlet-2.0.11.1.war, struts2-mailreader-2.0.11.1.war, 그리고 struts2-blank-2.0.11.1.war 파일도 모두 WAR 포맷으로 패키징된 웹 어플리케이션이다. war 파일 내에는 적용 디스크립터(deployment descriptor)가 존재해서 WAR 파일을 읽어들이는 서버에 패키지 안에 어떤 파일들이 포함되어 있고, 이를 실행하는 방법이 기술되어 있다. war 파일이 서버의 지정된 디렉터리로 복사되면, 서버는 해당 war 파일의 적용 디스크립터 파일을 읽어들여서 이 패키지를 어떻게 처리해야 하는지에 대해 정보를 얻는다.

(2) WAR 파일 패키징하기

실제로, 위 HelloWorld 예제에 대해서 war 파일을 패키징하는 방법에 대해서 알아보도록 하자.

01 임시로 사용할 디렉터리를 만든다.

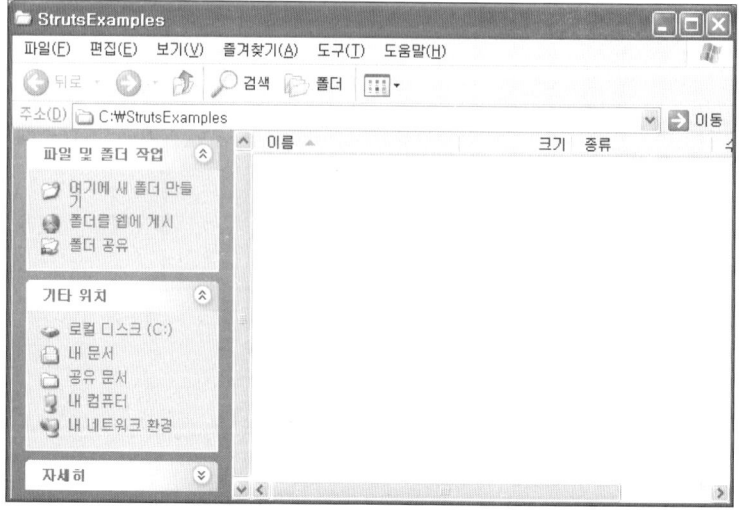

[그림 2-29] 임시 디렉터리 생성

02 예제 소스 코드를 index.jsp라는 이름으로 저장한다.

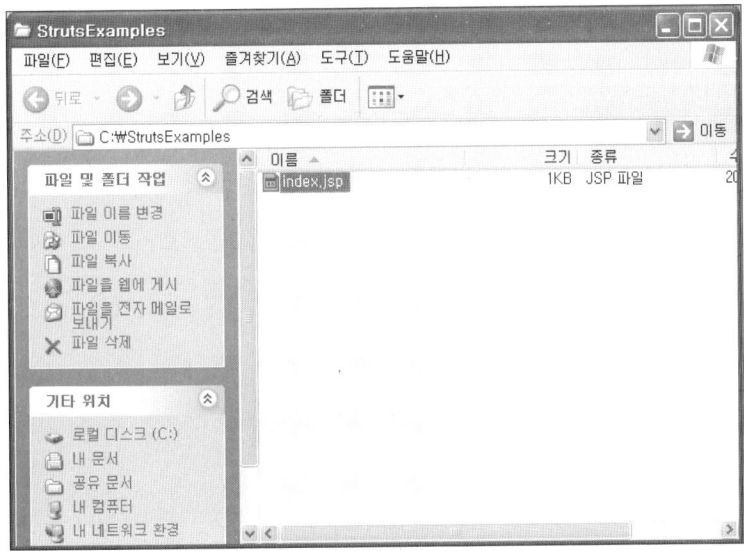

[그림 2-30] 예제 소스 코드 저장

03 META-INF 디렉터리를 생성하고, 이 디렉터리 내에 application.xml 파일을 생성한다([그림 2-31]). 이 파일에는 웹 어플리케이션을 식별하고 서버에 적용하기 위한 설정 사항을 기록하며, 사용자가 이러한 자원들에 접근하는 방법에 대해 기술한다.

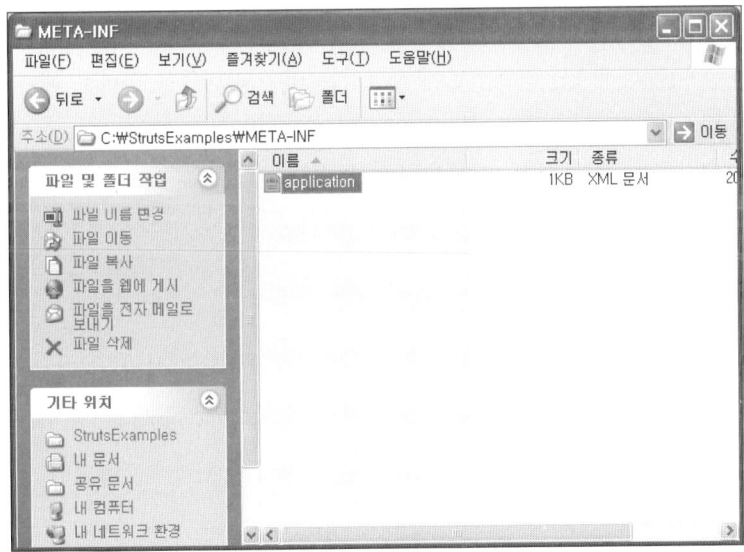

[그림 2-31] META-INF 디렉터리와 application.xml 파일

application.xml 파일의 내용은 다음 소스 2-11과 같다.

소스 2-11: application.xml 파일 내용

```
〈?xml version= "1.0" ?〉
  〈application〉
    〈display-name〉 Hello World 〈/display-name〉
      〈module〉
        〈web〉
          〈web-url〉web-app.war〈/web-uri〉
          〈context-root〉/hello〈/context-root〉
        〈/web〉
      〈/module〉
  〈/application〉
```

04 이제 war 파일과 ear 파일을 생성할 차례이다.

war 파일은 웹 어플리케이션의 컴포넌트를 패키징한 파일로서 파일 목록에 해당하는 정보를 지닌다. 웹 어플리케이션은 대부분 많은 파일들이 디렉터리 구조 내에 포함된 형태로 구성된다. 따라서, war 파일은 이들 파일들을 한꺼번에 관리하고 손쉽게 서버에 적용하기에 매우 유용한 형태이다. 이와 유사하게, ear 파일은 war 파일의 집합으로서, 어떤 한 어플리케이션 컨텍스트에 해당하는 많은 자원들을 하나로 패키징할 수 있는 수단이다. 정리하면,

jar = java archive

war = web archive

ear = enterprise archive

보통 jar 파일에는 class 파일이 들어가고 java 소스가 포함되거나 XML, META 정보가 포함된다. war 파일은 class와 jar, xml, html, jsp, js, css 파일 등 web application 관련 파일들이 포함된다. ear 파일은 통상 jar, war가 포함되며, 컨테이너와 벤더에 따른 배포를 위한 xml 파일이 포함된다. 즉, class 〈 jar 〈 war 〈 ear 의 개념이다.

일반적으로 개발 과정에서는 war나 ear 등과 같은 패키징을 하기에는 변화가 많으므로 class나 jar 단위로 사용하며, 개발이 완료된 웹 어플리케이션의 적용과 배포를 위

해 war나 ear 파일을 사용하여 패키징한다. 이들 파일들을 생성하는 작업은 [그림 2-32]과 같이 윈도에서 도스(시작 버튼 -> 실행 -> cmd 입력) 창을 열고 명령어를 입력하여 수행할 수 있다.

다음과 같이 jar 명령어를 입력하여 war 파일을 생성한다.

```
jar cf web-app.war index.jsp
```

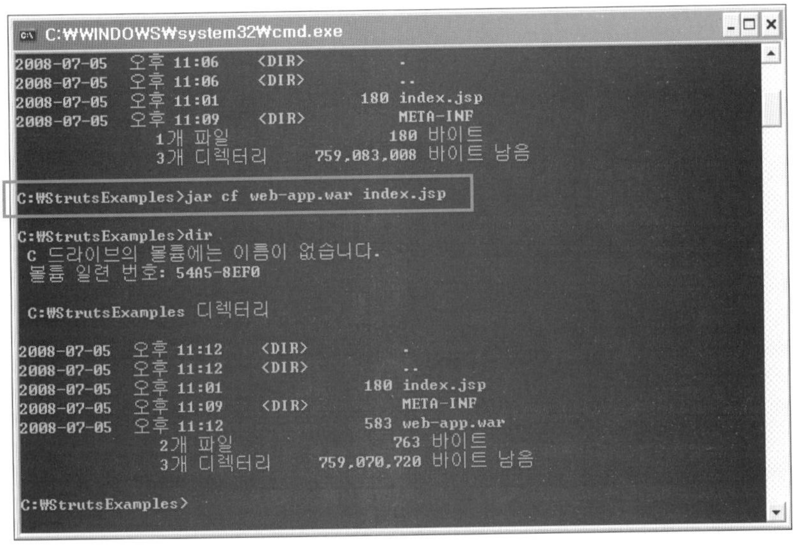

[그림 2-32] jar 명령으로 war 파일 생성 과정

다음과 같이 jar 명령어를 입력하여 ear 파일을 생성한다.

```
jar cf helloworld.ear web-app.war META-INF
```

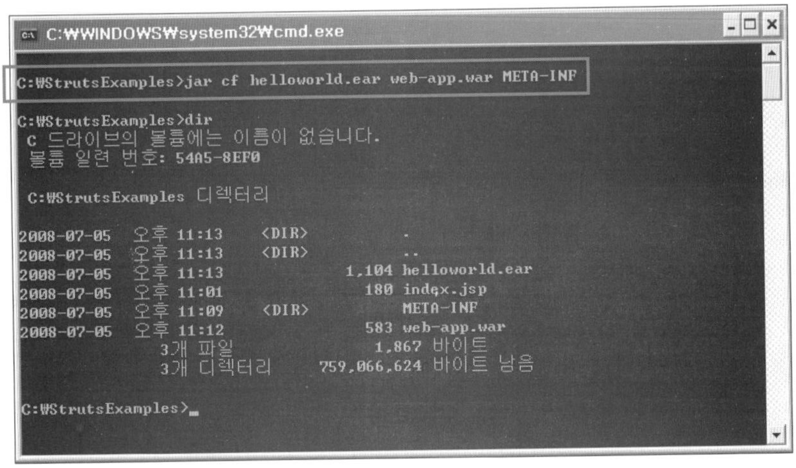

[그림 2-33] jar 명령으로 ear 파일 생성 과정

05 생성된 helloworld.ear 파일을 서버 디렉터리에 적용(deployment)한다. 개발된 웹 어플리케이션을 서버에 적용하는 과정에는 몇 가지 부수적인 절차가 필요하다.

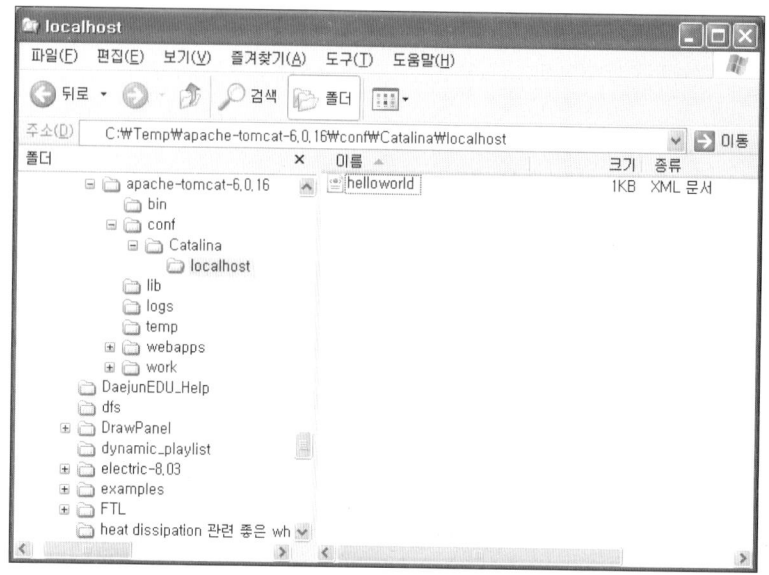

[그림 2-34] 웹 어플리케이션의 서버 적용

우선, 위 그림과 같이 아파치 톰캣의 conf 디렉터리 밑에 Catalina 디렉터리를 만들고, 다시 그 하위 디렉터리에 localhost 디렉터리를 만든다.

apache-tomcat-6.0.16\conf\Catalina\localhost

그 다음 localhost 디렉터리 내에 소스 2-12와 같은 내용으로 helloworld.xml 파일을 생성한다.

소스 2-12: HelloWorld.xml 파일 내용

```
<Context path="/helloworld" docBase="C:\StrutsExamples" debug="1" reloadable="true" swallowOutput="true">
</Context>
```

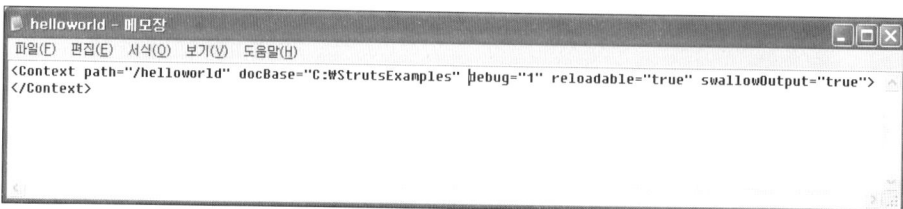

[그림 2-35] 편집기를 이용한 HelloWorld.xml 파일의 내용 입력

이제 웹 서버에 적용하기 위한 설정은 거의 마무리되었고, docBase="C:\Struts Examples"에서 지정한 것과 같이 C:\StrutsExample(디렉터리는 각자의 환경에 맞추면 된다) 디렉터리에 조금 전에 생성한 helloworld.ear 파일을 복사해 넣으면 된다.

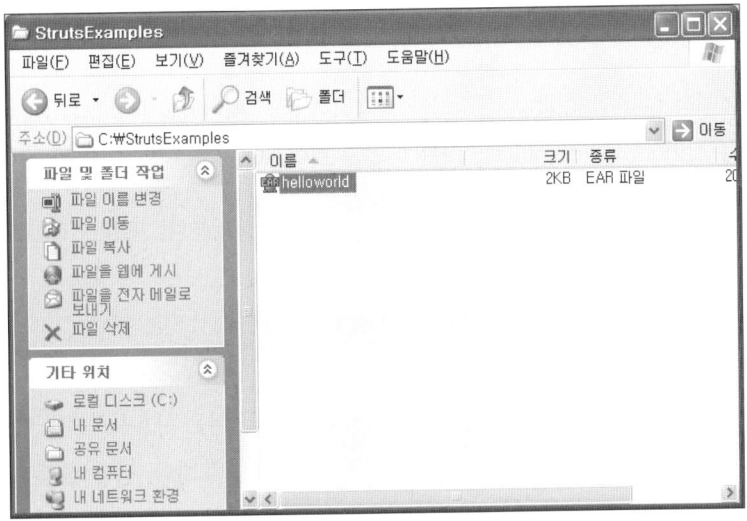

[그림 2-36] HelloWorld.ear 파일의 서버 적용

06 이제 웹 브라우저를 열고 주소 입력창에 http://localhost:8080/helloworld(혹은 http://127.0.0.1:8080/helloworld)를 입력하여 생성한 웹페이지가 정상적으로 동작하는지 확인한다.

이와 같이 적용시킨 웹 어플리케이션의 실행을 확인하는 작업은 해당 어플리케이션에 대한 URL을 호출하는 것으로 가능하다. URL은 프로토콜 이름(http), 서버 이름(localhost), 웹 어플리케이션의 루드 긴텍스트(root context), 그리고, 요청된 자원(index.jsp)이 조합된 형태로 나타난다.

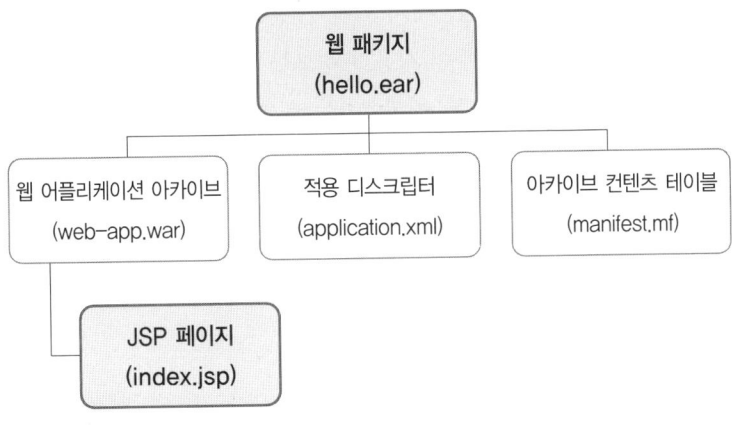

[그림 2-37] 웹 패키지(ear)의 구성요소

(3) 발생 가능한 에러 상황 및 해결책

지금까지 매우 간단한 웹 어플리케이션 예제를 실제로 서버에 적용해 보았다. 웹 어플리케이션을 작성하고 적용하는 단계에서 흔히 발생하는 몇 가지 에러 상황 및 그 해결책에 대해 간단히 살펴보기로 하자.

① 웹 브라우저상에서 http://localhost:8080을 입력하여 JSP 페이지를 테스트할 때, 웹 브라우저는 "Page cannot be displayed"라는 에러를 보여준다.

→ 톰캣 서버를 시동하는 과정에서 에러가 발생하지 않았는지 살펴본다. 또한, URL에서 포트 8080을 명시하는 것을 잊지 않았는지 확인한다.

② JSP 페이지를 테스트할 때, 웹 브라우저상에 컴파일 에러를 발생시킨다.

→ 앞에서 작성한 소스 코드 index.jsp의 문법을 살펴본다. 톰캣 서버는 사용자로부터 페이지 요청을 받았을 때, 해당 페이지를 처음 접근하는 경우 컴파일을 시도한다. 만약 정상적으로 컴파일이 완료되면 정상적으로 화면이 출력된다. 하지만, 컴파일 오류가 발생한 경우 콘솔, 로그 파일, 그리고 웹 브라우저를 통해 컴파일 에러 내용을 출력한다.

03. 첫 번째 스트럿츠2 실습

이제 첫 번째 스트럿츠2 예제를 실습해 보도록 하자. 본 예제는 회원 로그인 기능을 구현하는 예제이다. 이러한 기능은 오늘날 거의 모든 웹 사이트에서 기본적으로 지원해야 할 기능이라 볼 수 있다. 따라서, 독자들은 이와 같은 기본적이지만 실제적으로 쓸모있는 예제를 통해 보다 쉽고 친숙하게 스트럿츠2의 세계로 입문하기 바란다. 물론, 실제 환경에서의 로그인 처리 기능은 대용량의 데이터베이스 서버를 두어 사용자 정보를 유지/관리/검색/변경하기 위한 추가적인 인터페이스가 필요하다. 그러나 본 예제에서는 데이터베이스 사용에 대한 부분은 뒷부분으로 미루기로 한다.

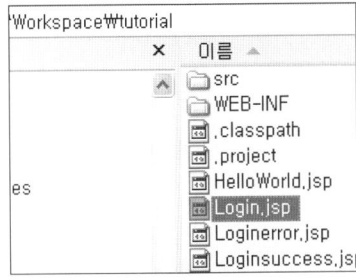

[그림 2-38] 스트럿츠2 프로젝트와 Login.jsp 파일의 위치

아래 소스 2-13은 로그인 예제의 첫 화면인 Login.jsp 이다. 이 페이지는 로그온 아이디와 패스워드 입력을 위한 텍스트박스를 보여주는 것으로, [그림 2-38]와 같이 스트럿츠 프레임워크의 로그온 프로젝트 상위 디렉터리에 위치한다.

소스 2-13: Login.jsp 파일 내용

```
<%@ taglib prefix="s" uri="/struts-tags" %>
<html>
<head>
<title>Login Test</title>
</head>
<body>
<s:form action="doLogin" method="POST">
<tr>
<td colspan="2" align="center">
Login Test
</td>
</tr>
  <tr>
  <td colspan="2">
    <s:actionerror />
    <s:fielderror />
  </td>
  /tr>
<s:textfield name="username" label="User ID"/>
<s:password name="password" label="PassWord"/>
<s:submit value="Login" align="center"/>
</s:form>
</body>
</html>
```

04. 두 번째 스트럿츠2 실습

첫 번째 스트럿츠2 프레임워크 예제를 통해 어느 정도 감을 잡았다면, 이번 두 번째 예제를 통해 스트럿츠2에 대한 자신감을 가져보도록 하자.

두 번째 예제(mystruts-helloworld)는 기본적으로 프로퍼티에 설정한 문자열을 리절트 페이지에서 출력한다. 여기에 로그인과 도움말을 보여줄 수 있는 기능이 추가되어 있다. 다음 순서대로 따라해 보자.

01 예제 CD로부터 mystruts-helloworld 디렉터리 및 파일들을 모두 복사하여 여러분의 톰캣 웹 서버 홈 디렉터리의 ./webapp 디렉터리에 복사해 넣는다([그림 2-39]).

이렇게 하는 이유는 웹 서버 홈 디렉터리의 ./webapp 디렉터리에 파일을 복사하는 것은 별도의 컨텍스트(context)를 생성하는 복잡함을 줄이기 위한 것이다. 만약, 임의의 위치에 mystruts-helloworld 예제를 위치시킨 후 테스트하고자 한다면 톰캣 서버상에 컨텍스트를 만들어주고 해당 docBase를 지정하면 된다. 하지만, 지금 단계에서는 간단히 웹 서버의 하위 디렉터리에 복사해 놓고 실행하도록 하자.

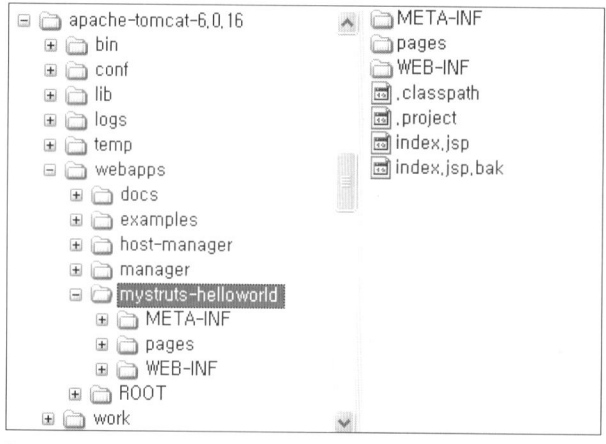

[그림 2-39] 스트럿츠2 예제 어플리케이션의 설치 위치

02 웹 브라우저에서 http://localhost:8080/mystruts-helloworld 와 같이 입력하면 [그림 2-40]과 같은 초기화면이 나타난다.

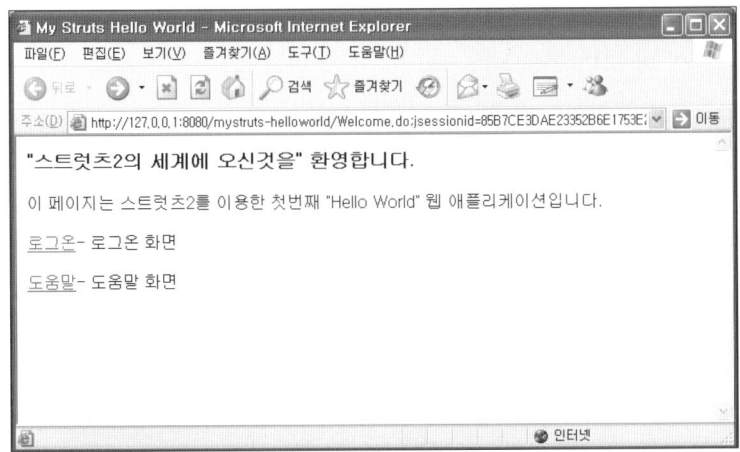

[그림 2-40] 스트럿츠2 예제 어플리케이션의 첫 번째 환영 메시지

본 예제의 최상위 JSP 페이지인 index.jsp는 매우 간단하다. 다음 소스 2-14와 같이 첫 줄에서 태그 라이브러리를 로딩하는 부분과 둘째 줄에서 환영(welcome) 메시지를 찍는 welcome.jsp 페이지로 포워딩하도록 하고 있다.

소스 2-14 : index.jsp

```
<%@ taglib uri="/tags/struts-logic" prefix="logic" %>
<logic:redirect forward="welcome" />
```

[그림 2-41] 예제 최상위 디렉터리(./mystruts-helloworld)

[그림 2-42] JSP 파일이 위치한 pages 서브 디렉터리(./mystruts-helloworld/pages)

소스 2-14은 [그림 2-40]에 나타난 환영 메시지를 출력하는 메인 화면에 대한 welcome.jsp 이다. 앞 부분에 나오는 태그 라이브러리의 로딩부에 대해서는 지금 단계에서는 그냥 넘어가도 좋다. 뒤에서 보다 상세히 설명할 것이다.

아래의 소스 코드를 살펴보면 우선 조금 이상하다는 생각이 들 것이다. 아무리 살펴봐도 [그림 2-40]의 첫 화면에 나타난 문자열이 들어있지 않은 것이다. 하지만, 조금 더 자세히 살펴보면 문자열이 들어가야 할 부분에서 〈bean:message key="…"/〉라는 구문이 사용되고 있음을 알 수 있다.

소스 2-15: welcome.jsp 파일 내용

```
〈%@ taglib uri="/tags/struts-bean" prefix="bean" %〉
〈%@ taglib uri="/tags/struts-html" prefix="html" %〉
〈%@ taglib uri="/tags/struts-logic" prefix="logic" %〉

〈html:html locale="true" 〉
〈head〉
〈title〉 〈bean:message key="welcome.title" /〉 〈/title〉
〈html:base/〉
〈/head〉
〈body bgcolor="white" 〉

〈logic:notPresent name="org.apache.struts.action.MESSAGE" scope="application" 〉
  〈font color="red" 〉
   에러 : 어플리케이션 리소스가 로드되지 않았음 ? 서블릿 컨테이너를 확인 요망
  〈/font〉
〈/logic:notPresent〉

〈h3〉 〈bean:message key="welcome.heading" /〉 〈/h3〉
〈p〉 〈bean:message key="welcome.message" /〉 〈/p〉
〈p〉 〈html:link action="/Logon" 〉 〈bean:message key="welcome.logonlink"
/〉 〈/html:link〉 〈bean:message key="welcome.logonmessage" /〉 〈/p〉
〈p〉 〈html:link action="/Help" 〉 〈bean:message key="welcome.helplink"
/〉 〈/html:link〉 〈bean:message key="welcome.helpmessage" /〉 〈/p〉

〈/body〉
〈/html:html〉
```

즉, 실제적으로 화면에 출력할 문자열은 프로퍼티(property)에 저장되어 있고, JSP 페이지에서는 해당 문자열에 대한 키(key) 값으로 특정 문자열을 불러오는 것에 불과하다. 이 예제에서 출력 문자열을 저장하고 있는 프로퍼티는 ./mystruts-helloworld/

WEB-INF/classes/java에 위치한 MessageResources.properties이다. Message
Resources.properties 파일의 내용은 소스 2-16 MessageResources.properties 파
일 내용과 같다.

소스 2-16: MessageResources.properties 파일 내용

```
# -- standard errors --
errors.header=<h3><font color="red">Validation Error</font></h3><p>You must
correct the following error(s) before proceeding:</p><UL>
errors.prefix=<LI>
errors.suffix=</LI>
errors.footer=</UL>
# -- validator --
errors.invalid={0} is invalid.
errors.maxlength={0} can not be greater than {1} characters.
errors.minlength={0} can not be less than {1} characters.
errors.range={0} is not in the range {1} through {2}.
errors.required={0} is required.
errors.byte={0} must be an byte.
errors.date={0} is not a date.
errors.double={0} must be an double.
errors.float={0} must be an float.
errors.integer={0} must be an integer.
errors.long={0} must be an long.
errors.short={0} must be an short.
errors.creditcard={0} is not a valid credit card number.
errors.email={0} is an invalid e-mail address.
# -- other --
errors.cancel=Operation cancelled.
errors.detail={0}
errors.general=The process did not complete. Details should follow.
errors.token=Request could not be completed. Operation is not in sequence.
# -- validator (Custom) --
errors.logon.invalid=Invalid password.  Try username='test' and password='
password'
# -- welcome --
welcome.title=My Struts Hello World
welcome.heading="스트럿츠2의 세계에 오신것을" 환영합니다.
welcome.message=이 페이지는 스트럿츠2를 이용한 첫번째 "Hello World" 웹 어플리
```

```
케이션입니다.
welcome.logonlink=로그온
welcome.logonmessage= - 로그온 화면
welcome.helplink=도움말
welcome.helpmessage= - 도움말 화면
logon.title=로그온 화면
logon.heading=로그온 화면
logon.message=사용자 이름과 패스워드를 입력한 후 "Submit" 버튼을 클릭하세요.
〈br〉(Note: test/password)
logon.username=사용자 이름
logon.password=패스워드
mainmenu.title=메인 메뉴
mainmenu.heading=메인 메뉴 화면
mainmenu.message=메인 메뉴가 이곳에 위치합니다.
mainmenu.welcome=환영합니다.
```

위 프로퍼티 파일에서 좌측은 키(key) 값이며, 우측은 문자열 값에 해당한다. 이 밖에도 프로퍼티의 값을 출력할 수 있도록 하는 〈s:property /〉 태그가 스트럿츠 태그 라이브러리(struts-tags)에 의해 제공된다. 예를 들어, 액션과 리절트를 적절히 설정하고 〈s:property value="keyvalue" /〉 태그를 사용하면 프로퍼티에 정의된 값을 읽어서 화면에 표시하는 기능이 구현된다.

이와 같은 태그 라이브러리는 매우 많은 종류가 존재하며, 필요에 따라 그리고 개발자의 선호도에 따라 임의로 선택하여 사용할 수 있다.

다음은 로그온 처리에 대한 페이지이다. 사용자 이름과 패스워드를 입력받는 창을 보여주고 사용자로 하여금 올바른 아이디와 패스워드를 입력했을 때에만 메인 화면으로 넘어가도록 하는 기능이다.

아래 소스 코드에서 〈html:form action="/LogonSubmit" focus="username"〉 부분을 주의깊게 보면 사용자가 [Submit] 버튼을 눌렀을 때, LogonSubmit 이라는 액션을 호출하는 것을 볼 수 있다. 소스 2-17은 로그온 액션을 호출하는 코드다.

소스 2-17 : Logon 액션을 호출하는 JSP 코드

```
<%@ taglib uri="/tags/struts-bean" prefix="bean" %>
<%@ taglib uri="/tags/struts-html" prefix="html" %>
<%@ taglib uri="/tags/struts-logic" prefix="logic" %>

<html:html locale="true">
<head>
<title> <bean:message key="logon.title" /> </title>
<html:base/>
</head>
<body bgcolor="white">

<html:errors/>

<logic:notPresent name="org.apache.struts.action.MESSAGE" scope="application">
  <font color="red">
        에러 : 어플리케이션 리소스가 로드되지 않았음 ? 서블릿 컨테이너를 확인 요망
  </font>
</logic:notPresent>

<h3> <bean:message key="logon.heading" /> </h3>
<p> <bean:message key="logon.message" /> </p>

<html:form
  action="/LogonSubmit"
  focus="username"
>

<table>
  <tr>
    <td> <bean:message key="logon.username" /> </td>
    <td> <html:text property="username" size="16" maxlength="18" /> </td>
  </tr>
  <tr>
    <td> <bean:message key="logon.password" /> </td>
    <td> <html:password property="password" size="16" maxlength="18"
             redisplay="false" /> </td>
  </tr>
  <tr>
```

```
      〈td〉 〈/td〉
      〈td〉〈html:submit property="Submit" value="Submit" /〉 〈html:reset/〉〈/td〉
   〈/tr〉
〈/table〉


〈/html:form〉
〈/body〉
〈/html:html〉
```

이때 사용되는 액션 클래스는 소스 2-18에서 나타나는 자바 소스 코드인 Logon
Action.java 이다.

소스 2-18 LogonAction.java 파일 내용

```java
package com.michaelthomas.mystrutshelloworld;

import javax.servlet.http.HttpServletRequest;
import javax.servlet.http.HttpServletResponse;
import javax.servlet.http.HttpSession;

import org.apache.commons.beanutils.PropertyUtils;
import org.apache.struts.action.ActionForm;
import org.apache.struts.action.ActionForward;
import org.apache.struts.action.ActionMapping;
import org.apache.struts.action.ActionMessage;
import org.apache.struts.action.ActionMessages;
import org.apache.struts.action.Action;

/**
 * 〈p〉Validate a user logon. 〈/p〉
 *
 * @version $Rev: 1 $ $Date: 2005-14-27 $
 */

public final class LogonAction extends Action{

    static String PASSWORD = "password";
```

```java
public ActionForward execute(
        ActionMapping mapping,
        ActionForm form,
        HttpServletRequest request,
        HttpServletResponse response)
        throws Exception {

    String username = (String) PropertyUtils.getSimpleProperty(form, "username" );
    String password = (String) PropertyUtils.getSimpleProperty(form, "password" );
    ActionMessages errors = new ActionMessages( );

    if ( username.equals("test" ) && password.equals("password" ) ) {
        //Good username/password.
        //Set a request attribute to be used by a JSP page.
        request.setAttribute("fullName" , "John Doe" );
        request.setAttribute("logonID" , username);
    } else {
    errors.add(
        ActionMessages.GLOBAL_MESSAGE,
        new ActionMessage("errors.logon.invalid" ));
    }
    if ( errors.isEmpty( ) ) {
        return (mapping.findForward("success" ));
    } else {
        this.saveErrors(request, errors);
        return (mapping.findForward("failure" ));
    }
}
}
```

하지만, LogonSubmit이라는 액션, 즉 JAVA 소스 코드는 존재하지 않고, ./WEB-INF/src/com/michaelthomas/mystrutshelloworld 디렉터리 내에 LogonAction.java 라는 파일이 존재하는 것을 알 수 있다.

[그림 2-43] LogonAction.java 액션 클래스

그렇다면, 이들은 어떻게 연계되는 것일까? 그 비밀은 struts-config.xml 파일에 있다. 이 파일은 데이터 소스(data source), 폼 빈즈(form bean), 전역 예외(global exception), 전역 포워딩(global forward), 액션 매핑(action mapping), 컨트롤러(controller), 메시지 자원(message resources), 플러그인(plugin) 등의 설정을 하는 파일이다. 데이터 소스는 데이터베이스 연동을 위한 것이며, 폼 빈즈는 사용자가 클라이언트 폼 요청에서 전달되는 정보를 보관하기 위한 빈즈 컴포넌트에 대한 설정이며, 전역 예외는 웹 어플리케이션에서 발생하는 예외에 대한 설정이다.

전역 포워딩은 어플리케이션에서 요청에 따른 작업을 마친 후 포워딩할 경로를 설정하며, 액션 매핑은 모델과 통신하는 비즈니스 로직을 담고 있는 액션 클래스의 설정이다. 컨트롤러는 스트럿츠 컨트롤러의 설정이다. 그 밖에, 플러그인은 스트럿츠에서 추가 가능한 플러그인에 대한 설정이다.

이와 같은 환경 설정 내용 중 〈action-mappings〉 부분에 액션과 클래스를 연계할 수 있는 기능이 있다. 즉, 액션의 이름과 실제 클래스 이름간의 매핑을 유지하고 활용하는 기능이다. 다음 소스 2-19에 나타난 코드는 struts-config.xml의 해당 부분을 보여주고 있다.

소스 2-19: struts-config.xml 파일 내용

```
〈action-mappings〉

    〈!-- Default "Welcome" action --〉
    〈!-- Forwards to Welcome.jsp --〉
    〈action
        path="/Welcome"
        forward="/pages/Welcome.jsp" /〉

    〈!-- Display the "Help" documentation --〉
    〈action
        path="/Help"
        forward="/pages/help.html" 〉
    〈/action〉

    〈!-- Display the "Logon" page --〉
    〈action
        path="/Logon"
```

```
        forward="/pages/logon.jsp")
    </action>

    <!-- Process a user logon -->
    <action path="/LogonSubmit"
        type="com.michaelthomas.mystrutshelloworld.LogonAction"
        name="logonForm"
        scope="request"
        input="/Logon.do"
        validate="true")
    <forward name="success" path="/MainMenu.do" />
    <forward name="failure" path="/Logon.do" />

    </action>

    <!-- Display MainMenu page -->
    <action    path="/MainMenu"
        forward="/pages/mainMenu.jsp" />

</action-mappings>
```

이제 액션 클래스의 소스 코드 이름과 실제 액션의 호출 사이에서 발생하는 네이밍에 관한 미묘한 차이를 알게 되었다.

추가적으로, 스트럿츠2 프레임워크에서 예제를 실행할 때 .jsp 혹은 .html과 같은 파일 확장명을 입력하지 않아도 되는데, 이것 역시 위와 같이 struts-config.xml 파일에서 매핑을 사용하기 때문이다. 예를 들면, http:// localhost:8080/mystruts-helloworld/Logon.do와 같이 사용하면 로그온 페이지를 읽어들여 화면에 보여준다. 일반적인 웹 어플리케이션의 경우 .jsp, .php, .asp, .html 등의 파일 확장자를 사용하여 서버에 저장하고 이를 직접적으로 로딩하는데 반해, 스트럿츠2와 같은 MVC 프레임워크에서는 대체적으로 이와 같은 매핑 방식을 많이 사용한다. 따라서, 웹 서핑 중에 .do, .nhn, .action 등의 확장자로 끝나거나 아예 확장자를 사용하지 않는 URL을 보면 이러한 방식이 숨어있는 것으로 생각하면 된다.

앞서 이야기한 바와 같이 http://127.0.0.1:8080/mystruts-helloworld/Logon.do을 통해 로그온 화면을 불러들인 결과이다. 이때, 입력한 사용자 이름과 패스워드 파라미터는 서버로 전달되어 궁극적으로 LogonAction.java에서 아이디-test, 비밀번호 password와 동일한지 체크하고, 결과값 success와 failure에 따라서, 서로 다른 페이지로 포워딩하도록 한다. 다음 [그림 2-44]는 로그온 실행 화면이다.

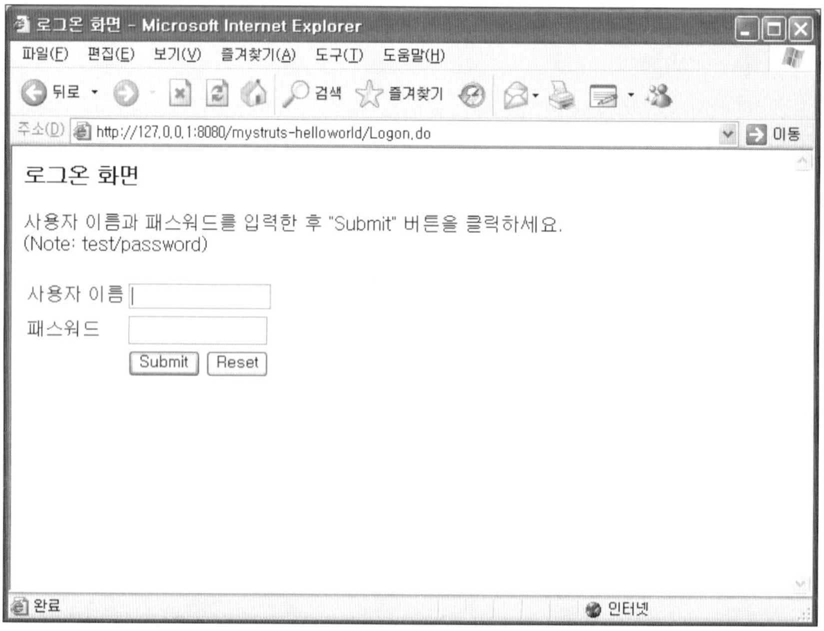

[그림 2-44] 로그온 실행 화면

■ 스트럿츠2는 대체 어디에?

이쯤해서 여러분 중에는 다음과 같은 의문을 가질 수 있다. 도대체, 환경 설정 스트럿츠2 프레임워크는 언제 쓰이는 것인가? 수십메가 바이트 분량의 스트럿츠2 프레임워크를 애써 다운로드 했건만, 스트럿츠2에 대해서는 다운로드한 파일의 압축을 풀어놓는 것만으로 작업의 전부인가? 필자도 스트럿츠2를 처음 사용하던 시절에 이러한 질문에 고민했던 기억이 떠오른다.

스트럿츠2 프레임워크를 활용해서 JSP 웹 어플리케이션을 개발할 때 필요한 것이라곤 사실 ./lib 디렉터리 내에 위치한 jar 파일들이 전부라고 할 수 있다. 물론, blank 프로젝트와 같이 스트럿츠2 프레임워크를 처음 시작할 때 사용하기 편하도록 기본적인 XML 파일을 비롯한 환경 설정 파일이 들어가 있는 프로젝트 war 파일이 있는데, 이것 역시 스트럿츠2 apps 디렉터리에서 가져다 사용하면 된다. [그림 2-45]는 스트럿츠2 프레임워크의 디렉터리 구조를 나타낸 것이다.

apps		파일 폴더
backport		파일 폴더
docs		파일 폴더
lib		파일 폴더
src		파일 폴더
LICENSE	10KB	텍스트 문서
NOTICE	1KB	텍스트 문서

[그림 2-45] 스트럿츠2 프레임워크 디렉터리 구조

따라서, 여러분의 웹 어플리케이션에서 필요로 하는 해당 jar 파일만 프로젝트의 특정한 위치(일반적으로 ./lib 디렉터리)에 복사하여 사용하면 된다. 즉, 스트럿츠2 프레임워크 디렉터리 자체에서 우리가 프로그램을 수행하거나 우리의 웹 어플리케이션에서 연동할 필요는 없다는 것이다. 실제로, mystruts-helloworld 예제에서도 ./lib 디렉터리에 스트럿츠2 프레임워크에서 제공하는 jar 파일 중 일부가 포함되어 있는 것을 [그림 2-46]에서 확인할 수 있다.

antlr	350KB	Executable Jar File	2005-11-08 오전 ...
commons-beanutils	185KB	Executable Jar File	2005-11-08 오전 ...
commons-digester	165KB	Executable Jar File	2005-11-08 오전 ...
commons-fileupload	22KB	Executable Jar File	2005-11-08 오전 ...
commons-logging	38KB	Executable Jar File	2005-11-08 오전 ...
commons-validator	83KB	Executable Jar File	2005-11-08 오전 ...
jakarta-oro	64KB	Executable Jar File	2005-11-08 오전 ...
struts	533KB	Executable Jar File	2005-11-08 오전 ...
struts-bean.tld	9KB	TLD 파일	2005-11-08 오전 ...
struts-config_1_0.dtd	19KB	DTD 파일	2005-11-08 오전 ...
struts-config_1_1.dtd	35KB	DTD 파일	2005-11-08 오전 ...
struts-config_1_2.dtd	35KB	DTD 파일	2005-11-08 오전 ...
struts-html.tld	72KB	TLD 파일	2005-11-08 오전 ...
struts-logic.tld	15KB	TLD 파일	2005-11-08 오전 ...
struts-nested.tld	70KB	TLD 파일	2005-11-08 오전 ...
struts-tiles.tld	8KB	TLD 파일	2005-11-08 오전 ...
tiles-config_1_1.dtd	13KB	DTD 파일	2005-11-08 오전 ...
validator-rules	14KB	XML 문서	2005-11-08 오전 ...
web-app_2_2.dtd	16KB	DTD 파일	2005-11-08 오전 ...
web-app_2_3.dtd	33KB	DTD 파일	2005-11-08 오전 ...

[그림 2-46] mystruts-helloworld 예제의 ./lib 디렉터리 내용

03

Chapter

JSP(Java Server Page)의 기본

| Point

JSP는 자바 프로그램에 기반을 두어 동적 사용자 요청을 처리하는 웹 사이트 개발용 스크립트이다. 물론 JSP 만으로도 오늘날 웹 사이트에서 필요로 하는 대부분이 기술을 구현할 수 있으나, 스트럿츠 프레임워크와 함께 사용될 때 보다 큰 시너지를 발휘한다. 이 장에서는 스트럿츠2 프레임워크 학습에 필요한 기능들을 중심으로 JSP 기술을 요약한다.

01. JSP의 이해

(1) JSP 개발 프로세서

스트럿츠 프레임워크를 본격적으로 학습하기에 앞서 본 장에서는 JSP 페이지가 어떠한 내용을 포함하고 있으며, 어떻게 동작하는지 살펴보도록 한다. JSP 페이지는 HTML과 Java 코드로 구성된 자바 웹 어플리케이션에 해당한다. 그렇다면, 웹 프로그래밍 분야에서 예전부터 널리 사용되던 자바스크립트와 자바 서버 페이지(JSP)와의 차이점이 무엇인가에 대해 의문을 가질 수 있다.

자바스크립트는 클라이언트측(사용자의 웹 브라우저)에서 실행되는 반면, JSP는 서버측 스크립트로서 서버에서 컴파일되고 실행되어 사용자에게 결과를 보내준다. 또한, 자바스크립트는 HTML 페이지에 내포되어 해당 페이지의 특정 부분에 대해서만 관여를 하고 프로그램을 실행한다. 하지만, JSP는 웹 어플리케이션 전체에 대해서 데이터를 관리할 수 있으며, 서버측 자원에 해당하는 데이터베이스, 디렉터리, 그리고 다른 어플리케이션 컴포넌트에 대해서도 접근하고 관리할 수 있다.

JSP 홈페이지(http://java.sun.com/products/jsp/)에서는 JSP에 대해서 다음과 같이 언

급하고 있다. "오늘날 많은 웹 개발자 및 설계자들이 동적인 웹페이지를 만들고 그들의 비즈니스를 확장하기 위해 손쉽고 빠른 사이트 구축이 가능한 자바 서버 페이지를 많이 사용한다". 이처럼, JSP는 빠르고 손쉬운 개발 및 유지보수가 가능한데, 그 이유는 JSP 웹 어플리케이션이 HTML과 XML에 기반하고 있기 때문이다. HTML과 같은 마크업 언어(markup language)는 이해하기 쉽고, 또한 HTML이나 XML을 다루기 위한 다양한 자동화 도구(tool)를 제공한다. JSP 페이지는 자바 프로그램에 기반하기 때문에 동적으로 변하는 데이터를 매우 훌륭하게 처리할 수 있으며, 모든 자바의 프로그램 능력이 JSP 페이지 상에서 발휘될 수 있다. JSP 페이지는 JSP 컨테이너 내부에서 실행되며, 컨테이너는 웹 서버 소프트웨어의 일부분이다. JSP 컨테이너는 JSP 페이지 및 관련 컴포넌트들을 동적으로 로드하고 관리하는 소프트웨어 플랫폼을 의미한다. 이러한 컨테이너는 웹 서버와 별도로 실행될 수도 있으며, 앞서 우리가 구축한 톰캣 서버는 웹 서버와 JSP 컨테이너가 통합된 버전에 해당한다.

이제부터는 JSP 개발 프로세스에 대해서 간략하게 알아보도록 한다. JSP 페이지의 생성, 적용(deployment), 번역(컴파일)이라는 개발 프로세스는 다음과 같다.

① 개발자는 JSP 소스 파일에 HTML과 임베디드 자바 코드를 이용하여 코딩한다. ② 이렇게 개발된 JSP 소스 코드는 서버로 적용(deploy)시킨다. ③ 그 후 JSP 컨테이너는 사용자로부터 해당 페이지에 대한 요청이 들어왔을 때, 이를 실행함으로써 사용자의 요청에 응답한다([그림 3-1]). 이때, JSP 파일로부터 생성된 class 파일을 JSP 페이지 구현(implementation) 클래스라고 한다.

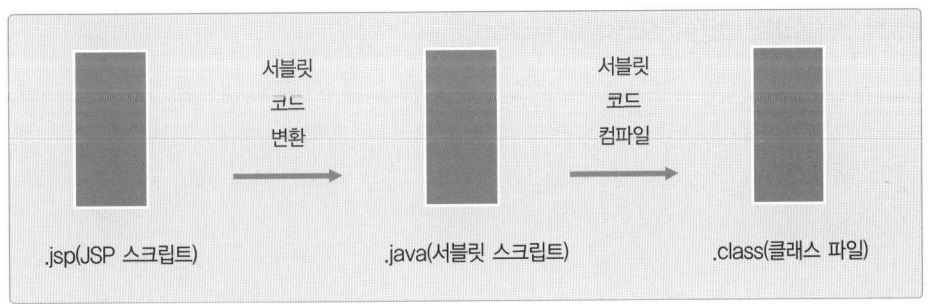

[그림 3-1] JSP 파일의 변환 및 적용 과정

또한 JSP 소스 파일은 JSP 페이지 구현 클래스로 컴파일된다. 서버가 이에 대한 요청을 받으면 컨테이너로 해당 요청을 전달하고, 컨테이너는 다시 이를 처리하기에 적절한 JSP 페이지를 호출한다. 이 과정에서 스트럿츠 프레임워크는 개발자로 하여금 모델과 뷰 그리고 제어흐름을 분리하여 작업할 수 있도록 한다. JSP 페이지에서 요청을 처리하고 생성된 HTML 데이터는 다시 웹 서버를 통해 요청된 브라우저로 보내진다.

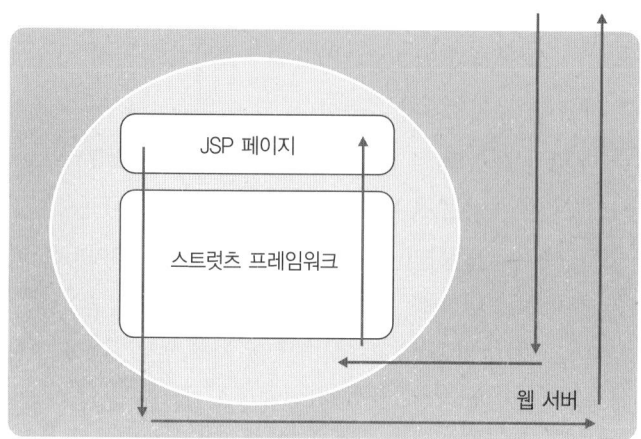

[그림 3-2] JSP 요청이 발생했을 때 이를 처리하는 과정

서버에 적용되어 적재되는 JSP 소스 코드는 자바 코드를 포함하고 있기 때문에, 실행에 앞서 반드시 컴파일되어야 한다. JSP 소스 코드의 컴파일과 변환 과정은 실제로 다양한 시점에 이루어질 수 있다. JSP 소스 코드가 서버에 적용된 후 해당 페이지가 처음으로 요청될 때 컴파일될 수 있으며, 서버에 적용하기 전에 개발자가 미리 모든 소스 코드를 컴파일 및 변환하여 서버에 적용할 수도 있다. 이러한 방법은 초기에 요청된 페이지를 서버가 자동으로 컴파일하는 과정에서 사용자가 느끼는 지연시간을 감소시키는 장점이 있다.

(2) 기본적인 JSP의 생명주기(LifeCycle)

① 로딩(loading)과 인스턴스화(instantiation)

서버는 JSP 페이지 구현(implementation)을 찾아서 메모리 상에 객체를 생성하고 자바 가상 머신(JVM)으로 읽어들인다. 클래스가 로드된 후에는 JVM은 그 클래스의 인스턴스를 생성한다. 이러한 인스턴스화 과정은 클래스가 로딩된 직후 일어나거나 해당 페이지에 대한 요청이 들어왔을 때에 발생할 수 있다.

② 초기화

JSP 페이지 객체가 초기화된다. 만약, 이러한 초기화 과정임에도 일부 코드의 실행이 필요한 경우라면 초기화 작업중에 호출되는 메소드를 페이지 내에 추가하면 가능하다.

③ 요청 처리(request processing)

하나의 페이지 객체는 해당 페이지에 대한 사용자 요청에 대응한다. 따라서, 하나의 객체 인스턴스는 모든 요청에 대한 응답을 생성한다. 이러한 처리가 끝난 뒤에는 생성된 응답이 사용자의 웹 브라우저로 전달되며, 전달된 응답에는 HTML 태그뿐만 아니라 임베딩된 자바 코드에 의해 처리된 다양한 동적인 데이터가 포함되어 있다.

④ JSP 객체의 소멸

자버 컨테이너 서버는 JSP 페이지 구현(implementation)으로 요청을 전달한다. 모든 요청에 대한 처리가 끝나면 해당 객체 인스턴스들은 중단되며 사용하던 자원을 서버에 반납한다. 일반적으로 이러한 경우는 톰캣 서버를 셧다운(shutdown)할 때 발생한다. 그 밖에 자원의 반납이 발생하는 경우는 개발자가 JSP 소스 코드를 변경함으로 인해 서버가 이를 발견(detect)하는 경우, 그리고 임의의 다른 이유로 인해서 해당 객체의 인스턴스를 종료해야 하는 경우에 해당한다. 만약, 이와 같이 자동으로 발생하는 자원의 반납에 앞서 코드에서 처리해야 하는 특별한 행위가 있다면, 이를 메소드에 구현하고, 객체 인스턴스가 릴리즈되기 직전에 수행하도록 할 수 있다.

(3) JSP 요소(elements)

JSP 페이지가 어떠한 내용을 포함하고 있으며, 어떻게 동작하는지 살펴보도록 하자. 아래소스 3-1의 JSP 예제는 아주 단순한 JSP 코드를 나타낸 것이다.

소스 3-1 : 간단한 JSP 코드 예제

```
〈html〉
〈body〉
〈p〉 Hello, World 〈/p〉
〈/body〉
〈/html〉
```

이 코드는 엄밀하게 말하자면 JSP 코드가 아니다. 왜냐하면, 임베딩(embedding)된 JAVA 코드가 한 줄도 없기 때문이다. 하지만, HTML 코드만으로도 충분히 JSP 파일 형태로 저장하고 이를 서버에 적용하여 실행할 수 있으므로, 이러한 형태의 예제도 의미있는 그리고 올바른 JSP 파일이다.

위와 같은 정적(static)인 HTML 소스 코드에 자바 코드를 포함시켜서 표현과 동적 콘텐츠를 분리함으로써 사용자 입력에 따라 결과를 달리할 수 있는 동적(dynamic) 웹페이지를 만들수 있다. JSP는 이와 같이 서블릿(servlet)에 기반하여 동적인 웹페이지를 생성하기 위한 스펙으로, 서버 측의 프로세싱(processing)을 통해 생성된다. 하지만, 자바 코드를 페이지 아무

곳에나 작성할 수 있는 것은 아니다. 특정 부분에 해당하는 코드가 자바 코드이데, JSP 스펙에는 어떤 부분이 HTML 소스 코드인지에 대해서 컨테이너에게 알려주는 몇 가지 방법이 제공된다. 이를 위해서 JSP 스펙에는 HTML과 유사한 혹은 XML 태그를 사용하여 JSP 내에 코드를 내장(embedding)할 수 있다. 이러한 기능은 지시자 요소(directive element), 스크립트 요소(scripting element), 그리고 액션 요소(action element)로 분류된다. JSP의 기본 요소 3가지에 대해서는 다음 장에서 보다 상세히 설명한다.

(4) JSP의 특징

1 프레젠테이션과 프로그램 로직의 분리

기존의 웹 사이트 구축 방법과는 다르게 사용자에게 보여지는 프레젠테이션(presentation) 부분과 사이트의 비즈니스 로직에 해당하는 프로그램 로직(logic) 부분을 분리하여 제작할 수 있다. 여기서 프레젠테이션은 MVC 모델에서 뷰(view)에 해당하고, 프로그램 로직은 컨트롤에 해당한다. 실제로 프리젠테이션은 HTML과 XML을 통해 실현되고, 프로그램 로직은 JSP 태그를 통해 구현된다. 물론, 이와 같은 뷰-컨트롤 모델은 스트럿츠와 같은 MVC 기반의 프레임워크가 등장하기 전까지 매우 획기적인 구조였으나, 현재는 뷰-컨트롤 모델에 추가적으로 모델링을 별도로 분리하여 모델-뷰-컨트롤(MVC) 기반 구조로 진화하였다.

2 JSP 컴포넌트의 재사용

JSP를 활용하면 기존에 EJB로 만들어진 컴포넌트를 서로 다른 웹 어플리케이션에서 그대로 사용이 가능하다. EJB는 실제로 많은 사이트에서 JSP를 이용한 사이트 구축에 있어 공통적으로 사용되는 기능으로, 비즈니스 로직 등을 EJB로 구현하고 이를 재활용하는 사례는 흔히 볼 수 있다. 이는 프로그램 로직 개발(컴포넌트 개발)과 웹페이지 개발을 분리하여 작업을 단순화하고, 컴포넌트의 재사용성을 향상하는 데 그 목적과 의의가 있다.

3 자바의 특징 계승

JSP는 자바 언어를 기반으로 한 서버측 스크립트이고, 모든 JSP 페이지는 자바 서블릿 코드로 작성되어 컴파일되므로 JSP 페이지는 자바 기술이 가진 모든 장점(객체지향 프로그래밍, 플랫폼 독립성, JDBC의 상용 등)을 수용하였다고 할 수 있다. 따라서, 초창기 JSP 개념이 처음 기존 웹 어플리케이션 개발 분야에 등장했을 때, 가히 혁명적인 기술이라 받아들여졌다. 왜냐하면, 당시 웹 사이트 구축 기술은 자바스크립트를 비롯한 클라이언트측 스크립트 기술과 초보적인 서버측 스크립트 기술이 대부분이었다. 또한 소스 코드를 컴파일해서 서버에 적용함으로써 빠른 속도와 안정성을 동시에 제공하는 기법도 JSP에서 처음 시도된 개념이었기 때문이다.

④ 손쉬운 페이지의 작성 방법

JSP 컨테이너는 적용된 웹 어플리케이션을 수행시 코드의 변경 유무를 판단해 자동으로 컴파일하여 실행한다. 그러므로 JSP의 전신인 서블릿의 경우처럼 매번 서블릿 코드를 작성하고 다시 이것을 컴파일하는 번거로움이 없다.

(5) JSP와 다른 서버측 스크립트 언어(ASP, PHP)와 비교

① JSP와 ASP와의 비교

ASP와 JSP 모두 서버측(server-side) 스크립트 언어라는 점에서 공통점이 있으며, 비즈니스 로직과 표현(presentation)을 분리할 수 있다. ASP는 마이크로소프트사에서 윈도 플랫폼에서 사용할 수 있도록 제공하는 웹 사이트 구축 기술인데 반해, JSP는 Java 진영에서 이에 맞서기 위해 내놓은 플랫폼 독립적인 웹 사이트 구축 기술이다. 즉, ASP는 마이크로소프트의 윈도 플랫폼 상에서만 동작하는 스크립트(비주얼 베이직 스크립트와 같은)이며, 대부분의 경우에 매번 줄단위(line by line)로 인터프리팅되어 실행된다. 반면, JSP는 자바 기술(Java Technology)에 기반을 두고 있어 플랫폼 독립적이며, 컴파일된 코드를 사용하여 사용자 요청을 처리하므로 빠른 처리 성능을 제공한다.

② JSP와 PHP의 비교

JSP와 PHP 두 가지 언어 모두 공통적으로 동적 웹 사이트 개발을 목적으로 사용하기에 편리한 언어들이다. 개발 과정에서 추가적으로 필요한 툴 지원이 훌륭하게 제공되며, 개발자간 커뮤니티가 활성화되어 있어서 궁금한 부분에 대해서는 거의 실시간으로 답변을 받을 수 있다. 하지만, PHP보다 JSP 계열이 속도 및 안정성에서 우위를 점하게 되면서 시스템 통합이나 전문적인 웹 사이트 구축 업체의 경우 대부분 JSP를 사용하고 있다. 특히, 은행권이나 쇼핑몰 사이트와 같은 곳에서는 시스템 보안과 성능을 최우선으로 하는데, 현재 구축되는 거의 모든 쇼핑몰이나 은행권 사이트에서 JSP를 사용하는 것으로 나타나고 있다.

③ 서블릿과 JSP의 비교

JSP의 전신인 서블릿과 JSP를 비교하는 경우, JSP가 서블릿에 비해서 훨씬 개발자의 수고를 덜어주는 기술이라 할 수 있다. 특히, JSP는 HTML 페이지를 생성하기에 훨씬 편리하고, 일반적인 웹 에디터를 사용할 수 있는 장점이 있다. 실제로, 서블릿에서 HTML 페이지를 생성하여 사용자 웹 브라우저에 보여주기 위해서는 출력 스트림(output stream)을 열고

HTML의 매 라인마다 write 메소드를 호출하여 스트림에 써주어야 했지만, JSP에서는 HTML 페이지의 경우도 JSP 소스 코드처럼 손쉽게 처리할 수 있다. 하지만, 고급 JSP 프로그래밍을 위해서는 servlet programming에 대해서 기본적인 지식을 공부해 두는 것이 도움된다.

④ JSP와 클라이언트측(client-side) 언어와의 비교

자바스크립트와 비주얼베이직 스크립트 등의 많은 클라이언트측 언어와 JSP를 기능과 역할면에서 상호 비교할 경우 각기 다른 용도와 목적으로 사용되므로 직접적인 비교는 어렵다고 할 수 있다. 즉, 역할이 중복되지는 않기 때문에 클라이언트측 스크립트와 서버측 스크립트인 JSP를 동시에 독립적으로 사용이 가능하다. JSP는 클라이언트가 아닌 웹 서버(server)를 제어하는 스크립트 언어이고, 자바스크립트와 같은 클라이언트측 스크립트 언어는 사용자의 웹 브라우저를 직접적으로 제어하는 언어라 할 수 있다. 따라서, 서버측 언어인 JSP가 보다 풍부한 구문을 제공한다.

자바스크립트는 이름은 유사하지만 애초에 태생이 다르기 때문에 JSP와 상당히 다른 특징을 갖는다. 예를 들면, 전적으로 인터프리팅 방식에 의해 수행되는 것이지만, 이식성이 적은 (즉, portable하지 않은) 특징이 있다. JSP는 컴파일된 코드로 실행되며, 플랫폼에 독립적이므로 이식성이 좋고 Java 언어를 통해서 HTML을 생성한다.

⑤ JSP과 기존 HTML의 비교

정적인 언어와 동적인 언어의 차이다. HTML은 그 자체만으로는 개발자가 처음 기술해 놓은 페이지 외에 사용자에게 보여줄 수 있는 것이 없다. 하지만, JSP와 같은 언어를 사용함으로서 서버의 행위(behavior)를 입력에 따라 다르게 프로그래밍할 수 있으며, 그에 따라서 다양한 데이터들을 실시간으로 조합하고 계산하여 매번 새로운 동적인 데이터를 생성해 사용자에게 전달할 수 있게 되었다. 오늘날, 웹 사이트에 이와 같이 동적인 기능을 부여하는 것은 더 이상 선택이 아닌 필수요소가 되었다.

02. JSP의 기본 요소(elements)

스트럿츠2 프레임워크를 이해하기 위해서는, 우선 JSP 스크립트 언어에 익숙해져야 한다. 스트럿츠2 프레임워크가 기본적으로 JSP 스크립트와 JAVA 언어에 대한 지식을 필요로 하기 때문이다. 본서에서는 JSP에 대한 지식이 없는 독자라 할 지라도 큰 어려움 없이 스트럿츠2 프레임워크를 학습할 수 있도록 JSP 스크립트의 주요 개념들을 간략히 정리하도록 하겠다.

(1) 지시자(directive element)

지시자(directive)는 JSP 컨테이너에게 JSP 페이지에 대한 정보를 제공하는 요소이다. JSP에서는 세 가지 지시자가 이용 가능한데 page, include 그리고 taglib가 그것이다. 하나의 JSP 페이지는 여러 개의 page와 include 지시자를 포함할 수 있다. 지시자는 해당 페이지에 대한 전체적인 정보를 담기 위해 사용되며, 언어(language), 임포트(import statement) 등 다양한 옵션을 지정할 수 있다.

① 페이지(page) 지시자

페이지(page) 지시자는 페이지 속성을 기술할 때 사용된다. JSP 지시자는 JSP 페이지에서 JSP 컨테이너에게 해당 페이지를 어떻게 처리할 것인가에 대한 페이지 정보를 알려주는데 사용된다. 페이지 지시자의 JSP 스타일 형태는 다음과 같이 "〈%" 뒤에 "@" 문자를 사용한다.

〈%@ page 속성 %〉

이때, "〈%@" 부분과 "page" 키워느 사이에 따라오는 공백은 반드시 필요한 것은 아니지만, 가독성(readability)을 향상하기 위해서 관례적으로 사용한다. 따라서, 이 책으로 공부하는 여러분도 위와 같은 방법으로 사용하기를 권한다. 추가적으로 위의 page 지시자를 XML 스타일로 사용할 수도 있다.

〈jsp:directive.page 속성 /〉

HTML 속성을 기술할 때 사용하는 형태와 유사하게 JSP에서 속성을 설정할 때에도 "이름/값"의 형태로 등호(equal) 부호를 중간에 두는 형태로 기술한다. [표 3-1]은 가장 많이 활용되는 page 지시자의 속성 이름과 그 의미에 대해서 기술하였다.

[표 3-1] page 지시자의 속성과 그 의미

속성	의 미
import	특정한 자바 패키지를 해당 JSP 페이지로 임포트시킬 때 사용한다. 일반적으로 Java 프로그래밍에서 사용하는 방식과 마찬가지로, 사용하고자 하는 기능을 지원하는 자바 패키지의 특정 클래스를 임포트하거나 패키지 전체를 임포트할 수 있다. 또한, 여러 개의 패키지 구문을 콤마(comma)를 사용하여 한 개 구문에 통합할 수 있다. 예를 들면, import="java.io.*, java.util.*"과 같이 사용하면 된다.
session	해당 페이지가 세션에 참가하는지의 여부를 결정한다. 세션(session) 지시자의 올바른 속성 값은 참(true)/거짓(false)으로 기술된다. 만약, 세션 값이 참(true)인 경우, 해당 페이지가 세션에 접근할 수 있다. 거짓(false)인 경우, 해당 페이지는 어떠한 세션 정보에도 접근할 수 없다.
isThreadSafe	컨테이너가 요청을 동시다발적으로 페이지에 전달할 수 있는지에 대한 속성이다. isThreadSafe에 대한 올바른 속성 값은 참/거짓의 boolean 타입이며, 기본 값은 참(true)이다. 참인 경우 컨테이너는 특정 JSP 페이지에 대해서 동시에 여러 개의 요청이 들어오는 경우, 이전 요청에 대한 처리가 아직 끝나지 않았다 하더라도 새로운 쓰레드에 해당 요청을 전달한다.
isThreadSafe	속성을 거짓으로 설정한 경우, 컨테이너는 한 번에 하나씩 요청을 전달한다. 즉, 요청이 들어온 순서대로 저장(queing)했다가 순차적으로 처리한다. 따라서, JSP 페이지 개발자는 공유 자원에 대한 접근을 쓰레드 사이에 적절하게 동기화할 수 있도록 작성해야 한다. 정리하면, isThreadSafe 속성을 참으로 설정하여 JSP를 작성하고 운용하면 동시에 여러 요청을 처리할 수 있게 되어 웹 서버 성능을 보다 향상할 수 있다.
Info	해당 페이지를 설명하는 임의의 문자열을 입력하면 된다. 일반적으로 웹 사이트 규모가 커지게 되면 JSP 페이지의 개수가 늘어나게 된다. 이때 향후 유지 보수를 용이하게 하기 위해서 페이지의 작성 목적, 이름 등을 기술하는 데 이 속성을 사용한다.
errorPage	페이지 내에서 에러가 발생했을 때 사용자 웹 브라우저에 보여줄 웹페이지의 URL을 적는다. 상용 웹 사이트의 경우는 일반적으로 페이지 처리 중에 에러가 발생하더라도 톰캣 등의 웹 서버에서 기본적으로 제공하는 에러 페이지를 보여주기를 꺼려한다. 시스템의 보안 측면에서 좋지 않기 때문이다. 무엇보다 좀 더 프로페셔널한 웹 사이트가 되기 위해서는 에러 발생시 특별히 준비해둔 화면을 통해 사용자로 하여금 유연하게 대처할 수 있도록 하는 것이 중요하다.
isErrorPage	현재 페이지가 에러 페이지인지 기술한다. 기본 값은 false이다.
contentType	현재 페이지의 컨텐트 종류를 정의한다. 컨텐트 종류의 속성은 단순한 타입 스펙으로 표시하거나 타입 스펙과 문자열 세트의 조합된 형태로 표기할 수 있다. JSP 스타일 JSP 태그를 위한 기본 값은 text/html이며, XML 스타일 JSP 태그는 text/xml이다. 문자열 세트 설정을 함께 표현하기 위해서는 다음과 같은 형식으로 사용하면 된다. contentType="text/html;charset=char_set_identifier" 원하는 경우 세미콜론 다음에 공백문자를 삽입할 수 있으며, 문자열 세트는 JSP 코드 내에 쓰여진 문자를 어떻게 엔코딩(encoding)하는가를 지시한다. 문자열 세트와 엔코딩에 관해서는 http://www.w3.org/TR/REC-html40/charset.html 사이트에서 정보를 얻을 수 있다.

pageEncoding	현재 페이지의 문자열 세트를 기술한다. JSP 스타일을 위한 기본 값은 ISO-8859-1(라틴 스크립트)이며, XML 스타일 페이지를 위한 기본 값은 UTF-8(8비트 유니코드 엔코딩)이다.
language	페이지의 모든 스크립트 요소(scripting elements)에서 사용될 스크립트 언어(scripting language)를 지정한다. 모든 JSP 컨테이너들은 스크립트 언어로 Java를 지원하도록 요구된다.

■ 임포트(import) 속성

임포트 속성은 명시적으로 클래스 패키지(class package) 이름을 지정하지 않고도 JSP 페이지에서 참조되는 Java 클래스의 세트를 확장할 수 있도록 한다. 예를 들어, 상속 속성에서는 javax.servlet.jsp.HttpJspPage 등과 같이 package 이름을 완전한 패키지 경로명과 함께 명시적으로 지정해야 한다.

```
〈%@ page import="java.util.List" %〉
〈%@ page import="java.util.*" %〉
〈%@ page import="java.util.List, java.util.ArrayList, java.text.*" %〉
〈%@ page import="java.util.List, java.awt.List" %〉
〈%@ page import="java.util.*, java.awt.*" %〉
〈%@ page import="java.util.*, java.awt.List" %〉
```

기본적으로 java.lang, javax.servlet, javax.servlet.http, and javax.servlet.jsp가 자동적으로 임포트(import)된다.

■ 컨텐트 종류(contentType) 속성

컨텐트 종류 속성은 JSP 페이지에 의해 생성되는 응답의 MIME(Multipurpose Internet Mail Extensions) 타입을 지정한다. 예를 들어, 출력 문서 형식을 XML 포맷으로 하거나 HTML 문서 중에서 ISO-8859-1의 문자세트를 사용하고자 한다면 다음과 같이 문서 종류(contentType) 속성을 설정하면 된다.

```
〈%@ page contentType="text/xml" %〉
〈%@ page contentType="text/html" ; charset=ISO-8859-1" %〉
```

Extends attribute는 JSP 페이지가 자바 서블릿(Java servlet)으로 번역될 때, JSP 컨테이너에 의해서 사용되는 슈퍼클래스(superclass)를 식별하도록 하는 속성이다.

```
〈%@ page extends="com.taglib.wdjsp.myJspPage" %〉
```

■ 세션(session) 속성

JSP 페이지에서 세션 관리를 할 것인지를 결정한다. 참(true)과 거짓(false) 값으로 지정하며, 디폴트 값은 참(true)이다. 일단 세션 설정이 된 이후에는 그 다음에 호출되는 모든 페이지가 세션으로 관리된다. 따라서, 세션을 명시적으로 거짓(false)으로 세팅하게 되면 약간의 성능 향상을 가져올 수 있다.

```
〈%@ page session="false" %〉
```

버퍼 속성은 JSP 페이지에 대한 버퍼링 출력(buffered output)의 사용을 결정한다. 모든 JSP 구문이 HTTP 응답으로 곧바로 출력할 수 있으려면 이 속성을 사용안함(none)으로 세팅해야 한다.

```
〈%@ page buffer="none" %〉
```

또한, 아래와 같이 페이지 버퍼 크기 설정을 하면 원하는 크기의 출력 버퍼(output buffer)를 킬로바이트(kilobyte) 단위로 지정할 수 있다.

```
〈%@ page buffer="12kb" %〉
```

■ 자동 내림(autoFlush) 속성

자동 내림 속성을 이용하면 해당 웹 서버의 출력 버퍼를 제어할 수 있다. 특히 이 속성은 페이지의 출력 버퍼가 가득찼을 때 JSP 컨테이너의 버퍼 관리 스킴을 지정한다. 이 속성이 참(true)으로 설정될 경우 출력 버퍼가 자동으로 플러시(flush)되고 현재 콘텐츠가 웹 서버에 전송된다. 이 속성의 사용법은 다음과 같으며, 기본 값은 참(true)다.

```
〈%@ page autoFlush="true" %〉
```

■ 페이지(page) 지시자의 예제

다음은 지금까지 논의한 다양한 지시자 옵션들 중에서 import, language, session, buffer, autoFlush, isThreadSafe, info, isErrorPage, errorPage 속성의 사용예를 보여준다.

소스 3-2 : 페이지 지시자 옵션 사용 예제 : directive.jsp

```
<%@ page contentType = "text/html;charset=euc-kr"
    import= "java.util.*"
    language= "java"
    session= "true"
    buffer= "8kb"
    autoFlush= "true"
    isThreadSafe= "true"
    info= "Copyright ? Min Choi, All Rights Reserved"
    isErrorPage= "false"
    errorPage= "error.jsp"
%>
<html>
<head>
<title> 지시자 옵션 테스트 </title>
</head>
<body>
</body>
</html>
```

위 소스 3-2를 실행한 결과는 [그림 3-3]과 같다. 앞에서 살펴보았던 Hello World 예제와 비교할 때, 화면상에서 크게 눈에 띄는 차이점은 없다. 하지만, 내부적으로는 자동 내림 (autoFlush) 및 세션, 에러 발생시 나타나는 페이지 등을 설정하는 것을 비롯하여, 버퍼 크기와 자바 import 구문 등으로 다양한 지시 옵션을 사용하는 것을 볼 수 있다. 또한, 한글 문자열을 출력하는데 문제가 없도록 contentType 옵션에서 "text/html;charset=euc-kr"로 지정하였다. 이 부분이 없다면 한글을 출력하는데 문제가 생긴다.

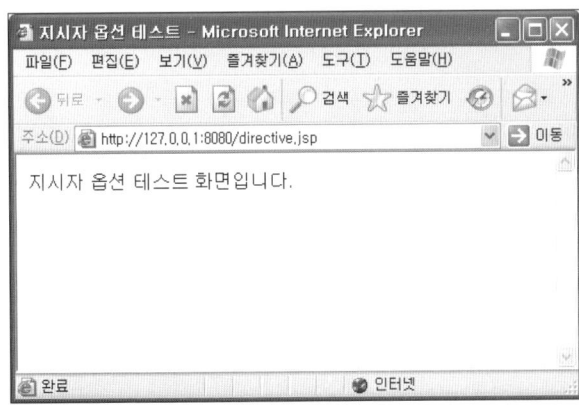

[그림 3-3] 지시자 옵션 테스트 화면

페이지 지시자 속성은 다음과 같이 둘 이상의 스크립트 시작 괄호 "〈%" 와 "%〉"로 나누어 사용해도 동일한 효과를 지닌다. 따라서, 아래와 같이 페이지의 상단에서는 꼭 필요한 속성들만 설정하고 다른 일부 속성들은 차후에 설정할 수 있다.

```
〈%@ page
contentType="text/html;charset=euc-kr"
import="javax.sql.*, java.util.*"
errorPage="error.jsp"
%〉
〈%@ page import="java.util.*" %〉
```

② 포함(include) 지시자

포함(include) 지시자는 현재 페이지 내에서 다른 페이지의 내용을 포함하고자 할 때 사용한다. 일반적으로 여러 JSP 페이지에서 공통적으로 사용되는 내용은 독립적인 파일로 저장한 후 필요한 페이지에서 간단히 포함시켜 사용할 수 있다. 포함 지시자는 다음과 같은 형태로 사용한다.

```
〈%@ include 속성 %〉
```

또한, XML 스타일로는 아래와 같이 사용한다.

```
〈jsp:directive.include 속성 /〉
```

위의 XML 스타일 지시자 끝부분에서 속성 다음에 따라오는 "/〉" 부분은 한 줄 지시자를 위한 용도이다. 원래, XML 문법에서는 특정한 태그의 시작과 끝을 나타내는 문법을 제공하는데, 예를 들면 다음과 같다.

```
〈jsp:directive.include 속성〉
〈/jsp:directive.include〉
```

하지만, include 속성을 설정하는 것과 같이 간단하게 기술되는 태그의 경우는 한 줄에 모든 내용을 마무리할 수 있으므로 간편하게 한 줄 표시 문법으로 끝부분에 슬래시(/)를 넣어 사용한다.

포함 지시자는 여러 JSP 페이지에서 사용되는 공통적인 내용을 별도의 파일로 저장한 후, 이를 필요로 하는 페이지에서 간단히 이 페이지를 include하는 방법으로 개발할 수 있다.

이러한 방법은 웹 사이트 구축에 있어 반드시 필요한데, 만약 공통적으로 사용되는 내용을 매번 해당 페이지에 작성한 경우, 향후 변동사항이 발생하면 해당 내용이 기술되어 있는 모든 페이지를 따라가며 수정해야 하는 번거로움이 발생한다. 이때 include 태그를 적절하게 활용하면 JSP 페이지를 재사용할 수 있으며, 유지보수 부담을 줄일 수 있다. 소스 3-3과 소스 3-4에 나타난 예제는 include 태그를 사용하여 content.jsp 파일을 불러들여 화면에 표시한 예이다.

소스 3-3 : 포함 지시자 사용 예제 : top.jsp

```
〈%@ page contentType="text/html;charset=euc-kr" %〉
〈HTML〉
〈HEAD〉〈TITLE〉〈/TITLE〉〈/HEAD〉
〈BODY〉
〈H2〉 include test 〈/H2〉
〈HR〉
〈%@ include file="content.jsp" %〉
〈/BODY〉
〈/HTML〉
```

소스 3-4 : 포함 지시자 사용 예제 : content.jsp

```
〈%@ page contentType="text/html;charset=euc-kr" %〉
〈HTML〉
〈HEAD〉〈TITLE〉〈/TITLE〉〈/HEAD〉
〈BODY〉
〈H2〉 Content 〈/H2〉
이 부분은 content.jsp 파일 내에 쓰여진 내용입니다.
〈/BODY〉
〈/HTML〉
```

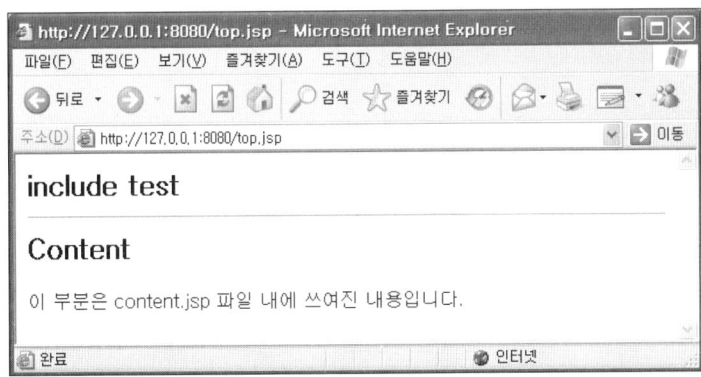

[그림 3-4] 포함 지시자 사용 예제 실행 화면

실제로 include 태그는 웹페이지의 상단에 위치하는 사이트 제목과 메인 메뉴, 그리고 하단에 위치하는 회사 소개 및 안내문 등을 표시하는데 주로 사용된다. 이러한 페이지들은 한 웹사이트의 거의 모든 페이지에서 공통적으로 사용되는 페이지이므로 여러 페이지에 이들을 각각 코딩할 필요 없이 한 번 작성된 페이지를 다른 JSP 페이지에서 불러오는 형태로 사용한다.

(2) 액션 태그

JSP에서 액션 태그는 스크립트 요소, 주석, 지시자와 함께 JSP 문법에 속하는 태그이다. 어떤 동작 또는 액션이 일어나는 시점에 페이지와 페이지 사이에 제어를 이동시킬 수 있다. 액션 태그의 종류는 include, forward, plug-in, useBean, setProperty, getProperty의 6가지가 있다.

① 포함(include) 액션 태그

포함(include) 액션 태그는 포함 지시자와 공통적으로 다른 페이지를 현재 페이지에 포함시킬 수 있는 능력을 가진다. 하지만, include 지시자는 단순히 JSP 소스 코드의 내용이 텍스트로 포함되는데 반해, include 액션 태그는 포함시킬 페이지의 HTML 처리 결과를 포함한다는 특징이 있다. 이때, 포함시킬 수 있는 대상으로는 HTML뿐만 아니라 서블릿과 JSP도 가능하다. Flush 속성은 포함될 페이지로 이동할 때 현재 페이지가 지금까지 출력 버퍼에 저장한 결과를 어떻게 할 것인지를 결정한다. 만약, flush 속성이 true인 경우 페이지 내용을 삽입하기 이전에 지금까지 버퍼에 저장한 내용을 출력하도록 한다.

다음은 include 액션 태그를 사용한 예제이다. 우선, 웹 브라우저에서 includeact.html 파일을 띄운다. 이때 화면에 아래와 같은 텍스트 입력박스와 [Send] 버튼이 나타난다. 여기에 임의의 문자열을 넣고 [Send] 버튼을 누르면 includeaction1.jsp 페이지가 처리되지만, 이 과정에서 includeaction2.jsp 파일이 include 액션 태그에 의해서 호출되어 실행한 후 그 결과 값을 최종 결과에 포함하게 된다.

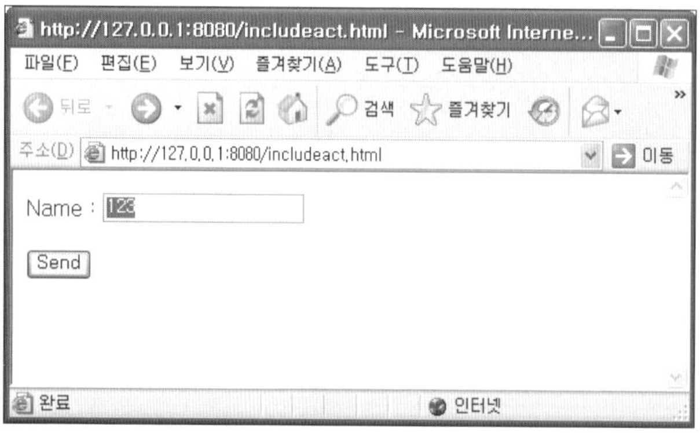

[그림 3-5] 포함 액션 태그 사용 예제 화면

소스 3-5 : 포함 액션 태그 사용 예제 : includeact.html

```
〈html〉
〈body〉
〈FORM METHOD=POST ACTION="includeaction1.jsp"〉
Name : 〈INPUT TYPE="text" NAME="name"〉〈p〉
〈INPUT TYPE="submit" VALUE="Send"〉
〈/FORM〉
〈/body〉
〈/html〉
```

소스 3-6 : 포함 액션 태그 사용 예제 : includeaction1.jsp

```
〈%@ page contentType="text/html;charset=EUC-KR" %〉
〈%
    request.setCharacterEncoding("euc-kr");
    String name = " "; %〉
〈html〉
〈body〉
    〈jsp:include page="includeaction2.jsp" /〉
    includeaction1.jsp의 내용입니다.
〈/body〉
〈/html〉
```

소스 3-7 : 포함 액션 태그 사용 예제 : includeaction2.jsp

```
〈%@ page contentType="text/html;charset=EUC-KR" %〉
〈%
    String name = request.getParameter("name");
%〉
Includeaction2.jsp의 내용입니다. 〈p〉
〈b〉input name = 〈%=name%〉〈/b〉
〈hr〉
```

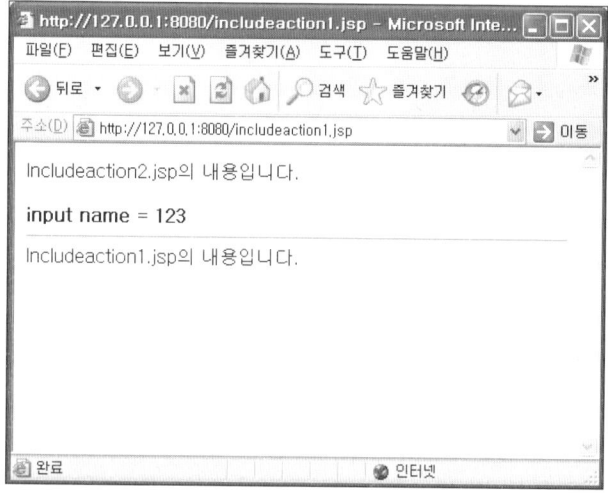

[그림 3-6] 포함 액션 태그 예제 실행 결과

② 전달(forward) 액션 태그

JSP 페이지 실행중에 다른 페이지로 이동할 때 사용한다. 전달 액션 태그를 만나게 되면 현재 페이지의 내용은 무시하고 전달 액션 태그가 지정하는 다른 페이지로 이동한다. 전달 액션 태그는 주로 사용자의 선택에 따라서 여러 페이지로 이동하는 경우에 사용한다.

〈jsp:forward page="local URL"〉〈/jsp:forward〉
〈jsp:forward page="local URL" /〉
〈jsp:forward page='〈%= expression %〉' /〉

전달 액션 태그는 〈jsp:forward〉 ~ 〈/jsp:forward〉와 같이 한 쌍으로 사용하거나 한 줄에 〈jsp:forward /〉 구문으로 사용할 수 있다. 또한, 이동할 JSP 페이지 이름을 동적으로 변경할 수 있도록 변수값으로 지정할 수도 있다.

다음 [그림 3-7]은 전달 액션 태그의 사용 예제이다. Forwardact.html 파일을 웹 브라우저로 읽어들이면 그림과 같은 텍스트 입력 박스와 [Send] 버튼이 나타난다. 원래는 [Send] 버튼이 눌렸을 때 forwardaction1.jsp 파일을 로드하게 되어 있으나 forwardaction1.jsp 파일 중간에서 forward 액션 태그가 호출되므로, 기존 파일의 내용을 무시하고 forwardaction2.jsp로 이동하여 해당 파일을 화면에 보여준다.

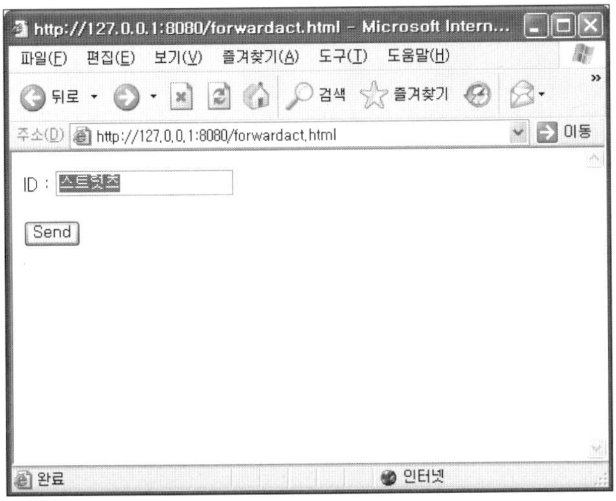

[그림 3-7] 전달 액션 태그 사용 예제 화면

소스 3-8 : 전달 액션 태그 사용 예제 : forwardact.html

```html
〈html〉
〈body〉
〈FORM METHOD=POST ACTION= "forwardaction1.jsp" 〉
ID : 〈INPUT TYPE= "text" NAME= "name" 〉〈p〉
〈INPUT TYPE= "submit" VALUE= "Send" 〉
〈/FORM〉
〈/body〉
〈/html〉
```

소스 3-9 : 전달 액션 태그 사용 예제 : forwardaction1.jsp

```jsp
〈%@ page contentType= "text/html;charset=EUC-KR" %〉
〈%
    request.setCharacterEncoding( "euc-kr" );
%〉
〈html〉
〈body〉
    forwarding 하기 이전 페이지입니다.
    〈jsp:forward page= "forwardaction2.jsp" /〉
〈/body〉
〈/html〉
```

소스 3-10 : 전달 액션 태그 사용 예제 : forwardaction2.jsp

```jsp
<%@ page contentType="text/html;charset=EUC-KR" %>
<%
    String name = request.getParameter("name");
%>
당신의 이름은 <b> <%=name%> </b> 입니다. <p>
```

따라서, 실행 결과([그림 3-8])는 forwardaction1.jsp에 있는 "forwarding 하기 이전 페이지입니다."라는 문자열이 출력되는 것이 아니고, forwardaction2.jsp에 있는 "당신의 이름은 스트럿츠입니다."라는 문자열이 나타나게 된다.

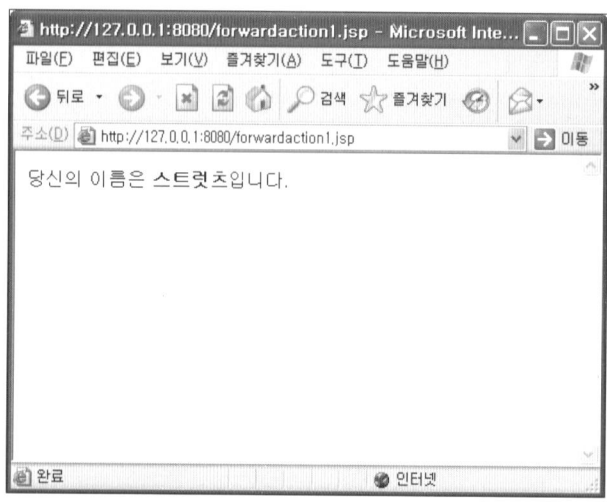

[그림 3-8] 전달 액션 태그 예제 실행 결과

③ 플러그인(plug-in) 액션 태그

JSP 페이지가 웹 브라우저의 종류에 따라 맞는 자바 플러그인을 위한 HTML 태그를 생성하도록 한다. 플러그인 태그는 자바 플러그인(Java Plug-in)을 사용하여 자바 애플릿을 JSP 페이지에서 실행할 때 사용한다. JSP 컨테이너는 〈jsp:plugin〉 액션 태그를 브라우저에서 인식할 수 있는 태그로 변환하여 브라우저가 자바 플러그인을 사용하여 자바 애플릿을 실행하도록 한다.

자바 애플릿의 경우는 최근 들어 그다지 많이 사용되지 않는 테크닉이므로 본서에서는 굳이 설명을 하지 않기로 한다.

④ 태그(tag) 지시자

현재 JSP 페이지에 사용할 커스텀 태그 라이브러리를 지정한다. 대표적인 커스텀 태그 라이브러리에는 JSP 표준 태그 라이브러리인 JSTL(JSP Standard Tag Library)이 있다. 태그 라이브러리를 활용하면 JSP 페이지 내에 반복적인 코드를 줄일 수 있다. 기본 형식은 다음과 같다.

```
〈%@ taglib uri="/META-INF/mytag. tld" prefix="mytag" %〉
```

(3) 스크립트(Scripting) 요소

스크립트 요소는 JSP에서 자바 코드를 기술하기 위해 사용된다. 선언부(declaration)와 스크립트릿(scriptlet)으로 나뉘어지는데, 선언부에서는 변수 및 메소드에 대한 선언을, 스크립트릿에서는 선언된 변수나 메소드의 사용과 같은 일반적인 자바 구문을 기재한다.

① 선언부(Declaration)

선언부는 클래스 전역에서 통용되는(class-wide) 변수와 메소드를 정의할 수 있는 영역이다. JSP에서 선언부임을 나타내기 위해서는 JSP의 괄호 "〈%" 다음 !를 넣어주면 된다. 변수를 선언하는 방법은 다음과 같다.

```
〈%! private int x=0, y=0; private String units = "ft" ; %〉
```

private의 접근 권한으로 정수형 변수 x와 y를 선언하고 각각 0으로 초기화하고 있다. 또한 private의 접근 권한으로 문자열 변수 units를 선언하고 "ft"로 대입하였다. 이러한 두 개의 변수 선언은 일반적인 자바 프로그램에서 사용하는 것과 동일하며, 문장 끝이 항상 세미콜론으로 끝나는 것도 동일하다. 따라서, 한 줄에 여러 개의 변수 선언부를 입력할 수 있으나, 아래와 같이 줄바꿈을 통해 가독성(readability)를 향상시켜 주는 것이 좋다.

```
〈%!
    private int x=0, y=0;
    private String units = "ft" ;
%〉
```

선언부에 정의된 변수는 JSP 페이지가 컴파일러에 의해서 변환될 때, 서블릿(servlet) 클래스 코드 내에 변수로 추가된다.

메소드 선언 또한 앞서 살펴본 변수 선언 방식과 유사하다. 선언된 메소드는 JSP 페이지가 컴파일(compile)되는 과정에서 서블릿 클래스상에 메소드로 추가된다.

소스 3-11: JSP에서 사용하는 팩토리얼(factorial) 계산용 자바 함수

```
〈%!
    public long fact(long x) {
        if  (x==0) return 1;
        else return x * fact(x-1);
    }
%〉
```

소스 3-11의 소스 코드는 팩토리얼(factorial)을 계산하는 자바 메소드로서, 일반적인 자바 프로그램의 메소드 정의와 동일하다. 인자로 입력된 long 타입 변수로부터 1씩 감소해 나가면서 메소드 자신을 재귀적(recursive)으로 호출하는 것이다. 이때, long 타입 변수의 값이 0이 되는 순간 리턴함으로써 재귀적으로 호출된 x-1개 메소드들이 한꺼번에 리턴되어 팩토리얼 값을 계산하는 원리이다.

소스 3-12를 통해 하나의 완전한 JSP의 선언 구문의 활용 예를 직접 프로그래밍해 보자.

소스 3-12: 완전한 JSP 선언 구문을 갖는 예제 소스 코드

```
〈%@ page import = "java.util.Date" %〉

〈%!
    int sum=0;
    private int AddToCount(int X) {
        sum = sum + X;
        return sum;
    }
%〉

〈html〉
〈body〉
〈h1〉Declaration Example〈/h1〉

sum value = 〈%= sum %〉 〈br〉
〈% AddToCount(3); %〉
```

```
sum value = ⟨%= sum %⟩ ⟨br⟩
⟨/body⟩
⟨/html⟩
```

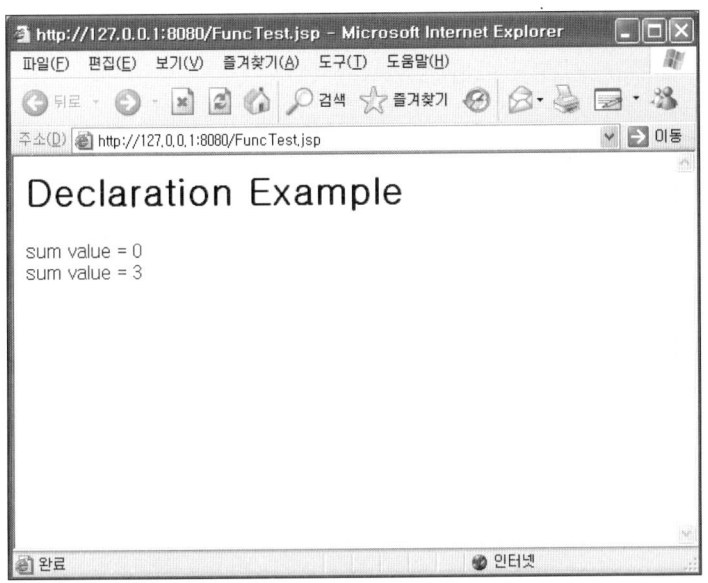

[그림 3-9] JSP 페이지에서 함수 정의 및 호출 방법에 대한 결과

페이지 임포트 구문에서 불러들인 java.util.Date 클래스는 날짜 및 시간에 대한 처리를 할 수 있는 다양한 메소드가 제공된다. 위 코드의 앞부분에 정수형 변수 sum과 메소드 AddToCount( )를 선언하였다. 이와 같이 정의된 변수와 메소드는 JSP 페이지 내에서 스크립트릿(scriptlet)이라 불리는 형태로 호출하여 사용할 수 있다. 스크립트릿은 일반적인 Java 코드 블록(code block)에 해당하는 것으로, 서블릿으로 변환될 때 변환된 서블릿의 _jspService( ) 메소드에 구현된다.

스크립트릿을 일반적으로 JSP 페이지 프로그래밍에서 가장 많이 사용되는 태그이며, 이곳에서 변수를 선언하는 경우 로컬변수(local variable)로 선언된다. 앞서 언급한 JSP의 선언 구문("⟨%!")에서 변수를 선언하는 경우 클래스 단위의 전역변수로 잡히지만, 스크립트릿에서 선언하는 변수는 로컬(local) 영역에 해당한다. 따라서, 스크립트릿에서는 자체적으로 선언한 로컬변수 이외에도 JSP 선언(declaration)부에서 선언한 전역변수들에 접근할 수 있다. 이에 추가적으로, 스크립트릿(scriptlet)은 서블릿 객체들을 액세스할 수 있는 특징이 제공된다. 서블릿 객체라 함은 웹 서버 응용에서 클라이언트로부터의 요청(request)과 이에 대해 JSP 페이지의 실행 과정에서 생성되는 응답(response)을 의미한다. 이러한 요청과 응답은 각각

Request, Response라는 두 개의 클래스 객체로 묶여져 사용된다. 그리고, 출력 스트림으로 Out 객체도 함께 지원된다. 예를 들어, 클라이언트가 웹페이지를 요청할 때, 인자로 기술한 LASTNAME의 값을 읽어들여 응답 페이지에 값을 쓰고자 할 경우 다음과 같은 구문을 사용하면 된다.

```
<%
    String nameVal = request.getParameter( "LASTNAME" );
    out.println(nameVal);
%>
```

변수값을 문자열 로컬변수 name에 저장하여 output stream으로 해당 값을 찍어주면 최종적으로 사용자의 웹 브라우저상에 값이 출력된다.

소스 3-13: JSP의 out stream을 활용한 화면 출력

```
String age = request.getParameter( "name" );

out.write( "\r\n\t" );
out.write( "<html>\r\n\t" );
out.write( "<head>\r\n\t" );
out.write( "<title>Request-Response 객체 메소드 테스트</title>\r\n\t" );
out.write( "</head>\r\n\t" );
out.write( "<body>\r\n\t" );
out.write( "<table>\r\n\t" );
out.write( "<tr>\r\n\t" );
out.write( "<td>\r\n\t" );
out.write( "당신의 이름은" );
out.write(nameVal);
out.write( "입니다\r\n\t" );
out.write( "</td>\r\n\t" );
out.write( "</tr>\r\n\t" );
out.write( "</table>\r\n\t" );
out.write( "</body>\r\n\t" );
out.write( "</html>\r\n\t" );
```

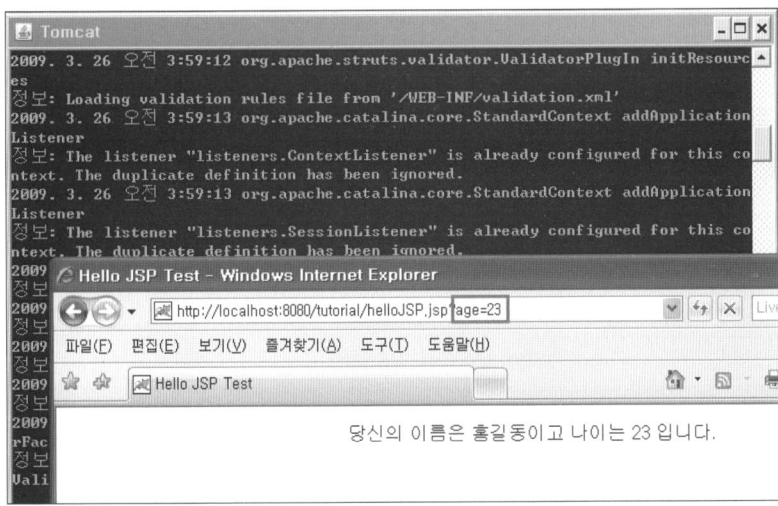

[그림 3-10] JSP의 out stream을 이용한 예제 실행 화면

하지만, HTML 스크립트는 물론이고 자바 변수 값 하나를 출력할 때마다 이와 같이 out.write( ) 코드를 기술하는 것은 약간의 불편이 따르기에, 스크립트릿에서는 표현 (expression) 태그를 사용하여 다음과 같이 보다 간단하게 변수 값을 웹페이지 상에 출력으로 내보낼 수 있다.

〈%= 변수명 %〉

표현 태그에 들어갈 변수는 변수선언부("〈%!")에서 선언한 변수나 스크립트릿 내부에서 로컬변수로 지정한 변수들이 모두 사용 가능하다.

〈P〉
The user's last name is 〈%= nameVal %〉
〈/P〉

주의!

표현 태그에서는 문장의 끝에 세미콜론을 붙이지 않는다. 자바 개발자들은 문장 끝에 세미콜론을 넣는 것이 일반적이기 때문에 JSP 프로그래밍 초보자들도 무심결에 세미콜론을 입력하는 실수를 흔히 한다.

따라서, 위와 같은 형태로 JSP 페이지 내에서 HTML 코드와 자바 변수의 출력 기능을 보다 간단하고 손쉽게 이용할 수 있다.

다음은 표현 태그에서 많이 사용하는 코드 작성 방법을 정리한 것이다.

[표 3-2] 표현 태그의 코드 작성 방법

표현 태그	설 명
〈!?OUTPU COMMENT — 〉	HTML 소스에서 보이는 주석
〈%— page comment — %〉	사용자의 브라우저에 보이지 않는 주석
〈%! Declaration %〉	이 페이지에서 유효한 변수 선언
〈%= expression %〉	페이지에 값을 넣을 경우
〈% scriptlet %〉	자바 코드 : 가장 많이 사용됨

② 스크립트릿(scriptlets)

JSP에서 외부 자바 코드를 호출하고자 할 때 사용하며, "〈%" 괄호 다음에 아무런 문자도 사용하지 않을 경우 스크립트릿으로 기술하게 된다. 스크립트릿 부분에 기술되는 자바 프로그램 코드는 일반적인 자바 어플리케이션에서 사용되는 코드와 동일하며, 복잡한 알고리즘의 계산이나 웹 사이트 비즈니스 로직의 처리 등에 활용된다. 결과적으로 JSP 표현 태그가 화면 처리를 담당한다면 JSP 스크립트릿은 웹 페이지내에서 필요한 연산 기능을 담당한다.

(4) 주석(comment)

주석문은 개발자가 소스 코드에 대한 설명을 기술하기 위해서 사용하는 구문으로 프로그램 수행에는 영향을 미치지 않는다. HTML에서 사용되는 주석은 다음과 같다.

```
〈!--
    HTML 주석문 입니다.
--〉
```

HTML 주석문은 그대로 클라이언트의 웹 브라우저에 전달된다. 즉, 웹 브라우저에서 HTML 소스 보기를 수행하면 소스 코드에 주석이 포함되어 있다. JSP에서 사용하는 주석은 아래와 같다.

```
〈%--
    JSP 주석문 입니다.
--%〉
```

JSP의 주석은 JSP 코드에서만 보일 뿐, 서블릿 코드나 사용자 웹 브라우저 상의 응답 화면에는 보이지 않는다. JSP 주석문은 JSP 페이지 소스 코드가 컴파일되는 과정에서 바이트 코드에 기록되지 않으므로 JSP 소스 코드 수준에서만 확인이 가능한 것이다.

일반 자바 프로그래밍에서 사용되는 주석문 역시 JSP에서 사용할 수 있다. JSP 주석문과 마찬가지로 JSP 소스 코드에서만 확인이 가능하고 사용자가 웹 브라우저상에서 확인할 수는 없다. 이러한 일반 JAVA 주석문은 JSP의 "〈% %〉" 괄호 내에서만 사용해야 한다.

```
〈%
    /* 일반 JAVA 주석문 입니다. */
%〉
```

위와 같은 세 가지 주석문을 활용한 예제를 통해 사용자 웹 브라우저에서 보여지는 결과에 대해서 살펴보도록 한다.

```
〈!-- HTML 주석입니다. 사용자의 웹 브라우저에서 표시됩니다. --〉
〈html〉
〈head〉
〈title〉 주석문 테스트 〈/title〉
〈/head〉
〈%-- JSP 주석입니다. 사용자의 웹 브라우저에서는 확인할 수 없습니다. --%〉
〈body〉
〈table〉
〈% /* 일반 JAVA 주석문입니다. 사용자 웹 브라우저에서 볼 수 없습니다. */ %〉
〈tr〉
    〈td〉JSP Comment Test 〈/td〉
〈/tr〉
〈/table〉
〈/body〉
〈/html〉
```

위 JSP 소스 코드를 톰캣 서버에 적용(deploy)하고 실행한 결과는 다음과 같다. JSP 주석과 JAVA 주석이 제거되고, 화면에는 HTML 소스 코드와 HTML 주석만 확인 가능하다.

```
〈!-- HTML 주석입니다. 사용자의 웹 브라우저에서 표시됩니다. --〉
〈html〉
〈head〉
〈title〉 주석문 테스트 〈/title〉
```

```
</head>
<body>
<table>
<tr>
    <td>주석문 테스트 페이지 입니다. </td>
</tr>
</table>
</body>
</html>
```

[그림 3-11] 주석문 테스트 결과

소스 3-14의 예제는 일반적인 자바 프로그래밍에서 사용되는 java.util 패키지의 Date 클래스를 이용하여 현재 시간을 출력하는 JSP 예제이다. 이와 같이 JSP 페이지에서는 일반적으로 우리가 자바 프로그램을 작성할 때 사용하던 거의 대부분의 클래스들을 그대로 활용할 수 있다.

소스 3-14: 시간 정보 표시 예제 : DateTime.jsp

```
<%@page import="java.util.Date"%>
<html>
<body>
<h1> include page example</h1>
The current time is <%= new Date( ) %>
</body>
</html>
```

소스 3-14의 코드를 실행하면 [그림 3-12]과 같은 결과를 볼 수 있다. 현재 시간으로 요일, 월, 일, 시:분:초 GMT(지역별 표준시), 연도의 형태로 출력된다. 출력 형식은 자바 Date 클래스의 메소드를 적절히 활용하여 변환할 수 있다.

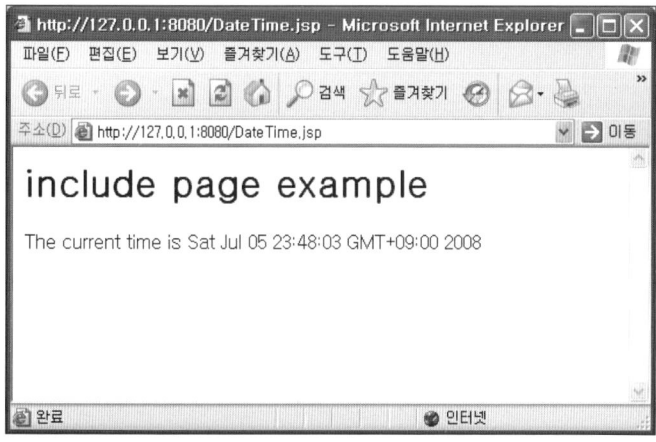

[그림 3-12] 시간정보 출력 예제 실행 화면

```
〈html〉
〈BODY〉
〈H2〉 JSP Expressions 〈/H2〉
〈UL〉
〈LI〉 현재 시각: 〈%= new java.util.Date( ) %〉
〈LI〉 호스트 이름: 〈%= request.getRemoteHost( ) %〉
〈LI〉 세션 아이디: 〈%= session.getId( ) %〉
〈LI〉 파라미터 〈CODE〉testParam〈/CODE〉:
〈%=request.getParameter( "testParam" )%〉
〈/UL〉
〈/BODY〉
〈/HTML〉
```

(5) 태그 라이브러리

프로그래머가 라이브러리 형태로 태그를 구축하고 다른 사용자는 내부적인 작동 방법이나 세부적인 내용을 알 필요없이 단순히 태그를 사용하는 것만으로 태그 라이브러리가 제공하는 다양한 기능을 사용할 수 있다.

자바빈즈의 사용은 빈즈의 속성에 값을 쓰거나 읽는 것만 가능하고, 메소드를 호출하려면 스크립트릿 안에서 자바 코드가 들어있어야 한다. 태그 라이브러리는 자체적인 별도의 사용법을 제공하며, 컴포넌트 형태로 제공된다.

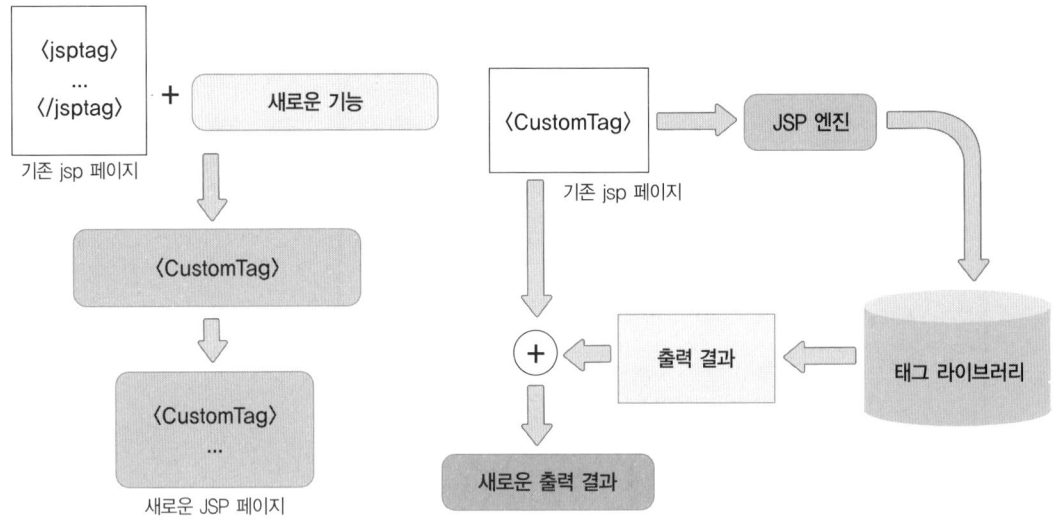

[그림 3-13] 커스텀 태그 라이브러리의 동작 원리 [그림 3-14] 커스텀 태그 라이브러리의 요청 처리 방식

태그 라이브러리는 다음과 같이 분류될 수 있다.

- 표준 태그(standard tag) : JSP 표준을 만든 SUN사에서 미리 정의해 놓은 표준 태그이다.
- 커스텀 태그(custom tag) : 사용자 편의에 따라 만들어지는 태그로서, 단순하고 반복적인 작업을 단순하게 만들 수 있다. 예를 들면, 웹 개발 작업에 있어 발생하는 테이블 작업이나 공통적인 기능으로 구성된 반복적인 코딩 작업의 경우 커스텀 태그로 등록하고 이를 호출해 사용하면 편리하다. 이를 통해, 표현 영역(presentation layer)과 연산 영역(implementation layer)을 분리할 수 있다. 예전 같으면, 웹 브라우저 화면 표현을 위해 반복적으로 들어가던 HTML 태그들이 사라지고, 실제로 표현될 값과 몇 개의 커스텀 태그로 구성할 수 있어 결과적으로, 웹페이지의 일관성과 재사용성이 향상된다.
- 커스텀 태그 라이브러리(custom tag library) : 사용자가 필요에 의해 정의한 커스텀 태그들을 라이브러리 형태로 구성한 태그 집합이다.

실제로, 위와 같은 커스텀 태그를 활용하여 반복적인 일을 단순하게 처리하는 예제를 실습해 보자. 이 예제는 3×3 테이블을 작성하기 위한 웹 어플리케이션으로서, HTML 태그만을 이용한다면 수많은 단순한 태그의 반복적인 사용이 필요하다. 하지만, 커스텀 태그라이브러리를 이용하면 이와 같은 일을 전담하는 특정 태그를 사용하여 간단히 구현할 수 있다.

```
<table width="400" border="1">
<tr>
    <td> 1 </td>
    <td> 2 </td>
    <td> 3 </td>
</tr>
<tr>
    <td> 4 </td>
    <td> 5 </td>
    <td> 6 </td>
</tr>
<tr>
    <td> 7 </td>
    <td> 8 </td>
    <td> 9 </td>
</tr>
</table>
```

```
<jsptaglib:table row="3" column="3" width="400" border="1">
1;2;3;
4;5;6;
7;8;9
</jsptaglib:table>
```

▲ HTML 태그로 작성한 예　　▲ 커스텀 태그로 작성한 예

커스텀 태그 라이브러리를 사용하면 표현(presentation)과 연산(implementation)의 분리가 가능하다. 반복되는 문장을 웹페이지에 나타내기 위해 for문을 사용하고자 하는 경우, for문은 내부적으로 사용되는 연산이므로 굳이 밖으로 내보일 필요가 없다. 이때, JSP 태그 라이브러리를 이용하여 연산하는 태그를 따로 만들어놓기만 하면 된다. 그러면 웹 디자이너나 프로그래머나 모두 편하게 작업할 수 있다.

```
<% for (int i=0; i<9)
   {
%>
    이 문장은 <%= i %>번 반복됩니다. <br>
<%
   }
%>
```

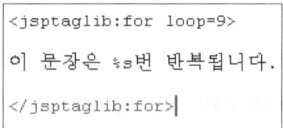

▲ for문으로 작성한 예　　▲ JSP 태그 라이브러리로 for문을 작성한 예

이와 같이 태그 라이브러리를 하면 다음과 같은 장단섬이 있다.

- 웹페이지에 일관성을 가지게 하여 보다 체계적인 구성을 가능하게 한다.
- 태그와 자바의 문법이 같이 섞여 코딩될 경우 혼란스러울 수 있다. 이런 경우 커스텀 태그를 이용하여 자바의 문법과 관련된 부분을 따로 빼서 구성하면 웹페이지가 태그 중심으로 깔끔하게 구성된다.
- 태그 라이브러를 이용하여 일관성을 추구할 수 있어 웹 프로그래머는 자신이 작성한 웹페이지를 쉽게 이해할 수 있다.
- 태그 라이브러리는 재사용이 가능하다. 일반적으로 커스텀 태그 라이브러리는 jar 파일 형식의 패키지 형태로 배포된다. 이 라이브러리를 JSP 컨테이너에 아무런 변형 없이 설치하고 서버에 필요한 설정을 하면 이 라이브러리에 속한 태그를 손쉽게 사용할 수 있다.

04

Chapter

프레임워크 환경 설정 파일

| Point

톰캣 서버에서 스트럿츠 프레임워크를 사용하여 개발된 웹 어플리케이션을 들여다보면 수많은 XML 파일과 환경 설정에 마주하게 된다. 이 단원에서는 이와 같은 XML 파일들의 역할과 구조를 차근차근 확인해 보도록 한다.

01. 설정 제로(zero configuration) 기법

설정 제로 기법은 스트럿츠2에서 제공하는 편리한 환경 설정 방법이다. 스트럿츠2를 사용하기 위해서는 Java 5 이상 버전이 설치되어 있어야 하는데, 설정 제로 기법은 바로 Java 5 이상 버전에서 제공하는 환경 설정 메커니즘인 어노테이션(annotation) 기법을 활용한다.

설정 제로 기법은 기존의 복잡한 XML 파일을 추가 및 변경하는 환경 설정 방법을 지양하기 위한 것으로, 번거로운 struts.xml 변경 절차를 피할 수 있다. 설정 제로 기법을 사용하기 위해서는 우선 어떤 패키지가 어노테이션을 활용하는 액션을 갖고 있는지 스트럿츠2 프레임워크에게 알려주어야 한다. 이를 위해, web.xml 파일의 필터 설정에 actionPackages라는 init-param 파라미터를 추가한다. 소스 4-1와 같이 쉼표로 구분되는 패키지 이름 형태로 값을 입력하면 된다.

Java 1.4 버전으로 개발된 프로젝트의 경우

스트럿츠2를 사용하기 위해서는 Java 5가 미리 설치되어 있어야 하나, 불가피하게도 과거 Java 1.4 버전으로 개발된 프로젝트의 경우 Java 5 이상 버전으로 업그레이드 하기 힘든 경우가 있다. 이때, http://retrotranslator.sourceforge.net에서 제공하는 라이브러리를 사용하면 Java 1.4 JVM에서도 스트럿츠 2를 사용하기 위한 Java 5의 기능을 지원할 수 있다.

소스 4-1 : web.xml 필터 설정 예제

```
〈filter〉
  〈filter-name〉 struts2 〈/filter-name〉
  〈filter-class〉 org.apache.struts2.dispatcher.FilterDispatcher 〈/filter-class〉
  〈init-param〉
    〈param-name〉 actionPackages 〈/param-name〉
    〈param-value〉 com.mylib.struts, com.mylib.struts2 〈/param-value〉
  〈/init-param〉
〈/filter〉
```

설정 제로 기법을 사용하기 위한 패키지 설정을 마쳤다면, 이제 액션에 코드를 삽입할 차례다.

다음은 설정 제로 기법을 사용하는 ZeroConfigurationExample 예제로, 사용자 요청을 처리하기 위해 execute( ) 메소드를 호출하면 결과값으로 "success" 문자열을 반환한다.

소스 4-2 : 설정 제로 기법을 사용하는 ZeroConfigurationExample 예제

```java
package com.mylib.struts2;

@Result (name="success", value="/jsp/success.jsp", type=ServletDispatcherResult.class)
public class ZeroConfigurationExample {
  public String execute( ) {
    Return "success";
  }
}
```

- name : 요청을 처리하는 메소드로부터 반환되는 문자열 값
- value : 리절트 타입으로 사용할 값이며, JSP에서 화면에 출력할 템플릿의 이름
- type : 리절트 타입의 클래스 이름. 문자열이 아니라 클래스 이름이기 때문에 이 값에 대해서는 따옴표로 묶어서 표현하지 않는다.

여러 개의 결과를 한 번에 기술하는 것도 가능하다. @Result 구문을 사용할 때 중괄호로 묶어서 @Result 구문을 연속적으로 기술하면 된다. 앞의 ZeroConfigurationExample 예제를 확장하여 두 개의 결과를 제공하는 액션 클래스를 만들어 보기로 하자(소스 4-3).

소스 4-3 : ZeroConfigurationExample 예제를 확장하여 두 개의 결과를 제공하는 액션 클래스

```
package com.mylib.struts2;

@Result({
    @Result (name="success" , value="/jsp/result.jsp" , type=ServletDispatcherResult.class),
    @Result (name="input" , value="/jsp/input.jsp" , type=ServletDispatcherResult.class)
})
public class DualZeroConfigurationAction {
    public String execute( ) {
        return new Random( ).nextBoolean( ) ? "success" : "input";
    }
}
```

web.xml 설정 파일에서 기술된 패키지와 실제로 액션이 위치하는 패키지 위치는 사용자가 웹 브라우저로 검색할 때 URL 경로로 사용한다. 이들 액션에 대한 호출 규칙은 다음과 같다.

- 액션의 이름은 일반적으로 접미사 Action를 제거한 액션 클래스의 이름으로 사용한다. 예를 들어, ZeroConfigurationAction 클래스는 URL에서 ZeroConfiguration.action과 같은 형태의 이름을 갖는다.
- web.xml에서 설정한 com.mylib.struts2 패키지와 같은 com.mylib.struts2 경로에 ZeroConfigurationAction 액션을 위치시킴으로서 작업이 완료된다. 이에 접근하기 위한 URL은 http://localhost:8080/app/ZeroConfiguration.Action이다. 만약, 액션이 com.mylib.test.example 패키지에 위치한다면 URL은 http://localhost:8080/app/test/example/ZeroConfiguration.action이 된다.

따라서, 앞에서 설정 제로 기법을 설명하기 위해 사용했던 두 가지 예제는 http://localohst:8080/app/ZeroConfiguration.action과 http://localhost:8080/app/DualZeroConfiguration.action의 두 가지 방법으로 접근이 가능하다.

설정 제로 기법을 활용하는 데는 몇 가지 추가적인 설정 옵션이 있어야 한다. URL을 결정함에 있어 앞에서는 URL이 action의 패키지 경로와 일치한다고 설명했다. 하지만, 항상 그럴 필요는 없기 때문에 이를 다르게 설정할 수 있는 방법이 존재한다. @Namespace 옵션을 사용하면 실제 경로와 다르게 원하는 대로 URL 접근 경로명을 설정할 수 있다. 예를 들어 com.mylib.test.example 경로에 존재하는 ZeroConfiguration.action을 @Namespace 옵션을 사용하면, http://localhost:8080/app/myExample/ZeroConfiguration.action과 같이 변경할 수 있다.

소스 4-4 : ParentPackage 옵션 사용 예제

```
package com.mylib.test.example;

@Result(name="success", value="/jsp/success.jsp", Type=ServletDispatcherResult.class)
@Namespace("/myExample")
@ParentPackage("struts-default")
public class ZeroConfigurationAction {
    Public String execute( ) {
        Return "success";
    }
}
```

위 소스 4-4에서 나타난 @ParentPackage 옵션은 환경 설정 정보를 그룹으로 관리할 수 있도록 하는 옵션으로, 액션이 패키지 메커니즘의 장점을 취할 수 있도록 하는 방법이라고 할 수 있다.

기본으로 설정된 패키지는 struts-default 패키지라고 해서 스트럿츠2에서 기본적으로 제공하는 패키지이다. 다른 것들은 원하는 대로 설정하여 사용할 수 있다. 다만, @ParentPackage 옵션을 사용할 때 주의해야 할 것은, 스트럿츠2 JAR 파일이나 별도의 플러그인을 제공하지 않는 struts.xml 설정 파일을 통해 미리 정의하고 디렉터리 환경 설정을 기술해야 한다는 점이다.

02. web.xml 파일

web.xml 파일은 가장 기본적인 J2EE 설정 파일로서, 서블릿 컨테이너에서 HTTP 요청을 처리하는 필터, 서블릿, 파라미터, 리소스 등의 구성요소를 설정한다. web.xml 파일은 웹 어플리케이션을 개발하기 위해 스트럿츠2를 사용할 때, 가장 먼저 설정하는 파일이다. 물론, 이러한 환경 설정을 자동으로 해주는 Maven2와 같이 툴이 있긴 하지만, 기본적인 내용은 알아두는 것이 현명하다. 이것을 알아두면 나중에 여러분이 직접 개발한 웹 어플리케이션을 엔터프라이즈 환경에서 적용하고 배치하고자 할 때 발생하는 문제들을 해결하는 데에 도움이 될 것이다.

기본적인 web.xml 파일 내용은 소스 4-5과 같다. 아무런 플러그인도 사용하지 않는 경우라면 아래와 같이 기본 설정 그대로 단순한 형태의 web.xml 파일로도 충분하다. 만약, 여러 개의 플러그인(plug-in)을 사용하는 경우라면 이를 활성화하기 위해 web.xml 파일에 추가적으로 내용을 기술해야 한다.

소스 4-5 : 기본적인 web.xml 파일 내용

```
⟨filter⟩
⟨filter-name⟩action2⟨/filter-name⟩
⟨filter-class⟩org.apache.struts2.dispatcher.FilterDispatcher⟨/filter-class⟩
⟨/filter⟩
⟨filter-mapping⟩
⟨filter-name⟩action2⟨/filter-name⟩
⟨url-pattern⟩/*⟨/url-pattern⟩
⟨/filter-mapping⟩
```

위 web.xml 내용 중 첫 번째 ⟨filter⟩ 구문은 action2라는 이름으로 FilterDispatcher를 등록하는 것이다. 두 번째 ⟨filter-mapping⟩ 구문은 모든 파일에 대한 요청(url-pattern이 /*인 사실로부터 알 수 있음)을 위에서 정의한 action2 필터에 전달하라는 뜻이다.

03. struts.xml 파일

struts.xml 파일은 스트럿츠2 웹 어플리케이션에서 핵심적인 설정 파일이다. 앞에서 설명한 설정 제로 기법은 기존에 정의된 액션 코드와 설정을 그대로 유지하면서 일부만 수정하여 동작시키는 방법이다. 그러나 설정 옵션에 대해서 보다 상세한 컨트롤을 원한다면 struts.xml 파일을 수정해야 한다. struts.xml 설정 파일에는 플러그인과 프레임워크를 확장하는 목적으로 사용되는 설정 옵션들이 많으나, 이러한 속성들에 대해서는 차차 다루기로 하고 여기서는 대략적인 부분을 우선 정리하기로 한다.

스트럿츠1과 달리 스트럿츠2의 struts.xml 파일에서는 몇 가지 새로운 기능이 추가되었다.

첫 번째는 include 기능이다. 실무 개발 프로젝트에 참여하다보면 기존 struts-config.xml(기존 Struts 설정 파일) 파일 하나에 모든 action 설정을 기술해야 했기 때문에 설정이 매우 복잡해지고, 충돌이 발생하여 서버를 구동하는 데 문제가 많았다. 이를 방지하기 위해서 스트럿츠2에서는 include 키워드를 사용해 원하는 설정 부분을 별도의 파일로 독립시키고 선택적으로 관리할 수 있도록 하였다.

두 번째는 패키지(package) 기능이다. 스트럿츠1에서는 기존의 액션 경로에 모든 패키지 경로를 기술하는 방식인데 비해, 스트럿츠2의 패키지 기능은 경로 자체를 별도의 네임스페이스로 관리할 수 있게 되었다. 따라서, 특정 패키지 내에 존재하는 여러 액션 파일의 정보를 기술할 때, 매번 패키지 경로를 중복해서 적지 않아도 된다. 즉, URL 경로가 단순해지고, 보다 더 의미있는 이름을 지정할 수 있게 되었다.

세 번째는 와일드카드 매핑 지원이 보다 편리해진 점이다. 기존의 스트럿츠1에서는 액션의 execute( ) 메소드 외의 나머지 메소드를 호출하기 위해서 DispachAction을 사용해 파라미터로 메소드명을 받을 수밖에 없었지만 스트럿츠2에서는 와일드카드를 사용하여 액션 이름 전체를 기술하지 않아도 된다.

소스 4-6 : struts.xml 설정 파일 기본 구조

```
〈?xml version="1.0" encoding="UTF-8" ?〉
〈!DOCTYPE struts PUBLIC
"-//Apache Software Foundation//DTD Struts Configuration 2.0//EN"
"http://struts.apache.org/dtds/struts-2.0.dtd"〉
〈struts〉
```

```
...
</struts>
```

　struts.xml 설정 파일은 전체적으로 앞의 소스 4-6과 같다. XML 문서 버전과 엔코딩 방식을 정의하는 첫 줄과 문서 타입(DOCTYPE)을 기술하는 부분을 제외하면, 전체적으로 〈struts〉 ~ 〈/struts〉 태그로 묶여져 있는 것을 확인할 수 있다.

　〈struts〉 태그 하위에 들어갈 하위 태그로는 include, package, constant, 그리고 bean의 4가지다. bean 태그에 대해서는 이 책의 후반에 자바 빈즈(JAVA Beans)에 대한 설명과 함께 기술하도록 하겠다.

(1) include 태그

　struts.xml 설정 파일은 〈struts〉 하위에 작은 단위의 태그들로 모듈화되어 관리된다. include 파일을 사용하는 부모 XML 파일(예를들면, struts.xml)과 이에 포함되는 자식 XML 파일간의 문법상 차이는 없다. include 파일은 C언어에서와 마찬가지로 처리하기 전에 미리 파일을 불러들여 하나로 확장한 후 통합된 struts.xml 파일로 처리한다.

　다음 코드는 struts.xml에서 include 태그를 사용하여 struts.xml 파일에 struts-module1.xml과 struts-module2.xml 두 개 파일을 포함시키는 예제이다. include 태그의 경우는 대개 한 줄에 끝나므로 〈include〉 ~ 〈/include〉를 한 개의 쌍으로 사용하는 것보다 아래와 같이 한 줄 태그(〈include/〉) 형태로 사용하는 경우가 많다.

소스 4-7 : struts.xml에 두 개 XML 설정 파일을 포함하는 예제

```
〈struts〉
〈include file="struts-module1.xml" /〉
〈include file="struts-module2.xml" /〉
...
〈/struts〉
```

　이와 같이, 파일을 include 시킬 때에는 파일간의 순서가 중요하다. 만약, 위의 struts-module1.xml과 struts-module2.xml 두 XML 파일간에 종속 관계가 있는 경우라면 (module1에서 정의한 내용에 대해서 module2에서 참조하는 경우 등) 두 파일의 include 순서가 뒤바뀌면 예외(exception)가 발생하기 때문이다.

include 태그의 또 다른 활용 방법으로는 엔터프라이즈 환경에서 한 번에 둘 이상의 여러 웹 어플리케이션 개발 프로젝트를 관리하는 경우에, 각각의 설정을 서로 다른 XML 파일로 저장해 두고 필요에 따라 이를 include 해서 사용하는 것이다(소스 4-8).

소스 4-8 : XML 설정 파일에서 include 태그의 사용법

```
〈struts〉
〈include file="project1.xml" /〉
〈include file="project2.xml" /〉
〈include file="project3.xml" /〉
〈/struts〉
```

(2) package 태그

패키지는 매핑(mapping)과 실행 타입 설정(execution type configuration)을 포함하기 위한 컨테이너를 제공한다. 흔히 모듈화와 패키징을 혼동하는 경우가 있는데, 웹 어플리케이션의 환경 설정을 모듈화하기 위해서 서로 다른 파일로 분리하는 것과 패키징은 다른 의미이다. package 태그 설정 방법은 아래와 같이 매우 단순하다.

```
〈package name="example" extends="struts-defualt" abstract="false" namespace="/tests" 〉
                         :
〈/package〉
```

패키지 태그는 struts 태그 하위에 있어야 하며, 다음과 같은 네 가지 속성 값을 가진다.

- name : 이는 개발자가 나름대로 명명하는 패키지에 대한 고유한 이름이다.
- extends : 패키지는 서로간에 상속이 가능한데, 이러한 기능은 한 패키지의 환경 설정을 다른 패키지에서 그대로 상속받아 사용할 수 있다는 의미이다. 이는 또한 어떤 패키지의 네임스페이스를 확장하는데 있어 action 설정을 포함하겠다는 의미이기도 하다.
- abstract : 만약 해당 속성이 true라면 해당 패키지의 action은 URL을 통해 보여지지 않는다. 그리고 패키지는 순수하게 설정 파일의 모듈화를 위해서만 사용된다.
- namespace : 패키지에서 설정된 action의 URL 경로가 적용될 디렉터리 범위를 지정한다.

이때 name 속성과 namespace 속성 값은 반드시 다른 것과 중복되지 않아야 한다. 만약, 중복이 발생하면 스트럿츠2 프레임워크가 구동되는 과정에서 에러가 발생한다.

(3) struts.xml에서 상수 값 정의하기

스트럿츠 환경 설정에서는 다양한 설정 값들을 정의하여 사용하는데, 이때 알아두면 매우 유용한 상수 값 정의 방법을 소개한다.

개발자들 중에는 특정한 옵션에 대한 값을 설정할 때 단순히 true/false를 사용하는 경우가 많은데, 프로젝트가 커지고 옵션의 개수가 많아지면 그 설정에 대한 의미를 한눈에 파악하기 어려울 수 있다. 따라서, 개별 옵션에 대해 나름대로의 의미를 부여하고자 하는 경우 상수를 정의해서 해당 옵션값에 대한 이름을 붙여서 사용하면 편리하다.

다음은 struts.xml 파일에서 상수 값을 정의하는 방법이다.

```
〈struts〉
  〈constant name = "struts.DefaultProcessingResultValue" value="true" /〉
〈/struts〉
```

04. 스트럿츠2 프레임워크 구동시 사용되는 XML 파일과 순서

스트럿츠2 프레임워크는 구동 단계에서 아래와 같은 세 가지 파일을 순서대로 읽어들임으로써 환경을 설정한다. 디폴트로 XML을 읽어들이고, plugin을 읽어들인 다음, 여러분들의 커스터마이즈된 struts.xml 파일을 읽어들인다. 이러한 설정 파일들에 옵션을 설정하거나 상수 값을 정의하는 경우, 이와 같은 순서대로 값을 찾아가게 된다.

(1) struts-default.xml

스트럿츠2 프레임워크에서 기본적으로 제공되는 xml 파일을 struts.xml 설정 파일이다. struts-default.xml에는 모든 기본 번들 리절트(result), 인터셉터(interceptor), 그리고 인터셉터 스택(interceptor stack)에 대한 많은 설정이 포함되어 있다. 이 내용은 여러분들의 웹 어플리케이션에 그대로 사용해도 무방하고, 이 내용을 바탕으로 커스터마이즈된 자기만의 인터셉터 스택을 만들 수도 있다.

(2) struts-plugin.xml

플러그인 JAR 파일들이 classpath 경로상에 위치하는 경우, 이들 각 플러그인의 struts-plugin.xml 파일이 로드된다. struts-plugin.xml 파일은 대부분의 경우 JAR 파일 내에 위치하며, 어플리케이션 실행시 해당 모듈이 자동으로 로딩된다.

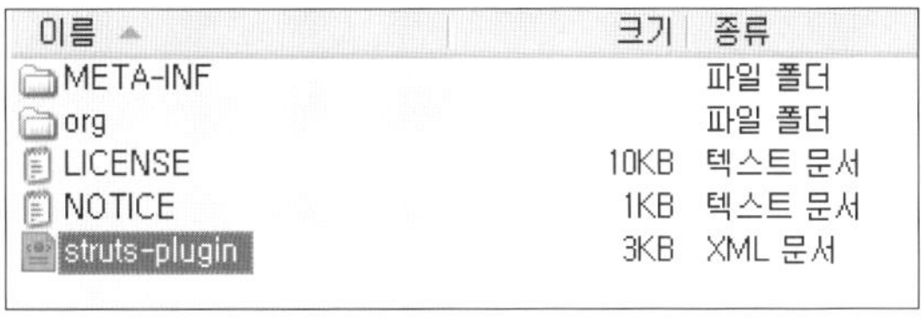

이름 ▲	크기	종류
📁 META-INF		파일 폴더
📁 org		파일 폴더
📄 LICENSE	10KB	텍스트 문서
📄 NOTICE	1KB	텍스트 문서
📄 struts-plugin	3KB	XML 문서

[그림 4-1] JSF 플러그인의 디렉터리 구조

예를 들어, JSF(JavaServer Faces) 플러그인의 경우 top 디렉터리에 ./META-INF, ./org, 그리고 몇 가지 라이선스(LICENSE.TXT)와 공지사항(NOTICE.TXT)에 대한 텍스트 문서 이외에 struts-plugin.xml 파일이 존재하는 것을 확인할 수 있다. 그 밖에도 대부분의 플러그인이 [그림 4-1]과 같은 구조로 되어 있다.

(3) struts.xml

struts.xml을 개발하는 웹 어플리케이션에서 환경 설정을 위해 제공하는 설정 파일이다.

다음은 struts-default.xml 파일의 내용이다.

소스 4-9 : struts-default.xml 파일 내용

```
〈?xml version="1.0" encoding="UTF-8" ?〉
〈!--
/*
* $Id: struts-default.xml 559615 2007-07-25 21:25:25Z apetrelli $
*
* Licensed to the Apache Software Foundation (ASF) under one
* or more contributor license agreements.  See the NOTICE file
* distributed with this work for additional information
* regarding copyright ownership.  The ASF licenses this file
* to you under the Apache License, Version 2.0 (the
* "License"); you may not use this file except in compliance
* with the License.  You may obtain a copy of the License at
*
* http://www.apache.org/licenses/LICENSE-2.0
*
* Unless required by applicable law or agreed to in writing,
```

```xml
<!DOCTYPE struts PUBLIC
    "-//Apache Software Foundation//DTD Struts Configuration 2.0//EN"
    "http://struts.apache.org/dtds/struts-2.0.dtd">

<struts>
    <bean class="com.opensymphony.xwork2.ObjectFactory" name="xwork" />
    <bean type="com.opensymphony.xwork2.ObjectFactory" name="struts" class=
"org.apache.struts2.impl.StrutsObjectFactory" />


    <bean type="com.opensymphony.xwork2.ActionProxyFactory" name="xwork" class=
"com.opensymphony.xwork2.DefaultActionProxyFactory" />
    <bean type="com.opensymphony.xwork2.ActionProxyFactory" name="struts" class=
"org.apache.struts2.impl.StrutsActionProxyFactory" />


    <bean type="com.opensymphony.xwork2.util.ObjectTypeDeterminer" name="tiger"
class="com.opensymphony.xwork2.util.GenericsObjectTypeDeterminer" />
    <bean type="com.opensymphony.xwork2.util.ObjectTypeDeterminer" name="notiger"
class="com.opensymphony.xwork2.util.DefaultObjectTypeDeterminer" />
    <bean type="com.opensymphony.xwork2.util.ObjectTypeDeterminer" name="struts"
class="com.opensymphony.xwork2.util.DefaultObjectTypeDeterminer" />


    <bean type="org.apache.struts2.dispatcher.mapper.ActionMapper" name="struts" class=
"org.apache.struts2.dispatcher.mapper.DefaultActionMapper" />
    <bean type="org.apache.struts2.dispatcher.mapper.ActionMapper" name="composite"
class="org.apache.struts2.dispatcher.mapper.CompositeActionMapper" />
    <bean type="org.apache.struts2.dispatcher.mapper.ActionMapper" name="restful" class=
"org.apache.struts2.dispatcher.mapper.RestfulActionMapper" />
    <bean type="org.apache.struts2.dispatcher.mapper.ActionMapper" name="restful2"
class="org.apache.struts2.dispatcher.mapper.Restful2ActionMapper" />
    <bean type="org.apache.struts2.dispatcher.multipart.MultiPartRequest" name="struts"
class="org.apache.struts2.dispatcher.multipart.JakartaMultiPartRequest" scope="default"
```

```
optional= "true" />
    ⟨bean type= "org.apache.struts2.dispatcher.multipart.MultiPartRequest" name= "jakarta"
class= "org.apache.struts2.dispatcher.multipart.JakartaMultiPartRequest" scope= "default"
optional= "true" />


    ⟨bean type= "org.apache.struts2.views.TagLibrary" name= "s" class= "org.apache.
struts2.views.DefaultTagLibrary" />

    ⟨bean class= "org.apache.struts2.views.freemarker.FreemarkerManager" name= "struts"
optional= "true" />
    ⟨bean class= "org.apache.struts2.views.velocity.VelocityManager" name= "struts"
optional= "true" />


    ⟨bean class= "org.apache.struts2.components.template.TemplateEngineManager" />
    ⟨bean type= "org.apache.struts2.components.template.TemplateEngine" name= "ftl"
class= "org.apache.struts2.components.template.FreemarkerTemplateEngine" />
    ⟨bean type= "org.apache.struts2.components.template.TemplateEngine" name= "vm"
class= "org.apache.struts2.components.template.VelocityTemplateEngine" />
    ⟨bean type= "org.apache.struts2.components.template.TemplateEngine" name= "jsp"
class= "org.apache.struts2.components.template.JspTemplateEngine" />


    ⟨bean type= "com.opensymphony.xwork2.util.XWorkConverter" name= "xwork1" class=
"com.opensymphony.xwork2.util.XWorkConverter" />
    ⟨bean type= "com.opensymphony.xwork2.util.XWorkConverter" name= "struts" class=
"com.opensymphony.xwork2.util.AnnotationXWorkConverter" />
    ⟨bean type= "com.opensymphony.xwork2.TextProvider" name= "xwork1" class=
"com.opensymphony.xwork2.TextProviderSupport" />
    ⟨bean type= "com.opensymphony.xwork2.TextProvider" name= "struts" class=
"com.opensymphony.xwork2.TextProviderSupport" />


    ⟨!-- Only have static injections --⟩
    ⟨bean class= "com.opensymphony.xwork2.ObjectFactory" static= "true" />
    ⟨bean class= "com.opensymphony.xwork2.util.XWorkConverter" static= "true" />
    ⟨bean class= "com.opensymphony.xwork2.util.OgnlValueStack" static= "true" />
    ⟨bean class= "org.apache.struts2.dispatcher.Dispatcher" static= "true" />
    ⟨bean class= "org.apache.struts2.components.Include" static= "true" />
    ⟨bean class= "org.apache.struts2.dispatcher.FilterDispatcher" static= "true" />
    ⟨bean class= "org.apache.struts2.views.util.ContextUtil" static= "true" />
    ⟨bean class= "org.apache.struts2.views.util.UrlHelper" static= "true" />
```

```
〈package name="struts-default" abstract="true"〉 ──── 패키지 정의와 리절트 타입 정의
    〈result-types〉
        〈result-type name="chain" class="com.opensymphony.xwork2.Action ChainResult" /〉
        〈result-type name="dispatcher" class="org.apache.struts2.dispatcher.Servle
tDispatcherResult" default="true" /〉
        〈result-type name="freemarker" class="org.apache.struts2.views.freemarker.
FreemarkerResult" /〉
        〈result-type name="httpheader" class="org.apache.struts2.dispatcher.Http
HeaderResult" /〉
        〈result-type name="redirect" class="org.apache.struts2.dispatcher.Servlet RedirectResult" /〉
        〈result-type name="redirectAction" class="org.apache.struts2.dispatcher.Servle
tActionRedirectResult" /〉
        〈result-type name="stream" class="org.apache.struts2.dispatcher.StreamResult" /〉
        〈result-type name="velocity" class="org.apache.struts2.dispatcher.VelocityResult" /〉
        〈result-type name="xslt" class="org.apache.struts2.views.xslt.XSLTResult" /〉
        〈result-type name="plainText" class="org.apache.struts2.dispatcher.Plain TextResult" /〉
        〈!-- Deprecated name form scheduled for removal in Struts 2.1.0. The camelCase
versions are preferred. See ww-1707 --〉
        〈result-type name="redirect-action" class="org.apache.struts2.dispatcher.Servlet
ActionRedirectResult" /〉
        〈result-type name="plaintext" class="org.apache.struts2.dispatcher.Plain TextResult" /〉
    〈/result-types〉


    〈interceptors〉
        〈interceptor name="alias" class="com.opensymphony.xwork2.interceptor.
AliasInterceptor" /〉
        〈interceptor name="autowiring" class="com.opensymphony.xwork2.spring.
interceptor.ActionAutowiringInterceptor" /〉
        〈interceptor name="chain" class="com.opensymphony.xwork2.interceptor.
ChainingInterceptor" /〉
        〈interceptor name="conversionError" class="org.apache.struts2.interceptor.
StrutsConversionErrorInterceptor" /〉
        〈interceptor name="cookie" class="org.apache.struts2.interceptor.CookieInterceptor" /〉
        〈interceptor name="createSession" class="org.apache.struts2.interceptor.
CreateSessionInterceptor" /〉
        〈interceptor name="debugging" class="org.apache.struts2.interceptor.
debugging.DebuggingInterceptor" /〉
```

```xml
<interceptor name="externalRef" class="com.opensymphony.xwork2.
interceptor.ExternalReferencesInterceptor" />
<interceptor name="execAndWait" class="org.apache.struts2.interceptor.
ExecuteAndWaitInterceptor" />
<interceptor name="exception" class="com.opensymphony.xwork2.interceptor.
ExceptionMappingInterceptor" />
<interceptor name="fileUpload" class="org.apache.struts2.interceptor.
FileUploadInterceptor" />
<interceptor name="i18n" class="com.opensymphony.xwork2.interceptor.
I18nInterceptor" />
<interceptor name="logger" class="com.opensymphony.xwork2.interceptor.
LoggingInterceptor" />
<interceptor name="modelDriven" class="com.opensymphony.xwork2.
interceptor.ModelDrivenInterceptor" />
<interceptor name="scopedModelDriven" class="com.opensymphony.xwork2.
interceptor.ScopedModelDrivenInterceptor" />
<interceptor name="params" class="com.opensymphony.xwork2.interceptor.
ParametersInterceptor" />
<interceptor name="prepare" class="com.opensymphony.xwork2.interceptor.
PrepareInterceptor" />
<interceptor name="staticParams" class="com.opensymphony.xwork2.
interceptor.StaticParametersInterceptor" />
<interceptor name="scope" class="org.apache.struts2.interceptor.ScopeInterceptor" />
<interceptor name="servletConfig" class="org.apache.struts2.interceptor.
ServletConfigInterceptor" />
<interceptor name="sessionAutowiring" class="org.apache.struts2.spring.
interceptor.SessionContextAutowiringInterceptor" />
<interceptor name="timer" class="com.opensymphony.xwork2.interceptor.
TimerInterceptor" />
<interceptor name="token" class="org.apache.struts2.interceptor.TokenInterceptor" />
<interceptor name="tokenSession" class="org.apache.struts2.interceptor.
TokenSessionStoreInterceptor" />
<interceptor name="validation" class="org.apache.struts2.interceptor.validation.
AnnotationValidationInterceptor" />
<interceptor name="workflow" class="com.opensymphony.xwork2.interceptor.
DefaultWorkflowInterceptor" />
<interceptor name="store" class="org.apache.struts2.interceptor.Message StoreInterceptor" />
<interceptor name="checkbox" class="org.apache.struts2.interceptor.CheckboxInterceptor" />
<interceptor name="profiling" class="org.apache.struts2.interceptor.
```

```
ProfilingActivationInterceptor" />
        〈interceptor name="roles" class="org.apache.struts2.interceptor.RolesInterceptor" />

        〈!-- Basic stack --〉
        〈interceptor-stack name="basicStack"〉
            〈interceptor-ref name="exception" />
            〈interceptor-ref name="servletConfig" />
            〈interceptor-ref name="prepare" />
            〈interceptor-ref name="checkbox" />
            〈interceptor-ref name="params" />
            〈interceptor-ref name="conversionError" />
        〈/interceptor-stack〉

        〈!-- Sample validation and workflow stack --〉
        〈interceptor-stack name="validationWorkflowStack"〉
            〈interceptor-ref name="basicStack" />
            〈interceptor-ref name="validation" />
            〈interceptor-ref name="workflow" />
        〈/interceptor-stack〉

        〈!-- Sample file upload stack --〉
        〈interceptor-stack name="fileUploadStack"〉
            〈interceptor-ref name="fileUpload" />
            〈interceptor-ref name="basicStack" />
        〈/interceptor-stack〉

        〈!-- Sample model-driven stack --〉
        〈interceptor-stack name="modelDrivenStack"〉
            〈interceptor-ref name="modelDriven" />
            〈interceptor-ref name="basicStack" />
        〈/interceptor-stack〉

        〈!-- Sample action chaining stack --〉
        〈interceptor-stack name="chainStack"〉
            〈interceptor-ref name="chain" />
            〈interceptor-ref name="basicStack" />
        〈/interceptor-stack〉

        〈!-- Sample i18n stack --〉
```

```xml
<interceptor-stack name="i18nStack">
    <interceptor-ref name="i18n" />
    <interceptor-ref name="basicStack" />
</interceptor-stack>

<!-- An example of the params-prepare-params trick. This stack
    is exactly the same as the defaultStack, except that it
    includes one extra interceptor before the prepare interceptor:
    the params interceptor.

    This is useful for when you wish to apply parameters directly
    to an object that you wish to load externally (such as a DAO
    or database or service layer), but can't load that object
    until at least the ID parameter has been loaded. By loading
    the parameters twice, you can retrieve the object in the
    prepare( ) method, allowing the second params interceptor to
    apply the values on the object. -->
<interceptor-stack name="paramsPrepareParamsStack">
    <interceptor-ref name="exception" />
    <interceptor-ref name="alias" />
    <interceptor-ref name="params" />
    <interceptor-ref name="servletConfig" />
    <interceptor-ref name="prepare" />
    <interceptor-ref name="i18n" />
    <interceptor-ref name="chain" />
    <interceptor-ref name="modelDriven" />
    <interceptor-ref name="fileUpload" />
    <interceptor-ref name="checkbox" />
    <interceptor-ref name="staticParams" />
    <interceptor-ref name="params" />
    <interceptor-ref name="conversionError" />
    <interceptor-ref name="validation">
        <param name="excludeMethods">input,back,cancel</param>
    </interceptor-ref>
    <interceptor-ref name="workflow">
        <param name="excludeMethods">input,back,cancel</param>
    </interceptor-ref>
</interceptor-stack>
```

```xml
<!-- A complete stack with all the common interceptors in place.
     Generally, this stack should be the one you use, though it
     may do more than you need. Also, the ordering can be
     switched around (ex: if you wish to have your servlet-related
     objects applied before prepare( ) is called, you'd need to move
     servlet-config interceptor up.

     This stack also excludes from the normal validation and workflow
     the method names input, back, and cancel. These typically are
     associated with requests that should not be validated.
     -->
<interceptor-stack name="defaultStack">
    <interceptor-ref name="exception" />
    <interceptor-ref name="alias" />
    <interceptor-ref name="servletConfig" />
    <interceptor-ref name="prepare" />
    <interceptor-ref name="i18n" />
    <interceptor-ref name="chain" />
    <interceptor-ref name="debugging" />
    <interceptor-ref name="profiling" />
    <interceptor-ref name="scopedModelDriven" />
    <interceptor-ref name="modelDriven" />
    <interceptor-ref name="fileUpload" />
    <interceptor-ref name="checkbox" />
    <interceptor-ref name="staticParams" />
    <interceptor-ref name="params">
        <param name="excludeParams">dojo\..*</param>
    </interceptor-ref>
    <interceptor-ref name="conversionError" />
    <interceptor-ref name="validation">
        <param name="excludeMethods">input,back,cancel,browse</param>
    </interceptor-ref>
    <interceptor-ref name="workflow">
        <param name="excludeMethods">input,back,cancel,browse</param>
    </interceptor-ref>
</interceptor-stack>

<!-- The completeStack is here for backwards compatibility for
     applications that still refer to the defaultStack by the
```

```
        old name --⟩
    ⟨interceptor-stack name="completeStack"⟩
        ⟨interceptor-ref name="defaultStack"/⟩
    ⟨/interceptor-stack⟩


    ⟨!-- Sample execute and wait stack.
        Note: execAndWait should always be the *last* interceptor. --⟩
    ⟨interceptor-stack name="executeAndWaitStack"⟩
        ⟨interceptor-ref name="execAndWait"⟩
            ⟨param name="excludeMethods"⟩input,back,cancel⟨/param⟩
        ⟨/interceptor-ref⟩
        ⟨interceptor-ref name="defaultStack"/⟩
        ⟨interceptor-ref name="execAndWait"⟩
            ⟨param name="excludeMethods"⟩input,back,cancel⟨/param⟩
        ⟨/interceptor-ref⟩
    ⟨/interceptor-stack⟩


        ⟨!-- Deprecated name forms scheduled for removal in Struts 2.1.0. The camelCase
versions are preferred. See ww-1707 --⟩
        ⟨interceptor name="external-ref" class="com.opensymphony.xwork2.
interceptor.ExternalReferencesInterceptor"/⟩
        ⟨interceptor name="model-driven" class="com.opensymphony.xwork2.
interceptor.ModelDrivenInterceptor"/⟩
        ⟨interceptor name="static-params" class="com.opensymphony.xwork2.
interceptor.StaticParametersInterceptor"/⟩
        ⟨interceptor name="scoped-model-driven" class="com.opensymphony.
xwork2.interceptor.ScopedModelDrivenInterceptor"/⟩
        ⟨interceptor name="servlet-config" class="org.apache.struts2.interceptor.
ServletConfigInterceptor"/⟩
        ⟨interceptor name="token-session" class="org.apache.struts2.interceptor.
TokenSessionStoreInterceptor"/⟩

    ⟨/interceptors⟩

    ⟨default-interceptor-ref name="defaultStack"/⟩
  ⟨/package⟩

⟨/struts⟩
```

소스 4-9에 나타난 struts-default.xml 설정 파일은 struts-default 패키지를 포함한다. 이 패키지에는 많은 리절트 타입(result type)과 인터셉터(interceptor), 그리고 인터셉터 스택(interceptor stack) 등이 정의되어 있다. 실제로, struts-default.xml 파일의 중간쯤에서 아래와 같이 패키지를 정의하고 리절트 타입을 정의해 나가기 시작하는 것을 볼 수 있다.

```
〈package name="struts-default" abstract="true"〉
    〈result-types〉
```

여러분이 웹 어플리케이션 개발 과정에서 패키지를 생성할 때 대부분의 경우에 struts-default 패키지를 상속받아 사용하는 것이 유용할 것이다. 플러그인을 사용할 때, 경우에 따라서는 struts-default 패키지를 상속받지 않고 별도로 제공되는 패키지를 상속받아 사용하는 경우도 있지만, 이때에는 plug-in 패키지 자체가 struts-default 패키지를 상속받아 만들어진 것임을 알아야 한다. 패키지 태그 내에 포함되는 태그로는 〈result-types〉 외에도 〈interceptor〉, 〈default-interceptor〉, 〈default-action-ref〉, 〈global-results〉, 〈global-results〉, 〈global-exception-mappings〉, 그리고 〈action〉 태그 등이 있다.

05. 스트럿츠2 프레임워크에서 리절트 사용하기

(1) 리절트 타입 설정하기

스트럿츠2 프레임워크에서 리절트를 사용하기 위해서는 그 이전에 반드시 리절트 타입 태그로 다음과 같이 정의되어 있어야 한다.

소스 4-10: 스트럿츠2 프레임워크에서 리절트 사용을 위한 정의

```
〈package name="example" extends="struts-default" abstract="false" namespace="/tests"〉
  〈result-types〉
    〈result-type name="myprojectresult" default="false"
    Class="com.dar.myproj.myResult" /〉
    〈result-type name="dar" class="com.dar.myproj.myResult" /〉
  〈/result-types〉
〈/package〉
```

리절트 타입 태그는 여러 개의 result-type 태그들을 포함할 수 있는데, 각각의 result-type 태그는 다음과 같은 세 가지 속성을 갖는다.

- name : 개발자가 명명하는 고유한 리절트 타입의 이름
- class : 리절트 타입을 구현하는 패키지와 클래스 이름
- default : 디폴트 리절트 타입(default result type)인지의 여부를 설정한다. 기본 값은 false이다.

이와 같은 리절트 타입 설정은 struts.xml 설정의 액션 설정부에서 아래와 같이 사용할 수 있다.

⟨result-type name="chain" class="com.opensymphony.xwork2.ActionChainResult" /⟩

실제로 위 코드는 앞의 struts-default.xml 파일에서 리절트 타입을 설정한 것이다. 다음은 struts-plugin.xml 파일에서 리절트 타입을 설정한 예이다.

소스 4-11: struts-plugin.xml 파일 내용

```
⟨?xml version="1.0" encoding="UTF-8" ?⟩
⟨!--
/*
 * $Id: pom.xml 559206 2007-07-24 21:01:18Z apetrelli $
 *
 * Licensed to the Apache Software Foundation (ASF) under one
 * or more contributor license agreements.  See the NOTICE file
 * distributed with this work for additional information
 * regarding copyright ownership.  The ASF licenses this file
 * to you under the Apache License, Version 2.0 (the
 * "License"); you may not use this file except in compliance
 * with the License.  You may obtain a copy of the License at
 *
 * http://www.apache.org/licenses/LICENSE-2.0
 *
 * Unless required by applicable law or agreed to in writing,
 * software distributed under the License is distributed on an
 * "AS IS" BASIS, WITHOUT WARRANTIES OR CONDITIONS OF ANY
 * KIND, either express or implied.  See the License for the
 * specific language governing permissions and limitations
 * under the License.
```

```
*/
-->

<!DOCTYPE struts PUBLIC
    "-//Apache Software Foundation//DTD Struts Configuration 2.0//EN"
    "http://struts.apache.org/dtds/struts-2.0.dtd">

<struts>
    <package name="jsf-default" extends="struts-default">

        <result-types>
            <result-type name="jsf" class="org.apache.struts2.jsf.FacesResult" />
        </result-types>
        <interceptors>
            <interceptor class="org.apache.struts2.jsf.FacesSetupInterceptor" name="jsfSetup" />
            <interceptor class="org.apache.struts2.jsf.RestoreViewInterceptor" name="jsfRestore" />
            <interceptor class="org.apache.struts2.jsf.ApplyRequestValuesInterceptor" name="jsfApply" />
            <interceptor class="org.apache.struts2.jsf.ProcessValidationsInterceptor" name="jsfValidate" />
            <interceptor class="org.apache.struts2.jsf.UpdateModelValuesInterceptor" name="jsfUpdate" />
            <interceptor class="org.apache.struts2.jsf.InvokeApplicationInterceptor" name="jsfInvoke" />

            <interceptor-stack name="jsfStack">
                <interceptor-ref name="jsfSetup">
                    <param name="variableResolver">org.apache.struts2.jsf.StrutsVariableResolver</param>
                    <param name="navigationHandler">org.apache.struts2.jsf.StrutsNavigationHandler</param>
                </interceptor-ref>
                <interceptor-ref name="jsfRestore" />
                <interceptor-ref name="jsfApply" />
                <interceptor-ref name="jsfValidate" />
                <interceptor-ref name="jsfUpdate" />
                <interceptor-ref name="jsfInvoke" />
            </interceptor-stack>
        </interceptors>

        <default-interceptor-ref name="jsfStack" />

    </package>

</struts>
```

리절트(result) 요소는 Action을 실행한 후에 클라이언트에게 보낼 결과를 만드는 객체를 설정하는데, 스트럿츠2에서는 리절트 체인(result chain) 방법을 새롭게 적용하였다. 여기서 리절트 타입은 JSP 파일, 벨로시티(Velocity), 스트림(stream), HTTP 헤더, 디스패쳐, Freemarker 템플릿 랜더링, 차트 생성, XML 출력 등 다양하다. 패키지별로 디폴트 리절트 타입을 설정할 수 있으며, 특별히 설정하지 않으면 디폴트 리절트 타입에 의해 지정된 값을 사용한다. 액션은 클라이언트의 요청에 의해 작업을 수행한 후, 이 이름을 사용하여 클라이언트에게 어떤 결과를 보낼 것인지를 지정한다. 대부분의 경우, 리절트 값을 지정하기 위해서 "success", "none", "loging", "error", "input" 등의 단순한 문자열이 사용된다.

(2) 사용자 정의 리절트 타입

프레임워크에 미리 정의된 리절트 타입 외에도 사용자 정의 리절트 타입을 만들 수 있다. 이를 위해서는 com.opensymphony.xwork2.Result 인터페이스를 구현하면 된다. 예를 들면, 이메일 생성, JMS 메시지 생성, image 생성 등이 com.opensymphony.xwork2.Result 인터페이스를 구현한 사용자 정의 리절트 타입에 해당한다.

소스 4-12 : 사용자 정의 리절트 타입

```
〈package name="net.anfamily" namespace="/net/anfamily" extends="struts-default"〉

  〈!--interceptors〉
    〈interceptor name="net.anfamily.interceptor" class="net.anfamily.interceptor. Check" /〉
  〈/interceptors--〉

  〈action name="Example" class="net.anfamily.Example"〉
    〈result name="success" type="chain"〉ResultExample〈/result〉
    〈result name="fail" type="dispatcher"〉/anfamily/error.jsp〈/result〉
  〈/action〉

  〈action name="ResultExample" class="net.anfamily.ResultExample"〉
    〈result〉/anfamily/example.jsp〈/result〉
  〈/action〉

〈/package〉
```

다음 소스 4-13은 스트럿츠2의 DTD이다. DTD란 도규먼트 타입 정의(Document Type Definition)로, 원래 XML(eXtended Markup Language)에서 사용되는 개념이다. DTD는 문서의 형식을 사용자 나름대로 정의해서 사용할 수 있도록 하는 것이다, 예를 들어, HTML 문서 같은 경우 XML의 부분집합으로서 HTML 문서에서 사용할 수 있는 태그들의 의미를 DTD에서 정의하여 전체 문서 형식을 마련할 수 있다. 이와 유사하게 스트럿츠2에서도 DTD 로 환경 설정을 위한 문서 형식을 정의할 수 있다.

소스 4-13 : 스트럿츠2 DTD(Document Type Definition)

```
<!--
  Struts configuration DTD.
  Use the following DOCTYPE

  <!DOCTYPE struts PUBLIC
    "-//Apache Software Foundation//DTD Struts Configuration 2.0//EN"
    "http://struts.apache.org/dtds/struts-2.0.dtd">
-->

<!ELEMENT struts (package|include|bean|constant)*>

<!ELEMENT package (result-types?, interceptors?, default-interceptor-ref?, default-action-
ref?, global-results?, global-exception-mappings?, action*)>
<!ATTLIST package
  name CDATA #REQUIRED
  extends CDATA #IMPLIED
  namespace CDATA #IMPLIED
  abstract CDATA #IMPLIED
  externalReferenceResolver NMTOKEN #IMPLIED
>

<!ELEMENT result-types (result-type+)>

<!ELEMENT result-type (param*)>
<!ATTLIST result-type
  name CDATA #REQUIRED
  class CDATA #REQUIRED
  default (true|false) "false"
>
```

```
〈!ELEMENT interceptors (interceptor | interceptor-stack)+〉

〈!ELEMENT interceptor (param*)〉
〈!ATTLIST interceptor
  name CDATA #REQUIRED
  class CDATA #REQUIRED
〉

〈!ELEMENT interceptor-stack (interceptor-ref+)〉
〈!ATTLIST interceptor-stack
  name CDATA #REQUIRED
〉

〈!ELEMENT interceptor-ref (param*)〉
〈!ATTLIST interceptor-ref
  name CDATA #REQUIRED
〉

〈!ELEMENT default-interceptor-ref (param*)〉
〈!ATTLIST default-interceptor-ref
  name CDATA #REQUIRED
〉

〈!ELEMENT default-action-ref (param*)〉
〈!ATTLIST default-action-ref
  name CDATA #REQUIRED
〉

〈!ELEMENT global-results (result+)〉

〈!ELEMENT global-exception-mappings (exception-mapping+)〉

〈!ELEMENT action (param | result | interceptor-ref | exception-mapping)*〉
〈!ATTLIST action
  name CDATA #REQUIRED
  class CDATA #IMPLIED
  method CDATA #IMPLIED
  converter CDATA #IMPLIED
〉
```

```
〈!ELEMENT param (#PCDATA)〉
〈!ATTLIST param
  name CDATA #REQUIRED
〉


〈!ELEMENT result (#PCDATA | param)*〉
〈!ATTLIST result
  name CDATA #IMPLIED
  type CDATA #IMPLIED
〉


〈!ELEMENT exception-mapping (#PCDATA | param)*〉
〈!ATTLIST exception-mapping
  name CDATA #IMPLIED
  exception CDATA #REQUIRED
  result CDATA #REQUIRED
〉


〈!ELEMENT include (#PCDATA)〉
〈!ATTLIST include
  file CDATA #REQUIRED
〉


〈!ELEMENT bean (#PCDATA)〉
〈!ATTLIST bean
  type CDATA #IMPLIED
  name CDATA #IMPLIED
  class CDATA #REQUIRED
  scope CDATA #IMPLIED
  static CDATA #IMPLIED
  optional CDATA #IMPLIED
〉


〈!ELEMENT constant (#PCDATA)〉
〈!ATTLIST constant
  name CDATA #REQUIRED
  value CDATA #REQUIRED
〉
```

소스 4-13에서는 스트럿츠2 프레임워크에서 이해할 수 있는 도큐먼트 키워드를 정의하였다. 여기서 〈!ELEMENT〉 항목을 주의해서 보면 리절트 타입, 인터셉터, 디폴트 인터셉터, 예외 케이스 매핑, 상수 등의 문서 형식을 정의하고 있다.

06. 스트럿츠 요청 처리순서(request processing)

스트럿츠 요청이 처리되는 순서를 확인하기 위해서는 스트럿츠 컨트롤러 클래스에 대해서 살펴보아야 한다. 우선, 사용자 요청이 서버에 전달되고 내부적으로 처리되어 다시 사용자의 웹 브라우저 화면으로 결과가 전송되기까지의 과정을 확인해 보자.

먼저, 서버측 서블릿 컨테이너(Servlet Container)에 사용자 요청이 전달되면 필터체인을 통과하는 과정에서 ActionContextCleanUp 필터, FilterDispatcher 필터 등이 호출된다.

그리고 현재 사용자 요청을 어떤 액션 객체가 처리해야 하는지 결정하기 위해 ActionMapper가 실행된다.

액션이 처리해야 하는 경우 ActionProxy에 해당 요청에 대한 제어권을 전달하고, ActionProxy는 스트럿츠 프레임워크 설정 파일을 확인한다.

프레임워크 설정 파일 확인이 끝나면 액션을 생성하고 실행하는 일만 남았다. 우선, ActionInvocation 객체를 생성해서 액션을 호출할 수 있는 환경을 구축하고, 인터셉터 스택을 실행하는데, 이 시점에서 실제적으로 액션이 호출되고 실행된다.

결과를 만들 담당자 이름을 리턴하고, struts.xml에서 해당 이름에 대한 리절트 객체를 검색한다.

검색된 리절트 객체를 실행하고 액션 호출시 사용된 인터셉터 스택을 거꾸로 실행하여 클라이언트에 결과를 리턴한다. 이때, FilterDispatcher는 ActionContextCleanUp 필터가 있다면 ThreadLocal 액션 컨텍스트(ActionContext)를 삭제하지 않지만, 만약 없다면, 모든 ThreadLocal 액션 컨텍스트를 삭제한다.

05 스트럿츠2 프레임워크

Chapter

| Point

스트럿츠2 프레임워크는 오늘날 웹 어플리케이션 개발을 위해 사용되는 대표적인 MVC 프레임워크이다. 이 장에서는 MVC 프레임워크의 개념과 스트럿츠2 프레임워크의 동작 원리와 사용 방법에 대해 본격적으로 알아보도록 하자.

01. MVC 프레임워크

(1) MVC 프레임워크의 이해

프레임워크는 사전적 의미로 '어떤 것을 구성하는 구조, 뼈대'를 의미한다. 소프트웨어적 의미로는 '핵심적인 클래스와 인터페이스, 정보 파일(XML)을 미리 모아놓은 집합 또는 라이브러리'라고 할 수 있다. MVC는 모델-뷰-컨트롤(Model-View-Control)의 약자로서 모델, 뷰, 그리고 컨트롤을 구분하여 설계하는 기법을 일컫는다.

MVC 기반 설계를 지원하는 기반 구조를 MVC 프레임워크라고 하는데, 이를 사용하면 별다른 MVC 설계 기법에 대한 지식 없이도 프로젝트를 손쉽게 MVC 기반 프로젝트로 진행할수 있다.

오늘날 웹 어플리케이션 구축에 있어 가장 많이 사용되는 MVC 프레임워크에는 스트럿츠 (struts)와 스프링(spring) 프레임워크가 있다. 이는 전통적인 GUI 어플리케이션을 구현할 때 사용되는 디자인 패턴으로, 사용자의 입력을 받아서 처리하고, 결과를 사용자에게 다시 보여주는 형태의 설계 기법이다([그림 5-1]).

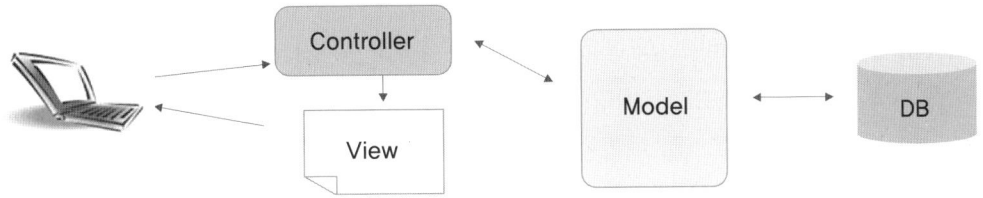

[그림 5-1] MVC 모델 기반의 웹사용자 요청 처리 방식

- **모델** : 웹 어플리케이션 서버가 다루는 데이터에 대한 모델링을 제공한다. 모델을 분리하는 효과는 동일 모델에 대해서 다양한 뷰를 제공하는 효과를 제공한다. DB 연동시에 저장된 데이터에 대한 모델링에 주로 사용된다.
- **뷰** : 화면 처리를 담당한다. 대개의 경우 JSP 페이지가 뷰를 담당한다.
- **컨트롤** : 클라이언트의 요청을 분석하고 이를 바탕으로 필요한 모델을 불러들여 사용한다. 또한, 처리 결과를 보여주기 위해서 화면 렌더링을 위한 JSP 페이지를 호출한다. 많은 경우, 자바 코드로 만들어진 액션이나 서블릿 등이 컨트롤러 역할을 담당한다.

MVC 프레임워크는 웹 어플리케이션을 기능과 모듈 단위로 분리하기 때문에 유지보수와 확장성이 대폭 증대된다. 많은 경우 웹 사이트 구축 프로젝트의 크기가 커질수록 넘쳐나는 파일들로 인해 복잡해져 관리하기 힘들 정도에 이른다. MVC 프레임워크를 사용하면 이러한 복잡성을 감소시킬 수 있고, 각 컴포넌트의 재사용성을 증대시킬 수 있다. MVC 프레임워크에서는 자바 빈즈 및 액션 클래스의 확장성을 제공하기 때문에 각종 컴포넌트들이 다른 프로젝트에서 재사용될 수 있다.

스트럿츠1은 웹 어플리케이션 개발자들 사이에서 이미 널리 사용되고 있으며, 스트럿츠2는 단순한 버전업이 아니라 구조적으로 완전히 새롭게 탈바꿈하였다. 이로써, 스트럿츠 프레임워크는 오늘날 MVC 디자인 패턴 기반의 대표적인 프레임워크가 되었으며, 다른 프레임워크와도 쉽게 연동이 가능하다. 특히, 벨로시티, 하이버네이트(Hibernate), 스프링 프레임워크 등과 같은 중대형 규모의 웹 어플리케이션 개발에 적합하다.

스트럿츠2 프레임워크의 가장 큰 특징은 MVC 디자인 패턴에 대한 별다른 지식이 없더라도, 프레임워크에서 지정하는 웹 어플리케이션 구축 방식만 따르면 자연스럽게 MVC 기법을 이용한 개발이 가능하다는 것이다. 스트럿츠 MVC 구조에서 모델을 구현하는 방법은 EJB나 자바빈즈를 많이 활용한다. 물론, 스트럿츠 프레임워크에서 모델을 구현하는데 있어 어떠한 제약 조건도 존재하지 않는다. 하지만, 많은 경우에 EJB 혹은 자바빈즈의 형태로 데이터를 모델링하고 있다.

(2) 스트럿츠1과 스트럿츠2 비교

우선 스트럿츠1과 스트럿츠2의 공통점은 요청 핸들러(request handler)가 자바 클래스들을 웹 어플리케이션의 URL로 매핑하고, 응답 핸들러(response handler)가 논리 이름(logical name)을 웹 리소스로 매핑한다는 것과 태그 라이브러리가 개발 과정에서 풍부한 폼 기반 라이브러리를 제공함으로써 편리하게 웹 어플리케이션을 개발할 수 있도록 한다는 것이다.

반면, 스트럿츠2는 스트럿츠1에 비해서 훨씬 개선된 설계 구조를 채택하고 있으며, 지능적인 기본 값들과 향상된 리절트(result)와 태그(tag), 그리고 Ajax 지원, 안전한 체크박스 등이 그러한 예이다. 또한, POJO* 기반의 POJO 액션 클래스를 지원하는 점이 특징이다. 스트럿츠1과 스트럿츠2의 차이점은 아래와 같은 여러 가지 측면에서 비교해볼 수 있다.

1 서블릿 종속성
- **스트럿츠1** : 액션이 호출될 때, HttpServletRequest와 HttpServletResponse 객체가 실행 메소드에 인자로 전달되기 때문에 액션이 서블릿 API에 종속성을 갖는다.
- **스트럿츠2** : 스트럿츠 2에서는 POJO 기반의 액션으로 작성되기 때문에 컨테이너에 종속적이지 않다. 이는 스트럿츠1과 달리 액션을 생성할 때, Action 클래스를 상속받을 필요가 없고, 일반적인 클래스 작성 형태로 작성해도 된다는 뜻이다. 필요한 경우, 스트럿츠1 액션에서 인자로 넘어오는 요청과 응답에 접근할 수 있으나, HttpServletRequest와 HttpServletResponse 객체를 직접적으로 접근할 필요가 없는 구조를 갖는다.

2 액션 클래스
- **스트럿츠1** : 인터페이스 대신 추상 클래스를 프로그래밍하는 것이 스트럿츠1 프레임워크의 설계 기반이다. 따라서, 모든 액션 클래스는 프레임워크 종속적인 추상 클래스를 상속

해야 한다.

- **스트럿츠2** : 스트럿츠2에서는 프레임워크가 제공하는 ActionSupport 클래스를 통해 공통적으로 사용되는 인터페이스를 구현할 수 있도록 한다. Action 인터페이스는 제공되지 않지만 어떠한 POJO 객체도 스트럿츠2 액션 객체로 사용할 수 있다.

③ 검증(Validation)

스트럿츠 1과 스트럿츠 2 모두 검증 메소드를 통한 수동 검증을 지원한다.

- **스트럿츠1** : 검증 메소드를 액션 폼(ActionForm)에서 사용하거나 커먼 검증기(Common Validator)로 확장하여 검증할 수 있다.
- **스트럿츠2** : 스트럿츠2에서는 검증 메소드를 호출하거나 XWork 검증 프레임워크*를 사용하여 수동 검증을 할 수 있다. XWork 검증 프레임워크는 프라퍼티 클래스 타입과 검증 컨텍스트를 위해 정의된 검증기를 사용하여 서브 프로퍼티까지 연결된 검증을 지원한다.

> **참고**
>
> **XWork 검증 프레임워크**
> --
> 체이닝(chaining, 연쇄) 검증 기법을 제공해서 클래스 타입과 검증 컨텍스트를 위해 정의된 검증기

④ 쓰레딩 모델

- **스트럿츠1** : 액션 리소스 작성시에 쓰레드 세이프(thread-saft) 하도록 하여야 한다. 이는 race condition을 유발할 수 있는 부분에 synchronized 키워드를 적절히 사용하여 항상 일관성 있는(consistent) 결과를 보장해야만 한다는 뜻이다. 따라서, 스트럿츠1에서 각 액션은 해당 액션에 대해서 모든 request를 처리할 수 있는 하나의 클래스로 작성하는 경우가 많았다. 이러한 제약조건은 스트럿츠1 액션 개발과정에서 불필요한 번거로움을 유발하였다.
- **스트럿츠2** : 스트럿츠2 프레임워크에서는 각각의 요청에 대해서 서로 다른 액션 객체가 생성된다. 실제로 서블릿 컨테이너에 많은 쓰레드가 생성되기는 하지만, 이러한 다수의 객체로 인하여 시스템 성능에 영향을 미치거나 가비지 컬렉션에 큰 오버헤드를 유발하지는 않는다.

⑤ 패키징

- **스트럿츠1** : 기존에는 특정 디렉터리 내에 프로젝트 파일을 위치시키고자 할 때, 다음과 같이 액션 경로에 해당 경로를 포함하여 기술하였다.

> 〈action parameter="cmd" path="/example/HelloWorld" scope="request" type=
> "org.apache.struts.actions.DispatchAction" validate="false"〉

- **스트럿츠2** : 스트럿츠2에서는 자바 패키지 개념을 도입하여, 특정 경로를 패키지로 설정하고 액션을 해당 패키지 내에 위치시킬 수 있다. 아래 소스 5-1은 /example 디렉터리를 example 이라는 이름의 패키지로 설정하고, 그 내부에 위치하는 HelloWorld 클래스를 example 경로명을 사용하여 명명한 것이다.

소스 5-1 : 특정 경로를 패키지로 설정하고 사용하기

```
〈package name="example" namespace="/example" extends="struts-default"〉
  〈action name="HelloWorld" class="example.HelloWorld"〉〈/action〉
〈/package〉
```

이후에 웹 브라우저를 통해 특정 페이지를 호출할 때 namespace에 /example를 사용하고자 한다면 아래와 같이 /example 밑에 위치한 액션을 호출하면 된다.

> http://localhost/struts2-blank-2.0.6/example/HelloWorld.action

우리는 뒤에서 기본적인 스트럿츠2 어플리케이션의 구성 요소를 살펴보면서 스트럿츠 프레임워크의 전체 구조를 알아볼 것이다. 이를 위해, 웹페이지에 대한 사용자 요청이 있을 때 발생하는 객체와 페이지 호출 관계를 비롯하여, 실제 사용자가 인터넷 웹 브라우저를 통해 URL을 입력했을 때부터 결과 JSP 문서가 생성되고 브라우저 화면에 출력되는 전 과정에 대해서 살펴볼 것이다. 다음으로 스트럿츠2 프레임워크를 구성하는 핵심 컴포넌트들에 대해서 살펴보고, 설정 방법, 그리고 각 컴포넌트들의 상호작용에 대해서 공부한다. 마지막으로, 이들 컴포넌트들의 기능 수정 방법과 프레임워크의 확장 방법에 대해서도 알아본다.

02. 요청과 응답(Request and Response)

앞에서 우리는 첫 번째 스트럿츠 실습 예제를 통해 JSP에서 사용자로부터 얻은 정보를 처리하고 이를 비즈니스 로직에 의거하여 처리하는 방법에 대해 알아보았다. 비록 간단한 예제이지만, 사용자 요청으로부터 이에 대한 응답이 만들어지기까지 스트럿츠에서 일어나는 JSP의 전체 처리 과정에 대해서 확인은 한 셈이다. 이번에는 이러한 과정에서 스트럿츠 프레임워크 내부적으로 어떤 일이 발생하는가에 대해서 알아볼 것이다. 특히, 스트럿츠 프레임워크 내에 존재하는 각각의 핵심 구성 요소들이 서로 어떠한 연관관계를 가지고 통신하며 요청을 처리하는지에 대해 알아볼 것이다. 우선, 사용자 요청을 처리하는 방법에 대해서 알아보도록 하자.

(1) 요청(request) 생성 및 전달

요청과 응답 단계는 사용자의 웹 브라우저에서 서버로 요청을 전송하면, 서버가 그에 대한 처리를 마친 후, 요청자의 웹 브라우저에서 결과 페이지를 전송받아 화면에 표시하는 것으로 종료된다. 이러한 페이지 요청 행위를 나타내는 URL은 사용자가 웹 브라우저의 주소 입력줄에 직접 URL을 입력하거나 웹페이지의 특정한 폼(form)에서 링크(link)를 클릭함으로써 발생된다. 예를 들면, 주소 입력 창에 http://localhost:8080/app/index.action과 같이 직접 입력하거나, 〈a href=http://localhost:8080/app/index.action〉으로 연결된 링크를 화면에서 클릭하는 행위가 해당된다. 웹 어플리케이션을 위한 설정 파일은 스트럿츠2 프레임워크에 의해서 어떠한 URL을 처리할 것인지를 결정한다. 많은 경우 전체 웹 컨텍스트 또는 설치된 응용 프로그램들에 대한 모든 요청이 스트럿츠2 서블릿 필터(servlet filter)로 전달되며, 필터에서 이러한 결정을 내린다.

(2) 스트럿츠2 서블릿 필터

서블릿 컨테이너에 요청이 들어오면, 우선적으로 서블릿이나 해당 요청을 처리할 필터로 요청이 포워딩된다. 스트럿츠2에서는 필터로 포워딩된 요청을 핸들링하기 위한 클래스를 FilterDispatcher 클래스라 한다. 필터와 디스패처(dispatcher) 클래스는 스트럿츠2 프레임워크의 가장 중요한 구성요소이며, 이들은 사용자의 요청을 처리하기 위해 필요한 인프라스트럭처에 대한 접근을 제공한다. 프레임워크가 시작될 때, 서블릿 필터는 설정관리자(ConfigurationManager), 액션매퍼(ActionMapper), 객체팩토리(ObjectFactory) 등을 로드한다. 요청의 처리 관점에서 볼 때, 스트럿츠2 필터는 다음과 같은 작업을 수행한다.

① 정적 콘텐츠(static content)의 제공 : POJO 콘텐츠, 자바스크립트, 그리고 사용자의 설정가능한 파일들은 스트럿츠2 또는 웹 어플리케이션의 JAR 파일로부터 서비스된다. 또한, 웹 어플리케이션을 위한 모든 구성 요소들이 함께 패키징될 수 있도록 한다.

② 액션 설정(action configuration)의 결정 : 필터는 사용자의 요청이 들어올 때, 어떠한 액션이 URL로 매핑될지에 대해서 결정하기 위해 설정관리자(ConfigurationManager)와 액션매퍼(ActionMapper)를 사용한다. 기본적으로 액션은 ".action"이라는 확장자를 갖는다. 물론, 이러한 확장자 지정은 설정 파일에서 사용자가 원하는 대로 변경할 수 있다.

③ 액션 컨텍스트(action context)의 생성 : 액션은 인터넷 웹 브라우저를 위한 HTTP 프로토콜만을 위해 특화되어 있지 않기 때문에 웹 요청에 포함되는 정보는 액션에서 사용하기에 적합하도록 변환할 필요가 있다. 이를 위해서 HttpServletRequest와 HttpSession 객체로부터 요청된 파라미터 데이터를 얻어내는 메소드에 액션 컨텍스트가 포함되어 있다.

④ 액션 프록시(action proxy) 생성 : ActionProxy 클래스는 요청을 처리하기 위해 사용되는 모든 설정과 컨텍스트 정보를 비롯하여, 요청이 처리된 후 발생하는 결과도 포함한다. 액션 액션 프록시 형태로 프로세싱을 하려면 추가적인 레이어가 필요하다. 이 클래스는 ActionProxy 클래스 인스턴스가 생성되고 설정될 때, execute( ) 메소드에 의해 호출된다. 이러한 시그널은 액션이 실행될 준비가 되었다는 것으로 실제적인 액션의 프로세싱이 이제 막 시작될 것임을 알려준다.

⑤ 클린 업 : 메모리 누수(memory leak) 현상은 일반적으로 응용 프로그램을 개발할 때 개발자들이 흔하게 겪는 골치아픈 문제다. 이는 동적으로 할당된 메모리가 사용을 마친 후 정상적으로 해제되지 않아서 향후 다른 프로그램에서 메모리를 할당받을 공간이 점차 줄어들어 마치 메모리가 누수하는 것처럼 보이는 것이다. 이러한 메모리 누수 현상을 방지하기 위해서 스트럿츠2 필터는 모든 ActionContext 객체의 사용이 종료되는 시점에 자동적으로 메모리 사용 해제 작업을 수행한다.

03. 액션의 호출(Action Invocation)

액션 호출 객체는 액션 실행 환경을 관리하고, 특정한 액션이 처리되는 동안 각각의 액션에 대한 실행 상태를 유지한다. 이러한 액션 호출 클래스는 ActionProxy 클래스의 핵심이다. 액션(action), 인터셉터(interceptor), 그리고 리절트(result)의 세 가지 컴포넌트가 순차적으로 실행된다. 액션은 실제로 해당 페이지가 처리되는 방법을 정의하며, 인터셉터는 액션 실행 전과 후에 사용자 요청을 가로채어 처리할 수 있다. 리절트는 액션을 수행한 후 화면에 출력될 결과를 뜻한다. 이러한 세 가지 구성 요소에 추가적으로 액션은 각 실행 단계 중에 콜백 함수를 설정될 수 있다. 즉, ActionInvocation 클래스는 이러한 콜백 기법을 사용하여 적절한 시점에 호출한다.

(1) 액션(action)

ActionInvocation 클래스가 수행하는 첫 번째 작업 중의 하나는 설정 파일을 조사하고 액션의 인스턴스를 생성하는 일이다. 스트럿츠1에서는 한 번 사용된 액션 인스턴스를 재사용하는 경우가 대부분이었던데 비해, 스트럿츠2에서는 들어오는 모든 사용자 요청에 대해서 새로운 액션 객체 인스턴스를 생성한다. 이러한 방법은 스트럿츠2 프레임워크에서 약간의 성능 오버헤드라고 볼 수도 있지만 스트럿츠2 객체가 POJO(Plain Old Java Object)로서 동작한다는 장점이 있다. POJO 객체는 일반적인 자바 객체를 뜻하는 것으로, 소스 5-2와 같이 매우 일반적인 객체의 경우에도 스트럿츠2에서 액션 객체로 동작한다.

소스 5-2 : POJO 객체 예제

```
package web;
public class Pojo{
  public String execute( ){
     return "seccess";
  }
}
```

스트럿츠 컨트롤러 클래스에는 ActionServlet, Request Processor, ActionForm, Action, ActionMapping, 그리고 ActionForward 등이 있으며, 모두 org.apache.struts. action 패키지에 존재한다. 이들에 대한 설정은 struts-config.xml 파일에서 기술된다. 스트럿츠 config.xml 파일은 액션, 폼, 포워드, 예외, 메시지 자원(message resource), 플러그인, 컨트롤러 등을 정의하고자 할 때 사용되는 파일이다.

① 액션서블릿(ActionServlet)

스트럿츠 컨트롤러의 가장 핵심 구성요소로서, javax.servlet.HttpServlet 클래스를 확장받은 클래스이다. 이 클래스는 다음과 같은 역할을 수행한다.

① 스트럿츠2 프레임워크의 구동시에 스트럿츠 환경 설정 파일을 읽어들여 메모리에 적재하고 init( ) 메소드를 수행한다.
② doGet( ) 과 doPost( ) 메소드에서 HTTP 요청을 가로채어 적절한 처리를 수행한다.

위에서 스트럿츠 환경 설정 파일이란 struts-config.xml 파일과 그 하위 디렉터리인 WEB-INF 디렉터리 내의 파일들을 뜻한다. 이러한 환경 설정 파일에 대한 이름은 web.xml 파일에서 수정할 수 있다. web.xml은 웹 어플리케이션을 위한 배치 디스크립터(deployment descriptor)로서, 모든 웹 어플리케이션이 서버에 적용되어 동작하기 위해서는 이 파일에 등록되어야 한다(소스 5-3).

소스 5-3 : 배치 디스크립터(web.xml) 예제 파일의 일부

```
〈servlet〉
  〈servlet-name〉 action 〈/servlet-name〉
  〈servlet-class〉 org.apache.struts.action.ActionServlet
  〈/servlet-class〉
  〈init-param〉
    〈param-name〉 config 〈/param-name〉
    〈param-name〉 /WEB-INF/config/myconfig.xml 〈/param-value〉
  〈/init-param〉
  〈load-on-startup〉1〈/load-on-startup〉
〈/servlet〉
```

소스 5-3에서 스트럿츠 환경 설정 파일은 WEB-INF/config 디렉터리에 위치하고 myconfig.xml 이란 파일로 저장되어 있다. 액션서블릿 클래스는 스트럿츠 환경 설정 파일 이름을 init-param으로 받는다. 스트럿츠 구동시에 init( ) 메소드에서 액션서블릿은 스트럿츠 환경 설정 파일을 읽어들이고 적절한 스트럿츠 환경 설정 객체들을 생성한다.

② 포워드액션(ForwardAction)

포워드액션(ForwardAction)은 가장 많이 사용되는 액션 클래스 중 하나로, JSP 개발에 MVC 패러다임을 도입할 때 가장 핵심적인 역할을 하는 클래스이다. 포워드액션 클래스는 한

페이지에서 다른 페이지로 이동할 때 가장 많이 사용하는 클래스이기 때문이다. 즉, 비즈니스 로직을 컨트롤러(MVC의 C)에서 처리한 뒤, 이를 화면에 표시하고자 할 때 포워드액션을 사용하여 렌더링을 담당하는 JSP 페이지(MVC의 V)를 호출한다. 이외에도, 포워드액션은 단순히 한 페이지에서 다른 페이지로 이동시키고자 하는 경우에도 사용할 수 있다.

스트럿츠에서 액션 인스턴스는 주로 비즈니스 로직을 프로세싱하는데 사용되지만, 일반적인 용도 이외의 방법으로 사용하는 경우라 하겠다. 예를 들면, 한 페이지에 하이퍼링크(hyperlink)를 만들어 두고 이를 클릭하는 경우 두 번째 페이지로 전환되도록 하는 경우인데, 스트럿츠와 같은 모델2 JSP 패러다임에서는 직접적으로 JSP페이지를 호출하지 않는 경우가 많다. 물론, 스트럿츠나 스프링과 같은 MVC 프레임워크를 사용하지 않는 웹 프로그래밍에서는 어떤 한 JSP 페이지로부터 다른 JSP로 이동하고자 할 때 다음과 같은 하이퍼링크(hyperlink) 태그를 사용한다.

〈a href="dest.jsp"〉 누르면 이동합니다. 〈/a〉
〈html:link page="/dest.jsp"〉 누르면 이동합니다. 〈/html:link〉

하지만, 직접적으로 JSP 페이지를 링크하는 것은 MVC 정신에 어긋나기 때문에 스트럿츠 프레임워크를 사용하는 개발자에게 추천되지 않고, 컨트롤러를 통해 화면에 보여줄 페이지를 선택하도록 하는 것이 모델2 프로그래밍의 정석이다. 스트럿츠에서는 액션서블릿(Action Servlet)과 액션클래스가 함께 컨트롤러를 구성하는데, 액션서블릿은 요청을 인터셉트하고 메시지 자원 번들과 같은 적절한 속성을 제공한다. 이를 위해서 스트럿츠는 포워드액션이라 불리는 빌트인 액션 클래스를 제공한다. 포워드액션을 사용하면 페이지를 이동하는 동안에 스트럿츠 컨트롤러가 동작한다.

첫째, 하이퍼링크는 다음과 같이 이동할 페이지를 받는다.

〈html:link page = "/gotoPageB.do"〉 이동할 페이지 〈/html:link〉

둘째, 스트럿츠 환경 설정에 다음과 같이 액션 매핑을 추가한다.

〈action path="/gotoPage.B"
    parameter = "/PageB.jsp"
    type="org.apache.struts.actions.ForwardAction" /〉

페이지 하이퍼링크는 이제 PageB.jsp 대신에 gotoPage.do에 대한 링크를 갖는다. 이는 컨트롤러가 여전히 루프 내에 있다는 것을 의미한다. 포워드액션 내에 의무적으로 사용되는 세 가지 속성은 다음과 같다.

① Type 속성 : 항상 org.apache.struts.actions.ForwardAction을 사용해야 한다.
② Path 속성 : 액션매핑과 같이 URL 경로를 기술한다.
③ parameter 속성 : 다음 JSP에 대한 URL이다. 위의 액션매핑에서는 ActionForm이 없음을 알 수 있다. 스트럿츠 환경 설정 파일에서 액션매핑을 정의할 때 DTD*는 폼 빈에서 선택적으로 사용할 수 있도록 하고 있다. 따라서 액션 폼은 오직 HTML 요청으로부터 수집될 필요가 있을 때만 유효하다. 페이지를 이동하는데 있어 HTML 데이터가 아무런 관여를 하지 않는다면 특별히 ActionForm을 사용할 필요가 없다. 포워딩하고자 하는 페이지에 대한 포워딩 이름과 경로를 global-forward 섹션에 등록하면 액션매핑에서 이를 사용할 수 있다.

```
〈glogal-forwards〉
  〈forward name="TargetPage" path="/TargetPage.jsp" /〉
〈/global-forwards〉
```

참고

DTD

'Document Type Definitiond'의 약자로, XML 문서의 구조를 정의하는 방법이다. 즉, XML 문서의 구조에 대한 설명서이면서 그 XML DTD를 토대로 작성된 XML 문서가 DTD에 어긋나지 않게 작성되었는지를 검증하는 기준이 된다.

이러한 기능은 〈html:link〉 태그를 사용하는 경우 다음과 같이 변환할 수 있다.

```
〈a href="App1/TargetPage.jsp"〉 B 페이지로 이동합니다. 〈/a〉
〈action path="/gotoTargetPage"
  Parameter="/TargetPage.jsp"
  Type="org.apache.struts.actions.ForwardAction" /〉
```

위와 같이 global forward와 액션매핑(action mapping)을 함께 사용하면 최종적으로 MVC 기반 웹 어플리케이션에서의 페이지 포워딩 기법을 작성할 수 있다(소스 5-4).

소스 5-4 : MVC 기반 웹페이지에서 페이지 포워딩 기법

```
〈global-forwards〉
〈forward name= "TargetPage"
  Path= "/gotoTargetPage.do" /〉
〈/global-forwards〉


〈action-mappings〉
〈action path= "/gotoTargetPage"
  parameter= "/TargetPage.jsp"
  type= "org.apache.struts.actions.ForwardAction" /〉
〈/action-mappings〉
```

③ 포함액션(IncludeAction)

포함액션(IncludeAction)은 특정 페이지로 포워딩되는 것 대신 결과값이 HTTP 응답에 포함된다는 것을 제외하고는 포워드액션(ForwardAction)과 유사하다. 포함액션이 사용되는 가장 흔한 예로는 스트럿츠를 기존의 웹 어플리케이션과 함께 사용하고자 할 때 프레임워크의 존재를 감추어 기존 버전과의 통합을 용이하게 하려는 경우이다. 예를 들어 JSP의 include 태그인 〈jsp:include〉를 사용해서 스트럿츠 웹 어플리케이션의 한 페이지를 다음과 같이 호출할 수 있다.

```
〈jsp:include page= "/example/MyStrutsEx" /〉
〈jsp:include page= "/example/MyStrutsPage.do" /〉
```

이는 비록 서로 호환되지 않는 두 개의 서로 다른 프레임워크를 내개로 하고 있지만 include 태그는 실행 결과값만 취하기 때문에 실행에 지장이 없다. 단, MyStrutsPage.do는 ForwardAction이 될 수 없다. 왜냐하면, HTTP 응답을 요구하는 상황에서 그러한 액션은 HTTP 포워딩을 수행하기 때문이다. 따라서, 서블릿 컨테이너는 JSP의 나머지 분을 수행하여 결과를 전달해야 하는데, HTTP 응답인 OutputStream이 닫혀버리기 때문에 그러한 작업을 수행할 수 없다. 결과적으로 IllegalStateException이 발생하게 된다. 포함액션은 이러한 문제를 해결해 준다. 지정된 페이지로 포워딩하는 대신에 현재 응답에 해당 페이지의 실행 결과를 포함시켜버린다. 따라서, 기존 페이지의 실행 결과가 현재의 스트럿츠2 어플리케이션의 실행 결과처럼 같은 HTML 페이지에 보이게 되므로 두 개 페이지를 완벽하게 통합할 수 있다. 이를 위해서는 다음과 같은 액션매핑을 스트럿츠 환경 설정 파일에 추가해야 한다.

```
〈action path="/TraditionalJSPPage"
    parameter="/Example/TraditionalJSPPage"
    type="org.apache.struts.actions.IncludeAction" /〉
```

위에서 parameter는 응답 HTML 페이지에 포함될 실제 페이지를 나타낸다.

④ 디스패치액션(DispatchAction)

디스패치액션(DispatchAction)은 스트럿츠2 프레임워크가 제공하는 또하나의 유용한 스트럿츠 액션이다. 이 액션은 그 자체로는 사용할 수 없고, 반드시 이 클래스를 상속받아 구현해야 사용이 가능하다. 온라인 신용카드 결제 시스템을 예로 들면, 고객이 신용카드 정보를 온라인으로 입력하면 시스템이 카드승인 과정을 거쳐 결재가 완료된다. 이를 구현하기 위해서 Approve Action, RejectAction, 그리고 AddCommentAction의 서로 다른 세 개의 액션에 기능을 나누어 작성하는 경우에 DispatchAction을 사용하는 것이 편리하다. 디스패치액션은 위와 같은 세 가지 다른 액션을 하나로 모을 수 있는 방법을 제공하기 때문이다. 물론, 이때 디스패치액션의 execute() 메소드는 추상 메소드이기 때문에 반드시 이를 상속받아 구현해 주어야 한다. 소스 5-5에서는 신용카드 결제 서비스를 위한 액션 이름을 CreditCardAppAction이라 명명하고 reject(), approve(), 그리고 addComment()의 세 가지 메소드를 구현하였다.

소스 5-5 : 온라인 신용카드 결제 시스템을 위한 DispatchAction의 사용 예제

```java
public class CreditCardAppAction extends DispatchAction {
    public ActionForward reject(ActionMapping mapping,
        ActionForm form, HttpServletRequest request,
        HttpServletResponse response) throws Exception
    {
        String id = request.getParameter("id");
        Mapping.findForward("reject-success");
    }

    public ActionForward approve (ActionMapping mapping,
        ActionForm form, HttpServletRequest request,
        HttpServletResponse response) throws Exception
    {
        String id = request.getParameter("id");
        Mapping.findForward("approve-success");
    }
```

```
Public ActionForward addComment (ActionMapping mapping,
    ActionForm form, HttpServletRequest request,
    HttpServletResponse response) throws Exception
{
    String id = request.getParameter("id");
    Mapping.findForward("viewDetails");
}
}
```

디스패치액션은 다음과 같은 단계로 사용하면 된다.

① 디스패치액션의 서브 클래스를 생성한다.
② 웹 어플리케이션 응용과 관련된 액션을 파악하고 각각의 액션에 대해 메소드를 하나씩 대
  응시킨다. 이전처럼 기능별로 액션을 하나하나 대응시키지 않는다.
③ 각 액션 기능에 해당하는 메소드를 실행하기 위해서 요청 파라미터를 식별한다.
④ 구현한 DispatchAction의 서브 클래스를 위한 액션매핑을 생성하고, 이전에 식별한 요청
  파라미터를 파라미터 속성 값으로 할당한다.
⑤ JSP 파일을 식별된 요청 파라미터에 대해서 설정한다.

이와 같은 과정을 거쳐 생성된 디스패치액션에 대한 실제 액션매핑은 다음 소스 5-6과 같다.

소스 5-6 : DispatchAction에 대한 실제 액션매핑

```
<action path="/screen-credit-app"
  input="/ListCreditApplications.jsp"
  type="mybank.example.list.CreditAppAction"
  parameter="step"
  scope="request"
  validate="false">
    <forward name="reject-success"
             path="RejectAppSuccess.jsp"
             redirect="true" />
</action>
```

일련의 액션이 밀접하게 관련되어 있을 때 그들을 여러 개의 액션으로 분리하는 것은 코드
의 중복과 부가적인 헬퍼 클래스의 사용을 유발한다. 따라서, 이러한 경우에 디스패치액션을

사용하여 해당 요청을 메소드 단위로 구분하여 처리할 수 있다.

```
<html:submit property="step"> Update </html:submit>
<html:submit property="step"> Delete </html:submit>
```

(2) 인터셉터(interceptors)

인터셉터는 액션을 호출되는 과정에서 해당 요청을 가로채어 사용자 나름의 처리를 추가하기 위한 방법을 제공한다. 인터셉터는 손쉬우면서도 일관된 방법으로 모든 액션에 적용할수 있다. 예전에는 각각의 액션에 직접 코드를 추가함으로써 이러한 기능을 구현했지만, 스트럿츠2의 인터셉터를 사용하면 기존의 액션에 대해서는 아무런 수정을 가하지 않은 채 원하는기능을 추가할 수 있으므로 유지보수(maintenance)에 드는 노력과 비용을 감소시킨다. 이러한 특징은 JDK 프록시(proxy) 객체와 서블릿 필터(servlet filter)의 원리와 유사하다.

각 액션은 여러 개의 인터셉터를 가질 수도 있다. 이러한 인터셉터는 설정 파일에 기술되는순서대로 호출되며, 사용자 요청에 대해 공통적으로 적용된다. 일반적으로 각각의 사용자 요청은 execute( ) 메소드를 통해 수행되지만, 모든 요청이 execute( ) 메소드를 반드시 가져야하는 것은 아니며, 자신만의 메소드를 사용할 수도 있다. 특별히 지정하지 않는 경우에 디폴트로 찾게 되는 메소드가 execute( )이다.

이러한 execute( ) 메소드는 String 객체를 리턴하는 형태로 사용된다. 액션 수행이 끝나면 해당 함수 호출은 설정 파일에 기술된 인터셉터의 순서에 따라 거꾸로 올라가며, 메모리할당 제거를 비롯하여 액션 처리를 마무리한다. 따라서, 여러 개의 인터셉터가 스택과 같은형태로 구성되고 운영된다고 볼 수 있다.

(3) 결과(results)

이제 액션의 수행이 모두 끝난 뒤, 어떠한 결과가 발생하는지 살펴볼 차례이다. 액션 클래스에서 요청을 받아서 String 객체 타입으로 결과를 반환하는 메소드는 설정 파일을 통해서리절트(Result) 인터페이스에 매핑되어 있다. 또는 액션에서 직접적으로 리절트 객체의 인스턴스를 반환해줄 수 있는데, 이러한 Result 인터페이스는 액션 클래스와 매우 유사하다.

```
package com.opensymphony.xworks2;
import java.io.Serializable;

public interface Result extends Serializable {
```

```
    public void execute (ActionInvocation invocation) throws Exception;
}
```

리절트는 위에서 보는 바와 같이 사용자 요청에 대한 응답을 생성하기 위해 execute( ) 메소드를 가지고 있으며, 실제로 생성되는 응답은 이를 상속받아 어떻게 구현하는가에 따라 달라진다. HTTP 응답 코드를 변경할 수도 있으며, 이미지(image)에 대해서 바이트 배열(byte array)로 결과를 생성해줄 수도 있다. 그리고, 기본 설정 값으로는 문자열 객체(String)를 결과값으로 반환하는 형태로 JSP 페이지를 구성하여 사용자에게 전달하도록 되어 있다. 이와 같이, 생성된 응답을 사용자에게 돌려주는 과정을 마지막으로, 현재 들어온 요청에 대한 프로세싱 사이클을 종료한다.

04. 핵심 컴포넌트 살펴보기

지금까지 스트럿츠2의 간단한 예제와 스트럿츠2 프레임워크의 개념 설명을 통해 액션(action), 결과 타입(result types), 그리고 JSP 결과(results) 등의 다양한 컴포넌트들이 공통적으로 사용되는 것을 확인하였다. 인터셉터와 JSP 출력이 아닌 결과는 이전 장에서 실행해본 간단한 예제에서 실행해 보았다. 인터셉터는 값 스택(value stack)과 함께 스트럿츠2의 핵심 컴포넌트를 구성한다.

(1) ActionServlet

ActionServlet은 스트럿츠 프레임워크의 핵심 컴포넌트로, struts-config.xml 설정을 읽어들여 사용하는 Servlet 클래스이다. ActionServlet은 다양한 초기화 파라미터를 지정할 수 있지만, 대부분의 경우에 디폴트 값으로 그냥 두어도 크게 문제되지 않는다. 그러나, 디폴트 값이 없는 파라미터들에 대해서는 직접 설정해야만 한다. ActionServlet으로 요청이 들어오면 이를 처리하는 적절한 모듈을 호출한다.

(2) RequestProcessor

사용자 요청이 들어왔을 때, struts-config.xml 설정에 따라 XML에 지정된 매핑을 참조하여 실제로 호출할 Action을 선택한다. Request와 response 서블릿 객체를 이용해서 미리 선행 작업을 하는 역할을 한다.

(3) Action

액션은 스트럿츠2의 핵심 컴포넌트로서 실제적인 비즈니스 로직을 처리하는 곳이다. 액션은 어떤 MVC(모델 뷰 컨트롤: Model View Control) 프레임워크에 대해서도 동작한다. 특정한 URL에 대한 요청은 각각의 액션에 매핑되어 있으며, 결과적으로 이를 베이스로 사용자로부터 들어오는 요청을 서비스한다. 액션 클래스를 생성하기 위해서는 반드시 org.apache.struts.action.Action을 상속해야 한다. 또한, 스트럿츠2에서 액션은 String이나 Result 객체를 반환하는 어떠한 인자(argument)도 받아들이면 안 된다. 액션 클래스는 execute( ) 메소드에서 비즈니스 로직 처리와 forward할 곳을 지정하므로, execute( ) 메소드를 반드시 구현해야 한다. [그림 5-2]는 execute( ) 메소드의 원형을 나타내고 있다.

```
execute

public ActionForward execute(ActionMapping mapping,
                             ActionForm form,
                             javax.servlet.http.HttpServletRequest request,
                             javax.servlet.http.HttpServletResponse response)
                      throws java.lang.Exception

Process the specified HTTP request, and create the corresponding HTTP response (or forward to another web
component that will create it), with provision for handling exceptions thrown by the business logic. Return an
ActionForward instance describing where and how control should be forwarded, or null if the response has already
been completed.

Parameters:
     mapping - The ActionMapping used to select this instance
     form - The optional ActionForm bean for this request (if any)
     request - The HTTP request we are processing
     response - The HTTP response we are creating
Throws:
     java.lang.Exception - if the application business logic throws an exception
Since:
     Struts 1.1
```

[그림 5-2] execute( ) 메소드 원형

그런 다음엔 이와 같이 작성한 Action 클래스를 struts-config.xml 에 등록한다. 결과가 문자열인 경우, 그에 대응하는 리절트(Result)는 액션의 환경 설정에 따라 생성된다. 리절트 객체는 사용자를 위한 응답을 생성하는 데 사용된다. 비록, 액션이 구현해야 하는 클래스나 상속받아야 하는 클래스에 대해 제약이 없지만, 때때로 인터페이스나 헬퍼 클래스를 확장해야 할 필요가 있다. 스트럿츠2는 활용 가능한 두 가지 헬퍼 클래스를 제공한다.

먼저, 액션(Action) 인터페이스(interface)를 살펴보기로 한다.

```
public interface Action {
  public static final String SUCCESS = "success";
  public static final String NONE = "none";
  public static final String ERROR = "error";
  public static final String INPUT = "input";
  public static final String LOGIN = "login";

  public String execute( ) throws Exception;
}
```

액션 인터페이스는 소스 5-7에서 보는 바와 같이 몇 가지 공통적으로 사용되는 리턴 값을 제공하는 것과 디폴트 execute( ) 메소드를 구현하도록 하는 것 외에는 그다지 많은 기능을 제공하지 않는다.

ActionSupport 클래스는 액션 인터페이스를 구현(implement)하기 때문에 execute( ) 메소드를 제공해야 한다. 소스 5-8의 코드에서는 단순히 SUCCESS 값을 반환한다. 또한, 검증가능(Validatable)과 검증인지(ValidationAware) 인터페이스도 함께 구현되는데, 이들 클래스는 데이터의 검증을 위한 기능을 제공한다. 텍스트제공자(TextProvider)와 로케일제공자(LocaleProvide) 인터페이스는 여러 언어를 지원하는 웹 사이트를 개발할 때 필요한 지역화 및 국제화 기능을 제공한다. 이들 인터페이스에 대한 좀 더 자세한 내용은 이 책 뒷부분의 국제화 부분에서 설명하도록 한다.

소스 5-8 : ActionSupport 클래스 예제

```
Public class ActionSupport
  implements Action, Validateable, ValidationAware,
    TexProvider, LocaleProvider, Serializable {

  Public String execute( ) throws Exception {
    Return SUCCESS;
  }
}
```

소스 5-9는 기본적인 액션 클래스 예제로, 액션 클래스를 상속 받아 execute( ) 메소드를 구현하고 있다. 이때, execute( ) 메소드의 입력으로 주어지는 파라미터들 가운데 첫 번째 ActionMapping은 이 액션 인스턴스를 선택하는데 사용된 액션 매핑을 뜻하고, 두 번째 파라미터인 form은 해당 요청에 대한 선택적인 액션폼 빈(bean)을 나타낸다. 그 다음 두 개의 파라미터인 request와 response는 웹 브라우저로부터 들어온 요청과 서버의 응답에 대한 정보를 담는 객체이다.

소스 5-9 : 기본적인 액션 클래스 구현 예제

```
import org.apache.struts.action.Action;
import org.apache.struts.action.ActionMapping;
import org.apache.struts.action.ActionForward;
import org.apache.struts.action.ActionForm;

import javax.servlet.http.*;

public class HelloWorld extends Action {
    public ActionForward execute (ActionMapping mapping, ActionForm form,
        HttpServletRequest request, HttpServletResponse response) throws Exception {

    System.out.println("HelloWorld 웹 어플리케이션의 Execute 메소드가 실행되었습니다. ");
        return mapping.findForward ("tohello" );
    }
}
```

(4) 인터셉터(interceptors)

인터셉터는 스트럿츠2의 핵심이라고 할 수 있는 기능으로서, 스트럿츠 프레임워크 내부의 소스 코드를 수정하지 않으면서도 직접 필요한 기능을 인터셉터로 구현하여 프레임워크에 적용할 수 있다. 인터셉트는 액션이 실행되기에 앞서 특정한 일을 수행하거나, 액션의 실행이 끝난 후에 작업을 수행하고자 할 때 사용한다. [그림 5-3]은 서블릿 디스패처로부터 들어온 요청을 스트럿츠2 프레임워크의 액션이 처리하기 전과 액션 실행 결과를 반환하기 전에 인터셉터가 수행되는 상황을 그림으로 나타낸 것이다.

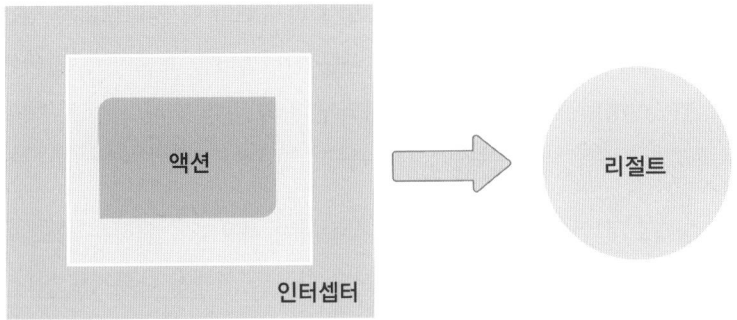

[그림 5-3] 인터셉터 동작 원리

이러한 인터셉트는 액션과 독립적으로 구현되기 때문에 어떠한 액션에도 적용될 수 있다. 예를 들면, 웹페이지 입력 값이 올바른지 확인하는 기능(validation)이나 페이지를 출력하기 전에 서버로부터 미리 데이터를 가져오는 기능(spooling), 컴포넌트의 속성 값 전송 및 변경 (population), 보안 관리(security), 각 액션에 대한 상세한 내역 기록(logging), 시간별 동작 및 성능 병목 지점 검사(profiling) 등은 액션의 종류와 무관하게 공통적으로 적용될 수 있다. 이를 위해서, 스트럿츠2에서는 인터셉터 컴포넌트를 서로 느슨하게 연결(loose coupling)하여 인터셉트와 액션의 기능이 상호간에 간편하게 통합될 수 있도록 한다. 그래서 사용자들은 필요로 하는 프레임워크의 새로운 기능이 추가될 때까지 기다릴 필요를 없이 간단히 인터셉트 형태로 작성해서 추가하면 한다. 다음은 인터셉터가 활용되는 예이다.

- 액션이 호출되기 전에 특정한 전처리(preprocessing)를 수행한다.
- 액션과 상호 작용하며 실행 정보를 제공한다(예를 들면, Spring과 연동하거나 액션에게 요청 파라미터를 설정하는 경우).
- 액션이 호출된 후에 후처리(postprocessing) 기능을 제공한다.
- 사용자 요청에 대한 처리 결과를 중간에 변경한다.
- 예외 상황을 처리하거나 대체 프로세싱을 제공한다.

모든 인터셉터는 intercept( ) 메소드를 구현하고 있다.

소스 5-10 : interceptor 예제

```
public class interceptor {
  void intercept(ActionInvocation actIvk) {          // 액션 수행하기 전에 수행할 일
    actIvk.invoke( );          // 액션 수행 후 수행할 일
  }
}
```

소스 5-10의 코드에서 actIvk.invoke( ) 메소드는 다음 번에 호출해야 할 인터셉터가 있는지 확인한다. 만약에 있다면, 재귀 호출과 같은 방식으로 다른 인터셉터를 호출하고, 없다면 해당 액션을 실행한다. 액션이 실행된 후에는 코드상에 나타난 바와 같이 액션 수행 후 해야 할 일들을 수행한다.

인터셉터는 인터페이스 형태로 선언되어 있으며, 이를 상속하여 사용자가 원하는 대로 확장할 수 있는 데, 이를 '커스텀 인터셉터'라 부른다. 이 부분은 다음 섹션에서 다루기로 한다.

또한, 인터셉터는 스택 형태로 연결하여 함께 사용될 수도 있다. 만약 어떤 사용자 요청에 대해 입력값의 신뢰성을 체크한 뒤 액션을 처리하고 다시 그 수행시간을 체크하고자 한다면, 이러한 기능을 제공하는 인터셉터를 스택으로 쌓아서 사용할 수 있다.

소스 5-11은 인터셉터 스택을 정의하는 방법의 예로, 스트럿츠 2 프레임워크는 각 인터셉터를 Interceptor-stack 항목에서 정의된 순서에 따라 호출한다. 소스 5-11의 코드에서는 security 인터셉터를 먼저 호출한 뒤 defaultStack 인터셉터를 호출한다.

소스 5-11: 인터셉터 스택에 대한 XML 기술

```xml
〈interceptors〉
    〈interceptor name= "security" class= "com.company.security.SecurityInterceptor" /〉
    〈interceptor-stack name= "secureStack" 〉
        〈interceptor-ref name= "security" /〉
        〈interceptor-ref name= "defaultStack" /〉
    〈/interceptor-stack〉
〈/interceptors〉
```

① 디폴트 인터셉터와 디폴트 스택

인터셉터는 스트럿츠2 프레임워크의 핵심적인 기능이기에 제공하는 기능도 매우 많다. [표 5-1]은 스트럿츠2에서 사용 가능한 인터셉터들을 나열한 것이다.

[표 5-1] 스트럿츠2 프레임워크에서 제공하는 인터셉터 리스트

인터셉터 기능	인터셉터 종류	설 명
앨리어스 인터셉터	alias	파라미터들이 다른 이름의 앨리어스를 가질 수 있도록 한다. 특히 같은 정보에 대해서 서로 다른 이름을 갖는 액션들을 체이닝(chaining)할 때 유용하다.
체이닝 인터셉터	chaining	이전에 실행된 액션의 속성을 현재 액션에서 사용하도록 한다. 많은 경우 이 인터셉터는 리절트 체인(result chain)과 함께 사용된다.
체크박스 인터셉터	Checkbox	체크박스의 선택과 관련된 인터셉터이다. 체크박스에 아무런 체크를 하지 않고 전송하는 경우 해당 속성에 거짓(false) 값을 대응시킨다.
변환 에러 인터셉터	conversionError	문자열을 액션의 특정 필드값에 대입되는 문자열로 변환하는 과정에서 발생하는 에러 정보를 관리한다.
세션 인터셉터 생성	createSession	HTTP 세션을 자동으로 생성한다.
디버깅 인터셉터	debugging	개발자에 따라 커스터마이즈된 다양한 디버깅 화면을 제공한다.
실행과 대기 인터셉터	exeAndWait	백그라운드에서 액션이 실행되는 동안에 사용자로 하여금 잠시 대기하도록 하는 화면을 보여주는 인터셉터이다. 최근 인터넷 웹 사이트에서 많이 사용되는 추세인데, 특히, 완성도 높은 상업용 웹 사이트의 경우 화면이 전환되는 상황에서 조금이라도 지연되는 경우 사용자에게 대기화면을 보여주는 것이 일반화되었다.
예외 인터셉터	exception	액션 실행중에 발생한 예외 케이스에 대해 결과에 반영한다. 자동으로 예외처리 핸들러에 리다이렉션(redirection)하도록 한다.
파일 업로드 인터셉터	fileUpload	파일 업로드 기능을 지원하는 인터셉터이다.
국제화 인터셉터	i18n	사용자 세션에 따라서 선택된 지역화 설정을 유지한다.
로깅 인터셉터	logger	액션이 실행되는 동안에 발생하는 이벤트 정보를 로깅하는 기능이다. 기존에는 별도로 아파치 로깅(Apache Log4J) 라이브러리를 많이 사용하였으나 스트럿츠2에서는 로깅 인터셉터를 제공하므로 개발자의 기호에 따라 선택하여 사용하면 된다. 아파치 로깅 라이브러리는 http://logging.apache.org/에서 매뉴얼이나 라이브러리를 무료로 다운로드할 수 있다.
메시지 저장 인터셉터	store	ValidationAware 인터페이스를 구현함으로써 메시지를 저장하고 검색한다. 필드 에러나 액션에서 발생하는 에러 메시지를 저장한다.

모델 드리븐 인터셉터	modelDriven	ModelDriven 인터페이스를 구현하는 액션을 위해 모델 객체를 스택에 넣는다
스코프 모델 드리븐 인터셉터	scopedModelDriven	ScopedModelDriven 인터페이스를 구현하는 액션을 위해서 특정 스코프에 해당하는 모델 객체를 저장하고 검색하는 기능이다.
파라미터 인터셉터	params	액션에 대한 요청 파라미터를 설정한다.
파라미터 필터인터셉터		액션이 접근하고자 하는 파라미터에 대해서 제어권을 제공한다.
준비 인터셉터	prepare	Preparable 인터페이스를 구현하는 액션을 위해 prepare( ) 메소드를 호출한다.
프로파일링 인터셉터	profile	액션에 로깅될 프로파일 정보를 제공한다.
스코프 인터셉터	scope	세션 또는 어플리케이션 스코프에서 액션의 상태를 저장하고 검색한다.
서블릿 설정 인터셉터	servletConfig	다양한 서블릿 기반 정보에 대해 접근하는 액션을 제공한다.
정적 파라미터 인터셉터	staticParams	정적으로 정의된 값을 액션에 설정한다. 예를 들면, 액션 설정시 param 태그를 사용하여 설정한 값들이 이에 해당한다.
역할 인터셉터	roles	현재 유저가 설정된 역할 중 하나에 해당할 때에만 액션이 실행되도록 한다.
타이머 인터셉터	timer	얼마나 오랫동안 액션을 실행할 것인지와 같은 간략한 프로파일링 정보를 제공한다.
토큰 인터셉터	token	중복된 폼 전송을 방지하기 위해서 올바른 토큰을 가지고 있는지를 체크한다. 이러한 기능은 인터넷 웹 사이트에서 전자결제를 구현할 때 많이 사용된다. 특히, 인터넷으로 결제기능을 제공하는 경우 사용자가 결제 버튼을 두 번 누름으로써 신용카드 결제가 여러 번 이루어지는 경우가 종종 나타나곤 한다. 이를 방지하기 위해서 token 인터셉터를 사용하면 된다.
토큰 세션 인터셉터	tokenSession	토큰과 유사하다. 하지만, 올바르지 않은 토큰이 주어진 경우는 전송된 데이터를 세션에 저장한다.
검증 인터셉터	validation	액션에게 전달할 데이터를 검증하는 기능을 제공한다.

인터셉터는 액션 실행에 있어 중요한 역할을 한다. 사용자 요청을 처리하는 과정에서, 특정한 액션이 실행되는 동안 내부적으로는 최소 하나 이상의 인터셉터가 동작한다. 스트럿츠2는 이러한 과정에서 생성되는 인터셉터들을 스택 형태로 쌓아올려서 액션에서 참조하도록 한다. 이러한 방법은 각 액션이 필요로 하는 인터셉터들을 각각 별도로 매핑하는 방법에 비

해 매우 효율적이다. [표 5-2]는 기본적으로 제공되는 인터셉터에 대해서 디폴트 스택의 종류를 나타낸 것으로, 각 인터셉터는 스택으로 설정된 순서대로 호출된다는 것을 염두에 두고보기 바란다.

[표 5-2] 기본 인터셉터에 대한 디폴트 스택의 종류

기본 인터셉터	디폴트 스택의 종류	설 명
Basic Stack	Exception, servletConfig, prepare, checkbox, params, conversionError	최소 환경에서 사용될 인터셉터들
validationWorkflowStack	basicStack, validation, workflow	이전에 실행된 액션의 속성을 현재 액션에서 사용하도록 한다. 많은 경우에 이 인터셉터는 결과 타입(result type) "chanin"과 함께 사용된다.
fileUploadStack	fileUpload, basicStack	기본 스택에 파일 업로딩 기능을 추가한다.
modelDrivenStack	modelDriven, basicStack	기본 스택에 모델 기능을 추가한다.
chainStack	chain, basicStack	기본 스택에 체인 기능을 추가한다.
i18nStack	I18n, basicStack	기본 스택에 지역화 유지 기능을 추가한다.
paramPrepareParamsStack	Exception, alias, params, servletConfig, prepare, i18n, chain, modelDriven, filUpload, checkbox, staticParams, params, conversionError, validation, workflow	Pre-action 메소드 호출을 포함하는 복합한 스택을 제공한다. Params 인터셉터는 두 번 적용된다. 한 번은 prepare( ) 메소드가 호출되기 이전에 파라미터를 제공하며, 두 번째는 prepare 단계에서 검색된 객체들에게 파라미터를 다시 제공하려 할 때 사용된다.
defaultStack	Exception, alias, servlet Config, prepare, i18n, chain, debugging, profiling, scoped ModelDriven, modelDriven, fileUpload, checkbox, staticParams, params, conversionError, validation, workflow	디버깅과 프로파일링을 포함하는 완전한 스택 기능을 제공한다.
executeAndWaitStack	execAndWait, defaultStack, execAndWait	실행과 대기 스택을 제공한다. 이러한 기능은 파일 업로드와 같이 처리 결과를 보여주기까지 시간이 오래 걸리는 기능을 수행할 때 유용하다. 사용자에게 특정한 기능을 수행중이라는 메시지를 화면에 보여줄 수 있다.

② 커스텀 인터셉터(custom interceptors)

스트럿츠2 프레임워크에는 사용자와 웹 어플리케이션의 목적에 따라 매우 편리하게 커스텀 인터셉터를 생성할 수 있다. 이를 위해서는 Interceptor 인터페이스를 구현하면 되는데, 그 정의는 다음과 같다.

소스 5-12 : Interceptor 인터셉터 정의

```
public interface Interceptor extends Serializable {
    void init( );
    void destroy( );
    String intercept(ActionInvocation invocation) throws Exception;
}
```

메소드 이름에서 알 수 있듯이, init( ) 메소드는 인터셉터를 초기화하기 위한 방법을 제공한다. detroy( ) 메소드는 인터셉터에서 사용한 리소스들을 반환하기 위한 메소드이다. 액션과는 달리 인터셉터는 사용자 요청(user request)을 처리하는 동안 둘 이상의 쓰레드에 의해 공유될 수 있기 때문에, 쓰레드 세이프(thread-safe)한 구조로 만들어야 한다. 하지만, 이러한 구조는 오버헤드가 존재하며 실행 성능을 저해할 우려가 있기 때문에 init( ) 메소드나 destory( ) 메소드와 같이 처음 실행시와 종료시 한 번만 호출되는 메소드들에 대해서는 쓰레드 세이프한 구조를 고려하지 않아도 된다. 만약 초기화하거나 종료시 자원을 반납할 필요가 없다면 AbstractInterceptor 클래스를 상속받아 사용해도 된다. 그러나, 이 AbstractInterceptor 클래스는 init( )와 destroy( ) 메소드에 대해서 아무런 구현을 제공하지 않는다. 이때, 인터셉터는 XML 설정 파일인 struts-default.xml에서 〈interceptor〉 엘리먼트를 통해 매핑된다.

소스 5-13 : 두 인터셉터의 스택 형태 매핑 예제

```
〈struts〉
    …

  〈package name="struts-default"〉
      〈interceptors〉
          〈interceptor name="alias"  class="com.opensymphony.xwork2.interceptor.
AliasInterceptor"/〉
          〈interceptor name="autowiring"  class="com.opensymphony.xwork2.spring.
```

```
interceptor.ActionAutowiringInterceptor" />

        …
    〈/interceptors〉
  〈/package〉


  …
〈/struts〉
```

위 예제는 alias 인터셉터와 autowiring 인터셉터 두 개가 서로 스택 형태로 매핑되어 동작하는 것을 기술한 것이다.

소스 5-14는 실제적인 커스텀 인터셉터의 예이다. SimpleInterceptor 클래스는 Abstract Interceptor를 상속받는 클래스로서, intercept( ) 메소드를 통해 액션 실행 이전에 날짜 정보를 설정하고 해당 액션을 실행하는 것을 목적으로 동작한다.

소스 5-14: AbstractInterceptor 클래스를 상속받은 SimpleInterceptor 클래스 예제

```java
import com.opensymphony.xwork2.ActionInvocation;
import com.opensymphony.xwork2.interceptor.AbstractInterceptor;

public class SimpleInterceptor extends AbstractInterceptor {

    public String intercept(ActionInvocation invocation) throws Exception {
        MyAction action = (MyAction)invocation.getAction( );
        action.setDate(new Date( ));
        return invocation.invoke( );
    }
}
```

(5) 밸류 스택(value stack)과 OGNL

[그림 5-4]는 스트럿츠2에서 밸류 스택의 동작과 다른 컴포넌트와의 상호 작용에 대해 그림으로 나타낸 것이다. 액션이 실행된 후 결과(리절트)는 언제나 밸류 스택에 저장된다. 스트럿츠2 프레임워크에서는 모든 주요 컴포넌트들이 개별 요청에 대한 컨텍스트 정보에 접근하기 위해 여러 가지 방법으로 밸류 스택을 사용한다.

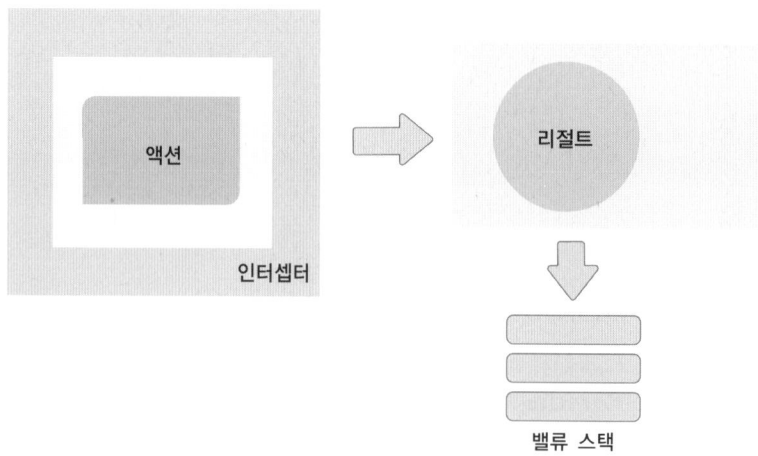

[그림 5-4] 스트럿츠2 컴포넌트간 상호 작용 및 동작 원리

밸류 스택은 스택 형태로 구현되어 있으나, 전통적인 스택 구현과는 다르다.

첫 번째 가장 큰 차이점은 다음과 같은 네 가지 객체 형태로 밸류 스택이 구성된다는 점이다.

① 임시 객체(temporary object) : 임시 객체는 요청을 처리하는 동안 일시적인 저장 공간을 필요로 한다. 예를 들어, 반복문에 사용된 컬렉션에서 현재 엘리먼트를 일시적으로 저장하는 경우가 이에 해당한다.

② 모델 객체(model object) : 액션이 ModelDriven 인터페이스를 구현할 때, 모델 객체는 실행중인 액션의 스택에 위치한다. 이러한 계층화 수준(level)은 만약 인터페이스가 액션에 의해 구현되기 때문에 가능한 것이다.

③ 액션 객체(action object) : 현재 실행중인 액션을 가리킨다.

④ 네임드 객체(named object) : 모든 객체는 식별자를 할당받을 수 있고, 네임드 객체로 만들 수 있다. 네임드 객체로 개발자가 생성할 수 있으며, #application, #session, #request, #attr, #parameters 등이 기본적으로 포함된다. 각각은 동일한 HTTP 요청에서 발생하는 객체 컬렉션에 대응한다. attr 컬렉션은 page, request, session, application 순으로 검색되며, 〈s:property value="#session.example" /〉와 같은 형식으로 사용하면 된다.

두 번째는 스택 사용법 자체의 차이점이다. 스택에 데이터를 넣기 위해서는 push( ) 메소드를 그리고, 데이터를 꺼내기 위해서는 pop( ) 메소드를 사용하는 것이 일반적이다. 하지만, 밸류 스택에서는 탐색하거나 데이터에 대해 연산을 하거나 혹은 OGNL(Object Graph Navigational Language)을 이용해서 특정한 수식 계산이 가능하다. OGNL은 객체지향 프로그래밍에서 사용되는 객체에서 메소드 탐색에 사용되는 점 표기법(dot notation)을 지원한다. 따라서, OGNL의 이와 같은 기능을 활용하면 밸류 스택에서 객체들을 그래프 형태로 탐색하는 것을 비롯하여 다양한 기능을 구현할 수 있다. [표 5-3]는 이와 같은 OGNL의 다양한 연산과 사용 방법을 설명한 것이다.

[표 5-3] OGNL 표현의 예

표현 예	설 명
Address.postcode	getAddress( ).getPostcode( )를 호출하여 값을 되돌린다. 이러한 호출 방법은 도트 표기법으로 알려져 있다.
#session['user']	HTTP 세션으로부터 user 객체를 얻어온다
!required	isRequired( ) 메소드에 대한 호출이 false를 리턴하면 해당 표현은 true 값을 반환한다. !는 Java 언어나 C 언어에서 사용하는 것과 같은 논리 연산자이다.
Required && result.size( )>1	isRequired( ) 메소드를 호출한 값에 컬렉션 result가 1보다 작은 사이즈를 갖는지를 체크하여 논리 AND를 수행한 결과를 반환한다.
hasActionErrors( )	hasActionErrors( )를 호출함으로서 값을 반환한다.
[2].id	밸류 스택의 세 번째 엘리먼트에 getId( ) 메소드를 호출한다. 밸류 스택의 내부에 들어가 있는 객체들의 순서를 알고 있는 경우에 사용하기 좋은 방법이다. 그리고 getId( ) 메소드는 현재 포인터의 위치부터 시작하여 입력받은 숫자만큼 카운팅한다.
top	밸류 스택의 가장 최상위에 위치한 객체를 가리킨다.
results.{name}	results 컬렉션 내 각각의 엘리먼트에 대해서 getName( ) 메소드를 호출하여 컬렉션을 반환한다. 이를 프로젝션(projection)이라고도 한다.
role in { 'admin', 'user' }	getRole( ) 메소드를 호출한 결과값을 가져온 후, admin과 user 컬렉션에 둘나 속하는지 여부를 판단한다.
role not in { 'admin', 'user' }	getRole( ) 메소드를 호출한 결과값을 가져온다. 그런 다음 admin과 user 컬렉션에 속하지 않은 경우를 판단한다.
@com.static.Constants@getRoles( )	Constants 클래스의 정적 메소드인 getRoles( )를 호출한 결과를 반환한다.
@com.static.Constants@USER_NAME	Constants 클래스의 정적 속성 값인 USER_NAME을 반환한다.

원래 스택에서 검색 연산은 결과값을 반환하지 않으나, 밸류 스택의 경우는 OGNL 표현을 활용하여 결과 값을 반환할 수 있다. 밸류 스택은 섹션의 시작부터 나열된 순서대로 탐색을 하게 되는데, 스택 내의 매 객체들마다 수식을 평가하고 결과를 반환한다. 모든 수준에 대한 검색이 끝났는 데도 일치하는 결과를 찾지 못한 경우 널(null) 값을 반환한다.

(6) 리절트(result)와 리절트 타입(result type)

액션이 수행된 후, 그 실행 결과를 사용자에게 전달해야 한다. 스트럿츠2에서는 이러한 작업을 리절트와 리절트 타입의 두 가지로 구분한다. 리절트 타입은 사용자에게 반환할 정보에 대한 구현 세부사항을 나타내는데, 대개 스트럿츠2에서 미리 설정되어 있는 값을 그대로 사용한다([표 5-4] 참조). 물론, 개발자가 자신만의 커스텀 리절트 타입을 만들어 사용할 수 있으며, 디폴트 리절트 타입으로 설정한 것을 디스패쳐(dispatcher)라 하고, JSP를 통해 사용자에 제공할 응답을 생성하는데 사용한다.

[표 5-4] 스트럿츠2 프레임워크에서 제공하는 리절트 타입

리절트 타입 설정 값	클래스 이름	설 명
Dispatcher	org.apache.struts2.dispatcher.ServletDispatcherResult	기본 리절트 타입은 JSP를 렌더링한다.
chain	com.opensymphony.xwork2.ActionChainResult	어떤 한 액션을 다른 액션에 체이닝한다.
freemarker	org.apache.struts2.views.freemarker.FreemarkerResult	Freemarker 템플릿을 렌더링한다.
httpheader	org.apache.struts2.dispatcher.HttpHeaderResult	설정된 HTTP 헤더 응답을 반환한다.
redirect	org.apache.struts2.dispatcher.ServletRedirectResult	사용자에게 특정한 리다이렉션시킨다.
redirectAction	org.apache.struts2.dispatcher.ServerletActionRedirectResult	특정 액션으로 리다이렉션시킨다.
stream	org.apache.struts2.dispatcher.StreamResult	Raw data를 브라우저로 전달한다. 파일이나 그림에 대한 다운로드 기능을 구현할 때 유용하다.
velocity	org.apache.struts2.dispatcher.VelocityResult	벨로시티 템플릿을 렌더링한다.
xslt	org.apache.struts2.views.xslt.XSLTResult	XML을 브라우저 화면에 렌더링한다. 또한, XSL 템플릿을 통해 변환한다.
plaintext	org.apache.struts2.dispatcher.PlainTextResult	콘텐츠를 플레인 텍스트(평문)로 반환한다.

자신만의 리절트 타입을 생성하기 위해서는 리절트(Result) 인터페이스를 구현해야 한다. 이 인터페이스는 execute( ) 메소드를 갖는 등 여러 가지 면에서 Action 인터페이스를 흉내내고 있다. 리절트 인터페이스를 구현하는 경우 사용자에게 넘겨줄 최종적인 응답을 생성하

기 위해서 execute( ) 메소드를 반드시 구현해야 한다. ActionInvocation 파라미터는 리절트 가 액션과 실행 컨텍스트에 대해서 알아둘 필요가 있는 모든 결과를 제공한다.

```
public interface Result extends Serializable {
    public void execute(ActionInvocation invocation) throws Exception;
}
```

리절트는 스트럿츠2 프레임워크에서 액션이 실행된 이후에 사용자에게 어떠한 결과를 보여주어야 하는지를 정의한다. 예를 들면, 성공적으로 사용자 응답이 생성되었는지 혹은 에러가 발생하여 사용자 입력 화면으로 되돌아가야 하는지를 정의해야 한다. 만약, 지정된 리절트 객체를 반환하지 않는다면, 대신 특정한 문자열을 반환하는데 이는 리절트를 식별할 수 있는 문자열 형태이다.

정리하면, 어떤 URL 요청에 매핑된 액션의 각 메소드는 리절트를 반환할 필요가 있으며, 이 리절트에는 리절트 타입을 규정해야 한다. 이와 같이 리절트 체인 기법은 스트럿츠2에서 제공하는 대표적인 유용한 기능 중의 하나이다. 실제로, 리절트를 설정하고 전달하는 기법은 스트럿츠2에서 매우 일반화된 방법이기 때문에 여러분도 이러한 부분에 대해서 잘 알아두어야 한다.

(7) 태그 라이브러리(tag library)

태그 라이브러리는 액션(action)과 뷰(view) 사이의 상호 작용을 제공한다. 런타임 화면에 출력할 정보를 만들어내는 과정뿐만 아니라 액션으로부터 화면에 표시될 정보를 동적으로 만들어낼 수 있다. 태그 라이브러리는 JSP 개발에 있어서 거의 필수적으로 사용되는 것으로, 대부분의 웹 어플리케이션 프레임워크에서 여러 가지 형태로 사용된다. 참고로, 자바에는 자바 표준 태그 라이브러리(Java Standard Tag Library: JSTL)라는, 사실상 표준이 되는 태그 라이브러리가 존재하는데 오늘날 상당수의 자바 웹 어플리케이션 프로젝트가 이 라이브러리를 사용한다.

스트럿츠2 태그 라이브러리와 다른 일반적인 태그 라이브러리(예를 들면, JSTL과 같은)와는 조금 다른 특징이 있는데, 스트럿츠2 태그 라이브러리는 프레임워크와 밀접하게 통합되어 있다는 점이다. 예를 들면, 밸류 스택(value stack)의 기능을 완전히 활용하여 액션 메소드에 접근하거나 OGNL을 활용하여 표현식을 평가하는 것, 혹은 필요에 따라 객체나 컬렉션을 생성할 수 있는 기능들이 이에 해당한다.

다음은 태그 라이브러리를 네 가지로 분류해 본 것이다.

① 컨트롤 태그(control tag)

웹 브라우저의 화면에 어떠한 정보가 표현될 것인가를 컨트롤하는 태그들 위주이며, 그러한 정보들의 컬렉션을 다루고 관리할 수 있는 기능을 제공한다.

② 데이터 태그(data tag)

어떤 액션의 실행 결과로부터 생성된 정보들을 동적으로 화면에 표현하기 위한 다양한 기능의 태그들로 구성되며, URL이나 링크 주소를 생성하거나 여러 국가의 언어에 맞추어 조정하여 화면에 뿌려주는 기능들이 포함된다. 이 밖에 개발자에게 디버그 메시지를 제공하는 기능도 제공된다.

③ 폼 태그(form tag)

HTML 폼 태그를 생성하기 위한 래퍼(wrapper)로서, 부가적인 사용자 인터페이스 위젯 등을 손쉽게 사용할 수 있도록 한다. 날짜나 시간 컨트롤이나 체크박스 리스트 등과 같이 HTML 기본 태그에는 제공되지 않는 기능들이 포함된다.

④ 기타 태그

에러 메시지를 출력하거나, 트리 형태의 뷰를 제공하기 위한 태그들로, 기본적으로 제공되는 태그의 조합으로는 만들 수 없는 것들이 이에 해당한다.

[그림 5-5]는 http://struts.apache.org/2.0.9/docs/tag-reference.html 페이지를 방문한 것으로 스트럿츠2에서 사용 가능한 모든 태그 리스트가 정리되어 있다.

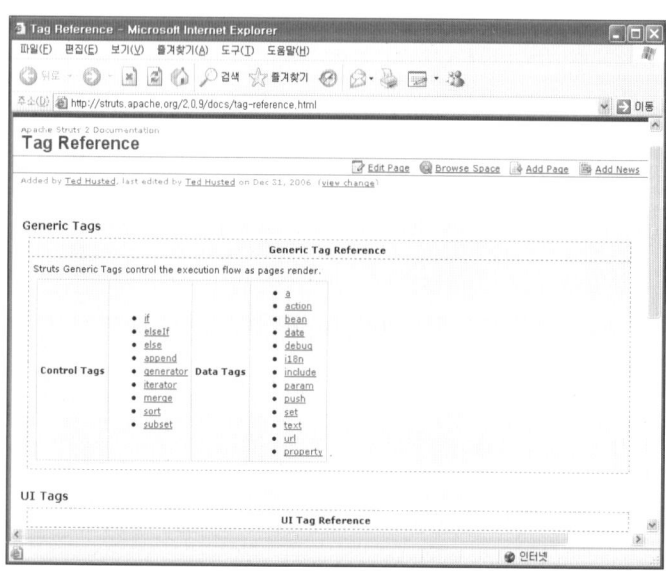

[그림 5-5] 스트럿츠2에서 사용 가능한 태그 리스트

(8) 프리마커(FreeMarker) 템플릿

프리마커는 벨로시티와 유사한 템플릿 엔진이다. 특히 웹 브라우저상에 나타나는 최종적인 사용자 인터페이스를 위한 프레임워크라고 할 수 있다. 프리마커나 벨로시티는 공통적으로 MVC 모델에 기반한 프레임워크이기 때문에 비즈니스 모델을 기술하는 부분과 화면 표현을 담당하는 레이어가 명확히 구분되어 있다. 따라서, 비즈니스 레이어에서는 화면에 출력할 데이터를 계산하여 내려주고 표현 레이어가 이를 화면에 출력한다.

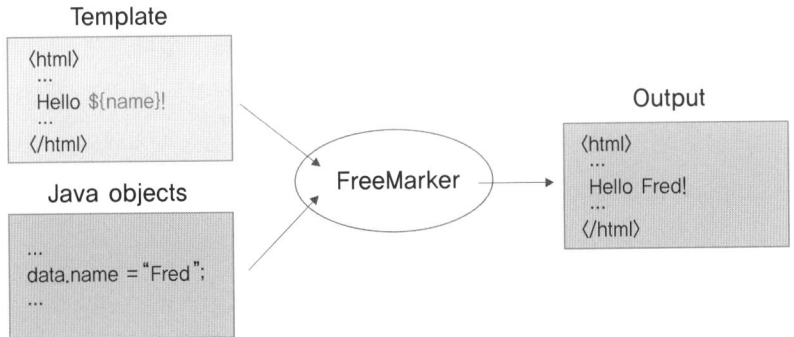

[그림 5-6] 프리마커 템플릿의 역할

프리마커 템플릿에서는 JSP 코딩의 생산성을 향상시켜주기 위해 공통으로 사용되는 화면 처리용 함수를 매크로로 만들어 손쉽게 사용할 수 있도록 한다.

〈@매크로명 변수1, 변수2, ... /〉

예를 들어, 웹 사이트를 개발하다 보면 긴 문자열을 원하는 크기의 문자열로 잘라내고 싶을 경우가 많다. 이러한 경우 사용할 수 있는 매크로는 다음과 같다.

〈@triming ${item.title}, 20 /〉

이를 위해 미리 등록해야 하는 매크로 함수는 소스 5-15와 같다.

소스 5-15: 프리마커 템플릿 매크로 함수

```
〈#macro triming srcstring maxlength〉〈#compress〉
〈#if srcstring?length &gt; maxlength〉
   ${srcstring[0..maxlength-1]}..
〈#else〉
   ${srcstring}
〈/#if〉
〈/#compress〉〈/#macro〉
```

스트럿츠2 태그 라이브러리와 다른 태그라이브러리의 가장 큰 차이점은 내부 구조와 아키텍처에 있다. 스트럿츠 2가 MVC 프레임워크에 해당하듯이 태그 라이브러리도 MVC 프레임워크를 따르는 것과 그렇지 않은 것의 차이가 있다.

다음은 스트럿츠2의 태그 라이브러리 아키텍처를 구성하는 세 가지 대표적인 컴포넌트이다.

1 모델

폼 엘리먼트 혹은 HTML 태그를 제공하는 태그는 UIBean 클래스가 담당한다. UIBean 클래스는 태그의 특정한 템플릿을 출력 스트림으로 합병하는 기능이 있다. 각 태그는 Component 클래스와 UIBean 클래스를 상속받은 모델 클래스를 구현하는 형태로 작성된다. 이들 클래스는 속성 값을 얻어오는 메소드와 속성 값을 설정하는 메소드가 지원되는 간단한 형태를 갖는다. Component 클래스는 밸류 스택에 접근하기 위한 것으로, OGNL 표현을 평가할 필요가 있을 때 추가적인 파라미터들을 얻어오는 기능을 한다.

2 뷰

뷰는 하나 혹은 두 개의 템플릿으로 구성된다. 아무런 값을 지정하지 않은 경우 디폴트 값은 프리마커 템플릿이다. 만약 내장 태그를 사용하지 않는다면 한 개만 지정하면 된다. 템플릿은 특정한 비즈니스 로직으로부터 연산된 결과를 사용자에게 보여주기 위해 화면에 표현하는 방법에 대한 서식화 출력을 제공한다.

3 컨트롤러

컨트롤러는 JSP, Velocity, Freemarker 등의 리절트 템플릿에서 태그를 사용할 수 있도록 한다. 이러한 기능은 기존 태그 라이브러리에 비해 상당히 차별화되는 부분이다. 일반적으로 태그 라이브러리는 JSP에서는 사용 가능하지만, 벨로시티나 프리마커 등의 다른 템플릿에서는 사용하기 힘든 경우가 많다. 하지만, 스트럿츠2는 태그 라이브러리 객체를 비 JSP 템플릿 (벨로시티, 프리마커와 같은)에서도 이용 가능하게 함으로써 이러한 불편을 해결하였다. 이를 위해서는 각각의 뷰에 대해서 TagModel, AbstractDirective, ComponentTagSupport 등의 새로운 하위 클래스가 생성되어야 한다. 이들 클래스는 각 모델 객체의 필드를 채우기 위한 커스터마이즈된 메커니즘을 제공하기 위한 것이다.

4 테마

테마는 MVC를 지원하는 태그 라이브러리에서 뷰 컴포넌트에 프리마커(Freemarker) 템플릿을 쉽게 붙일 수 있도록 한다. 프리마커 템플릿은 스트럿츠2 JAR 파일로 제공되지만, 새로운 파일을 같은 디렉터리 구조 내에 있는 JAR 패키지와 같은 파일 이름으로 만들어주면 해당 템플릿의 기능을 오버라이딩할 수 있다. 테마는 태그가 Freemarker 템플릿에 접근할 수 있는 부가적인 디렉터리로, 스트럿츠 2는 다음과 같은 네 가지 테마를 제공한다.

① simple : 최소한의 장식을 제공하는 것으로, 기본적인 태그 출력 기능을 제공한다.
② xhtml : HTML 테이블에서 form 필드의 포맷팅 기능을 제공한다.
③ css_xhtml : xhtml 테마와 동일하다. 하지만, table 태그보다는 CSS의 div 태그를 사용한다.
④ ajax : 태그에 Ajax 기능을 제공한다.

새로운 테마를 생성하기 위해서는 템플릿 디렉터리 내에 새로운 디렉터리를 생성해야 한다. 예를 들면, /template/newtheme와 같은 형식으로 생성하면 된다. 새로운 테마를 사용하고자 하는 각각의 태그는 태그의 테마 속성 부분에 newtheme 값을 사용하면 된다.

예를 들어,

```
〈s:textfield name="name" /〉
〈s:textfield name="name" theme="newtheme" /〉
```

과 같이 사용하면 된다.

Form 태그의 테마가 변경되면 같은 테마를 공유하는 모든 form 태그 내부의 엘리먼트들도 함께 변경된다. 위에서 사용된 태그는 공통적으로 newtheme 테마를 사용할 수 있다. 물론, 사용자가 명시적으로 테마를 지정할 수도 있지만, form 태그 내부에 존재하는 하위 태그인 경우는 자동으로 form 태그의 속성을 상속 받는다.

```
〈s:form action="helloworld" theme="newtheme" 〉
  〈s:textfield label="What is your name?" name="name" /〉
  〈s:textfield label="What is the date?" name="dateNow" /〉
  〈s:submit /〉
〈/s:form〉
```

form 태그에서 설정된 newtheme 속성은 하위에 존재하는 textfield 태그에 공통적으로 적용된다.

05. 스트럿츠 어플리케이션 구조

　웹 브라우저를 통해 사이트에 접속하는 사용자들에게 제공해야 하는 기본적인 기능은 정보를 입력 및 검색하고, 검색된 정보를 수정하는 기능, 그리고 자료를 삭제하는 것이다. 일반적으로 웹 사이트를 구축하는 개발자 입장에서는 많이 접해본 매우 기본적인 기능이지만, 그러한 기능을 스트럿츠2 액션 클래스로 어떻게 개발하고 제공하는지에 관해서 알아보도록 한다. 이 책에서는 사용자 정보를 유지관리하는 User 클래스를 예로 들어 설명한다(소스 5-16).

소스 5-16: 사용자 정보를 유지 관리하기 위한 User 클래스

```
public class User implements Serializable {
    private String firstName;
    private String lastName;
    private String email;
    private String password;
    private byte[ ] portrait;
    public string getEmail( ) {
        return email;
    }
    public void setEmail(String email) {
        this.email = email;
    }
    public String getFirstName( ) {
        Return firstName;
    }
    public void setFirstName(String firstName) {
        this.firstName = firstName;
    }
    public String getLastName( ) {
        Return lastName;
    }
    public void setLastName(String lastName) {
        This.lastName = lastName;
    }
    public String getPassword( ) {
        Return password;
    }
```

```
    public void setPassword(String password) {
        This.password = password;
    }
    public byte[] getPortrait( ) {
        Return portrait;
    }
    public void setPortrait(byte[] portrait) {
        This.portrait = portrait;
    }
}
```

우리는 뒤에서 액션 클래스가 기존에 존재하는 객체들과 어떻게 상호 작용하는지에 관해서도 살펴볼 것이다. 또한, Spring 비즈니스 서비스에 접근하는 방법, 사용자 인터페이스에서 액션 클래스의 정보에 접근하는 방법, 그리고 여러 가지 언어를 지원하는 국제화 (internationalization) 기법, 이 과정에서 발생할 수 있는 다양한 예외 처리 기법에 대해서 살펴볼 것이다.

여기서 우리가 구현할 기능은 일반적인 웹 사이트에서 사용자 정보를 관리하는 데 필요한 기능들이다. 거의 모든 사이트에서 필수적으로 제공해야 할 이러한 사용자 관리 기능은 대부분의 경우 데이터베이스를 활용한 영속적 데이터 관리 기능을 필요로 하지만, 여기서는 영속성을 제외하고 나머지 사용자 정보 관리 기능에 대해서만 다룬다. 데이터베이스 활용에 대해서는 이 책의 뒷부분에서 설명할 것이다.

■ 사용자 등록

사용자가 사이트에 처음 방문하는 경우, 기본적인 사용자 정보를 등록해야 한다. 이를 위해서, 사용자는 이메일, 주소, 패스워드 등의 여러 가지 정보를 입력하고, 이러한 정보를 바탕으로 웹 사이트에 로그인한다. 일단 로그인된 후부터는, 다른 미등록 사용자들과 차별화된 회원만의 서비스를 제공받는 경우가 일반적이다.

■ 회원 정보 갱신

사용자가 자신의 회원 정보를 갱신하는 기능이다. 일단 회원으로 등록이 되면, 자신에 대한 정보가 서버에 보관된다. 이 정보에 대한 변경사항이 있는 경우, 사용자는 이를 변경할 수 있으며, 일단 변경된 부분에 대해서는 서버에 반영되어야 한다.

■ 기타 정보 업로드 기능

회원 정보 중 일부에 대해서, 선택적으로 사진이나 그림과 같은 부가 정보를 업로드할 수 있다. 여기서는 일단 회원으로 등록된 사용자에 한해서 자신의 사진 등을 업로드할 수 있도록 하는 서비스를 제공할 것이다. 사용자는 개수에 제한 없이 사진을 업로드할 수 있으며, 회원 정보를 갱신하는 것과 마찬가지로 로그인 후에만 이러한 정보를 업로드할 수 있다.

액션에서 set/get 메소드를 갖는 속성가 존재하는 경우 스트럿츠2는 액션으로부터 이러한 속성 변수에 대한 접근을 관리할 수 있다. 일반적인 객체지향 기법에서 객체의 속성 변수를 직접 접근하는 것을 금지하고, public 멤버로 선언된 메소드를 사용하도록 하는 것과 같은 원리이다.

set/get 메소드는 외부에서 직접적으로 속성 값을 수정하는 대신, 메소드를 통하게 되므로 올바른 값인지 검증하거나 데이터 형변환 기능을 지원하는 데 편리하다. 게다가 자바 프리미티브 타입들간에는 데이터 변환 기능이 기본적으로 제공한다.

```
public void setAge(int age) {..}
```

위 메소드는 스트럿츠2에서 textfield 태그를 사용해서 접근할 수 있다. 다음과 같이 name 속성 변수에 age 값을 사용하고 스트럿츠2의 textfield 태그를 사용하면 간편하게 웹 브라우저상에서 속성 값을 입력받아 액션클래스에 매핑할 수 있다.

```
〈s:textfield label="나이:" name="age" /〉
```

이러한 기능은 params 인터셉터가 존재하기 때문에 가능한 것이다. params 인터셉터는 대부분의 인터셉터 스택에서 기본적으로 사용되는 인터셉터로서, 객체에 속성 값을 대입해 주는 기능 외에도 데이터를 적절한 타입으로 변환해 주는 기능도 한다.

우리는 ModelDriven 액션을 사용해서 도메인 객체에 접근할 수 있다. 이때 두 단계를 거쳐야 하는데, 우선 ModelDriven 인터페이스를 구현하는 액션 클래스를 생성하는 것과, ModelDriven 인터셉터가 해당 액션에 적용되도록 하는것이다. ModelDriven 인터셉터는 ModelDriven 액션을 감시하고 액션 모델을 밸류 스택에 추가해 역할을 한다. 파라미터들이 모델에 적용되기를 원한다면, ModelDriven 인터셉터가 반드시 StaticParameter 인터셉터와 ParametersInterceptor 이전에 나타나야 한다. ModelDriven 인터셉터는 단순히 모델이 null 이 아닌 경우 해당 모델을 스택에 push하는 역할을 한다. 우선, ModelDriven 인터페이스와 그 활용 예제는 소스 5-17과 같다.

```java
public interface ModelDriven <T> {
    T getModel();
}
public class UserAction extends ActionSupport implements ModelDriven {
    private User user = new User();
    public UserAction() {
    }
    public Object getModel() {
        return user;
    }
    public String execute() {
        return SUCCESS;
    }
    public User getUser() {
        return user;
    }
    public void setUser(User user) {
        this.user = user;
    }
}
```

이러한 메소드 구현은 리턴 값을 적절히 결정해야 하는데, 가능한 옵션으로는 새로운 인터페이스를 생성하여 반환하거나 도메인 객체에서 이미 사용 가능한 것을 반환하는 두 가지이다.

ModelDriven 인터페이스를 구현하는 액션 클래스에 ModelDriven 인터셉터를 적용하는 것은, 인터셉터가 해당 액션을 위한 도메인 모델을 취합해서 밸류 스택에 넣어주기 위한 것이다. 이로써 스택 자료 구조에 추가된 도메인 모델 객체와 함께 스트럿츠2 태그를 보다 일반화시켜 사용할 수 있다. 즉, 직접적으로 관심있는 프로퍼티 이름만을 참조할 수 있게 되는 것이다.

06 스트럿츠2 응용

Chapter

| Point

이 장에서는 본격적인 스트럿츠2 프레임워크 응용을 다룬다. 실제적인 웹 사이트 구축 과정에서 흔히 사용되는 실용 예제에 대해서 스트럿츠 기반의 개발 경험을 습득하고 이를 응용할 수 있도록 한다. 특히, 파일 업로드, 우편번호 검색, EJB 활용의 세 가지 주제에 대하여 실습한다.

01. 웹 사이트 파일 관리-파일 업로드

오늘날 대부분의 인터넷 서비스 응용에서 파일 관리 기능은 필수적으로 사용된다고 해도 과언이 아니다. 따라서, 여기에서는 스트럿츠 프레임워크에서 기본적으로 제공하는 파일 업로드 컴포넌트를 활용하여 파일 업로드의 기본적인 내용을 살펴보기로 한다. 파일 업로드는 HTML 폼 태그에서 엔코딩 타입을 멀티파트(multipart) 폼 데이터(for-data) 형식으로 설정하여 데이터를 전송한다. 웹 프로토콜 상에서 다시 바이너리 데이터를 전송하는 원리이다. 이를 위해서는 HTML 폼의 엔코딩 타입(enctype)을 다음과 같이 multipart/form-data 형태로 설정하는 것이 중요하다.

```
〈form ...... method="post" enctype="multipart/form-data"〉
〈/form〉
```

아래는 파일 업로드 기능의 액션을 XML로 설정하는 내용이다. Form-bean을 uploadForm 으로 설정하는데, 이는 스트럿츠 프레임워크가 제공하는 파일 업로드용 EJB 컴포넌트에 해당한다. 이와 같이 스트럿츠는 EJB와 밀접한 관계에 있기 때문에, 이 책의 후반부에서는 EJB 컴포넌트의 개념과 사용법에 대해서 간단히 설명한다. 여기서는 단지 이 클래스를 활용하기만 하겠다.

```
〈!DOCTYPE struts-config PUBLIC
  "-//Apache Software Foundation//DTD struts Configuration 1.3 //EN"
  http://struts.apache.org/dtds/struts-config_1.3.dtd〉
〈struts-config〉
  〈form-beans〉
    〈form-bean name="uploadForm"
        type="org.apache.struts.webapp.upload.UploadForm" /〉
    〈/form-bean〉
    〈action-mapping〉
      〈action path="/upload" forward="/upload/upload.jsp" /〉

      〈action path="/upload-submit"
            type="org.apache.struts.webapp.upload.UploadAction"
            name="uploadForm"
            scope="request"
            validate="true"
            input="input" 〉
      〈forward name="input" path="/upload/upload.jsp" /〉
      〈forward name="display" path="/upload/display.jsp" /〉
      〈/action〉
    〈/action-mappings〉
```

액션매핑 경로로 /upload-submit을 사용하고 있으며, 사용자가 웹 URL을 통해 이 경로를 호출하면 org.apache.struts.webapp.upload.UploadAction 클래스가 실행되면서, 파일 업로드가 시작된다.

소스 6-1은 upload.jsp 파일이다. 이 파일은 웹 브라우저 화면에 파일 업로드를 위한 인터페이스를 출력하고 사용자의 입력을 받는다. 텍스트 박스와 파일 선택 박스에 파일 이름을 입력하고 전송 버튼을 누르면, 서블릿 컨테이너가 내부적으로 UploadAction 클래스를 실행한다.

소스 6-1 : 파일 업로드 예제 : upload.jsp

```
〈%@ page import="org.apache.struts.action.*,
          java.util.Iterator,
          org.apache.struts.webapp.upload.UploadForm,
          org.apache.struts.Globals" %〉 〈%@ taglib uri="http://struts.apache.org/tags-
bean" prefix="bean" %〉 〈%@ taglib uri="http://struts.apache.org/tags-html" prefix="html"
%〉 〈%@ taglib uri="http://struts.apache.org/tags-logic" prefix="logic" %〉
```

```
<html>
  <head>
    <title>File Upload Example</title>
  </head>
  <body>
<logic:messagesPresent>
  <ul>
  <html:messages id="error">
    <li> <bean:write name="error" /> </li>
  </html:messages>
  </ul> <hr />
</logic:messagesPresent>

  <!--
        The most important part is to declare your form's enctype to be "multipart/form-data",
        and to have a form:file element that maps to your ActionForm's FormFile property-->
    <html:form action="upload-submit.do?queryParam=Successful" enctype=
"multipart/form-data">
    <p>Please enter some text, just to demonstrate the handling of text elements as
opposed to file elements: <br />
    <html:text property="theText" errorStyle="background-color: yellow" /> </p>
    <p>Please select the file that you would like to upload: <br />
    <html:file property="theFile" errorStyle="background-color: yellow" /> </p>
    <p>If you would rather write this file to another file, please check here: <br />
    <html:checkbox property="writeFile" /> </p>
    <p>If you checked the box to write to a file, please specify the file path here: <br />
    <html:text property="filePath" errorStyle="background-color: yellow" /> </p>
    <p>
    <html:submit />
    </p>
    </html:form>

    <hr />
    <h3>Request Parameters</h3>

    <p>Display the request parameter values to show that the multipart request
    retains them in the event of a validation error. </p>

    <b>The Text: </b>   <%= request.getParameter("theText") %> </br>
```

```
<b〉Write File:〈/b〉 〈%= request.getParameter("writeFile") %〉〈/br〉
〈b〉File Path:〈/b〉 〈%= request.getParameter("filePath") %〉〈/br〉


〈hr /〉


〈/body〉
〈/html〉
```

Please enter some text, just to demonstrate the handling of text elements as opposed to file elements:

uploading_test

Please select the file that you would like to upload:

C:\Temp\Developing_An_S 찾아보기...

If you would rather write this file to another file, please check here:

☑

If you checked the box to write to a file, please specify the file path here:

c:/temp/12355.pdf

Submit

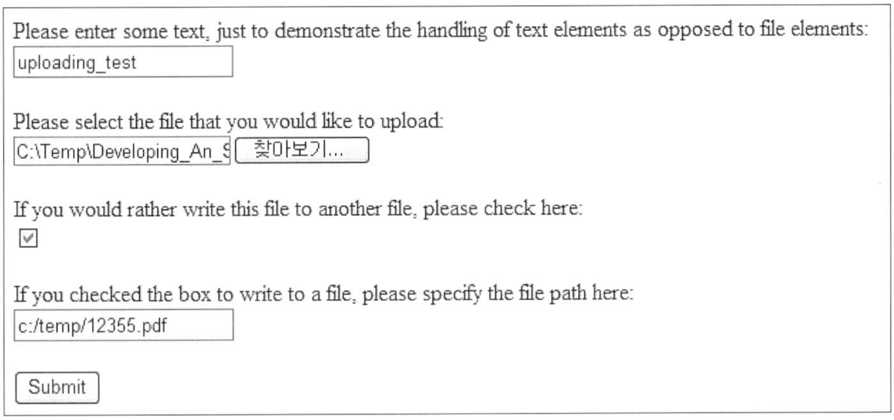

[그림 6-1] 파일 업로드 예제 실행 화면

다음에 나오는 UploadAction.java 파일은 파일 업로드 기능을 JAVA 언어로 구현한 UploadAction 클래스이다. 이 클래스에서는 위의 upload.jsp 파일의 웹 인터페이스를 통해 입력된 업로드 파일에 대한 정보를 다음과 같이 가져온다.

```
String text = theForm.getTheText( );
```

업로드하고자 하는 파일 내용은 multipart/form-data 형식으로 웹 프로토콜 상에서 전달된다. 이러한 부분이 UploadAction.java 예제에서는 import한 org.apache.struts.upload.FormFile 클래스에 들어있기 때문에 우리가 직접 이러한 기능을 구현할 필요는 없다. 단지, FormFile 클래스로부터 API를 호출하여 사용하면 된다. 웹 클라이언트로부터 서버로 업로드된 파일은 서버측에서 ByteArrayOutputStream을 생성하여 로컬 파일 시스템에 파일을 생성한다. request.getCharacterEncoding( ) 메소드는 한국어로 입력된 텍스트박스의 문자열 처리를 위해 필요한 메소드로, 일반적으로 UTF-8로 설정하면 한국어 입출력에 큰 문제가 없다.

```java
package org.apache.struts.webapp.upload;

import java.io.ByteArrayOutputStream;
import java.io.FileNotFoundException;
import java.io.FileOutputStream;
import java.io.IOException;
import java.io.InputStream;
import java.io.OutputStream;

import javax.servlet.http.HttpServletRequest;
import javax.servlet.http.HttpServletResponse;

import org.apache.struts.action.Action;
import org.apache.struts.action.ActionForm;
import org.apache.struts.action.ActionForward;
import org.apache.struts.action.ActionMapping;
import org.apache.struts.upload.FormFile;

public class UploadAction extends Action
{
    public ActionForward execute(ActionMapping mapping,
                    ActionForm form,
                    HttpServletRequest request,
                    HttpServletResponse response)
        throws Exception {

        if (form instanceof UploadForm) {

            String encoding = request.getCharacterEncoding( );
            if ((encoding != null) && (encoding.equalsIgnoreCase("utf-8")))
            {
                response.setContentType("text/html; charset=utf-8");
            }

            UploadForm theForm = (UploadForm) form;
                String text = theForm.getTheText( );
            String queryValue = theForm.getQueryParam( );
            FormFile file = theForm.getTheFile( );
```

```java
String fileName= file.getFileName( );
String contentType = file.getContentType( );
boolean writeFile = theForm.getWriteFile( );
String size = (file.getFileSize( ) + "bytes");
String data = null;

try {
    ByteArrayOutputStream baos = new ByteArrayOutputStream( );
    InputStream stream = file.getInputStream( );
    if (!writeFile)
        if (file.getFileSize( ) < (4*1024000)) {

            byte[] buffer = new byte[8192];
            int bytesRead = 0;
            while ((bytesRead = stream.read(buffer, 0, 8192)) != -1) {
                baos.write(buffer, 0, bytesRead);
            }
            data = new String(baos.toByteArray( ));
        }
        else {
            data = new String("The file is greater than 4MB," +
                    " and has not been written to stream." +
                    " File Size: " + file.getFileSize( ) + " bytes. This is a" +
                    " limitation of this particular web application, hard-coded" +
                    " in org.apache.struts.webapp.upload.UploadAction");
        }
    }
    else {
        OutputStream bos = new FileOutputStream(theForm.getFilePath( ));
        int bytesRead = 0;
        byte[ ] buffer = new byte[8192];
        while ((bytesRead = stream.read(buffer, 0, 8192)) != -1) {
            bos.write(buffer, 0, bytesRead);
        }
        bos.close( );
        data = "The file has been written to \"+" theForm.getFilePath( ) + "\" ;
    }
    stream.close( );
}
```

```
        catch (FileNotFoundException fnfe) {
            return null;
        }
        catch (IOException ioe) {
            return null;
        }


        request.setAttribute("text", text);
        request.setAttribute("queryValue", queryValue);
        request.setAttribute("fileName", fileName);
        request.setAttribute("contentType", contentType);
        request.setAttribute("size", size);
        request.setAttribute("data", data);

        file.destroy( );

        return mapping.findForward("display");
    }


    return null;
  }
}
```

다음의 소스 6-3은 업로드된 파일의 정보를 화면에 표시하는 display.jsp 파일이다. 파일의 이름, 크기 등에 관한 정보를 사용자 웹 브라우저에 표시한다.

소스 6-3 : 파일 업로드 예제 : display.jsp

```
〈html〉
〈body〉
〈p〉
〈b〉The Text: 〈/b〉  〈%= request.getAttribute("text") %〉
〈/p〉
〈p〉
〈b〉The Query Parameter: 〈/b〉  〈%= request.getAttribute("queryValue") %〉
〈/p〉
〈p〉
〈b〉The File name: 〈/b〉  〈%= request.getAttribute("fileName") %〉
```

```
</p>
<p>
<b>The File content type: </b>   <%= request.getAttribute("contentType") %>
</p>
<p>
<b>The File size: </b>   <%= request.getAttribute("size") %>
</p>
<p>
<b>The File data: </b>
</p>
<hr />
<pre>
<%= request.getAttribute("data") %>
</pre>
<hr />

<hr />
<h3>Request Parameters</h3>

    <p>Display the request parameter values to show that the multipart request
      retains them after a forward. </p>

    <b>The Text: </b>   <%= request.getParameter("theText") %> </br>
    <b>Write File: </b>   <%= request.getParameter("writeFile") %> </br>
    <b>File Path: </b>   <%= request.getParameter("filePath") %> </br>

    <hr />
</body>
</html>
```

소스 6-3에서 request 객체는 사용자 웹 브라우저로부터 요청된 정보를 담는 객체이다.
이 객체의 getParameters( ) 메소드를 통해 적절히 인자(argument)를 주면 웹 브라우저상
에서 유저가 입력한 정보를 손쉽게 받아올 수 있다.

[그림 6-2]는 본 예제의 실행 과정에서 추가된 소스 코드 이름과 그 위치를 나타낸다. 실제적인 파일 업로드 기능을 구현하는 자반 기반 액션 객체(UploadAction.java), 사용자 웹 브라우저 상에 나타나는 업로드 폼(UploadForm.java), 그리고 화면 출력을 위한 문자열 (UploadResource_ja.properties, UploadResource.properties)로 구성된다.

[그림 6-2] 파일 업로드 예제에서 추가한 파일 및 경로

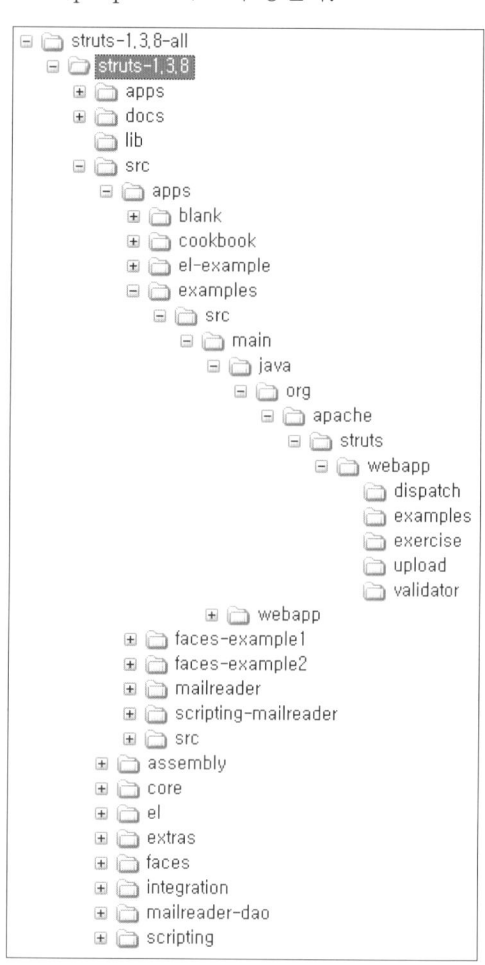

[그림 6-3] 파일 업로드 예제에서 사용한 일부 파일의 원본 위치

본 파일 업로드 예제에서 사용된 일부 파일들은 원래 struts-1.3.8-all 패키지 내에 존재한다. 이들 파일은 \struts-1.3.8-all\struts-1.3.8\src\apps\examples\src\main\ java\org\apache\ struts\webapp\upload 디렉터리([그림 6-3])에 위치하며 여러분이 나중에 원하는 파일 업로드 어플리케이션을 구현하고자 할 때 이 파일들을 가져다 사용할 수 있다.

02. 우편번호 검색 서비스

우리가 작업할 우편번호 검색 서비스는 앞의 파일 업로드 기능과 함께 웹 사이트에서 거의 필수적으로 지원해야 하는 기능 중의 하나다. 일반적으로 모든 웹 사이트들이 사이트 콘텐츠를 이용하기 위해서는 회원 가입을 요구하고 있고, 이때 회원의 주소 정보를 요구하는데 이런 경우 주소지 검색을 통한 자동 우편번호 입력 기능이 필요하다. 우편번호 DB는 epost114 홈페이지(http://webtest.epost114.co.kr/)에서 우리나라 전지역의 우편번호 정보를 무료로 다운로드할 수 있다. 이렇게 다운로드 받은 우편번호 데이터베이스를 간단한 엑셀 작업을 통해 MySQL INSERT 구문으로 바꿀 수 있다. INSERT 구문에 대해서는 뒤에서 설명한다.

먼저 우리가 구축하고자 하는 웹 서버에 우리나라 전국 우편번호를 저장할 데이터베이스 관리시스템을 설치하기 위해 MySQL을 설치하고 설정해 보자.

(1) MySQL 설치와 설정하기

01 공개된 MySQL 소프트웨어를 무료로 다운로드하기 위해 Developer Zone 탭을 클릭한다. 화면 좌측 중앙쪽에 Java/JDBC 메뉴가 마련되어 있다. 이것을 클릭하여 MySQL의 JDBC 드라이버를 다운로드하여 설치하도록 하자.

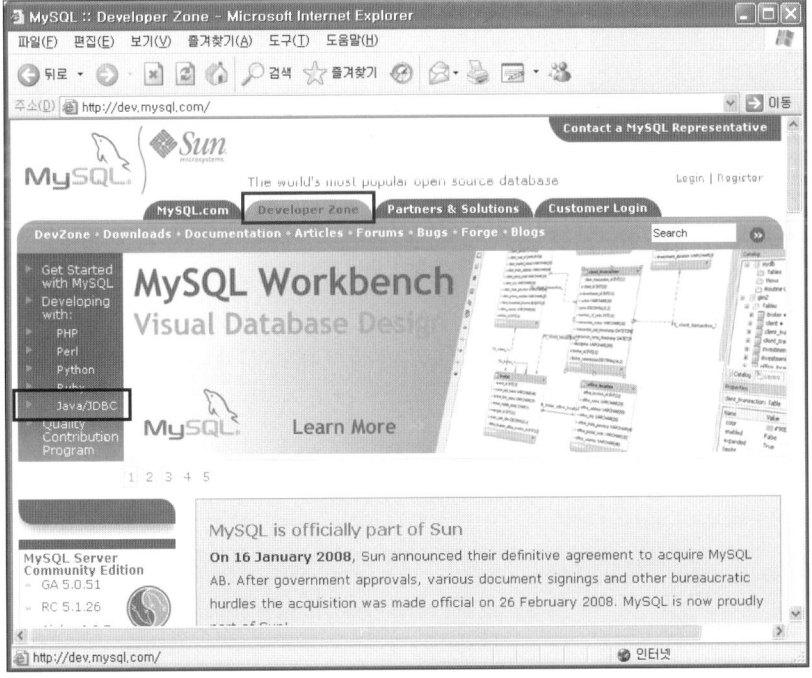

[그림 6-4] MySQL 데이터베이스 관리 시스템 홈페이지

02 화면에서 MySQL Connector/J라는 링크를 클릭하면 아래와 같이 다운로드 가능한 MySQL JDBC 드라이버의 버전이 나열된다. 사용하는 MySQL의 버전에 따라 JDBC 드라이버의 버전도 바뀌어야 한다. 우리의 경우는 MySQL 최신 버전을 사용하고 있기 때문에 JDBC 드라이버도 가장 최신 버전으로 사용하도록 하자.

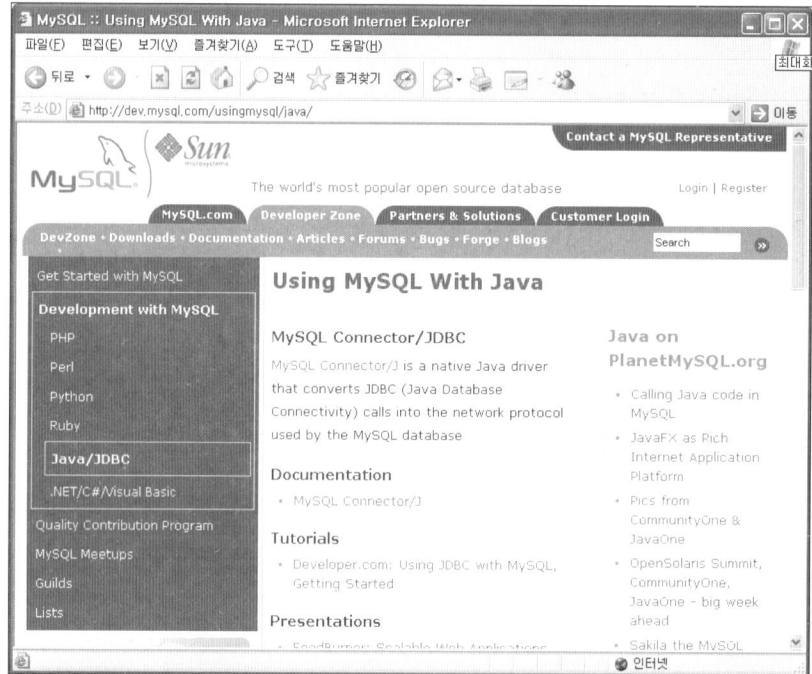

[그림 6-5] MySQL 데이터베이스와 JSP–스트럿츠 연동 드라이버

다운로드 화면에서 MySQL Connector/J의 최신 버전(현재는 5.1이다)을 선택한다.

[그림 6-6] 다운로드 가능한 MySQL Connector/J 드라이버 종류

원도 머신에서 사용할 것이므로 "Source and Binaries (zip)"을 선택한다.

Downloads			
Source and Binaries (tar.gz)	5.1.6	8.2M	Pick a mirror
	MD5: 8464laa4ddc138fc400366021f05cec5	Signature	
Source and Binaries (zip)	5.1.6	8.4M	Pick a mirror
	MD5: 831f0e454b8a1c399ca37f0668df9585	Signature	

[그림 6-7] MySQL Connector/J를 다운로드할 미러 사이트 선택

참고

"Pick a mirror" 클릭시

"Pick a mirror" 부분을 클릭하면 미러 사이트를 선택하기에 앞서, 사이트에 로그인을 요구한다. 필요한 경우, 회원으로 가입하고 로그인하면 되며, 다운로드만을 원하는 경우 하단에 위치한 "No thanks, just take me to the download" 부분을 클릭하여 로그인 없이 다운로드 화면으로 이동할 수 있다.

Select a Mirror

You are downloading:

`mysql-connector-java-5.1.6.zip`

Please take the time to let us know about you. Rest assured your information will remain private. If the first time you've downloaded from us you will be sent a password to enable you to log into all th MySQL.com sites, including forums and bugs.

If you already have a MySQL.com account, save time by logging in now.

Returning Users	**New Users**
Save time by logging in	Proceed with registration
Email:	
Password:	
Forgot your password?	
Login»	Proceed»

» No thanks, just take me to the downloads!

▲ MySQL Connector/J 다운로드 절차 과정

04 미러 사이트 리스트에서 한국에 위치한 적절한 다운로드 미러 사이트를 선택하면 다운로드가 시작된다.

[그림 6-8] MySQL Connector/J 다운로드를 위한 팝업 선택 창

05 다운로드가 종료되면 이제 설치 과정을 남겨두고 있다. MySQL Connector/J의 설치는 매우 간단하다. 압축을 해제하면 나타나는 여러 개의 파일 중에서 가장 상위 디렉터리에 나타나는 mysql-connector-java-5.1.6-bin.jar 파일 하나만 사용하면 된다.

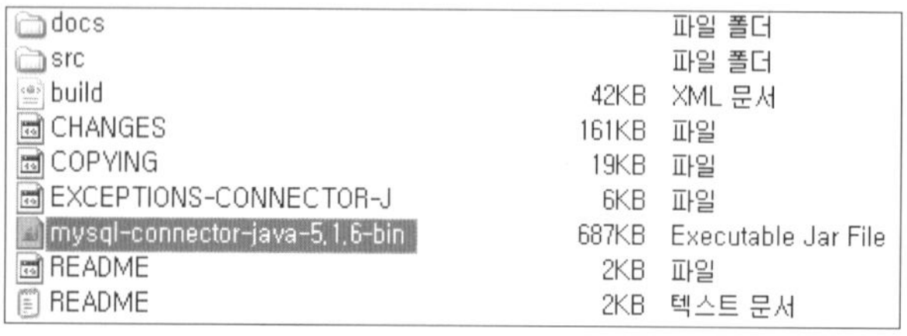

📁 docs		파일 폴더
📁 src		파일 폴더
📄 build	42KB	XML 문서
📄 CHANGES	161KB	파일
📄 COPYING	19KB	파일
📄 EXCEPTIONS-CONNECTOR-J	6KB	파일
📄 mysql-connector-java-5.1.6-bin	687KB	Executable Jar File
📄 README	2KB	파일
📄 README	2KB	텍스트 문서

[그림 6-9] MySQL Connector/J 다운로드 파일

06 이제 mysql-connector-java-5.1.6-bin.jar 파일을 classpath에 설정되어 있는 디렉터리로 이동시키거나 압축 해제한 디렉터리, 즉 jar 파일이 포함되어 있는 디렉터리를 classpath로 잡아주면 된다.

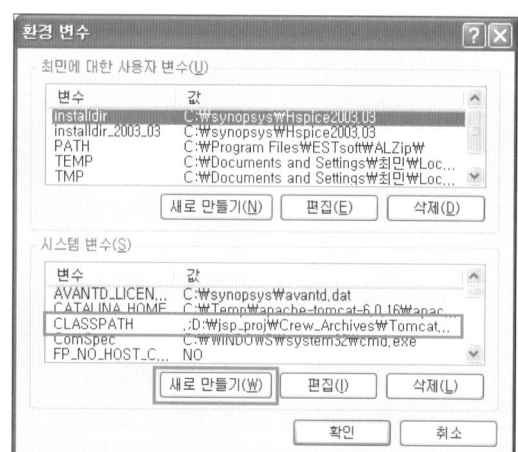

[그림 6-10] MySQL Connector/J 드라이버의 경로 설정

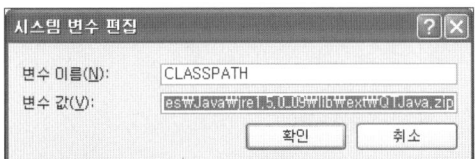

[그림 6-11] CLASSPATH에 Connector/J 경로 추가하기

이제 MySQL 데이터베이스를 스트럿츠2 웹 어플리케이션에서 접근하기 위한 모든 준비가 끝났다. 톰캣 서버를 재시작하고 계속해서 우편번호 검색 사이트 제작을 위한 예제를 따라가 보자.

이 시점에서 웹 서버를 재시작하는 것은 매우 중요하다. classpath 환경 설정이 변경되었기 때문에 웹 서버를 새로 시작하지 않으면 새로운 설정을 반영하지 못한다. 따라서, 향후 데이터베이스 접근 예제를 실행하려 할 때 DB 접속 에러가 발생할 수 있다. 어느 정도 익숙해지면 서버를 재시작해야 하는 시점에 대해서 자연스럽게 알 수 있지만, 우선 환경 설정 관점에서 큰 변화가 있다고 생각되면 무조건 톰캣 서버를 재시작하는 것이 좋다. 웹 어플리케이션 개발 과정에서도 페이지 내부에 약간의 변화를 가하는 경우는 톰캣 서버가 알아서 페이지 변경 이벤트를 알아내어 반영해 주지만, 프로젝트 소스 파일 수준에서 좀 더 큰 변화를 가하는 경우 서버를 재시작해주는 것이 안전하다. 그렇지 않은 경우, 알 수 없는 에러 상황에서 몇 시간씩 디버깅하는 경우가 발생할 수 있다.

(2) 우편번호 검색 DB 만들기

01 우선 우편번호 정보를 보관할 데이터베이스 테이블을 생성하여야 한다. 다음과 같은 SQL 스크립트를 활용하여 jsptest라는 데이터베이스 내에 zipcode 테이블을 생성하자.

소스 6-4 : 우편번호 정보 보관을 위한 DB 테이블 생성

```
CREATE TABLE  'jsptest' . 'zipcode' (
    'post'  char(7) NOT NULL,
    'addr1'  varchar(10) default NULL,
    'addr2'  varchar(10) default NULL,
    'addr3'  varchar(44) default NULL,
    'bunji'  varchar(44) default NULL
) ENGINE=MyISAM DEFAULT CHARSET=euckr;
```

```
insert into zipcode (post,addr1,addr2,addr3,bunji) values( '135-806 ',' 서울 ','
강남구 ',' 개포1동 경남아파트 ',' ');
insert into zipcode (post,addr1,addr2,addr3,bunji) values( '135-807 ',' 서울 ','
강남구 ',' 개포1동 우성3차아파트 ',' (1~6동) ');
insert into zipcode (post,addr1,addr2,addr3,bunji) values( '135-806 ',' 서울 ','
강남구 ',' 개포1동 우성9차아파트 ',' (901~902동) ');
insert into zipcode (post,addr1,addr2,addr3,bunji) values( '135-770 ',' 서울 ','
강남구 ',' 개포1동 주공아파트 ',' (1~16동) ');
insert into zipcode (post,addr1,addr2,addr3,bunji) values( '135-805 ',' 서울 ','
강남구 ',' 개포1동 주공아파트 ',' (17~40동) ');
:
:
(중간 생략)
:
:
insert into zipcode (post,addr1,addr2,addr3,bunji) values( '363-821 ',' 충북 ','
청원군 ',' 현도면 노산리 ',' ');
insert into zipcode (post,addr1,addr2,addr3,bunji) values( '363-822 ',' 충북 ','
청원군 ',' 현도면 달계리 ',' ');
insert into zipcode (post,addr1,addr2,addr3,bunji) values( '363-822 ',' 충북 ','
청원군 ',' 현도면 매봉리 ',' ');
insert into zipcode (post,addr1,addr2,addr3,bunji) values( '363-823 ',' 충북 ','
청원군 ',' 현도면 상삼리 ',' ');
insert into zipcode (post,addr1,addr2,addr3,bunji) values( '363-821 ',' 충북 ','
청원군 ',' 현도면 선동리 ',' ');
insert into zipcode (post,addr1,addr2,addr3,bunji) values( '363-822 ',' 충북 ','
청원군 ',' 현도면 시동리 ',' ');
```

소스 6-5의 구문은 데이터베이스에 데이터를 저장하기 위한 SQL(Standard Query Language)의 일부이다. 분량이 많아서 일부만 발췌한 것이며, insert 구문을 사용하여 단순히 커맨드로 실행만 하면 위에서 나열한 전국 우편번호에 대한 정보를 일괄적으로 독자들의 데이터베이스 서버에 저장할 수 있다. 특히, 위와 같은 SQL 구문은 스트럿츠2 프레임워크를 사용하더라도 적용되는 부분이기에 웹 개발자라면 기본적인 SQL 구문에 대해서 숙지하고 있어야 한다.

많이 사용하는 SQL 명령

웹 어플리케이션 작성에 필요한 몇 가지 SQL 명령에 대해서 설명하면 다음과 같다. 여기서는 공개 소프트웨어로서 독자들이 자유롭게 다운로드하여 사용할 수 있는 MySQL 데이터베이스 관리 서버를 기준으로 설명한다.

SQL 쿼리문의 간단한 사용법

① SQL 쿼리문을 사용하기 위해서는 우선 도스 창을 열어서 데이터베이스에 접속해야 한다. 그러기 위해서는 mysql 명령으로 우선 로컬 시스템에 설치된 데이터베이스 서버에 접속한다. 이때, 설치 과정에서 지정한 사용자 아이디와 패스워드가 필요하다.

```
$ mysql -u 사용자명 -p dbname
```

② 설치 과정에서 사용자 아이디나 패스워드를 별도로 지정하지 않았다면, 다음과 같이 접속하여 SQL 구문을 사용할 수 있다.

```
$ mysql -u root mysql
```

③ MySQL 데이터베이스 관리시스템을 설치한 직후에는 root 계정에 암호가 지정되어 있지 않으므로, 다음과 같은 방법으로 비밀번호를 변경할 수 있다. 일단 root 비밀번호가 설정되면 mysql이나 mysqladmin 명령을 실행할 때 반드시 -p 옵션을 사용하여 비밀번호를 입력해 주어야만 한다.

```
$ mysqladmin -u root password 새비밀번호
```

④ 새로운 데이터베이스 생성하기 위해서는 다음과 같은 CREATE DATABASE 명령을 사용한다.

```
mysql> CREATE DATABASE dbname;
```

⑤ 현재 존재하는 데이터베이스나 테이블의 목록을 보여준다.

```
mysql> SHOW DATABASES;
mysql> SHOW TABLES;
```

⑥ 특정 데이타베이스를 사용하겠다고 선언한다.

```
mysql> USE dbname;
```

⑦ 원하지 않는 데이터베이스인 경우 다음 명령으로 삭제할 수 있다. IF EXISTS 옵션을 사용하면 지우고자 하는 데이터베이스가 존재하지 않더라도 에러가 발생하지 않는다.

```
mysql> DROP DATABASE [IF EXISTS] dbname;
```

⑧ 테이블에 새로운 레코드를 추가하는 구문

```
mysql> INSERT INTO tablename VALUES(값1, 값2, …);
```

⑨ 테이블에서 원하는 레코드를 검색하여 결과를 반환하는 구문

```
mysql> SELECT col1, col2, … FROM tablename;
```

⑩ 찾은 레코드의 특정 컬럼 이름을 변경하여 출력할 수도 있다.

```
mysql> SELECT * FROM tablename ORDER BY col1 DESC;
mysql> SELECT col1, korean + math english AS '총점' FROM tablename ORDER
BY '총점' ASC;
```

⑪ 조건에 맞는 검색된 레코드를 출력할 때 그 순서를 정렬하여 표시할 수 있다. DESC는 내림
차순, ASC는 오름차순을 나타낸다.

```
mysql> SELECT * FROM grade WHERE korean < 90;
```

⑫ 조건에 맞는 레코드의 특정 필드의 값을 변경할 수 있다.

```
mysql> UPDATE tablename SET col1=새값 WEHER 조건
```

⑬ 원하는 레코드를 삭제하는 구문

```
mysql> DELETE FROM tablename WEHRE 조건
```

⑭ CREATE TABLE 구문을 사용하면 새로운 테이블을 생성할 수 있다.

```
mysql> CREATE TABLE tablename (
column_name1 INT,
column_name2 VARCHAR(15),
column_name3 INT );
```

02 다음의 소스 6-6은 ZipcodeSearchAction.java 파일이다. 이 파일은 데이터베이스 서
버로부터 특정 주소에 대해 검색하여 유사한 문자열을 검색해 온다.

소스 6-6 : 우편번호 검색을 위한 액션 클래스 예제

```java
package test.web;

import java.sql.Connection;
import java.sql.DriverManager;
import java.sql.ResultSet;
import java.sql.Statement;
import java.util.ArrayList;

import javax.servlet.http.HttpServletRequest;
import javax.servlet.http.HttpServletResponse;

import org.apache.struts.action.Action;
import org.apache.struts.action.ActionForm;
import org.apache.struts.action.ActionForward;
```

```java
import org.apache.struts.action.ActionMapping;

public class ZipSearchAction extends Action {

    private final String JDBC_DRIVER = "org.gjt.mm.mysql.Driver";
    private final String JDBC_URL = "jdbc:mysql://localhost:3306/jsptest";
    private final String USER = "jspid";
    private final String PASS = "jsppass";

    private String strQuery = null;

    private Statement stmt = null;
    private ResultSet rs = null;


    public ActionForward execute (ActionMapping mapping, ActionForm form,
            HttpServletRequest request, HttpServletResponse response) throws Exception
    {

        request.setCharacterEncoding("euckr");
        String tosearch = request.getParameter("tosearch");
        String ToKoreanedString = new String(tosearch.getBytes("KSC5601"), "euc-kr");
        //System.out.println(ToKoreanedString);


        try{
            Class.forName(JDBC_DRIVER);
        }catch(Exception e){
            System.out.println(e);
        }

        Connection conn = null;

        try {
            conn = DriverManager.getConnection(JDBC_URL,USER,PASS);
            stmt = conn.createStatement();

        } catch (Exception ex) {
```

```java
            System.out.println(ex);
        }


        strQuery = "select * from zipcode where addr3 like '%" + ToKoreanedString + "%'";

        ArrayList al = new ArrayList( );

        try {
            rs = stmt.executeQuery(strQuery);
            System.out.println(strQuery);

            while (rs.next( )) {

                System.out.println(rs.getString("addr3"));
                al.add(rs.getString("addr3"));


            }
            System.out.println(rs.getFetchSize( ));

        } catch (Exception ex) {
            System.out.println(ex);
        }


        //사용자의 정보를 얻어와 사용자의 정보를 담은 객체를
        //request에 저장하여 전달하고 있다.
        //이것이 가능한 이유는 RequestDispatcher를 이용하기 때문이다.
        request.setAttribute("postallist", al);

        return mapping.findForward("searchresult");


    }
}
package test.web;

import java.sql.Connection;
import java.sql.DriverManager;
import java.sql.ResultSet;
import java.sql.Statement;
import java.util.ArrayList;
```

```java
import javax.servlet.http.HttpServletRequest;
import javax.servlet.http.HttpServletResponse;

import org.apache.struts.action.Action;
import org.apache.struts.action.ActionForm;
import org.apache.struts.action.ActionForward;
import org.apache.struts.action.ActionMapping;

public class ZipSearchAction extends Action {

    private final String JDBC_DRIVER = "org.gjt.mm.mysql.Driver";
    private final String JDBC_URL = "jdbc:mysql://localhost:3306/jsptest";
    private final String USER = "jspid";
    private final String PASS = "jsppass";

    private String strQuery = null;

    private Statement stmt = null;
    private ResultSet rs = null;


    public ActionForward execute (ActionMapping mapping, ActionForm form,
            HttpServletRequest request, HttpServletResponse response) throws Exception
    {


        request.setCharacterEncoding("euckr");
        String tosearch = request.getParameter("tosearch");
        String ToKoreanedString = new String(tosearch.getBytes("KSC5601"), "euc-kr");
        //System.out.println(ToKoreanedString);


        try{
            Class.forName(JDBC_DRIVER);
        }catch(Exception e){
            System.out.println(e);
        }

        Connection conn = null;
```

```java
try {
    conn = DriverManager.getConnection(JDBC_URL,USER,PASS);
    stmt = conn.createStatement( );

} catch (Exception ex) {
    System.out.println(ex);
}

strQuery = "select * from zipcode where addr3 like '%" + ToKoreanedString + "%' ";

ArrayList al = new ArrayList( );

try {
    rs = stmt.executeQuery(strQuery);
    System.out.println(strQuery);

    while (rs.next( )) {

        System.out.println(rs.getString( "addr3" ));
        al.add(rs.getString( "addr3" ));


    }
    System.out.println(rs.getFetchSize( ));

} catch (Exception ex) {
    System.out.println(ex);
}

//사용자의 정보를 얻어와 사용자의 정보를 담은 객체를
//request에 저장하여 전달하고 있다.
//이것이 가능한 이유는 RequestDispatcher를 이용하기 때문이다.
request.setAttribute("postallist" , al);

return mapping.findForward("searchresult" );


    }
}
```

03 자바로 데이터베이스에 접근하기 위해 JDBC를 사용할 준비를 한다. JDBC 클래스 중 특히, javax.sql.* 클래스와 java.sql.* 클래스를 사용한다.

이 클래스는 JDBC API의 인터페이스 정의에 대한 것만 담고 있을 뿐, 개별 데이터베이스(예를 들면 오라클, postgreSQL)와는 무관하다. 따라서, Java가 제공하는 JDBC API를 사용하기 위해서는 개별 데이터베이스에 맞게 구현된 드라이버가 있어야만 한다. 거의 대부분의 데이터베이스가 JDBC 드라이버를 지원하므로 각 사이트에서 알맞은 것을 다운로드하면 된다.

주의할 점은 JDBC 2.0 스펙은 JDK 1.2 이상에서만 사용할 수 있으므로, 자신의 JDK 버전에 알맞은 드라이버를 설치해야 한다. 데이터베이스 제조회사측, 혹은 third party측에서 제공하는 외부 드라이버를 설치한 후, JDBC를 사용하기 위해서 외부에서 지원되는 드라이버를 사용할 수 있도록 소스에 그 드라이버 이름을 명시해 주어야 한다.

따라서, 모든 JDBC를 사용하는 Java 프로그램은 JDBC API를 사용하기 전에 드라이버 이름을 명시하는 작업을 수행해야 한다(javax.sql.* 클래스를 이용한다면 다른 방법으로 접근한다). 즉, 가운데 Class.forName의 인자로 myDriver.ClassName 대신 자신의 데이터베이스가 제공하는 드라이버 이름을 명시하면 된다. 가령, postgreSQL이라면 postgresql.Driver라고 적어 넣으면 된다. 이제, JDBC 드라이버를 사용할 준비가 되었다.

getConnection( ) 메소드에서 첫 번째 인자는 데이터베이스의 프로토콜과 데이터베이스 이름을 알려준다. 이 인자의 처음 두 단어는 JDBC 드라이버에 따라 일정하다고 보면 되고, 마지막 단어는 접속할 데이터베이스의 이름을 나타낸다. postgreSQL을 쓴다면 처음 두 단어는 jdbc:postgresql이 된다.

getConnection( ) 함수의 두 번째 인자는 접속하려는 데이터베이스의 권한을 갖고 있는 아이디이고, 세 번째 인자는 이 아이디의 비밀번호이다.

여기서는 다음과 같이 localhost 서버에 설치한 MySQL 데이터베이스 서버에 접속하기 위해서 접속 문자열인 JDBC_URL을 정의하였다. 참고로, MySQL은 3306 포트를 사용한다.

```
conn = DriverManager.getConnection(JDBC_URL,USER,PASS);


private final String JDBC_DRIVER = "org.gjt.mm.mysql.Driver";
private final String JDBC_URL = "jdbc:mysql://localhost:3306/jsptest";
private final String USER = "jspid";
private final String PASS = "jsppass";
```

사용자명은 jspid, 비밀번호는 jsppass로 정했으나, 이 부분은 각자가 원하는대로 설정하면 된다.

04 이제, Connection 클래스의 instance인 db는 명시한 데이터베이스의 접속하였으며 JDBC의 API를 이용하여 작업을 수행할 일만 남았다.

JDBC는 SQL 구문 처리를 위해 Statement 클래스와 PreparedStatement 클래스 두 가지 클래스를 제공한다. 위의 소스 6-6에서는 Statement 클래스를 사용하였다.

Connection 클래스의 createStatment 메소드는 SQL 구문 처리를 위한 Statement 클래스의 인스턴스를 생성하는 메소드이다. 따라서, Statement로 SQL 구문 처리를 위해서는 별도로 new 키워드를 사용하여 객체를 생성하는 것이 아니라 위 예제와 같이 createStatement( ) 메소드를 통해 Connection으로부터 Statement 객체를 생성해야 한다.

Statement 클래스의 메소드 중 SQL 구문 처리를 위해 자주 사용되는 것은 executeQuery( )와 executeUpdate( ) 두 가지이다. 두 메소드의 인자로는 모두 SQL 구문을 표현하는 String 값이다. executeQuery( )는 SELECT와 같이 결과값을 반환하는 경우에 주로 사용되고, executeUpdate( )는 INSERT, UPDATE와 같이 데이터베이스의 내용을 바꾸고 별도로 결과값을 반환할 필요는 없는 경우에 사용된다. 두 메소드 모두 표준 쿼리 언어인 SQL 구문을 인자로 넘겨주면 문제없이 수행된다.

코드 호환성을 위해서는 되도록 표준 SQL을 사용하도록 하자. 예를 들어, 개발 환경에서 사용하는 특정 데이터베이스에 적합한 DB 접근 언어를 사용하는 경우, 해당 웹 어플리케이션을 다른 서버에 적용할 때 그리고 고객사에 설치할 때에 많은 문제가 발생할 것이다. 가장 많이 쓰이는 SQL 구문인 SELECT의 경우는 그 결과를 처리해야 한다. JDBC는 SELECT를 통해 얻어지는 결과를 ResultSet 클래스를 통해 접근하도록 하고 있다. ResultSet의 사용법에 대해서는 다음에서 살펴볼 것이다.

05 다음의 소스 코드는 우편번호 검색을 위한 사용자 인터페이스 화면으로서 HTML 테이블 태그를 활용하여 주소를 입력받는 폼이다.

소스 6-7 : 우편번호 검색을 위한 사용자 인터페이스

```
<%@ page contentType="text/html;charset=euc-kr" %>
<html>
<body>
<form method="post" action="zip.do">
<table border="0" align="center">
<tr>
   <td height="22" align="center">우편번호 검색</td>
</tr>
<tr>
   <td height="30" align="center">읍/면/동 단위로 입력해 주세요(예: 역삼, 어
은)</td>
</tr>
</table>

<table border="0" cellspacing="0" align="center">
<tr>
   <td align="center">검색단어</td>
   <td>
      <input type="text" name="tosearch" size="20">
      <input type="submit" value="찾기">
   </td>
</tr>
</table>

</form>
</body>
</html>
```

06 다음의 소스 코드는 우편번호 검색 결과를 화면에 출력해 주는 페이지이다. 이 페이지에서는 액션 클래스가 postallist 이름의 검색 결과를 넘겨주면 ArrayList 타입으로 받고, 이를 for 반복문을 사용하여 하나씩 꺼내어 화면에 출력한다.

소스 6-8 : 우편번호 검색 결과 출력을 위한 페이지

```jsp
<%@ page contentType="text/html;charset=euc-kr" %>
<%@ page import="java.util.*" %>

<html>
<body>
검색한 결과입니다.
<a href="http://localhost:8080/struts_test/zipsearch.do">돌아가기</a>
<br>
<br>
<table border="1" cellspacing="0">
<%
  ArrayList al = (ArrayList)request.getAttribute("postallist");
  String str = "";

  for (int i=0; i < al.size(); i++) {
      str = (String)al.get(i);
%>
    <tr>
        <td> <%= str %> </td>
    </tr>
<%
  }
%>
</table>
</body>
</html>
```

03. 자바 웹 서비스를 위한 엔터프라이즈 자바빈즈 응용

자바소프트가 내놓은 자바 기술의 야심작인 엔터프라이즈 자바빈즈(EJB)는 전통적인 TP 모니터의 개념과 분산 객체 서비스의 결합인 일명 컴포넌트 트랜잭션 모니터(Component Transaction Monitor : CTM)를 위한 추상화 기술을 제공한다. 즉 EJB(Enterprise Java Beans)는 컴포넌트 트랜잭션 모니터(CTM)를 위한 컴포넌트 모델이다. 결과적으로 EJB는 비즈니스 객체가 한 CTM에서 개발되어 다른 CTM에서 운영될 수 있음을 뜻한다. 따라서 EJB는 강력한 트랜잭션 환경에서 관리되는 분산 컴포넌트의 개발을 훨씬 쉽고 간편하게 해 준다. 사실상 EJB는 산업표준으로 자리잡고 있는 추세이고 이미 많은 업체에서 EJB 지원을 발표한 상황이다. 국내에서도 EJB 개발자층이 두텁게 형성되었고 최근, EJB를 적용한 프로젝트의 수가 훨씬 늘어났다. 특히, 스트럿츠와 같은 MVC 프레임워크 개발자들에게는 EJB 통합기술이 비즈니스 로직 개발에 있어 필수적인 상태에 이르렀다. 따라서, 본 장에서는 EJB 의 기본적인 개념을 알아보도록 한다.

자바소프트의 엔터프라이즈 자바빈즈(EJB) 스펙은 자바를 사용하여 분산 객체지향 비즈니스 어플리케이션을 작성하는데 있어서 필요한 컴포넌트 아키텍처를 정의한다. EJB 아키텍처는 개발, 배치 그리고 실행시간에서 엔터프라이즈 어플리케이션의 라이프 사이클에 관해서 규정한다. 엔터프라이즈 자바빈은 보안, 트랜잭션 그리고 상태 관리에 관한 세부사항을 관리하는 컴포넌트 프레임워크의 비즈니스 로직을 캡슐화한다. 멀티 쓰레딩, 자원 풀링, 클러스터링, 분산 네이밍, 영속성, 원격 호출, 분산 트랜잭션 관리 등의 저수준 시스템 함수들이 EJB 컨테이너에 의해 조절된다. 따라서, EJB 개발자는 비즈니스 문제 자체를 해결하는 데만 전념할 수 있게 된다.

EJB 모델에서는 컴포넌트를 구매하거나 개발하여 해당 컴포넌트가 어떤 식으로 사용될 것인지를 배치 과정에서 지정해 준다. EJB는 비즈니스 로직(메소드)과 특정 어플리케이션을 위해 필요한 커스터마이징(배치 디스크립터)을 통해 EJB 프레임워크에 대한 어떠한 구현에서도 EJB가 작동할 수 있게 된다. 즉, "한 번 작성하면 어디서나 돌아간다."는 철학을 EJB를 통해서 실현할 수 있는 것이다. 한 벤더의 EJB 프레임워크에서 어떠한 써드파티의 EJB도 실행할 수가 있는 것이다.

EJB 기술은 그동안 CBD(Component based Development)에서 지적되어온 비즈니스 로직에 대한 component의 부재 문제(그동안의 컴포넌트는 ActiveX나 자바빈즈와 같이 사실상 대부분이 GUI 중심의 컴포넌트였다. 자바빈즈와 엔터프라이즈 자바빈즈의 개념은 다르다)를 해결하는 비즈니스 로직에 대한 server-side component의 개념이다. 최근 일부 업계에서 이런 개념을 일반 업무 응용에서 적용하는 사례가 급속하게 많아지고는 있으나 게임개발사들에게는 별다른 이슈가 되지 않고 있는 것이 사실이다. 이것은 1차적으로는 온라인 다중 사용자 게임에 실제로 EJB 기술을 적용하는 것은 컴포넌트의 재사용적인 면에서는 의미가 있을는지 모르지만, 최고의 처리 속도와 효율적인 코드를 기반으로 픽셀단위 동기화를 해주어야 하는 게임 개발자 입장에서는 아무래도 무리가 있다. 그러나, EJB 기술의 발전도 최근에 이르기까지 많은 수정이 가해지고, 또 보다 효율적인 작동을 위한 쪽으로 나아가고 있으므로 EJB 기술을 사용한 게임의 개발도 어렵지는 않으리라 생각된다. 사실, 최근 유행하는 웹게임 정도는 EJB를 사용하여 서버측 컴포넌트로 개발하고 이를 업체 대상으로 판매하는 것이 가능하다. 여기서는 그런 의미에서 EJB를 이용한 간단한 온라인 게임을 구현하고 그 가능성을 진단해 보기로 한다.

참고

자바빈즈 vs 엔터프라이즈 자바빈즈

자바빈즈도 컴포넌트 모델이기는 하지만 엔터프라이즈 자바 빈즈와는 다르다. 엔터프라이즈 자바빈즈는 서버측에 위치하며 비즈니스 로직에 대한 처리를 담당하는 복수 프로세스간에 사용되는 컴포넌트 모델로서 설계되었다. 자바빈즈가 GUI 중심의 단일 프로세스 내에서 사용될 목적으로 제작된 것에 비하면 사실상 용어만 비슷할 뿐 개념적으로는 전혀 관계가 없는 것이다.

---

(1) 규약(Contract)

클라이언트, 서버, 컨테이너, EJB 컴포넌트 등 각 구성요소간의 지켜야 할 규약이 있다. 이 규약을 준수하기 때문에 우리가 작성한 EJB 컴포넌트가 어떤 제품에서도 실행될 수 있는 것이다.

① 빈-컨테이너(bean-container)간 규약

컨테이너는 EJB 서버와 클라이언트간의 중개자로서 동작한다. 컨테이너는 EJB의 자원관리자 역할을 하며, EJB는 EJB서버에 대한 컴포넌트 모델이다(EJB의 정의가 컴포넌트 트랜잭션 모델을 위한 서버측 컴포넌트 모델임을 상기하자). 이런 컴포넌트 모델을 통해서 EJB 컴포넌트는 서버와 상호 동작한다. 엔티티빈과 세션빈 인터페이스가 이러한 예이다. 이들 인터페이스는 콜백 메소드를 통해 컨테이너와 정보를 주고받는다. ejbLoad( )와 ejbStore( )가 그것으로, ejbLoad( )는 데이터베이스로부터 읽혀져 나온 즉시 호출되며, ejbStore( )는 데이터베이스로 저장된 후 즉시 호출된다. EJB는 어떠한 메소드가 언제 호출되는지에 관해 정의하는 것이므로 개발자에게 있어 예측 가능한 컴포넌트 모델을 제시할 수 있다.

② 컨테이너-서버(container-server)간 규약

컨테이너와 서버간의 규약은 EJB 스펙에 규정되어 있지 않다. 이는 EJB 서버 기술을 제공하는 업체들에게 구현의 자율성을 보장해 주기 위한 것이다. EJB 스펙은 오직 빈-컨테이너간 규약만을 정의하고 컨테이너 서버간의 규약에는 언급이 없다.

③ 클라이언트-컨테이너(client-container)간 규약

클라이언트 컨테이너간 규약은 홈 인터페이스와 리모트 인터페이스 그리고 프라이머리키에 관한 규약이다. 홈 인터페이스는 EJB 객체를 생성, 찾기, 제거 등에 사용되며, javax.ejb.EJBHome을 상속받아야 한다. 리모트 인터페이스는 클라이언트가 EJB 객체에 접근하는 메소드에 관련된 정의를 하며, javax.ejb.EJBObject를 상속받아야 한다. 마지막으로 프라이머리키에 관해서는 클라이언트가 EJB 객체를 유일하게 구별할 수 있도록 하기 위한 식별자의 역할을 한다.

EJB 개념이 기초하고 있는 분산 객체 컴퓨팅 환경의 근간은 3tier 아키텍처다. 따라서, EJB 컴포넌트를 통한 구현은 당연히 3tier 아키텍처가 되어야 한다. 먼저, 3tier 아키텍처에 대해 간단히 생각해 보고, 예로 게임을 위한 효율적인 설계 방안을 생각해 보도록 하자.

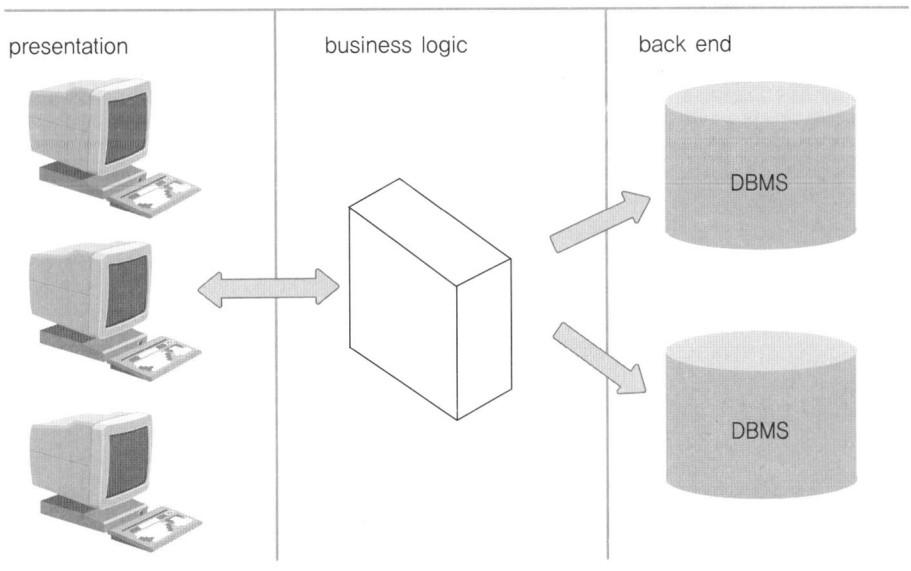

[그림 6-12] 3tier 아키텍처

3tier 아키텍처에서는 백엔드에 데이터베이스를 위치시키고 중간 계층에 비즈니스 로직이 들어가며, 최종 표현 계층에 클라이언트가 위치한다. 모든 분산 객체 프로토콜은 똑같은 기본 구조, 즉, 어떤 한 컴퓨터에 존재하는 객체가 마치 다른 컴퓨터에 존재하는 것처럼 보이게 하도록 하는 구조로 만들어져 있다. 분산 객체 아키텍처는 매우 간단한 네트워크 커뮤니케이션 계층에 기반하고 있으며, 객체 서버(object server)와 스켈레톤(skeleton), 스텁(stub)이라는 세 가지의 필수 요소로 구성되어 있다.

객체 서버는 중간 계층에 존재하는 비즈니스 객체이며, 스텁과 스켈레톤은 중간 계층에 존재하는 객체 서버가 마치 클라이언트 기계에서 동작하고 있는 것처럼 보이게 하는 역할을 한다. 스텁은 클라이언트 머신에 존재하면서 네트워크를 통해 스켈레톤과 연결된다. 스텁은 마치 객체 서버의 클라이언트측 대리인처럼 동작하여 클라이언트의 요청을 스켈레톤을 통해 서버 객체에 전달하는 역할을 한다. 스켈레톤은 중간 계층에 존재하는 객체 서버의 인스턴스들을 스켈레톤 클래스의 인스턴스로 둘러싸게 된다.

이런 모델에서는 비즈니스 로직이 중간 계층, 즉 사실상 정보의 제공자 입장에 위치하기 때문에 변화무쌍한 기업의 비즈니스 로직이 들어가기에 최적의 계층이다. 클라이언트의 수정없이 중간 계층의 비즈니스 모델만을 수정하면 되기 때문이다.

일반적으로 3tier 디자인 시에는 클라이언트측을 될 수 있으면 가볍게 유지하는 것이 좋다. 이와 같은 상황에서는 정석대로 thin client 조건을 만족시키는 것이 사실상 불가능하고, 상당 부분을 클라이언트에 할애해야만 하므로, 분산 객체 아키텍처를 사용한 3tier 구조로 설계하는 것이 바람직하다. 예를 들어 웹 사이트의 정책, 콘텐츠 유지관리 방법 등이 비즈니스 로직에 해당한다. 웹 사이트 정책 및 콘텐츠 내용은 수시로 바뀔 수 있다. 또한, 웹 사이트의 전체 디자인이나 구조도 역시 일정 주기마다 새롭게 수정을 해 주어야만 더욱 오랜 기간동안 그 웹 사이트가 사용자들로부터 사랑받을 수 있다. 이와 같이 수시로 변할 수 있는 비즈니스 로직을 중간 계층에 두어 기존처럼 매번 업데이트하는 수고를 줄이고 중간 계층(서비스 제공자)에서의 수정만을 필요로 하도록 하는 것이 3tier 아키텍처이다.

이와 같은 3tier 아키텍처를 채택했을 때의 또다른 효과는 서버측 컴포넌트를 통한 B2C에서 B2B시장으로의 진출 가능성이다. 전형적으로 웹 사이트 구축을 비롯한 SI 사업은 B2C 영역이다. B2C와 B2B의 무수한 장단점들 중에서 B2C는 고객의 요구에 맞게 매번 비즈니스 로직을 새롭게 구현해야 한다는 것이 큰 단점이다. 또한 웹 사이트 구축 계약의 위반이 발생하더라도 법적인 책임을 묻는 것이 현실적으로 힘든 경우가 많다. 반면, B2B의 경우는 기업과 기업간의 거래이기 때문에 거래액수 면에서 엄청난 규모를 갖는다. 그리고 서로간의 계약을 통한 거래이므로 거래의 불확실성이 없고, 협정의 위반시 법적인 책임을 물을 수 있어 안전성과 확실성이 보장된다.

EJB 아키텍처가 여러 업체의 도구를 이용해 실행시간에 상호 연동할 수 있는 컴포넌트를 개발, 보급할 수 있도록 한 협약이라는 점을 염두에 둔다면 B2B 솔루션으로 매우 적합하다고 본다. 따라서, 이제는 더 이상 특정 업체를 대상으로 하는 비즈니스 로직이 아닌, 모든 고객사에 적용 가능한 비즈니스 로직을 EJB로 개발하고 이를 여러 분야에 응용하고 활용할 수 있어야 소프트웨어 재사용성이 향상될 것이다. 물론, 더 이상 특정 고객사를 위한 제품이나 서비스 개발을 지양하라는 뜻은 아니다. 다만, 비즈니스 로직 자체를 비즈니스의 대상으로 삼아야 한다는 이야기이다. 화려한 사이트 디자인은 매번 바뀌어야 하지만 제대로 작성한 비즈니스 로직은 여러 번에 걸쳐서 활용 가능한 유용한 도구가 될 수 있기 때문이다. 따라서 EJB를 이용한 서버측 컴포넌트로 비즈니스 로직을 개발하고, 이것을 업체 대상으로 판매하는 비즈니스 전략이 가능해 지는 것이다.

지금까지 분산 객체 기술을 적용한 소프트웨어 재사용성에 대해서 고려해 보았다. 물론, 완벽한 소프트웨어 재사용성을 실현하기까지는 아직 분산 객체 기술과 네트워크 측면에서 고려되어야 할 사항이 많지만 그 꿈이 실현될 날이 머지않았다고 본다.

이제부터는 EJB를 사용하여 재활용 가능한 컴포넌트를 개발해 보도록 하겠다. 전체적으로 클라이언트와 어플리케이션 서버 그리고 데이터베이스의 3가지 구성요소를 필요로 한다. 클라이언트에는 사용자 이벤트 처리, 화면 처리 기능 등을 부여하고, 어플리케이션 서버에 위치한 Entity EJB가 비즈니스 로직을 담당한다. 마지막으로 데이터베이스에는 각 클라이언트의 정보를 보관한다.

엔티티빈은 현실 세계의 상태와 동작을 표현하는 것으로, 캐릭터가 놓여있는 상태와 동작을 표현하는 것이다. 즉, 엔터티가 어떤 위치(좌표)에 있는지 엔터티의 진행 방향이 어떤 쪽인지, 그리고 엔터티가 지금 하고 있는 행동이 무엇인지에 관한 정보를 엔티티빈이 나타낸다. 이 말은 엔티티빈에 대응하는 데이터베이스의 테이블의 한 레코드가 하나의 독립된 객체에 대한 정보를 보관한다는 의미이다. 또한, 이 데이터베이스 테이블은 각 클라이언트가 공유할 수 있는 저장 장소의 개념이다.

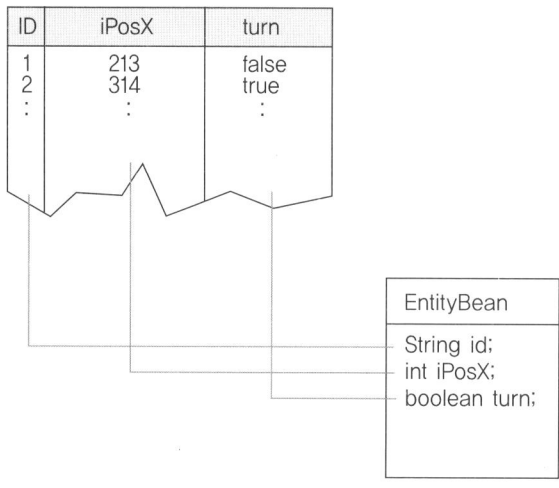

[그림 6-13] EJB 객체와 DB 테이블간의 동기화

이제 TCP/IP 프로토콜을 사용하지 않고도 공유 자원을 활용한 비즈니스 로직을 구현하는 방법을 확인할 수 있을 것이다. 물론, 각 클라이언트들간에 메시지를 TCP/IP 방식으로 전송하여 데이터 교환을 하는 것보다 데이터베이스 쿼리 및 수정에 드는 비용, 또 네이밍에 드는 추가적인 비용 등을 생각할 때 성능 측면에서 불리한 점이 존재한다. 하지만, 그 실제 구현을 해보면서 EJB 적용을 시작해 보자.

(2) Entity EJB의 구현

앞에서도 언급한 바와 같이 여기서는 엔티티빈을 사용한다. 각 클라이언트에 대한 정보들이 데이터베이스에 저장되어야만 여러 클라이언트들간에 정보를 공유할 수 있기 때문이다. 즉, 퍼시스턴스를 가져야 한다. 엔티티빈을 구성하는 데는 네 가지 구성요소가 존재한다.

① 리모트 인터페이스(Remote Interface) : 클라이언트가 빈과 상호 작용하기 위해 사용할 비즈니스 메소드를 정의한다. 단, 인터페이스만 정의할 뿐이며, 세부적인 구현은 빈 클래스에서 구현된다. *javax.ejb.EJBObject*를 상속받아야 하며, 빈 클래스에 정의된 것과 이름, 형식, 인자 등이 동일하게 정의되어야 한다.

② 홈 인터페이스(Home Interface) : 빈이 어떻게 생성되고 찾아지고 소멸되는지에 대한 작업을 정의한다. javax.ejb.Home을 상속받으며 create( )와 findByPrimaryKey( ) 라는 두 개의 메소드를 정의한다.

③ 프라이머리키(Primarykey) : 각 엔티티 객체가 서로 같은 것인지 아니면 유일한 것인지를 구별할 수 있도록 하는 직렬화된(Serialized) 프라이머리키를 갖는다. java.io.Serializable 인터페이스를 구현해야 하며 특정 엔티티 혹은 레코드를 지정하는데 사용된다.

③ 빈 클래스(Bean class) : 빈에 대한 서버측 구현이다. 리모트 인터페이스와 홈 인터페이스에서 정의한 부분에 대한 구현을 제공한다. 빈 클래스는 컨테이너 관리 필드를 위한 선언, ejbCreate( ) 메소드, 콜백 메소드, 리모트 인터페이스 구현의 네 가지 부분으로 나뉘어진다.

일반적으로 빈을 정의할 때는 리모트 인터페이스를 정의하는 작업부터 시작하는 것이 관례이다.

① 리모트 인터페이스

리모트 인터페이스는 각각의 메소드가 RemoteException을 던진다. 여기서는 클라이언트의 속성(프로퍼티)에 대한 접근을 위한 메소드들이 정의된다.

소스 6-9 : 리모트 인터페이스

```java
import javax.ejb.EJBObject;
import java.rmi.RemoteException;

public interface Entity extends EJBObject {
    public void setPosX(int iPosX) throws RemoteException;
    public int getPosX( ) throws RemoteException;

    public void setTurn(boolean bTurn) throws RemoteException;
    public boolean getTurn( ) throws RemoteException;

    public void setAngle(int iAngle) throws RemoteException;
    public int getAngle( ) throws RemoteException;

    public void setLength(int iLength) throws RemoteException;
    public int getLength( ) throws RemoteException;

    public void setDirection(short sDirection) throws RemoteException;
    public short getDirection( ) throws RemoteException;
}
```

② 홈 인터페이스

create( ) 메소드는 실제로 데이터베이스의 해당 테이블에 레코드를 추가하는 역할을 한다. 역시 RemoteException을 던지며, 또 CreateException을 던질 수 있다. 이것은 레코드 생성 시 오류가 난 상황과 원격 호출쪽의 오류를 클라이언트가 구별할 수 있도록 하기 위함이다.

findByPrimaryKey( )는 엔티티빈에 대한 모든 홈 인터페이스가 지원해야 하는 표준 메소드로, 프라이머리 키(Primary Key)의 속성을 이용하여 빈을 찾는 일을 한다. 여기서는 프라이머리키로 String 값인 id를 사용하였다. 역시 2개의 예외를 던지는데, FinderException은 지정된 프라이머리키로 엔티티 또는 레코드를 찾을 수 없음을 의미한다.

소스 6-10: 홈 인터페이스

```
import java.rmi.RemoteException;
import javax.ejb.*;


public interface EntityHome extends EJBHome {

    public Entity create(String id, int iPosX, boolean bTurn, int iAngle, int iLength, short
sDirection) throws RemoteException, CreateException;

    public Entity findByPrimaryKey(String id) throws FinderException, RemoteException;


}
```

③ 빈 클래스

구현 클래스 없이는 빈이 있을 리가 만무하다. 빈 클래스에서는 앞에서 정의한 리모트 인터페이스에 해당하는 setPosX, getPosX, setTurn, getTurn, setAngle, getAngle, setLength, getLength, setDirection, getDirection에 대한 구현, 그리고 홈 인터페이스에 대응하는 ejbCreate 또, Callback 메소드인 ejbActivate, ejbPassivate, ejbRemove, ejbLoad, ejbStore 등을 정의한다.

소스 6-11: 빈 클래스

```
import java.util.*;
import javax.ejb.*;
```

```java
public class EntityEJB implements EntityBean {

    public String id;
    public int iPosX;
    public boolean bTurn;
    public int iAngle;
    public int iLength;
    public short sDirection;

    private EntityContext context;

    public void setPosX(int iPosX) {
        this.iPosX = iPosX;
    }

    public int getPosX( ) {
        return iPosX;
    }

    public void setTurn(boolean bTurn) {
        this.bTurn = bTurn;
    }

    public boolean getTurn( ) {
        return bTurn;
    }

    public void setAngle(int iAngle) {
        this.iAngle = iAngle;
    }

    public int getAngle( ) {
        return iAngle;
    }

    public void setLength(int iLength) {
        this.iLength = iLength;
    }
```

```java
public int getLength( ) {
    return iLength;
}

public void setDirection(short sDirection) {
    this.sDirection = sDirection;
}

public short getDirection( ) {
    return sDirection;
}

public String ejbCreate(String id, int iPosX, boolean bTurn, int iAngle, int iLength, short
sDirection) throws CreateException {
    if (id == null) {
    throw new CreateException("The Id is required.");
    }

    this.id = id;
    this.iPosX = iPosX;
    this.bTurn = bTurn;
    this.iAngle = iAngle;
    this.iLength = iLength;
    this.sDirection = sDirection;

    return null;
}

public void setEntityContext(EntityContext context) {
    this.context = context;
}

public void ejbActivate( ) {
    id = (String)context.getPrimaryKey( );
}

public void ejbPassivate( ) {
    id = null;
}
```

```
    public void ejbRemove( ) { }
    public void ejbLoad( ) { }
    public void ejbStore( ) { }
    public void unsetEntityContext( ) { }
    public void ejbPostCreate(String id, int iPosX, boolean bTurn, int iAngle, int iLength, short
sDirection) { }


}
```

앞의 설명에서 프라이머리 키에 대한 언급이 있었으나 우리의 구현에서는 프라이머리 키에 대한 정의가 배치될 때까지 미룰 것이다. 이는 EJB에서의 특성으로 컨테이너 관리 퍼시스턴스에서 프라이머리 키는 빈 개발자에 의해서 해당 빈을 위해 직렬화된 객체가 될 수도 있고, 배치될 때까지 정의를 미룰 수 있다고 하였다.

이제 각각을 컴파일해 보자. 컴파일 순서는 ①리모트 인터페이스나 홈 인터페이스, ②(있으면)프라이머리 키, ③빈 클래스의 순으로 하면 된다.

(3) EntityEJB의 배치 과정

지금부터는 앞에서 작성한 EntityEJB를 배치하는 과정을 살펴보도록 하겠다. 우리 앞에는 앞에서 작성한 소스 파일들(*.java)과 컴파일된 바이트 코드들(*.class) 이 놓여있을 뿐이다. 필자의 EJB 입문 당시를 되새겨볼 때 이런 상황에서 느끼는 막막함은 이루 말할 수가 없었다. 그동안 자바는 한다고 했었는데 이제 EJB좀 공부해 보려고 하니 이제까지의 "컴파일 후 실행"이라는 상식에 비추어볼 때 도저히 납득이 가지 않는 수많은 절차가 남아 있음에도 이를 속시원하게 설명해 놓은 책이 없었던 것이 사실이다. 따라서 이번 기회를 빌어 차근차근히 배치 과정을 설명하도록 하겠다.

Application Deployment Tool에서는 새로운 Enterprise Bean을 생성하는 과정을 위저드로 지원한다. 따라서 jar유틸리티의 옵션을 외워가며 손수 jar파일로 묶어줄 필요가 없다.

01 Application Deployment Tool을 실행시킨 후 새로운 어플리케이션을 생성하기 때문에 [File Menu]에서 [New Application]을 선택한다.

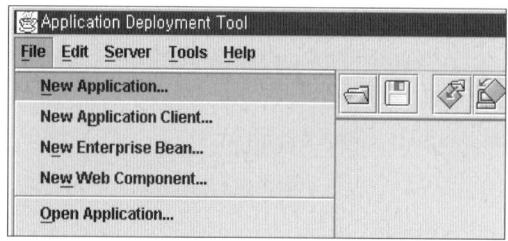

[그림 6-14] File 메뉴

02 새로운 어플리케이션이 저장될 이름을 묻는 New Application 창에서 [Browse] 버튼을 눌러 *.ear 파일이 저장될 디렉터리와 파일 이름을 설정한다. 여기서는 c:\work\example\EntityApp.ear의 이름으로 저장하도록 하겠다.

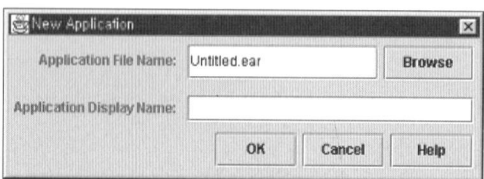

[그림 6-15] New Application 창

03 File name에 'EntityApp.ear'를 써넣고 옆에 있는 [New Application] 버튼을 누르면 몇 가지 정보가 설정되고 파일이 추가된 화면을 보게 된다. 이제 직접 작성한 Entity Enterprise Bean(현재까지는 몇 개의 컴파일된 *.class 파일로 구성되어 있다)을 생성해 보기로 한자.

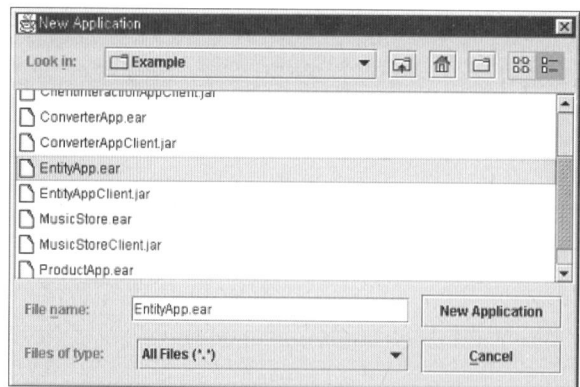

[그림 6-16] New Application File Name 입력창

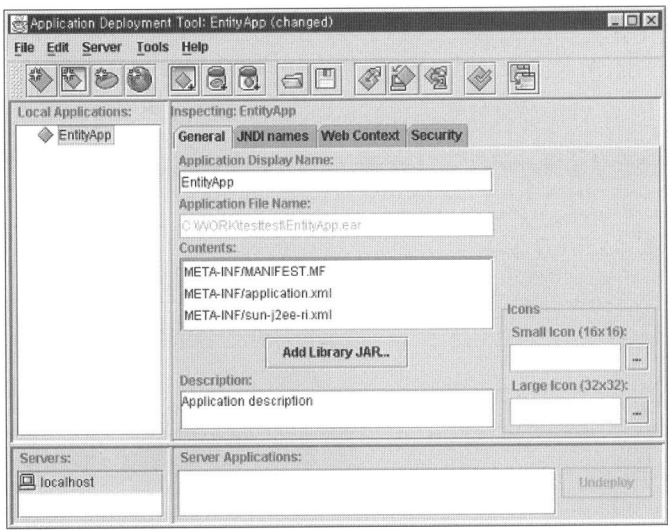

[그림 6-17] EntityApp이 생성된 모습

04 [File]에서 [New Enterprise Bean]을 선택하여 새로운 Enterprise Bean을 만들기로 한다.

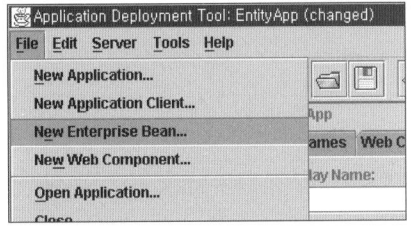

[그림 6-18] New Enterprise Bean 선택

05 New Enterprise Bean Wizard가 실행되면 첫 화면에 약간의 안내문이 표시된다. 이
를 읽은 다음 [Next] 버튼을 누른다.

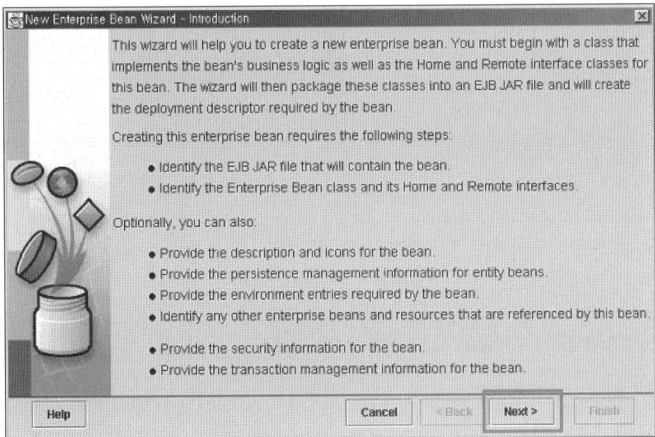

[그림 6-19] Enterprise Bean 생성 위저드

06 다음 화면에서 몇 가지 입력해야 할 정보가 있다. 우선, JAR Display Name 부분에 EntityJAR를 입력하도록 한다. 그런 다음 오른쪽 아래의 [Add] 버튼을 눌러 JAR 파일로 묶을 파일들(즉, 우리가 컴파일한 결과인 *.class 파일들)을 추가하도록 한다.

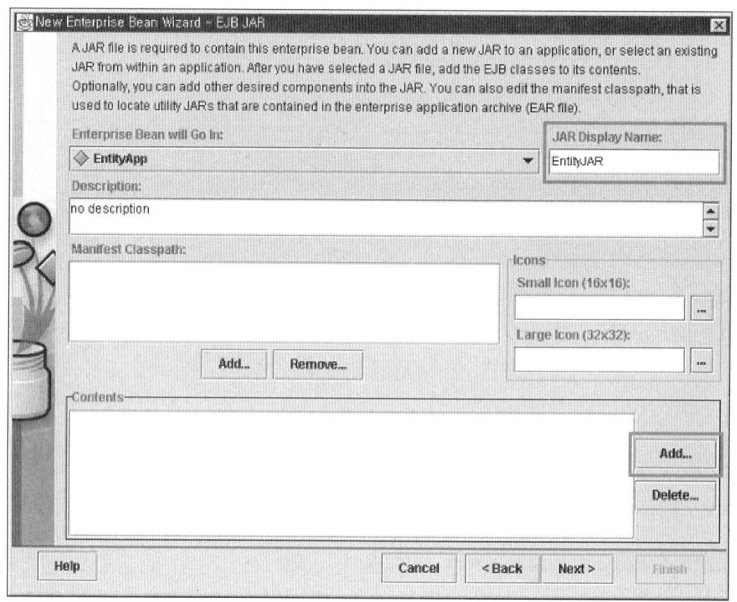

[그림 6-20] JAR 파일 Contents 추가 화면

07 앞에서 컴파일한 *.class 파일의 위치를 선택하는 창이 나타난다. 추가할 파일들이 위치한 디렉터리에서 더블클릭하지 말고 Choose Root Directory를 클릭하여 해당 디렉터리를 선택하도록 한다.

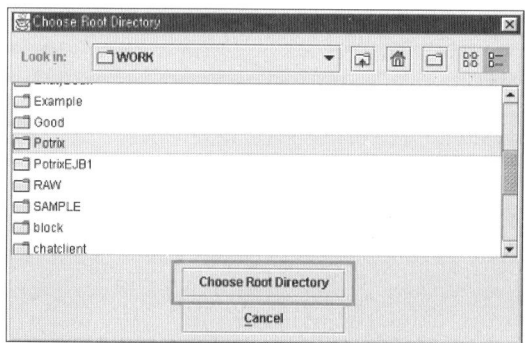

[그림 6-21] Entity Bean 프로젝트의 루트 디렉터리 선택

08 .jar 파일 선택 창이 나타나면 앞에서 작성한 EJB Component를 구성할 클래스 파일들을 하나씩 선택한 후 [Add] 버튼을 눌러 등록시킨다. 그러면 화면 아래 부분에 등록시킨 클래스 파일들이 나타난다. 확인이 되었으면 [OK]를 누른다.

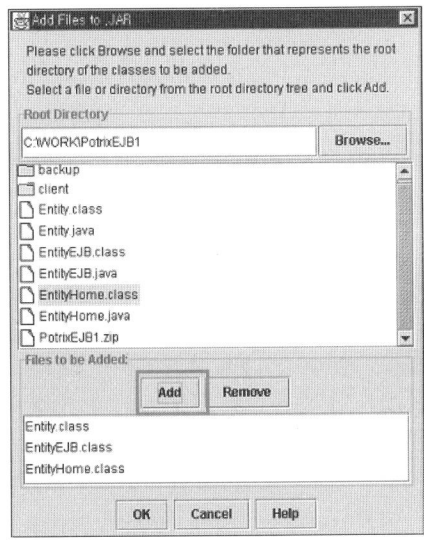

[그림 6-22] EJB 컴포넌트로 묶여질 클래스 파일들 선택

09 이번에는 작성된 EJB Component의 어떤 어떤 파일이 각각 리모트 인터페이스, 빈 클
래스, 홈 인터페이스에 대응하는지를 지정해 주는 과정이다. Enterprise Bean Class
에 EntityEJB를, Home Interface에 EJBHome을, Remote Interface에 Entity를 선
택한다. Bean Type으로는 앞에서 언급한 바와 같이 Entity Bean이므로 Entity를 선
택한다(여기서 우리의 프로젝트 이름이 우연히도 Entity라는 것과 혼동하지 말도록 하
자. 여기서는 단지 엔티티빈과 세션빈을 구별하는 것이다). 그 다음 Enterprise Bean
Display Name으로 'EntityBean'을 선택하고 [Next] 버튼을 누른다.

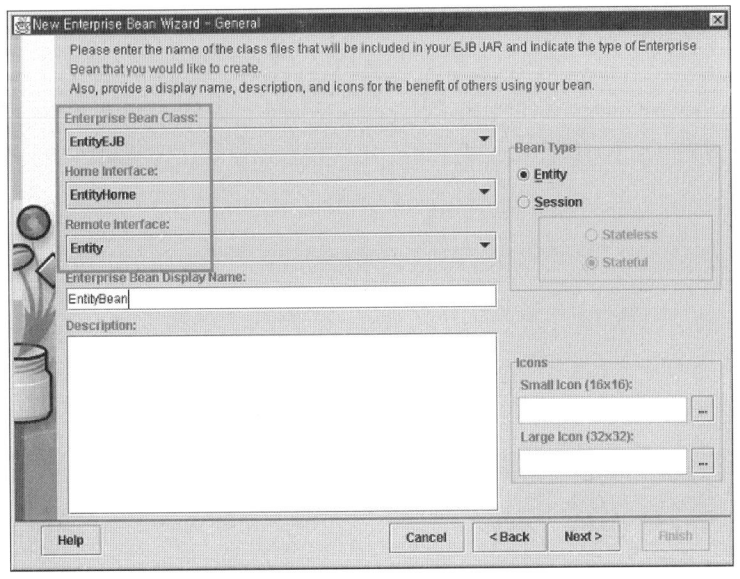

[그림 6-23] 빈(bean) 타입, 인터페이스 선택 창

10 다음에는 Entity Bean의 타입을 설정하는 단계이다. 여기서는 Bean managed Entity와 Container managed Entity 중에서 Container managed Entity를 선택하고 아래 창에 생성되는 각 필드에 대해 모두 체크 표시를 해둔다. 그리고 Primary Key Class에는 java.lang.Object 부분을 java.lang.String으로 바꾸어주며, Primary Key Field Name을 id로 선택하고 [OK] 버튼을 누르도록 한다. 다음에 나오는 과정들은 여기서는 설정해줄 필요가 없으므로 계속해서 [Next] 버튼을 누르든가 아니면 바로 [Finish] 버튼을 눌러 빠져나오도록 한다.

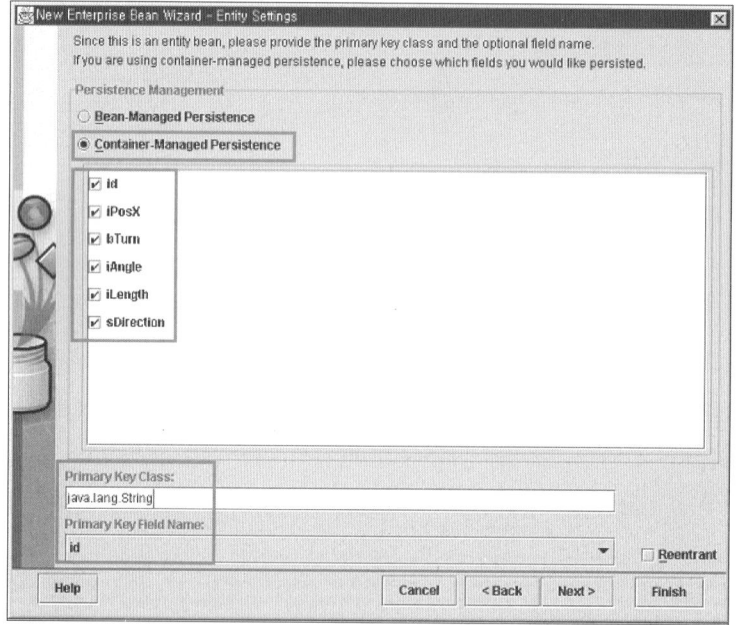

[그림 6-24] 영속성 관리 창

11 Application Deployment Tool 창의 Contents 부분에 ejb-jar-ic.jar 파일이 추가된 것을 볼 수 있다. 왼쪽 트리 부분에서 EntityApp를 선택하고 오른쪽 창에서 [JNDI names] 탭을 선택하여 이름을 MyEntity로 설정하도록 한다.

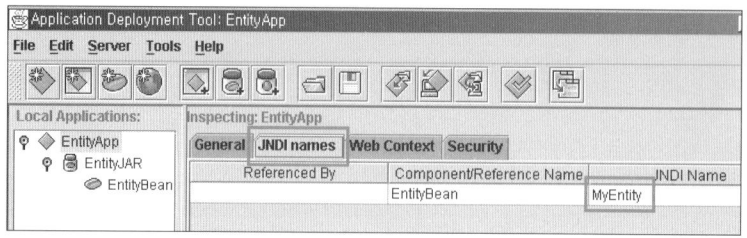

[그림 6-25] JNDI Name 입력 화면

이 이름은 JNDI(Java Naming and Directory Service : JNDI)로 빈을 찾을 때 쓰인다. 대개 클라이언트쪽에서 home 인터페이스에 대한 원격 참조를 찾을 때 MyEntity라는 JNDI Name으로 찾는다. JNDI는 다양한 종류의 네이밍 및 디렉터리 서비스에 접근하는 코드를 작성할 수 있다. JNDI는 URL만으로 한 종류의 디렉터리 서비스에서 다른 종류의 디렉터리 서비스로(마치 HTML의 링크처럼) 연결할 수 있다. 또한, JNDI는 JNDI가 런타임에 특정 타입의 디렉터리 서비스들을 로드시킬수 있는 특징이 있다.

⑫ 다음에는 왼쪽 트리 창에서 EntityBean을 선택하고 오른쪽의 [Entity] 탭을 선택한 뒤 [Deployment Settings...]을 선택한다.

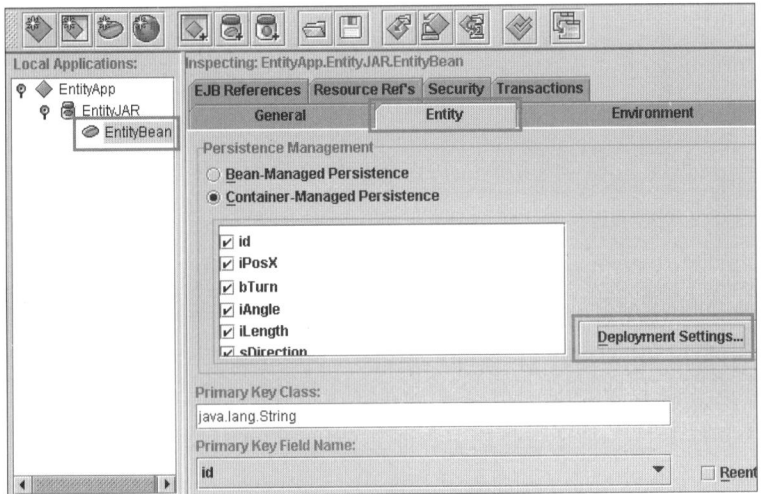

[그림 6-26] 퍼시스턴스 관리 화면-배치 세팅

⑬ 아래 그림과 같이 Deployment Settings을 위한 창이 열린다. 여기서 Database JNDI Name : 부분에 jdbc/Cloudscape를 입력하고, Database Table 항목에서는 Create Table on Deploy와 Delete Table on Undeploy의 체크 표시를 제거한다. 그 다음 Generate SQL Now를 눌러 각 콜백 메소드에 대한 SQL을 생성하도록 한다. 이 과정이 무사히 끝났으면 [OK] 버튼을 눌러 창을 닫고 나온다.

> **참고**
>
> 혹시나 이 과정에서 에러가 발생한 독자가 있다면 앞의 소스 코드에서 무사히 컴파일은 잘 되었지만 리모트 인터페이스와 홈 인터페이스 그리고 빈 클래스간에 일치하지 않는 메소드가 있거나 리턴 타입의 형식 또는 인자의 형태가 맞지 않는 메소드가 있는지를 유심히 살펴보길 바란다. 상당수의 문제는 그곳에서 발생한다.

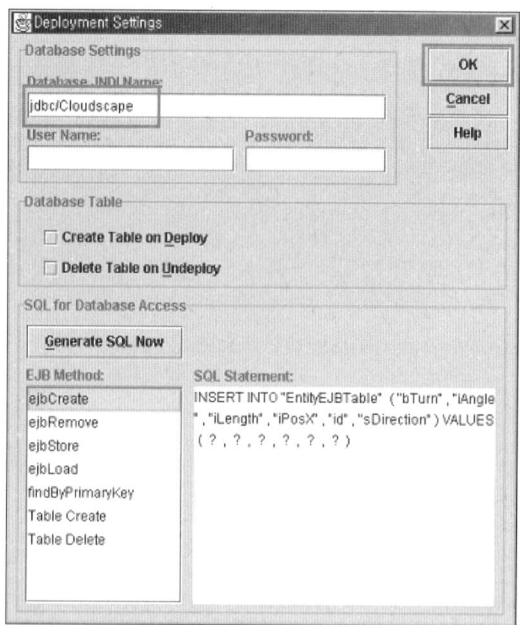

[그림 6-27] SQL 생성 화면

이제 [Tools] 메뉴에서 [Deploy Application]을 선택하여 실제로 Deploy시키는 일만 남아 있다. 여기서 잠깐 우리가 입력한 이 정보들이 어떤 결과를 내는지에 대해서 잠시 생각해 보도록 하자.

앞에서 언급한 것처럼 대부분의 툴들이 XML을 모르더라도 사용할 수 있도록 위저드를 제공한다고 하였는데, 이 부분이 바로 그 예이다. 우리가 무심코 선택한 각각의 속성들은 아래와 같은 EJB의 배치 디스크립터인 XML 파일로 저장된다.

소스 6-12: EJB 배치 디스크립터 XML

```
〈?xml version="1.0" ?〉

〈!DOCTYPE ejb-jar PUBLIC "-//SunMicrosystems, Inc.//DTD Enterprise JavaBeans
1.1//EN" "http://java.sun.com/j2ee/dtds/ejb-jar_1_1.dtd"〉

〈ejb-jar〉
〈enterprise-beans〉
 〈entity〉
    〈description〉〈/description〉
    〈ejb-name〉EntityBean〈/ejb-name〉
    〈home〉EntityHome〈/home〉
```

```
⟨remote⟩Entity⟨/remote⟩
⟨ejb-class⟩EntityEJB⟨/ejb-class⟩
⟨persistence-type⟩Container⟨/persistence-type⟩
⟨prim-key-class⟩java.lang.String⟨/prim-key-class⟩
⟨reentrant⟩false⟨/reentrant⟩

⟨cmp-field⟩⟨field-name⟩id⟨/field-name⟩⟨/cmp-field⟩
⟨cmp-field⟩⟨field-name⟩name⟨/field-name⟩⟨/cmp-field⟩
⟨cmp-field⟩⟨field-name⟩deckLevel⟨/field-name⟩⟨/cmp-field⟩
⟨cmp-field⟩⟨field-name⟩ship⟨/field-name⟩⟨/cmp-field⟩
⟨cmp-field⟩⟨field-name⟩bedCount⟨/field-name⟩⟨/cmp-field⟩
⟨/entity⟩
⟨/enterprise-beans⟩
```

이것은 엔티티빈에 대한 배치 디스크립터인데, XML 배치 디스크립터가 어떻게 구성되어 있는지와 어떤 정보들이 있는지를 보여준다. ⟨!DOCTYPE⟩ 태그는 XML 파일의 목적을 설명한다. 이것은 최상위 태그이며, 해당 DTD의 위치를 알려준다. DTD는 이 문서가 올바른 구성을 갖추고 있는지를 확인하기 위해 사용된다. HTML을 사용해 보지 않고 이 글을 읽는 독자는 거의 없을 것이라 생각되므로 HTML과 같은 방식으로 생각하면 쉽게 이해할 수가 있을 것이다.

각 태그는 HTML과 동일하게 ⟨태그 이름⟩으로 시작해서 ⟨/태그 이름⟩으로 끝난다. ⟨entity⟩ 태그는 해당 빈이 엔티티빈임을 의미한다. 세션빈의 경우에는 ⟨session⟩으로 시작한다. ⟨entity⟩ 태그에는 description 정보까지 포함하여 리모트 인터페이스, 홈 인터페이스 빈 클래스, 프라이머리키 등에 대한 클래스 이름을 제공한다. ⟨cmp-field⟩ 태그는 엔티티빈 클래스 내에 있는 모든 컨테이너 관리 필드(container managed field)를 의미한다. 이들은 실행중에 컨테이너에 의해서 관리됨을 의미한다. 즉, 데이터베이스에 동기화되는 것을 의미한다.

14 자, 이제 마지막으로 J2EE Server에 우리가 만든 어플리케이션을 배치시키도록 하자. 이를 위해서 Application Deployment Tool의 [Tools] 메뉴에서 [Deploy Application...]을 선택하도록 한다. 그러면 배치 위저드가 실행되고 몇 가지 간단한 사항들을 물어본다.

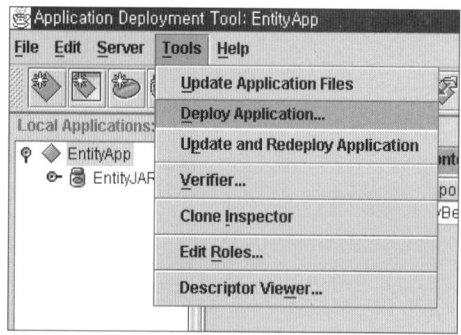

[그림 6-28] Deploy Application

15 Deploy Wizard에서 return client Jar를 체크하여 클라이언트에서 사용될 스텁, 스켈레톤 등의 파일이 저장된 JAR 파일을 생성하여 지정된 디렉터리에 위치하도록 설정한다. 이 파일은 클라이언트 프로그램 실행시에 꼭 필요한 파일이다.

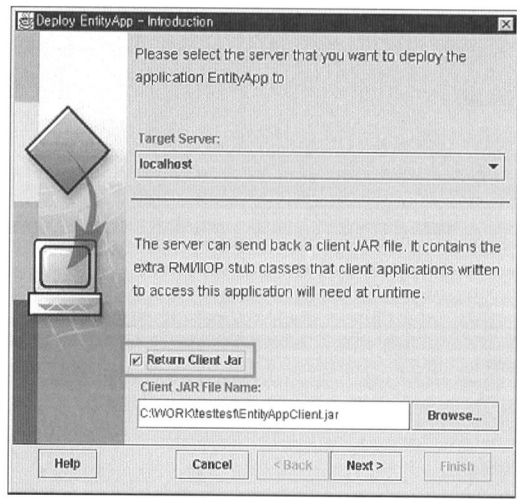

[그림 6-29] 배치 위저드

16 계속해서 [Next] 버튼을 눌러 최종 deploy 상황을 나타내는 화면에 이르면 백분율 그래프와 함께 Deploy 상황을 보여준다. 끝까지 진행된 후 [OK] 버튼을 누르도록 한다.

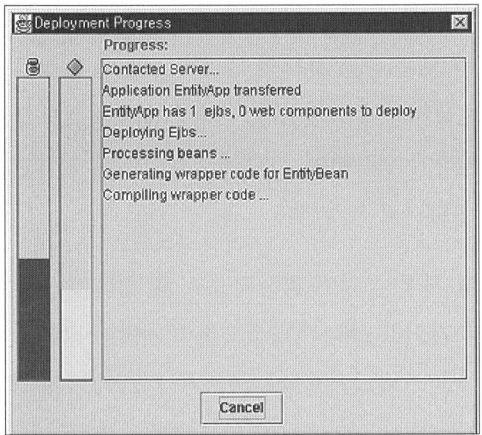

[그림 6-30] 배치 위저드 완료 화면

17 이제 우리의 EntityEJB가 어플리케이션 서버로 배치되었고, 남은 일이라곤 클라이언트를 생성시켜 보는 것이다.

클라이언트는 어떻게 실행할 것인가? 클라이언트의 실행은 방금 전에 수행한 작업과 깊은 연관이 있다. 앞에서 Return Client JAR 부분에 체크하는 것이 필요하다고 했는데, 이것은 바로 클라이언트에서 사용할 스텁과 클라이언트 그리고 각 리모트, 홈, 인터페이스, 프라이머리 키 등을 하나의 jar 파일로 묶어 놓은 것이다(원한다면 winzip, pkzip, jar 파일을 통해 내용을 볼 수 있다). 방법은 클라이언트 실행시에 classpath를 동적으로 아래와 같이 지정해 주면 된다.

```
java -classpath "%CPATH%" GameClient
```

이에 앞서 CPATH에는 반드시 EntityAppClient.jar 파일이 포함되어 있어야 한다. 아래와 같은 명령으로 추가할 수 있다.

```
set CPATH=%CPATH%;EntityAppClient.jar
```

지금까지 EJB 기본 개념에 대하여 살펴보았다. 물론, TCP/IP를 통한 통신보다 EJB 통신을 사용하는 것이 다소 효율이 떨어질 수밖에 없지만, TCP/IP로 유사한 기능을 구현하고자 할 때 필요한 메시지 정의와 메시지 파싱 등에 드는 코딩 비용도 만만치 않으리라 생각된다. 그러나 EJB 기술이 기본 개념을 더욱 돋보이게 할 수 있는 응용이 보다 많이 있으므로 속도가 조금 떨어진다는 점에 그렇게 연연할 필요는 없으리라 생각된다.

EJB가 추구하는 바가 "한 번 개발하여 어느 곳에서나 돌린다."라는 철학이지만, 실제로 한 벤더의 EJB 프레임워크에서 개발한 EJB가 모든 다른 벤더의 EJB 서버에서 실행되지는 않는다. 아직은 업체간 호환성이 부족하며 어플리케이션 서버에 따라 독자적인 코드를 요구하기도 한다. EJB는 현재 발전하는 단계에 있다고 생각되며, 그럼에도 불구하고 이만한 관심과 이슈를 불러일으킬 정도라면 그만한 가치가 있다고 생각한다.

EJB 스펙 2.0 Draft에서는 CORBA관련 부분이 많이 확장되었고 MDB라는 새로운 형태의 빈을 지원한다. 점점 새로운 기술들이 추가되고 성능이 향상되어 머지않아 많은 응용에서 EJB를 사용하게 될 것으로 예상한다.

자주 묻는 질문

　　다음은 J2EE 어플리케이션 개발시 많이 접하는 예외 및 에러상황이다. 적절한 해결책을 첨부해 놓았으니 참고하기 바란다.

1. 클라이언트 실행시 jstException

　　이것은 EntityAppClient.jar 파일을 찾을 수 없어서 발생하는 예외이다. 해당 파일이 그 디렉터리에 없든가 아니면 환경변수 CPATH의 경로명이 틀렸든가 둘 중 하나다.

2. java.lang.NoClassDefFoundError : GameClient

　　java 실행시 GameClient를 찾을 수 없다는 의미이다. 컴파일이 확실히 되었는지 즉, 중간에 에러로 인해 GameClient.class 파일이 생성되지 못했는지 확인해 본다.

3, java.lang.NoClassDefFoundError : javax/naming/Context

　　프로그램이 실행에 필요한 lib/j2ee.jar 파일을 찾을 수가 없어서 발생하는 메시지이다. J2EE_HOME 환경변수가 올바르게 j2ee설치 디렉터리를 가리키고 있는지를 확인해 본다.

4. javax.naming.NameNotFoundException : Lookup of name MyEntity failed

　　J2EE 서버가 JNDI name이 MyEntity인 EJB를 찾을 수 없다는 메시지이다. EJB를 배치하지 않았거나 JNDI name 부분에 클라이언트측에서와 다른 이름을 넣었을 경우에 발생할 수 있다.

5. javax.naming.NamingException : Error accessing repository: Cannot connect to ORB at . . . .

　　J2EE 서버가 실행되고 있지 않아서 Naming 서비스를 사용할 수가 없다는 이야기이다. J2EE 서버를 실행하도록 한다.

07 유효성 검사

Chapter

| Point

인터넷 웹 사이트를 개발하는 입장에서 사용자가 웹 페이지에 어떠한 내용을 입력할 것인지 예측할 수 없다. 완성도 높은 웹 사이트는 이러한 임의 입력 값에 대해서 견고하며 체계적인 예외 처리를 지원해야 할 것이다. 하지만, 발생가능한 모든 경우를 개발자가 일일이 예상하고 대처하기엔 너무 벅차다. 하지만 스트럿츠2에서는 사용자가 입력한 데이터에 대해 유효성검사를 수행하고 적절한 처리를 할 수 있다.

01. 유효성 검사란

(1) 유효성 검사의 개념

유효성 검사란 ActionForm 내부에서 일어나는 입력에 대해 오류를 추출하고 검증하는 것이다. 일반적인 웹 어플리케이션을 개발할 경우 회원 가입이나 설문 조사 등과 같이 사용자에게 데이터를 입력하도록 요구하는 사이트가 많이 있다. 이때 잘못된 유형의 데이터를 입력하면 심각한 시스템 상의 오류를 일으키기도 하고, 때로는 잘못된 정보가 저장되기도 한다. 특히 금융 정보와 같이 회원의 중요한 값들을 잘못 처리할 경우 그 피해는 매우 클 것이다. 이렇듯 입력 값들의 오류를 체크하는 유효성 검사는 웹 어플리케이션 개발에 필수적이다. 여기서는 유효성 검사의 개념과 특징을 알아보고, 실무에서 적용 가능한 예제를 작성함으로써 유효성 검사에 대한 이해를 높이도록 한다.

스트럿츠2의 유효성 검사에 주로 쓰이는 방법에는 다음과 같이 3가지가 있다. 이번 장의 핵심적인 내용으로 뒷 부분에서 다룰 유효성 검사의 유형에 따른 예제의 구현을 통해 자세히 알아볼 내용이기도 하다.

① 기본 유효성 검사 : 스트럿츠2에서 기본으로 제공하는 몇 가지 타입으로 이루어진 유효성 검사이다.

② 커스텀 유효성 검사 : 기본으로 제공하지 않는 타입에 대한 유효성 검사가 필요할 때 사용한다.

③ 어노테이션 유효성 검사 : xml 파일을 사용하지 않는 유효성 검사이다.

유효성 검사를 할 때 또 하나 알아두어야 할 중요한 사실은 oro-x.x.x.jar에 있는 ORO 라이브러리에 대해서이다. ORO 라이브러리는 Perl5와 호환되는 정규 표현식, glob 표현식, 치환, 분할, 파일명 필터링, 금지단어 및 url 패턴 매칭 등을 수행하는 유틸리티 클래스들을 제공하는 Java 클래스들의 모음이다.

• ORO 라이브러리를 이용한 정규 표현식의 예

\\b(·[_A-Za-z0-9-]

Java 1.4 이 후 정규 표현식을 처리하기 위한 API가 추가되었지만 기존의 Perl과 같은 언어에서 정규 표현식을 능숙하게 사용해 온 개발자들은 ORO 라이브러리를 더 편리하게 사용할 수 있을 것이다.

(2) 유효성 검사의 동작 원리

스트럿츠2의 유효성 검사는 요청을 받은 JSP 페이지에서 액션 클래스로 값을 전달할 때 validation.xml 의 검증을 거쳐 이루어진다. 이를 그림으로 나타내면 다음과 같다.

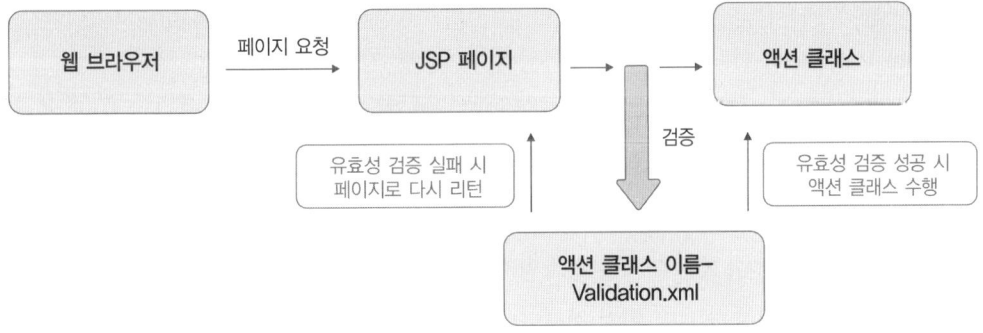

[그림 7-1] 유효성 검사의 동작 원리

먼저 웹 브라우저에서 JSP 페이지를 호출해서 입력 폼에 값을 넣어 액션 클래스로 전송을 한다. 이때 전송 중간에 '액션 클래스 이름-validation.xml' 파일에서 값을 검증하고, 실패 시에는 에러 메시지와 함께 JSP 페이지로 다시 리턴을, 성공할 경우에는 검증된 값을 액션 클래스에 넘겨 액션을 수행한다. 다른 일반적인 유효성 검사 기능은 페이지 내에 있거나 클래스 내에 기술되어 있지만 스트럿츠2의 유효성 검사는 이와 같이 중간에 유효성 검사 xml 파일이 처리한다는 특징이 있다.

(3) 유효성 검사의 특징

스트럿츠2에서 기본으로 제공되는 유효성 검사는 XWork에서 제공하는 유효성 검사 프레임워크를 기초로 하고 있으며, xwork-x.x.x.jar 파일을 사용한다. 이는 스트럿츠2가 Webwork와 통합되면서 가장 변화된 부분으로 XWork가 주가 되고, struts가 뒷받침해주는 형식으로 작동한다.

다음은 스트럿츠2가 제공하는 유효성 검사를 사용하기 위해 알아두어야 할 몇 가지 특징들을 나타낸 것이다.

① 유효성 검사의 패턴

스트럿츠2에서 유효성 검사를 위해 기본적으로 제공하는 패턴과 간략한 특징을 적어보면 다음과 같다. 이에 대한 자세한 설명과 예제는 뒤에서 다루도록 한다.

- Required Validator : 해당 필드가 Null 값인지 검사한다.
- Requiredstring Validator : Null 값이 아니고 빈 문자열("")이 아닌지 검사한다.
- Int Validator : 입력 값이 정수이고 지정하는 범위에 있는지 검사한다.
- Double Validator : 입력 값이 실수이고 지정하는 범위에 있는지 검사한다.
- Date Validator : 입력된 날짜 값이 특정 범위에 있는지 검사한다.
- Expression Validator : 정규 표현식에 따르는지 검사한다. 필드 레벨 validator가 아니다.
- Fieldexpression Validator : OGNL 표현식을 사용해서 필드를 검사한다.
- Email Validator : 유효한 이메일 주소인지 검사한다.
- Url Validator : 유효한 URL인지 검사한다.
- Visitor Validator : 액션의 객체 타입 Property에 유효성 검사를 한다.
- Conversion Validator : 필드에 변환 에러가 생겼는지 검사한다.
- Stringlength Validator : 문자열 길이를 검사한다.
- Regex Validator : 정규 표현식을 사용해서 문자열 필드를 검사한다.

② validator 실행 순서

- Field validator : validators 태그 내의 입력 필드를 기준으로 validator 타입을 정의한다.
- Plain validator : validators 태그 내의 validator 타입을 기준으로 필드를 정의한다.

만약 일반 유효성 검사자(Plain validator)와 필드 유효성 검사자(Field validator)가 동시에 한 xml 파일에 존재할 경우 실행하는 순서는 일반 유효성 검사자(Plain validator) → 필드 유효성 검사자(Field validator) 순으로 진행된다.

① Plain validator 1
② Plain validator 2
③ Field validator 1
④ Field validator 2

위의 순서대로 검사를 진행하던 중 1번에서 오류가 발생했는데, 단전 회로(short-circuit) 효과 속성에 참(true)으로 설정되어 있을 경우 뒤의 유효성 검사자는 무시되고 실패를 리턴한다. 단, 일반 유효성 검사자가 유효성 검사자 타입이 required일 경우 단전 회로(short-circuit) 효과 속성에 참(true)으로 설정되어 있다 할지라도 나머지가 검사를 수행한다. 이는 required 타입이 필드에 관한 유효성 검사자이기 때문에 일반 유효성 검사자는 적용되지 않는다.

③ 유효성 검사의 단락

유효성 검사의 단락이란 유효성 검사 도중 오류가 발견될 경우 더 이상 진행을 하지 않고 실패값을 리턴할지 아니면 계속 수행할지의 여부를 결정한다. 앞에서 다루었던 필드 유효성 검사자와 일반 유효성 검사사에 이를 적용시켜보면 각 유효싱 검사자 타입 옆에 단질 회로 효과 속성에 참(true) 값을 설정한다.

〈field-validator type="requiredstring" short-circuit="true"〉
〈validator type="requiredstring" short-circuit="true"〉

02. 유효성 검사자 종류

스트럿츠2의 유효성 검사를 보다 확실히 이해하기 위해서는 xwork-x.x.x.jar 라이브러리 파일을 살펴볼 필요가 있다. 이 라이브러리 파일에는 com/opensymphony.xwork2/ validator/validators의 위치에 default.xml 파일이 있는데, 여기에 각 유효성 검사자 (validator)가 다음과 같이 정의되어 있는 것을 볼 수 있다.

소스 7-1 : com/opensymphony.xwork2/validator/validators/default.xml

```
〈validators〉
    〈validator name="required" class="com.opensymphony.xwork2.validator.validators.
RequiredFieldValidator"/〉
    〈validator name="requiredstring" class="com.opensymphony.xwork2.validator.
validators.RequiredStringValidator"/〉
    〈validator name="int" class="com.opensymphony.xwork2.validator.validators.
IntRangeFieldValidator"/〉
    〈validator name="double" class="com.opensymphony.xwork2.validator.validators.
DoubleRangeFieldValidator"/〉
    〈validator name="date" class="com.opensymphony.xwork2.validator.validators.
DateRangeFieldValidator"/〉
    〈validator name="expression" class="com.opensymphony.xwork2.validator.validators.
ExpressionValidator"/〉
    〈validator name="fieldexpression" class="com.opensymphony.xwork2.validator.
validators.FieldExpressionValidator"/〉
    〈validator name="email" class="com.opensymphony.xwork2.validator.validators.
EmailValidator"/〉
    〈validator name="url" class="com.opensymphony.xwork2.validator.validators.
URLValidator"/〉
    〈validator name="visitor" class="com.opensymphony.xwork2.validator.validators.
VisitorFieldValidator"/〉
    〈validator name="conversion" class="com.opensymphony.xwork2.validator.validators.
ConversionErrorFieldValidator"/〉
    〈validator name="stringlength" class="com.opensymphony.xwork2.validator.validators.
StringLengthFieldValidator"/〉
    〈validator name="regex" class="com.opensymphony.xwork2.validator.validators.
RegexFieldValidator"/〉
〈/validators〉
```

위와 같은 default.xml에 정의되어 있는 유효성 검사자를 구현하는 방법에 대해서 간단한 예제를 통해 살펴보도록 하자. 예제 코드는 Plain Validator와 Field Validator에 기술되어 있다.

(1) required 검사자

해당 필드가 null 값인지 검사한다. 파라미터는 [표 7-1]과 같다.

[표 7-1] required 검사자의 파라미터

파라미터	필수	기본 값	설 명
fieldName	No		Field 유효성 검사자를 사용할 때 해당 필드의 이름을 지정한다.

소스 7-2 : Validator 사용 예 : required 검사자

```
〈validators〉

  〈!-- Plain Validator Syntax --〉
  〈validator type="required"〉
    〈param name="fieldName"〉username〈/param〉
    〈message〉이름은 반드시 입력해야 합니다.〈/message〉
  〈/validator〉

  〈!-- Field Validator Syntax --〉
  〈field name="username"〉
    〈field-validator type="required"〉
        〈message〉이름은 반드시 입력해야 합니다.〈/message〉
    〈/field-validator〉
  〈/field〉

〈/validators〉
```

(2) requiredstring 검사자

필드가 null이 아니고 문자열 값이 있는지 검사한다. 파라미터는 다음 [표 7-2]와 같다.

[표 7-2] requiredstring 검사자의 파라미터

파라미터	필수	기본 값	설 명
trim	No	true	문자열의 좌우의 공백을 제거한다.

소스 7-3 : Validator 사용 예 : requiredstring 검사자

```
⟨validators⟩
    ⟨!-- Plain-Validator Syntax --⟩
    ⟨validator type="requiredstring"⟩
        ⟨param name="fieldName"⟩username⟨/param⟩
        ⟨param name="trim"⟩true⟨/param⟩
        ⟨message⟩이름은 반드시 입력해야 합니다.⟨/message⟩
    ⟨/validator⟩

    ⟨!-- Field-Validator Syntax --⟩
    ⟨field name="username"⟩
        ⟨field-validator type="requiredstring"⟩
            ⟨param name="trim"⟩true⟨/param⟩
            ⟨message⟩이름은 반드시 입력해야 합니다.⟨/message⟩
        ⟨/field-validator⟩
    ⟨/field⟩
⟨/validators⟩
```

(3) int 검사자

필드가 정수값이어야 하고 지정한 범위 내에 있는지 검사한다. 파라미터는 다음 [표 7-3]와 같다.

[표 7-3] int 검사자의 파라미터

파라미터	필수	기본 값	설 명
Fieldname	no		Field 유효성 검사자를 사용할 때 해당 필드의 이름을 지정한다.
min	no		지정할 범위의 최소값으로 이 값이 없으면 최소값에 대한 검사를 수행하지 않는다.
max	no		지정할 범위의 최대값으로 이 값이 없으면 최대값에 대한 검사를 수행하지 않는다.

소스 7-4 : Validator 사용 예 : int 검사자

```
⟨validators⟩
    ⟨!-- Plain Validator Syntax --⟩
    ⟨validator type="int"⟩
        ⟨param name="fieldName"⟩age⟨/param⟩
        ⟨param name="min"⟩20⟨/param⟩
```

```
        〈param name="max"〉50〈/param〉
    〈message〉나이는 ${min}이상 ${max} 이하로 입력해야 합니다. 〈/message〉
    〈/validator〉


    〈!-- Field Validator Syntax --〉
    〈field name="age"〉
        〈field-validator type="int"〉
            〈param name="min"〉20〈/param〉
            〈param name="max"〉50〈/param〉
            〈message〉나이는 ${min}이상 ${max} 이하로 입력해야 합니다. 〈/message〉
        〈/field-validator〉
    〈/field〉
〈/validators〉
```

(4) date 검사자

날짜가 지정한 범위 내에 있는지 검사한다. 파라미터는 다음 [표 7-4]와 같다.

[표 7-4]   date 검사자의 파라미터

파라미터	필수	기본 값	설 명
Fieldname	no		Field 유효성 검사자를 사용할 때 해당 필드의 이름을 지정한다.
min	no		지정할 범위의 최소값으로 이 값이 없으면 최소값에 대한 검사를 수행하지 않는다.
max	no		지정할 범위의 최대값으로 이 값이 없으면 최대값에 대한 검사를 수행하지 않는다.

소스 7-5 : Validator 사용 예 : date 검사자

```
〈validators〉
    〈!-- Plain Validator syntax --〉
    〈validator type="date"〉
        〈param name="fieldName"〉birthday〈/param〉
        〈param name="min"〉01/01/2007〈/param〉
        〈param name="max"〉01/01/2008〈/param〉
        〈message〉날짜는 ${min}과 ${max} 사이에서 입력해야 합니다. 〈/message〉
    〈/validator〉
```

```
⟨!-- Field Validator Syntax --⟩
⟨field name="birthday" ⟩
⟨field-validator type="date" ⟩
    ⟨param name="min" ⟩01/01/2007⟨/param⟩
    ⟨param name="max" ⟩01/01/2008⟨/param⟩
    ⟨message⟩ 날짜는 ${min}과 ${max} 사이에서 입력해야 합니다. ⟨/message⟩
  ⟨/field⟩
 ⟨/field⟩
⟨/validators⟩
```

(5) expression 검사자

정규 표현식으로 검사하며 필드 레벨의 유효성 검사자가 아니기 때문에 Plain Validator로
만 정의한다. 파라미터는 다음 [표 7-5]와 같다.

[표 7-5] expression 검사자의 파라미터

파라미터	필수	기본 값	설 명
Expression	yes		스택에 대한 ognl 표현식을 검사한다.

소스 7-6 : Validator 사용 예 : expression 검사자

```
⟨validators⟩
  ⟨validator type="expression" ⟩
    ⟨param name="expression" ⟩ .... ⟨/param⟩
    ⟨message⟩ognl 표현식이 적절하지 않습니다. .... ⟨/message⟩
  ⟨/validator⟩
⟨/validators⟩
```

(6) fieldexpression 검사자

Ognl 표현식을 사용해서 필드를 검사한다. 파라미터는 다음 [표 7-6]과 같다.

[표 7-6] fieldexpression 검사자의 파라미터

파라미터	필수	기본 값	설 명
Fieldname	no		Field Validator를 사용할 때 해당 필드의 이름을 지정한다.
Expression	yes		스택에 대한 ognl 표현식을 검사한다.

```
<!-- Plain Validator Syntax -->
<validators>
  <!-- Plain Validator Syntax -->
  <validator type="fieldexpression">
    <param name="fieldName">myField</param>
    <param name="expression"><![CDATA[#myCreditLimit > #myGirfriendCredit
Limit]]></param>
    <message>myCreditLimit 값이 myGirfriendCreditLimit 값보다 커야 합니다.</message>
  </validator>

  <!-- Field Validator Syntax -->
  <field name="myField">
    <field-validator type="fieldexpression">
      <param name="expression"><![CDATA[#myCreditLimit > #myGirfriendCredit
Limit]]></param>
      <message>myCreditLimit 값이 myGirfriendCreditLimit 값보다 커야 합니
다.</message>
    </field-validator>
  </field>
</vaidators>
```

(7) email 검사자

해당 필드가 유효한 이메일 주소인지 검사한다. 이 유효성 검사자가 사용하는 정규 표현식은 다음과 같다. 파라미터는 다음 [표 7-7]과 같다.

• 정규 표현식

```
\w\b(\.[_A-Za-z0-9-](\w.[_A-Za-z0-9-])*@([A-Za-z0-9-
])+((\w.com)|(\w.net)|(\w.org)|(\w.info)|(\w.edu)|(\w.mil)|(\w.gov)|(\w.biz)|(\
w.ws)|(\w.us)|(\w.tv)|(\w.cc)|(\w.aero)|(\w.arpa)|(\w.coop)|(\w.int)|(\w.jobs)|(
\w.museum)|(\w.name)|(\w.pro)|(\w.travel)|(\w.nato)|(\w..{2,3})|(\w..{2,3}
\w..{2,3}))$)\w\b
```

[표 7-7] email 검사자의 파라미터

파라미터	필수	기본 값	설 명
Fieldname	yes		Field 유효성 검사자를 사용할 때 해당 필드의 이름을 지정한다.

소스 7-8 : Validator 사용 예 : email 검사자

```
〈!-- Plain Validator Syntax --〉
〈validators〉
  〈validator type="email" 〉
    〈param name="fieldName" 〉myEmail〈/param〉
    〈message〉이메일 형식이 적절해야 합니다.〈/message〉
  〈/validator〉
〈/validators〉


〈!-- Field Validator Syntax --〉
〈field name="myEmail" 〉
  〈field-validator type="email" 〉
    〈message〉 이메일 형식이 적절해야 합니다.〈/message〉
  〈/field-validator〉
〈/field〉
```

(8) url 검사자

해당 필드가 유효한 url인지 검사한다. 파라미터는 다음 [표 7-8]과 같다.

[표 7-8] url 검사자의 파라미터

파라미터	필수	기본 값	설 명
Fieldname	no		Field Validator를 사용할 때 해당 필드의 이름을 지정한다.

소스 7-9 : Validator 사용 예 : url 검사자

```
〈validators〉
    〈!-- Plain Validator Syntax --〉
    〈validator type="url" 〉
        〈param name="fieldName" 〉myHomePage〈/param〉
        〈message〉 홈페이지 url 형식이 적절해야 합니다.〈/message〉
    〈/validator〉


    〈!-- Field Validator Syntax --〉
    〈field name="myHomepage" 〉
        〈message〉 홈페이지 url 형식이 적절해야 합니다.〈/message〉
    〈/field〉
〈/validators〉
```

(9) visitor 검사자

액션의 객체 타입 속성의 유효성 검사를 한다. visitor 필드 유효성 검사자는 액션을 모델 기반(model driven)으로 만들었을 때 모델의 속성들에 대한 유효성 검사를 모델 자신의 유효성 검사자 파일에 두기 위해서 사용한다. 간단한 객체 속성 뿐만 아니라 객체의 컬렉션과 배열도 다룰 수 있다. 파라미터는 다음 [표 7-9]와 같다.

[표 7-9] visitor 검사자의 파라미터

파라미터	필수	기본 값	설 명
Fieldname	no		Field 유효성 검사자를 사용할 때 해당 필드의 이름을 지정한다.
Context	no		모델의 validation 파일을 여러 개 둘 때 어떤 파일을 쓸 것인지를 지정한다.
appendPrefix	no		폼에서 넘어오는 필드명이 모델 이름을 포함하는지 여부를 지정한다.

소스 7-10 : Validator 사용 예 : visitor 검사자

```
⟨validators⟩
  ⟨!-- Plain Validator Syntax --⟩
  ⟨validator type="visitor"⟩
    ⟨param name="fieldName"⟩user⟨/param⟩
    ⟨param name="context"⟩myContext⟨/param⟩
    ⟨param name="appendPrefix"⟩true⟨/param⟩
  ⟨/validator⟩

  ⟨!-- Field Validator Syntax --⟩
  ⟨field name="user"⟩
    ⟨field-validator type="visitor"⟩
      ⟨param name="context"⟩myContext⟨/param⟩
      ⟨param name="appendPrefix"⟩true⟨/param⟩
    ⟨/field-validator⟩
  ⟨/field⟩
⟨/validators⟩
```

이 예에서는 액션에 getUser( ) 메소드가 있어야 한다. 이 메소드가 사용자 객체를 반환한다면 validator가 User-myContext-validation.xml을 검색할 것이다. 화면에서 파라미터 이름이 user.name 과 같은 형식이면 appendPrefix를 true로 설정한다.

(10) conversion 검사자

해당 필드에 변환 오류가 발생하였는지 검사한다. 파라미터는 다음 [표 7-10]과 같다.

[표 7-10] conversion 검사자의 파라미터

파라미터	필수	기본 값	설 명
Fieldname	no		Field 유효성 검사자를 사용할 때 해당 필드의 이름을 지정한다.

소스 7-11 : Validator 사용 예 : conversion 검사자

```
〈 validators 〉
  〈!-- Plain Validator Syntax --〉
  〈validator type= "conversion" 〉
    〈param name= "fieldName" 〉myField〈/param〉
    〈message〉 변환 오류가 발생되었습니다. 〈/message〉
  〈/validator〉

  〈!-- Field Validator Syntax --〉
  〈field name= "myField" 〉
    〈field-validator type= "conversion" 〉
    〈message〉 변환 오류가 발생되었습니다. 〈/message〉
    〈/field-validator〉
  〈/field〉
〈/ validators 〉
```

repopulateField = "true"로 설정하면 변환 오류 발생시 가상 파라미터 변수 맵과 함께 자동 복원이 가능하다. 이것은 변환 오류 발생시 원래 값으로 복구할 때 유용하게 사용된다. 예를 들어 정수만 입력 가능한 필드에서 변환 오류 발생시 적합하지 않은 정수형인 one과 같은 문자를 입력하면 값을 되돌리는데, 이때 repopulateField가 true로 설정되어 있다면 옵션에서 변환 오류시 문자 필드의 값으로 one을 갖게 된다.

myJspPage.jsp 파일 내용

```
〈ww:form action="someAction" method="POST"〉

  ....
  〈ww:textfield
    label="My Integer Field"
    name="myIntegerField" /〉

  ....
  〈ww:submit /〉
〈/ww:form〉
```

struts.xml 파일 내용

```
〈xwork〉
〈include file="struts-default.xml" /〉

....
〈package name="myPackage" extends="struts-default"〉

  ....
  〈action name="someAction" class="example.MyActionSupport.java"〉
    〈result name="input"〉myJspPage.jsp〈/result〉
    〈result〉success.jsp〈/result〉
  〈/action〉
  ....
〈/package〉
....
〈/struts〉
```

MyActionSupport.java 파일 내용

```
〈!-- --〉
public class MyActionSupport extends ActionSupport {
  private Integer myIntegerField;

  public Integer getMyIntegerField( ) { return this.myIntegerField; }

  public void setMyIntegerField(Integer myIntegerField) {
    this.myIntegerField = myIntegerField;
  }
}
```

소스 7-15 : MyActionSupport-someAction-validation.xml 파일 내용

```
〈validators〉
  ...
  〈field name="myIntegerField"〉
    〈field-validator type="conversion"〉
        〈param name="repopulateField"〉true〈/param〉
        〈message〉변환 오류가 발생했습니다. (정수 값이 필요)〈/message〉
    〈/field-validator〉
  〈/field〉
  ...
〈/validators〉
```

(11) stringlength 검사자

해당 필드의 문자열 길이를 검사한다. 파라미터는 다음 [표 7-11]과 같다.

[표 7-11] stringlength 검사자의 파라미터

파라미터	필수	기본 값	설 명
Fieldname	no		Field 유효성 검사자를 사용할 때 해당 필드의 이름을 지정한다.
minlength	no		지정할 범위의 최소값으로 이 값이 있으면 최소값에 대한 검사를 수행해야 한다.
maxlength	no		지정할 범위의 최대값으로 이 값이 있으면 최대값에 대한 검사를 수행해야 한다.
trim	no	true	minlength, maxlength 값을 검사하기 전에 문자열 양쪽의 공백을 제거한다.

소스 7-16 : Validator 사용 예 : stringlength 검사자

```
〈validators〉
  〈!-- Plain Validator Syntax --〉
  〈validator type="stringlength"〉
  〈param name="fieldName"〉myPurchaseCode〈/param〉
  〈param name="minLength"〉10〈/param〉
    〈param name="maxLength"〉10〈/param〉
    〈param name="trim"〉true〈/param〉
    〈message〉구입 코드는 10자입니다.〈/message〉
  〈/validator〉
```

```
〈!-- Field Validator Syntax --〉
〈field name="myPurchaseCode"〉
〈param name="minLength"〉10〈/param〉
   〈param name="maxLength"〉10〈/param〉
   〈param name="trim"〉true〈/param〉
   〈message〉구입 코드는 10자입니다.〈/message〉
〈/field-name〉
〈/validators〉
```

(12) regex 검사자

정규 표현식을 사용해서 해당 필드의 유효성 검사를 한다. 파라미터는 다음 [표 7-12]와 같다.

[표 7-12] regex 검사자의 파라미터

파라미터	필수	기본 값	설 명
Fieldname	no		Field 유효성 검사자를 사용할 때 해당 필드의 이름을 지정한다.
expression	no		정규 표현식을 정의한다.
caseSensitive	no	true	대소문자의 구분 여부를 지정한다.

소스 7-17 : Validator 사용 예 : regex 검사자

```
〈validators〉
   〈!-- Plain Validator Syntax --〉
   〈validator type="regex"〉
      〈param name="fieldName"〉myStrangePostcode〈/param〉
      〈param name="expression"〉〈![CDATA[([aAbBcCdD][123][eEfFgG][456])]]〈〉/param〉
   〈/validator〉

   〈!-- Field Validator Syntax --〉
   〈field name="myStrangePostcode"〉
      〈field-validator type="regex"〉
         〈param name="expression"〉〈![CDATA[([aAbBcCdD][123][eEfFgG][456])]]〉〈/param〉
      〈/field-validator〉
   〈/field〉
〈/validators〉
```

03. 유효성 검사의 유형에 따른 예제 구현

(1) 간단한 회원 가입 예제

스트럿츠2에서 제공하는 유효성 검사자를 사용하여 간단한 회원 가입 예제를 만들어 보도록 하자. 이 예제는 몇 가지 검사자를 이용하여 작성하는 것으로, 간단한 동작 원리를 이해하는데 중점을 두도록 한다. 이를 위해서는 다음과 같은 파일이 필요하다.

① 액션과 JSP 매핑 : /struts2/struts.xml
② 액션 클래스 : /struts2/src/regAction.java
③ validation xml : /struts2/src/regAction-validation.xml
④ 입력 폼 JSP 페이지 : /struts2/jsp/regForm.jsp
⑤ 입력 성공 JSP 페이지 : /struts2/jsp/regForm.jsp

주의할 점은 유효성 검사자 XML의 경우 액션 클래스와 같은 패키지에 놓고 이름 또한 액션 클래스의 이름과 일치시켜야 한다. 예를 들어 ListAction.java라는 파일에서 유효성 검사를 하려면 ListAction-validation.xml 이 되어야 한다.

01 로직에 대한 액션을 정의한다.

소스 7-18 : /src/sturts.xml 파일 내용

```
〈!DOCTYPE struts PUBLIC
    "-//Apache Software Foundation//DTD Struts Configuration 2.0//EN"
    "http://struts.apache.org/dtds/struts-2.0.dtd" 〉

〈struts〉
    〈package name="validation" extends="struts-default" 〉

        〈action name="regForm" 〉
            〈result〉/jsp/regForm.jsp 〈/result〉
        〈/action〉

        〈action name="regAction" class="validation.regAction" 〉
            〈result name="input" 〉/jsp/regForm.jsp 〈/result〉
            〈result name="success" 〉/jsp/regOK.jsp 〈/result〉
        〈/action〉
```

```
〈/package〉
〈/struts〉
```

regForm 액션은 초기 입력 화면으로 이동하는 것이므로 별도의 class가 지정되어 있지 않다. regAction은 클래스 실행 결과 오류가 발생하면 input result인 regForm.jsp로 포워딩되고, 오류가 없으면 success result인 regOK로 각각 포워딩된다.

02 getter, setter 메소드로 입력받을 이름과 나이, 이메일 등에 대한 변수를 선언한 순수한 프로그램 로직을 구현한다.

소스 7-19: /src/validation/regAction.java 파일 내용

```java
package validation;

import com.opensymphony.xwork2.ActionSupport;

public class regAction extends ActionSupport {

    private String name;
    private int age;
    private String email;

    public String execute( ) throws Exception {
        return SUCCESS;
    }

    public String getName( ) {
        return name;
    }

    public void setName(String name) {
        this.name = name;
    }

    public int getAge( ) {
        return age;
    }
```

```
public void setAge(int age) {
    this.age = age;
}

public String getEmail( ) {
    return email;
}

public void setEmail(String email) {
    this.email = email;
}

}
```

예전 방식과는 달리 액션 클래스에 유효성 검사와 관련한 부분이 전혀 없이 순수한 프로그램 로직만 들어가 있다. 입력받을 이름과 나이, 이메일에 대한 변수를 선언하고 이를 getter, setter 메소드로 구현한다.

03 〈validators〉 태그를 이용하여 유효성 검사가 이루어지는 부분을 구현한다. 실질적인 유효성 검사가 이루어지는 부분은 〈validators〉〈/validators〉 태그 안에서 유효성을 검증하는데, 이는 Field validator와 Plain validator 두가지 방법으로 정의할 수 있다. 이러한 두가지 방법을 모두 이용해 같은 결과를 출력해 내는 소스를 작성해 보자.

우선, 소스 7-20은 필드 유효성 검사자로 정의한 유효성 검사 코드이다.

소스 7-20: 필드 유효성 검사자로 정의한 유효성 검사

```
〈!DOCTYPE validators PUBLIC "-//OpenSymphony Group//XWork Validator
1.0.2//EN" "http://www.opensymphony.com/xwork/xwork-validator-1.0.2.dtd"〉

〈validators〉

  〈field name="name"〉
    〈field-validator type="requiredstring"〉
      〈message〉이름을 입력해주세요.〈/message〉
    〈/field-validator〉
  〈/field〉
```

```
    〈field name="age"〉
      〈field-validator type="int"〉
        〈param name="min"〉20〈/param〉
        〈param name="max"〉60〈/param〉
        〈message〉20 ~ 60 세까지 가능합니다. 〈/message〉
      〈/field-validator〉
    〈/field〉

    〈field name="email"〉
      〈field-validator type="email"〉
        〈message〉E-Mail 형식이 아닙니다.〈/message〉
      〈/field-validator〉
    〈/field〉

〈/validators〉
```

〈field name=" "〉〈/field〉에는 검사할 필드의 이름을 넣어주고, 〈field-validator type=" "〉〈/field-validator〉에는 위에서 다뤘던 스트럿츠2 기본 제공 validator를 적는다. field-validator type이 int 형일 경우 입력받는 정수의 범위를 지정해 줄 수 있는 〈param name="min"〉20〈/param〉, 〈param name="max"〉60〈/param〉 코드로 20에서 60 사이의 값만 입력받을 수 있게 정의한다. 〈message〉〈/message〉는 오류 발생시 알려줄 메시지의 내용을 적어준다.

두 번째로 일반(Plain) 유효성 검사자로 정의한 유효성 검사 코드는 다음과 같다.

소스 7-21 : 일반 유효성 검사자로 정의한 유효성 검사

```
〈!DOCTYPE validators PUBLIC "-//OpenSymphony Group//XWork Validator
1.0.2//EN" "http://www.opensymphony.com/xwork/xwork-validator-1.0.2.dtd"〉

〈validators〉

  〈validator type="requiredstring"〉
    〈param name="fieldName"〉name〈/param〉
    〈message〉이름을 입력해주세요. 〈/message〉
  〈/validator〉

  〈validator type="int"〉
```

```
⟨param name="fieldName"⟩age⟨/param⟩
⟨param name="min"⟩20⟨/param⟩
⟨param name="max"⟩60⟨/param⟩
⟨message⟩20 ~ 60 세까지 가능합니다.⟨/message⟩
⟨/validator⟩

⟨validator type="email"⟩
⟨param name="fieldName"⟩email⟨/param⟩
⟨message⟩E-Mail 형식이 아닙니다.⟨/message⟩
⟨/validator⟩

⟨/validators⟩
```

이전 코드의 필드를 정의하는 ⟨field name=" "⟩⟨/field⟩ 대신에 validator의 타입을 정의하는 ⟨validator type=" "⟩⟨/validator⟩가 쓰였다. 이 태그 안에 ⟨param name="fieldName"⟩필드명⟨/param⟩으로 해당 타입의 유효성 검사자를 적용시킬 필드를 여러 개 정의할 수 있다.

04 간단한 회원 가입 폼 페이지를 작성한다.

소스 7-22: 회원 가입 폼

```
⟨%@ page contentType="text/html; charset=utf-8" %⟩
⟨%@ taglib prefix="s" uri="/struts-tags" %⟩

⟨?xml version="1.0" encoding="UTF-8" ?⟩
⟨!DOCTYPE html PUBLIC "-//W3C//DTD XHTML 1.0 Transitional//EN"
"http://www.w3.org/TR/xhtml1/DTD/xhtml1-transitional.dtd"⟩
⟨html xmlns="http://www.w3.org/1999/xhtml"⟩

⟨head⟩
  ⟨title⟩회원 가입 폼⟨/title⟩
  ⟨meta http-equiv="Content-Type" content="text/html; charset=UTF-8" /⟩
⟨/head⟩

⟨body⟩
```

```
〈h2〉회원 가입 폼〈/h2〉

〈p/〉

〈form action="regAction.action"〉

   이름 : 〈input type="text" name="name" value="${name}" /〉
          〈font color="red"〉${fieldErrors.name}〈/font〉〈br〉

   나이 : 〈input type="text" name="age" value="${age}" /〉
          〈font color="red"〉${fieldErrors.age}〈/font〉〈br〉

   Email : 〈input type="text" name="email" value="${email}" /〉
          〈font color="red"〉${fieldErrors.email}〈/font〉〈br〉〈br〉

   〈input type="submit" value="작성완료" /〉

〈/form〉
〈/body〉

〈/html〉
```

액션 클래스에서 정의했던 이름과 나이, 이메일이 각각 ${name}, ${age}, ${email}로
출력된다. 유효성 검사시의 오류 메시지는 ${fieldErrors.필드명}을 통해서 각 필드의
오류 메시지가 출력된다. 입력에 오류가 없으면 regOK.jsp로 이동한다.

소스 7-23: 회원 가입 폼 유효성 검사 완료 페이지

```
〈%@ page contentType="text/html; charset=utf-8" %〉

〈html〉
〈head〉
  〈title〉회원 가입 완료〈/title〉
  〈meta http-equiv="Content-Type" content="text/html; charset=UTF-8" /〉
〈/head〉

〈body〉
```

```
〈h2〉회원 가입 정보〈/h2〉
〈p/〉

이름: ${name} 〈br〉

나이: ${age} 〈br〉

이메일: ${email}

〈/body〉

〈/html〉
```

05 모든 입력이 오류 없이 진행되었다면 유효성 검사 완료 페이지로 이동한다. 앞에서 입력 받은 회원 정보가 제대로 출력되는지 확인해 보자. 다음의 주소를 입력해 회원 가입 폼을 호출한다.

> http://localhost/struts2/regForm.action

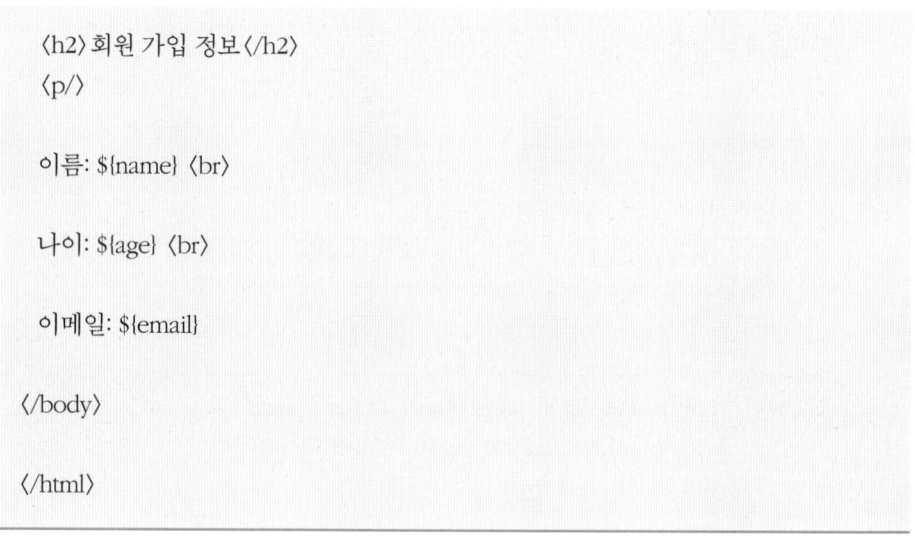

[그림 7-2] regForm.action의 결과 화면

3개의 가입 정보에 값을 입력한다. 값에 오류가 있다면 이 페이지로 오류 메시지와 함께 다시 리턴되고, 값에 오류가 없다면 가입 성공 페이지로 각 항목의 값이 전달된다. 먼저 오류 메시지를 알아보기 위해 다음과 같이 잘못된 값들을 입력한다.

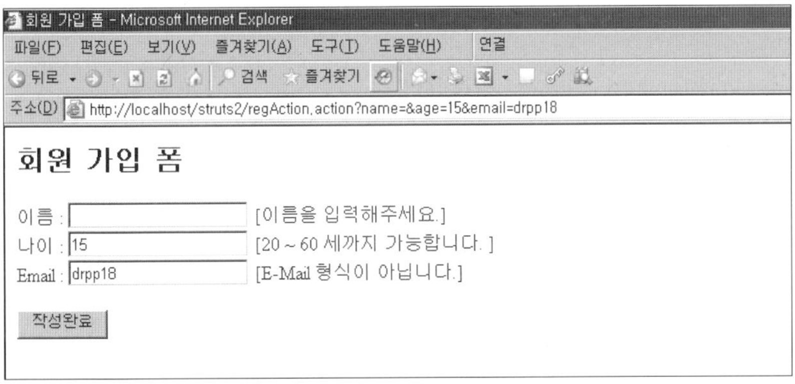

[그림 7-3] 잘못된 값을 입력했을 시의 오류 화면

위 그림과 같이 잘못 입력된 값이 발견되면 각 항목에 맞는 오류 메시지를 출력한다. regAction-validation.xml에서 작성한 오류와 메시지가 적용된 것을 알 수 있다. 이제 오류 값들을 수정하여 다음과 같이 완료 페이지를 출력한다.

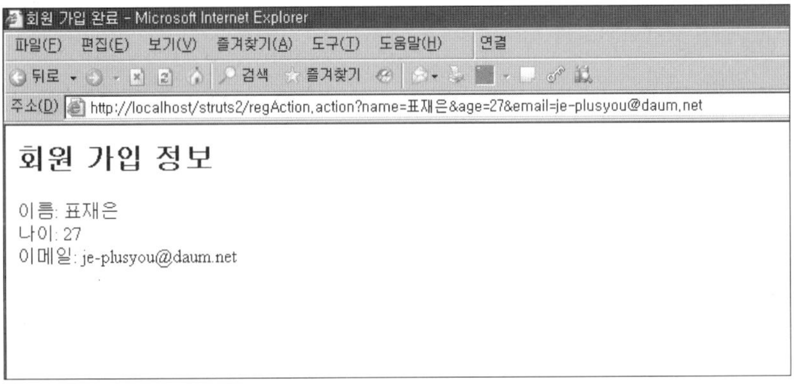

[그림 7-4] 오류 없는 입력 완료 화면

유효성 검사 규칙을 잘 지켜 입력하게 되면 위와 같이 오류 없는 화면이 출력된다. 이전에 입력했던 값들이 모두 제대로 출력되는지 확인한다.

간단한 회원 가입 폼을 통해 어떻게 유효성 검사가 일어났는지 알아보았으니 이제 유효성 검사자의 종류에 따른 예제 코드와 결과를 알아보자.

(2) 유효성 검사자의 종류에 따른 예제

앞에서 유효성 검사자(validator)의 특징과 종류에 대해 알아보았다. 이제부터 이를 바탕으로 여러 유형의 검사 조건을 테스트하기 위한 예제를 작성한다.

다음은 유효성 검사를 위해 사용할 변수들의 정의이다.

- string requiredValidator : 필수로 입력해야 하는 필드
- string requiredstringValidator : 필수이면서 문자열 값이어야 하는 필드
- int integerValidator : 입력 값이 정수이고 지정하는 범위에 있는지 검사하는 필드
- string fieldexpressionValidator : OGNL 표현식을 사용해서 필드를 검사하는 필드
- string emailValidator : 유효한 이메일 주소인지 검사하는 필드
- string urlValidator : 유효한 URL 인지 검사하는 필드
- string stringlengthValidator : 문자열 길이를 검사하는 필드
- string regexValidator : 정규 표현식을 사용해서 문자열 필드를 검사하는 필드

01 각 페이지에 따른 액션을 정의한다.

소스 7-24: struts.xml 파일 내용

```
〈!DOCTYPE struts PUBLIC
    "-//Apache Software Foundation//DTD Struts Configuration 2.0//EN"
    "http://struts.apache.org/dtds/struts-2.0.dtd" 〉

〈struts〉
    〈package name="validation" extends="struts-default" 〉

        〈action name="defaultValidatorForm" 〉
        〈result〉/jsp/defaultValidatorForm.jsp〈/result〉
        〈/action〉

        〈action name="defaultValidationAction" class="validation.defaultValidation Action" 〉
            〈result name="input" 〉/jsp/defaultValidatorForm.jsp〈/result〉
            〈result name="success" 〉/jsp/defaultValidatorOK.jsp〈/result〉
        〈/action〉

    〈/package〉
〈/struts〉
```

위의 코드는 초기 입력 화면은 defaultValidatorForm.jsp로, 입력 완료 화면은 default ValidatorOK.jsp로, 입력 오류 화면은 defaultValidatorForm.jsp로 각각 포워딩한다.

02 유효성 검사에서 검사할 항목에 대해 validator에 대한 변수를 선언하고 이를 getter, setter 메소드로 구현하는 defaultValidationAction을 작성한다. 각 입력 값에 대한 유효성 검사를 알아보는 예제이기 때문에 별다른 액션은 정의하지 않고 SUCCESS로 포워딩한다.

소스 7-25 : /src/validation/defaultValidationAction.java

```java
package validation;

import com.opensymphony.xwork2.ActionSupport;

public class defaultValidationAction extends ActionSupport {

    private String requiredValidator;
    private String requiredStringValidator;
    private int integerValidator;
    private String fieldExpressionValidator;
    private String emailValidator;
    private String urlValidator;
    private String stringLengthValidator;
    private String regexValidator;


    public String execute( ) throws Exception {
        return SUCCESS;
    }

    public String getRequiredValidator( ) {
        return requiredValidator;
    }

    public void setRequiredValidator(String requiredValidator) {
        this.requiredValidator = requiredValidator;
    }

    public String getRequiredStringValidator( ) {
        return requiredStringValidator;
    }

    public void setRequiredStringValidator(String requiredStringValidator) {
```

```java
        this.requiredStringValidator = requiredStringValidator;
    }

    public int getIntegerValidator( ) {
        return integerValidator;
    }

    public void setIntegerValidator(int integerValidator) {
        this.integerValidator = integerValidator;
    }

    public String getFieldExpressionValidator( ) {
        return fieldExpressionValidator;
    }

    public void setFieldExpressionValidator(String fieldExpressionValidator) {
        this.fieldExpressionValidator = fieldExpressionValidator;
    }

    public String getEmailValidator( ) {
        return emailValidator;
    }

    public void setEmailValidator(String emailValidator) {
        this.emailValidator = emailValidator;
    }

    public String getUrlValidator( ) {
        return urlValidator;
    }

    public void setUrlValidator(String urlValidator) {
        this.urlValidator = urlValidator;
    }

    public String getRegexValidator( ) {
        return regexValidator;
    }

    public void setRegexValidator(String regexValidator) {
```

```
        this.regexValidator = regexValidator;
    }


    public String getStringLengthValidator( ) {
        return stringLengthValidator;
    }


    public void setStringLengthValidator(String stringLengthValidator) {
        this.stringLengthValidator = stringLengthValidator;
    }
}
```

03 다음은 필드 유효성 검사자로 유효성 검사를 구현한다.

소스 7-26: /src/validation/defaultValidationAction-validation.xml

```
〈!DOCTYPE validators PUBLIC "-//OpenSymphony Group//XWork Validator
1.0.2//EN" "http://www.opensymphony.com/xwork/xwork-validator-1.0.2.dtd" 〉

〈validators〉

  〈field name="requiredValidator" 〉
    〈field-validator type="required" 〉
      〈message〉 〈![CDATA[ 반드시 입력해야 합니다. ]]〉 〈/message〉
    〈/field-validator〉
  〈/field〉

  〈field name="requiredStringValidator" 〉
    〈field-validator type="requiredstring" 〉
      〈param name="trim" 〉true〈/param〉
      〈message〉 〈![CDATA[ 반드시 입력해야 하고, 문자열 값이어야 합니다. ]]〉
〈/message〉
    〈/field-validator〉
  〈/field〉

  〈field name="integerValidator" 〉
    〈field-validator type="int" 〉
      〈param name="min" 〉10〈/param〉
```

```xml
        <param name="max">20</param>
        <message><![CDATA[ ${min} 이상 ${max} 이하의 정수만 입력 가능합니다. ]]>
</message>
    </field-validator>
  </field>

  <field name="fieldExpressionValidator">
    <field-validator type="fieldexpression">
        <param name="expression">(fieldExpressionValidator == required
Validator)</param>
        <message><![CDATA[ requiredValidator와 같은 값이어야 합니다. ]]>
</message>
    </field-validator>
  </field>

  <field name="emailValidator">
    <field-validator type="email">
        <message><![CDATA[ 이메일 형식이어야 합니다. ]]></message>
    </field-validator>
  </field>

  <field name="urlValidator">
    <field-validator type="url">
        <message><![CDATA[ URL 형식이어야 합니다. ]]></message>
    </field-validator>
  </field>

  <field name="stringLengthValidator">
    <field-validator type="stringlength">
        <param name="minLength">4</param>
        <param name="maxLength">8</param>
        <param name="trim">true</param>
        <message><![CDATA[ 문자열 길이가 4이상 8이하여야 합니다. ]]></message>
    </field-validator>
  </field>

  <field name="regexValidator">
    <field-validator type="regex">
        <param name="expression">.*\.txt</param>
```

```
        〈message〉〈![CDATA[ 파일의 확장자가 txt 형식이어야 합니다. ]]〉〈/message〉
      〈/field-validator〉
    〈/field〉


  〈/validators〉
```

04 다음은 유효성 검사자를 사용한 예제 Form 코드이다. 화면에 텍스트 입력박스를 표시하고, 이곳에 입력되는 데이터 값에 대해서 유효성 검사자를 사용하여 유효성을 검증한다. 각 필드들의 입력과 유효성 검사 결과 오류가 발생하면 오류 메시지를 출력하고, 입력에 오류가 없으면 defaultValidatorOK.jsp로 이동한다.

소스 7-27: /jsp/validation/defaultValidatorForm.jsp

```
〈%@ page contentType="text/html; charset=utf-8" %〉
〈%@ taglib prefix="s" uri="/struts-tags" %〉

〈?xml version="1.0" encoding="UTF-8" ?〉
〈!DOCTYPE html PUBLIC "-//W3C//DTD XHTML 1.0 Transitional//EN"
"http://www.w3.org/TR/xhtml1/DTD/xhtml1-transitional.dtd" 〉
〈html xmlns="http://www.w3.org/1999/xhtml" 〉

〈head〉
  〈title〉스트럿츠2 제공 Validators〈/title〉
  〈meta http-equiv="Content-Type" content="text/html; charset=UTF-8" /〉
〈/head〉

〈body〉

〈h2〉스트럿츠2 제공 Validators〈/h2〉

〈p/〉

〈form action="defaultValidationAction.action" 〉

  Required Validator :
    〈input type="text" name="requiredValidator" value="${requiredValidator}" /〉
    〈font color="red"〉${fieldErrors.requiredValidator}〈/font〉〈br〉
```

Required String Validator :
```
<input type="text" name="requiredStringValidator" value="${required
StringValidator}" />
<font color="red"> ${fieldErrors.requiredStringValidator}</font> <br>
```

Integer Validator :
```
<input type="text" name="integerValidator" value="${integerValidator}" />
<font color="red"> ${fieldErrors.integerValidator}</font> <br>
```

fieldExpression Validator :
```
<input type="text" name="fieldExpressionValidator" value="${fieldExpression
Validator}" />
<font color="red"> ${fieldErrors.fieldExpressionValidator}</font> <br>
```

email Validator :
```
<input type="text" name="emailValidator" value="${emailValidator}" />
<font color="red"> ${fieldErrors.emailValidator}</font> <br>
```

url Validator :
```
<input type="text" name="urlValidator" value="${urlValidator}" />
<font color="red"> ${fieldErrors.urlValidator}</font> <br>
```

stringLength Validator :
```
<input type="text" name="stringLengthValidator" value="${stringLength
Validator}" />
<font color="red"> ${fieldErrors.stringLengthValidator}</font> <br>
```

regex Validator :
```
<input type="text" name="regexValidator" value="${regexValidator}" />
<font color="red"> ${fieldErrors.regexValidator}</font> <br>
```


```
<input type="submit" value="작성완료" />
```

```
</form>
</body>
```

```
</html>
```

05 다음 코드는 유효성 검사를 마친 후 어떤 오류도 발생하지 않았을 경우 출력하는 페이지이다. 입력받은 각 항목들을 확인할 수 있다.

소스 7-28: /jsp/validation/defaultValidatorOK.jsp

```jsp
<%@ page contentType="text/html; charset=utf-8" %>
<%@ taglib prefix="s" uri="/struts-tags" %>

<?xml version="1.0" encoding="UTF-8" ?>
<!DOCTYPE html PUBLIC "-//W3C//DTD XHTML 1.0 Transitional//EN" "http://
www.w3.org/TR/xhtml1/DTD/xhtml1-transitional.dtd">
<html xmlns="http://www.w3.org/1999/xhtml">
<head>
  <title>스트럿츠2 제공 Validators 결과 페이지</title>
  <meta http-equiv="Content-Type" content="text/html; charset=UTF-8" />
</head>

<body>

  <h2>스트럿츠2 제공 Validators 결과 페이지</h2>
  <p/>

  Required Validator: ${requiredValidator} <br>

  Required String Validator: ${requiredStringValidator} <br>

  Integer Validator: ${integerValidator} <br>

  fieldExpression Validator: ${fieldExpressionValidator} <br>

  email Validator: ${emailValidator} <br>

  url Validator: ${urlValidator} <br>

  stringLength Validator: ${stringLengthValidator} <br>

  regex Validator: ${regexValidator} <br>


  <p/>
</body>
</html>
```

06 웹 브라우저를 열고 아래 주소를 입력하여 유효성 검사 폼을 호출한다.

> http://localhost/struts2/defaultValidatorForm.action

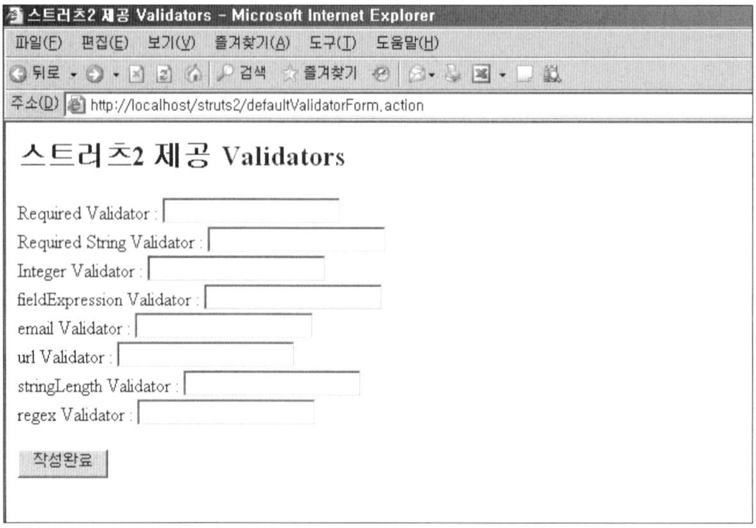

[그림 7-5] defaultValidatorForm.action의 결과 화면

입력 값들에 대한 유효성 검사를 알아보기 위한 입력 폼 화면이다. 각 항목별로 오류를
발생시키기 위해 다음 화면과 같이 값들을 입력하여 오류 메시지의 출력을 유도한다.

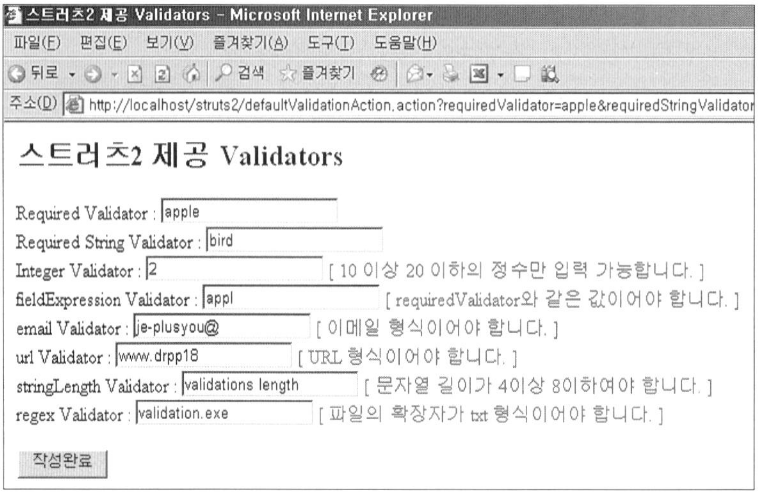

[그림 7-6] 잘못된 값을 입력했을 시의 오류 화면

[그림 7-6]과 같이 잘못 입력된 값이 발견되면 각 항목에 맞는 오류 메시지를 출력한
다. defaultValidationAction-validation.xml에서 작성한 오류 메시지가 적용되어 출

력되는 것을 알 수 있다. 이제 모든 입력을 오류 없이 입력해 보면 다음과 같은 출력 화면을 볼 수 있다.

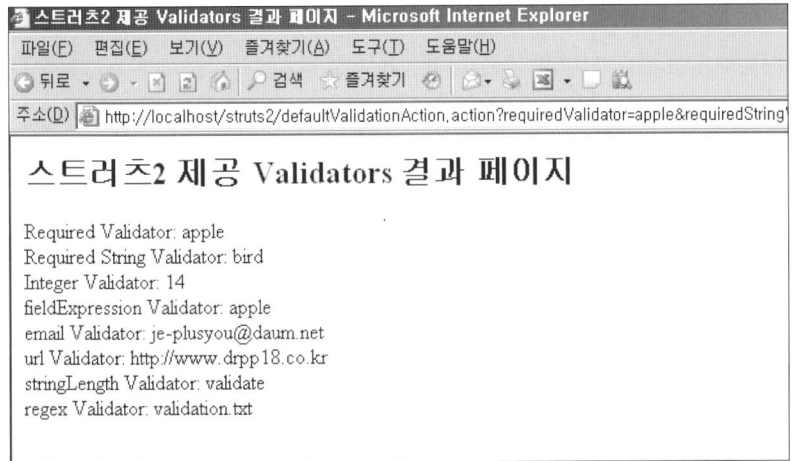

[그림 7-7] 오류 없는 입력 완료 화면

유효성 검사 규칙을 잘 지켜 입력하게 되면 위와 같이 오류 없는 화면이 출력된다. 이전에 입력했던 값들이 모두 제대로 출력되는지 확인한다.

04. 사용자가 정의하는 커스텀 유효성 검사 예제

제공되는 유효성 검사자가 없거나 복잡해서 정의된 것들을 사용하기 어려울 때는 액션에서 validate( ) 메소드에 직접 구현하거나 사용자가 직접 유효성 검사자를 만들 수 있다. validate( ) 메소드에 직접 구현한다면 각 액션 클래스마다 동일한 유효성 검증 코드를 넣어야 하는 문제가 있으므로 유효성 검사자를 직접 만드는 것이 좋은 방법이 될 수 있다. 커스텀 유효성 검사자는 다음과 같이 생성된다.

(1) validator 클래스 구현(/src/validation/customValidator.java)

validator 클래스를 구현하려면 com.opensymphony.xwork2.validator 패키지 내의 validator 인터페이스를 통해 직접 구현할 수 있고, 다른 방법으로는 com.opensymphony. xwork2.validator.validators 패키지 내의 다양한 ValidatorSupport 클래스들을 확장해서 만들 수 있다.

XWork에서 제공하는 Validator 인터페이스는 다음과 같다.

소스 7-29: XWork에서 제공하는 Validator 인터페이스

```
public interface Validator {

    void setDefaultMessage(String message);

    String getDefaultMessage( );

    String getMessage(Object object);

    void setMessageKey(String key);

    String getMessageKey( );

    void setMessageParameters(String[] messageParameters);

    String[] getMessageParameters( );

    void setValidatorContext(ValidatorContext validatorContext);

    ValidatorContext getValidatorContext( );

    void validate(Object object) throws ValidationException;

    void setValidatorType(String type);

    String getValidatorType( );
}
```

이와 같이 많은 메소드들이 있는 구조를 볼 수 있는데 이중에서 우리가 구현해 주어야 할 메소드는 validate( ) 메소드이다. 이 메소드에 유효성 검사의 로직이 들어가며, 나머지 메소드들은 ValidatorSupport 클래스가 구현하고 있다. 그럼 이제부터 ValidatorSupport 클래스를 확장하여 validate( ) 메소드를 만들어보자.

우리는 앞에서 다루었던 requiredstring validator나 int validator와 같은 새로운 유효성 검사자를 만들려고 한다. 이 경우 가장 좋은 방법은 무엇일까?

바로 앞서 언급했던 유효성 검사자들의 구조를 살펴보는 것이다. 이미 정의되어 있는 유효성 검사자들도 같은 원리로 만들어졌기 때문에 이들을 보는 것이 가장 쉽게 이해할 수 있다. 이 중에서 가장 많이 쓰이는 requiredstring validator의 소스를 보자.

소스 7-30: requiredstring validator 예제 코드

```java
public class RequiredStringValidator extends FieldValidatorSupport {

    private boolean doTrim = true;

    public void setTrim(boolean trim) {
        doTrim = trim;
    }

    public boolean getTrim( ) {
        return doTrim;
    }

    public void validate(Object object) throws ValidationException {
        String fieldName = getFieldName( );
        Object value = this.getFieldValue(fieldName, object);

        if (!(value instanceof String)) {
            addFieldError(fieldName, object);
        } else {
            String s = (String) value;

            if (doTrim) {
                s = s.trim( );
            }

            if (s.length( ) == 0) {
                addFieldError(fieldName, object);
            }
        }
    }
}
```

위에서 보는 바와 같이 requiredstring validator는 ValidatorSupport 클래스의 서브 클래스인 FieldValidatorSupport 클래스를 상속하는 것을 알 수 있고, public void validate(Object object)에서 실질적으로 유효성 검사를 체크하는 validation 메소드를 구현하고 있다. 이 내용에 기초하여 우리는 주민등록번호 형식의 입력을 체크하는 customValidator 클래스를 만들어 보자.

소스 7-31: customValidator 예제 코드

```
package validation;

import com.opensymphony.xwork2.validator.ValidationException;
import com.opensymphony.xwork2.validator.validators.FieldValidatorSupport;

public class customValidator extends FieldValidatorSupport {

  public void validate(Object object) throws ValidationException {

    String fieldName = getFieldName( );
    Object value = getFieldValue(fieldName, object);

    if (!(value instanceof String)) {
      addFieldError(fieldName, object);
    }

    else {
      String s = (String) value;

      if (!s.matches("\\d{6}-\\d{7}")) {
        addFieldError(fieldName, object);
      }
    }
  }
}
```

if(!s.matches("\\d{6}-\\d{7}")) 부분은 유효성 검사를 하는 부분으로, 정규식의 내용을 풀이하면 숫자 6자리와 하이픈(-), 그리고 숫자 7자리의 조합을 하나의 형식으로 묶어 이와 일치하지 않는 입력 값은 오류를 출력하도록 하도록 한다. 예를 들어 123456-1234567 과 같이

숫자와 하이픈으로 이루어진 형식은 오류가 발생하지 않지만 123456-ab12345와 같이 문자가 들어갔거나 12345-1234567과 같이 자릿수가 부족한 경우 오류를 출력한다.

(2) validator 클래스 등록(/src/validdaotors.xml)

임의의 validator 클래스를 만들었으므로 이를 자유롭게 사용하기 위해서는 validdaotors.xml 파일에 등록을 해야 한다. 먼저, validdaotors.xml 파일을 생성하고 이를 클래스 패스의 루트에 놓게 되면 앞으로는 유효성 검사를 할 때 원래 기본으로 설정되어 있던 경로를 무시하고 이 파일을 로드하게 된다. 그런데 우리는 validdaotors.xml 파일을 이제 막 생성했기 때문에 빈 파일일 것이다. 이렇게 되면 앞에서 설명했던 기본으로 제공되는 디폴트 validator들을 사용할 수가 없게 된다. 따라서 이를 방지하기 위해 디폴트 validator들의 코드를 복사해 validdaotors.xml 파일에 넣게 되면 다시 초기 설정과 같이 디폴트 validator들을 사용할 수 있고, 임의로 만든 커스텀 validator 역시 이곳에 구현하여 사용이 가능하게 된다.

커스텀 validator를 구현하는 과정을 정리하면 다음과 같다.

| validdaotors.xml 파일 생성 후 클래스 패스의 루트에 위치 |

| Com.opensymphony.xwork2.validator.validators/default.xml의 내용을 validdaotors.xml로 복사 |

| validdaotors.xml 파일에 커스텀 validator 등록 |

01 validdaotors 타입과 customValidator 클래스를 등록한다.

소스 7-32 : /src/validdaotors.xml 예제 코드

```
<?xml version="1.0" encoding="UTF-8" ?>
<!DOCTYPE validators PUBLIC
    "-//OpenSymphony Group//XWork Validator Config 1.0//EN"
    "http://www.opensymphony.com/xwork/xwork-validator-config-1.0.dtd">

<validators>
```

```
⟨!?디폴트 validators 시작 부분. default.xml의 내용을 복사해 온 것.--⟩
⟨validator name="required" class="com.opensymphony.xwork2.validator.
validators.RequiredFieldValidator" /⟩
⟨validator name="requiredstring" class="com.opensymphony.xwork2.validator.
validators.RequiredStringValidator" /⟩
⟨validator name="int" class="com.opensymphony.xwork2.validator.validators.
IntRangeFieldValidator" /⟩
⟨validator name="double" class="com.opensymphony.xwork2.validator.validators.
DoubleRangeFieldValidator" /⟩
⟨validator name="date" class="com.opensymphony.xwork2.validator.validators.
DateRangeFieldValidator" /⟩
⟨validator name="expression" class="com.opensymphony.xwork2.validator.
validators.ExpressionValidator" /⟩
⟨validator name="fieldexpression" class="com.opensymphony.xwork2.validator.
validators.FieldExpressionValidator" /⟩
⟨validator name="email" class="com.opensymphony.xwork2.validator.validators.
EmailValidator" /⟩
⟨validator name="url" class="com.opensymphony.xwork2.validator.validators.
URLValidator" /⟩
⟨validator name="visitor" class="com.opensymphony.xwork2.validator.validators.
VisitorFieldValidator" /⟩
⟨validator name="conversion" class="com.opensymphony.xwork2.validator.
validators.ConversionErrorFieldValidator" /⟩
⟨validator name="stringlength" class="com.opensymphony.xwork2.validator.
validators.StringLengthFieldValidator" /⟩
⟨validator name="regex" class="com.opensymphony.xwork2.validator.validators.
RegexFieldValidator" /⟩
⟨!-- 디폴트 validators 끝 부분 --⟩

⟨!-- 커스텀 Validators 등록. 주민등록 체크코드--⟩
⟨validator name="jumincode" class="validation.customValidator" /⟩

⟨/validators⟩
```

"validator name"에는 적용할 유효성 검사자 타입을, class에는 위에서 작성했던 커스텀 유효성 검사자 클래스의 위치를 적는다.

02 커스텀 유효성 검사자의 입력 필드를 위한 변수를 정의한다. 이전 예제에서 다뤘던 defaultValidationAction.java에 다음의 내용을 추가한다. 이 예제에서는 주민번호 필드로 사용할 "customValidator" 변수를 선언하고, getter, setter 메소드를 정의한다.

소스 7-33: /src/validation/defaultValidationAction.java

```java
private String customValidator;

public String getCustomValidator( ) {
   return customValidator;
}

public void setCustomValidator(String customValidator) {
   this.customValidator = customValidator;
}
```

03 defaultValidationAction-validation.xml 파일에 jumincode 타입을 추가한다 이전 예제에서 다뤘던 defaultValidationAction-validation.xml에 다음의 내용을 추가한다.

소스 7-34: /src/validation/defaultValidationAction-validation.xml 예제 코드

```xml
⟨field name="customValidator"⟩
   ⟨field-validator type="jumincode"⟩
      ⟨message⟩ ⟨![CDATA[ 주민번호는 "6자리 숫자-7자리 숫자"로 입력되어야 합니
다. ]]⟩ ⟨/message⟩
   ⟨/field-validator⟩
⟨/field⟩
```

field-validator type을 validdaotors.xml에서 정의했던 jumincode로 입력하고 메시지를 적는다.

04 커스텀 유효성 검사자 출력 페이지를 구현한다. 이전 예제에서 다뤘던 defaultValidator
Form.jsp에 다음 소스 7-35의 굵은 글씨 내용을 추가한다.

소스 7-35 : /jsp/validation/defaultValidatorForm.jsp

```
regex Validator :
        〈input type="text" name="regexValidator" value="${regexValidator}" /〉
        〈font color="red"〉${fieldErrors.regexValidator}〈/font〉 〈br〉

custom Validator :
        〈input type="text" name="customValidator" value="${customValidator}" /〉
        〈font color="red"〉${fieldErrors.customValidator}〈/font〉 〈br〉


        〈br〉
        〈input type="submit" value="작성완료" /〉
```

05 커스텀 유효성 검사자에 오류 발생시 [그림 7-8]과 같은 메시지를 출력한다.

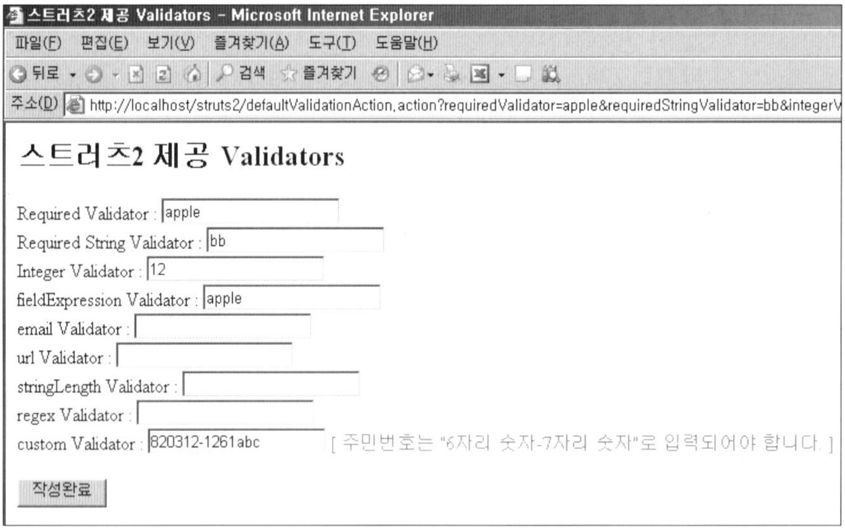

[그림 7-8] 커스텀 유효성 검사자의 오류 발생 화면

05. 어노테이션 기능을 이용한 유효성 검사 예제

어노테이션(Annotation)은 영문 그대로 해석하면 '주석' 이다. 어노테이션 기능을 이용한 유효성 검사란 '주석' 으로 소스 파일에 설정을 기술하는 것으로, xml 설정 파일을 사용하지 않기 때문에 xml의 의존도를 줄일 수 있다. 이를 사용하기 위해서는 유효성 검사 어노테이션을 액션 클래스나 인터페이스 파일에 명시해야 한다.

유효성 검사 어노테이션의 기본 파라미터는 [표 7-13]과 같다.

[표 7-13] 어노테이션의 기본 파라미터

파라미터	필수	기본 값	설 명
message	yes		필드 오류시 출력할 메시지
key	no		언어 명시 속성 파일의 i18n 키
fieldName	no		해당 필드의 이름을 지정한다
shortCircuit	no	false	유효성 검사 중 오류 발생시 실패를 리턴하고 더 이상 진행하지 않는다.
type	yes	ValidatorType.FIELD	validatorType의 Enum 값을 Filed나 Simple로 사용한다.

(1) 유효성 검사 어노테이션의 종류

■ @ConversionErrorFieldValidator

형 변환시 에러가 발생하면 액션에 필드 에러 메시지를 추가하고 메소드 레벨로 지정한다. 사용 예는 다음과 같다.

```
@ConversionErrorFieldValidator(message = "Default message", key = "i18n.key",
shortCircuit = true)
```

■ @DateRangeFieldValidator

Date형 필드가 지정된 범위 내의 값을 가지는지 검사한다. 파라미터는 다음 표와 같다.

[표 7-14] @DateRangeFieldValidator의 파라미터

파라미터	필수	기본 값	설 명
min	no		Date property. 지정할 범위의 최소값으로 이 값이 없으면 최소값에 대한 검사를 수행하지 않는다.
max	no		Date property. 지정할 범위의 최대값으로 이 값이 없으면 최대값에 대한 검사를 수행하지 않는다.

사용 예는 다음과 같다.

@DateRangeFieldValidator(message = "Default message", key = "i18n.key", shortCircuit = true, min = "2005/01/01", max = "2005/12/31")

■ @DoubleRangeFieldValidator

Double형 필드가 지정된 범위 내의 값을 가지는지 검사한다. 파라미터는 다음 표와 같다.

[표 7-15] @DoubleRangeFieldValidator의 파라미터

파라미터	필수	기본 값	설 명
minInclusive	no		Double property. 지정할 범위의 최소값으로 이 값이 있으면 최소값을 포함한다.
maxInclusive	no		Double property. 지정할 범위의 최대값으로 이 값이 있으면 최대값을 포함한다.
minExclusive	no		Double property. 지정할 범위의 최소값으로 이 값이 있으면 최소값을 제외한다.
maxExclusive	no		Double property. 지정할 범위의 최대값으로 이 값이 있으면 최대값을 제외한다.

사용 예는 다음과 같다.

@DoubleRangeFieldValidator(message = "Default message", key = "i18n.key", shortCircuit = true, minInclusive = "0.123", maxInclusive = "99.987")

■ @EmailValidator

이메일 주소의 형식을 검사하는 것으로 다음 예와 같이 사용한다.

@EmailValidator(message = "Default message", key = "i18n.key", shortCircuit = true)

■ @ExpressionValidator

주어진 필드를 정규 표현식으로 검사하는 것으로, 파라미터는 다음 표와 같다.

[표 7-16] @ExpressionValidator의 파라미터

파라미터	필수	기본 값	설 명
expression	yes		Boolean 값을 리턴하는 OGNL 표현식이다.

사용 예는 다음과 같다.

@ExpressionValidator(message = "Default message", key = "i18n.key", shortCircuit = true, expression = "an OGNL expression")

■ @FieldExpressionValidator

해당 필드를 OGNL 표현식을 사용해서 검사하는 것으로, 파라미터는 다음 표와 같다.

[표 7-17] @FieldExpressionValidator의 파라미터

파라미터	필수	기본 값	설 명
expression	yes		필수 입력 사항이고 Boolean 값을 리턴하는 ognl 표현식이다.

사용 예는 다음과 같다.

@FieldExpressionValidator(message = "Default message", key = "i18n.key", shortCircuit = true, expression = "an OGNL expression")

■ @IntRangeFieldValidator

Date형 필드가 지정된 범위 내의 값을 가지는지 검사한다. 파라미터는 다음 표와 같다.

[표 7-18] @IntRangeFieldValidator의 파라미터

파라미터	필수	기본 값	설 명
min	no		Integer property. 지정할 범위의 최소값으로 이 값이 없으면 최소값에 대한 검사를 수행하지 않는다.
max	no		Integer property. 지정할 범위의 최대값으로 이 값이 없으면 최대값에 대한 검사를 수행하지 않는다.

사용 예는 다음과 같다.

> @IntRangeFieldValidator(message = "Default message", key = "i18n.key", shortCircuit = true, min = "0", max = "42")

■ @RegexFieldValidator

정규 표현식을 사용해서 문자열 필드를 검사한다. 사용 예는 다음과 같다.

> @RegexFieldValidator(key = "regex.field", expression = "yourregexp")

■ @RequiredFieldValidator

해당 필드가 Null 값인지 검사하며, 다음 예와 같이 사용한다.

> @RequiredFieldValidator(message = "Default message", key = "i18n.key", shortCircuit = true)

■ @RequiredStringValidator

Null 값이거나 빈 문자열("")이 아닌지 검사한다. 파라미터는 다음 표와 같다.

[표 7-19] @RequiredStringValidator의 파라미터

파라미터	필수	기본 값	설 명
trim	no	true	Boolean property. 문자열 양쪽의 공백을 제거한다.

사용 예는 다음과 같다.

> @RequiredStringValidator(message = "Default message", key = "i18n.key", shortCircuit = true, trim = true)

■ @StringLengthFieldValidator

문자열 길이를 검사하는 것으로, 파라미터는 다음 표와 같다.

[표 7-20] @StringLengthFieldValidator의 파라미터

파라미터	필수	기본 값	설 명
trim	no	true	Boolean property. 문자열 양쪽의 공백을 제거한다.

minLength	no		Integer property. 지정할 범위의 최소값으로 이 값이 없으면 최소값에 대한 검사를 수행하지 않는다.
maxLength	no		Integer property. 지정할 범위의 최대값으로 이 값이 없으면 최대값에 대한 검사를 수행하지 않는다.

사용 예는 다음과 같다.

@StringLengthFieldValidator(message = "Default message", key = "i18n.key", shortCircuit = true, trim = true, minLength = "5", maxLength = "12")

■ @StringRegexValidator

주어진 문자열이 빈 문자열이 아닐 때 주어진 정규식과 매칭되는지 검사한다. 파라미터는 다음 표와 같다.

[표 7-21] @StringRegexValidator의 파라미터

파라미터	필수	기본 값	설 명
regex	yes		정규 표현식으로 String을 리턴한다.
caseSensitive	no	true	대소문자 구분 여부를 결정해 Boolean 값을 리턴한다

사용 예는 다음과 같다.

@ StringRegexValidatorValidator(message = "Default message", key = "i18n.key", shortCircuit = true, regex="a regular expression", caseSensitive= true)

■ @UrlValidator

해당 필드가 유효한 URL인지 아닌지를 검사한다. 사용 예는 다음과 같다.

@UrlValidator(message = "Default message", key = "i18n.key", shortCircuit = true)

■ @Validation

어노테이션을 이용한 유효성 검사를 하기 위해서는 액션 클래스나 인터페이스를 유효성 검사자 어노테이션으로 지정해야 하며, 타입 레벨이어야 한다.

유효성 검사자 어노테이션 예제

```
@Validation( )
public interface AnnotationDataAware {
    .........
}
```

@Validations

같은 타입이면서 여러 개의 어노테이션을 사용하고자 할 때 @Validations을 사용한다. 각
타입별 파라미터는 다음 표와 같다.

[표 7-22] @Validation의 파라미터

파라미터	필수	설 명
requiredFields	no	RequiredFieldValidators 리스트를 추가한다.
customValidators	no	CustomValidators 리스트를 추가한다.
conversionErrorFields	no	ConversionErrorFieldValidators 리스트를 추가한다.
dateRangeFields	no	DateRangeFieldValidators 리스트를 추가한다.
emails	no	EmailValidators 리스트를 추가한다.
fieldExpressions	no	FieldExpressionValidators 리스트를 추가한다.
intRangeFields	no	IntRangeFieldValidators 리스트를 추가한다.
requiredStrings	no	RequiredStringValidators 리스트를 추가한다.
stringLengthFields	no	StringLengthFieldValidators 리스트를 추가한다.
urls	no	UrlValidators 리스트를 추가한다.
visitorFields	no	VisitorFieldValidators 리스트를 추가한다.
regexFields	no	RegexFieldValidator 리스트를 추가한다.
expressions	no	ExpressionValidator 리스트를 추가한다.

유효성 검사자 파라미터 예제

```
@Validations(
    requiredFields =
        {@RequiredFieldValidator(type = ValidatorType.SIMPLE, fieldName = "customfield",
message = "You must enter a value for field.")},
    requiredStrings =
        {@RequiredStringValidator(type = ValidatorType.SIMPLE, fieldName = "stringisrequired",
message = "You must enter a value for string.")},
```

```
emails =
    { @EmailValidator(type = ValidatorType.SIMPLE, fieldName = "emailaddress", message
= "You must enter a value for email.")},
urls =
    { @UrlValidator(type = ValidatorType.SIMPLE, fieldName = "hreflocation", message =
"You must enter a value for email.")},
)
```

■ @VisitorFieldValidator

액션의 object Property가 유효성 검사 파일을 가질 경우 스스로 유효성 검사를 한다. ModelDriven 개발시에 모델을 위한 유효성 검사에 적합하다. 파라미터는 다음 표와 같다.

[표 7-23] @VisitorFieldValidator의 파라미터

파라미터	필수	기본 값	설 명
context	no	action alias	Object Property의 유효성 검사를 위한 context를 결정한다. 정의하지 않으면 액션 유효성 검사가 Object Property의 유효성 검사로 위임한다.
appendPrefix	no	true	유효성 검사 도중 오류가 발생했을 때 필드명 앞에 object 이름을 붙일 것인지 결정한다.

사용 예는 다음과 같다.

```
@VisitorFieldValidator(message = "Default message", key = "i18n.key", shortCircuit = true,
context = "action alias", appendPrefix = true)
```

■ @CustomValidator

기본 제공되는 유효성 검사 어노테이션 외에 추가적인 어노테이션을 정의한다. 사용 예는 다음과 같다.

```
@CustomValidator(type = "customValidatorName", fieldName = "myField")
```

(2) 유효성 검사 어노테이션의 구현

지금까지 어노테이션의 종류와 파라미터 등에 대해 자세히 알아보았다. 위 내용을 잘 기억하여 어노테이션을 이용한 유효성 검사 예제의 구현 방법에 대해 알아보도록 하자.

어노테이션을 이용한 유효성 검사를 구현하는 데는 인터페이스에 유효성 검사와 액션 클래스 유효성 검사의 두 가지 방법이 있다.

① 인터페이스에 유효성 검사 어노테이션 구현

인터페이스에 유효성 검사 어노테이션을 설정하기 위해서는 먼저, @Validation( )을 인터페이스에 명시한 후 메소드 레벨에서 기본 또는 사용자 어노테이션을 적용한다.

소스 7-38: AnnotationDataAware 예제 코드

```
public interface AnnotationDataAware {

    void setBarObj(Bar b);

    Bar getBarObj( );

    @RequiredFieldValidator(message = "데이터를 입력해야 합니다.")
    @RequiredStringValidator(message = " 데이터를 입력해야 합니다.")
    void setData(String data);

    String getData( );
}
```

② 액션 클래스에 유효성 검사 어노테이션 구현

어노테이션 구현의 두 번째 방법은 액션 클래스에 직접 명시하는 것이다. 이렇게 하면 앞서 했었던 유효성 검사자 XML 파일을 사용하지 않아도 유효성을 검사할 수 있다.

회원 가입 예제를 만들어 보면서 자세히 알아보자.

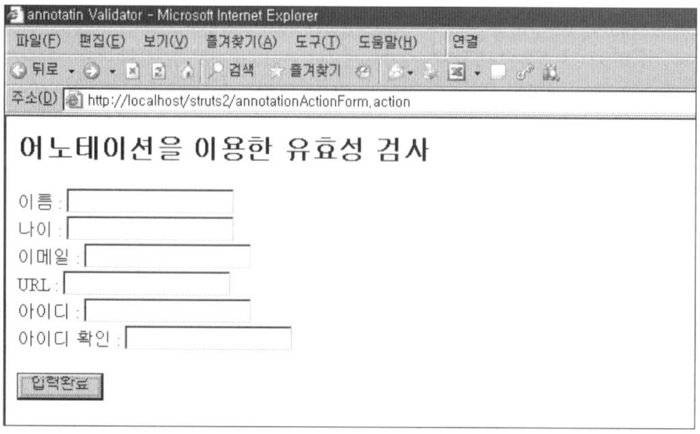

[그림 7-9] 어노테이션을 이용한 유효성 검사 결과 화면

예제 작성 순서는 다음과 같다.

① struts.xml 파일에 액션 등록
② 액션 클래스 작성 후 어노테이션 적용
③ 오류 출력 jsp 파일 만들기
④ 입력 완료 jsp 파일 만들기

01 /src/struts.xml 파일에 액션을 등록한다. 입력 오류와 입력 성공 리절트에 따른 페이지를 클래스와 매핑시킨다.

소스 7-39: struts.xml 예제 코드

```
〈!DOCTYPE struts PUBLIC
  "-//Apache Software Foundation//DTD Struts Configuration 2.0//EN"
  "http://struts.apache.org/dtds/struts-2.0.dtd"〉

〈struts〉
    〈package name="validation" extends="struts-default"〉
      〈action name="annotationActionForm"〉
        〈result〉/jsp/annotationValidator.jsp〈/result〉
      〈/action〉

      〈action name="annotationAction" class="validation.annotationAction"〉
        〈result name="input"〉/jsp/annotationValidator.jsp〈/result〉
        〈result name="success"〉/jsp/annotationValidatorOK.jsp〈/result〉
      〈/action〉
    〈/package〉
〈/struts〉
```

02 어노테이션을 이용한 유효성 검사 부분을 액션 클래스에 바로 명시한다.

소스 7-40: annotationAction.java 예제 코드

```
package validation;

import com.opensymphony.xwork2.ActionSupport;
import com.opensymphony.xwork2.validator.annotations.*;
```

```java
@Validation( )
public class annotationAction extends ActionSupport {

    private String name;
    private int age;
    private String email;
    private String url;
    private String id;
    private String confirm;

    @Validations(
        requiredStrings = {

            @RequiredStringValidator (
                type = ValidatorType.SIMPLE,
                fieldName = "name",
                message = "이름은 반드시 입력해야 합니다.(어노테이션을 이용한 Required
StringValidator 기능 구현)"
            )
        },

        intRangeFields = {
            @IntRangeFieldValidator (
                type = ValidatorType.SIMPLE,
                fieldName = "age",
                min = "10",
                max = "20",
                message = "나이는 ${min}에서 ${max}사이이어야 합니다. (어노테이션을
이용한 IntRangeFieldValidator 기능 구현)"
            )
        },

        emails = {
            @EmailValidator (
                type = ValidatorType.SIMPLE,
                fieldName = "email",
                message = "이메일 형식이 아닙니다. (어노테이션을 이용한 EmailValidator
기능 구현)"
            )
```

```
        },

        urls = {
            @UrlValidator (
                type = ValidatorType.SIMPLE,
                fieldName = "url",
                message = "URL 형식이 아닙니다. (어노테이션을 이용한 UrlValidator 기능
구현)"
            )
        },

        stringLengthFields = {
            @StringLengthFieldValidator (
                type = ValidatorType.SIMPLE,
                fieldName = "id",
                minLength = "4",
                maxLength = "8",
                message = "ID는 ${minLength}자 이상 ${maxLength}자 이하로 입력해야 합
니다. (어노테이션을 이용한 StringLengthFieldValidator 기능 구현)"
            )
        },

        fieldExpressions = {
            @FieldExpressionValidator (
                fieldName = "confirm",
                expression = "id == confirm",
                message = "ID와 같은 값을 입력해야 합니다. (어노테이션을 이용한
FieldExpressionValidator 기능 구현)"
            )
        }
    )

    public String execute( ) throws Exception {
        return SUCCESS;
    }

    public void setName(String name) {
        this.name = name;
    }
```

```java
public String getName( ) {
    return this.name;
}

public int getAge( ) {
    return age;
}

public void setAge(int age) {
    this.age = age;
}

public String getEmail( ) {
    return email;
}

public void setEmail(String email) {
    this.email = email;
}

public String getUrl( ) {
    return url;
}

public void setUrl(String url) {
    this.url = url;
}

public String getId( ) {
    return id;
}

public void setId(String id) {
    this.id = id;
}

public String getConfirm( ) {
    return confirm;
```

```
    }

    public void setConfirm(String confirm) {
        this.confirm = confirm;
    }
}
```

우리가 작성한 코드는 어노테이션을 이용한 유효성 검사 부분을 액션 클래스에 바로 명시한 것이다. 이 예제에서 다룬 어노테이션을 살펴보면 다음과 같다.

• @RequiredStringValidator : Null 값이 아니고 빈 문자열(" ")이 아닌지 검사한다.

• @IntRangeFieldValidator : 입력 값이 정수이고 지정하는 범위에 있는지 검사한다.

• @EmailValidator : 유효한 이메일 주소인지 검사한다.

• @UrlValidator : 유효한 URL인지 검사한다.

• @StringLengthFieldValidator : 문자열 길이를 검사한다.

• @FieldExpressionValidator : OGNL 표현식을 사용해서 필드를 검사한다.

XML을 이용한 유효성 검사와 기능과 파라미터들이 같지만 액션에서 직접 작성하고 XML을 거치지 않는다는 차이점이 있다.

03 액션 클래스에 정의했던 유효성 검사와 오류 메시지가 출력되는 JSP 페이지를 만든다.

소스 7-41 : /jsp/validation/annotationValidator.jsp

```jsp
<%@ page contentType="text/html; charset=utf-8" %>
<%@ taglib prefix="s" uri="/struts-tags" %>

<?xml version="1.0" encoding="UTF-8" ?>
<!DOCTYPE html PUBLIC "-//W3C//DTD XHTML 1.0 Transitional//EN"
"http://www.w3.org/TR/xhtml1/DTD/xhtml1-transitional.dtd">
<html xmlns="http://www.w3.org/1999/xhtml">
<head>
    <title>annotatin Validator</title>
    <meta http-equiv="Content-Type" content="text/html; charset=UTF-8" />
</head>

<body>
```

```
〈h2〉어노테이션을 이용한 유효성 검사〈/h2〉

〈p/〉

〈form action="annotationAction.action"〉

    이름 : 〈input type="text" name="name" value="${name}" /〉
            〈font color="red"〉${fieldErrors.name}〈/font〉〈br〉

    나이 : 〈input type="text" name="age" value="${age}" /〉
            〈font color="red"〉${fieldErrors.age}〈/font〉〈br〉

    이메일 : 〈input type="text" name="email" value="${email}" /〉
            〈font color="red"〉${fieldErrors.email}〈/font〉〈br〉

    URL : 〈input type="text" name="url" value="${url}" /〉
            〈font color="red"〉${fieldErrors.url}〈/font〉〈br〉

    아이디 : 〈input type="text" name="id" value="${id}" /〉
            〈font color="red"〉${fieldErrors.id}〈/font〉〈br〉

    아이디 확인 : 〈input type="text" name="confirm" value="${confirm}" /〉
            〈font color="red"〉${fieldErrors.confirm}〈/font〉〈br〉

    〈br〉
    〈input type="submit" value="입력완료" /〉

〈/form〉
〈/body〉

〈/html〉
```

04 오류 없이 입력을 마치고 완료 버튼을 누르면 완료 페이지로 이동하는 코드를 작성한다.

소스 7-42 : /jsp/validation/annotationValidatorOK.jsp

```
〈%@ page contentType="text/html; charset=utf-8" %〉
〈%@ taglib prefix="s" uri="/struts-tags" %〉
```

```
<?xml version="1.0" encoding="UTF-8" ?>
<!DOCTYPE html PUBLIC "-//W3C//DTD XHTML 1.0 Transitional//EN"
"http://www.w3.org/TR/xhtml1/DTD/xhtml1-transitional.dtd">
<html xmlns="http://www.w3.org/1999/xhtml">
<head>
    <title>annotatin Validator</title>
    <meta http-equiv="Content-Type" content="text/html; charset=UTF-8" />
</head>

<body>

<h2>어노테이션을 이용한 유효성 검사</h2>

<p/>
    이름: ${name} <br>
    나이: ${age} <br>
    이메일: ${email} <br>
    URL: ${url} <br>
    아이디: ${id} <br>

</form>
</body>
</html>
```

05 실행 결과를 확인한다. 다음의 주소를 입력해 유효성 검사 폼을 호출한다.

http://localhost/struts2/annotationActionForm.action

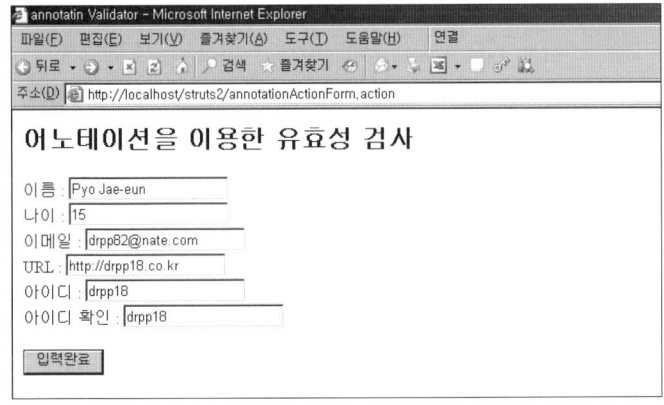

[그림 7-10] annotationActionForm.action의 결과 화면

입력 값들에 대한 유효성 검사를 알아보기 위한 입력 폼 화면이다. 어노테이션을 이용한 유효성 검사가 제대로 실행되는지 알아보기 위해 다음과 같이 값들을 입력하여 오류 메시지의 출력을 유도한다.

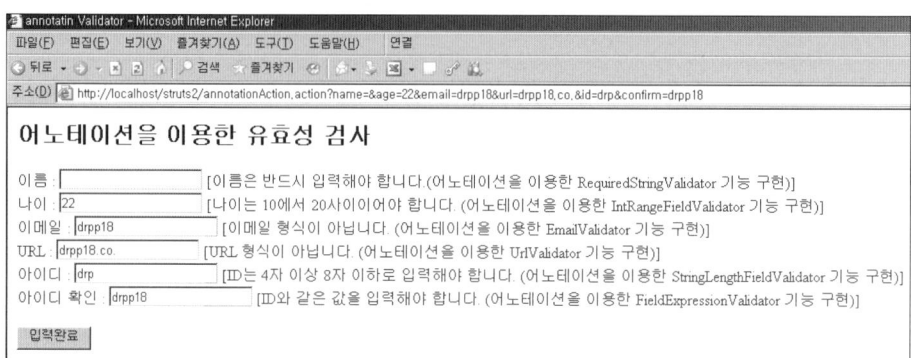

[그림 7-11] 잘못된 값을 입력했을시의 오류 화면

위와 같이 어노테이션을 이용한 유효성 검사 결과, 잘못 입력된 값이 발견되면 오류 메시지가 출력된다. Validation.xml을 이용한 오류 검사와 같은 결과가 출력됨을 알 수 있다. 이제 모든 입력을 오류 없이 입력해 보면 다음과 같은 출력 결과를 볼 수 있다.

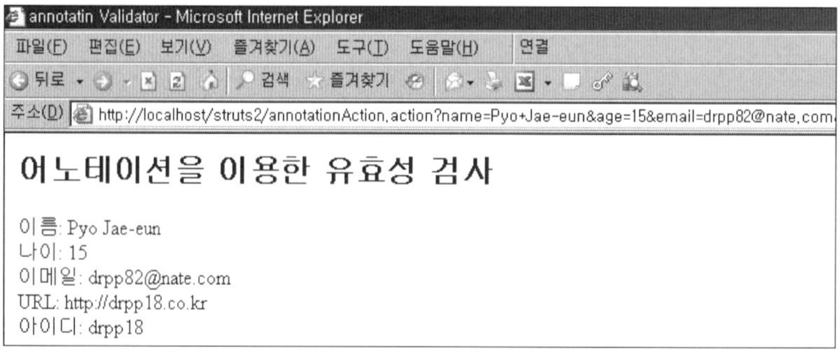

[그림 7-12] 오류 없는 입력 완료 화면

유효성 검사 규칙을 잘 지켜 입력하게 되면 위와 같이 오류 없는 화면이 출력된다. 이전에 입력했던 값들이 모두 제대로 출력되는지 확인한다.

이것으로 스트럿츠2의 유효성 검사에 대해 살펴보았다. 스트럿츠2가 제공하는 유효성 검사는 매우 간결하고 사용하기 편리하다. 기존의 개발 방식에서는 개발자가 직접 모든 오류를 제어해야 했으나 스트럿츠2에서는 이를 간단한 설정만으로 제어가 가능하기 때문에 이런 유효성 검사 프레임워크를 사용하는 것이 좋은 선택이 될 수 있다. 하지만 프로젝트의 규모가 커짐에 따라 이로 인해 발생하는 많은 설정 파일과 다수의 클래스를 관리하는 것 역시 쉬운 일이 아니므로 설계에 많은 노력을 기울여야 할 것이다.

Part
02

스트럿츠2의 실전 응용

08 파일 업로드/다운로드

Chapter

| Point

스트럿츠2 프레임워크는 오늘날 대다수의 웹 사이트가 필수적으로 지원하는 파일 업로드/다운로드 기능을 지원하기 위해 다양한 기능을 지원한다. 그 중에서도 인터셉터 기능은 파일 업로드/다운로드 구현을 구조적으로 명쾌하게 처리할 수 있도록 한다. 이 장에서는 인터셉터를 이용한 파일 업로드/다운로드 기법에 대해 알아본다.

01. 파일 업로드의 특징

예전의 게시판들은 단순히 글만 읽거나 쓰는 기능을 중시했었다. 하지만 최근 멀티미디어 기능이 중요해지면서 각종 문서와 사진, 동영상 등을 올리고 이를 같이 즐기는 추세가 되었다. 어느덧 웹 어플리케이션의 필수 기능으로 자리잡은 파일 업로드와 다운로드에 대해서 스트럿츠2는 어떻게 구현을 하는지 하나씩 살펴보자.

스트럿츠2 파일 업로드의 가장 큰 특징은 바로 파일 업로드 인터셉터이다. 파일 업로드 인터셉터는 파일 업로딩을 쉽게 할 수 있게 지원하고 폼의 엔코딩 타입이 "multipart/form-data"일 경우, 〈s:file/〉 태그로 업로드한 파일이 있는 요청에서 파일 정보를 뽑아내는 역할을 수행한다. 이 인터셉터로부터 자동으로 가져올 수 있는 정보는 다음과 같다.

- 파일 : 실제 파일
- 콘텐츠 타입(postFix : ContentType) : 파일의 콘텐츠 타입
- 파일명(postFix : FileName) : 업로드된 파일의 실제 이름

파일 업로드 인터셉터를 이용해 파일을 업로드하는 과정을 살펴보면 먼저, POST 방식으로 파일을 submit 했을 때 요청으로부터 MultiPartWrapper 클래스 객체를 생성한다. 그리

고 MultiPartWrapper 클래스로부터 위에서 언급한 세가지 정보를 인터셉터로부터 가져와 액션 컨텍스트의 파라미터 객체에 저장하게 된다.

외형적으로 보이는 프로세스는 위의 설명과 같이 매우 코드가 간결해지고 사용하기 편리하다. 이는 스트럿츠1에는 없는 fileUploadInterceptor 클래스때문이라고 할 수 있다. 그러면 실제적으로 fileUploadInterceptor 클래스는 어떤 기능을 하는지 자세히 알아보자.

02. fileUploadInterceptor 클래스

파일 업로드 인터셉터의 기능을 이해하려면 해당 클래스의 구조를 보고 어떻게 동작하는지 살펴보는 게 가장 좋은 방법일 것이다. org.apache.struts2.interceptor.FileUpload Interceptor 클래스의 주요 메소드인 interceptor( ) 메소드의 코드를 보면 다음과 같다.

소스 8-1 : FileUploadInterceptor 클래스의 interceptor( ) 메소드

```
public String intercept(ActionInvocation invocation) throws Exception {

    ActionContext ac = invocation.getInvocationContext( );
    HttpServletRequest request = (HttpServletRequest) ac.get(ServletActionContext.HTTP_REQUEST);

    if (!(request instanceof MultiPartRequestWrapper)) {
        if (log.isDebugEnabled( )) {
            ActionProxy proxy = invocation.getProxy( );
    log.debug(getTextMessage("webwork.messages.bypass.request", new Object[]{proxy.
    getNamespace( ), proxy.getActionName( )}, ActionContext.getContext( ).getLocale( )));
        }

            return invocation.invoke( );
    }

    final Object action = invocation.getAction( );
    ValidationAware validation = null;

    if (action instanceof ValidationAware) {
        validation = (ValidationAware) action;
    }

    //멀티 래퍼 클래스의 객체 생성
    MultiPartRequestWrapper multiWrapper = (MultiPartRequestWrapper) request;
```

```
if (multiWrapper.hasErrors( )) {
    for (Iterator errorIter = multiWrapper.getErrors( ).iterator( ); errorIter.hasNext( );) {
        String error = (String) errorIter.next( );

        if (validation != null) {
            validation.addActionError(error);
        }

        log.error(error);
    }
}

Map parameters = ac.getParameters( );

// 허용된 파일을 바인드한다.
Enumeration fileParameterNames = multiWrapper.getFileParameterNames( );

while (fileParameterNames != null && fileParameterNames.hasMoreElements( )) {

    // input 태그의 value 값을 가져온다.
    String inputName = (String) fileParameterNames.nextElement( );

    // 콘텐츠 타입을 가져온다.
    String[] contentType = multiWrapper.getContentTypes(inputName);

    if (isNonEmpty(contentType)) {

    // input 태그로부터 파일의 이름을 가져온다.
        String[] fileName = multiWrapper.getFileNames(inputName);

        if (isNonEmpty(fileName)) {

            // input name으로부터 업로드된 파일의 객체를 가져온다.
            File[] files = multiWrapper.getFiles(inputName);
            if (files != null) {
                for (int index = 0; index < files.length; index++) {
                    if (log.isInfoEnabled( )) {
log.info(getTextMessage("webwork.messages.current.file", new Object[]{inputName,
contentType[index], fileName[index], files[index]}, ActionContext.getContext( ).getLocale(
)));
                    }

                    if (acceptFile(files[index], contentType[index], inputName, validation,
ac.getLocale( ))) {
                        // 인터셉터에서 자동으로 파일 정보를 뽑아낸다. inputName이 같아야 한다
는 것을 알 수 있다.
```

```
                    parameters.put(inputName, files);
                    parameters.put(inputName + "ContentType", contentType);
                    parameters.put(inputName + "FileName", fileName);
                }
            }
        }
    } else {
log.error(getTextMessage("webwork.messages.invalid.file", new Object[]{inputName},
ActionContext.getContext( ).getLocale( )));
    }
    } else {
log.error(getTextMessage("webwork.messages.invalid.content.type", new Object[]{input
Name}, ActionContext.getContext( ).getLocale( )));
    }
}

  // invoke action
  String result = invocation.invoke( );

  // cleanup
  fileParameterNames = multiWrapper.getFileParameterNames( );
  while (fileParameterNames != null && fileParameterNames.hasMoreElements( )) {
    String inputValue = (String) fileParameterNames.nextElement( );
    File[] file = multiWrapper.getFiles(inputValue);
    for (int index = 0; index < file.length; index++) {
    File currentFile = file[index];
        log.info(getTextMessage("webwork.messages.removing.file", new Object[]
{inputValue, currentFile}, ActionContext.getContext( ).getLocale( )));

        if ((currentFile != null) && currentFile.isFile( )) {
            currentFile.delete( );
        }
    }
  }
}

  return result;
}
```

코드는 다소 길지만 굵게 표시된 곳을 유심히 살펴보면, 요청한 파일로부터 파일 객체와 콘텐츠 타입, 파일 이름 등의 3가지 속성을 자동으로 가져오는 것을 알 수 있다.

이와 같이 스트럿츠2에서는 파일 업로드 인터셉터에서 자동으로 처리해 주기 때문에 실제 코드에서 우리가 할 일은 각 속성들을 저장할 변수를 정의해 주기만 하면 되는 것이다.

03. 파일 업로드 프로그램 작성

(1) 파일 관련 라이브러리 설치

실제 파일 업로드 프로그램을 작성하기에 앞서, 선행되어야 할 작업이 있다. 바로 해당 라이브러리를 설치하는 것이다. 스트럿츠2의 파일 업로드 기능을 사용하기 위해서는 두 가지 라이브러리가 필요하다. 스트럿츠2의 기본 배포 파일에는 이 라이브러리들이 없기 때문에 직접 아파치 웹 사이트에 접속해서 다운을 받아야 한다.

1 commons-io-1.4.jar

자바에서 사용하는 기본 입출력 라이브러리 파일로 다음의 주소에서 다운로드가 가능하다. 최신 버전인 1.4.zip을 클릭해 다운받도록 한다.

- commons-io-1.4.jar의 다운로드 주소

  http://commons.apache.org/downloads/download_io.cgi

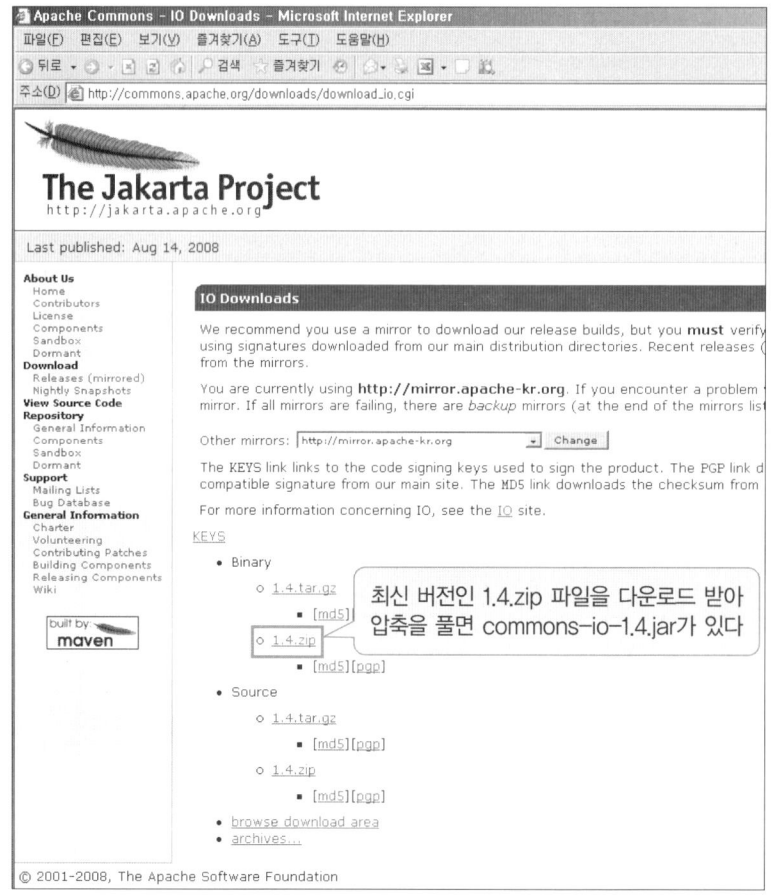

[그림 8-1] commons-io-1.4.jar 다운로드 페이지

2 commons-fileupload-1.2.1.jar

파일 업로드를 위한 컴포넌트로, 다음의 주소에서 다운로드가 가능하다. 최신 버전인 1.2.1.zip 파일을 다운로드한다. 위의 두 파일을 모두 다운 받았다면 이를 자신의 웹 서버의 /WEB-INF/lib 에 복사하고 자바 빌드 패스에 등록한다.

작업이 모두 완료되었다면 이제 파일 입출력 컴포넌트를 사용할 수 있게 되었으므로 이를 이용하여 실제 파일 업로드, 다운로드 프로그램을 만들어 보자.

• commons-fileupload-1.2.1.jar의 다운로드 주소

http://commons.apache.org/downloads/download_fileupload.cgi

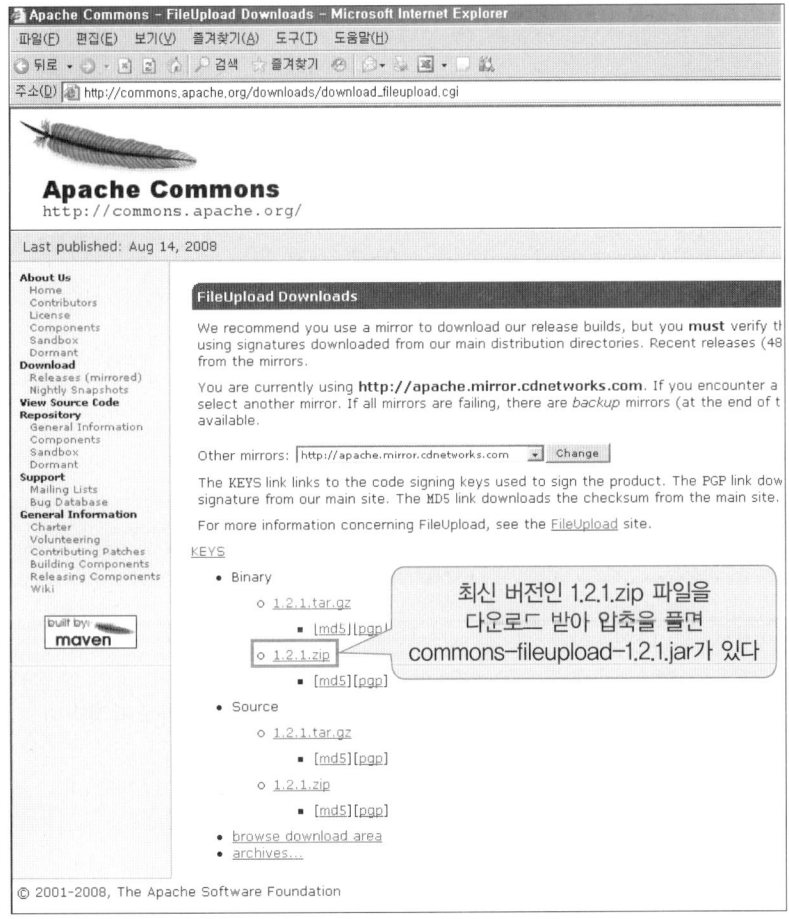

[그림 8-2] commons-fileupload-1.2.1.jar 다운로드 페이지

(2) 파일 업로드 용량 제한 변경

파일 업로드 프로그램을 구현하기에 앞서 먼저 업로드의 용량 제한을 변경해야 한다. 스트 럿츠2의 기본 제한 용량은 2MB로, 이 용량을 넘어가는 파일을 올리게 되면 오류가 없어도 업 로드 기능이 수행되지 않는다. 그러므로 원활한 예제의 수행을 위해 이 부분을 수정해야 한다.

파일 업로드 기능의 용량 제한을 변경하기 위한 방법에는 두가지가 있는데 이에 대해 자세 히 알아보자.

① /src/struts.xml 파일을 수정하는 방법

/src/struts.xml 파일을 열어 소스 8-2와 같이 코드를 삽입한다. 제한 용량은 100MB로 한다.

소스 8-2 : 업로드 용량 확대하기

```
〈struts〉
   ……
   〈constant name="struts.multipart.maxSize" value="104857600" /〉
   ……
〈/struts〉
```

② /src/struts.properties 파일을 수정하는 방법

/src/struts.properties 파일을 열어 다음과 같은 코드를 삽입한다. 제한 용량은 100MB로 한다.

```
struts.multipart.maxSize = 104857600
```

위와 같은 두 가지 방법 중 자신의 편의에 맞게 해당 파일을 수정하여 적용하도록 하자.

(3) 기본적인 파일 업로드 기능

파일 업로드의 종류에는 하나의 파일만 전송하는 기본 파일 업로드와 여러 개의 파일을 동 시에 전송하는 다중 파일 업로드가 있다. 먼저 기본적인 파일 업로드에 대해 알아본다.

① 파일 업로드 기본 원리

다음에 작성하는 예제는 파일을 서버에 전송하는 아주 간단한 기능만을 하는 코드이다. 이 예제를 통해서 파일 업로드 컴포넌트의 사용 방법과 원리에 대해서 이해하도록 한다. 파일을 업로드할 입력 폼과 전송한 후 확인을 위한 페이지를 각각 설정한다.

01 struts.xml 파일에 파일 업로드 폼과 액션을 등록한다.

소스 8-3 : /src/struts.xml

```xml
<struts>
  <package name="file" extends="struts-default">
    <action name="fileUploadForm" class="file.fileUploadAction">
      <result>/jsp/file/fileUpload.jsp</result>
    </action>

    <action name="fileUploadAction" class="file.fileUploadAction" method="upload">
      <result name="input">/jsp/file/fileUpload.jsp</result>
      <result>/jsp/file/fileUploadOK.jsp</result>
    </action>
  </package>
</struts>
```

02 파일을 업로드할 액션 클래스 파일을 작성한다.

소스 8-4 : /src/file/fileUploadAction.java

```java
package file;

import java.io.File;
import com.opensymphony.xwork2.ActionSupport;

public class fileUploadAction extends ActionSupport {

  private File upload;
  private String uploadContentType;
  private String uploadFileName;

  public String upload() throws Exception {

    return SUCCESS;
  }
```

```java
    public File getUpload( ) {
        return upload;
    }

    public void setUpload(File upload) {
        this.upload = upload;
    }

    public String getUploadContentType( ) {
        return uploadContentType;
    }

    public void setUploadContentType(String uploadContentType) {
        this.uploadContentType = uploadContentType;
    }

    public String getUploadFileName( ) {
        return uploadFileName;
    }

    public void setUploadFileName(String uploadFileName) {
        this.uploadFileName = uploadFileName;
    }
}
```

위의 코드는 간단한 업로드 액션 클래스 파일로, 여러분이 보는 바와 같이 파일 저장과 관련된 어떠한 부분도 찾을 수 없다. 파일을 서버에 업로드하게 되면 실제 파일은 서버에서 java.io.File이라는 형태로 넘어오고, 그 파일의 이름과 타입이 필요로 하게 된다. 그래서 ContentType과 FileName을 선언해야 하는데, 이 두 속성은 인터셉터를 통하여 자동으로 받아오게 되므로 일정한 네이밍 규칙을 지켜 이름을 정의해야 한다. 위 코드에서 사용한 속성들의 이름을 간단히 도식으로 설명하면 [그림 8-3]과 같다.

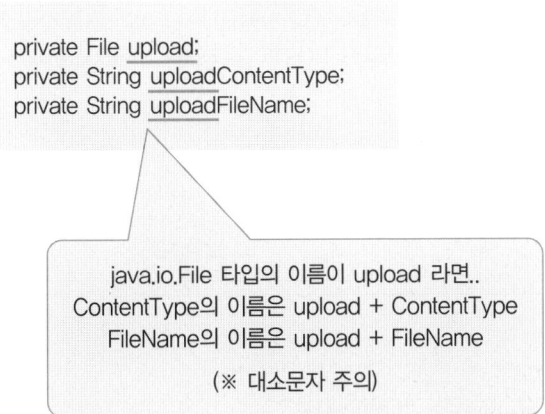

```
private File upload;
private String uploadContentType;
private String uploadFileName;
```

java.io.File 타입의 이름이 upload 라면..
ContentType의 이름은 upload + ContentType
FileName의 이름은 upload + FileName

(※ 대소문자 주의)

[그림 8-3] 각 속성 이름의 네이밍 규칙

[그림 8-3]에서 설명하는 것과 같이 파일 타입의 이름을 'upload' 라고 정의했다면 콘텐츠 타입의 이름은 'upload+ContentType'으로, 파일 이름은 'upload+FileName'으로 설정하도록 한다. 이때 주의할 점은 변수들이 대소문자를 구분하기 때문에 일관된 속성 이름으로 정의하도록 한다.

03 〈s:file〉 태그를 이용하여 파일을 업로드하는 폼이다. 주의할 점은 〈s:file〉 태그의 name 속성과 앞의 액션 클래스에서 정의한 java.io.File 객체의 이름이 반드시 동일해야 한다는 것이다.

소스 8-5 : /jsp/file/fileUpload.jsp

```
<%@ page language="java" contentType="text/html; charset=UTF-8" %>
<%@ taglib prefix="s" uri="/struts-tags" %>

<?xml version="1.0" encoding="UTF-8" ?>
<!DOCTYPE html PUBLIC "-//W3C//DTD XHTML 1.0 Transitional//EN"
"http://www.w3.org/TR/xhtml1/DTD/xhtml1-transitional.dtd">

<html xmlns="http://www.w3.org/1999/xhtml">
<head>
  <title>파일 업로드</title>
</head>

<body>
  <h2>단일 파일 업로드 입력 폼</h2>
```

```
〈s:form action="fileUploadAction" method="POST" enctype="multipart/form-data"〉
    〈s:file name="upload" label="File"/〉
    〈s:submit/〉
〈/s:form〉
〈/body〉
〈/html〉
```

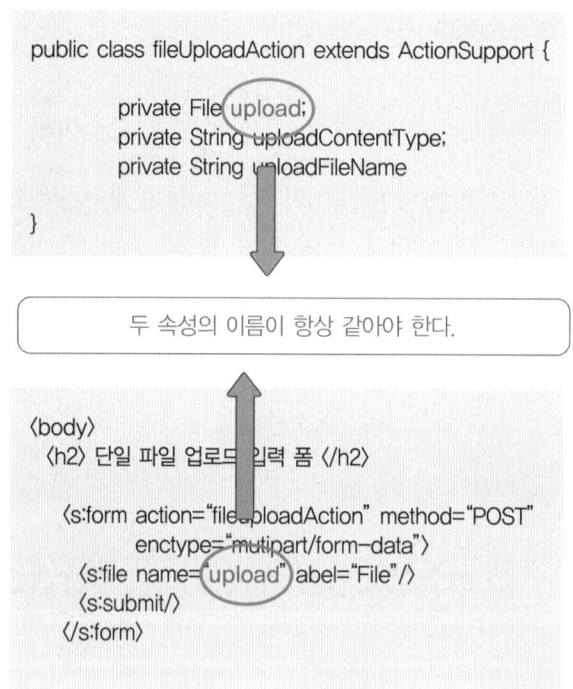

```
public class fileUploadAction extends ActionSupport {

        private File upload;
        private String uploadContentType;
        private String uploadFileName

}
```

두 속성의 이름이 항상 같아야 한다.

```
〈body〉
    〈h2〉 단일 파일 업로드 입력 폼 〈/h2〉

    〈s:form action="fileUploadAction" method="POST"
            enctype="mutipart/form-data"〉
    〈s:file name="upload" label="File"/〉
    〈s:submit/〉
〈/s:form〉
```

[그림 8-4] 〈s:file〉 태그의 name 속성과 java.io.File 객체의 이름 관계

[그림 8-4]에서 보는 바와 같이 file 객체를 정의한 fileUploadAction.java에서의 이름
과 뷰 화면인 fileUpload.jsp의 업로드 태그의 이름은 항상 같아야 한다. 만약 이것이
달라지면 파일 업로드가 이루어지지 않으므로 반드시 기억하도록 하자. 그리고 파일
업로드시 폼은 반드시 엔렁 타입으로 정의해야 한다. 그러므로 enctype="multipart/
form-data" 이라고 작성한다.

04 이제 업로드되어 온 값들을 확인하는 페이지를 작성한다. 값을 〈s:property〉 태그의
value 속성으로 확인할 수 있다.

```
<%@ page language="java" contentType="text/html; charset=UTF-8" %>
<%@ taglib prefix="s" uri="/struts-tags" %>

<?xml version="1.0" encoding="UTF-8" ?>
<!DOCTYPE html PUBLIC "-//W3C//DTD XHTML 1.0 Transitional//EN"
"http://www.w3.org/TR/xhtml1/DTD/xhtml1-transitional.dtd">

<html xmlns="http://www.w3.org/1999/xhtml">
<head>
  <title>파일 업로드</title>
</head>

<body>
    <h2>단일 파일 업로드 입력 완료</h2>

    <p>
      <ul>
        <li>ContentType: <s:property value="uploadContentType" /></li>
        <li>FileName: <s:property value="uploadFileName" /></li>
        <li>File: <s:property value="upload" /></li>
      </ul>
    </p>

</body>
</html>
```

05 fileUploadForm.action 을 실행한다. [그림 8-5]와 다음과 같은 파일 입력 폼이 출력
되면 [찾아보기] 버튼으로 임의의 파일을 선택한 후 [Submit] 버튼을 클릭해 보자.

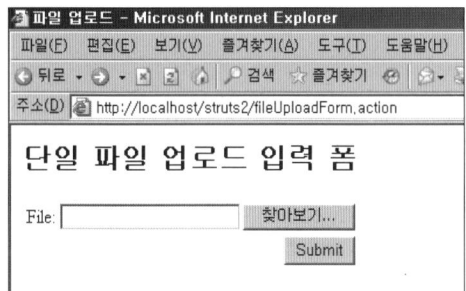

[그림 8-5] 단일 파일 업로드 입력 폼

선택했던 파일이 서버로 전송되고 다음과 같은 업로드 입력 완료 화면을 볼 수 있다.

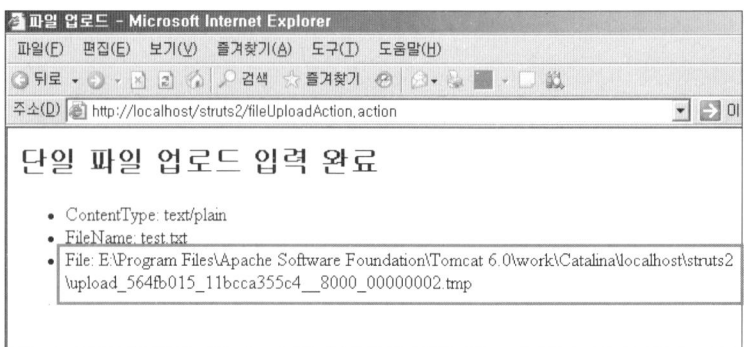

[그림 8-6] 파일 업로드 완료 폼

업로드가 성공했다면 콘텐츠 타입과 파일 이름이 업로드된 파일에 맞게 출력된다. 그러나 test.txt란 파일을 업로드했는데 정작 파일은 위와 같이 웹 서버의 임의의 주소에 tmp 파일로 저장된다. 이는 액션 클래스의 upload( ) 메소드에서 파일의 저장 위치나 이름을 정의하지 않았기 때문이다.

이번 예제는 이와 같이 스트럿츠2에서 제공하는 파일 업로드 인터셉터의 업로드 기능을 사용하는 기초적인 설정만을 알아본 것이다. 앞에서 작성한 코드와 같이 간단한 속성의 정의만으로 업로드가 될 수 있음을 알 수 있다. 하지만 이와 같은 업로드는 우리가 사용할 수 없으므로 이를 응용하여 비어있는 upload( ) 메소드에 다양한 기능들을 추가해 보자.

② 파일 업로드 응용

앞에서 작성한 코드를 바탕으로 원하는 위치에 원하는 이름으로 저장하는 방법을 알아보도록 하자. 업로드 파일을 임의의 위치에 저장하는 방법은 다음의 두 가지가 있다.

① FileUtils의 copyFile( ) 메소드 사용
② FileInputStream, FileOutputStream 사용

두 가지 방법을 모두 사용하여 파일 업로드 기능을 구현해 보자. 앞의 예제 코드에서 수정할 부분은 액션 클래스 파일뿐이다.

```java
package file;

import java.io.File;
import java.io.FileInputStream;
import java.io.FileOutputStream;
import org.apache.commons.io.FileUtils;
import com.opensymphony.xwork2.ActionSupport;

public class fileUploadAction extends ActionSupport {

    private File upload;
    private String uploadContentType;
    private String uploadFileName;
    private String fileUploadPath = "D:\\uploadedFile\\";

    public String upload( ) throws Exception {

        //① FileUtils의 copyFile( ) 메소드 시작
        File destFile = new File(fileUploadPath + getUploadFileName( ));
        FileUtils.copyFile(getUpload( ), destFile);
        //① FileUtils의 copyFile( ) 메소드 끝

        // 또는

        //② FileInputStream, FileOutputStream 시작
        FileInputStream inputStream = new FileInputStream(upload);
        FileOutputStream outputStream =
        new FileOutputStream(fileUploadPath + getUploadFileName( ));
        int bytesRead = 0;
        byte[] buffer = new byte[1024];
        while ((bytesRead = inputStream.read(buffer,0,1024))!=-1){
            outputStream.write(buffer, 0, bytesRead);
        }
        outputStream.close( );
        inputStream.close( );
        //② FileInputStream, FileOutputStream 끝

        return SUCCESS;
```

```java
    }

    public File getUpload( ) {
        return upload;
    }

    public void setUpload(File upload) {
        this.upload = upload;
    }

    public String getUploadContentType( ) {
        return uploadContentType;
    }

    public void setUploadContentType(String uploadContentType) {
        this.uploadContentType = uploadContentType;
    }

    public String getUploadFileName( ) {
        return uploadFileName;
    }

    public void setUploadFileName(String uploadFileName) {
        this.uploadFileName = uploadFileName;
    }

    public String getFileUploadPath( ) {
        return fileUploadPath;
    }

    public void setFileUploadPath(String fileUploadPath) {
        this.fileUploadPath = fileUploadPath;
    }
}
```

소스 8-7 중 코드의 굵게 표시된 부분이 앞의 예제 코드와 다른 부분이다. 첫 번째 방법인 FileUtils의 copyFile( ) 메소드에 대해 살펴보자.

먼저 private String fileUploadPath = "D:\\uploadedFile\\"; 에서 저장할 파일의 폴더 위치를 지정해준다. 그리고 File destFile = new File(fileUploadPath + getUpload FileName( )); 에서 업로드된 파일의 경로와 파일명을 destFile이라는 File 객체에 넣는다. 마지막으로 FileUtils.copyFile(getUpload( ), destFile); 부분에서 FileUtils의 copyFile 메소드를 사용하여 현재 업로드된 파일을 destFile 객체로 복사한다. 이와 같은 과정을 거치게 되면 fileUploadPath에서 정의했던 폴더 안에 해당 파일이 저장되어 있는 것을 볼 수 있을 것이다.

두 번째 방법은 FileInputStream, FileOutputStream을 사용한다. 이 방법은 File 단위가 아닌 바이트 단위로 버퍼에 넣고 이를 다시 outputStream에 쓰는 방식이다. 결과는 첫 번째 방법과 마찬가지로 해당 폴더에 파일이 생성된다. 위의 두 가지 방법 중에서 상황에 따라 알맞은 방법을 선택해 사용하도록 하자.

04. 다중 파일 업로드

앞에서 우리는 단일 파일 업로드에 대해 알아보았다. 그러나 사용자들의 업로드 파일은 갈수록 더 다양해지고 그 개수 또한 많아지고 있다. 그래서 이번에 알아볼 것은 여러 개의 파일을 동시에 업로드하는 다중 파일 업로드이다. 다중 파일 업로드 방법에는 File 객체를 담는 타입에 따라 다음의 두 가지가 있다.

두 가지 방법 모두 상황에 따라 자주 쓰이는 방법들이므로 이에 대해 각각 예제를 통해 알아보도록 한다.

① 리스트를 이용한 다중 업로드
② 배열을 이용한 다중 업로드

(1) 리스트를 이용한 다중 업로드

먼저 리스트 타입을 이용한 다중 업로드 예제를 살펴보자. 단일 업로드 예제에서 사용했던 FileUtils의 copyFile( ) 메소드를 리스트 타입으로 수정하여 사용할 것이다.

01 다중 업로드 입력 폼과 완료시의 페이지를 설정한다.

소스 8-8 : /src/struts.xml

```xml
<struts>
  <package name="file" extends="struts-default">
    <action name="multiUploadListForm">
      <result>/jsp/file/multiUploadList.jsp</result>
    </action>

    <action name="multiUploadListAction" class="file.multiUploadListAction" method="upload">
      <result>/jsp/file/multiUploadListOK.jsp</result>
    </action>
  </package>
</struts>
```

02 다중 업로드 리스트 액션 클래스를 등록한다.

소스 8-9 : /src/file/multiUploadListAction.java

```java
package file;

import java.io.File;
import java.util.ArrayList;
import java.util.List;

import org.apache.commons.io.FileUtils;

import com.opensymphony.xwork2.ActionSupport;

public class multiUploadListAction extends ActionSupport {

    private List<File> uploads = new ArrayList<File>();
    private List<String> uploadsFileName = new ArrayList<String>();
    private List<String> uploadsContentType = new ArrayList<String>();
    private String fileUploadPath = "D:\\uploadedFile\\";

    public String upload() throws Exception {
```

```
        for (int i = 0; i < uploads.size( ); i++) {
           File destFile = new File(fileUploadPath + getUploadsFileName( ).get(i));

           FileUtils.copyFile(getUploads( ).get(i), destFile);
        }

        return SUCCESS;
    }

    public List<File> getUploads( ) {
        return uploads;
    }

    public void setUploads(List<File> uploads) {
        this.uploads = uploads;
    }

    public List<String> getUploadsFileName( ) {
        return uploadsFileName;
    }

    public void setUploadsFileName(List<String> uploadsFileName) {
        this.uploadsFileName = uploadsFileName;
    }

    public List<String> getUploadsContentType( ) {
        return uploadsContentType;
    }

    public void setUploadsContentType(List<String> uploadsContentType) {
        this.uploadsContentType = uploadsContentType;
    }

    public String getFileUploadPath( ) {
        return fileUploadPath;
    }

    public void setFileUploadPath(String fileUploadPath) {
        this.fileUploadPath = fileUploadPath;
    }
}
```

소스 8-9에서 단일 업로드와 달라진 점을 살펴보면, 일단 각 변수들의 타입이 List로
바뀐 것을 알 수 있다.

private List〈File〉 uploads = new ArrayList〈File〉( ); 와 같이 리스트 타입으로 File
객체를 담도록 정의하고, getter/setter 메소드들도 마찬가지로 타입을 정의한다. 그
리고 for문으로 업로드한 파일의 개수만큼 반복해 주는 구문이 바로 for (int i = 0; i 〈
uploads.size( ); i++) 이다. uploads.size( )가 업로드한 파일들의 개수를 리턴하는 메
소드이다. 또한, File destFile = new File(fileUploadPath + getUploadsFileName( ).
get(i)); 에서 getUploadsFileName( ).get(i)으로 업로드한 파일의 이름을 순차적으로
가져온다. 마지막으로 FileUtils.copyFile(getUploads( ).get(i), destFile); 에서 역시
getUploads( ).get(i)로 업로드한 파일을 순차적으로 가져와서 destFile 객체에 저장
한다.

03 〈s:form〉 태그를 사용하여 리스트를 이용한 다중 파일 업로드 입력 폼을 작성한다.

소스 8-10: /jsp/file/multiUploadList.jsp

```
<%@ page language="java" contentType="text/html; charset=UTF-8" %>
<%@ taglib prefix="s" uri="/struts-tags" %>


<?xml version="1.0" encoding="UTF-8" ?>
<!DOCTYPE html PUBLIC "-//W3C//DTD XHTML 1.0 Transitional//EN"
"http://www.w3.org/TR/xhtml1/DTD/xhtml1-transitional.dtd" >


<html xmlns="http://www.w3.org/1999/xhtml" >
<head>
  <title>파일 업로드</title>
</head>


<body>
    <h2>다중 파일 업로드 입력 폼 (리스트)</h2>

    <s:form action="multiUploadListAction" method="POST" enctype=
"multipart/form-data" >
        <s:file label="File (1)" name="uploads" />
        <s:file label="File (2)" name="uploads" />
        <s:file label="FIle (3)" name="uploads" />
        <s:submit />
```

```
    〈/s:form〉

〈/body〉
〈/html〉
```

위의 예제 코드에서 〈s:form〉 태그는 앞과 마찬가지로 엔코딩 타입을 "multipart/
form-data"로 정의한다. 그리고 〈s:file〉 태그를 파일의 개수만큼 작성하고 name은
uploads로 모두 동일하게 지정한다.

04 파일이 업로드된 후 확인하는 페이지를 작성한다.

소스 8-11 : /jsp/file/multiUploadListOK.jsp

```
〈%@ page language="java" contentType="text/html; charset=UTF-8" %〉
〈%@ taglib prefix="s" uri="/struts-tags" %〉

〈?xml version="1.0" encoding="UTF-8" ?〉
〈!DOCTYPE html PUBLIC "-//W3C//DTD XHTML 1.0 Transitional//EN"
"http://www.w3.org/TR/xhtml1/DTD/xhtml1-transitional.dtd"〉

〈html xmlns="http://www.w3.org/1999/xhtml"〉
〈head〉
  〈title〉파일 업로드〈/title〉
〈/head〉

〈body〉

    〈h2〉다중 파일 업로드 입력 완료 (리스트)〈/h2〉

    〈table border="1"〉
    〈s:iterator value="uploads" status="stat"〉
    〈tr〉
       〈td〉File 〈s:property value="%{#stat.index}" /〉〈/td〉
       〈td〉〈s:property value="%{uploads[#stat.index]}" /〉〈/td〉
    〈/tr〉
    〈/s:iterator〉
    〈/table〉
```

```
〈br〉

〈table border="1"〉
〈s:iterator value="uploadsFileName" status="stat"〉
〈tr〉
    〈td〉File Name 〈s:property value="%{#stat.index}" /〉〈/td〉
    〈td〉〈s:property value="%{uploadsFileName[#stat.index]}" /〉〈/td〉
〈/tr〉
〈/s:iterator〉
〈/table〉


〈br〉

〈table border="1"〉
〈s:iterator value="uploadsContentType" status="stat"〉
〈tr〉
    〈td〉Content Type 〈s:property value="%{#stat.index}" /〉〈/td〉
    〈td〉〈s:property value="%{uploadsContentType[#stat.index]}" /〉〈/td〉
〈/tr〉
〈/s:iterator〉
〈/table〉


〈/body〉
〈/html〉
```

소스 8-11의 multiUploadListOK.jsp는 파일이 업로드된 후 이를 확인하는 페이지이다. 여러 개의 파일이 업로드되었으므로 〈s:iterator〉 태그를 사용하여 value 값을 File 객체인 uploads로 설정한다. 그리고 〈s:property〉 태그의 value 값에 uploads 객체의 인덱스 값으로 각 파일의 정보를 가져온다.

아래의 uploadsFileName과 uploadsContent Type도 동일한 방법으로 작성해서 각 정보들을 〈s:iterator〉 태그로 출력해 준다.

05 모든 코드의 입력을 완료했다면 multiUploadListForm.action으로 다중 파일 업로드 출력 결과를 볼 수 있다.

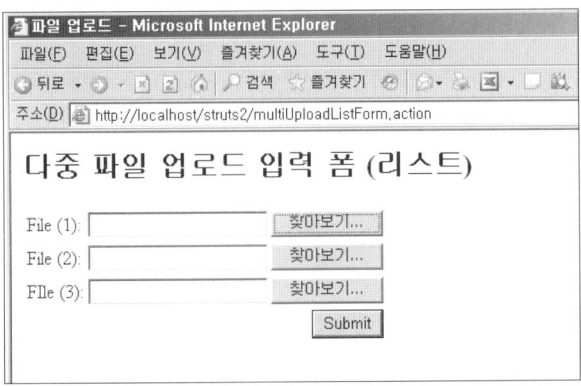

[그림 8-7] 리스트를 이용한 다중 파일 업로드 입력 폼 페이지

단일 파일 업로드 입력 폼과는 달리 3개의 파일을 업로드할 수 있는 입력 폼을 볼 수 있다. [찾아보기] 버튼을 클릭하여 업로드할 파일을 각각 지정한 후 [Submit] 버튼을 눌러 전송을 시작한다. 전송이 완료되면 다음과 같은 화면이 출력되면서 파일이 서버로 업로드된다.

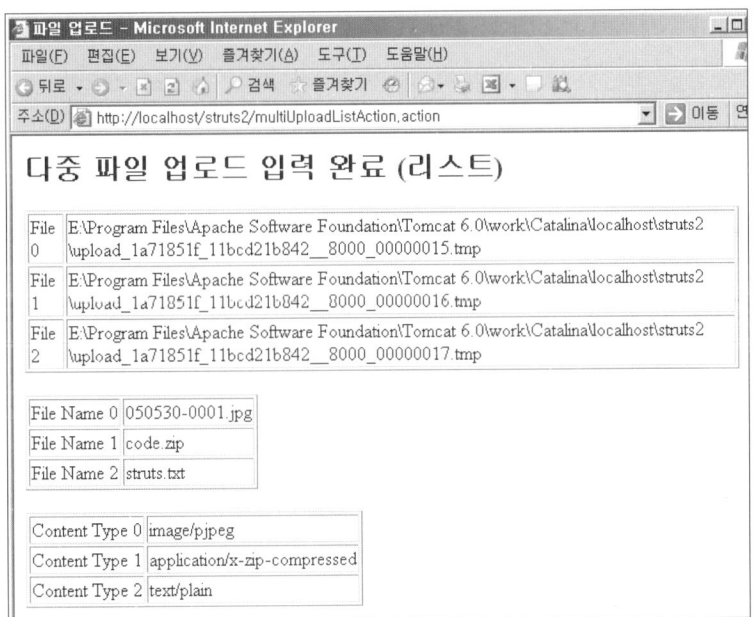

[그림 8-8] 리스트를 이용한 다중 파일 업로드 입력 완료 페이지

[그림 8-9]와 같이 3개의 파일 모두 업로드가 성공적으로 완료되었음을 알 수 있다. 업로드가 완료되면 등록했던 파일의 저장 경로와 파일 이름, 그리고 파일의 타입이 출력된다.

이제 다음과 같이 액션 클래스의 fileUploadPath에서 지정했던 경로에 실제 파일이 제대로 업로드되었는지 확인해 보자.

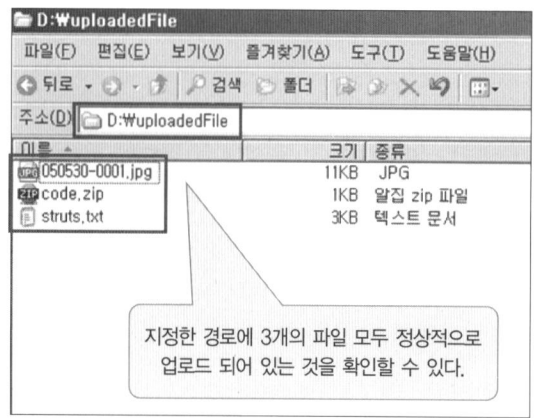

[그림 8-9] 업로드된 실제 파일 확인

클래스 파일에서 설정했던 파일 업로드 경로에 모두 3개의 파일이 업로드되었다. 이와 같은 화면을 볼 수 있다면 다중 파일 업로드가 성공적으로 이루어진 것이다.

(2) 배열을 이용한 다중 업로드

두 번째로 알아볼 방법은 배열을 이용한 다중 업로드이다. 이번에도 역시 단일 업로드 예제에서 사용했던 FileUtils의 copyFile( ) 메소드를 배열로 수정하여 사용할 것이다.

01 다중 업로드 입력 폼과 완료시의 페이지를 설정한다.

소스 8-12: /src/struts.xml

```
〈struts〉
  〈package name="file" extends="struts-default"〉
    〈action name="multiUploadArrayForm"〉
      〈result〉/jsp/file/multiUploadArray.jsp〈/result〉
    〈/action〉


    〈action name="multiUploadArrayAction" class="file.multiUploadArrayAction"
method="upload"〉
```

```
    〈result〉/jsp/file/multiUploadArrayOk.jsp〈/result〉
  〈/action〉
 〈/package〉
〈/struts〉
```

02 리스트를 이용했던 앞의 예제와는 달리 이번에는 배열을 이용해 각 변수들의 타입을 정의한다.

소스 8-13: /src/file/multiUploadArrayAction.java

```java
package file;

import java.io.File;

import org.apache.commons.io.FileUtils;

import com.opensymphony.xwork2.ActionSupport;

public class multiUploadArrayAction extends ActionSupport {

  private File[ ] uploads;
  private String[ ] uploadsFileName;
  private String[ ] uploadsContentType;
  private String fileUploadPath = "D:\\uploadedFile\\";

  public String upload( ) throws Exception {

    for (int i = 0; i 〈 uploads.length; i++) {
      File destFile = new File(fileUploadPath + getUploadsFileName( )[i]);
      FileUtils.copyFile(getUploads( )[i], destFile);
    }

    return SUCCESS;
  }

  public File[ ] getUploads( ) {
    return uploads;
  }
```

```java
    public void setUploads(File[] uploads) {
        this.uploads = uploads;
    }

    public String[] getUploadsFileName( ) {
        return uploadsFileName;
    }

    public void setUploadsFileName(String[ ] uploadsFileName) {
        this.uploadsFileName = uploadsFileName;
    }

    public String[ ] getUploadsContentType( ) {
        return uploadsContentType;
    }

    public void setUploadsContentType(String[ ] uploadsContentType) {
        this.uploadsContentType = uploadsContentType;
    }

    public String getFileUploadPath( ) {
        return fileUploadPath;
    }

    public void setFileUploadPath(String fileUploadPath) {
        this.fileUploadPath = fileUploadPath;
    }

}
```

위의 예제 코드를 보면 private File[ ] uploads; 와 같이 File 객체를 배열로 선언해서 여러 개의 업로드 파일을 담을 수 있도록 정의하고, getter/setter 메소드들도 마찬가지 방법으로 타입을 정의한다. 그리고 for문으로 업로드한 파일의 개수만큼 반복해 주는 구문이 바로 for(int i = 0; i 〈 uploads.length ( ); i++) 이다.

또, 리스트에서는 uploads.size( )를 사용했지만 배열은 length라는 점이 다르다. 또한, 리스트에서 업로드한 파일의 이름을 순차적으로 가져오는 구문이 getUploadsFileName( ).get(i)이었는데, 배열은 getUploadsFileName( )[i])와 같이 설정하면 된다.

03 〈s:form〉 태그를 사용하여 배열을 이용한 다중 파일 업로드 입력 폼을 작성한다.

소스 8-14: /jsp/file/multiUploadArray.jsp

```
<%@ page language="java" contentType="text/html; charset=UTF-8" %>
<%@ taglib prefix="s" uri="/struts-tags" %>

<?xml version="1.0" encoding="UTF-8" ?>
<!DOCTYPE html PUBLIC "-//W3C//DTD XHTML 1.0 Transitional//EN"
"http://www.w3.org/TR/xhtml1/DTD/xhtml1-transitional.dtd">

<html xmlns="http://www.w3.org/1999/xhtml">
<head>
  <title>파일 업로드</title>
</head>

<body>
<h2>다중 파일 업로드 입력 폼 (배열)</h2>

<s:form action="multiUploadArrayAction" method="POST" enctype=
"multipart/form-data">
    <s:file label="File (1)" name="uploads" />
    <s:file label="File (2)" name="uploads" />
    <s:file label="FIle (3)" name="uploads" />
    <s:submit />
</s:form>

</body>
</html>
```

〈s:form〉 태그는 아까와 마찬가지로 enctype을 "multipart/form-data"로 정의한다. 그리고 〈s:file〉 태그를 파일의 개수만큼 작성하고, name은 uploads로 모두 동일하게 지정한다. 이 부분은 리스트를 이용한 방법과 같다.

04 파일이 업로드된 후 이를 확인하는 페이지를 작성한다.

소스 8-15 : /jsp/file/multiUploadArrayOk.jsp

```jsp
<%@ page language="java" contentType="text/html; charset=UTF-8" %>
<%@ taglib prefix="s" uri="/struts-tags" %>

<?xml version="1.0" encoding="UTF-8" ?>
<!DOCTYPE html PUBLIC "-//W3C//DTD XHTML 1.0 Transitional//EN"
"http://www.w3.org/TR/xhtml1/DTD/xhtml1-transitional.dtd">

<html xmlns="http://www.w3.org/1999/xhtml">
<head>
    <title>파일 업로드</title>
</head>

<body>

        <h2>다중 파일 업로드 입력 완료 (배열)</h2>

        <table border="1">
        <s:iterator value="uploads" status="stat">
        <tr>
            <td>File <s:property value="%{#stat.index}" /></td>
            <td><s:property value="%{uploads[#stat.index]}" /></td>
        </tr>
        </s:iterator>
        </table>

        <br>

        <table border="1">
        <s:iterator value="uploadsFileName" status="stat">
        <tr>
            <td>File Name <s:property value="%{#stat.index}" /></td>
            <td><s:property value="%{uploadsFileName[#stat.index]}" /></td>
        </tr>
        </s:iterator>
        </table>
```

```
〈br〉

〈table border= "1"〉
〈s:iterator value= "uploadsContentType" status= "stat"〉
〈tr〉
    〈td〉Content Type 〈s:property value= "%{#stat.index}" /〉〈/td〉
    〈td〉〈s:property value= "%{uploadsContentType[#stat.index]}" /〉〈/td〉
〈/tr〉
〈/s:iterator〉
〈/table〉


〈/body〉
〈/html〉
```

여러 개의 파일이 업로드되었으므로 〈s:iterator〉 태그를 사용하여 value 값을 File 객체인 uploads로 설정한다. 이 부분 역시 리스트를 이용한 방법과 같다.

05 배열을 이용한 다중 파일 업로드 출력 결과를 확인한다. 모든 코드의 입력을 완료했다면 multiUploadArrayForm.action으로 다음의 화면을 볼 수 있다.

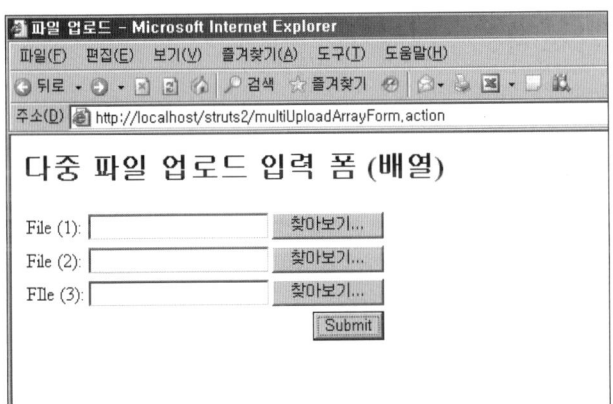

[그림 8-10] 배열을 이용한 다중 파일 업로드 입력 폼 페이지

3개의 각 파일 입력 필드에 각각 [찾아보기] 버튼을 클릭하여 업로드할 임의의 파일을 지정한다. 그리고 [Submit] 버튼을 눌러 파일을 서버로 전송한다. 오류 없이 전송이 이루어진다면 다음과 같은 업로드 완료 페이지로 이동하게 된다.

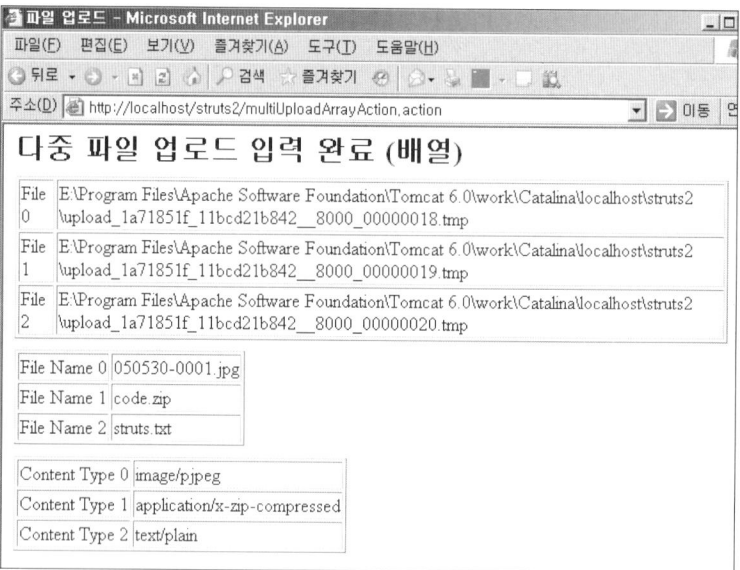

[그림 8-11] 배열을 이용한 다중 파일 업로드 입력 완료 페이지

[그림 8-11]에서 보는 바와 같이 업로드가 성공적으로 완료되었음을 알 수 있다. 파일이 저장된 경로와 파일 이름, 그리고 파일의 타입이 각각 출력된다. 그리고 액션 클래스의 fileUploadPath에서 지정했던 업로드 경로에 파일이 제대로 저장되어 있는지 각자 확인해 보기 바란다.

지금까지 리스트와 배열을 이용한 업로드 방법에 대해서 알아보았다. 다음은 서버의 파일을 다운로드하는 방법에 대해서 알아보도록 한다.

05. 다운로드를 위한 스트림 리절트

지금까지 파일 업로드 기능을 알아보았다. 이제부터는 다운로드 기능에 대해 살펴볼 차례이다. 파일 다운로드는 업로드와는 다르게 액션의 결과를 페이지가 아닌 파일로 받는다. 예를 들어, 업로드는 [전송] 버튼을 누르면 완료 페이지로 이동을 하였지만, 다운로드는 다운받고자 하는 파일을 클릭하면 어떤 페이지로의 이동하는 것이 아니라 요청된 파일을 다운로드 할 수 있어야 한다. 그러므로 액션을 정의할 때 리절트 값을 파일, 즉 스트림 값으로 설정해 주어야 한다. 이것이 파일 다운로드의 특징이라고 할 수 있다. 그럼 다운로드를 위한 간단한 스트림 설정 방법을 보자.

소스 8-16: 스트림 리절트의 예제

```
⟨result name="success" type="stream"⟩
  ⟨param name="contentType"⟩image/jpeg⟨/param⟩
  ⟨param name="inputName"⟩imageStream⟨/param⟩
  ⟨param name="contentDisposition"⟩attachment;filename="image.jpg"⟨/param⟩
  ⟨param name="bufferSize"⟩1024⟨/param⟩
⟨/result⟩
```

소스 8-16과 예제와 같이 result의 type을 "stream"으로 설정하고 각 파라미터 값들을 정의해 준다. 파라미터에 대한 설명은 다음과 같다.

- contentType : 스트림의 타입을 정의한다(기본 값 = text/plain).
- contentLength : 스트림의 바이트 크기를 정의한다. 이 값이 정의되면 브라우저에 프로그레스 바가 보이게 된다.
- contentDispostion : 다운로드 받을 파일의 이름을 정의한다(기본 값 = inline). 일반적으로 filename="document.pdf"와 같이 사용한다.
- inputName : 스트림의 데이터를 정의한다(기본 값 = inputStream).
- bufferSize : 버퍼의 크기를 정의한다(기본 값 = 1024).

그러므로 위 스트림 리절트의 예제는 contentType을 이미지, 스트림의 데이터를 imageStream으로 정의한다. 그리고 다운로드할 파일의 이름은 image.jpg이고 버퍼의 크기는 1024로 설정한다는 뜻이다.

위와 같이 struts.xml에 액션과 리절트를 정의하고 액션 클래스에서 다운로드할 파일의 정보들을 작성하면 파일을 다운로드할 수 있게 된다. 다음의 예제를 보면서 보다 확실하게 이해하도록 한다.

06. 파일 다운로드 예제

앞에서 살펴본 스트림 리절트와 파라미터를 잘 기억하며 예제 코드를 작성해 보자. 이번 예제는 다운로드 동작을 확인하기 위한, 파일 1개를 다운로드 받는 심플한 웹 어플리케이션 이다.

01 파일을 다운로드할 폼 페이지의 정의와 실제 다운로드 액션이 일어날 file Download Action을 정의한다.

소스 8-17 : /src/struts.xml

```xml
<struts>
    <package name="file" extends="struts-default">
        <action name="fileDownloadForm" class="file.fileDownloadAction">
            <result>/jsp/file/fileDownload.jsp</result>
        </action>

        <action name="fileDownloadAction" class="file.fileDownloadAction">
            <result name="success" type="stream">
                <param name="contentType">binary/octet-stream</param>
                <param name="inputName">inputStream</param>
                <param name="contentDisposition">${contentDisposition}</param>
                <param name="contentLength">${contentLength}</param>
                <param name="bufferSize">4096</param>
            </result>
        </action>
    </package>
</struts>
```

리절트의 타입은 stream으로 지정하고 contentType은 바이너리 파일이라는 뜻의 binary/octet-stream을 정의한다. 그리고 inputName은 inputStream으로, bufferSize 는 4096으로 잡는다. 그런데 contentDisposition과 contentLength 값이 앞에서 본 것과 다르다. 이곳에 파일의 이름을 직접 지정해주어도 되지만, 액션 클래스 에서 지정해 주기 위해 ${contentDisposition} 와 ${contentLength} 를 사용한다.

파일 다운로드 액션 클래스를 작성한다.

소스 8-18: /src/file/fileDownloadAction.java

```java
package file;

import java.io.File;
import java.io.FileInputStream;
import java.io.InputStream;
import java.net.URLEncoder;

import com.opensymphony.xwork2.ActionSupport;

public class fileDownloadAction extends ActionSupport {

    private InputStream inputStream;
    private String contentDisposition;
    private long contentLength;

    private String fileDownloadPath = "D:\\uploadedFile\\";
    private String fileDownloadName = "testCode.txt";

    public String execute( ) throws Exception {

        File fileInfo = new File(fileDownloadPath + fileDownloadName);

        setContentLength(fileInfo.length( ));
        setContentDisposition("attachment;filename="
            + URLEncoder.encode(fileDownloadName, "UTF-8"));
        setInputStream(new FileInputStream(fileDownloadPath + fileDownloadName));

        return SUCCESS;
    }

    public InputStream getInputStream( ) {
        return inputStream;
    }

    public void setInputStream(InputStream inputStream) {
        this.inputStream = inputStream;
```

```
    }

    public String getContentDisposition( ) {
        return contentDisposition;
    }

    public void setContentDisposition(String contentDisposition) {
        this.contentDisposition = contentDisposition;
    }

    public long getContentLength( ) {
        return contentLength;
    }

    public void setContentLength(long contentLength) {
        this.contentLength = contentLength;
    }

    public String getFileDownloadPath( ) {
        return fileDownloadPath;
    }

    public void setFileDownloadPath(String fileDownloadPath) {
        this.fileDownloadPath = fileDownloadPath;
    }

    public String getFileDownloadName( ) {
        return fileDownloadName;
    }

    public void setFileDownloadName(String fileDownloadName) {
        this.fileDownloadName = fileDownloadName;
    }
}
```

액션 클래스에서 다운로드할 파일인 fileDownloadName을 "testCode.txt"라고 설정한다. 실제로 D:\uploadedFile 폴더에 이 파일이 있어야 하므로 임의로 testCode.txt 파일을 생성한다. 그리고 File fileInfo = new File(fileDownloadPath + fileDownloadName); 에서 지정한 폴더와 파일 이름을 가져와 FileInfo라는 객체에 정의한다. 이 객체에서 fileInfo.length( )로 파일의 크기를 가져올 수 있다. 그래서 파일의 크기를 setContentLength(fileInfo.length( ))로 정의하고, 다운로드할 파일의 이름을 setContentDisposition("attachment;filename="+ URLEncoder. encode(fileDownloadName, "UTF-8"))로 정의한다. 주의할 점은 fileDownload Name을 UTF-8로 인코딩한 후 설정한다는 점이다. 마지막으로 setInputStream으로 파일의 스트림 데이터를 정의한다.

03 실행할 액션을 ⟨s:url⟩ 태그로 정의하고 링크를 설정한다.

소스 8-19: /jsp/file/fileDownload.jsp

```
<%@ page language="java" contentType="text/html; charset=UTF-8" %>
<%@ taglib prefix="s" uri="/struts-tags" %>

<?xml version="1.0" encoding="UTF-8" ?>
<!DOCTYPE html PUBLIC "-//W3C//DTD XHTML 1.0 Transitional//EN"
"http://www.w3.org/TR/xhtml1/DTD/xhtml1-transitional.dtd">

<html xmlns="http://www.w3.org/1999/xhtml">
<head>
  <title>파일 업로드</title>
</head>

<body>
  <h2>파일 다운로드 폼</h2>

    <s:url id="download" action="fileDownloadAction" />

    <s:a href="%{download}"><s:property value="fileDownloadName" /></s:a>

</body>
</html>
```

04 fileDownloadForm.action 을 실행하여 링크를 클릭하면 다음과 같은 화면이 출력된다.

[그림 8-12] 파일 다운로드 실행 화면

지금까지 파일 다운로드의 원리에 대해서 알아보았다. 어디까지나 업로드/다운로드의 원리를 이해하고 내부 동작을 확인하기 위한 간단한 예제였다. 이러한 예제는 여러 개의 파일을 업로드/다운로드하고자 할 경우, 액션 클래스에서 파일 하나하나를 모두 변수로 전부 지정해 줄 수 없기 때문이다.

다음에는 지금까지 배운 파일 업로드와 다운로드를 이용하여 보다 유용한 예제를 알아볼 것이다.

07. Ajax를 이용한 비동기 파일 업로드/다운로드

이번에는 지금까지 배운 내용을 바탕으로 비동기적으로 이루어지는 파일 업로드/다운로드 예제를 작성해 보도록 한다. 간단히 이번 예제의 개요를 설명하면, 일단 앞에서 살펴본 배열을 이용한 다중 파일 업로드 기능을 구현한다. 그리고 파일이 업로드되는 폴더에서 현재까지 업로드된 파일들의 리스트를 비동기적으로 가져와 이를 다운로드 받는다. 구현할 화면은 다음과 같다.

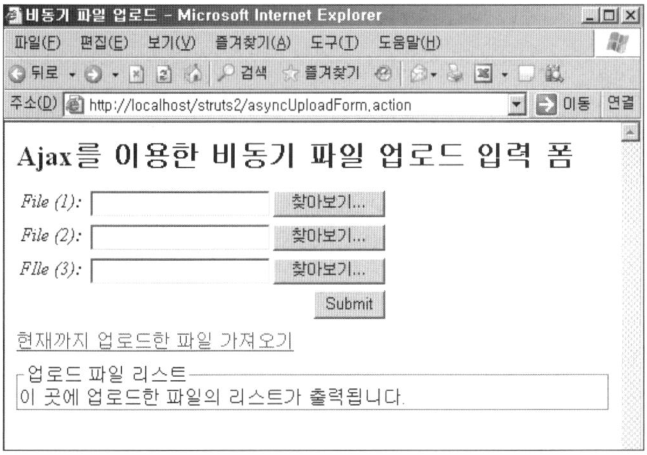

[그림 8-13] 비동기 파일 업로드 입력 폼 화면

파일 업로드는 배열을 이용한 다중 업로드 파일 폼으로 작성하였다. 비동기 파일 업로드가 실행되는 과정은 먼저, 업로드할 파일을 지정해 전송을 완료한다. 그리고 나서 '현재까지 업로드한 파일 가져오기'를 클릭하면 업로드 파일 리스트에 업로드를 완료한 파일의 리스트가 출력된다. 리스트에 출력되는 파일들은 클래스 파일에서 지정한 경로의 모든 파일들을 가져오는 것이다. 그럼 이제부터 한 단계씩 코드를 작성해 보자.

01 초기 화면은 asyncUploadForm으로, 파일 업로드가 일어나는 액션은 asyncUpload Action의 upload 메소드로 정의한다. 그리고 다운로드 액션은 asyncDownload Action의 download 메소드와 스트림 리절트로, 비동기 로딩이 일어나는 부분은 asyncUploadList 액션의 uploadList 메소드에서 실행하도록 설정한다.

소스 8-20: /src/struts.xml

```
〈struts〉
  〈package name="file" extends="struts-default"〉
    〈action name="asyncUploadForm"〉
      〈result〉/jsp/file/asyncUploadForm.jsp〈/result〉———[초기 화면]
    〈/action〉

    〈action name="asyncUploadAction" class="file.asyncFileAction" method=
"upload"〉———[파일 업로드가 일어나는 액션]
      〈result〉/jsp/file/asyncUploadList.jsp〈/result〉
    〈/action〉
```

```xml
<action name="asyncUploadList" class="file.asyncFileAction" method="uploadList">    비동기 로딩이 일어나는 액션
    <result>/jsp/file/asyncUploadList.jsp</result>
</action>

<action name="asyncDownloadAction" class="file.asyncFileAction" method="download">    파일 다운로드가 일어나는 액션
    <result name="success" type="stream">
        <param name="contentType">binary/octet-stream</param>
        <param name="inputName">inputStream</param>
        <param name="contentDisposition">${contentDisposition}</param>
        <param name="contentLength">${contentLength}</param>
        <param name="bufferSize">4096</param>
    </result>
</action>
</package>
</struts>
```

02 비동기 파일 액션 클래스를 작성한다.

소스 8-21: /src/file/asyncFileAction.java

```java
package file;

import java.io.File;
import java.io.FileInputStream;
import java.io.InputStream;
import java.net.URLEncoder;
import java.util.ArrayList;
import java.util.List;

import org.apache.commons.io.FileUtils;

import com.opensymphony.xwork2.ActionSupport;

public class asyncFileAction extends ActionSupport {

    private File[] uploads;
```

```
private String[ ] uploadsFileName;
private String[ ] uploadsContentType;

private InputStream inputStream;
private String contentDisposition;
private long contentLength;
private String fileDownloadName;

private List<File> listFile = new ArrayList<File>( );

private String fileUploadPath = "D:\\uploadedFile\\";

❶  public String uploadList( ) throws Exception {
       File path = new File(fileUploadPath);
       File[ ] fileArray = path.listFiles( );

       if (fileArray != null) {
          for (File f : fileArray) {
             if (f.isFile( )) {
                listFile.add(f);
             }
          }
       }

       return SUCCESS;
    }

public String upload( ) throws Exception {

❷     for (int i = 0; i < uploads.length; i++) {
          File destFile = new File(fileUploadPath + getUploadsFileName( )[i]);
          FileUtils.copyFile(getUploads( )[i], destFile);
       }

       return SUCCESS;
    }

public String download( ) throws Exception {
```

지정 경로의 파일을 리스트에 저장

배열을 이용한 다중 업로드와
요청받은 파일 저장

```
❸     File fileInfo = new File(fileUploadPath + fileDownloadName);

      setContentLength(fileInfo.length( ));
      setContentDisposition("attachment;filename="
            + URLEncoder.encode(fileDownloadName, "UTF-8"));
      setInputStream(new FileInputStream(fileUploadPath + fileDownloadName));
```

```
      return SUCCESS;
  }
```
파일 다운을 위한 메소드를
스트림 데이터로 정의

```
  public File[ ] getUploads( ) {
      return uploads;
  }

  public void setUploads(File[ ] uploads) {
      this.uploads = uploads;
  }

  public String[ ] getUploadsFileName( ) {
      return uploadsFileName;
  }

  public void setUploadsFileName(String[ ] uploadsFileName) {
      this.uploadsFileName = uploadsFileName;
  }

  public String[ ] getUploadsContentType( ) {
      return uploadsContentType;
  }

  public void setUploadsContentType(String[] uploadsContentType) {
      this.uploadsContentType = uploadsContentType;
  }

  public List⟨File⟩ getListFile( ) {
      return listFile;
  }

  public void setListFile(List⟨File⟩ listFile) {
      this.listFile = listFile;
  }
```

```java
    public String getFileUploadPath( ) {
        return fileUploadPath;
    }

    public void setFileUploadPath(String fileUploadPath) {
        this.fileUploadPath = fileUploadPath;
    }

    public InputStream getInputStream( ) {
        return inputStream;
    }

    public void setInputStream(InputStream inputStream) {
        this.inputStream = inputStream;
    }

    public String getContentDisposition( ) {
        return contentDisposition;
    }

    public void setContentDisposition(String contentDisposition) {
        this.contentDisposition = contentDisposition;
    }

    public long getContentLength( ) {
        return contentLength;
    }

    public void setContentLength(long contentLength) {
        this.contentLength = contentLength;
    }

    public String getFileDownloadName( ) {
        return fileDownloadName;
    }

    public void setFileDownloadName(String fileDownloadName) {
        this.fileDownloadName = fileDownloadName;
    }

}
```

먼저 public String uploadList( ) 메소드부터 살펴보자.

❶ 지정하는 폴더의 경로를 설정해서 path.listFiles( )로 해당 경로에 있는 모든 파일을 배열로 가져온다. 그리고 isFile( ) 메소드로 폴더에 파일이 있는지 체크하고, 파일이 있으면 listFile.add(f)로 리스트 값에 추가한다. 이런 식으로 반복이 되어서 지정 경로의 모든 파일들을 가져와 리스트에 저장한다.

❷ 두 번째 public String upload( ) 메소드는 배열을 이용한 다중 업로드 기능을 한다. FileUtils.copyFile을 사용해 요청받은 파일들을 저장한다.

❸ 마지막 메소드는 public String download( )이다. 파일을 다운로드하기 위해 ContentLength와 ContentDisposition을 설정하고, 이를 스트림 데이터로 정의한다.

03 Ajax를 이용한 비동기 다중 업로드 파일 리스트 폼을 작성한다.

소스 8-22: /jsp/file/asyncUploadForm.jsp

```
<%@ page language="java" contentType="text/html; charset=UTF-8" %>
<%@ taglib prefix="s" uri="/struts-tags" %>

<?xml version="1.0" encoding="UTF-8" ?>
<!DOCTYPE html PUBLIC "-//W3C//DTD XHTML 1.0 Transitional//EN"
"http://www.w3.org/TR/xhtml1/DTD/xhtml1-transitional.dtd">

<html xmlns="http://www.w3.org/1999/xhtml">
<head>
    <title>비동기 파일 업로드</title>
❶ <s:head theme="ajax" />

    <script type="text/javascript">
        dojo.event.topic.subscribe("/after", function(data, request, widget)
        {
        var div = dojo.byId("uploadComplete");
        div.innerHTML="File Upload Complete!";
        }
);
</script>

</head>
```

```
〈body〉
〈h2〉Ajax를 이용한 비동기 파일 업로드 입력 폼〈/h2〉


❷〈s:form action="asyncUploadAction" method="POST" enctype="multipart/form-data"〉
     〈s:file label="File (1)" name="uploads" /〉
     〈s:file label="File (2)" name="uploads" /〉
     〈s:file label="FIle (3)" name="uploads" /〉
     〈s:submit theme="ajax" notifyTopics="/after" /〉
〈/s:form〉

〈s:div id="uploadComplete" theme="ajax" loadingText="wait..."〉〈/s:div〉


〈/p〉


❸〈s:url id="asyncList" value="/asyncUploadList.action" /〉
〈s:a theme="ajax" href="%{asyncList}" targets="uploadlist"〉현재까지 업로드한 파일 가져오기〈/s:a〉


〈/p〉


〈fieldset〉
〈legend〉업로드 파일 리스트〈/legend〉
❹〈s:div id="uploadlist" theme="ajax" loadingText="Loading..."〉
     이 곳에 업로드한 파일의 리스트가 출력됩니다.
   〈/s:div〉
〈/fieldset〉



〈/body〉
〈/html〉
```

❶ Ajax를 이용한 비동기 통신을 위해 Head에 〈s:head theme="ajax" /〉를 지정해 준다.

❷ 그리고 다중 업로드를 위해 〈s:form〉 태그의 enctype을 "multipart/form-data"로 설정한다. 이 form 값이 submit 되면 notifyTopics="/after"를 통해 이 submit 태그가 실행되었음을 알리고, 이를 〈script〉에서 받아 uploadComplete 의 ID를 가진 div 영역에 "File Upload Complete!" 문자열을 출력한다.

❸ 업로드 리스트를 가져오기 위해 〈s:url id="asyncList" value="/asyncUploadList. action" /〉로 URL을 설정하고, 링크 태그인 〈s:a theme="ajax" href="%{async List}" targets="uploadlist"〉 부분에서 테마를 ajax로, 타깃을 uploadlist로 정의 해 비동기 통신을 위한 준비를 한다.

❹ 마지막으로 비동기 통신의 결과 값이 나오는 영역을 설정하는 〈s:div〉 태그의 id 값 을 "uploadlist"로 지정한다.

04 업로드 폴더에 업로드된 파일들을 가져오는 페이지이다.

소스 8-23: /jsp/file/asyncUploadForm.jsp

```
<%@ page language="java" contentType="text/html; charset=UTF-8" %>
<%@ taglib prefix="s" uri="/struts-tags" %>

<?xml version="1.0" encoding="UTF-8" ?>
<!DOCTYPE html PUBLIC "-//W3C//DTD XHTML 1.0 Transitional//EN"
"http://www.w3.org/TR/xhtml1/DTD/xhtml1-transitional.dtd">

<html xmlns="http://www.w3.org/1999/xhtml">
<head>
  <title>비동기 파일 업로드</title>
</head>


<body>

<table border="0" cellpadding="10" cellspacing="0">

  ❶ <s:iterator value="listFile" status="stat">

    ❷ <s:url id="download" action="asyncDownloadAction">
        <s:param name="fileUploadPath" value="fileUploadPath" />
        <s:param name="fileDownloadName">
          <s:property value="listFile[#stat.index].name" />
        </s:param>
      </s:url>

      <tr>
        <td>
          ❸ <s:a href="%{download}"> <s:property value="listFile[#stat.index].
name" /> </s:a>
```

❷ 다운로드할 파일의 액션

❸ 화면에 보여지는 부분

```
          </td>
       </tr>

     </s:iterator>

 </table>

 </body>
 </html>
```

실제 asyncUploadForm.jsp 파일의 〈s:div id="uploadlist" theme="ajax" loadingText="Loading..."〉 위치에 업로드된 파일들의 내용이 들어가게 된다.

❶ 〈s:iterator〉 태그의 listFile 값은 액션 클래스에서 지정 폴더의 모든 파일 리스트를 가져와 저장된 값이다. 그러므로 이 리스트 값으로 모든 파일들을 출력하게 된다.

❷ 다운로드할 파일의 액션은 〈s:url id="download" action="asyncDownloadAction"〉에서 일어난다. 파라미터 값으로 각 파일들의 경로와 파일 이름을 가지고 있다.

❸ 화면에 보여지는 링크와 파일명은 〈s:a href="%{download}"〉〈s:property value="listFile[#stat.index].name" /〉〈/s:a〉 부분이 된다.

05 다음의 주소로 접속해 비동기 파일 업로드 예제를 실행한다.

http://localhost/struts2/asyncUploadForm.action

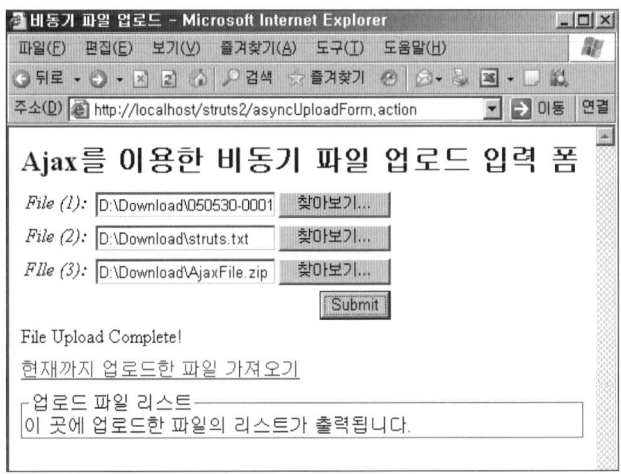

[그림 8-14] asyncUploadForm.action의 결과 화면

asyncUploadForm.action을 실행하게 되면 [그림 8-14]와 같은 입력 폼이 나온다. 여기에서 임의의 파일 3개를 선택해 submit 버튼으로 전송을 완료한다. 그러면 화면에 나오는 것과 같은 ‘File Upload Complete!’ 란 메시지를 볼 수가 있는데, 이는 파일의 전송이 성공적으로 되었다는 뜻이다.

이제 업로드된 파일을 비동기적으로 가져오는지 확인하기 위해 ‘현재까지 업로드한 파일 가져오기’ 링크를 클릭한다. 그러면 다음 그림과 같이 현재까지 업로드한 모든 파일 리스트가 출력되고, 각각의 파일에 대한 다운로드 역시 가능해 진다.

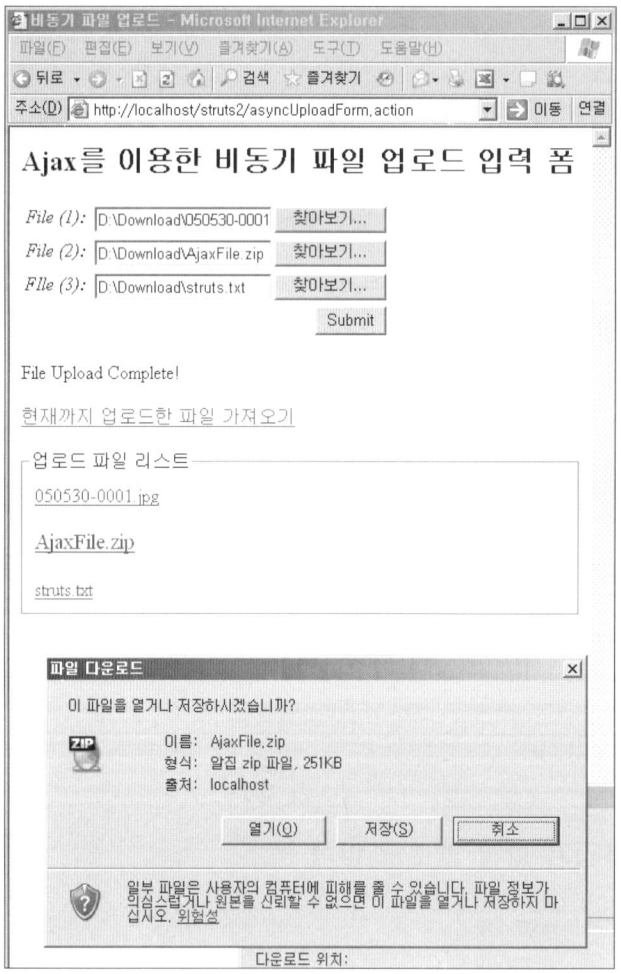

[그림 8-15] 현재까지 업로드한 파일 목록

업로드와 다운로드 모두 이 화면에서 비동기적으로 일어난다는 사실을 확인할 수 있다. 또한 앞 절의 다운로드에서 하나의 파일에 대해서만 가능했던 다운로드를 보완해 이와 같이 동적으로 여러 개의 파일을 다운로드할 수 있다.

지금까지 파일 업로드와 다운로드에 대해 알아보고 이를 응용한 예제 역시 구현해 보았다. 현재 모든 사이트의 게시판에서 파일 업로드 기능이 없는 곳은 거의 없다. 그만큼 많은 사람들이 현재 사용하고 있고 또 매우 유용하게 쓰이고 있다. 파일 관련 기능들은 앞으로 웹 어플리케이션을 개발할 때 매우 중요하게 사용될 기능이므로 이에 대한 확실한 이해를 하고 넘어가기 바란다.

09 예외 처리/로깅/프로파일링

Chapter

| Point

프로그램을 개발하는데 있어서 올바른 설계와 코드의 구현만큼이나 중요한 것이 바로 디버깅이다. 디버깅을 하는데 있어서 꼭 필요한 사항은 예외 처리와 로깅, 프로파일링 등과 같은 요소들이다. 아무리 뛰어난 개발자라도 한 번의 실수도 없이 완벽한 코드를 작성할 수는 없다. 유능한 개발자는 개발 과정에서 일어나는 많은 오류들을 빨리 처리할 수 있어야 한다. 비단, 오류뿐만 아니라 특정 프로세스에서 시스템의 성능이 현저히 낮아진다거나 하는 문제점들도 무수히 만날 수 있다. 이번에는 이러한 문제를 해결하기 위한 다양한 방법들을 소개한다.

01. 예외와 예외 처리

예외(Exception)란 어플리케이션을 실행하는 과정에 있어서 기대하지 않은 어떠한 비정상적인 상황으로 진행되는 흐름을 말한다. 우리 나름은 제대로 된 코드를 생성했다고 믿고 실행하는 순간, 기대했던 화면이 아닌 에러 화면을 만날 때가 많이 있다. 이러한 에러들을 예외라고 하고, 이를 감지해 관련 메시지와 자세한 예외의 내용을 알려주고 적절한 조치를 취하는 것을 예외처리라고 한다.

일반적으로 별다른 예외처리를 하지 않은 경우, 웹 컨테이너가 제공하는 예외 메시지와 예외 스택 트레이스가 화면에 출력된다. 이 화면은 개발자에게는 도움이 되겠지만 실제 웹 사이트를 서비스한다고 가정했을 때 사용자에게 이러한 메시지를 보이는 것은 매우 적절하지 않다. 알 수 없는 메시지만 나오는 화면을 보고 사용자들이 어떻게 받아들이겠는가? 최소한 오류가 발생했으니 어디로 연락을 달라는 등의 메시지나 다른 페이지로 포워딩시키는 액션이 필요할 것이다. 그래서 따로 예외처리를 한 화면을 내보낼 필요가 있다. 지금부터 이에 대한 내용을 살펴보도록 하자.

(1) 자바에서의 예외 처리에 대한 이해

스트럿츠2에서 예외를 처리하는 방법을 살펴보기 전에, 먼저 자바에서 예외가 발생하는 상황을 이해하는 것이 중요하다. 예외가 어떤 과정을 거쳐 어떻게 발생되느냐에 따라 적절한 대처 방안을 모색할 수 있기 때문에 반드시 자세히 알아두어야 한다.

다음은 자바의 예외 클래스에 대한 구조이다.

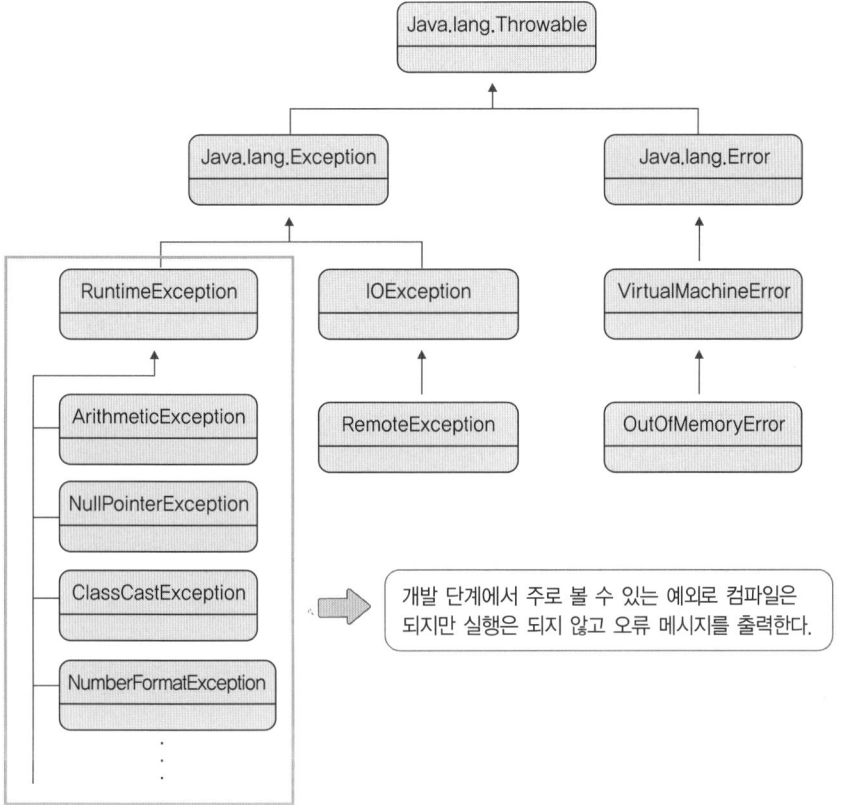

[그림 9-1] 자바의 예외 클래스 구조

자바에서 예외가 발생하면 가장 먼저 Throwable 클래스를 상속한 클래스를 생성한다. Throwable 클래스는 하위에 100개 이상의 서브 클래스를 포함하고 있기 때문에, 위의 그림에서는 많이 볼 수 있는 몇 가지 에러 클래스만 그림으로 표현하였다.

Error 클래스는 시스템의 치명적인 예외 상황일 때 발생하는데, 이는 개발자의 선에서 처리할 수 있는 예외가 아니다. 스트럿츠2 프레임워크에서 다루는 예외는 Exception 클래스의 RuntimeException으로 각 예외 상황에 대한 정의를 미리 객체화하여 가지고 있는 클래스이다.

우리가 알아볼 예외 처리 역시 RuntimeException에 관한 것으로, 이러한 예외가 발생했을 시의 처리 방법에 대해 알아보자.

(2) 예외 처리 방법

스트럿츠2에서의 예외 처리 방법은 크게 두가지로 나눌 수 있다. 두 방법 모두 struts.xml에 예외 상황을 정의하고, 해당 예외에 대한 리절트 페이지를 설정한다. 단, try~catch문을 사용할 경우 catch문에서 예외를 처리하므로 스트럿츠2의 매핑 방법을 적용시킬 수 없게 된다. 그러므로 반드시 액션 클래스의 메소드에서 예외를 발생시켜야 한다. 이러한 공통점을 염두에 두고 지금부터 이 두 가지 방법의 특성과 차이점에 대해 자세히 알아보도록 한다.

① 액션 예외 매핑
② 글로벌 예외 매핑

1 액션 예외 매핑

액션 매핑은 각 액션마다 예외 처리를 따로 하는 방식이다. 이런 방식의 경우, 각 프로세스마다 각각의 오류 페이지를 보여줄 수 있다는 장점이 있지만 일일이 예외들을 매핑시켜야 한다는 단점이 있다. 다음의 예제를 보자.

01 arithmeticAction과 success.jsp를 매핑시킨다.

소스 9-1 : /src/struts.xml

```
〈struts〉
  〈package name="exception" extends="struts-default"〉
    〈action name="arithmeticAction" class="exception.arithmeticAction"〉
      〈result〉/jsp/exception/success.jsp〈/result〉
    〈/action〉
  〈/package〉
〈/struts〉
```

02 정수형 변수를 정의한 후, 나눗셈을 한다.

```java
package exception;

import com.opensymphony.xwork2.ActionSupport;

public class arithmeticAction extends ActionSupport {
    private int x;
    private int y;
    private int z;

  public String execute( ) throws Exception {

    x = 3;
    y = 0;

    z = x / y;

    System.out.println(z);

    return SUCCESS;
  }
}
```

03 액션이 오류없이 실행될 경우, 보여줄 페이지를 작성한다.

소스 9-3 : /jsp/exception/success.jsp

```jsp
<%@ page contentType="text/html; charset=utf-8" %>
<%@ taglib prefix="s" uri="/struts-tags" %>

<?xml version="1.0" encoding="UTF-8" ?>
<!DOCTYPE html PUBLIC "-//W3C//DTD XHTML 1.0 Transitional//EN"
"http://www.w3.org/TR/xhtml1/DTD/xhtml1-transitional.dtd" >
<html xmlns="http://www.w3.org/1999/xhtml" >
<head>
  <title>스트럿츠2의 예외 처리</title>
  <s:head theme="ajax" />
</head>
```

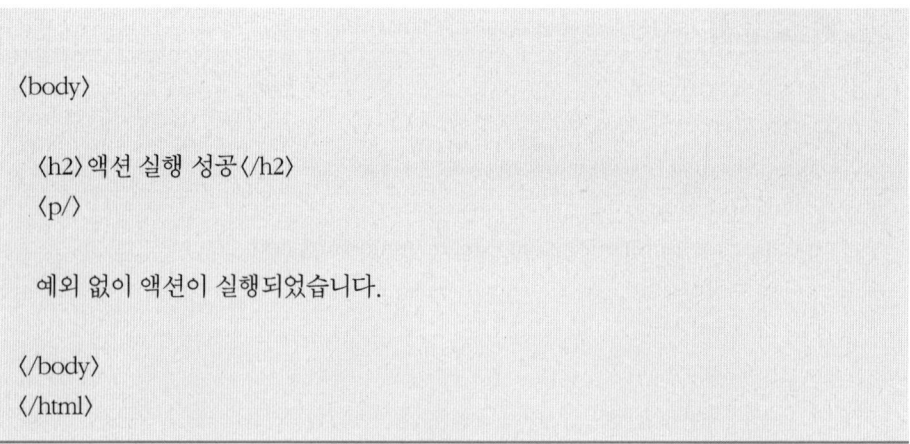

```
<body>

  <h2>액션 실행 성공</h2>
  <p/>

  예외 없이 액션이 실행되었습니다.

</body>
</html>
```

위와 같이 작성을 하고 페이지를 실행하면 [그림 9-2]와 같은 결과를 얻는다.

[그림 9-2] arithmeticAction.action의 결과 화면

위와 같은 예외가 발생한 이유는 arithmeticAction.java 파일에서 0으로 나누어주는 산술 연산을 실행하고 있기 때문이다. 산술적으로 0으로 나눌 수 없으므로 java.lang.Arithmetic Exception의 예외가 발생한다. 이것은 아무런 예외 처리를 해주지 않았을 때의 결과 화면이다. 그러나 사용자들에게는 잘 정리된 화면을 보여줄 필요가 있으므로 이제, 예외가 발생했을 때 임의의 페이지로 이동하도록 위의 코드를 수정해 보자.

04 수정 사항은 exception-mapping 속성을 추가하고, result 값으로는 이동할 페이지를 설정하는 것이다. 그리고 exception에서는 발생될 예외의 종류를 정의한 다음, 실제 이동할 페이지의 주소를 작성하도록 한다.

소스 9-4 : /src/struts.xml

```xml
〈struts〉
  〈package name="exception" extends="struts-default"〉
    〈action name="arithmeticAction" class="exception.arithmeticAction"〉

      〈!- 추가할 부분. 산술 연산에 대한 예외를 정의하고 리절트 페이지를 지정한다. -〉
      〈exception-mapping result="ari_error" exception="java.lang.Arithmetic
Exception"/〉
      〈result name="ari_error"〉/jsp/exception/arithmeticError.jsp〈/result〉

      〈result〉/jsp/exception/success.jsp〈/result〉
    〈/action〉
  〈/package〉
〈/struts〉
```

05 struts.xml에서 지정한 arithmeticError.jsp를 작성한다. 예외가 발생하면 [그림 9-2]와 같은 예외 메시지와 예외 스택 트레이스가 나오는 것이 아니라 [그림 9-3]의 페이지가 출력된다.

소스 9-5 : /jsp/exception/arithmeticError.jsp

```jsp
〈%@ page contentType="text/html; charset=utf-8" %〉
〈%@ taglib prefix="s" uri="/struts-tags" %〉

〈?xml version="1.0" encoding="UTF-8" ?〉
〈!DOCTYPE html PUBLIC "-//W3C//DTD XHTML 1.0 Transitional//EN "
"http://www.w3.org/TR/xhtml1/DTD/xhtml1-transitional.dtd"〉
〈html xmlns="http://www.w3.org/1999/xhtml"〉
〈head〉
    〈title〉스트럿츠2의 예외 처리〈/title〉
    〈s:head theme="ajax"/〉
〈/head〉
```

```
<body>

    <h2>산술 예외 처리 페이지</h2>
    <p/>

    액션 실행 도중 산술 예외가 발생했습니다.

</body>
</html>
```

06 다음의 주소로 접속해 예제를 실행한다.

http://localhost/struts2/arithmeticAction.action

[그림 9-3] arithmeticAction.action의 예외 처리 화면

위의 처리 결과는 산술 연산에 대한 예외 처리 화면이다. 0으로 나누어주는 산술 연산에서 오류가 발생하였기 때문에 java.lang.ArithmeticException 예외가 발생하였다. 그리고 스트럿츠2의 예외처리 페이지 지정으로 위 화면과 같은 페이지로 포워딩되는 것이다. 이외에도 많은 예외들에 대한 직접적인 처리가 가능하므로 상황에 맞는 예외 처리를 하면 된다.

② 글로벌 예외 매핑

앞에서 살펴본 액션 예외 매핑 방법은 예외 처리를 각 액션에서 처리하였다. 만약 실제 개발에서 수많은 액션 프로세스들을 접하게 될 경우 이 방법은 생산성면에서 많이 뒤떨어질 수밖에 없다. 그래서 이번에 알아볼 것이 바로 글로벌 예외 매핑이다. 글로벌 예외 매핑은 하나의 액션이 아닌, 글자 그대로 다수의 액션들에 대한 처리를 하는 방법이다.

다음은 글로벌 예외 매핑의 요소에 대한 설명이다.

■ ⟨global-exception-mappings/⟩

global-exception-mappings은 앞에서 다루었던 ⟨exception-mapping/⟩을 포함할 때 패키지 내의 모든 영역에 걸쳐 그 기능을 발휘한다.

■ ⟨global-results/⟩

global-results 역시 ⟨result/⟩을 포함하여 많은 액션에서 리절트 페이지를 사용할 수 있게 한다.

액션 예외 매핑에서 구현했던 예제를 같은 기능을 하는 글로벌 예외 매핑으로 다시 고쳐보자. 수정할 부분은 struts.xml에서 액션에서 처리해 주었던 예외를 액션 밖으로 빼고 global-exception-mappings와 global-results를 추가해 준다.

소스 9-6 : /src/struts.xml의 수정-글로벌 예외 매핑

```
⟨struts⟩
  ⟨package name="exception" extends="struts-default"⟩
    ⟨global-results⟩
      ⟨result name="ari_error"⟩/jsp/exception/arithmeticError.jsp⟨/result⟩
    ⟨/global-results⟩

    ⟨global-exception-mappings⟩
      ⟨exception-mapping result="ari_error" exception="java.lang.Arithmetic Exception"/⟩
    ⟨/global-exception-mappings⟩

    ⟨action name="arithmeticAction" class="exception.arithmeticAction"⟩
      ⟨result⟩/jsp/exception/success.jsp⟨/result⟩
    ⟨/action⟩
  ⟨/package⟩
⟨/struts⟩
```

위와 같이 액션에서 설정했던 예외처리를 글로벌 속성으로 재정의해 주었다. 결과 화면은 앞에서 했던 내용과 같지만, 이 액션뿐만 아니라 다른 액션에서도 같은 산술 예외(Arithmetic Exception)가 발생했을 때 별도로 정의를 하지 않아도 항상 arithmeticError.jsp 페이지를 보여주게 될 것이다.

액션 예외 매핑과 글로벌 예외 매핑은 서로의 성격이 다르므로 개발 과정에서 상황에 맞는 유연한 대처가 필요하다.

③ 예외 처리 순서

지금까지 예외 처리의 두가지 방법에 대해 알아보았다. 이번에 알아볼 내용은 앞서 살펴보았던 두가지 방법이 동시에 사용되었을 경우, 어떤 예외를 우선적으로 처리하는지 그 순서에 대한 것이다. 여러 가지 예외에 대한 우선 순위는 다음과 같다.

① 예외 클래스 기준

```
<global-excepition-mappings>
  <exception-mapping result="ari_error" exception="java.lang.ArithmeticException"/>
</global-excepition-mappings>

<action>
  <exception-mapping result="ari_error" exception="java.lang.Exception"/>
</action>
```

> 글로벌 액션에 관계없이 예외 클래스를 기준으로 무조건 정확한 예외를 매핑시킨다.
> 하위 클래스 예외 > 상위 클래스 예외

[그림 9-4] 클래스 기준에 따른 예외 처리 순서

위 그림과 같이 만약 ArithmeticException 예외가 발생한 경우, java.lang.Exception보다 java.lang.ArithmeticException이 더 정확한 예외의 발생 원인이다. 그러므로 액션 예외 매핑과 글로벌 예외 매핑에 상관없이 하위 클래스의 보다 더 정확한 예외를 찾아 매핑시킨다. 이로써 정확한 예외의 원인이 최우선 순위라는 것을 알 수 있다.

② 예외 매핑의 범위 기준

```
<global-excepition-mappings>
   <exception-mapping result="ari_error" exception="java.lang.ArithmeticException"/>
</global-excepition-mappings>

<action>
   <exception-mapping result="ari_error" exception="java.lang.ArithmeticException"/>
</action>
```

> 예외의 정의가 둘 다 정확한 경우, 액션에 있는 우선순위로 매핑시킨다.
>
> 액션 예외 매핑 > 글로벌 예외 매핑

[그림 9-5] 예외의 종류에 따른 예외 처리 순서

예외 클래스의 범위가 같다면 같은 예외라도 글로벌 예외 매핑보다 액션 예외 매핑을 우선시 한다. 위 그림에서 보는 바와 같이 예외의 발생 원인이 java.lang.ArithmeticException으로 둘 다 정확하므로 액션 예외 매핑에 있는 오류 처리 페이지로 포워딩하게 된다. 이와 같이 예외 매핑은 그 발생 원인과 매핑의 종류에 따라 우선 순위가 달라짐을 알 수 있다.

02. 인터셉터를 이용한 로그 남기기

지금까지 예외의 처리는 예외가 발생하면 단지 그것을 다른 페이지로 포워딩해 주는 등의 처리만을 했다. 페이지만 다른 것을 보여줄 뿐 정확한 오류 메시지는 확인할 수 없는 것이다. 하지만 예외 처리 인터셉터를 이용하면 발생하는 예외에 대한 로그를 남길 수 있게 된다. 지금부터 이에 대해 알아보자.

먼저, 예외 처리 인터셉터로는 ExceptionMappingInterceptor가 있다. 이 클래스는 예외 처리 매핑에 대한 설정들을 제공한다.

struts.xml에서 <interceptor-ref name="exception">과 같이 인터셉터를 설정해 주는 것으로 로그를 남길 수 있게 된다. 다음은 이에 대한 예제 코드이다.

```
⟨struts⟩
  ⟨package name="exception" extends="struts-default"⟩
    ⟨action name="arithmeticAction" class="exception.arithmeticAction"⟩
      ⟨interceptor-ref name="exception"⟩
        ⟨param name="logEnabled"⟩true⟨/param⟩
        ⟨param name="logLevel"⟩debug⟨/param⟩
        ⟨param name="logCategory"⟩exception⟨/param⟩
      ⟨/interceptor-ref⟩
      ⟨exception-mapping result="ari_error" exception="java.lang.ArithmeticException"/⟩
      ⟨result name="ari_error"⟩/jsp/exception/arithmeticError.jsp⟨/result⟩

      ⟨result⟩/jsp/exception/success.jsp⟨/result⟩
    ⟨/action⟩
  ⟨/package⟩
⟨/struts⟩
```

⟨interceptor-ref name="exception"⟩으로 인터셉터를 선언하고, 각각의 파라미터를 넣는다. 파라미터에 대한 설명은 다음과 같다.

- ⟨param name="logEnabled"⟩true⟨/param⟩ : 예외 인터셉터에서 로그를 남길 것인지를 결정하는 파라미터이다. True로 설정하면 로그를 남기게 된다.
- ⟨param name="logLevel"⟩debug⟨/param⟩ : 남기게 될 로그의 레벨을 결정한다. 여기서는 DEBUG 레벨로 설정한다.
- ⟨param name="logCategory"⟩exception⟨/param⟩ : 로그가 남기게 될 카테고리를 결정한다. 이번 예제는 exception 카테고리에서 실행되므로 exception으로 설정한다. 이와 같이 하면, 하위 패키지에서 일어나는 모든 일들이 로그로 남겨진다.

이와 같이 설정을 한 뒤 앞에서 다루었던 산술 연산 예외 페이지를 다시 실행시키면 다음과 같은 로그가 남겨지는 것을 확인할 수 있다.

[그림 9-6] 로그 파일의 내용

위의 그림에서 보는 바와 같이 ExceptionMappingInterceptor가 사용되었음을 알 수 있다. 그리고 이로 인해 아래와 같은 오류 메시지가 출력되는 것 또한 확인할 수 있다.

이와 같이 오류 메시지는 로그 파일로 보고, 실제 사용자들에게 보여지는 페이지는 따로 설정하는 것이 가장 좋은 예외 처리라고 할 수 있다.

지금부터는 이러한 로깅을 스트럿츠2에서 어떻게 설정하여 사용하는지 알아보고, 간단한 예제를 통한 디버깅 방법도 알아본다.

> **참고**
>
> **로깅의 중요성**
>
> 로그는 어떤 일에 대해 상태를 기록하는 행위이다. 어플리케이션에서의 로깅은 어플리케이션에서 일어나는 모든 일들을 기록하는 것을 뜻한다. 그럼 이러한 기록들은 어디에 쓰일까?
>
> 시스템 내부에서는 우리가 알지 못하는 많은 일들이 일어난다. 비록 현재 잘 운영되고 있는 시스템이라 할지라도 어떤 잠재적인 결함이 있을 수 있고, 개발자들이 놓치는 이런 결함들을 시스템이 로깅을 통해 기록한다. 이를 바탕으로 유지보수나 디버깅과 같은 작업을 수월하게 할 수 있기 때문에 로깅은 어플리케이션을 개발하는 데 있어서 매우 중요한 요소이다.
>
> 또한 로깅은 오류뿐만 아니라 관리자의 측면에서도 사용자가 현재 어떤 일을 하는지 모두 기록되어 알려주기 때문에 어플리케이션의 운영에 도움이 된다.

03. commons 로깅 패키지

(1) commons 로깅 프로세서

commons 로깅 패키지는 자카르타 commons에 포함되어 있는 오픈소스 로깅 라이브러리이다. commons 로깅은 자체적인 로깅 기능이 없으며 단지, 로깅 요청을 log4j와 같은 다른 로깅 API에 전달하는 역할을 한다. 다시 말해 이러한 commons 로깅의 바탕 위에 로깅 API가 실제적으로 로그를 기록하는 기능을 하게 되는 것이다.

다음은 로깅이 일어나는 프로세스를 그림으로 나타낸 것이다.

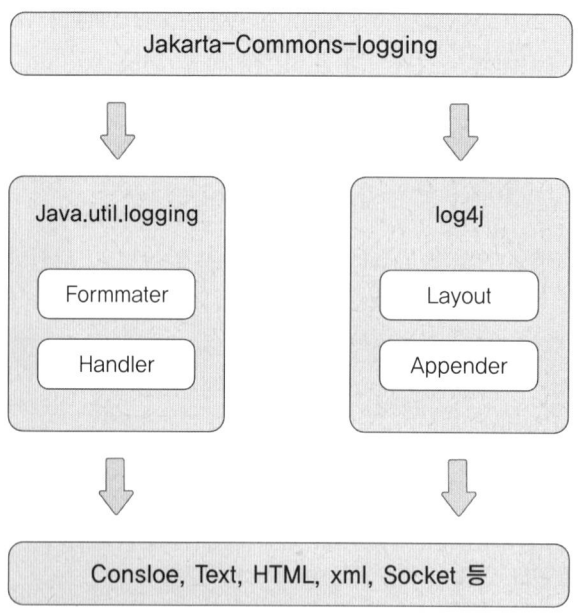

[그림 9-7] 로깅이 실행되는 과정

이와 같이 commons 로깅을 설치한 후 log4j나 java의 logging과 같은 API를 이용해 로그를 출력한다. 이때 출력 포맷은 콘솔이나 텍스트 파일, HTML 파일, XML 파일, 그리고 소켓 등으로 매우 다양하다.

스트럿츠2에서는 commons 로깅을 기본적으로 포함하고 있다. 만약 현재 웹 어플리케이션 서버의 /WEB-INF/lib 에 commons-logging.jar 파일이 없다면 처음 설치했던 스트럿츠2의 폴더에서 복사해 온다. 설치가 완료되었다면 이제부터 commons 로깅을 사용해 로그를 남겨보자. 현재 가장 보편적으로 쓰이고 있는 log4j를 이용해서 로깅하는 방법을 알아보도록 한다.

(2) log4j를 이용한 로깅

오픈소스 프로젝트인 log4j는 매우 쉽고 다양한 출력 포맷으로 로깅을 할 수 있도록 해준다. Log4j를 사용하려면 먼저 commons 로깅과 마찬가지로 자신의 웹 어플리케이션 서버에 파일을 설치해야 한다. http://logging.apache.org/log4j 의 홈페이지로 가서 가장 최근의 버전을 다운받는다. 압축을 풀면 해당 버전의 log4j-x.x.x.jar 와 같은 파일이 나오고, 이를 서버의 /WEB-INF/lib 에 복사한다. 설치가 모두 끝났으면 이제부터 log4j의 기능과 사용법에 대해 알아보자.

1 log4j의 구조

log4j는 크게 다음과 같은 세가지 구성요소를 가진다.

① logger

로그 파일을 작성하고, Appender에 메시지를 전달하는 기능을 한다.

② Appender

로그를 출력하는 위치를 지정한다. 주요 Appender는 다음 [표 9-1]과 같다.

[표 9-1] log4j의 Appender 종류

Appender	설 명
ConsoleAppender	콘솔에 로그 메시지를 출력한다.
FileAppender	파일에 로그 메시지를 출력한다.
RollingFileAppender	로그의 크기가 지정된 용량 이상이 되면 다른 이름의 파일로 출력한다.
DailyRollingFileAppender	하루를 단위로 로그 메시지를 파일에 출력한다.
SMTPAppender	로그 메시지를 이메일로 보낸다.
NTEventLogAppender	윈도의 이벤트 로그 시스템에 기록한다.

③ Layout

Appender로 출력되는 메시지를 보여주는 틀을 정의한다. 주요 패턴은 다음과 같다.

[표 9-2] log4j의 Layout 패턴

패턴	설 명
%d	로그의 기록 시간을 출력한다.
%p	로그의 우선 순위를 출력한다.
%F	로깅이 발생한 프로그램의 파일명을 출력한다.
%M	로깅이 발생한 메소드의 이름을 출력한다.
%L	로깅이 발생한 호출자의 라인수를 출력한다.
%m	로그 메시지를 출력한다.
%	n개행 문자를 출력한다.

② log4j. properties 설정 방법

앞에서 살펴본 구성요소들을 이용해 실제 log4j를 설정하는 방법을 알아보자. 설정하는 방법에는 log4j.properties를 사용하거나 log4.xml을 사용하는 방법, 그리고 자바 코드에서 사용하는 방법 등이 있다. 우리는 이 중에서 가장 쉽게 설정할 수 있는 log4j.properties를 사용하는 방법을 알아보도록 한다.

먼저, 자신의 웹 어플리케이션 서버의 루트 디렉터리에 log4j.properties라는 파일을 생성한다. 그리고 이 파일 안에 로그의 출력 위치와 메시지의 형식 등을 정의해 준다.

다음은 간단한 log4j.properties의 예이다.

소스 9-8 : /src/log4j.properties

```
# FATAL 〉 ERROR 〉 WARN 〉 INFO 〉 DEBUG


log4j.rootLogger=DEBUG, stdout


# --------------------------------------------------------------
log4j.appender.stdout=org.apache.log4j.DailyRollingFileAppender
log4j.appender.stdout.File=logs/log4j.log
log4j.appender.stdout.Append=true
log4j.appender.stdout.DatePattern= '.' yyyy-MM-dd
log4j.appender.stdout.layout=org.apache.log4j.PatternLayout
log4j.appender.stdout.layout.ConversionPattern=[%d{yyyy-MM-dd HH:mm:ss}]\t%-
5p\t[%F.%M( ):%L]\t%m%n
# --------------------------------------------------------------
```

한 줄씩 자세히 살펴보자.

• **log4j.rootLogger=DEBUG, stdout 부분** : 기본적인 모든 로그들이 DEBUG 레벨로, 그리고 stdout이라는 이름으로 출력되도록 설정한다. 각 로깅 레벨의 의미는 다음 [표 9-3]과 같다.

[표 9-3] 로깅 레벨의 의미

로깅 레벨	설 명
FATAL	심각한 오류가 일어났을 때 사용한다.
ERROR	일반적인 오류가 일어났을 때 사용한다.
WARN	오류는 아니지만 주의가 필요할 때 사용한다.
INFO	일반 정보를 나타낼 때 사용한다.
DEBUG	좀더 상세한 정보를 나타낼 때 사용한다.

- log4j.appender.stdout=org.apache.log4j.DailyRollingFileAppender **부분** : 하루 동안 쌓았던 로그를 날짜별로 구분해 파일로 저장한다.
- log4j.appender.stdout.File=logs/log4j.log **부분** : 로그 파일의 위치를 지정하는 것으로 상대 경로와 절대 경로로 지정할 수 있다. 상대 경로로 적을시에는 루트 경로가 아파치 서버의 최상위 디렉터리다.
- log4j.appender.stdout.Append=true **부분** : 이 값이 true이면 톰캣을 재시작해도 로그 파일을 리셋하지 않겠다는 의미이다.
- log4j.appender.stdout.DatePattern='.' yyyy-MM-dd **부분** : 로그 파일의 날짜 포맷을 지정한다.
- log4j.appender.stdout.layout=org.apache.log4j.PatternLayout **부분** : stdou 어펜더에 PatternLayout을 사용하겠다는 뜻이다.
- log4j.appender.stdout.layout.ConversionPattern=[%d{yyyy-MM-dd HH:mm:ss}]\t%-5p\t[%F.%M( ):%L]\t%m%n **부분** : 실제 파일에 출력될 로그들의 형식을 지정하는 부분으로, 날짜와 시간, 로깅 레벨, 프로그램의 이름과 메소드, 라인수, 로그 메시지 등이 출력된다.

이와 같이 작성하고 어플리케이션을 새로 시작하면, 아파치 서버의 logs 폴더에 log4j.log라는 파일이 생긴 것을 볼 수 있다. 생성된 로그 파일의 내용을 보면 다음 [그림 9-8]과 같다.

```
[2008-08-12 04:53:05] INFO  [XmlConfigurationProvider.java.register():140]  Parsing configuration file [struts.xml]
[2008-08-12 04:53:05] WARN  [Settings.java.getLocale():143] Settings: Could not parse struts.locale setting, substituting default VM locale
[2008-08-12 04:53:06] INFO  [BeanSelectionProvider.java.alias():203]  Choosing bean (struts) for class com.opensymphony.xwork2.ObjectFactory
[2008-08-12 04:53:06] INFO  [BeanSelectionProvider.java.alias():203]  Choosing bean (struts) for class com.opensymphony.xwork2.util.XWorkConv
[2008-08-12 04:53:06] INFO  [BeanSelectionProvider.java.alias():203]  Choosing bean (struts) for interface com.opensymphony.xwork2.TextProvic
[2008-08-12 04:53:06] INFO  [BeanSelectionProvider.java.alias():203]  Choosing bean (struts) for interface com.opensymphony.xwork2.ActionProx
[2008-08-12 04:53:06] INFO  [BeanSelectionProvider.java.alias():203]  Choosing bean (struts) for interface com.opensymphony.xwork2.util.Objec
[2008-08-12 04:53:06] INFO  [BeanSelectionProvider.java.alias():203]  Choosing bean (struts) for interface org.apache.struts2.dispatcher.mapp
[2008-08-12 04:53:06] DEBUG [BeanSelectionProvider.java.alias():216]  Choosing bean (jakarta) for interface org.apache.struts2.dispatcher.mul
[2008-08-12 04:53:06] INFO  [BeanSelectionProvider.java.alias():203]  Choosing bean (struts) for class org.apache.struts2.views.freemarker.Fr
[2008-08-12 04:53:06] DEBUG [BeanSelectionProvider.java.alias():216]  Choosing bean (struts) for class org.apache.struts2.views.velocity.Velc
[2008-08-12 04:53:06] DEBUG [LocalizedTextUtil.java.addDefaultResourceBundle():116] Added default resource bundle 'org/apache/struts2/struts-
[2008-08-12 04:53:06] INFO  [BeanSelectionProvider.java.register():185] Loading global messages from globalResource
[2008-08-12 04:53:06] DEBUG [LocalizedTextUtil.java.addDefaultResourceBundle():116] Added default resource bundle 'globalResource' to default
[2008-08-12 04:53:06] DEBUG [XmlConfigurationProvider.java.addPackage():403]  Loaded {PackageConfig Name:struts-default namespace: abstract:t
[2008-08-12 04:53:06] DEBUG [I18nInterceptor.java.<init>():83]  new I18nInterceptor()
[2008-08-12 04:53:06] DEBUG [I18nInterceptor.java.<init>():83]  new I18nInterceptor()
[2008-08-12 04:53:06] DEBUG [I18nInterceptor.java.<init>():83]  new I18nInterceptor()
[2008-08-12 04:53:06] DEBUG [XmlConfigurationProvider.java.addPackage():403]  Loaded {PackageConfig Name:ajax namespace: abstract:false parer
[2008-08-12 04:53:06] DEBUG [XmlConfigurationProvider.java.addAction():353] Loaded ajaxDiv in 'ajax' package:{ActionConfig com.opensymphony.x
[2008-08-12 04:53:06] DEBUG [XmlConfigurationProvider.java.addAction():353] Loaded samplePage in 'ajax' package:{ActionConfig com.opensymphor
[2008-08-12 04:53:06] DEBUG [XmlConfigurationProvider.java.addAction():353] Loaded ajaxTab in 'ajax' package:{ActionConfig com.opensymphony.x
[2008-08-12 04:53:06] DEBUG [XmlConfigurationProvider.java.addAction():353] Loaded ajaxTree in 'ajax' package:{ActionConfig com.opensymphony.
[2008-08-12 04:53:06] DEBUG [XmlConfigurationProvider.java.addAction():353] Loaded completerAction in 'ajax' package:{ActionConfig ajax.compl
[2008-08-12 04:53:06] DEBUG [XmlConfigurationProvider.java.addAction():353] Loaded LoginForm in 'ajax' package:{ActionConfig com.opensymphony
[2008-08-12 04:53:06] DEBUG [XmlConfigurationProvider.java.addAction():353] Loaded LoginAction in 'ajax' package:{ActionConfig ajax.login.Los
[2008-08-12 04:53:06] DEBUG [XmlConfigurationProvider.java.addPackage():403]  Loaded {PackageConfig Name:validation namespace: abstract:false
[2008-08-12 04:53:06] DEBUG [XmlConfigurationProvider.java.addAction():353] Loaded regForm in 'validation' package:{ActionConfig com.opensymp
[2008-08-12 04:53:06] DEBUG [XmlConfigurationProvider.java.addAction():353] Loaded regAction in 'validation' package:{ActionConfig validatior
[2008-08-12 04:53:06] DEBUG [XmlConfigurationProvider.java.addAction():353] Loaded defaultValidatorForm in 'validation' package:{ActionConfis
[2008-08-12 04:53:06] DEBUG [XmlConfigurationProvider.java.addAction():353] Loaded defaultValidationAction in 'validation' package:{ActionCor
[2008-08-12 04:53:06] DEBUG [XmlConfigurationProvider.java.addAction():353] Loaded annotationActionForm in 'validation' package:{ActionConfis
[2008-08-12 04:53:06] DEBUG [XmlConfigurationProvider.java.addAction():353] Loaded annotationAction in 'validation' package:{ActionConfig val
[2008-08-12 04:53:06] DEBUG [XmlConfigurationProvider.java.addPackage():403]  Loaded {PackageConfig Name:internationalization namespace: abst
[2008-08-12 04:53:06] DEBUG [XmlConfigurationProvider.java.addAction():353] Loaded resActionForm in 'internationalization' package:{ActionCor
[2008-08-12 04:53:06] DEBUG [XmlConfigurationProvider.java.addAction():353] Loaded resPrintActionForm1 in 'internationalization' package:{Act
[2008-08-12 04:53:06] DEBUG [XmlConfigurationProvider.java.addAction():353] Loaded resPrintActionForm2 in 'internationalization' package:{Act
[2008-08-12 04:53:06] DEBUG [XmlConfigurationProvider.java.addAction():353] Loaded resPrintActionForm3 in 'internationalization' package:{Act
[2008-08-12 04:53:06] DEBUG [XmlConfigurationProvider.java.addAction():353] Loaded resDynamicActionForm1 in 'internationalization' package:{A
[2008-08-12 04:53:06] DEBUG [XmlConfigurationProvider.java.addAction():353] Loaded resDynamicActionForm2 in 'internationalization' package:{A
[2008-08-12 04:53:06] DEBUG [XmlConfigurationProvider.java.addAction():353] Loaded resOrderActionForm in 'internationalization' package:{Acti
[2008-08-12 04:53:06] DEBUG [XmlConfigurationProvider.java.addPackage():403]  Loaded {PackageConfig Name:exception namespace: abstract:false
[2008-08-12 04:53:06] DEBUG [XmlConfigurationProvider.java.addAction():353] Loaded arithmeticAction in 'exception' package:{ActionConfig exce
[2008-08-12 04:53:06] INFO  [ObjectTypeDeterminerFactory.java.<clinit>():28]  Setting DefaultObjectTypeDeterminer as default ...
```

[그림 9-8] log4j.log 파일의 내용

ConversionPattern에서 =[%d{yyyy-MM-dd HH:mm:ss}]\t%-5p\t[%F.%M( ):%L]\t%m%n 라고 정의했던 패턴이 반영되어 로그에 출력되고 있음을 알 수 있다. 날짜의 형식과 로깅 레벨, 그리고 로그가 발생한 프로그램 이름과 메소드 이름이 나타나고, 해당 원인이 있는 라인 번호를 알 수 있다. 마지막으로 로그가 발생한 원인에 대한 메시지가 출력된다.

04. 프로파일링

(1) 프로파일링의 이해

프로파일링(profiling)은 어플리케이션의 성능을 측정하는 것으로 프로그램의 실행에 있어서 병목 현상이나 성능 저하의 요인을 찾는 기능을 한다. 일반적으로 개발 중에 발생하는 오류가 아닌 시스템의 운영이나 유지에 관련한다. 처음 개발 당시의 성능에 비해 시간이 갈수록 성능 저하가 심해진다는 등의 문제가 발생한다면 프로파일링 기능을 이용하는 것이 좋은 방법이 될 수 있다.

스트럿츠2에서는 이러한 성능 저하의 요인을 분석하고 개선하기 위한 UtilTimerStack 클래스를 제공한다. 다음은 이 클래스가 제공하는 프로파일링 기능의 구성요소이다.

- ActionContextCleanUp
- FreemarkerPageFilter
- DispatcherFilter
  - Dispatcher
- creation of DefaultActionProxy
- creation of DefaultActionInvocation
- creation of Action
- execution of DefaultActionProxy
- invocation of DefaultActionInvocation
- invocation of Interceptors
- invocation of Action
- invocation of PreResultListener
- invocation of Result

이제부터 이 클래스의 기능을 이용하여 시스템의 성능을 측정하는 방법을 알아보도록 하자.

(2) 프로파일링의 설정 방법

스트럿츠2를 설치했을 때 프로파일링 기능은 기본으로 설정되어 있지 않다. 그 이유는 프로파일링은 성능을 측정하는 것이기 때문에 매 순간 이러한 측정은 시스템에 부하를 가져올 수 있다. 그래서 꼭 필요할 때만 활성화하도록 설정한다.

설정하는 방법은 총 세 가지가 있는데 지금부터 이에 대해 하나씩 자세히 알아보자.

① 시스템 속성으로 설정

시스템 속성은 컨테이너의 시작 스크립트에서 다음의 값을 지정해 줌으로써 설정하는 방법이다.

```
-Dxwork.profile.activate=true
```

예를 들어, 톰캣 같은 경우에는 /TOMCAT_HOME/bin/Catalina.sh 파일에서 CATALINA_OPTS 값을 위의 값으로 설정해 준다.

```
set CATALINA_OPTS = -Dxwork.profile.activate=true
```

이렇게 시스템에서 설정하는 방법은 별다른 코드의 추가 없이도 사용이 가능하므로 매우 편리하다.

② 코드로 설정

두 번째 방법은 프로그램 내에서 코드로 설정하는 방법이다. 다음의 세 가지 코드 작성 방법 중 하나를 선택하여 추가한다.

```
UtilTimerStack.setActivate(true);
// 또는
System.setProperty("xwork.profile.activate", "true");
// 또는
System.setProperty(UtilTimerStack.ACTIVATE_PROPERTY, "true");
```

이와 같은 세 가지 코드 설정 방법 중 어느 것이나 기능은 같다. 이 코드들은 다음과 같은 static block에 의해 프로파일링 기능이 실행된다.

① Spring bean 에서의 lazy-init="false"
② 초기화하는 서블릿에서의 숫자값들
③ Filter나 Listener 의 초기화 method

③ 파라미터로 설정

마지막 설정 방법은 파라미터로 하는 방법이다. 파라미터를 이용한 방법은 다음의 2가지 조건을 필요로 한다.

① 프로파일링을 하려는 액션에 프로파일링 인터셉터를 추가해야 한다.
② struts.properties 파일에서 dev mode를 true로 설정해야 한다.

먼저 첫 번째 조건에 대한 간단한 예제를 보면, 소스 9-9와 같다.

소스 9-9 : /src/struts.xml

```
〈struts〉
    〈action ... 〉
    ...
    〈interceptor-ref name="profiling"〉
        〈param name="profilingKey"〉profiling〈/param〉
    〈/interceptor-ref〉
```

```
         ...
      〈/action〉

   //또는,

   〈action .... 〉
   ...
   〈interceptor-ref name= "profiling" /〉

   ...
   〈/action〉
〈/struts〉
```

위의 두가지 방법 중 하나로 적어주면 첫 번째 프로파일링 인터셉터의 추가라는 조건을 만족하게 된다. 그리고 두 번째 조건인 struts.properties 파일에서 dev mode를 true로 설정하는 것은 다음의 예제와 같이 작성한다.

> * /src/struts.properties
> struts.devMode = true

위와 같이 모든 설정들을 끝냈다면 이제 프로파일링 기능을 사용할 수 있게 된다. 그러나 기능만 설정했을 뿐, 이와 같은 결과를 볼 수 있는 화면이 없을 것이다. 프로파일된 결과는 'com.opensymphony.xwork2.util.profiling.UtilTimerStack' 이라는 logger 안의 commons-logging을 사용하여 기록된다. commons-logging을 사용한다는 것은, 우리가 앞에서 다루었던 log4j를 이용하여 이를 출력할 수 있다는 뜻이 된다. 앞에서 사용했었던 log4j.properties에 다음과 같은 코드를 삽입한다.

> * /src/log4j.properties
> log4j.logger.com.opensymphony.xwork2.util.profiling.UtilTimerStack=DEBUG

이제 프로파일 결과를 DEBUG 레벨로 설정하면 로그로 볼 수 있게 된다.

파라미터를 적용하여 프로파일링을 설정하였으니 이제 실행을 하면 된다. 이 프로파일링의 실행은 다음과 같은 두가지의 방법으로 가능하다.

① URL을 이용한 방법

http://host:port/context/namespace/someAction.action?profiling=true

② 프로그램 내에서 코드를 이용한 방법

ActionContext.getContext( ).getParameters( ).put("profiling", "true");

두 가지 방법 모두 같은 결과를 나타내지만 첫 번째 URL 주소를 이용한 방법이 더 간단하므로 이를 이용해 다음과 같은 로그를 출력한다.

```
[2008-08-12 08:01:06] INFO  [UtilTimerStack.java.printTimes():370]  [63ms] - FilterDispatcher_doFilter:
  [63ms] - Handling request from Dispatcher
    [0ms] - create DefaultActionProxy:
    [0ms] - create DefaultActionInvocation:
      [0ms] - actionCreate: arithmeticAction
  [63ms] - invoke:
    [31ms] - interceptor: exception
      [31ms] - invoke:
        [31ms] - interceptor: alias
          [31ms] - invoke:
            [31ms] - interceptor: servletConfig
              [31ms] - invoke:
                [31ms] - interceptor: prepare
                  [31ms] - invoke:
                    [31ms] - interceptor: i18n
                      [31ms] - invoke:
                        [31ms] - interceptor: chain
                          [31ms] - invoke:
                            [31ms] - interceptor: debugging
                              [31ms] - invoke:
                                [31ms] - interceptor: profiling
                                  [31ms] - invoke:
                                    [31ms] - interceptor: scopedModelDriven
                                      [31ms] - invoke:
                                        [31ms] - interceptor: modelDriven
                                          [31ms] - invoke:
                                            [31ms] - interceptor: fileUpload
                                              [15ms] - invoke:
                                                [15ms] - interceptor: checkbox
                                                  [15ms] - invoke:
                                                    [15ms] - interceptor: staticParams
                                                      [15ms] - invoke:
                                                        [15ms] - interceptor: params
                                                          [15ms] - invoke:
                                                            [15ms] - interceptor: conversionError
                                                              [15ms] - invoke:
                                                                [15ms] - interceptor: validation
                                                                  [0ms] - invoke:
                                                                    [0ms] - interceptor: workflow
                                                                      [0ms] - invoke:
                                                                        [0ms] - invokeAction: arithmeticAction
    [32ms] - executeResult: ari_error
[2008-08-12 08:01:06] DEBUG [ConfigurationManager.java.conditionalReload():156] Checking ConfigurationProviders for reload.
[2008-08-12 08:01:06] INFO  [UtilTimerStack.java.printTimes():370]  [0ms] - FilterDispatcher_doFilter:
```

[그림 9-9] 프로파일을 적용한 페이지의 로그 결과

위의 [그림 9-9]에서는 보는 것과 같이 각 프로세스마다 밀리세컨드(ms) 단위로 수행 시간을 로그로 출력해 주는 것을 알 수 있다. 만약 특정 부분에서 수행 시간이 비정상적으로 높다면 그 부분에서 어떤 작업이 매우 비효율적으로 이루어지고 있다는 것을 의미한다. 이와 같이 프로파일링은 성능이 어느 부분에서 저하되는지 분석이 가능하다.

(3) 프로파일 정보 필터링

로그 출력을 통해 각 프로세스의 수행 시간을 알아보았다. 그러나 우리의 목적은 성능 저하의 요인을 제거하는 데 있고, 그렇다면 굳이 정상적으로 수행되는 프로세스들은 볼 필요가 없다. 그래서 이번에 알아볼 내용은 프로파일 정보의 필터링 기능이다. 이는 말 그대로 정해진 수치의 값 이하는 걸러서 보여주는 기능이다.

필터링 기능을 설정하려면 앞서 설명했던 설정 방법 중 시스템 속성에서와 같이 컨테이너 쪽에서 설정해야만 한다. 시스템 속성에 xwork.profile.mintime으로 기술되어 있는 이 속성은 수행 시간이 설정한 값보다 초과하였을 경우만 profile 정보를 로그에 남기고, 나머지 값들은 전부 걸러내어 보여준다. 이에 대한 설정 방법은 다음과 같다.

```
-Dxwork.profile.mintime=10000
```

위와 같이 설정했다면 10000밀리세컨드(ms) 이하는 제외하고 그 이상만 로그에 출력한다. 만약 mintime 속성을 따로 정의하지 않는다면 이는 0으로 간주되어 앞에서 했던 예제와 같이 모든 프로파일 정보들을 기록하게 된다.

(4) 프로파일 기능의 확장

프로파일 기능의 확장이란 기존의 프로파일 기능을 확장해서 임의의 새로운 프로파일을 만드는 것이라고 할 수 있다. 이러한 프로파일의 확장 방법에는 다음의 두 가지 방법이 있다.

① UtilTimerStack's push and pop 사용하기
② UtilTimerStack's ProfileBlock 템플릿 사용하기

① UtilTimerStack's push and pop 사용하기

push and pop은 프로그램 코드 내에서 UtilTimerStack 객체의 메소드 중 push와 pop을 이용해 자신이 만들 로그 메시지를 넣는 방법이다.

다음은 push and pop의 간단한 예제로, 실행하면 프로파일링의 로그 메시지 중 위에서 설정한 메시지가 나오게 된다.

소스 9-10 : push와 pop 기능 사용 예제

```
String logMessage = "Log message";
UtilTimerStack.push(logMessage);
```

```
try {
   // 프로파일링 할 코드를 입력
}
finally
{
   UtilTimerStack.pop(logMessage);
}
```

② ProfileBlock 템플릿 사용하기

두 번째는 UtilTimerStack's ProfileBlock 템플릿을 사용하여 확장하는 방법으로, 코드는 다음과 같다. 이 예제도 첫 번째와 같은 결과 값을 출력하게 된다.

소스 9-11: ProfileBlock 템플릿 사용 예제

```
String result = UtilTimerStack.profile("purchaseItem: ", new UtilTimerStack.ProfilingBlock
<String> ( ) {
   public String doProfiling( )
   {
      // 프로파일링할 코드를 입력
      return "Ok";
   }
});
```

05. 예외 처리와 로깅을 이용한 실제 디버깅 방법

지금까지 여러가지 예외 처리와 로깅, 그리고 프로파일링에 대해 알아보았다. 이번에는 이 러한 방법을 토대로 실제 프로그램 개발에 있어서 디버깅하는 방법을 알아보도록 한다.

(1) 오류 로그 분석을 위한 회원 가입 예제 작성

간단한 간단한 회원 가입 예제를 작성해 보고, 오류에 대한 로그를 분석해 프로그램이 제대 로 동작하도록 작성하는 예제이다.

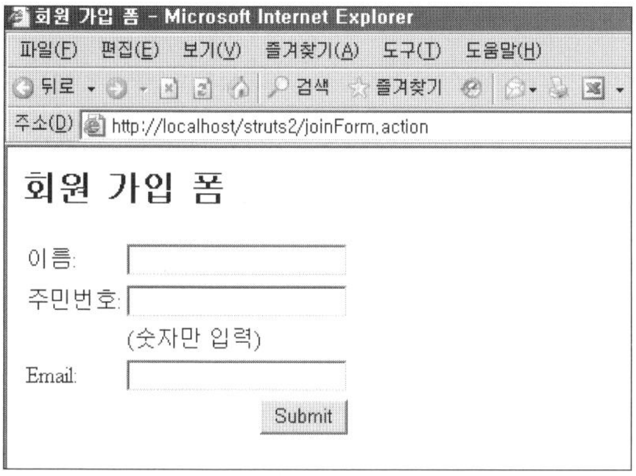

[그림 9-10] 회원 가입 폼

예제를 통해 예외 처리의 방법과 실제 디버깅 방법에 대해 알아보는 것이므로 비교적 간단한 코드로 작성하도록 한다. 중요한 것은 오류가 발생하게 되면 이에 대한 로그를 통해 디버깅을 하는 방법이다. 그럼 이제부터 코드를 하나씩 작성해 보자.

01 예외처리 페이지와 예외 매핑 페이지, 오류 결과 페이지, 가입 폼 페이지 등을 정의한다.

소스 9-12 : /src/struts.xml

```xml
〈struts〉
    〈package name="exception" extends="struts-default"〉

        〈global-results〉                                              ┐ 오류 결과 페이지
            〈result name="error"〉/jsp/exception/joinError.jsp〈/result〉  │ 포워딩
        〈/global-results〉

        〈global-exception-mappings〉
            〈exception-mapping result="error" exception="java.lang.Exception" /〉
        〈/global-exception-mappings〉
                                        ┌ 글로벌 예외 매핑으로 예외 처리 페이지 정의
        〈action name="joinForm"〉
        〈interceptor-ref name="exception"〉 ── 인터셉터를 통해 예외를 로그에 기록
            〈param name="logEnabled"〉true〈/param〉
            〈param name="logLevel"〉debug〈/param〉
            〈param name="logCategory"〉exception〈/param〉
        〈/interceptor-ref〉
        〈result〉/jsp/exception/joinForm.jsp〈/result〉 ── 가입폼
    〈/action〉
```

```
〈action name= "joinAction" class= "exception.joinAction"〉
    〈result name= "success"〉/jsp/exception/joinOK.jsp〈/result〉── 완료폼
〈/action〉
〈/package〉
〈/struts〉
```

먼저, 예외를 처리할 페이지는 〈global-exception-mappings〉와 같이 글로벌 예외 매핑으로 설정한다. 예외를 정확히 지정하지 않고 java.lang.Exception으로 지정해서 발생하는 모든 예외를 매핑시킨다. 매핑할 페이지의 이름은 error로 설정한다.

오류 결과 페이지는 〈global-results〉을 이용하여 /jsp/exception/joinError.jsp로 포워딩한다. 액션 부분에서는 〈interceptor-ref name= "exception"〉를 지정하여 인터셉터를 통해 예외를 로그에 기록하도록 설정한다. 파라미터는 logEnabled, logLevel, logCategory를 각각 true, debug, exception 으로 설정하여 로그를 기록한다.

마지막으로 가입 폼은 joinForm.jsp로, 완료 폼은 joinOK.jsp로 지정한다.

02 로그 파일 폴더를 생성하고, PatternLayout 포맷을 지정한다. join.log라는 이름의 로그 파일을 /TOMCAT_HOME/logs 폴더에 생성한다.

소스 9-13: Log4j.properties

```
# FATAL 〉 ERROR 〉 WARN 〉 INFO 〉 DEBUG

log4j.rootLogger=DEBUG, stdout
log4j.logger.com.opensymphony.xwork2.util.profiling.UtilTimerStack=DEBUG

# --------------------------------------------------------------
log4j.appender.stdout=org.apache.log4j.DailyRollingFileAppender
log4j.appender.stdout.File=logs/join.log
log4j.appender.stdout.Append=true
log4j.appender.stdout.DatePattern= '.' yyyy-MM-dd
log4j.appender.stdout.layout=org.apache.log4j.PatternLayout
log4j.appender.stdout.layout.ConversionPattern=[%d{yyyy-MM-dd HH:mm:ss}]\t%-
5p\t[%F.%M( ):%L]\t%m%n
# --------------------------------------------------------------
```

날짜는 yyyy-MM-dd 패턴으로 파일명 뒤에 붙게 된다. PatternLayout의 포맷은 날짜와 시간, 로깅 레벨, 프로그램의 이름과 메소드, 라인수, 로그 메시지 등으로 지정한다.

03 회원 가입의 액션이 일어나는 클래스에 이름과 주민번호, 이메일을 각각 설정해준다.

소스 9-14 : /scr/exception/joinAction.java

```java
package exception;

import com.opensymphony.xwork2.ActionSupport;

public class joinAction extends ActionSupport {

    private String name;
    private int jumin;
    private String email;

    public String execute( ) throws Exception {
        return SUCCESS;
    }

    public String getName( ) {
        return name;
    }

    public void setName(String value) {
        name = value;
    }

    public int getJumin( ) {
        return jumin;
    }

    public void setJumin(int value) {
        jumin = value;
    }

    public String getEmail( ) {
        return email;
```

```
    }

    public void setEmail(String value) {
        email = value;
    }
}
```

04 간단한 회원 가입 폼을 작성한다. 각 텍스트 필드에 이름과 주민번호, 이메일을 입력하고 submit 버튼을 누르면 이를 joinAcion 으로 보낸다. 주민번호는 "–" 없이 숫자만 입력받도록 한다.

소스 9-15 : /jsp/exception/joinForm.jsp

```
<%@ page contentType="text/html; charset=utf-8" %>
<%@ taglib prefix="s" uri="/struts-tags" %>

<?xml version="1.0" encoding="UTF-8" ?>
<!DOCTYPE html PUBLIC "-//W3C//DTD XHTML 1.0 Transitional//EN"
"http://www.w3.org/TR/xhtml1/DTD/xhtml1-transitional.dtd">
<html xmlns="http://www.w3.org/1999/xhtml">

<head>
    <title>회원 가입 폼</title>
    <meta http-equiv="Content-Type" content="text/html; charset=UTF-8" />
</head>

<body>

<h2>회원 가입 폼</h2>

<s:form action="joinAction" >

  <s:textfield name="name" label="이름" />

  <s:textfield name="jumin" label="주민번호" /> <s:label name="label" value="(숫자
만 입력)" />

  <s:textfield name="email" label="Email" />
```

```
<s:submit value="Submit" />

</s:form>

</body>

</html>
```

05 회원 가입 폼에서 입력값들이 오류를 발생했을 때 이동하는 페이지를 작성한다.

소스 9-16: /jsp/exception/joinError.jsp

```
<%@ taglib prefix="s" uri="/struts-tags" %>

<?xml version="1.0" encoding="UTF-8" ?>
<!DOCTYPE html PUBLIC "-//W3C//DTD XHTML 1.0 Transitional//EN"
"http://www.w3.org/TR/xhtml1/DTD/xhtml1-transitional.dtd">
<html xmlns="http://www.w3.org/1999/xhtml">

<head>
  <title>회원 가입 폼</title>
  <meta http-equiv="Content-Type" content="text/html; charset=UTF-8" />
</head>

<body>

<h2>회원 가입 도중 오류가 발생했습니다. </h2>

<a href="joinForm.action">회원 가입폼으로 이동</a>

<p/>

</body>
</html>
```

회원 가입 폼에서 입력값들이 어떠한 오류를 발생한다면 joinError.jsp 페이지로 이동하게 된다. 오류 메시지는 따로 보여주지 않고 발생했다는 사실만 알려준다. 그리고 처음 회원 가입폼으로 돌아가도록 링크시킨다. 이 페이지에 보여지지 않는 오류 메시지는 로그로 기록된다. 뒤에서 이 로그들을 분석하도록 한다.

06 회원 가입 폼에 오류가 없으면 입력한 내용을 확인하는 페이지를 작성한다.

소스 9-17 : /jsp/exception/joinOk.jsp

```
<%@ taglib prefix="s" uri="/struts-tags" %>

<?xml version="1.0" encoding="UTF-8" ?>
<!DOCTYPE html PUBLIC "-//W3C//DTD XHTML 1.0 Transitional//EN"
"http://www.w3.org/TR/xhtml1/DTD/xhtml1-transitional.dtd">
<html xmlns="http://www.w3.org/1999/xhtml">

<head>
  <title>회원 가입 완료</title>
  <meta http-equiv="Content-Type" content="text/html; charset=UTF-8" />
</head>

<body>
  <h2>회원 가입 정보</h2>
  <p/>

  이름: ${name} <br>

  주민번호: ${jumin} <br>

  이메일: ${email}

</body>
</html>
```

07 결과를 확인한다. 먼저, 웹 브라우저에서 URL을 아래와 같이 입력한 뒤, 나타나는 화면의 입력 폼에 아래의 주소를 입력한다.

```
http://localhost/struts2/joinForm.action
```

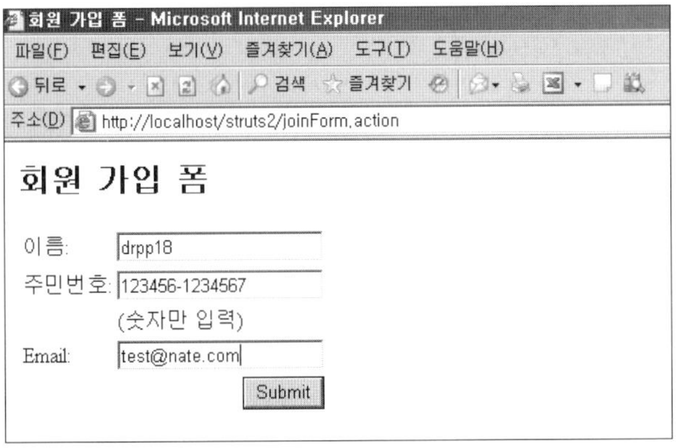

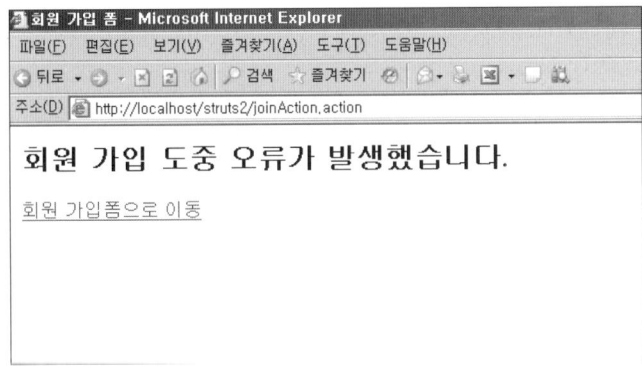

[그림 9-11] 회원 가입 폼의 입력 내용

주민번호에는 숫자만 입력 받도록 코드에서 정의하고 있지만 오류를 발생시키고 이를
디버깅하기 위해서 중간에 하이픈(-)을 입력하도록 한다.

모두 입력이 끝났으면 [Submit] 버튼을 누른다. 입력 폼을 전송하게 되면 다음 [그림
9-12]와 같은 오류 페이지를 만나게 된다.

[그림 9-12] 회원 가입 페이지의 오류 화면

회원 가입 도중 오류가 발생하였다. 그러나 오류 메시지를 출력하지 않고 예외처리 화
면인 joinError.jsp 페이지로 포워딩하였다.

이제부터 디버깅을 위해 로그를 분석해 보도록 하자. 로그는 ConversionPattern에서 정
의했던 메시지가 나오는 것이므로 이에 대해 다시 한번 숙지하고 다음의 로그를 이해할 수 있
도록 한다.

(2) 오류 로그에 대한 분석

다음의 오류 로그의 화면을 보자.

먼저 강조된 첫 번째 부분에서 각 파라미터로 받은 입력 값들이 잘 넘어오는지 확인할 수 있다. 여기에서는 jumin 필드의 값으로 123456-1234567 이 들어가 있는 것을 알 수 있다. 또한, 많은 DEBUG 로그 레벨 중에서 ERROR라고 되어 있는 부분을 찾을 수 있는데, 이 부분이 바로 오류가 발생한 부분이다. Jumin 필드에서 발생했다는 사실 또한 알 수 있다. 마지막으로 포워딩시키는 부분이다. 오류가 발생하여 joinError.jsp 페이지로 이동한다.

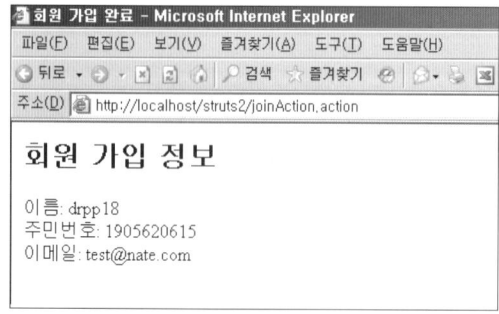

[그림 9-13] 오류 로그에 대한 분석

이제 오류를 확인했으니 회원 가입 폼으로 다시 돌아간다. 주민번호 필드에 앞에서와 같이 하이픈(−)은 빼고 숫자만 입력한다. 올바르게 입력되었다면 다음과 같은 화면을 볼 수 있다.

[그림 9-14] 회원 가입 완료 페이지

입력 필드에 오류가 없으므로 위 [그림 9-14]에서 보는 바와 같이 각 입력 값에 대한 결과 화면이 출력된다. 자신이 입력한 회원 정보가 맞게 입력되었는지 확인해 본다.

다음은 입력된 값에 오류가 없을 때 출력되는 로그 메시지에 대한 화면이다. 이전에 오류가 발생되었을 때의 로그 메시지와 비교하여 살펴보자.

```
[2008-08-12 19:30:29] DEBUG [DefaultActionProxy.java.<init>():65] Creating an DefaultActionProxy for namespace / and action name j
[2008-08-12 19:30:29] DEBUG [I18nInterceptor.java.intercept():97] intercept '//joinAction' {
[2008-08-12 19:30:29] DEBUG [I18nInterceptor.java.intercept():110] requested_locale=null
[2008-08-12 19:30:29] DEBUG [I18nInterceptor.java.intercept():140] before Locale=ko
[2008-08-12 19:30:29] DEBUG [InstantiatingNullHandler.java.nullPropertyValue():72] Entering nullPropertyValue [target=[exception.
[2008-08-12 19:30:29] DEBUG [FileUploadInterceptor.java.intercept():204] Bypassing // joinAction
[2008-08-12 19:30:29] DEBUG [StaticParametersInterceptor.java.intercept():83] Setting static parameters {}
[2008-08-12 19:30:29] DEBUG [ParametersInterceptor.java.doIntercept():148] Setting params jumin => [ 1234561234567 ] email => [ t
[2008-08-12 19:30:29] DEBUG [XWorkConverter.java.getConverter():388] Property: email
[2008-08-12 19:30:29] DEBUG [XWorkConverter.java.getConverter():389] Class: exception.joinAction
[2008-08-12 19:30:29] DEBUG [XWorkConverter.java.convertValue():278] field-level type converter for property [email] = none found
[2008-08-12 19:30:29] DEBUG [XWorkConverter.java.convertValue():302] global-level type converter for property [email] = none four
[2008-08-12 19:30:29] DEBUG [XWorkConverter.java.convertValue():320] falling back to default type converter [com.opensymphony.xwc
[2008-08-12 19:30:29] DEBUG [XWorkConverter.java.getConverter():388] Property: jumin
[2008-08-12 19:30:29] DEBUG [XWorkConverter.java.getConverter():389] Class: exception.joinAction
[2008-08-12 19:30:29] DEBUG [XWorkConverter.java.convertValue():278] field-level type converter for property [jumin] = none found
[2008-08-12 19:30:29] DEBUG [XWorkConverter.java.convertValue():302] global-level type converter for property [jumin] = none four
[2008-08-12 19:30:29] DEBUG [XWorkConverter.java.convertValue():320] falling back to default type converter [com.opensymphony.xwc
[2008-08-12 19:30:29] DEBUG [XWorkConverter.java.getConverter():388] Property: name
[2008-08-12 19:30:29] DEBUG [XWorkConverter.java.getConverter():389] Class: exception.joinAction
[2008-08-12 19:30:29] DEBUG [XWorkConverter.java.convertValue():278] field-level type converter for property [name] = none found
[2008-08-12 19:30:29] DEBUG [XWorkConverter.java.convertValue():302] global-level type converter for property [name] = none four
[2008-08-12 19:30:29] DEBUG [XWorkConverter.java.convertValue():320] falling back to default type converter [com.opensymphony.xwc
[2008-08-12 19:30:29] DEBUG [ValidationInterceptor.java.doBeforeInvocation():134] Validating //joinAction with method execute.
[2008-08-12 19:30:29] DEBUG [DefaultWorkflowInterceptor.java.doIntercept():183] Invoking validate() on action exception.joinActic
[2008-08-12 19:30:29] DEBUG [PrefixMethodInvocationUtil.java.getPrefixedMethod():141] cannot find method [validateExecute] in acti
[2008-08-12 19:30:29] DEBUG [PrefixMethodInvocationUtil.java.getPrefixedMethod():141] cannot find method [validateDoExecute] in ac
[2008-08-12 19:30:29] DEBUG [DefaultActionInvocation.java.invokeAction():383] Executing action method = null
[2008-08-12 19:30:29] DEBUG [ServletDispatcherResult.java.doExecute():113] Forwarding to location /jsp/exception/joinOK.jsp
[2008-08-12 19:30:29] DEBUG [InstantiatingNullHandler.java.nullPropertyValue():72] Entering nullPropertyValue [target=[exception.
[2008-08-12 19:30:29] DEBUG [I18nInterceptor.java.intercept():145] after Locale=ko
[2008-08-12 19:30:29] DEBUG [I18nInterceptor.java.intercept():149] intercept }
```

[그림 9-15] 오류없는 액션의 로그 분석

오류가 있을 때의 로그에서 볼 수 있었던 ERROR 로그 레벨이 없다. 이와 같은 결과는 오류가 제대로 수정되었다는 뜻이다. 그리고 페이지는 joinOK.jsp로 이동하게 된다.

이것으로 개발 과정의 필수 요소인 예외 처리와 로깅, 프로파일링에 대해 알아보았다. 이러한 요소들은 소규모 프로젝트에서는 크게 신경 쓰지 않아도 될 부분일 수도 있으나 규모가 커질수록 그 중요성은 더욱 커질 것이다. 개발은 혼자 하는 것도 아니고 완벽하게 할 수 있는 것도 아니다. 심지어 자신이 개발한 것이 아닌 다른 사람이 만든 어플리케이션도 개발 또는 유지 보수를 해야 하는 일도 있을 것이다. 비록 예외 처리와 로깅, 프로파일을 개발 초기에 설정하고 관리하는 것이 시간을 많이 소요하는 일이겠지만, 이후 개발 속도의 증가와 유지 보수의 편리성 등을 감안할 조금만 더 노력을 기울이고 습관으로 만든다면 보다 편리하고 좋은 어플리케이션을 만드는 데 도움이 될 것이다.

10 게시판 구현

Chapter

| Point

이번에는 지금까지 배운 내용을 토대로 웹 프로그래밍의 가장 기본이라 할 수 있는 게시판을 만들어보도록 한다. 이번 장에서는 게시판의 구성과 구조에 대해 설명하고 각 기능별로 코드를 작성할 것이다. 또한 새롭게 쓰이는 데이터베이스 접근 객체인 iBatis에 대해서도 자세히 알아볼 것이다. 비록 간단한 기능의 게시판이지만 이를 응용하여 기능을 더욱 발전시킬 수 있으므로 확실하게 이해하도록 하자.

01. 게시판 구현의 이해

(1) 게시판 구현의 특징

이번에 만들 게시판은 우리가 흔히 볼 수 있는 게시판과 그 역할과 기능은 같다고 볼 수 있다. 데이터베이스와 연동하여 글의 저장, 수정, 삭제, 불러오기 등의 기능을 수행한다. 하지만 스트럿츠2를 기반으로 iBatis라는 데이터베이스 접근 프레임워크를 사용한다는 점이 다르다.

일반적으로 관계형 데이터베이스에 접근할 때, 작성해 주어야 하는 자바 코드는 매우 많고 복잡하다. 이를 간단하게 해주는 프레임워크가 iBatis이다. 스트럿츠2와 iBatis, 그리고 우리가 사용할 데이터베이스인 MySQL이 결합하여 어떠한 기능과 장점을 가지게 되는지 알아보도록 하자.

(2) 게시판 프로세스

iBatis가 적용된 게시판의 프로세스 흐름도는 [그림 10-1]과 같다. [그림 10-1]에서 나타나는 바와 같이, 먼저 브라우저가 액션을 요청하면 액션 클래스가 이를 받아 sqlMapConfig.xml에 쿼리를 요청하게 된다. 액션 클래스와 JDBC 사이에 있는 이 sqlMapConfig.xml이라는 파일은 iBatis가 적용된 부분으로, xml 파일에서 모든 쿼리 요청을 받아들이고 데이터베이스와 연결해 결과 값을 반환해준다.

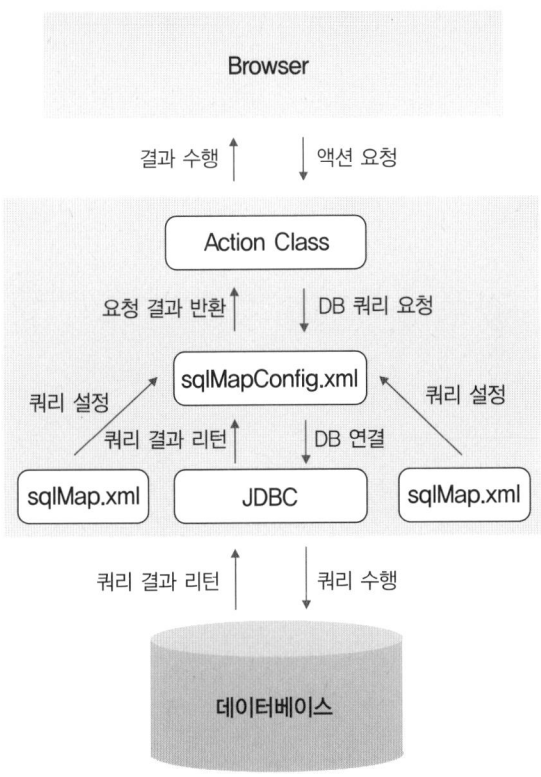

[그림 10-1] 게시판 프로세스 흐름도

이러한 경우, 데이터베이스 연결과 관련된 코드들은 모두 sqlMapConfig.xml 파일에 작성할 수 있다. 따라서, 액션 클래스의 코드들이 간결해 지는 효과를 얻는다.

(3) 디렉터리&파일 구조

다음 [그림 10-2]는 게시판에 사용되는 디렉터리와 파일 구조를 도식화한 것이다. 게시판에 사용되는 코드 파일들과 설정 파일, iBatis 설정 파일 등의 위치를 잘 파악한다.

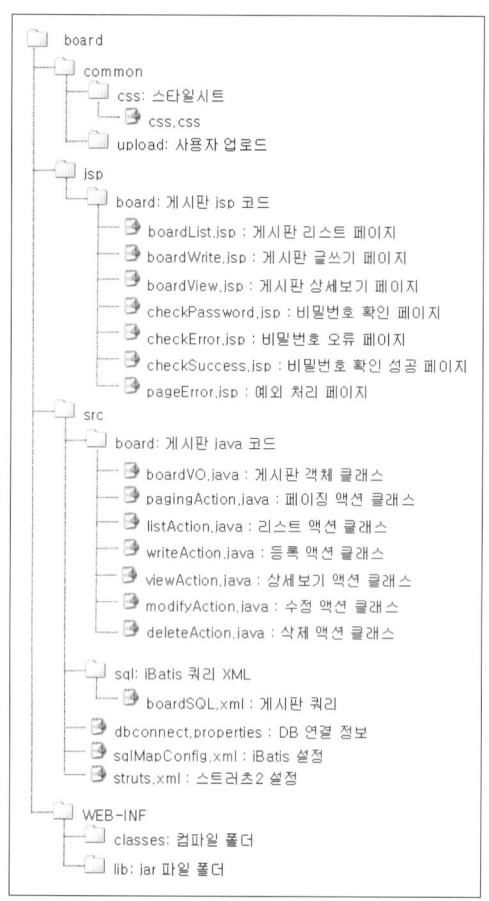

```
board
  common
    css: 스타일시트
      css.css
    upload: 사용자 업로드
  jsp
    board: 게시판 jsp 코드
      boardList.jsp : 게시판 리스트 페이지
      boardWrite.jsp : 게시판 글쓰기 페이지
      boardView.jsp : 게시판 상세보기 페이지
      checkPassword.jsp : 비밀번호 확인 페이지
      checkError.jsp : 비밀번호 오류 페이지
      checkSuccess.jsp : 비밀번호 확인 성공 페이지
      pageError.jsp : 예외 처리 페이지
  src
    board: 게시판 java 코드
      boardVO.java : 게시판 객체 클래스
      pagingAction.java : 페이징 액션 클래스
      listAction.java : 리스트 액션 클래스
      writeAction.java : 등록 액션 클래스
      viewAction.java : 상세보기 액션 클래스
      modifyAction.java : 수정 액션 클래스
      deleteAction.java : 삭제 액션 클래스
    sql: iBatis 쿼리 XML
      boardSQL.xml : 게시판 쿼리
    dbconnect.properties : DB 연결 정보
    sqlMapConfig.xml : iBatis 설정
    struts.xml : 스트러츠2 설정
  WEB-INF
    classes: 컴파일 폴더
    lib: jar 파일 폴더
```

[그림 10-2] 디렉터리&파일 구조

02. MySQL 설치하기

MySQL은 현재 개인용 데이터베이스로 가장 널리 사용되는 공개된 데이터베이스이다. 다른 상용 데이터베이스와 비교해 안정성과 기타 여러 문제에 크게 떨어지지 않으면서 개인적인 용도로 사용할 경우 무료라는 점이 강점이다. 이번에 설치할 MySQL은 5.0 정식 버전을 사용하기로 한다.

01 아래의 주소로 접속해서 자신의 운영체제에 맞는 MySQL을 다운받는다. 우리가 작업할 게시판은 윈도에서 개발할 것이므로 윈도 버전을 다운받도록 한다.

http://dev.mysql.com/downloads/mysql/5.0.html

[그림 10-3] MySQL 다운로드 페이지

02 다운받은 파일을 실행해서 MySQL을 설치를 시작한다. 설치 시작 화면이 나오고 [Next] 버튼을 클릭한다. 설치 유형을 묻는 창이 나오고 세가지 유형의 설치 타입을 선택할 수 있다. 대부분의 사용자에게는 Typycal이 적당하므로 이를 선택하고 [Next] 버튼을 클릭한다.

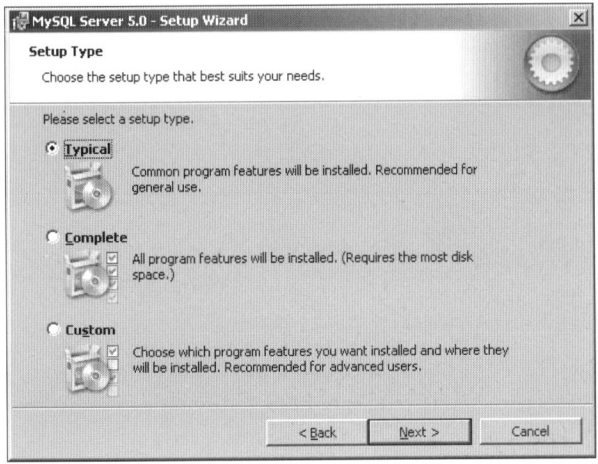

[그림 10-4] 서버 머신 타입 설정

03 설치 유형을 선택하고 나면 앞에서 선택했던 내용들을 확인하는 창이 나온다. 수정할 사항이 없다면 [Install] 버튼을 클릭해서 설치를 진행한다.

04 설치가 완료되면 다음 그림과 같이 MySQL 서버 설정 마법사를 설치할 것인지 여부를 체크하고 [Finish] 버튼을 누른다.

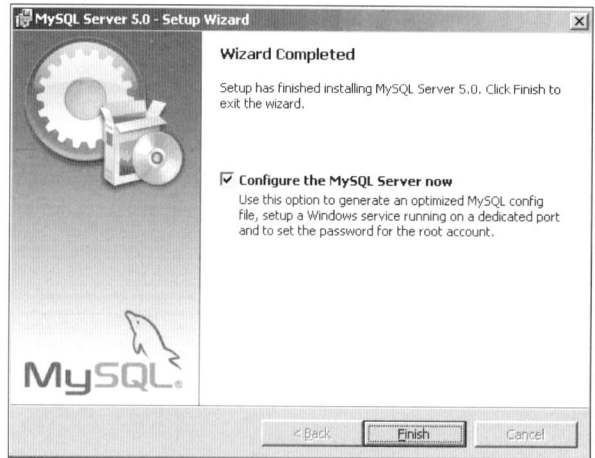

[그림 10-5] 서버 설정 마법사 설치 여부 선택

05 MySQL 서버 설정 마법사가 설치되고 설정 타입을 선택하는 화면이 나온다. 세부적인 설정이 필요하므로 여기에서 'Detailed Configuration'을 선택한다.

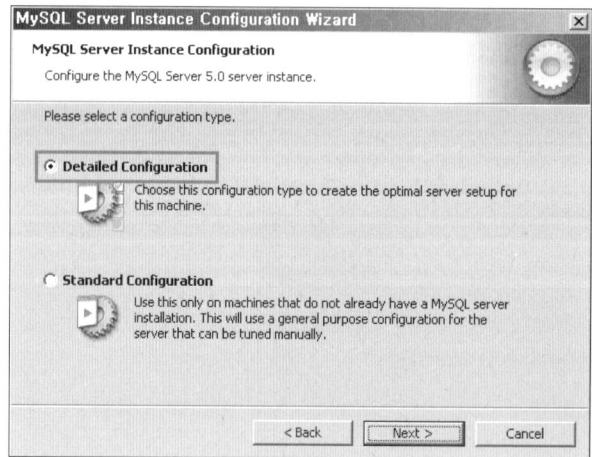

[그림 10-6] 설정 타입 선택 화면

06 다음으로 서버 머신 타입을 설정하는 화면이 나온다. 'Developer Machine'을 선택하고 [Next] 버튼을 클릭한다.

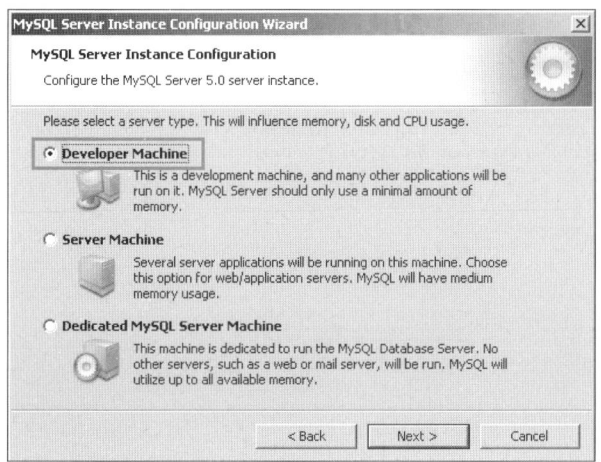

[그림 10-7] 서버 머신 타입 설정

07 서버 머신을 선택하고 나면, 데이터베이스 사용에 관한 선택 창이 나온다. InnoDB와 MyISAM 엔진에 자원을 균등하게 사용하는 'Multifunctional Database'를 선택한다.

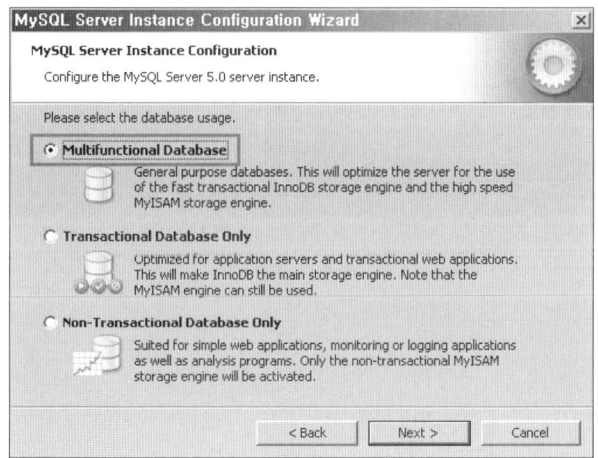

[그림 10-8] 데이터베이스 선택

08 다음으로 설치할 디스크의 공간과 설정 화면이 나온다. 설치하고자 하는 디스크를 선택한 후 [Next] 버튼을 클릭하면 동시 접속자 수를 지정하는 창이 나온다. 가장 위에 있는 기본 값을 선택한다. 이는 100개 동시 접속과 평균 20개의 동시 접속을 예상한다.

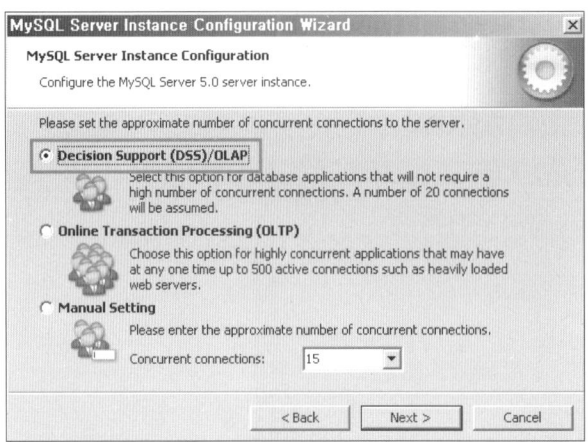

[그림 10-9] 동시 접속자 설정

09 동시 접속자를 설정하고 나면 네트워크 옵션이 나타난다. 변경하고 싶은 포트번호를 설정하거나 기본 값인 '3306'을 선택하고 'Enable Strict Mode'에 체크한 후 [Next] 버튼을 클릭한다.

10 다음은 기본 문자 세트를 지정하는 창이 나오게 된다. 다음 [그림 10-10]과 같이 'Best Support For Multilingualism'을 선택한다. 이 옵션은 다국어 문자 세트를 위해 'UTF-8'로 설정한다.

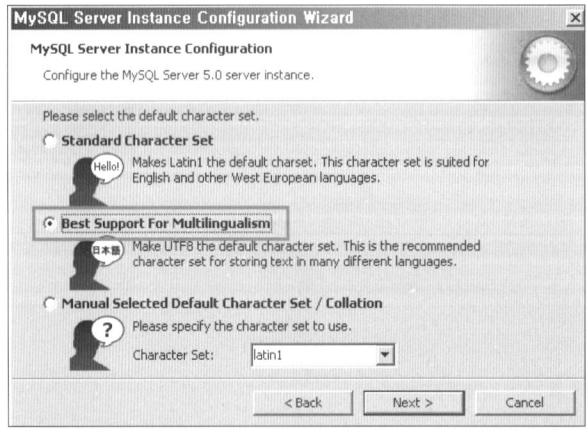

[그림 10-10] 기본 문자 세트 설정

11 문자 세트 설정 이후 윈도 옵션이 나오면 [Next] 버튼을 클릭하면 다음 [그림 10-11]과 같이 보안 옵션이 나온다. 이곳은 root 계정의 패스워드를 지정하는 옵션으로, 새로운 패스워드를 꼭 입력한다. 앞으로 이 패스워드로 데이터베이스에 계속 접속을 하게 될 것이므로 확실히 기억해두자.

[그림 10-11] 기본 보안 옵션 설정

이제 모든 설정이 끝나고 [Excute] 버튼을 누르면 지금까지 선택했던 옵션을 적용하게 된다. 이로써 모든 MySQL 설정이 끝나고 이제 실제 데이터베이스를 생성해 보자.

03. 데이터베이스와 테이블 생성

MySQL 메뉴에서 MySQL Command Line Client 를 실행하자. 패스워드 입력 화면이 나오면 설치 과정에서 입력했던 root의 패스워드 값을 넣는다. 그러면 다음과 같이 mysql 커맨드 프롬프트 창이 나온다.

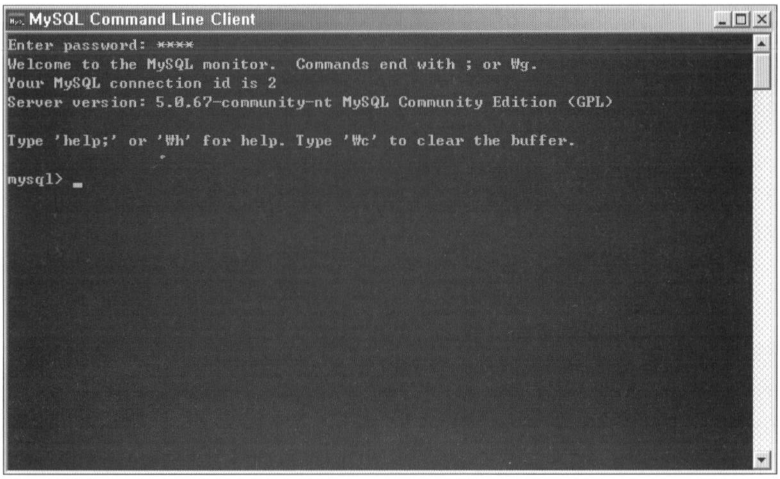

[그림 10-12] mysql 프롬프트 창

이제 이 창에서 DB 생성을 비롯한 모든 쿼리문을 입력할 수 있다. 다음의 명령문을 입력해서 데이터베이스를 생성해 보자.

```
mysql〉 CREATE DATABASE BoardDB;
```

이와 같이 입력하게 되면 BoardDB라는 데이터베이스가 생성된다. show databases 명령어로 제대로 생성되었는지 확인한 후, 작업할 데이터베이스를 선택하기 위해 다음과 같이 입력한다.

```
mysql〉 use BoardDB;
```

이와 같이 작업할 데이터베이스의 생성과 선택까지 완료하였다. 이제 실질적인 데이터가 들어가게 될 테이블을 만들어보자. 다음 [표 10-1]은 게시판을 만들기 위해 설계한 board라는 테이블에 대한 설명이다.

[표 10-1] board 테이블의 구조   *PK : PrimaryKey

컬럼명	형태	NULL 허용	PK*	설명
no	int	NOT NULL	Yes	게시판 글의 고유번호. 1씩 자동 증가되고 PrimaryKey로 설정한다.
subject	varchar(50)	NOT NULL	No	글 제목
name	varchar(20)	NOT NULL	No	글쓴이
password	varchar(20)	NOT NULL	No	비밀번호
content	longtext	NOT NULL	No	본문 내용
file	varchar(50)	NULL	No	첨부 파일
readhit	int	NOT NULL	No	조회수
regdate	datetime	NOT NULL	No	등록 날짜

이 테이블을 생성하는 스크립트는 다음과 같다.

```
mysql〉 CREATE TABLE Board (
    no int auto_increment primary key,
    subject varchar(50) NOT NULL,
    name varchar(20) NOT NULL,
    password varchar(20) NOT NULL,
    content longtext NOT NULL,
```

```
file varchar(50),
readhit int NOT NULL DEFAULT '0',
regdate datetime NOT NULL
);
```

위와 같이 입력을 하게 되면 BoardDB 데이터베이스에 테이블이 생성된다. 이제 데이터베이스와 관련된 설정은 모두 완료되었다.

다음은 스트럿츠2에서 데이터베이스를 다루기 위한 iBatis 에 대해서 알아보도록 한다.

04. iBatis 적용하기

(1) iBatis란?

iBatis란 간단한 XML 서술자를 사용해서 간단하게 자바빈즈를 SQL statement에 매핑시키는 ORM 프레임워크이다. ORM이란 Object Relational Mapping의 약자로 DB와 객체와의 관계를 매핑시켜 데이터베이스에 생성, 조회, 수정, 삭제 등의 작업을 돕는 역할을 한다. iBatis의 기능을 한마디로 요약하면 SQL 맵퍼라고 할 수 있는데, 개발 코드에서 SQL문을 분리하여 가독성을 높일 수 있고 JDBC 코드도 줄일 수 있다.

보통 웹 어플리케이션을 개발할 때 코드와 SQL문을 결합하여 사용하는데, 이렇게 사용하게 되면 여러 클래스에서 SQL문의 중복이 일어나 매우 복잡하고 오류가 생길 가능성도 많아지게 된다. 이와 같은 문제점들 때문에 iBatis가 최근 주목을 받고 있는 것이다.

다음은 iBatis를 사용해서 작업을 할 시의 장점을 열거한 것이다.

- XML로 SQL을 관리하므로 가독성이 높아진다.
- JDBC 드라이버가 있다면 어떤 데이터베이스에서도 사용이 가능하다.
- DB 연결 정보의 관리가 용이하다.
- JavaBean 스타일의 클래스를 지원한다.
- 여러 개의 DB에 접근이 쉽다.
- Map, Collection, List와 기본형의 래퍼(Integer, String 등)를 지원한다.
- 복잡한 객체 모델 등을 쉽게 생성한다.

(2) iBatis 동작 원리

iBatis의 동작 원리를 다이어그램으로 표현하면 다음과 같다.

① 파라미터로써 객체를 제공한다. 파라미터 객체는 입력 값을 설정하거나 쿼리문의 where절을 설정하기 위해서 사용된다.

② 매핑된 statement를 실행한다. Data Mapper 프레임워크는 PreparedStatement 인스턴스를 생성하고 제공된 파라미터 객체를 사용해서 파라미터를 설정한다. 그리고 statement의 실행 결과를 ResultSet으로 받아서 생성한다.

③ update의 경우에는 rows의 숫자를 반환한다. select문일 경우에는 하나의 객체나 컬렉션 객체를 반환한다. 결과 객체는 자바빈즈, Map 원시 타입 래퍼 또는 XML이 될 수 있다.

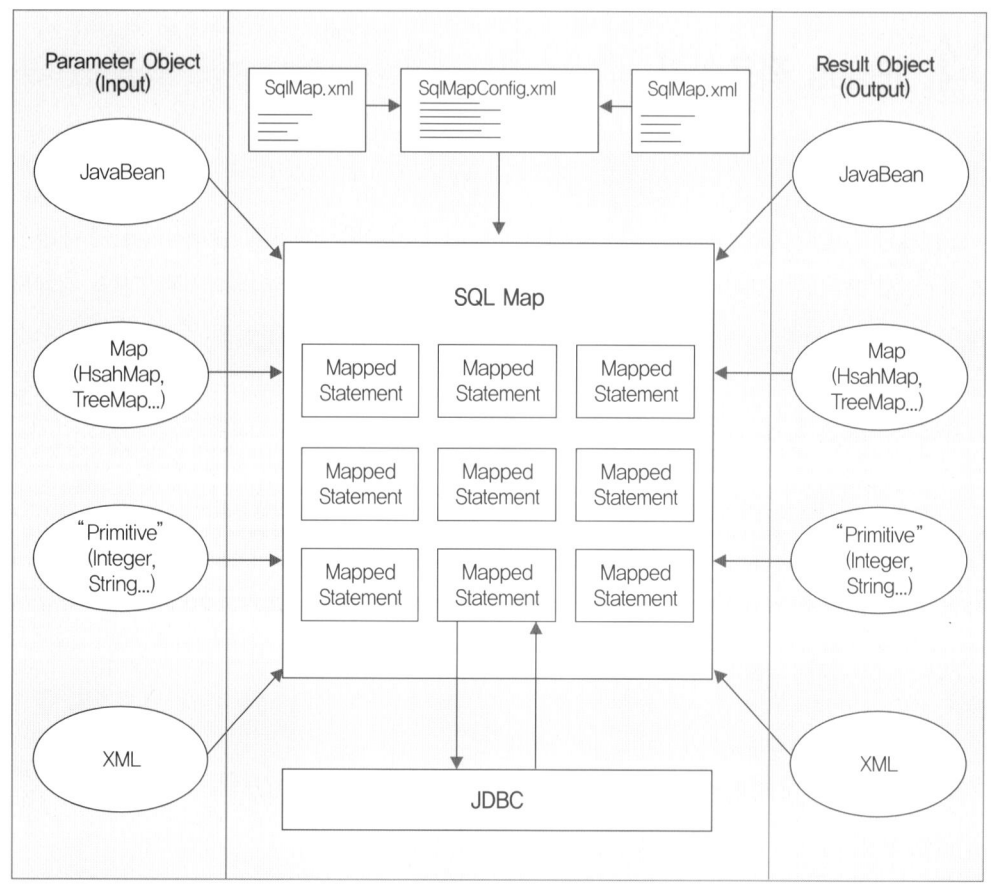

[그림 10-13] iBatis 다이어그램

(3) iBatis 설치

01 iBatis를 설치하기 위해서 다음의 주소로 접속한다.

> http://ibatis.apache.org/javadownloads.cgi

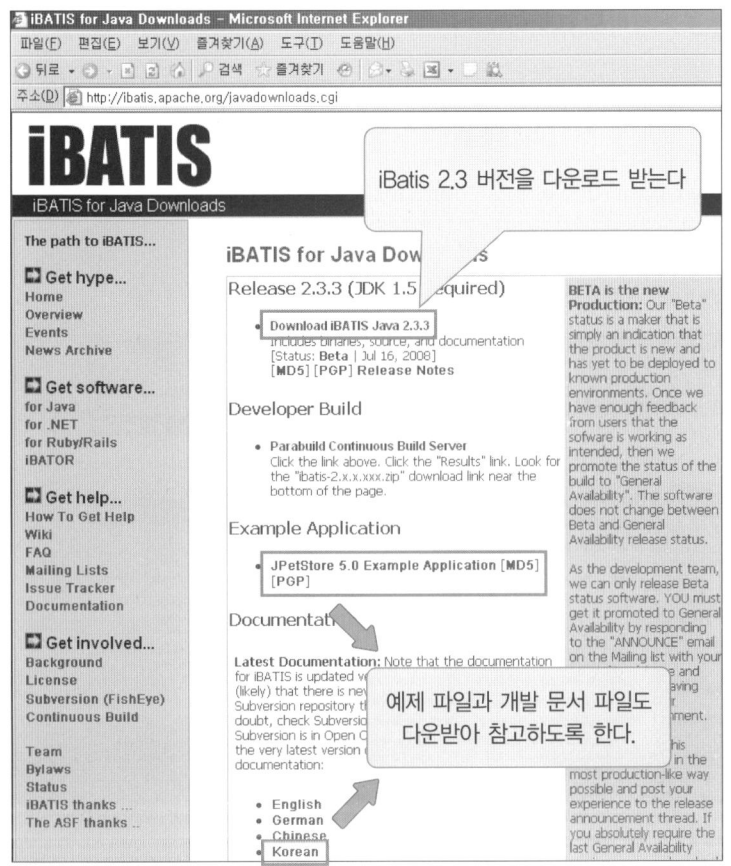

[그림 10-14] iBatis 다운로드 페이지

02 다운받은 파일의 압축을 풀게 되면 lib 폴더에 ibatis-2.3.0.720.jar 파일이 있는데 이를 자신의 자바 빌드 패스에 추가한다.

이제 iBatis를 사용할 준비가 되었으므로 실질적인 게시판 구현에 관해 살펴보도록 한다.

05. JDBC 설치하기

자바에서 데이터베이스와 연결하려면 JDBC(Jaca DataBase Connectivity)를 설치해야 한다. JDBC란 자바 표준 데이터베이스 인터페이스로, 자바 기반의 시스템에서 데이터베이스에 접근하기 위해 반드시 설치해 주어야 한다.

01 JDBC를 다운로드하기 위해 다음의 주소로 접속한다.

> http://dev.mysql.com/downloads/connector/j/5.1.html

02 mysql-connector-java-5.1.6.zip 파일을 다운로드한다.

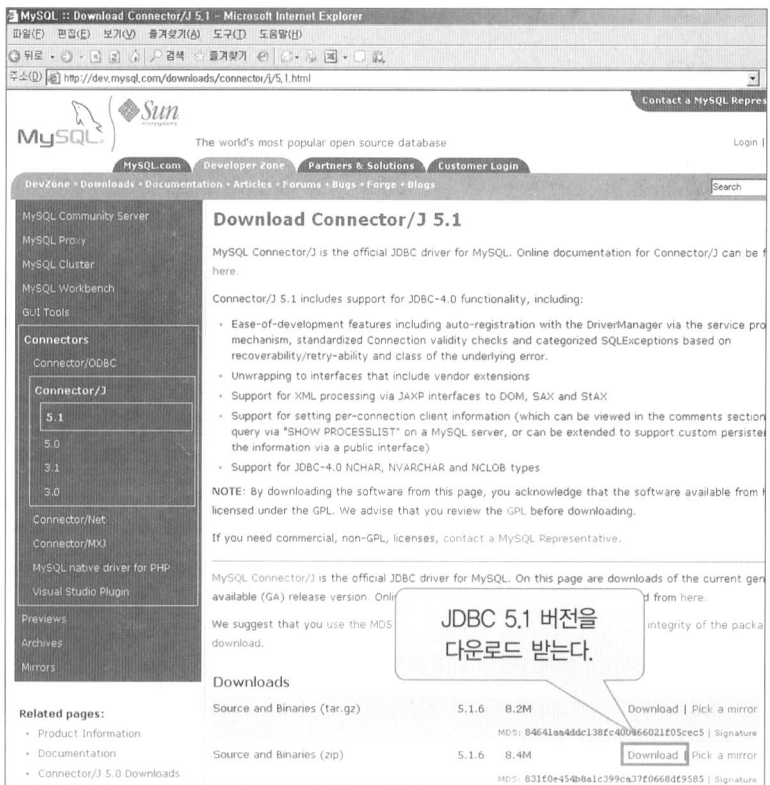

[그림 10-15] jdbc 다운로드 페이지

03 압축을 풀면 mysql-connector-java-5.1.6-bin.jar 파일이 나오는데, 이를 자바의 빌드 패스에 추가하면 설치가 완료된다.

06. 게시판 코드 작성

(1) DB와 iBatis 연결

게시판 구현을 위한 액션 클래스에서 데이터베이스를 연결하고 iBatis를 사용하도록 하기 위해서 몇 가지 파일들을 생성해서 설정을 해주어야 한다.

먼저 데이터베이스 연결 정보를 담은 dbconnect.properties와 iBatis 설정 파일인 sqlMapConfig.xml에 다음과 같이 기술하도록 한다.

01 /src/dbconnect.properties 파일에 MySQL용 jdbc의 설정 관련 내용을 기술한다.

```
driver=com.mysql.jdbc.Driver
url=jdbc:mysql://localhost:3306/boarddb
username=root
password=1111
```

driver 부분은 위와 같이 그대로 적어주고, url 부분에서 앞서 설치했던 MySQL의 설정 정보를 적고 작업을 위해 생성했던 DB를 뒤에 같이 적어준다. 그리고 username에는 root를, password에는 MySQL 설치시 보안 옵션에서 설정했던 비밀번호를 적으면 MySQL 데이터베이스로의 연결 작업이 완료된다.

02 /src/sqlMapConfig.xml 파일에 DB와 iBatis를 설정한다.

소스 10-1: /src/sqlMapConfig.xml

```
〈?xml version="1.0" encoding="UTF-8" ?〉
〈!DOCTYPE sqlMapConfig PUBLIC "-//ibatis.apache.org//DTD SQL Map Config 2.0//EN"
    "http://ibatis.apache.org/dtd/sql-map-config-2.dtd" 〉
〈sqlMapConfig〉

❶ 〈properties resource="/dbconnect.properties" /〉
❷ 〈settings cacheModelsEnabled="true"
       enhancementEnabled="true"
       lazyLoadingEnabled="true"
       maxRequests="32"
       maxSessions="10"
```

```
            maxTransactions= "5"
            useStatementNamespaces= "false" />


❸ ⟨transactionManager type= "JDBC" commitRequired= "false" ⟩
      ⟨dataSource type= "SIMPLE" ⟩
            ⟨property name= "JDBC.Driver" value= "${driver}" />
            ⟨property name= "JDBC.ConnectionURL" value= "${url}" />
            ⟨property name= "JDBC.Username" value= "${username}" />
            ⟨property name= "JDBC.Password" value= "${password}" />
      ⟨/dataSource⟩
   ⟨/transactionManager⟩


❹ ⟨sqlMap resource= "/sql/boardSQL.xml" />


⟨/sqlMapConfig⟩
```

❶ ⟨properties resource= "/dbconnect.properties" /⟩ 와 같이 properties의 resource 속성으로 DB 정보를 담은 dbconnect.properties를 지정한다.

❷ 다음으로 settings 태그의 속성들이 나오는데 cacheModelsEnabled는 SqlMapClient에 대한 모든 캐시 모델들의 허용 여부를 결정한다. enhancement Enabled는 최적화된 자바빈 프로퍼티 접속을 위해 런타임 바이트코드 증가의 허용 여부를, lazy LoadingEnabled는 SqlMapClient에 대한 lazyloading의 허용 여부를 결정한다. 그리고 maxRequests는 동시에 SQL 문장을 수행할 수 있는 최대 쓰레드 개수를 말하며, maxSessions은 활성화될 수 있는 세션의 개수를 설정한다. 마지막으로 maxTransactions는 동시에 SqlMapClient.startTransaction( )에 진입할 수 있는 최대 쓰레드 개수를, useStatementNamespaces는 매핑된 statement의 전체 이름(sqlMap 이름과 statement 이름)의 참조 여부를 결정한다. 일반적인 사용을 위해 위와 같은 디폴트 값들을 넣어준다.

❸ 그리고 아래에 ⟨transactionManager/⟩의 속성 값들을 설정한다. 타입은 JDBC로, commitRequired는 커밋/롤백의 설정 여부를 말한다. 여기에서는 false로 설정한다. ⟨transactionManager/⟩ 안으로 ⟨dataSource/⟩ 태그가 있다. 이것은 실질적인 DB 정보를 기술해 주는 부분으로, 타입은 SIMPLE로, 각 property의 name에는 dbconnect.properties에서 작성했던 name을 그대로 적는다.

❹ 마지막으로 〈sqlMap/〉의 resource 속성이 있는데, 이곳에 게시판 구현을 위한 DB 쿼리문이 담긴 XML 파일을 설정한다. 이번 예제에서는 boardSQL.xml이라는 파일에 모든 쿼리문을 기술하기로 한다.

03 iBatis 설정 파일의 정의도 완료하였으니 이제 데이터베이스의 쿼리문을 담을 boardSQL.xml 파일에 대해 알아보자. 다음은 게시판 구현을 위한 쿼리를 정의한 boardSQL.xml 파일의 내용이다.

소스 10-2: /src/sql/boardSQL.xml

```xml
<?xml version="1.0" encoding="UTF-8" ?>
<!DOCTYPE sqlMap PUBLIC '-//ibatis.apache.org//DTD Sql Map 2.0//EN'
'http://ibatis.apache.org/dtd/sql-map-2.dtd' >
<sqlMap>

❶ <typeAlias alias="board" type="board.boardVO" />

        <!-- 리절트 맵 정의 -->
❷    <resultMap id="boardRes" class="board" >
        <result property="no" column="no" />
        <result property="subject" column="subject" />
        <result property="name" column="name" />
        <result property="password" column="password" />
        <result property="content" column="content" />
        <result property="file_orgname" column="file_orgName" />
        <result property="file_savname" column="file_savName" />
        <result property="readhit" column="readhit" />
        <result property="regdate" column="regdate" />
    </resultMap>

❸    <!-- 공통으로 사용할 select절 정의 -->
    <sql id="select-all" >
       SELECT * FROM BOARD
    </sql>

    <!-- 공통으로 사용할 where-no 절 정의 -->
    <sql id="where-no" >
       WHERE no = #no#
    </sql>
```

```
<!-- select 쿼리문 정의 -->
```
❸
```
<select id="selectAll" resultMap="boardRes" parameterClass="int">
   <include refid="select-all" />
   ORDER BY no DESC
</select>

<select id="selectOne" resultMap="boardRes" parameterClass="int">
   <include refid="select-all" />
   <include refid="where-no" />
</select>

<select id="selectLastNo" resultClass="board" parameterClass="int">
   SELECT max(no) as no FROM BOARD
</select>

<select id="selectPassword" resultMap="boardRes">
   <include refid="select-all" />
   <include refid="where-no" />
   AND password = #password#
</select>
```

```
<!-- insert 쿼리문 정의 -->
```
❹
```
<insert id="insertBoard" parameterClass="board">

INSERT INTO BOARD (SUBJECT,
        NAME,
        PASSWORD,
        CONTENT,
        REGDATE
   )
   VALUES (#subject#,
      #name#,
      #password#,
      #content#,
      #regdate#
            )
</insert>
```

```
<!-- update 쿼리문 정의 -->
<update id="updateBoard" parameterClass="board" >
UPDATE BOARD SET SUBJECT = #subject#,
        NAME = #name#,
        PASSWORD = #password#,
        CONTENT = #content#
<include refid="where-no" />
</update>

<update id="updateFile" parameterClass="board" >
    UPDATE BOARD SET FILE_ORGNAME = #file_orgname#
      ,FILE_SAVNAME = #file_savname#
    <include refid="where-no" />
</update>

<update id="updateReadHit" parameterClass="board" >
    UPDATE BOARD SET READHIT = readHit + 1
    <include refid="where-no" />
</update>

<!-- delete 쿼리문 정의 -->
    <delete id="deleteBoard" parameterClass="board" >
        DELETE FROM BOARD
        <include refid="where-no" />
    </delete>

</sqlMap>
```

❶ 가장 위의 <typeAlias/>는 편의를 위해 긴 경로를 지정한 네임스페이스명으로 설정해 준 것이다. 여기에서는 boardVO라는 자바 빈 객체를 board라는 이름으로 정의한다.

❷ 두 번째로 <resultMap/>은 DB의 컬럼명과 자신이 사용할 result property를 매칭시킨다. 결과는 java.util.Map으로 리턴되며, 보통 Dao 클래스를 만들지 않고 간단히 사용하기 위해서 resultMap을 사용한다. 'Select * '로 모든 컬럼에 대한 매핑도 지원한다. 다음으로 공통 절을 정의하는 <sql/>은 이름 그대로 중복되는 SQL문을 하나의 sql id로 정의해서 사용하는 것이다. 여기에서는 select-all이라는 절과 where-no라는 절을 정의해서 이후 쿼리문에 사용하기로 한다.

❸ 이후부터는 각 쿼리문에 대한 내용이 나온다. select, update, insert, delete 등이 있는데, 각각 id로 구분한다. 주요 속성으로는 resultMap과 parameterClass, resultClass 등이 있다. resultMap은 위에서 각 DB 컬럼명을 정의한 resultMap의 id를 설정하는데, 해당 select 쿼리의 결과값이 resultMap으로 리턴된다. resultClass는 미리 정의된 클래스를 사용해서 결과를 리턴해 준다. 여기서는 resultMap에서 class="board"로 정의했다. 이 클래스에는 getter, setter 메소드가 존재해야 하며, 컬럼명과 규칙이 일치해야 한다.

❹ 마지막으로 parameterClass는 쿼리문으로 전달되는 파라미터의 속성을 정의한다. parameterClass를 명시하는 것은 선택사항이지만 일반적으로 적어주는 것을 추천한다.

일단 세부적인 쿼리의 내용은 살펴보지 않고 iBatis의 특징을 중심으로 설명하였다. 자세한 내용은 이후 각 액션에 따른 코드를 작성할 때 다루기로 한다.

(2) 리스트

게시판을 구현할 때 가장 먼저 작성할 것은 바로 글의 리스트 부분이다. select문을 이용해 내용을 가져오는 단순한 구조이지만 페이징 개념이 들어가기 때문에 이에 주의해서 작성해야 한다. 지금부터 작성할 파일들과 코드 내용을 자세히 살펴보도록 하자.

01 파일 업로드의 용량과 오류 발생, 리스트 액션 등을 정의한다.

소스 10-3: /src/struts.xml

```xml
<!DOCTYPE struts PUBLIC
    "-//Apache Software Foundation//DTD Struts Configuration 2.0//EN"
    "http://struts.apache.org/dtds/struts-2.0.dtd" >

<struts>
    <!-- 용량제한 100MB 로 설정 -->
    <constant name="struts.multipart.maxSize" value="104857600" />

    <package name="board" extends="struts-default" >

        <!-- 글로벌 예외 처리 화면 설정 -->
        <global-results>
            <result name="error" >/jsp/board/pageError.jsp</result>
        </global-results>
```

```
⟨global-exception-mappings⟩
    ⟨exception-mapping result="error" exception="java.lang.Exception"/⟩
⟨/global-exception-mappings⟩

⟨!-- 게시판 리스트 액션 --⟩
⟨action name="listAction" class="board.listAction"⟩
    ⟨result⟩/jsp/board/boardList.jsp⟨/result⟩
⟨/action⟩
⟨/package⟩
⟨/struts⟩
```

먼저 파일 업로드의 용량 제한을 100MB로 변경하기 위해 ⟨constant name="struts.multipart.maxSize" value="104857600"/⟩를 작성하였다.

아래에 오류 발생시 예외 처리를 위해 글로벌 예외를 기술해 오류가 발생하면 /jsp/board/pageError.jsp로 이동하도록 한다. 그리고 게시판의 목록을 보여줄 리스트 액션부분을 정의하였다.

02 게시판 구현을 위해 필요한 항목들을 Bean 객체로 만들고, getter, setter 메소드를 지정하여 사용하기 위해 board 클래스를 작성한다.

소스 10-4: /src/board/boardVO.java

```
package board;

import java.util.Date;

public class boardVO {

    private int no;
    private String subject;
    private String name;
    private String password;
    private String content;
    private String file_orgname;
    private String file_savname;
    private int readhit;
```

```java
    private Date regdate;

    public int getNo( ) {
        return no;
    }

    public void setNo(int no) {
        this.no = no;
    }

    public String getSubject( ) {
        return subject;
    }

    public void setSubject(String subject) {
        this.subject = subject;
    }

    public String getName( ) {
        return name;
    }

    public void setName(String name) {
        this.name = name;
    }

    public String getPassword( ) {
        return password;
    }

    public void setPassword(String password) {
        this.password = password;
    }

    public String getContent( ) {
        return content;
    }

    public void setContent(String content) {
```

```java
        this.content = content;
    }

    public int getReadhit( ) {
        return readhit;
    }

    public void setReadhit(int readhit) {
        this.readhit = readhit;
    }

    public Date getRegdate( ) {
        return regdate;
    }

    public void setRegdate(Date regdate) {
        this.regdate = regdate;
    }

    public String getFile_orgname( ) {
        return file_orgname;
    }

    public void setFile_orgname(String file_orgname) {
        this.file_orgname = file_orgname;
    }

    public String getFile_savname( ) {
        return file_savname;
    }

    public void setFile_savname(String file_savname) {
        this.file_savname = file_savname;
    }

}
```

03 게시판의 게시글들을 페이지로 나누기 위한 pagingAction 클래스를 지정한다.

소스 10-5 : /src/board/pagingAction.java

```java
package board;

public class pagingAction {

    private int currentPage; // 현재페이지
    private int totalCount;   // 전체 게시물 수
    private int totalPage;    // 전체 페이지 수
    private int blockCount; // 한 페이지의 게시물의 수
    private int blockPage;   // 한 화면에 보여줄 페이지 수
    private int startCount;   // 한 페이지에서 보여줄 게시글의 시작 번호
    private int endCount;    // 한 페이지에서 보여줄 게시글의 끝 번호
    private int startPage;      // 시작 페이지
    private int endPage;        // 마지막 페이지

    private StringBuffer pagingHtml;

    // 페이징 생성자
    public pagingAction(int currentPage, int totalCount, int blockCount,
        int blockPage) {

        this.blockCount = blockCount;
        this.blockPage = blockPage;
        this.currentPage = currentPage;
        this.totalCount = totalCount;

        // 전체 페이지 수
        totalPage = (int) Math.ceil((double) totalCount / blockCount);
        if (totalPage == 0) {
            totalPage = 1;
        }

        // 현재 페이지가 전체 페이지 수보다 크면 전체 페이지 수로 설정
        if (currentPage > totalPage) {
            currentPage = totalPage;
        }
```

```java
// 현재 페이지의 처음과 마지막 글의 번호 가져오기
startCount = (currentPage - 1) * blockCount;
endCount = startCount + blockCount - 1;

// 시작 페이지와 마지막 페이지 값 구하기
startPage = (int) ((currentPage - 1) / blockPage) * blockPage + 1;
endPage = startPage + blockPage - 1;

// 마지막 페이지가 전체 페이지 수보다 크면 전체 페이지 수로 설정
if (endPage > totalPage) {
    endPage = totalPage;
}

// 이전 block 페이지
pagingHtml = new StringBuffer( );
if (currentPage > blockPage) {
    pagingHtml.append("<a href=listAction.action?currentPage="
        + (startPage - 1) + ">");
    pagingHtml.append("이전");
    pagingHtml.append("</a>");
}

pagingHtml.append(" | ");

//페이지 번호, 현재 페이지는 빨간색으로 강조하고 링크를 제거
for (int i = startPage; i <= endPage; i++) {
    if (i > totalPage) {
        break;
    }
    if (i == currentPage) {
        pagingHtml.append(" <b> <font color= 'red' >");
        pagingHtml.append(i);
        pagingHtml.append("</font> </b>");
    } else {
        pagingHtml
            .append(" <a href=listAction.action?currentPage=");
        pagingHtml.append(i);
        pagingHtml.append(">");
        pagingHtml.append(i);
```

```java
            pagingHtml.append("</a>");
        }

        pagingHtml.append(" ");
    }

    pagingHtml.append("  |  ");

    // 다음 block 페이지
    if (totalPage - startPage >= blockPage) {
        pagingHtml.append("<a href=listAction.action?currentPage="
                + (endPage + 1) + ">");
        pagingHtml.append("다음");
        pagingHtml.append("</a>");
    }
}

public int getCurrentPage( ) {
    return currentPage;
}

public void setCurrentPage(int currentPage) {
    this.currentPage = currentPage;
}

public int getTotalCount( ) {
    return totalCount;
}

public void setTotalCount(int totalCount) {
    this.totalCount = totalCount;
}

public int getTotalPage( ) {
    return totalPage;
}

public void setTotalPage(int totalPage) {
    this.totalPage = totalPage;
```

```java
    }

    public int getBlockCount( ) {
        return blockCount;
    }

    public void setBlockCount(int blockCount) {
        this.blockCount = blockCount;
    }

    public int getBlockPage( ) {
        return blockPage;
    }

    public void setBlockPage(int blockPage) {
        this.blockPage = blockPage;
    }

    public int getStartCount( ) {
        return startCount;
    }

    public void setStartCount(int startCount) {
        this.startCount = startCount;
    }

    public int getEndCount( ) {
        return endCount;
    }

    public void setEndCount(int endCount) {
        this.endCount = endCount;
    }

    public int getStartPage( ) {
        return startPage;
    }

    public void setStartPage(int startPage) {
```

```
        this.startPage = startPage;
    }

    public int getEndPage( ) {
        return endPage;
    }

    public void setEndPage(int endPage) {
        this.endPage = endPage;
    }

    public StringBuffer getPagingHtml( ) {
        return pagingHtml;
    }

    public void setPagingHtml(StringBuffer pagingHtml) {
        this.pagingHtml = pagingHtml;
    }
}
```

일반적으로 게시물이 많아지면 한 화면에 다 보여줄 수 없기 때문에 이런 페이징 기법
을 이용해 게시물을 나눠서 출력한다. 내용을 보면 생성자 안에 코드를 작성하였기 때
문에 페이징을 사용할 클래스에서 이 페이징 클래스의 객체를 인자와 함께 생성하게
되면 사용할 수 있게 된다.

04 게시물의 전체 리스트를 가져와 이를 페이징해서 처리하는 listAction 클래스를 설정
한다.

소스 10-6 : /src/board/listAction.java

```
package board;

import com.opensymphony.xwork2.ActionSupport;
import com.ibatis.common.resources.Resources;
import com.ibatis.sqlmap.client.SqlMapClient;
import com.ibatis.sqlmap.client.SqlMapClientBuilder;

import java.util.*;
```

```
import java.io.Reader;
import java.io.IOException;
```

❶
```
import board.pagingAction;

public class listAction extends ActionSupport {

    public static Reader reader;          //파일 스트림을 위한 reader
    public static SqlMapClient sqlMapper;         //SqlMapClient API를 사용하기 위한
sqlMapper 객체

    private List<boardVO> list = new ArrayList<boardVO>();;
```

```
    private int currentPage = 1;       //현재 페이지
    private int totalCount;            // 총 게시물의 수
    private int blockCount = 10;       // 한 페이지의 게시물의 수
    private int blockPage = 5;         // 한 화면에 보여줄 페이지 수
    private String pagingHtml;         //페이징을 구현한 HTML
    private pagingAction page;         // 페이징 클래스

    // 생성자
    public listAction( ) throws IOException {

        reader = Resources.getResourceAsReader("sqlMapConfig.xml");
        // sqlMapConfig.xml 파일의 설정내용을 가져온다.
        sqlMapper = SqlMapClientBuilder.buildSqlMapClient(reader);
        // sqlMapConfig.xml의 내용을 적용한 sqlMapper 객체 생성
        reader.close( );
    }
```

❷
```
    // 게시판 LIST 액션
    public String execute( ) throws Exception {

        // 모든 글을 가져와 list에 넣는다.
        list = sqlMapper.queryForList("selectAll");

        totalCount = list.size( ); // 전체 글 갯수를 구한다.
        page = new pagingAction(currentPage, totalCount, blockCount, blockPage);
        // pagingAction 객체 생성
```

```
❸ | pagingHtml = page.getPagingHtml( ).toString( ); // 페이지 HTML 생성 |

    // 현재 페이지에서 보여줄 마지막 글의 번호 설정
    int lastCount = totalCount;

    // 현재 페이지의 마지막 글의 번호가 전체의 마지막 글 번호보다 작으면
lastCount를 +1 번호로 설정
    if (page.getEndCount( ) 〈 totalCount)
       lastCount = page.getEndCount( ) + 1;

    // 전체 리스트에서 현재 페이지만큼의 리스트만 가져온다.
 ❹ list = list.subList(page.getStartCount( ), lastCount);

    return SUCCESS;
}

public List〈boardVO〉 getList( ) {
    return list;
}

public void setList(List〈boardVO〉 list) {
    this.list = list;
}

public int getCurrentPage( ) {
    return currentPage;
}

public void setCurrentPage(int currentPage) {
    this.currentPage = currentPage;
}

public int getTotalCount( ) {
    return totalCount;
}

public void setTotalCount(int totalCount) {
    this.totalCount = totalCount;
}
```

```java
    public int getBlockCount( ) {
        return blockCount;
    }

    public void setBlockCount(int blockCount) {
        this.blockCount = blockCount;
    }

    public int getBlockPage( ) {
        return blockPage;
    }

    public void setBlockPage(int blockPage) {
        this.blockPage = blockPage;
    }

    public String getPagingHtml( ) {
        return pagingHtml;
    }

    public void setPagingHtml(String pagingHtml) {
        this.pagingHtml = pagingHtml;
    }

    public pagingAction getPage( ) {
        return page;
    }

    public void setPage(pagingAction page) {
        this.page = page;
    }
}
```

❶ listAction.java에서는 앞에서 정의했던 페이징 클래스를 import board.paging
  Action을 통해서 가져온다. 그리고 생성자 안에는 SqlMapClient의 API를 사용하기
  위한 sqlMapper 객체를 생성하는 부분을 작성한다. 이 부분은 sqlMapConfig.xml

파일의 설정 내용을 읽어와 reader에 저장한 후, SqlMapClientBuilder 클래스의 buildSqlMapClient 메소드를 통해 sqlMapper 객체를 생성하게 된다. 이를 통해 boardSQL.xml에 정의했던 쿼리문들을 읽어와 다양한 액션을 수행할 수 있다.

❷ execute 메소드에서는 쿼리문을 읽어 결과를 가져오는 액션을 수행한다. list = sqlMapper.queryForList("selectAll"); 는 board.SQL.xml의 selectAll 이라는 id 값의 select문을 가져와서 이를 실행한다. 그리고 그 결과값을 리턴받아 list에 저장하게 된다. 이럴 경우 모든 게시물을 가져오기 때문에 적당한 페이지로 나누는 부분이 필요한데, 이것이 page = new pagingAction(currentPage, totalCount, blockCount, blockPage); 이다. 여기에는 네가지 인자값을 넣어 pagingAction 클래스를 생성해 이를 page 객체에 담는다. 네가지 인자 중 blockCount는 한 페이지에서 게시물의 수를, blockPage는 한 화면에 보여줄 페이지 수를 의미하는 것으로서, 자신의 기호에 맞게 값을 바꾸게 되면 바로 게시판에 적용된다.

❸ pagingHtml = page.getPagingHtml( ).toString( ); 부분은 page 객체의 getPaging Html 메소드를 통해 페이징된 HTML 을 가져오는 것이다.

❹ list = list.subList (page.getStartCount( ), lastCount); 부분은 전체 리스트에서 현재 페이지만큼의 리스트만 가져오게 된다.

05 쿼리문의 실행 결과값을 list에 담는 boardList 클래스를 작성한다.

소스 10-7: /jsp/board/boardList.jsp

```
〈%@ page contentType="text/html; charset=utf-8" %〉
〈%@ taglib prefix="s" uri="/struts-tags" %〉


〈?xml version="1.0" encoding="UTF-8" ?〉
〈!DOCTYPE html PUBLIC "-//W3C//DTD XHTML 1.0 Transitional//EN" "http://
www.w3.org/TR/xhtml1/DTD/xhtml1-transitional.dtd" 〉
〈html xmlns="http://www.w3.org/1999/xhtml" 〉
〈head〉
  〈title〉스트럿츠2 게시판〈/title〉
❺ 〈link rel="stylesheet" href="/board/common/css/css.css" type="text/css" 〉
〈/head〉

〈body〉
 〈table width="600" border="0" cellspacing="0" cellpadding="2" 〉
    〈tr〉
```

```
                    <td align="center"> <h2>스트럿츠2 게시판</h2> </td>
        </tr>
        <tr>
                <td height="20"> </td>
        </tr>
</table>


<table width="600" border="0" cellspacing="0" cellpadding="2">
    <tr align="center" bgcolor="#F3F3F3">
        <td width="50"> <strong>번호</strong> </td>
        <td width="350"> <strong>제목</strong> </td>
        <td width="70"> <strong>글쓴이</strong> </td>
        <td width="80"> <strong>날짜</strong> </td>
        <td width="50"> <strong>조회</strong> </td>
    </tr>
    <tr bgcolor="#777777">
            <td height="1" colspan="5"> </td>
    </tr>

❶ <s:iterator value="list" status="stat">

    ❷ <s:url id="viewURL" action="viewAction">
        <s:param name="no">
            <s:property value="no" />
        </s:param>
        <s:param name="currentPage">
            <s:property value="currentPage" />
        </s:param>
    </s:url>

        <tr bgcolor="#FFFFFF" align="center">
            <td> <s:property value="no" /> </td>
            <td align="left">  <s:a href="%{viewURL}"> <s:property value=
"subject" /></s:a> </td>
            <td align="center"> <s:property value="name" /> </td>
        <td align="center"> <s:property value="regdate" /> </td>
            <td> <s:property value="readhit" /> </td>
        </tr>
```

```
                    〈tr bgcolor="#777777"〉
                        〈td height="1" colspan="5"〉〈/td〉
                    〈/tr〉


                〈/s:iterator〉


    ❸ 〈s:if test="list.size( )〈= 0"〉

            〈tr bgcolor="#FFFFFF" align="center"〉
            〈td colspan="5"〉등록된 게시물이 없습니다.〈/td〉
                    〈/tr〉
            〈tr bgcolor="#777777"〉
                〈td height="1" colspan="5"〉〈/td〉
                    〈/tr〉


            〈/s:if〉


            〈tr align="center"〉
    ❹ 〈td colspan="5"〉〈s:property value="pagingHtml" escape="false" /〉〈/td〉
                    〈/tr〉


            〈tr align="right"〉
            〈td colspan="5"〉
            〈input type="button" value="글쓰기" class="inputb" onClick="javascript:
location.href='writeForm.action?currentPage=〈s:property value="currentPage" /〉';"〉
            〈/td〉
                    〈/tr〉
        〈/table〉
        〈/body〉
    〈/html〉
```

❶ listAction 클래스에서 쿼리문의 실행 결과값을 list에 담았었다. 그 list 값을 가지
고 게시물들의 목록을 보여주기 위해 〈s:iterator value="list" status="stat"〉 속성
을 사용했다. 〈s:iterator〉는 List에 대한 반복을 하는 태그이고, 〈s:peoperty〉 태그
의 value 속성으로 각 해당 항목의 값을 가져올 수 있게 된다.

❷ url 태그인 〈s:url id="viewURL" action="viewAction"〉는 글의 제목을 클릭했을
때 이동할 페이지의 주소를 정의한다. 파라미터로는 글의 고유번호인 no와 현재 페

이지 값인 currentPage 값이 있다.

❸ 이러한 ⟨s:iterator value="list" status="stat"⟩ 값은 list에 결과 값이 있을 때 나오게 되고, list에 아무런 값도 없으면 실행이 되지 않는다. 그래서 초기에 아무 게시물도 없을 때를 위해서 ⟨s:if⟩ 태그를 사용하기로 한다. ⟨s:if test="list.size( ) ⟨= 0"⟩와 같이 list의 개수가 0이하면 "등록된 게시물이 없습니다."라는 메시지를 출력해 준다.

❹ 페이지의 번호가 나오는 부분은 ⟨s:property value="pagingHtml" escape="false"/⟩으로 pagingAction 클래스에서 정의했던 HTML이 그대로 출력된다. 그리고 끝 부분에는 게시물의 등록을 위한 [글쓰기] 버튼인 ⟨input type="button"⟩이 자리하고 있다.

❺ 마지막으로 볼 것은 바로 위 쪽의 ⟨head⟩ 부분에 있는 ⟨link rel="stylesheet" href="/board/common/css/css.css" type="text/css"⟩이다. 이는 html 페이지의 스타일을 정의한 것으로, 스타일시트 파일이라고 한다. 모든 게시판에 이 css를 적용할 예정이므로, 이 부분의 코드도 간단히 살펴보자.

06 게시판의 스타일시트를 작성한다.

소스 10-8: /common/css/css.css

```css
textarea {color:#000000; font-family: "굴림"; font-size:9pt; line-height:120%;
background-color: #FFFFFF; border: 1 solid #999999}
td { color:#3f3f3f; font-family:"굴림"; font-size:9pt; line-height:170%;}
td a { color:#333377; font-family:"굴림"; font-size:9pt; line-height:170% ; text-
decoration: none; }
td a:hover { color:#3366CC; font-family:"굴림"; font-size:9pt; line-height:170% ; text-
decoration: underline;}
input {color:#000000; font-family:"굴림"; font-size:9pt; line-height:120%;background-
color: #FFFFFF; border: 1 solid #999999}

.inputb {BORDER-BOTTOM: #999999 1px solid; BORDER-LEFT: #cecece 1px
solid;BORDER-RIGHT: #999999 1px solid; BORDER-TOP: #cecece 1px solid; COLOR:
#000000; FONT-SIZE: 9pt;background-color: #EDEDED;}
```

기능에 중점을 두고 구현하는 게시판인만큼 스타일시트를 사용하여 멋을 내지는 않았다. 간단히 table 태그의 td와 input, textarea에만 적용했고 inputb는 따로 class로 정의해 주도록 작성하였다.

07 지금까지 작성한 코드를 실행한 결과는 다음과 같다.

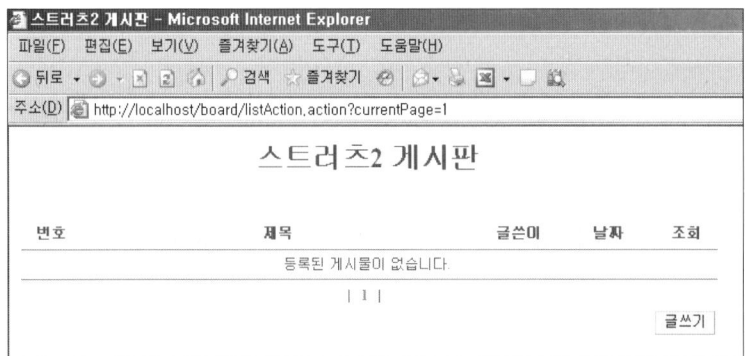

[그림 10-16] 게시판 리스트 화면

현재 데이터베이스에 아무 내용도 없기 때문에 위와 같은 결과가 나타난 것이다. 이제 내용을 넣기 위해 게시물을 작성해 보자.

(3) 글쓰기

리스트 화면에서 [글쓰기] 버튼을 클릭하면 수행할 게시물 등록 코드를 작성한다. 데이터베이스에 입력할 항목뿐만 아니라 파일도 업로드하므로 잘 이해하도록 하자.

01 게시물 등록을 위한 액션을 정의한다.

소스 10-9 : /src/struts.xml

```xml
<!DOCTYPE struts PUBLIC
    "-//Apache Software Foundation//DTD Struts Configuration 2.0//EN"
    "http://struts.apache.org/dtds/struts-2.0.dtd">

<struts>
    <package name="board" extends="struts-default">

        <!-- 게시판 쓰기 액션 -->
        <action name="writeForm" class="board.writeAction" method="form">
            <result>/jsp/board/boardWrite.jsp</result>
        </action>

        <action name="writeAction" class="board.writeAction">
            <result type="redirect-action">
```

```
        〈param name= "actionName"〉listAction 〈/param〉
      〈/result〉
    〈/action〉
  〈/package〉
〈/struts〉
```

writeForm은 별다른 메소드 없이 쓰기 폼을 출력하고, writeAction에서 실질적인 등록 기능을 한다.

02 글쓰기 클래스를 설정한다.

소스 10-10: /src/board/writeAction.java

```java
package board;

import com.opensymphony.xwork2.ActionSupport;
import com.ibatis.common.resources.Resources;
import com.ibatis.sqlmap.client.SqlMapClient;
import com.ibatis.sqlmap.client.SqlMapClientBuilder;

import java.util.*;
import java.io.Reader;
import java.io.IOException;

import java.io.File;
import org.apache.commons.io.FileUtils;

public class writeAction extends ActionSupport {

    public static Reader reader; //파일 스트림을 위한 reader
    public static SqlMapClient sqlMapper; //SqlMapClient API를 사용하기 위한
sqlMapper 객체

    private boardVO paramClass; //파라미터를 저장할 객체
    private boardVO resultClass; //쿼리 결과 값을 저장할 객체

    private int currentPage; //현재 페이지
```

```java
    private int no;
    private String subject;
    private String name;
    private String password;
    private String content;
    private String file_orgName; //업로드 파일의 원래 이름
    private String file_savName; //서버에 저장할 업로드 파일의 이름. 고유 번호로 구분
한다.
    Calendar today = Calendar.getInstance( ); //오늘 날짜 구하기

    private File upload; //파일 객체
    private String uploadContentType; //콘텐츠 타입
    private String uploadFileName; //파일 이름
    private String fileUploadPath = "webapps\\board\\common\\upload\\"; //업로
드 경로

    // 생성자
    public writeAction( ) throws IOException {

        reader = Resources.getResourceAsReader("sqlMapConfig.xml");
// sqlMapConfig.xml 파일의 설정 내용을 가져온다.
        sqlMapper = SqlMapClientBuilder.buildSqlMapClient(reader);
// sqlMapConfig.xml의 내용을 적용한 sqlMapper 객체 생성
        reader.close( );
    }

    public String form( ) throws Exception {
        //등록 폼
        return SUCCESS;
    }

    //게시판 WRITE 액션
    public String execute( ) throws Exception {

        //파라미터와 리절트 객체 생성
        paramClass = new boardVO( );
        resultClass = new boardVO( );

        //등록할 항목 설정
```

```java
        paramClass.setSubject(getSubject( ));
        paramClass.setName(getName( ));
        paramClass.setPassword(getPassword( ));
        paramClass.setContent(getContent( ));
        paramClass.setRegdate(today.getTime( ));

        //등록 쿼리 수행
        sqlMapper.insert("insertBoard" , paramClass);

        //첨부 파일을 선택했다면 파일을 업로드한다.
        if (getUpload( ) != null) {

            //등록한 글 번호 가져오기
            resultClass = (boardVO) sqlMapper.queryForObject("selectLastNo");

            //실제 서버에 저장될 파일 이름과 확장자 설정
            String file_name = "file_" + resultClass.getNo( );
            String file_ext = getUploadFileName( ).substring(
                    getUploadFileName( ).lastIndexOf('.' ) + 1,
                    getUploadFileName( ).length( ));

            //서버에 파일 저장
            File destFile = new File(fileUploadPath + file_name + "." + file_ext);
            FileUtils.copyFile(getUpload( ), destFile);

            //파일 정보 파라미터 설정
            paramClass.setNo(resultClass.getNo( ));
            paramClass.setFile_orgname(getUploadFileName( )); //원래 파일 이름
            paramClass.setFile_savname(file_name + "." + file_ext); //서버에 저장한 파일 이름

            //파일 정보 업데이트
            sqlMapper.update("updateFile" , paramClass);
        }

        return SUCCESS;
    }

    public Calendar getToday( ) {
        return today;
```

```java
        }

        public void setToday(Calendar today) {
            this.today = today;
        }

        public boardVO getParamClass( ) {
            return paramClass;
        }

        public void setParamClass(boardVO paramClass) {
            this.paramClass = paramClass;
        }

        public String getName( ) {
            return name;
        }

        public void setName(String name) {
            this.name = name;
        }

        public String getSubject( ) {
            return subject;
        }

        public void setSubject(String subject) {
            this.subject = subject;
        }

        public String getPassword( ) {
            return password;
        }

        public void setPassword(String password) {
            this.password = password;
        }

        public String getContent( ) {
```

```java
      return content;
   }

   public void setContent(String content) {
      this.content = content;
   }

   public File getUpload( ) {
      return upload;
   }

   public void setUpload(File upload) {
      this.upload = upload;
   }

   public String getUploadContentType( ) {
      return uploadContentType;
   }

   public void setUploadContentType(String uploadContentType) {
      this.uploadContentType = uploadContentType;
   }

   public String getUploadFileName( ) {
      return uploadFileName;
   }

   public void setUploadFileName(String uploadFileName) {
      this.uploadFileName = uploadFileName;
   }

   public String getFileUploadPath( ) {
      return fileUploadPath;
   }

   public void setFileUploadPath(String fileUploadPath) {
      this.fileUploadPath = fileUploadPath;
   }
```

```java
    public int getNo( ) {
        return no;
    }

    public void setNo(int no) {
        this.no = no;
    }

    public String getFile_orgName( ) {
        return file_orgName;
    }

    public void setFile_orgName(String file_orgName) {
        this.file_orgName = file_orgName;
    }

    public String getFile_savName( ) {
        return file_savName;
    }

    public void setFile_savName(String file_savName) {
        this.file_savName = file_savName;
    }

    public boardVO getResultClass( ) {
        return resultClass;
    }

    public void setResultClass(boardVO resultClass) {
        this.resultClass = resultClass;
    }

    public int getCurrentPage( ) {
        return currentPage;
    }

    public void setCurrentPage(int currentPage) {
        this.currentPage = currentPage;
    }
}
```

[글쓰기] 버튼을 누르게 되면 먼저 public String form( ) throws Exception { } 을 통해 등록 폼을 출력한다. 단순 폼을 보여주는 것이기 때문에 별다른 기능을 수행하지 않는다. 실질적인 액션은 execute( ) 메소드에서 일어나는데 이에 대해 자세히 알아보자. 게시물의 등록을 위한 절차는 다음과 같다.

DB에 저장할 항목을 insert한다.
단, file_orgname, file_savname은 제외한다.

항목을 insert하게 되면 MySQL에서 고유 번호인 no를
자동 생성하는데 이 값을 가져와 resultClass에 저장한다.

서버에 저장할 파일명을 만든다. 규칙은 "file_"+ 게시물의
고유 번호(no)로 조합한다(예 : file_12.txt).

업로드 서버에 3에서 지정한 파일명으로 실제 파일을 저장한다.

1에서 DB에 insert할 때 제외했던 file_orgname(파일의 원래 이름),
file_savname(서버에 저장한 고유 파일 이름)을 업데이트 한다.

위와 같은 절차를 거쳐 등록하는 이유는 파일 업로드 때문이다. 일반적으로 같은 이름의 파일을 업로드할 경우, 해당 파일이 어느 게시물에서 업로드한 것인지 알 방법이 없다. 이름만 같고 다른 파일인 경우, 먼저 등록되었던 파일을 덮어씌우게 되는 문제도 발생한다. 그래서 위와 같이 파일의 원래 이름을 따로 저장하고, 실제 서버에 저장될 이름 역시 따로 저장해서 이러한 중복의 문제를 해결할 수 있다.

Execute 메소드의 가장 위에 나오는 것은 파라미터와 결과 값을 저장하기 위한 객체인 paramClass와 resultClass이다. boardVO의 setter 메소드를 사용해 paramClass.setSubject(getSubject( )); 와 같이 사용하면 파라미터가 저장된다. 이름과 비밀번호, 내용과 현재 시간을 같은 방식으로 파라미터에 담고, 이를 sqlMapper. insert("insertBoard", paramClass); 를 통해 DB에 저장한다. 이렇게 하면 모든 값이

저장되고, orgname, file_savname은 null이 된다. 만약 등록 폼에서 첨부 파일을 선택하지 않았다면 여기에서 등록 액션은 종료가 된다.

그러나 첨부 파일이 있을 경우 다음의 코드를 통해 글쓰기가 실행된다.

먼저 if (getUpload( ) != null)로 첨부 파일의 등록 여부를 알아본다. Null이 아니면 파일 저장을 위한 프로세스가 시작된다. 게시물의 번호는 고유번호이므로 중복되지 않는다. 이 속성을 이용해 파일명에도 이 고유번호를 넣기로 한다. 방금 insert를 통해 DB에 저장한 게시물의 번호를 resultClass = (boardVO) sqlMapper.queryForObject("selectLastNo"); 명령을 통해 가져온다. boardSQL.xml에서 selectLastNo 쿼리는 다음과 같다.

> SELECT max(no) as no FROM BOARD

no의 가장 큰 max 값은 방금 등록한 게시물이므로 현재 업로드할 게시물의 no를 가져오는 것이 된다. 그리고 원래 파일 이름과 서버에 저장될 이름을 설정하고 파일을 저장한다. 저장될 이름은 "file_"+ 해당 게시물의 고유번호(no)로 규칙을 정한다. 이를 간단히 정리하면 다음 [그림 10-17]과 같다.

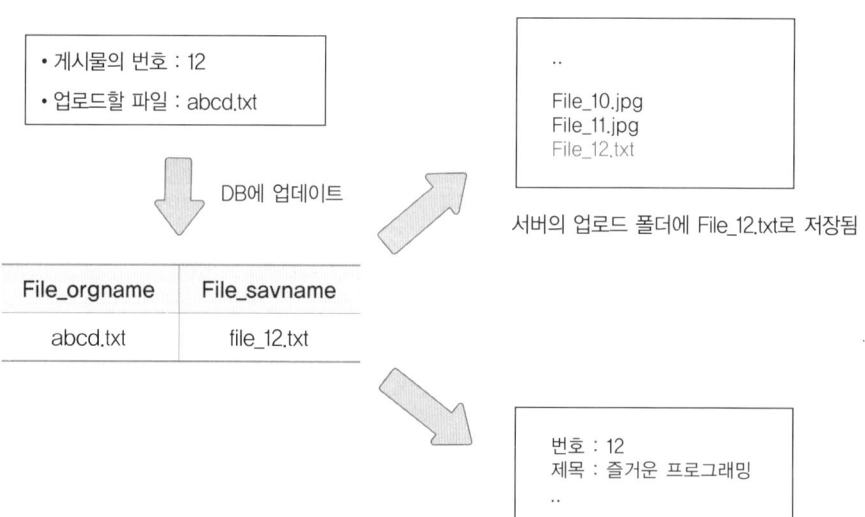

[그림 10-17] 파일 업로드 프로세스 흐름도

03 게시물의 내용을 적는 등록 폼을 작성한다.

소스 10-11: /jsp/board/boardwrite.jsp

```
<%@ page contentType="text/html; charset=utf-8" %>
<%@ taglib prefix="s" uri="/struts-tags" %>

<?xml version="1.0" encoding="UTF-8" ?>
<!DOCTYPE html PUBLIC "-//W3C//DTD XHTML 1.0 Transitional//EN"
"http://www.w3.org/TR/xhtml1/DTD/xhtml1-transitional.dtd">
<html xmlns="http://www.w3.org/1999/xhtml">
<head>
  <title>스트럿츠2 게시판</title>
  <link rel="stylesheet" href="/board/common/css/css.css" type="text/css">

  <SCRIPT type="text/javascript">
    function validation( ) {

        var frm = document.forms(0);

        if(frm.subject.value == "") {
            alert("제목을 입력해주세요.");
            return false;
        }

        else if(frm.name.value == "") {
            alert("이름을 입력해주세요.");
            return false;
        }

        else if(frm.password.value == "") {
            alert("비밀번호를 입력해주세요.");
            return false;
        }

        else if(frm.content.value == "") {
            alert("내용을 입력해주세요.");
            return false;
        }
```

```
            return true;
        }
    〈/SCRIPT〉
〈/head〉

    〈body〉
    〈table width="600" border="0" cellspacing="0" cellpadding="2"〉
        〈tr〉
            〈td align="center"〉〈h2〉스트럿츠2 게시판〈/h2〉〈/td〉
        〈/tr〉
    〈/table〉

    〈s:if test="resultClass == NULL"〉
        〈form action="writeAction.action" method="post" enctype="multipart/form-
data" onsubmit="return validation( );"〉
    〈/s:if〉

    〈s:else〉
    〈form action="modifyAction.action" method="post" enctype="multipart/form-data"〉
    〈s:hidden name="no" value="%{resultClass.no}" /〉
    〈s:hidden name="currentPage" value="%{currentPage}" /〉
    〈s:hidden name="old_file" value="%{resultClass.file_savname}" /〉
    〈/s:else〉

    〈table width="600" border="0" cellspacing="0" cellpadding="0"〉
    〈tr〉
        〈td align="right" colspan="2"〉〈font color="#FF0000"〉*〈/font〉는 필수 입력사
항입니다.〈/td〉
    〈/tr〉

    〈tr bgcolor="#777777"〉
    〈td height="1" colspan="2"〉〈/td〉
    〈/tr〉

    〈tr〉
    〈td width="100" bgcolor="#F4F4F4"〉〈font color="#FF0000"〉*〈/font〉 제목〈/td〉
    〈td width="500" bgcolor="#FFFFFF"〉
        〈s:textfield name="subject" theme="simple" value="%{resultClass.subject}"
cssStyle="width:370px" maxlength="50" /〉
```

```
            </td>
        </tr>


        <tr bgcolor="#777777">
            <td height="1" colspan="2"></td>
        </tr>


        <tr>
            <td bgcolor="#F4F4F4"><font color="#FF0000">*</font> 이름</td>
            <td bgcolor="#FFFFFF">
                    <s:textfield name="name" theme="simple" value="%{resultClass.name}"
cssStyle="width:100px" maxlength="20" />
            </td>
        </tr>
        <tr bgcolor="#777777">
            <td height="1" colspan="2"></td>
        </tr>


        <tr>
            <td bgcolor="#F4F4F4"><font color="#FF0000">*</font> 비밀번호</td>
            <td bgcolor="#FFFFFF">
                    <s:textfield name="password" theme="simple" value="%{resultClass.
password}" cssStyle="width:100px" maxlength="20" />
            </td>
        </tr>
        <tr bgcolor="#777777">
            <td height="1" colspan="2"></td>
        </tr>


            <tr>
            <td bgcolor="#F4F4F4"><font color="#FF0000">*</font> 내용</td>
            <td bgcolor="#FFFFFF">
                <s:textarea name="content" theme="simple" value="%{resultClass.content}"
cols="50" rows="10" />
            </td>
        </tr>
        <tr bgcolor="#777777">
            <td height="1" colspan="2"></td>
        </tr>
```

```
〈tr〉
  〈td bgcolor="#F4F4F4"〉 첨부파일 〈/td〉
  〈td bgcolor="#FFFFFF"〉
    〈s:file name="upload" theme="simple" /〉

    〈s:if test="resultClass.file_orgname != NULL"〉
      * 〈s:property value="resultClass.file_orgname" /〉 파일이 등록되어 있습
니다. 다시 업로드하면 기존의 파일은 삭제됩니다.
    〈/s:if〉

  〈/td〉
〈/tr〉
〈tr bgcolor="#777777"〉
  〈td height="1" colspan="2"〉〈/td〉
〈/tr〉

〈tr〉
  〈td height="10" colspan="2"〉〈/td〉
〈/tr〉


〈tr〉
  〈td align="right" colspan="2"〉
    〈input name="submit" type="submit" value="작성완료" class="inputb"〉
    〈input name="list" type="button" value="목록" class=:"inputb" onClick=
"javascript:location.href='listAction.action?currentPage=〈s:property value="currentPage" /〉'"〉
  〈/td〉
〈/tr〉


    〈/table〉
  〈/form〉
〈/body〉
〈/html〉
```

필수 입력 사항은 "*"로 표시해서 반드시 입력해야 하고, 이를 어길시에는 자바스크립
트로 경고창을 띄운다. 각 〈s:textfield〉의 value 속성에 %{resultClass.subject} 등과
같이 해당 항목의 값을 주었는데, 이는 등록폼뿐만 아니라 게시물의 수정 역시 이 폼을

사용할 것이기 때문에 value 값을 주었다.

그리고 〈s:if test="resultClass.file_orgname != NULL"〉로 현재 파일이 등록되어 있는지 여부를 체크한다. 이 역시 수정폼에서 사용하는 것으로, 현재 파일이 등록되어 있는데 다른 파일로 바꾸고자 한다면 먼저 등록된 파일을 삭제하고 새 파일을 업로드한다.

모든 항목에 값을 적고 [작성완료] 버튼을 클릭하면 게시물이 등록된다.

07 게시판 등록 결과를 확인한다. 모든 항목에 알맞은 값을 적고, 첨부 파일도 등록하고 [작성완료] 버튼을 클릭한 결과는 다음과 같다.

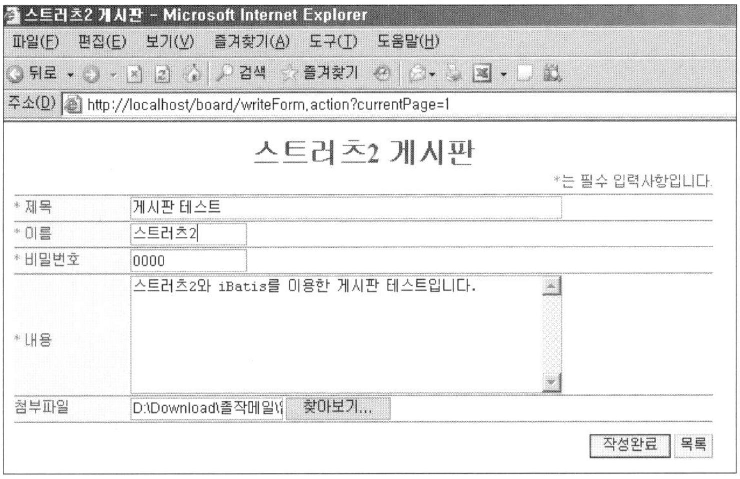

[그림 10-18] 게시판의 등록 폼

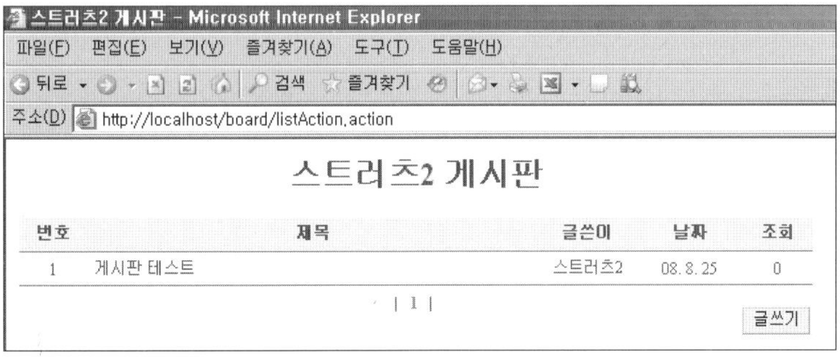

[그림 10-19] 게시글 등록 완료 후 리스트로 이동한 화면

위와 같이 DB에 저장이 되어서 리스트에 게시물이 보이게 된다.

다음은 제목을 클릭하면 보여지는 상세보기 내용을 작성해보자.

(4) 상세보기

상세보기 화면은 리스트 화면에서 게시물의 제목을 클릭했을 때 출력하는 화면이다. 게시물마다 가지고 있는 고유번호인 no를 넘겨 SQL문을 실행해 게시물을 가져온다. 또한 상세보기뿐만 아니라 첨부 파일을 다운로드하고, 비밀번호를 체크하는 기능도 구현하도록 한다.

01 상세보기 액션과 파일 다운로드, 비밀번호 체크 폼과 오류, 성공 페이지를 매핑한다.

소스 10-12: /src/struts.xml

```xml
〈!DOCTYPE struts PUBLIC
    "-//Apache Software Foundation//DTD Struts Configuration 2.0//EN"
    "http://struts.apache.org/dtds/struts-2.0.dtd"〉

〈struts〉
    〈package name="board" extends="struts-default"〉

        〈!-- 게시판 상세보기 액션. --〉
        〈action name="viewAction" class="board.viewAction"〉
            〈result〉/jsp/board/boardView.jsp〈/result〉
        〈/action〉


        〈!-- 파일 다운로드 액션. --〉
        〈action name="fileDownloadAction" class="board.viewAction" method="download"〉
            〈result name="success" type="stream"〉
                〈param name="contentType"〉binary/octet-stream〈/param〉
                〈param name="inputName"〉inputStream〈/param〉
                〈param name="contentDisposition"〉${contentDisposition}〈/param〉
                〈param name="contentLength"〉${contentLength}〈/param〉
                〈param name="bufferSize"〉4096〈/param〉
            〈/result〉
        〈/action〉

        〈!-- 비밀번호 체크 액션. --〉
        〈action name="checkForm" class="board.viewAction" method="checkForm"〉
            〈result〉/jsp/board/checkPassword.jsp〈/result〉
        〈/action〉

        〈action name="checkAction" class="board.viewAction" method="checkAction"〉
```

```
        〈result name= "error" 〉/jsp/board/checkError.jsp〈/result〉
        〈result〉/jsp/board/checkSuccess.jsp〈/result〉
    〈/action〉
  〈/package〉
〈/struts〉
```

02 해당 게시물의 넘겨받아 SQL문을 실행하고, 첨부 파일 다운로드 및 비밀번호 체크 액
션 등을 설정한다.

소스 10-13: /src/board/viewAction.java

```java
package board;

import com.opensymphony.xwork2.ActionSupport;
import com.ibatis.common.resources.Resources;
import com.ibatis.sqlmap.client.SqlMapClient;
import com.ibatis.sqlmap.client.SqlMapClientBuilder;

import java.io.Reader;
import java.io.File;
import java.io.FileInputStream;
import java.io.InputStream;
import java.io.IOException;

import java.net.URLEncoder;

public class viewAction extends ActionSupport {
    public static Reader reader;
    public static SqlMapClient sqlMapper;

    private boardVO paramClass = new boardVO( ); //파라미터를 저장할 객체
    private boardVO resultClass = new boardVO( ); //쿼리 결과 값을 저장할 객체

    private int currentPage;

    private int no;
    private String password;
```

```
private String fileUploadPath = "webapps\\board\\common\\upload\\";

private InputStream inputStream;
private String contentDisposition;
private long contentLength;

// 생성자
public viewAction( ) throws IOException {

    reader = Resources.getResourceAsReader("sqlMapConfig.xml");
// sqlMapConfig.xml 파일의 설정내용을 가져온다.
    sqlMapper = SqlMapClientBuilder.buildSqlMapClient(reader);
// sqlMapConfig.xml의 내용을 적용한 sqlMapper 객체 생성
    reader.close( );
}
```

❶

```
// 상세보기
public String execute( ) throws Exception {

❷   // 해당 글의 조회수 +1
    paramClass.setNo(getNo( ));
    sqlMapper.update("updateReadHit", paramClass);

    // 해당 번호의 글을 가져온다.
    resultClass = (boardVO) sqlMapper.queryForObject("selectOne", getNo( ));

    return SUCCESS;
}
```

```
// 첨부 파일 다운로드
public String download( ) throws Exception {

    // 해당 번호의 파일 정보를 가져온다.
    resultClass = (boardVO) sqlMapper.queryForObject("selectOne", getNo( ));

    // 파일 경로와 파일명을 file 객체에 넣는다.
    File fileInfo = new File(fileUploadPath + resultClass.getFile_savname( ));
```

❸
```
    // 다운로드 파일 정보 설정
    setContentLength(fileInfo.length( ));
    setContentDisposition("attachment;filename="
        + URLEncoder.encode(resultClass.getFile_orgname( ), "UTF-8"));
    setInputStream(new FileInputStream(fileUploadPath
        + resultClass.getFile_savname( )));
```

```
    return SUCCESS;
}


// 비밀번호 체크 폼
public String checkForm( ) throws Exception {

    return SUCCESS;
}
```
❹
```
    // 비밀번호 체크 액션
    public String checkAction( ) throws Exception {

        // 비밀번호 입력값 파라미터 설정
        paramClass.setNo(getNo( ));
        paramClass.setPassword(getPassword( ));

        // 현재 글의 비밀번호 가져오기
        resultClass = (boardVO) sqlMapper.queryForObject("selectPassword",
            paramClass);

        // 입력한 비밀번호가 틀리면 ERROR 리턴
        if (resultClass == null)
            return ERROR;
```

```
    return SUCCESS;
}

public boardVO getParamClass( ) {
    return paramClass;
}

public void setParamClass(boardVO paramClass) {
```

```java
        this.paramClass = paramClass;
    }

    public boardVO getResultClass( ) {
        return resultClass;
    }

    public void setResultClass(boardVO resultClass) {
        this.resultClass = resultClass;
    }

    public String getPassword( ) {
        return password;
    }

    public void setPassword(String password) {
        this.password = password;
    }

    public String getFileUploadPath( ) {
        return fileUploadPath;
    }

    public void setFileUploadPath(String fileUploadPath) {
        this.fileUploadPath = fileUploadPath;
    }

    public int getNo( ) {
        return no;
    }

    public void setNo(int no) {
        this.no = no;
    }

    public InputStream getInputStream( ) {
        return inputStream;
    }
```

```java
    public void setInputStream(InputStream inputStream) {
        this.inputStream = inputStream;
    }

    public String getContentDisposition( ) {
        return contentDisposition;
    }

    public void setContentDisposition(String contentDisposition) {
        this.contentDisposition = contentDisposition;
    }

    public long getContentLength( ) {
        return contentLength;
    }

    public void setContentLength(long contentLength) {
        this.contentLength = contentLength;
    }

    public int getCurrentPage( ) {
        return currentPage;
    }

    public void setCurrentPage(int currentPage) {
        this.currentPage = currentPage;
    }
}
```

❶ 상세보기 액션은 execute( ) 메소드에서 일어난다. 리스트에서 제목을 클릭하면 해당 게시물의 no 값을 viewAction으로 넘겨주고 이를 받아서 SQL문을 실행한다. 리스트는 결과값이 여러 개이므로 queryForLIst 메소드를 실행해 list 객체로 받아야 했다. 하지만 이 상세보기는 하나의 결과만 가져오기 때문에 resultClass = (boardVO) sqlMapper.queryForObject("selectOne", getNo( )); 와 같이 queryForObject 메소드를 실행하고 boardVO 객체인 resultClass로 값을 받는다.

❷ 또 하나 작업할 기능은 보통 게시판에서 상세보기를 클릭시 조회수를 1 만큼 증가시

키는 것인데, 예제에서는 sqlMapper.update("updateReadHit", paramClass); 으로 처리하였다. 단순히 readhit 컬럼의 값을 1 만큼 증가시키는 것이므로 sqlMapper의 update 메소드를 이용하고 리턴 값은 받지 않는다.

❸ 상세보기 화면에서 실행되는 또 하나의 액션은 첨부 파일 다운로드이다. viewAction 의 download( ) 메소드에 정의하였는데, 여기서 주의할 점은, setContentLength (fileInfo.length( )); 에서와 같이 파일의 정보를 가져올 때는 서버에 저장된 파일명을 가져오고, 다운로드 창에 출력할 파일명은 setContentDisposition("attachment; filename="+ URLEncoder.encode(resultClass.getFile_orgname( ), "UTF-8")); 와 같이 원본 파일명을 가져온다는 것이다.

❹ 마지막은 비밀번호를 체크하는 액션이다. 이것을 하는 이유는 자신의 글을 다른 사람 이 수정이나 삭제하는 것을 방지하기 위해서이다. 등록 화면에서 글을 입력할 때 적 었던 비밀번호를 확인하는 작업이다. 비밀번호 확인 창을 통해 입력한 비밀번호를 해 당 게시물의 비밀번호와 대조해 맞으면 SUCCESS를, 틀리면 ERROR를 리턴한다.

03 첨부 파일의 다운로드와 게시판의 수정, 삭제 등의 편집 기능을 설정한다.

소스 10-14: /jsp/board/boardView.jsp

```
<%@ page contentType="text/html; charset=utf-8" %>
<%@ taglib prefix="s" uri="/struts-tags" %>

<?xml version="1.0" encoding="UTF-8" ?>
<!DOCTYPE html PUBLIC "-//W3C//DTD XHTML 1.0 Transitional//EN"
"http://www.w3.org/TR/xhtml1/DTD/xhtml1-transitional.dtd">
<html xmlns="http://www.w3.org/1999/xhtml">
<head>
  <title>스트럿츠2 게시판</title>
  <link rel="stylesheet" href="/board/common/css/css.css" type="text/css">
  <script type="text/javascript">
    function open_win_noresizable (url, name) {
      var oWin = window.open(url, name, "scrollbars=no,status=no,resizable=no,
width=300,height=100");
    }
  </script>
</head>

<body>
```

```html
<table width="600" border="0" cellspacing="0" cellpadding="2">
    <tr>
        <td align="center"><h2>스트럿츠2 게시판</h2></td>
    </tr>
    <tr>
        <td height="20"></td>
    </tr>
</table>

<table width="600" border="0" cellspacing="0" cellpadding="0">

    <tr bgcolor="#777777">
     <td height="1" colspan="2"></td>
    </tr>

    <tr>
     <td bgcolor="#F4F4F4"> 번호 </td>
     <td bgcolor="#FFFFFF">
         <s:property value="resultClass.no" />
     </td>
    </tr>
    <tr bgcolor="#777777">
     <td height="1" colspan="2"></td>
    </tr>

    <tr>
     <td width="100" bgcolor="#F4F4F4"> 제목</td>
     <td width="500" bgcolor="#FFFFFF">
         <s:property value="resultClass.subject" />
     </td>
    </tr>

    <tr bgcolor="#777777">
     <td height="1" colspan="2"></td>
    </tr>

    <tr>
     <td bgcolor="#F4F4F4"> 글쓴이 </td>
     <td bgcolor="#FFFFFF">
```

```
          <s:property value="resultClass.name" />
      </td>
    </tr>
    <tr bgcolor="#777777">
      <td height="1" colspan="2"></td>
    </tr>

    <tr>
      <td bgcolor="#F4F4F4"> 내용 </td>
      <td bgcolor="#FFFFFF">
          <s:property value="resultClass.content" />
      </td>
    </tr>
    <tr bgcolor="#777777">
      <td height="1" colspan="2"></td>
    </tr>

    <tr>
      <td bgcolor="#F4F4F4"> 조회수 </td>
      <td bgcolor="#FFFFFF">
          <s:property value="resultClass.readhit" />
      </td>
    </tr>
    <tr bgcolor="#777777">
      <td height="1" colspan="2"></td>
    </tr>

    <tr>
      <td bgcolor="#F4F4F4"> 등록날짜 </td>
      <td bgcolor="#FFFFFF">
          <s:property value="resultClass.regdate" />
      </td>
    </tr>
    <tr bgcolor="#777777">
      <td height="1" colspan="2"></td>
    </tr>

    <tr>
      <td bgcolor="#F4F4F4"> 첨부파일 </td>
      <td bgcolor="#FFFFFF">
```

```
  

    <s:url id="download" action="fileDownloadAction">
      <s:param name="no">
    <s:property value="no" />
</s:param>
    </s:url>

      <s:a href="%{download}"> <s:property value="resultClass.file_orgname" /> </s:a>
      </td>
    </tr>
  <tr bgcolor="#777777">
    <td height="1" colspan="2"> </td>
  </tr>


  <tr>
    <td height="10" colspan="2"> </td>
  </tr>


  <tr>
    <td align="right" colspan="2">

      <s:url id="modifyURL" action="modifyForm">
  <s:param name="no">
    <s:property value="no" />
</s:param>
      </s:url>

      <s:url id="deleteURL" action="deleteAction">
  <s:param name="no">
    <s:property value="no" />
</s:param>
      </s:url>

<input name="list" type="button" value="수정" class="inputb" onClick=
"javascript:open_win_noresizable( 'checkForm.action?no=<s:property value=
"resultClass.no" />&currentPage=<s:property value="currentPage" />','modify')">

<input name="list" type="button" value="삭제" class="inputb" onClick=
```

```
"javascript:open_win_noresizable( 'checkForm.action?no=⟨s:property value=
"resultClass.no" /⟩&currentPage=⟨s:property value="currentPage" /⟩' ,' delete' )" ⟩

    ⟨input name="list" type="button" value="목록" class="inputb" onClick=
"javascript:location.href=' listAction.action?currentPage=⟨s:property value=
"currentPage" /⟩'" ⟩

        ⟨/td⟩
    ⟨/tr⟩

    ⟨/table⟩
⟨/body⟩
⟨/html⟩
```

DB에 등록했던 각 항목의 내용을 ⟨s:property⟩ 태그의 value 속성으로 출력한다. 첨
부 파일이 있으면 다운로드가 가능하다. 또한 [수정] 버튼을 누르면 비밀번호 확인 팝
업 창을 띄우고 이 창의 이름을 modify로 설정한다. 마찬가지로 [삭제] 버튼은 비밀번
호 확인 팝업 창을 띄우고 이 창의 이름을 delete로 설정한다. 창의 이름을 달리 설정하
는 것은 이후 비밀번호가 일치하면 각각의 프로세스로 분기하기 위해서이다.

위에서 작성한 코드를 실행한 결과는 다음과 같다.

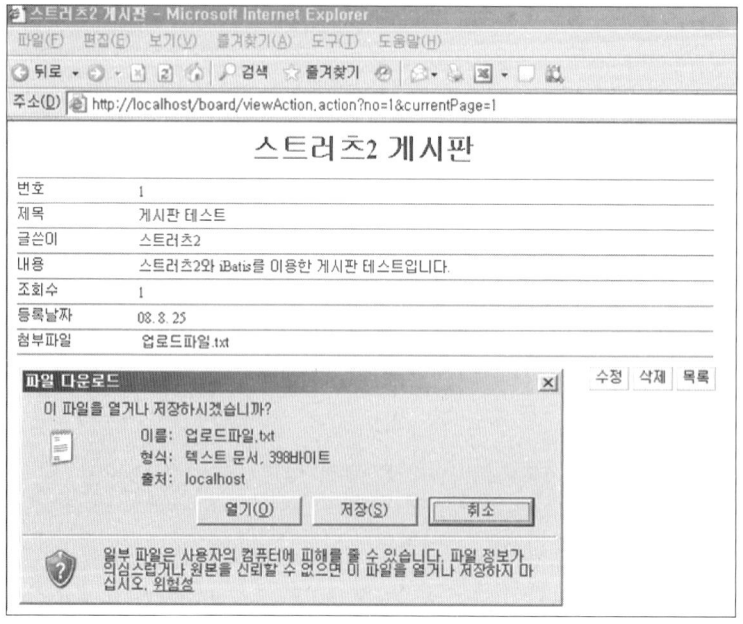

[그림 10-20] 게시판의 상세보기와 파일 다운로드 화면

[그림 10-20]과 같이 게시물의 내용이 출력되고 첨부 파일을 클릭하면 파일을 다운로드 받는 액션이 실행된다. 상세보기 화면의 하단에는 수정과 삭제 버튼이 있다. 두 액션 모두 비밀번호 체크 후 각 기능을 수행한다는 점이 같다.

다음은 이 수정과 삭제를 수행하기 위한 비밀번호 확인에 대한 내용이다.

04 수정과 삭제시 비밀번호를 확인하도록 설정한다.

소스 10-15: /jsp/board/checkPassword.jsp

```jsp
<%@ page contentType="text/html; charset=utf-8" %>
<%@ taglib prefix="s" uri="/struts-tags" %>

<?xml version="1.0" encoding="UTF-8" ?>
<!DOCTYPE html PUBLIC "-//W3C//DTD XHTML 1.0 Transitional//EN"
"http://www.w3.org/TR/xhtml1/DTD/xhtml1-transitional.dtd">
<html xmlns="http://www.w3.org/1999/xhtml">
<head>
    <title>비밀번호 확인</title>
    <link rel="stylesheet" href="/board/common/css/css.css" type="text/css">
</head>

  <body>

    <h2>비밀번호 확인</h2>

    <form action="checkAction.action" method="post">
    <s:hidden name="no" value="%{no}" />
    <s:hidden name="currentPage" value="%{currentPage}" />

    <table width="250" border="0" cellspacing="0" cellpadding="0">

  <tr bgcolor="#777777">
    <td height="1" colspan="2"></td>
  </tr>

    <tr>
    <td width="100" bgcolor="#F4F4F4"> 비밀번호 입력</td>
    <td width="150" bgcolor="#FFFFFF">
```

```
          〈s:textfield name="password" theme="simple" cssStyle=
"width:100px" maxlength="20" /〉
          〈input name="submit" type="submit" value="확인" class=
"inputb"〉
      〈/td〉
    〈/tr〉


    〈tr bgcolor="#777777"〉
    〈td height="1" colspan="2"〉〈/td〉
    〈/tr〉


    〈/table〉


  〈/form〉
〈/body〉
〈/html〉
```

비밀번호를 입력하면 이 값을 폼 값으로 넘기고 〈s:hidden〉 태그의 no 값과 currentPage
값도 함께 보낸다. 만약 게시물의 비밀번호와 일치하지 않는다면 예외를 발생하고, 일치
하면 다음 단계의 액션을 수행한다. 다음은 비밀번호 입력 화면을 나타낸 것이다.

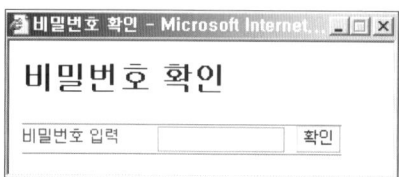

[그림 10-21] 비밀번호 확인 화면

05 비밀번호 오류시 처리를 설정하는 에러 체크 페이지를 작성한다.

소스 10-16: /jsp/board/checkError.jsp

```
〈%@ page contentType="text/html; charset=utf-8" %〉
〈%@ taglib prefix="s" uri="/struts-tags" %〉


〈?xml version="1.0" encoding="UTF-8" ?〉
〈!DOCTYPE html PUBLIC "-//W3C//DTD XHTML 1.0 Transitional//EN"
"http://www.w3.org/TR/xhtml1/DTD/xhtml1-transitional.dtd"〉
```

```
〈html xmlns="http://www.w3.org/1999/xhtml"〉
〈head〉
  〈title〉비밀번호 오류〈/title〉
  〈link rel="stylesheet" href="/board/common/css/css.css" type="text/css"〉
  〈script type="text/javascript"〉
    function ErrorMessage( ) {
       alert("비밀번호가 틀립니다.");
       history.back(-1);
    }
  〈/script〉
〈/head〉

〈body〉
〈script〉ErrorMessage( )〈/script〉
〈/body〉
〈/html〉
```

[그림 10-22]는 비밀번호 오류 화면이다. 입력 값과 게시물의 값이 일치하지 않을 경우 아래와 같이 struts.xml에서 정의한 checkError.jsp 오류 페이지로 이동한다.

〈result name="error"〉/jsp/board/checkError.jsp〈/result〉

그러면 스크립트로 "비밀번호가 틀립니다."라는 경고창을 띄우고 이전 페이지인 비밀번호 확인 창으로 돌아간다. 다음은 비밀번호 불일치 화면을 나타낸 것이다.

[그림 10-22] 비밀번호 불일치 화면

06 입력 값과 게시물의 값이 일치할 경우 이동할 페이지를 작성한다.

소스 10-17: /jsp/board/checkSuccess.jsp

```jsp
<%@ page contentType="text/html; charset=utf-8" %>
<%@ taglib prefix="s" uri="/struts-tags" %>

<?xml version="1.0" encoding="UTF-8" ?>
<!DOCTYPE html PUBLIC "-//W3C//DTD XHTML 1.0 Transitional//EN"
"http://www.w3.org/TR/xhtml1/DTD/xhtml1-transitional.dtd">
<html xmlns="http://www.w3.org/1999/xhtml">
<head>
    <title>비밀번호 확인</title>
    <link rel="stylesheet" href="/board/common/css/css.css" type="text/css">
    <script type="text/javascript">
        function locationURL( ) {

        if ( window.name == 'modify' )
            window.opener.parent.location.href= 'modifyForm.action?no=<s:property
value="no" />&currentPage=<s:property value="currentPage" />';

        else if ( window.name == 'delete' )
        {
            alert( '삭제되었습니다.' );
            window.opener.parent.location.href= 'deleteAction.action?no=<s:property
value="no" />&currentPage=<s:property value="currentPage" />';
        }

        window.close( );
        }
    </script>
</head>

<body>
    <script>locationURL( )</script>
</body>
</html>
```

입력 값과 게시물의 값이 일치할 경우 checkSuccess 페이지로 이동한다. 팝업 창의 이름이 modify라면 수정 액션인 'modifyForm.action'으로, 창의 이름이 delete라면 'deleteAction.action'으로 각각 이동한다. 이 화면은 별다른 출력 없이 바로 각 액션을 수행하게 된다.

(5) 수정하기

앞서 비밀번호를 입력하는 코드를 알아보았다. 수정하기 액션은 [수정] 버튼을 누르고 비밀번호를 올바르게 입력했을 때 실행할 코드를 정의한다.

01 게시판 수정 정보를 글쓰기 폼으로 포워딩하도록 정의한다.

소스 10-18: /src/struts.xml

```
〈!DOCTYPE struts PUBLIC
    "-//Apache Software Foundation//DTD Struts Configuration 2.0//EN"
    "http://struts.apache.org/dtds/struts-2.0.dtd"〉

〈struts〉
    〈package name="board" extends="struts-default"〉

        〈!-- 게시판 수정 액션 --〉
        〈action name="modifyForm" class="board.viewAction"〉
            〈result type="chain"〉writeForm〈/result〉
        〈/action〉

        〈action name="modifyAction" class="board.modifyAction"〉
            〈result type="chain"〉viewAction〈/result〉
        〈/action〉
    〈/package〉
〈/struts〉
```

수정 폼은 따로 페이지가 없다. modifyForm 액션이 입력되면 viewAction 클래스를 실행해서 해당 게시물의 정보를 받아온 후, writeForm으로 포워딩시킨다. 이런 과정을 거치기 때문에 wrtieForm.jsp에서 보았던 〈s:textfield〉의 value 속성에 값이 들어가게 되어 이전에 등록했던 내용을 수정할 수 있게 된다.

02 항목의 수정과 새로운 첨부 파일의 갱신을 처리하는 수정 액션 페이지를 작성한다.

소스 10-19: /src/board/modifyAction.java

```java
package board;

import com.opensymphony.xwork2.ActionSupport;
import com.ibatis.common.resources.Resources;
import com.ibatis.sqlmap.client.SqlMapClient;
import com.ibatis.sqlmap.client.SqlMapClientBuilder;

import java.io.Reader;
import java.io.File;
import java.io.IOException;

import org.apache.commons.io.FileUtils;

public class modifyAction extends ActionSupport {
    public static Reader reader;
    public static SqlMapClient sqlMapper;

    private boardVO paramClass; //파라미터를 저장할 객체
    private boardVO resultClass; //쿼리 결과 값을 저장할 객체

    private int currentPage;//현재 페이지

    private int no;
    private String subject;
    private String name;
    private String password;
    private String content;
    private String old_file;

    private File upload; //파일 객체
    private String uploadContentType; //콘텐츠 타입
    private String uploadFileName; //파일 이름
    private String fileUploadPath = "webapps\\board\\common\\upload\\";
    //업로드 경로

    // 생성자
```

```
public modifyAction( ) throws IOException {

    reader = Resources.getResourceAsReader("sqlMapConfig.xml");
    // sqlMapConfig.xml 파일의 설정 내용을 가져온다.
    sqlMapper = SqlMapClientBuilder.buildSqlMapClient(reader);
    // sqlMapConfig.xml의 내용을 적용한 sqlMapper 객체 생성
    reader.close( );
}

// 게시글 수정
public String execute( ) throws Exception {

    //파라미터와 리절트 객체 생성
    paramClass = new boardVO( );
    resultClass = new boardVO( );

    // 수정할 항목 설정
    paramClass.setNo(getNo( ));
    paramClass.setSubject(getSubject( ));
    paramClass.setName(getName( ));
    paramClass.setPassword(getPassword( ));
    paramClass.setContent(getContent( ));

    // 일단 항목만 수정한다.
    sqlMapper.update("updateBoard", paramClass);

    // 수정할 파일이 업로드되었다면 파일을 업로드하고 DB의 file 항목을 수정한다.
    if (getUpload( ) != null) {

        //실제 서버에 저장될 파일 이름과 확장자 설정
        String file_name = "file_" + getNo( );
        String file_ext = getUploadFileName( ).substring(getUploadFileName( ).
lastIndexOf('.')+1,getUploadFileName( ).length( ));

        //이전 파일 삭제
        File deleteFile = new File(fileUploadPath + getOld_file( ));
        deleteFile.delete( );

        //새 파일 업로드
```

```java
        File destFile = new File(fileUploadPath + file_name + "." + file_ext);
        FileUtils.copyFile(getUpload( ), destFile);

        //파일 정보 파라미터 설정
        paramClass.setFile_orgname(getUploadFileName( ));
        paramClass.setFile_savname(file_name + "." + file_ext);

        //파일 정보 업데이트
        sqlMapper.update("updateFile", paramClass);
    }

    // 수정이 끝나면 view 페이지로 이동
    resultClass = (boardVO) sqlMapper.queryForObject("selectOne", getNo( ));

    return SUCCESS;
}

public boardVO getParamClass( ) {
    return paramClass;
}

public void setParamClass(boardVO paramClass) {
    this.paramClass = paramClass;
}

public boardVO getResultClass( ) {
    return resultClass;
}

public void setResultClass(boardVO resultClass) {
    this.resultClass = resultClass;
}

public String getName( ) {
    return name;
}

public void setName(String name) {
    this.name = name;
```

```
    }

    public String getSubject( ) {
        return subject;
    }

    public void setSubject(String subject) {
        this.subject = subject;
    }

    public String getPassword( ) {
        return password;
    }

    public void setPassword(String password) {
        this.password = password;
    }

    public String getContent( ) {
        return content;
    }

    public void setContent(String content) {
        this.content = content;
    }

    public File getUpload( ) {
        return upload;
    }

    public void setUpload(File upload) {
        this.upload = upload;
    }

    public String getUploadContentType( ) {
        return uploadContentType;
    }

    public void setUploadContentType(String uploadContentType) {
```

```java
        this.uploadContentType = uploadContentType;
    }

    public String getUploadFileName( ) {
        return uploadFileName;
    }

    public void setUploadFileName(String uploadFileName) {
        this.uploadFileName = uploadFileName;
    }

    public String getFileUploadPath( ) {
        return fileUploadPath;
    }

    public void setFileUploadPath(String fileUploadPath) {
        this.fileUploadPath = fileUploadPath;
    }

    public int getNo( ) {
        return no;
    }

    public void setNo(int no) {
        this.no = no;
    }

    public String getOld_file( ) {
        return old_file;
    }

    public void setOld_file(String old_file) {
        this.old_file = old_file;
    }

    public int getCurrentPage( ) {
        return currentPage;
    }
```

```
public void setCurrentPage(int currentPage) {
    this.currentPage = currentPage;
  }
}
```

앞에서 다루었던 writeAction의 코드와 거의 유사하다. 이 클래스에서는 파라미터를
paramClass에 설정하고 sqlMapper.update("updateBoard", paramClass);와 같이
update를 실행한다. 항목들을 먼저 수정하고, 새로 첨부한 파일이 있다면 이전에 등록
되었던 파일은 삭제하고 새 파일을 등록한다.

03 앞에서 작성한 코드를 실행하여 게시판 등록을 확인한다.

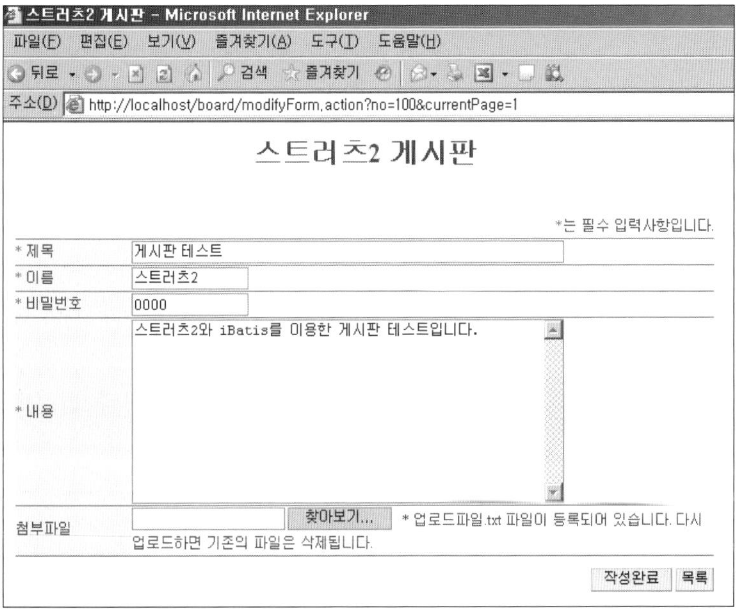

[그림 10-23] 게시판의 수정 폼

상세보기 화면에서 [수정] 버튼을 누른 후, 비밀번호를 맞게 적으면 위와 같은 수정하기 폼
이 보여진다. 첨부 파일을 이전에 등록했었으므로 등록된 파일이 있다는 메시지가 출력된다.
항목 값을 고친 후 [작성완료] 버튼을 누르면 수정된 내용이 반영된다.

(6) 삭제하기

수정하기와 마찬가지로 상세보기 화면에서 [삭제] 버튼을 누르고 비밀번호를 맞게 입력하면 삭제 액션이 수행된다.

 게시판 삭제 액션을 정의한다.

> **소스 10-20:** /src/struts.xml

```
〈!DOCTYPE struts PUBLIC
    "-//Apache Software Foundation//DTD Struts Configuration 2.0//EN"
    "http://struts.apache.org/dtds/struts-2.0.dtd" 〉

〈struts〉
    〈package name="board" extends="struts-default" 〉

        〈!-- 게시판 삭제 액션. --〉
        〈action name="deleteAction" class="board.deleteAction" 〉
            〈result type="chain" 〉 listAction 〈/result〉
        〈/action〉
    〈/package〉
〈/struts〉
```

삭제 기능은 폼도 없고 액션의 결과 페이지도 없다. 단지 삭제 수행 후 리절트 체인으로 listAction을 호출한다.

02 게시물의 삭제와 파일 삭제를 수행하는 삭제 액션 클래스를 작성한다.

> **소스 10-21:** /src/board/deleteAction.java

```
package board;

import com.opensymphony.xwork2.ActionSupport;
import com.ibatis.common.resources.Resources;
import com.ibatis.sqlmap.client.SqlMapClient;
import com.ibatis.sqlmap.client.SqlMapClientBuilder;

import java.io.File;
import java.io.Reader;
```

```java
import java.io.IOException;

public class deleteAction extends ActionSupport {
    public static Reader reader;
    public static SqlMapClient sqlMapper;

    private boardVO paramClass; //파라미터를 저장할 객체
    private boardVO resultClass; //쿼리 결과 값을 저장할 객체

    private int currentPage;   //현재 페이지

    private String fileUploadPath = "webapps\\board\\common\\upload\\";

    private int no;


    // 생성자
    public deleteAction( ) throws IOException {

        reader = Resources.getResourceAsReader("sqlMapConfig.xml");
        // sqlMapConfig.xml 파일의 설정내용을 가져온다.
        sqlMapper = SqlMapClientBuilder.buildSqlMapClient(reader);
        // sqlMapConfig.xml의 내용을 적용한 sqlMapper 객체 생성
        reader.close( );
    }

    // 게시글 글 삭제
    public String execute( ) throws Exception {

        //파라미터와 리절트 객체 생성
        paramClass = new boardVO( );
        resultClass = new boardVO( );

        // 해당 번호의 글을 가져온다.
        resultClass = (boardVO) sqlMapper.queryForObject("selectOne", getNo( ));

        //서버 파일 삭제
        File deleteFile = new File(fileUploadPath + resultClass.getFile_savname( ));
        deleteFile.delete( );
```

```java
        // 삭제할 항목 설정
        paramClass.setNo(getNo( ));

        // 삭제 쿼리 수행
        sqlMapper.update("deleteBoard" , paramClass);

        return SUCCESS;
    }

    public boardVO getParamClass( ) {
        return paramClass;
    }

    public void setParamClass(boardVO paramClass) {
        this.paramClass = paramClass;
    }

    public int getNo( ) {
        return no;
    }

    public void setNo(int no) {
        this.no = no;
    }

    public boardVO getResultClass( ) {
        return resultClass;
    }

    public void setResultClass(boardVO resultClass) {
        this.resultClass = resultClass;
    }

    public int getCurrentPage( ) {
        return currentPage;
    }

    public void setCurrentPage(int currentPage) {
```

```
        this.currentPage = currentPage;
    }


    }
```

삭제 기능을 수행하기 위해서는 두 가지 코드를 수행한다. 하나는 DB에서 해당 게시물을 삭제하는 것이고, 또다른 하나는 게시물에 같이 등록된 파일을 서버에서 삭제하는 것이다. 게시물의 삭제는 sqlMapper의 update 메소드로 delete 쿼리를 수행함으로써 이루어지고, 파일 삭제는 deleteFile.delete( );와 같이 파일 객체의 delete 메소드로 가능하다.

03 앞에서 작성한 코드를 실행한다. 게시판 글 삭제 결과는 다음 [그림 10-24]와 같다.

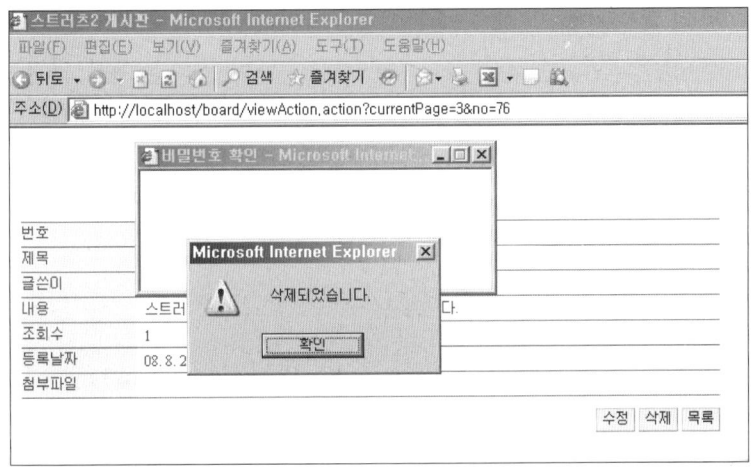

[그림 10-24] 게시판의 글 삭제

(7) 예외 처리 페이지

struts.xml에서 정의한 글로벌 예외 처리 페이지를 작성해보자. 코드는 다음과 같다.

소스 10-22: pageError.jsp 예제

```
<%@ page contentType="text/html; charset=utf-8" %>
<%@ taglib prefix="s" uri="/struts-tags" %>

<?xml version="1.0" encoding="UTF-8" ?>
<!DOCTYPE html PUBLIC "-//W3C//DTD XHTML 1.0 Transitional//EN"
```

```
"http://www.w3.org/TR/xhtml1/DTD/xhtml1-transitional.dtd" 〉
〈html xmlns= "http://www.w3.org/1999/xhtml" 〉
〈head〉
  〈title〉게시판 오류 발생〈/title〉
  〈link rel= "stylesheet" href= "/board/common/css/css.css" type= "text/css" 〉
〈/head〉

 〈body〉

  〈h2〉게시판 오류 발생〈/h2〉

  〈table width= "600" border= "0" cellspacing= "0" cellpadding= "0" 〉

    〈tr〉
     〈td〉 게시판에 오류가 발생했습니다. 관리자에게 문의바랍니다. 〈/td〉
    〈/tr〉
    〈tr〉
     〈td〉  〈/td〉
    〈/tr〉
    〈tr〉
     〈td〉 〈a href= "listAction.action" 〉리스트 화면으로 이동〈/a〉 〈/td〉
    〈/tr〉


   〈/table〉

  〈/form〉
  〈/body〉
〈/html〉
```

  게시판에서의 모든 오류 발생 페이지들은 이 페이지를 출력하는 것으로 대체된다. 간단히 오류가 발생했음을 알리고 리스트 화면으로 이동하는 링크를 작성하였다.

07. 설치와 배포

지금까지 스트럿츠2와 iBatis를 이용한 게시판을 만들어 보았다. 이번에는 이 게시판을 복사해서 몇 가지 설정을 수정한 후 바로 사용이 가능하도록 하는 방법에 대해서 알아보자. MySQL의 설치와 테이블 생성은 이미 완료된 상태라고 가정한다.

Step 1. board 폴더의 복사

설치하고자 하는 폴더에 board 폴더의 모든 내용(common, jsp, src, WEB-INF)을 복사한다.

Step 2. dbconnect.properties 수정

dbconnect.properties 안의 url과 username, password 등을 자신의 서버와 DB 정보에 맞게 수정한다.

Step 3. 업로드 폴더의 경로 수정

현재 업로드 폴더는 톰캣 서버/webapp/board/common/upload로 설정되어 있다. 임의로 이를 변경하고자 한다면, writeAction.java, modifyAction.java, viewAction.java, deleteAction.java 이 4개의 파일에서 fileUploadPath의 경로를 수정한다. 이렇게 여러 파일에 설정 내용이 코드로 정의되어 있을 경우, properties 파일에 설정 코드를 기술하고, java 코드에는 이 properties 파일을 불러오는 것도 매우 유용하다.

11

Chapter

어플리케이션의 국제화

| Point

오늘날과 같은 국제화 시대에는 인터넷 웹 사이트가 한국어와 영어를 기본으로 제공하는 것이 일반적이다. 그 밖에도 몇 가지 언어가 더 추가된다면 이를 코드에서 개별적으로 일일이 지원하는 것은 매우 힘들다. 스트럿츠2에서는 다국어 지원 웹 어플리케이션을 위해 국제화 기능을 제공한다. 이러한 기능은 다양한 언어를 지원하는 어플리케이션을 만드는데 매우 유용하므로 잘 익혀두어야 한다.

01. 국제화의 이해

(1) 국제화(internationalization)의 개념

국제화(Internationalization)란 미리 다양한 언어와 지역을 지원하도록 어플리케이션을 설계하고 쉽게 리엔지니어링할 수 있게 하는 일련의 과정이다. 이는 언어나 지역에 영향을 받는 부분과 영향을 받지 않는 코드를 분리하여 쉽게 지역화될 수 있게 만들었다는 것을 의미하는 것으로, 소스 코드의 수정 없이 다양한 언어를 지원할 수 있도록 한다. 영어로 internationalization인데 맨 첫 글자 i와 맨 끝 글자 n사이에 18글자가 있다는 것에서 i18n이라고도 부른다.

(2) 국제화의 필요성

일반적으로 다국어를 지원하는 어플리케이션을 개발하기 위해서는 각 언어마다 별도의 어플리케이션을 개발하는 사례가 많았다. 국내 사용자를 위한 한글 서비스 페이지, 외국 사용자를 위한 영문 서비스 페이지 등과 같이 각 나라의 언어별 사이트를 모두 만들어 서비스해야만 했었다. 이런 개발 방법의 문제점은 중복적인 어플리케이션 개발로 개발 시간이 늘어나고, 유지 보수시에도 각각의 언어에 따른 어플리케이션들을 수정해 주어야 하기 때문에 많은 어려움이 있다.

이러한 비효율적인 작업을 개선하기 위해 도입된 개념이 국제화이다. 비즈니스 로직은 그대로 유지한 채 뷰 화면의 텍스트나 메시지 등만 변경할 수 있기 때문에 다양한 언어를 효율적으로 지원할 수 있다.

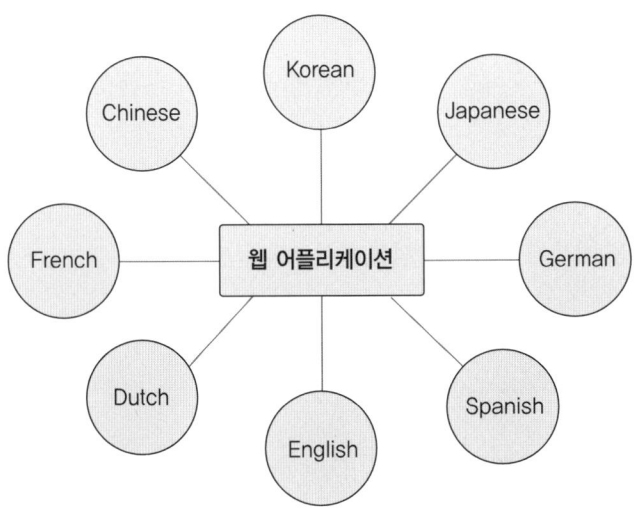

[그림 11-1] 어플리케이션의 국제화

스트럿츠2에서의 국제화는 다음과 같은 기능을 한다.

- 코드 수정 없이 지원하는 언어를 쉽게 추가할 수 있다.
- 텍스트 요소들, 메시지들, 이미지 소스들과 소스 코드를 분리해 외부에 저장한다.
- 날짜, 시간, 숫자, 통화 등과 같은, 각국의 문화에 종속적인 데이터들을 사용자의 언어와 위치에 따라 다르게 변환한다.
- 비 표준 문자 집합들을 지원한다.
- 어플리케이션을 새로운 언어와 지역에 쉽고 빠르게 적용할 수 있다.

이와 같이 국제화 기능은 다양한 언어를 지원하는 어플리케이션을 만드는 데 유용할 뿐 아니라 같은 로직을 가지고 있는 전혀 다른 내용을 가진 어플리케이션을 만들고자 할 때도 유용하게 쓰일 수 있다. 왜냐하면 출력되는 뷰 화면에서의 텍스트 메시지나 이미지 코드들의 동적인 변화가 가능하기 때문이다.

이번 장에서는 국제화 기능의 개발을 위해 반드시 이해해야 하는 로케일 클래스와 리소스 번들에 대해 알아보고 이를 적용한 실제 개발 예제를 작성해 보도록 한다.

02. 로케일 클래스의 생성

(1) 로케일 클래스의 장점

로케일(Locale)은 이름 그대로 특정한 지역의 지리적, 국가적 혹은 문화적 특성을 나타낸다. 로케일 클래스는 이러한 특성을 가진 국제화 지원의 핵심 클래스로 자바 플랫폼에서는 java.util.Locale 패키지를 통해 제공된다.

로케일 클래스는 어플리케이션의 국제화 기능을 위한 매우 중요한 클래스이다. 다음 [그림 11-2]를 통해 로케일 클래스의 적용 여부에 따른 차이점을 알아보도록 한다.

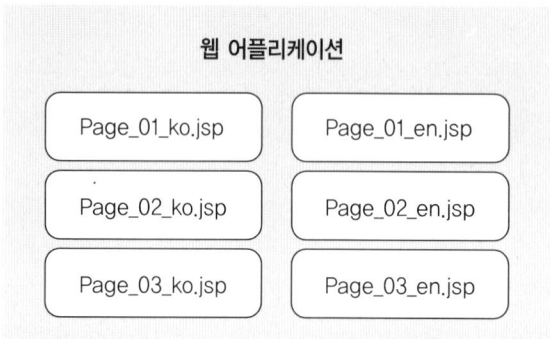

[그림 11-2] 로케일 클래스를 적용하지 않은 국제화 어플리케이션

로케일 클래스를 적용하지 않은 어플리케이션은 위의 그림에서 보는 바와 같이 한글 사이트를 위한 JSP 페이지를 작성하고, 영문 사이트를 위한 JSP 페이지를 또 다시 작성했음을 알 수 있다. 이런 경우 같은 로직을 가진 페이지들이기 때문에 수정 사항이 발생시 같은 작업을 반복해야 하는 번거로움과 유지 보수 등의 관리가 힘들고, 개발 시간의 증가와 같은 문제점들이 발생한다. 이번에는 로케일 클래스를 적용한 국제화 어플리케이션을 살펴보자.

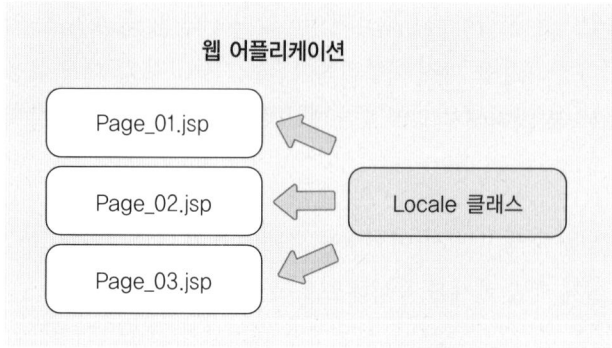

[그림 11-3] 로케일 클래스를 적용한 국제화 어플리케이션

로케일 클래스를 적용한 국제화 어플리케이션은 [그림 11-3]에서 보는 바와 같이 로케일 클래스가 각 페이지에 한글과 영문을 위한 텍스트 메시지 등을 지원하여 동일 페이지의 반복 개발이 필요하지 않다.

이와 같이 로케일 클래스는 국제화를 위한 매우 중요한 클래스이다. 이제 이러한 로케일 클래스를 어떻게 생성하는지에 대해 알아보도록 하자.

(2) 로케일 클래스의 생성 방법

로케일 클래스는 파라미터에 따라 다음과 같이 세 가지 방법으로 생성할 수 있다.

① Locale(String language)

언어 코드로부터 로케일을 구축한다. 언어 코드는 ISO-639로 정의된 소문자 두 글자로 이루어진 코드이다.

```
enLocale = new Locale("en");
```

② Locale(String language, String country)

언어와 나라로부터 로케일을 구축한다. 국가 코드는 ISO-3166로 정의된 대문자 두 글자로 이루어진 코드이다.

```
frLocale = new Locale("fr", "CA");
```

③ Locale(String language, String country, String variant)

언어, 나라, 그리고 벤더 코드로부터 로케일을 구축한다. 벤더 코드란 운영체제나 브라우저에 대한 정보 코드로, Windows에는 WIN 또는 WINDOWS, Macintosh에는 MAC, POSIX에는 POSIX 등을 사용한다.

```
koLocale = new Locale("ko", "KR", "UNIX");
enLocale = new Locale("en", "US", "WINDOWS");
```

위와 같이 로케일 클래스를 생성할 때는 보통 언어나 국가 코드,그리고 벤더 코드 등을 파라미터로 넘겨준다.

다음 [표 11-1]과 [표 11-2]는 로케일 클래스의 생성을 위해 알아두어야 할 주요 국가의 언어 코드와 국가 코드를 정리한 것이다.

[표 11-1] 주요 국가의 언어 코드

언어 코드	국가명
de	German
en	English
fr	French
ja	Japanese
ko	Korean
zh	Chinese

[표 11-2] 주요 국가의 국가 코드

국가 코드	국가명
DE	German
US	English
FR	French
JP	Japanese
KR	Korean
CN	Chinese

일반적인 로케일 클래스의 인스턴스 생성은 위에서 살펴본 바와 같이 Locale kolocale = new Locale("ko", "KR")를 사용한다. 하지만 이외에도 자주 사용하는 Locale 클래스를 static 상수로 정의하여 Locale의 인스턴스들을 쉽게 얻을 수 있도록 하는 방법도 있다.

다음의 코드를 살펴보면,

```
Locale kolocale = Locale.KOREA
Locale uslocale = Locale.US
Locale jplocale = Locale.JAPAN
```

이와 같이 패키지에 미리 정의된 static 상수로 각 국가의 로케일 정보를 가져오는 것이 가능하다. 두 방법 모두 같은 결과 값을 가져오고 자주 사용되므로 잘 알아두도록 한다.

다음으로 알아볼 것은 로케일의 유효성 검사에 대한 내용이다. 로케일 클래스는 특정 지역을 나타내는 단순한 식별자에 불과하다. 이 말은 곧, 국가 코드로 'ko'와 같은 유효한 값이 아닌 'kk'와 같은 유효하지 않은 값이 입력된 경우에도 오류 메시지를 발생하지 않는다는 뜻이다. 예를 들어,

```
Locale pjlocale = new Locale("pj", "PJ")
```

위와 같이 국가 코드와 전혀 상관없는 locale 값을 입력해도 어떠한 문제도 발생하지 않는다. 이는 Locale이 일종의 아이디와 같이 구분하는데 목적이 있는 것이기 때문이다. 따라서 로케일 클래스에 코드를 입력할 때에는 꼭 유효한 ISO 코드를 넣어야 한다는 사실을 잊지 말아야 한다.

(3) 로케일 설정 방법

이제 생성된 로케일을 어떤 방식으로 설정하는지에 대해 알아보도록 하자. 로케일을 설정하는 방법으로는 다음과 같은 세 가지가 있다.

① 기본 설정

JVM(자바 버추얼 머신)은 처음 동작을 시작할 때 운영체제로부터 환경의 기본 지역 값을 얻어온다. 웹 컨테이너는 다음과 같이 Locale 클래스의 getDefault( ) 메소드를 호출하여 이 기본 지역 값을 얻을 수 있다.

```
Locale defaultLocale = Locale.getDefault( );
```

그러나 클라이언트는 각 지역에 맞는 정보를 보여주기 위해 HTTP 요청 헤더의 Accept-language를 기본 값으로 사용한다. 이는 설치하는 운영체제의 종류에 따라 결정되지만 [제어판]의 [국가 설정]에서 수정이 가능하다.

② 어플리케이션 설정

어플리케이션에서 Locale을 설정하는 방법은 다음의 두 가지가 있다.

① struts.xml에서 설정
② struts.properties에서 설정

두 파일 중 하나에서 기본 값이 설정되면 운영체제나 웹 브라우저 설정 값과 관계없이 항상 이 값으로 설정된다. 다음은 이에 대한 예제 코드이다.

소스 11-1 : struts.xml 예제

```
〈struts〉
  〈constant name="struts.locale" value="en_US" /〉
〈/struts〉

struts.properties
Struts.locale = en_US
```

③ 커스텀 설정

운영체제나 어플리케이션 서버에 의한 설정이 아닌, 클라이언트가 직접 Locale을 설정할 수 있다. 주소 값의 파라미터에 request_locale="코드값"을 붙이면 해당 지역의 Locale이 설정된다.

> http://localhost/struts2/resActionForm.action?request_locale=en

위와 같이 설정하면 사용자의 어떤 환경에서도 미국 지역의 Locale 값이 설정된다. 이는 i18n 인터셉터가 하는 것으로, request_locale 파라미터(Locale을 바꾸고자 할 때 사용하는 요청 파라미터 이름)를 읽어서 세션에 설정하는 역할을 한다. 세션에 저장되면 다른 값으로 바뀌기 전까지 항상 마지막에 설정된 값이 사용되므로 주의가 필요하다.

03. 리소스 번들

(1) 리소스 번들의 생성

국제화 관련 리소스 번들을 이용하게 되면 프로그램 코드 내에 특정 문자를 작성하지 않아도 외부에서 필요한 정보를 추출해 이용할 수 있다. 리소스 번들 내에 있는 정보들은 액션들과 액션 폼, JSP 페이지 그리고 커스텀 태그 등에서 사용할 수 있다. 리소스 번들을 적용할 수 있는 대상은 다음과 같다.

- 사용자 인터페이스 태그
- ValidationAware 인터페이스의 메시지와 오류
- ActionSupport 클래스를 상속받은 클래스

리소스 번들은 자바 코어 라이브러리에 있는 PropertyResourceBundle 클래스의 규약에 따라 만들어야 한다. 확장자가 .properties인 Text 파일을 생성하고, 내용은 key=value와 같은 형식으로 작성해야 한다. 그리고 키의 구분자로 점(period)을 사용하는 것을 권장한다.

간략하게 프로퍼티 파일의 구조를 살펴 보자.

소스 11-2 : test.properties

```
msg = apple
text.msgTitle = Internationalization
button.submit = Submit
```

리소스 번들은 검색과 로딩이 가능한 장소에 위치해야 한다. 웹 어플리케이션에서 리소스 번들이 위치하는 기본적인 곳은 WEB-INF/classes 디렉터리다. 하지만 종류에 따라 각 액션의 해당 디렉터리에 위치할 수도 있고 아예 다른 곳에 있는 리소스 번들을 가져다 사용할 수도 있다.

(2) 리소스 번들의 종류

리소스 번들의 종류에는 다음의 6가지가 있다.

① 액션 리소스 번들
② 부모 클래스 리소스 번들
③ 인터페이스 리소스 번들
④ 패키지 리소스 번들
⑤ 글로벌 리소스 번들
⑥ 커스텀 리소스 번들

지금부터 각 리소스 번들에 대해 예제를 통해 자세히 알아보자.

① 액션 리소스 번들

액션 리소스 번들은 각 액션마다 리소스 번들을 매칭시켜야 사용할 수 있다. 액션 리소스 번들을 사용하기 위해서는 액션 클래스가 있는 패키지와 동일한 곳에 동일한 이름의 .properties 파일을 생성해야 한다. 다음의 그림을 보자.

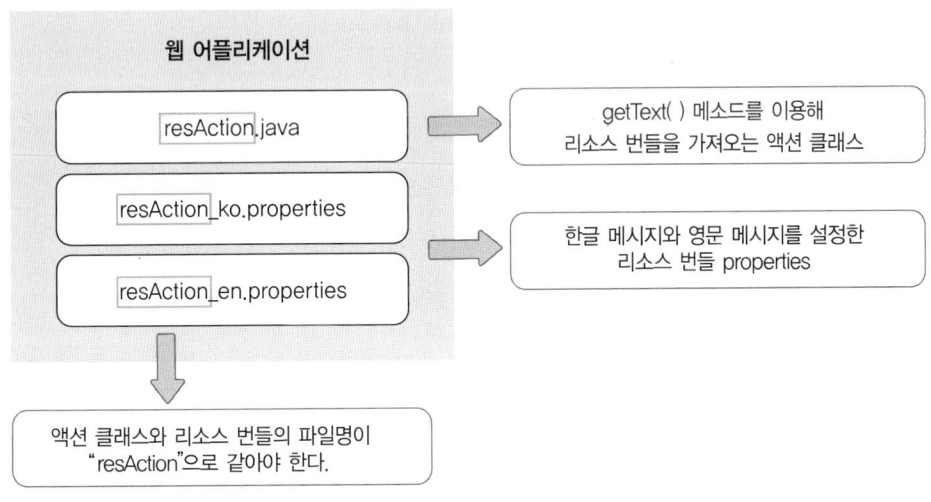

[그림 11-4] 액션 리소스 번들

[그림 11-4]에서 보는 바와 같이 resAction.java라는 액션 클래스에 getText( ) 메소드를 사용하여 리소스 번들의 내용을 가져오는 코드를 작성한다. 그리고 이 클래스의 이름인 'resAction'을 리소스 번들 파일인 .properties 파일과 같도록 정의한다. '_ko'와 '_en'은 한글과 영문 메시지를 각각 설정하는 로케일 클래스의 국가 코드이다.

액션 리소스 번들의 개념을 알아보았으니 이제 이를 바탕으로 실제 동작하는 예제를 작성해 보도록 하자.

01 클래스 파일과 jsp 파일을 매핑시킨다.

소스 11-3 : /src/struts.xml

```
〈struts〉
  〈package name="internationalization" extends="struts-default"〉
    〈action name="resActionForm" class="internationalization.resAction"〉
      〈result〉/jsp/internationalization/resAction.jsp〈/result〉
    〈/action〉
  〈/package〉
〈/struts〉
```

02 한국어 사이트에서 보여줄 메시지들을 properties에 정의한다.

소스 11-4 : /src/internationalization/resAction_ko.properties

```
resMessage1 = Key 값으로 메시지 가져오기.
#resMessage2 = resMessage2 값은 설정하지 않음.
resMessage3 = 배열 Key 값으로 {0}, {1}, {2} 가져오기.
```

03 영문 사이트에서 보여줄 메시지들을 properties에 정의한다.

소스 11-5 : /src/internationalization/resAction_en.properties

```
resMessage1 = This is message1.
#resMessage2 = No resMesaage2
resMessage3 = I like {0}, {1}, {2}.
```

04 ActionSupport 클래스를 상속받도록 정의한다.

소스 11-6 : /src/internationalization/resAction.java

```java
package internationalization;

import com.opensymphony.xwork2.ActionSupport;

public class resAction extends ActionSupport {

    String resMessage1;
    String resMessage2;
    String resMessage3;

    String[] args = { "Music" , "Movie" , "Book" };

    public String execute( ) throws Exception {
    ❶ resMessage1 = getText("resMessage1");

    ❷ resMessage2 = getText("resMessage2" , "Key 값이 없으므로 Default 값 출력!");

    ❸ resMessage3 = getText("resMessage3" , args);

        return SUCCESS;
    }

    public String getResMessage1( ) {
        return resMessage1;
    }

    public String getResMessage2( ) {
        return resMessage2;
    }

    public String getResMessage3( ) {
        return resMessage3;
    }

}
```

리소스 번들은 ActionSupport 클래스를 상속받아야 사용할 수 있다. ActionSupport 클래스는 TextProvider 인터페이스를 구현하는데, 이는 인터페이스 안에 정의되어 있는 getText( ) 메소드를 사용하기 위해서이다. getText( ) 메소드는 리소스 번들에서 메시지를 가져오는 기능들을 정의한다.

파라미터에 따른 getText( ) 메소드의 정의는 다음 [표 11-3]과 같다.

[표 11-3] 자주 사용되는 getText( ) 메소드

getText 메소드	설명
String getText(String key)	키 값으로 메시지를 가져온다. 만약 키 값이 없으면 키의 name을 메시지로 출력한다.
String getText(String key, String defaultValue)	키 값으로 메시지를 가져온다. 만약 키 값이 없으면 defaultValue를 메시지로 출력한다.
String getText(String key, String[] args)	제공된 배열을 키로 사용해 메시지를 가져온다. 만약 키 값이 없으면 키의 name을 메시지로 출력한다.
String getText (String key, String[] args, String defaultValue)	제공된 배열을 키로 사용해 메시지를 가져온다. 만약 키 값이 없으면 defaultValue를 메시지로 출력한다.
String getText(String key, List args)	제공된 리스트를 키로 사용해 메시지를 가져온다. 만약 키 값이 없으면 키의 name을 메시지로 출력한다.
String getText (String key, List args, String defaultValue)	제공된 리스트를 키로 사용해 메시지를 가져온다. 만약 키 값이 없으면 defaultValue를 메시지로 출력한다.
String getText (String key, String defaultValue, String obj)	제공된 객체를 키로 사용해 메시지를 가져온다. 만약 키 값이 없으면 defaultValue를 메시지로 출력한다.

위의 소스 11-6에서는 ❶ resMessage1 = getText("resMessage1"); 에서 properties 파일에 정의된 resMessage1 값을 가져와서 resMessage1에 저장한다.

❷ resMessage2 = getText("resMessage2", "Key 값이 없으므로 Default 값 출력!");
에서는 resMessage2 값이 없으면 Default 값을 출력해주고,

❸ resMessage3 = getText("resMessage3", args); 에서는 위에서 정의된 배열의 값들을 가져온다.

05 properties에 설정된 값을 출력하는 코드를 작성한다.

> **소스 11-7 :** /jsp/internationalization/resAction.jsp

```
<%@ page contentType="text/html; charset=utf-8" %>
<html>
<head>
  <title>어플리케이션의 국제화</title>
  <meta http-equiv="Content-Type" content="text/html; charset=UTF-8" />
</head>
<body>
  <h2>액션 리소스 번들 예제</h2>
  <p/>
  ${resMessage1} <br>
  ${resMessage2} <br>
  ${resMessage3} <br>
</body>
</html>
```

${resMessage1}로 앞에서 정의했던 resMessage1의 값을 가져온다.

06 다음의 주소로 접속해 예제를 실행하여 예제 결과를 확인한다.

> http://localhost/struts2/resActionFrom.action

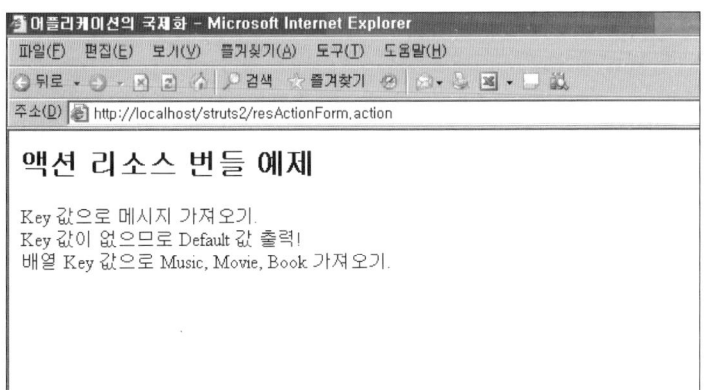

[그림 11-5] resActionFrom.action 실행 화면

주소를 입력할 때 아무런 파라미터 값이 없다면 기본적으로 설정된 로케일 값을 가져온다. 이 주소에서 실제 가져오는 리소스 번들 파일은 resAction_ko.properties로, 한글로 된 메시지를 가져오는 것을 알 수 있다.

다음은 주소 뒷부분에 request_locale =en 파라미터를 추가해 실행해 보자.

> http://localhost/struts2/resActionFrom.action?request_locale=en

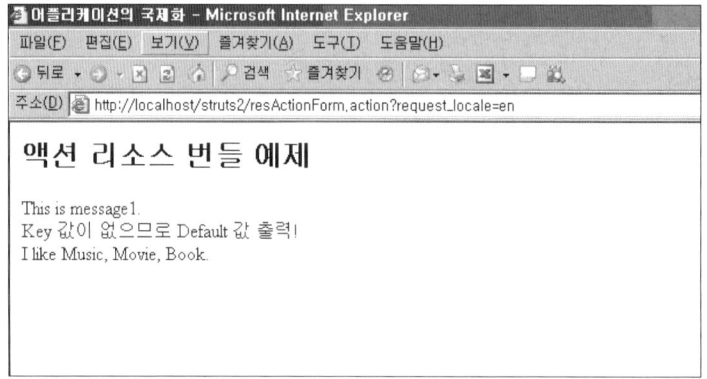

[그림 11-6] resActionForm 호출시 request_locale=en 파라미터를 사용한 경우

[그림 11-6]에서는 주소의 뒷 부분에 파라미터로 request_locale=en을 붙여 영문으로 된 메시지를 가져오도록 설정하였다. 두 번째 한글 메시지는 key 값이 없을 때 발생하는 메시지로, resAction_en.properties 파일에서 설정하지 않고 resAction.java 클래스 파일에서 설정하였기 때문에 위와 같이 한글로 된 메시지가 출력된다. 이렇듯 국제화 기능은 request_locale 값으로 한글과 영문을 모두 표현할 수 있다는 것을 알 수 있다.

② 부모 클래스 리소스 번들

부모 클래스가 있고 이와 같은 이름의 properties 파일이 같은 패키지 안에 존재하고 있을 경우, 부모 클래스를 자식 클래스가 상속받는다면 부모 클래스의 리소스 번들을 사용할 수 있는데, 이를 부모 클래스 리소스 번들이라 한다.

다음 [그림 11-7]를 통해 보다 확실히 이해하도록 하자.

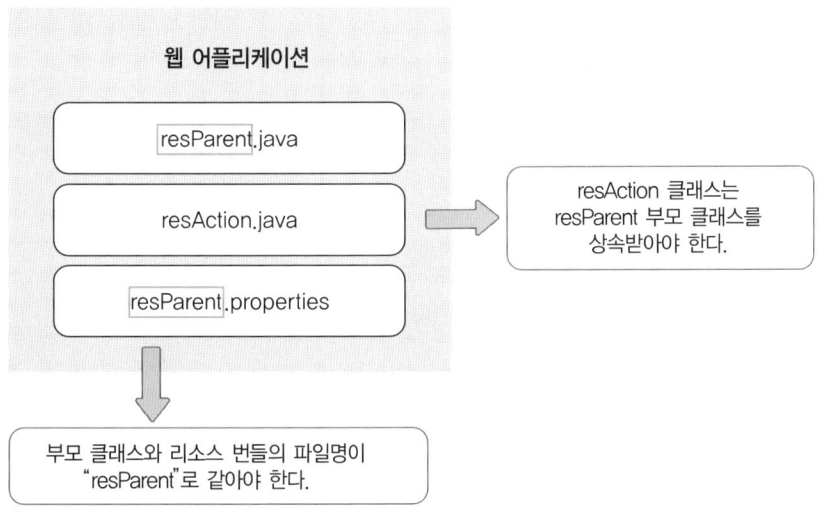

[그림 11-7] 부모 클래스 리소스 번들

위 [그림 11-7]과 같이 resParent 클래스를 resAction 클래스가 상속을 받는다고 가정하면 resParent.properties에 설정된 리소스 번들 메시지들을 resAction 클래스에서 사용할 수 있게 되는 것이다. 여러 개의 자식 클래스에서 리소스 번들을 사용해야 할 때 이러한 부모 클래스 리소스 번들을 사용한다면 매우 편리할 것이다.

다음은 resAction 클래스에서 resParent 부모 클래스를 상속받는 예제 코드의 일부분을 나타낸 것이다.

소스 11-8 : /src/internationalization/resAction.java : 부모 클래스 상속 예제

```
......
public class resAction extends resParent {
......
}
```

위 소스 11-8에서는 ActionSupport를 상속받지 않고 있는데, 자바에서는 다중 상속이 지원되지 않기 때문이다. ActionSupport를 사용하기 위해서는 resParent 클래스에서 상속을 받으면 된다.

③ 인터페이스 리소스 번들

인터페이스 리소스 번들은 부모 클래스와 유사하다. 인터페이스가 있고 이와 같은 이름의 properties 파일이 같은 패키지 안에 존재한다. 이 인터페이스를 액션 클래스가 구현하면, 인

터페이스와 동일한 이름의 리소스 번들을 사용할 수 있는데, 이를 인터페이스 리소스 번들이라 한다. 다음 그림을 보며 이해하도록 하자.

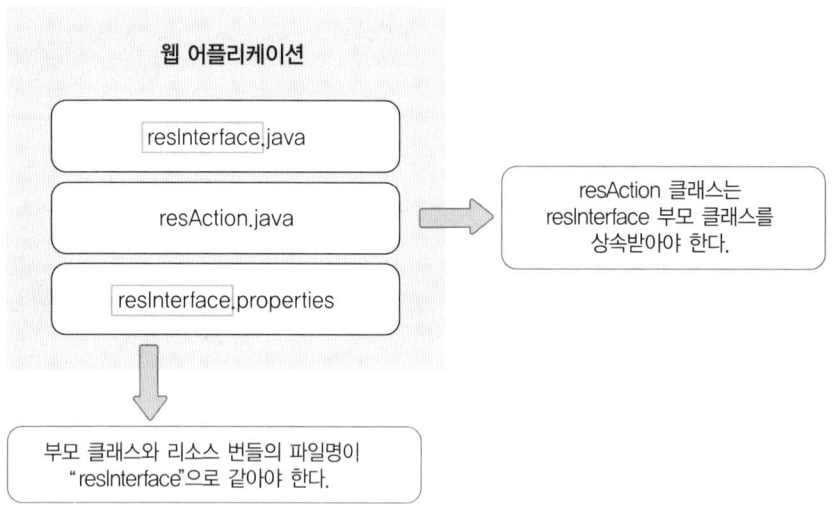

[그림 11-8] 인터페이스 리소스 번들

위 [그림 11-8]과 같이 resInterface 인터페이스를 resAction 클래스에서 구현한다면 resAction 클래스에서 resInterface.properties의 리소스 번들을 사용할 수 있게 된다. 부모 클래스와 마찬가지로 하나의 인터페이스를 여러 개의 클래스에서 구현할 경우 이러한 인터페이스 리소스 번들을 사용하게 되면 매우 편리할 것이다.

다음 코드는 resAction 클래스에서 인터페이스를 구현하는 부분을 간략히 나타낸 것이다.

소스 11-9 : /src/internationalization/resAction.java : 인터페이스 구현 예제

```
......
public class resAction extends ActionSupport implements resInterface {
......
}
```

resAction 클래스에서는 ActionSupport 클래스를 상속받고 resInterface 인터페이스를 구현한다.

④ 패키지 리소스 번들

패키지 리소스 번들은 간단하다. 다음의 그림을 보며 설명하도록 한다.

[그림 11-9] 패키지 리소스 번들

위 그림과 같이 패키지 리소스 번들의 파일명을 package.properties로 설정하고 임의의 패키지에 넣어둔다. 그러면 넣어둔 패키지와 그 하위 패키지에 있는 액션 클래스들은 package. properties의 리소스 번들 값들을 사용할 수 있게 된다.

이처럼 리소스 번들이 어느 위치에 있든지 그 이하 패키지에서 모두 사용 가능한 것이 패키지 리소스 번들이다.

⑤ 글로벌 리소스 번들

글로벌 리소스 번들은 이름 그대로 프로젝트 내의 어떤 액션 클래스에서도 위치에 전혀 상관없이 사용할 수 있는 리소스 번들이다. [그림 11-10]을 보며 이해하도록 하자.

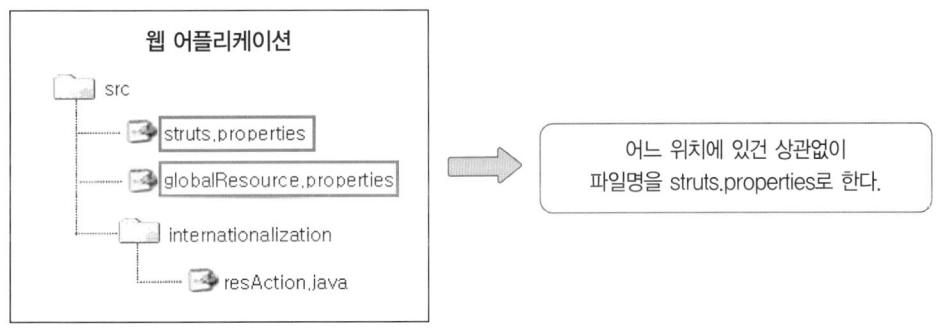

[그림 11-10] 글로벌 리소스 번들

글로벌 리소스 번들을 사용하기 위해서는 먼저 struts.properties 파일을 생성한다. 그리고 생성한 파일을 /WEB-INF/classes의 패키지에 위치시킨다. 마지막으로 글로벌 리소스 번들로 사용할 globalResource.properties의 이름을 struts.properties에 지정하고, 위 그림과 같이 두 파일을 같은 패키지 안에 넣는다. struts.properties에서 globalResource. properties를 매핑시키는 코드는 다음과 같다.

```
struts.custom.i18n.resources=globalResource
```

⑥ 커스텀 리소스 번들

커스텀 리소스 번들은 사용자가 임의의 패키지에서 임의의 이름으로 사용한다. 파일의 확장자가 properties라면 어떤 위치에서 어떤 이름이라도 키 값을 불러와 사용할 수 있다.

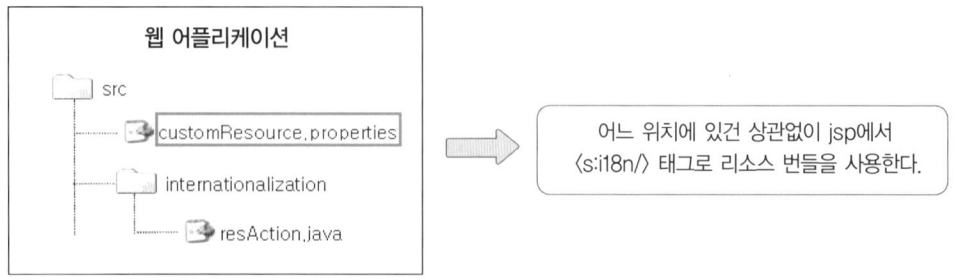

[그림 11-11] 커스텀 리소스 번들

[그림 11-11]에서 보듯이 properties 파일을 웹 어플리케이션의 임의의 위치에 임의의 이름으로 생성하는데, 여기에서는 customResource.properties로 설정하였다. 이 리소스 번들을 사용하기 위해서는 jsp에서 〈s:i18n〉 태그로 properties 파일의 위치를 지정한다.

다음은 jsp 파일에서 커스텀 리소스 번들을 사용하기 위한 예제이다.

소스 11-10 : /jsp/internationalization/resAction.jsp : jsp에서 커스텀 리소스 번들의 사용 예제

```
〈%@ page contentType="text/html; charset=utf-8" %〉
〈%@ taglib prefix="s" uri="/struts-tags"%〉
〈html〉

〈head〉
    〈title〉어플리케이션의 국제화〈/title〉
    〈meta http-equiv="Content-Type" content="text/html; charset=UTF-8" /〉
〈/head〉

〈body〉
    〈h2〉커스텀 리소스 번들 예제〈/h2〉

    〈s:i18n name="internationalization.customResource" 〉
        〈s:text name="resMessage1" /〉 〈br〉
        〈s:text name="resMessage2" /〉 〈br〉
        〈s:text name="resMessage3" /〉 〈br〉
    〈/s:i18n〉
〈/body〉
〈/html〉
```

이와 같이 〈s:i18n name="internationalization.customResource"〉 코드로 커스텀 리소스 번들의 위치를 지정하여 리소스 번들을 사용한다.

04. 리소스 번들의 검색 순서

지금까지 다양한 리소스 번들을 살펴보았다. 그런데 이렇듯 많은 리소스 번들이 동시에 존재하고 동일한 이름의 키가 있으면 어떻게 될까? 스트럿츠2는 다음과 같은 순서로 리소스 번들 파일을 검색한다.

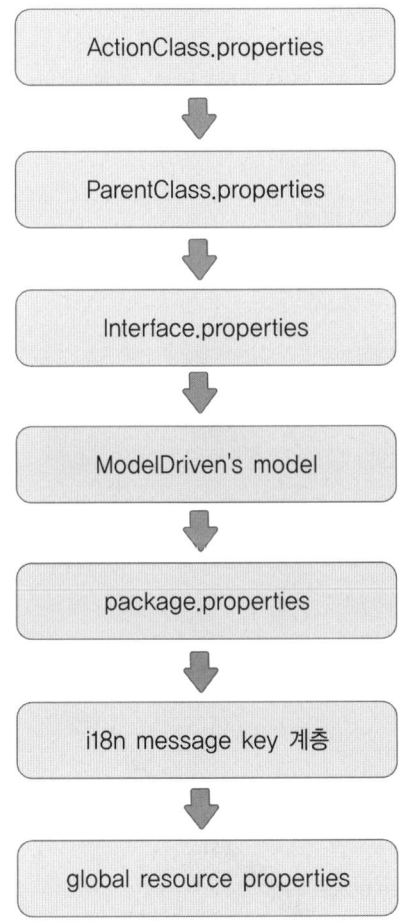

[그림 11-12] 리소스 번들 검색 순서

상위 순서의 리소스 번들이 우선권을 가지며, 여러 리소스 번들에 동일 키가 존재할 경우에는 상위에 있는 리소스 번들의 키가 사용된다. 그리고 동일 키의 하위 리소스 번들은 모두 무시된다. 예를 들어 액션 클래스 리소스 번들에 msg라는 키가 정의되어 있고 패키지 리소스 번들에도 역시 msg라는 동일한 키가 정의되어 있다면, 실제 가져오는 키 값은 액션 클래스 리소스 번들이 되는 것이다. 그리고 이 경우 패키지 리소스 번들의 키 값은 무시된다.

다음의 예제를 통해 보다 자세히 알아보도록 하자.

01 클래스 파일과 jsp 파일을 매핑시킨다.

소스 11-11: /src/struts.xml

```
〈struts〉
  〈package name="internationalization" extends="struts-default"〉
    〈action name="resOrderActionForm" class="internationalization.resOrder Action"〉
      〈result〉/jsp/internationalization/resOrderAction.jsp〈/result〉
    〈/action〉
  〈/package〉
〈/struts〉
```

02 다음은 각 클래스에 대한 properties 파일을 생성한 후, 중복 키에 따른 출력 결과를
알아본다.

소스 11-12: /src/internationalization/resOrderAction.properties

```
res.msg1 = OrderAction Message1
#res.msg2 = OrderAction Message2
#res.msg3 = OrderAction Message3
#res.msg4 = OrderAction Message4
#res.msg5 = OrderAction Message5
res.msg6 = OrderAction Message6


* /src/internationalization/resOrderParent.properties
res.msg1 = Parent Message1
res.msg2 = Parent Message2
#res.msg3 = Parent Message3
#res.msg4 = Parent Message4
#res.msg5 = Parent Message5
res.msg6 = Parent Message6
```

소스 11-13: /src/internationalization/resOrderInterface.properties

```
res.msg1 = Interface Message1
#res.msg2 = Interface Message2
res.msg3 = Interface Message3
```

```
#res.msg4 = Interface Message4
#res.msg5 = Interface Message5
res.msg6 = Interface Message6
```

03 리소스 번들을 테스트하기 위한 액션 클래스, 부모 클래스, 인터페이스를 각각 생성한다.

소스 11-14: /src/internationalization/resOrderAction.java

```
package internationalization;

public class resOrderAction extends resOrderParent implements resOrderInterface {

    public String execute( ) throws Exception {
        return SUCCESS;
    }
}



* /src/internationalization/resOrderParent.java

package internationalization;

import com.opensymphony.xwork2.ActionSupport;

public class resOrderParent extends ActionSupport {
    /*
    * 빈 부모 클래스
    * */
}



* /src/internationalization/resOrderInterface.java
package internationalization;

public interface resOrderInterface {
    /*
    * 빈 인터페이스
    */
}
```

04 리소스 번들 출력 순서를 지정한다.

소스 11-15: /jsp/internationalization/resOrderAction.jsp

```jsp
<%@ page contentType="text/html; charset=utf-8" %>
<%@ taglib prefix="s" uri="/struts-tags" %>
<html>

<head>
  <title>어플리케이션의 국제화</title>
  <meta http-equiv="Content-Type" content="text/html; charset=UTF-8" />
</head>

<body>

  <h2>리소스 번들 순서 예제</h2>

  <p/>
  <b>액션 클래스 리소스 번들 출력</b> <br>
  <s:text name="res.msg1" /> <br> <br>

  <b>부모 클래스 리소스 번들 출력</b> <br>
  <s:text name="res.msg2" /> <br> <br>

  <b>인터페이스 클래스 리소스 번들 출력</b> <br>
  <s:text name="res.msg3" /> <br> <br>

  <b>커스텀 클래스 리소스 번들 출력</b> <br>
  <s:i18n name="internationalization.customResource" >
    <s:text name="resMessage1" /> <br>
  </s:i18n>

</body>

</html>
```

05 다음의 주소로 접속하여 리소스 번들의 검색 순서 예제를 실행시킨다.

> http://localhost/struts2/resOrderActionForm.action

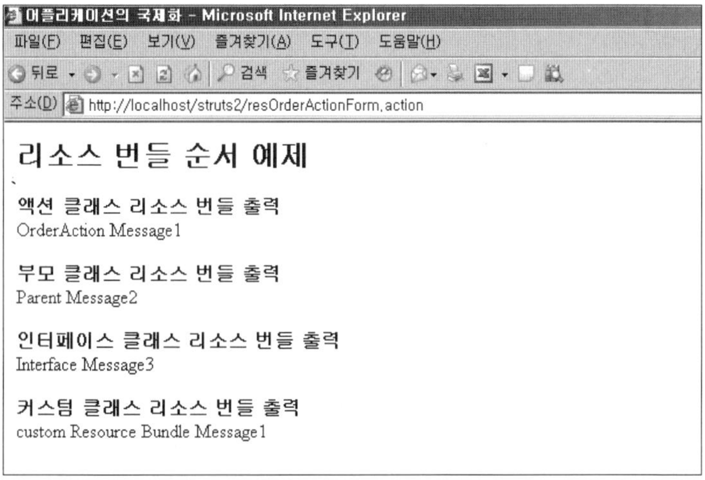

[그림 11-13] resOrderActionForm.action 액션 실행 화면

　　결과 화면에서 나타나는 것과 같이 여러 개의 properties 파일에서 같은 키 값을 정의하고 있는 경우, 리소스 번들의 검색 순서에 따라 상위의 키가 사용되는 것을 알 수 있다. 다만 커스텀 리소스 번들은 직접 지정하는 것이기 때문에 순서에 구애받지 않는다. 어플리케이션의 개발시에 이처럼 리소스 번들의 키가 겹칠 수 있으므로 검색 순서를 확실히 알아두도록 한다.

05. 리소스 번들의 출력 방법

　　지금까지 리소스 번들의 다양한 정의 방법과 검색 순서에 대해서 알아보았다. 여기에서는 한가지 리소스 번들을 리절트 페이지에서 어떤 방법으로 출력할 수 있는지 알아본다. 우리가 알아볼 리소스 번들의 출력 방법은 다음과 같다.

① text 태그의 name 속성을 이용한 출력
② property 태그의 value 속성을 이용한 출력
③ property 태그의 getText( ) 메소드를 이용한 출력

④ i18n 태그를 이용한 출력

⑤ 태그의 키 속성을 이용한 출력

이러한 다섯 가지의 출력 방법을 예제 코드를 통해 알아보자. 이번 예제에서는 하나의 리소스 번들 메시지를 이용하여 다양한 출력을 리절트 페이지에 표현하도록 한다.

01 클래스 파일과 jsp 파일을 매핑시킨다.

> **소스 11-16:** /src/struts.xml

```
〈struts〉
  〈package name="internationalization" extends="struts-default"〉
    〈action name="resPrintActionForm" class="internationalization.resPrintAction"〉
      〈result〉/jsp/internationalization/resPrintAction.jsp〈/result〉
    〈/action〉
  〈/package〉
〈/struts〉
```

02 리절트 페이지에 보여줄 메시지들을 리소스 번들 파일인 resPrintAction.properties 에 정의한다.

> **소스 11-17:** /src/internationalization/resPrintAction.properties

```
text.msgTitle = Internationalization
text.msgContent = Text name Contents

property.msgContent = property tag Contents
property.msgContent2 = getText( ) method Contents

i18n.content = i18n tag Content

key.content = Input Text
```

03 property 태그의 value 속성을 사용할 수 있도록 msgProperty 변수를 정의한다.

소스 11-18 : /src/internationalization/resPrintAction.java

```java
package internationalization;

import com.opensymphony.xwork2.ActionSupport;

public class resPrintAction extends ActionSupport {

    String msgProperty;

    public String execute( ) throws Exception {
        setMsgProperty(getText("property.msgContent"));

        return SUCCESS;
    }

    public String getMsgProperty( ) {
        return msgProperty;
    }

    public void setMsgProperty(String msgProperty) {
        this.msgProperty = msgProperty;
    }
}
```

04 출력 방법에 따른 결과를 표시한다.

소스 11-19 : /jsp/internationalization/resPrintAction.jsp

```jsp
<%@ page contentType="text/html; charset=utf-8" %>
<%@ taglib prefix="s" uri="/struts-tags"%>
<html>

<head>
  <title> <s:text name="text.msgTitle" /> </title>
  <meta http-equiv="Content-Type" content="text/html; charset=UTF-8" />
</head>

<body>
```

```
<table width="500" border="0" cellspacing="0" cellpadding="5">
    <tr>
        <td align="center"><h2>리소스 번들의 출력방법</h2></td>
    </tr>
</table>

<table width="500" border="0" cellpadding="5" cellspacing="0">
    <tr>
        <td>
            <b>1. text 태그의 name 속성을 이용한 출력</b><br>
❶ <s:text name="text.msgContent"/>
            <br><br>


            <b>2. property 태그의 value 속성을 이용한 출력</b><br>
❷ <s:property value="msgProperty"/>
            <br><br>


            <b>3. property 태그의 getText( ) 메소드를 이용한 출력</b>
            <br>
❸ <s:property value="%{getText('property.msgContent2')}"/>
            <br><br>


            <b>4. i18n 태그를 이용한 출력</b>
            <br>
❹ <s:i18n name="internationalization">
                <s:text name="i18n.content" />
            </s:i18n>
            <br><br>


            <b>5. 태그의 키 속성을 이용한 출력</b>
            <table>
❺ <s:textfield key="key.content" name="textfieldName"/>
            </table>
        </td>
    </tr>

</table>
</body>
</html>
```

❶ text 태그의 name 속성을 이용한 출력으로, 〈s:text name="text. msgContent"/〉는 〈s:text/〉 태그의 name 값을 이용하여 메시지를 출력한다.

❷, ❸ 〈s:property/〉의 value 속성과 getText( ) 속성을 이용하여 메시지를 가져오는 방법을 보여준다. 특히, value 속성은 액션 클래스에서 정의한 msgProperty 변수를 사용해야 한다는 것에 주의하자.

❹ 〈s:i18n〉 태그로 패키지명을 적어주면 어떤 패키지에 있는 메시지도 모두 가져올 수 있게 된다.

❺ 태그의 키 속성은 주로 UI 태그에 사용되어진다. 예제에 쓰인 textfield 태그에 키 속성을 정의하게 되면 입력 받을 텍스트 상자의 이름을 나타내게 된다.

05 다음의 주소로 접속해 리소스 번들의 출력 방법에 대한 예제를 실행시킨다.

> http://localhost/struts2/internationalization/resPrintActionForm.action

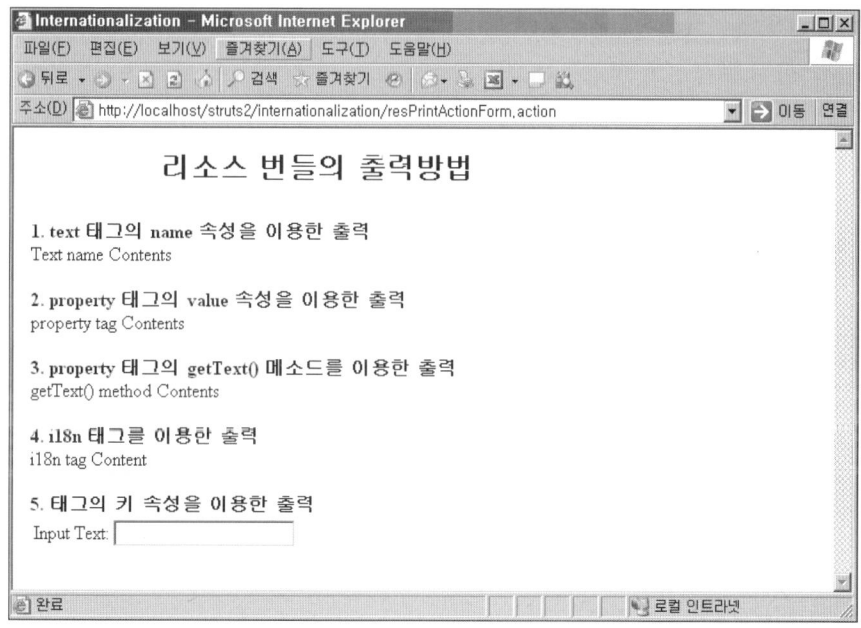

[그림 11-14] 리소스 번들의 출력 방법

리소스 번들의 출력이 다양한 방법으로 이루어졌다. 다섯 번째 태그의 키 속성을 이용한 메시지 출력은 〈s:textfield key="key.content" name="textfieldName"/〉 코드만 있을 뿐인데 [그림 11-14]에서 보는 바와 같이 Input Text라는 입력 값에 대한 설명이 추가된 것을 알 수 있다. 이처럼 다양한 방법을 이용하여 리소스 번들의 출력이 가능하므로 이를 잘 이해해서 상황에 맞게 사용하도록 한다.

06. 리소스 번들의 동적 구성

리소스 번들의 값들을 고정된 한 가지에만 사용한다면 프로그램 개발에 있어서 매우 제한 적일 수밖에 없다. 이러한 문제점을 보완하기 위해 이번에는 리소스 번들이 상황에 맞게 동적 으로 변화하는 방법을 알아보자. 리소스 번들의 동적 구성은 다음과 같은 두 가지 방법을 사 용한다.

① 파라미터를 이용한 동적 구성
② 출력 포맷을 이용한 동적 구성

이러한 두 가지의 동적 구성 방법을 예제 코드를 통해 알아보자. 이번 예제에서는 하나의 액션 리소스 번들을 이용하여 동적 구성 방법을 리절트 페이지에 표현하도록 한다.

(1) 파라미터를 이용한 동적 구성

파라미터를 이용한 동적 구성을 예제로 만들어 보자.

01 클래스 파일과 jsp 파일을 매핑시킨다.

소스 11-20 : /src/struts.xml

```
<struts>
    <package name="internationalization" extends="struts-default">
        <action name="resDynamicActionForm1" class="internationalization.res
DynamicAction">
            <result>/jsp/internationalization/resDynamicAction1.jsp</result>
        </action>
    </package>
</struts>
```

02 리절트 페이지에 보여줄 메시지들을 properties에 정의한다. 이때 파라미터는 {숫자} 의 형식으로 정의한다.

소스 11-21 : /src/internationalization/resDynamicAction.properties

```
param.msg = {0} {1}
param.text = My Favorite Fruits are {0}, {1}, {2}.
```

03 별다른 기능을 넣지 않은 빈 클래스를 만든다.

소스 11-22 : /src/internationalization/resDynamicAction.java

```java
package internationalization;

import com.opensymphony.xwork2.ActionSupport;

public class resDynamicAction extends ActionSupport {

  public String execute( ) throws Exception {
    return SUCCESS;
  }
}
```

04 파라미터를 이용한 동적 리소스 번들을 작성한다.

소스 11-23 : /jsp/internationalization/resDynamicAction1.jsp

```jsp
<%@ page contentType="text/html; charset=utf-8" %>
<%@ taglib prefix="s" uri="/struts-tags" %>
<html>

<head>
  <title>Internationalization</title>
  <meta http-equiv="Content-Type" content="text/html; charset=UTF-8" />
</head>

<body>

  <h2>파라미터를 이용한 동적 리소스 번들</h2>

  <p/>

  <s:form theme="simple">

  <s:text name="param.msg">
    <s:param>Internationalization</s:param>
    <s:param>Resource Bundle</s:param>
  </s:text>
```

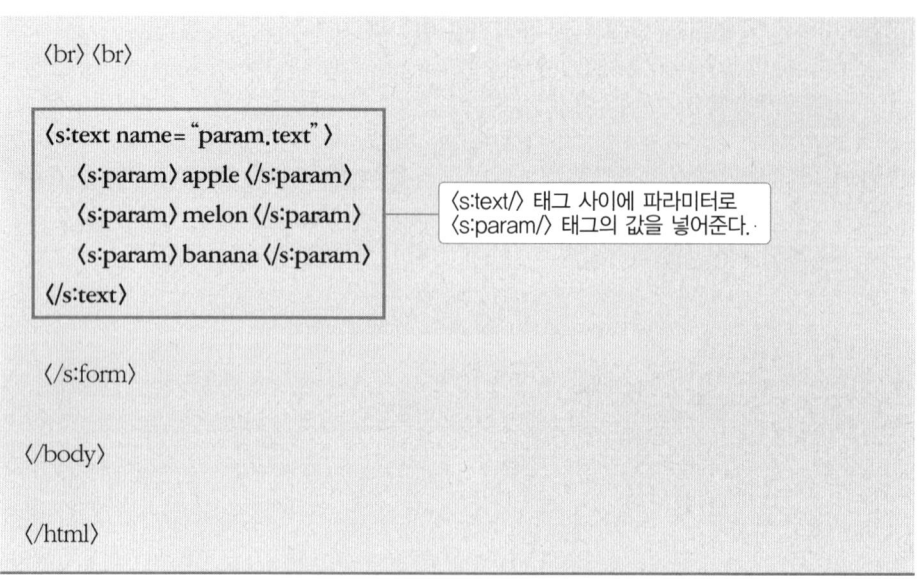

```
〈br〉 〈br〉

    〈s:text name= "param.text" 〉
        〈s:param〉 apple 〈/s:param〉
        〈s:param〉 melon 〈/s:param〉
        〈s:param〉 banana 〈/s:param〉
    〈/s:text〉

    〈/s:form〉

〈/body〉

〈/html〉
```

〈s:text/〉 태그 사이에 파라미터로
〈s:param/〉 태그의 값을 넣어준다.

05 다음의 주소로 접속해 파라미터를 이용한 동적 구성에 대한 예제를 실행시킨다.

http://localhost/struts2/resDynamicActionForm1.action

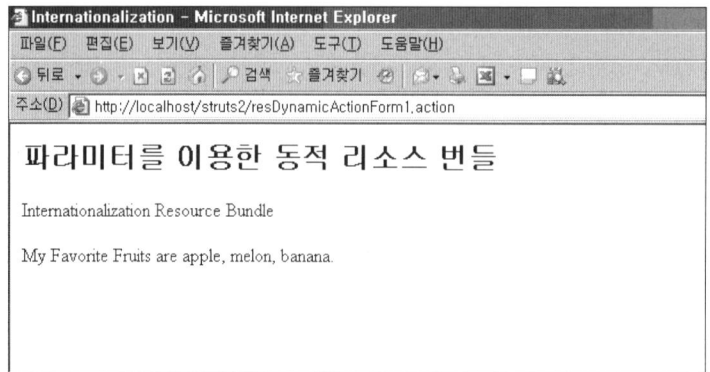

[그림 11-15] 파라미터를 이용한 동적 리소스 번들 테스트 화면

리소스 번들의 '{ }'를 이용해 파라미터를 구성하게 되면 [그림 11-15]에서 보는 바와
같이 여러 개의 메시지 값들을 가져올 수 있게 된다. 〈s:text/〉로 리소스 번들의 값을
지정하고 〈s:param/〉로 출력하고자 하는 메시지를 넣어주면 순서대로 메시지가 출력
된다.

파라미터를 이용한 동적 리소스 번들 출력은 상황에 따라 유용하게 사용할 수 있는 방법이
므로 꼭 알아두도록 한다.

(2) 출력 포맷을 이용한 동적 구성

출력 포맷을 이용한 리소스 번들의 동적 구성 방법을 예제로 알아보자.

01 클래스 파일과 jsp 파일을 매핑시킨다.

소스 11-24: /src/struts.xml

```
⟨struts⟩
  ⟨package name="internationalization" extends="struts-default"⟩
    ⟨action name="resDynamicActionForm2" class="internationalization.res
DynamicAction"⟩
      ⟨result⟩/jsp/internationalization/resDynamicAction2.jsp⟨/result⟩
    ⟨/action⟩
  ⟨/package⟩
⟨/struts⟩
```

02 리절트 페이지에 보여줄 메시지들을 properties에 정의한다.

소스 11-25: /src/internationalization/resDynamicAction.properties

```
decimal.point = {0,number,###.##}
decimal.zero = {0,number,000000.000}

money.korea = {0,number,\uffe6###,###.###}
money.usa = {0,number,$###,###.###}
money.japan = {0,number,\u00A5###,###.###}
```

출력 포맷은 number 포맷을 정의하고 통화 표시와 세자리 단위의 콤마를 넣는다고 정의하고 있다. 다음 [표 11-4]는 출력 포맷의 정의 방법을 설명하는 것이다.

[표 11-4] MessageFormat 클래스

포맷 형식	포맷 스타일	생성된 서브 포맷
(none)	(none)	null
number	(none)	NumberFormat.getInstance(getLocale( ))
	integer	NumberFormat.getIntegerInstance(getLocale( ))
	currency	NumberFormat.getCurrencyInstance(getLocale( ))

number	percent	NumberFormat.getPercentInstance(getLocale( ))
	SubformatPattern	new DecimalFormat(subformatPattern, new DecimalFormatSymbols (getLocale( )))
date	(none)	DateFormat.getDateInstance(DateFormat.DEFAULT, getLocale( ))
	short	DateFormat.getDateInstance(DateFormat.SHORT, getLocale( ))
	medium	DateFormat.getDateInstance(DateFormat.DEFAULT, getLocale( ))
	long	DateFormat.getDateInstance(DateFormat.LONG, getLocale( ))
	full	DateFormat.getDateInstance(DateFormat.FULL, getLocale( ))
	SubformatPattern	new SimpleDateFormat(subformatPattern, getLocale( ))
time	(none)	DateFormat.getTimeInstance(DateFormat.DEFAULT, getLocale( ))
	short	DateFormat.getTimeInstance(DateFormat.SHORT, getLocale( ))
	medium	DateFormat.getTimeInstance(DateFormat.DEFAULT, getLocale( ))
	long	DateFormat.getTimeInstance(DateFormat.LONG, getLocale( ))
	full	DateFormat.getTimeInstance(DateFormat.FULL, getLocale( ))
	SubformatPattern	new SimpleDateFormat(subformatPattern, getLocale( ))
choice	SubformatPattern	new ChoiceFormat(subformatPattern)

다음 [표 11-5]는 DecimalFormat의 출력 예를 나타낸 표이다.

[표 11-5] DecimalFormat의 출력

값	패턴	출력결과	설 명
123456.789	###,###.###	123,456.789	파운드 표시는(#)는 숫자를 의미하고, 콤마는 숫자의 자릿수를 위한 구분자로 사용된다. 점은 소수점을 나타내는데 소수점 자릿수보다 숫자가 많으면 반올림한다.
123456.789	###.##	123456.79	콤마는 숫자의 자릿수를 위한 구분자로 사용된다. 점은 소수점을 나타내는데, 소수점 자릿수보다 숫자가 많으면 반올림한다.
123.78	000000.000	000123.780	0은 #대신 숫자를 나타내지만 차이점은 출력 숫자와 비교하여 남는 자릿수만큼 0으로 채워진다.
12345.67	\uffe6###,###.###	₩12,345.67	패턴의 앞에 있는 유니코드 \uffe6는 우리나라의 원(₩)을 표시한다.
12345.67	$###,###.###	$12,345.67	패턴의 앞에 있는 $는 달러($)를 표시한다.
12345.67	\u00A5###,###.###	?12,345.67	패턴의 앞에 있는 유니코드 \u00A5는 일본의 엔(¥)을 표시한다.

숫자 포맷 패턴 문법

BNF 다이어그램에 정의된 규칙을 통해 숫자 패턴을 디자인할 수 있다.

```
pattern     := subpattern{;subpattern}
subpattern  := {prefix}integer{.fraction}{suffix}
prefix      := '\\u0000'..'\\uFFFD' – specialCharacters
suffix      := '\\u0000'..'\\uFFFD' – specialCharacters
integer     := '#' * '0' * '0'
fraction    := '0' * '#' *
```

다음 [표 11-6]은 Preceding 다이어그램에서 사용되는 기호이다.

[표 11-6] Preceding 다이어그램에서 사용하는 기호들

기호	설 명
X*	X가 0 또는 그이상을 나타낸다.
(X ǀ Y)	X나 Y 중 하나를 나타낸다.
X..Y	X부터 Y사이의 문자를 포함한다.
S – T	S안의 문자 중 T에서는 제외한다.
{X}	X는 옵션 선택이다.

다음 [표 11-7]는 서브 패턴 내에서 특수 기호로 포맷을 선언하는 내용이다.

[표 11-7] 서브 패턴에서 특수 기호로 포맷 선언하기

기호	설 명
0	숫자를 나타낸다.
#	숫자, 0은 없는 것으로 간주한다.
.	소수점을 나타낸다.
,	그룹의 구분자를 나타낸다.
E	지수 표시를 나타낸다.
;	분리 포맷을 나타낸다.
–	음수를 나타낸다.

%	100을 곱하고 퍼센트로 보여준다.
?	1000을 곱하고 mille로 보여준다.
¤	화폐 표시로 대치한다.
X	접두사 또는 접미사에서 사용될 수 있는 다른 문자를 나타낸다.
'	접두사 또는 접미사에서 인용 부호로 사용된다.

03 리절트 페이지에 보여줄 point_number와 money 값을 정의한다.

소스 11-26: /src/internationalization/resDynamicAction.java

```java
package internationalization;

import com.opensymphony.xwork2.ActionSupport;

public class resDynamicAction extends ActionSupport {

    double point_number;
    int money;

    public String execute( ) throws Exception {

        setMoney(10000000);
        setPoint_number(1326.54);
        return SUCCESS;
    }

    public int getMoney( ) {
        return money;
    }

    public void setMoney(int money) {
        this.money = money;
    }

    public double getPoint_number( ) {
        return point_number;
    }
```

```
    public void setPoint_number(double point_number) {
        this.point_number = point_number;
    }
}
```

04 동적 리소스 번들에 value 값을 넣는다.

소스 11-27 : /jsp/internationalization/resDynamicAction2.jsp

```
〈%@ page contentType="text/html; charset=utf-8" %〉
〈%@ taglib prefix="s" uri="/struts-tags"%〉
〈html〉

〈head〉
  〈title〉Internationalization〈/title〉
  〈meta http-equiv="Content-Type" content="text/html; charset=UTF-8" /〉
〈/head〉

〈body〉

  〈h2〉
      〈s:text name="text.msgHead"〉다양한 포맷을 이용한 동적 리소스 번들〈/s:text〉
  〈/h2〉

  〈p/〉

  〈s:form theme="simple"〉
```

소수점 표현:
```
〈s:text name="decimal.point"〉
    〈s:param value="point_number" /〉
〈/s:text〉
```

〈s:text/〉 태그 사이에 파라미터로
〈s:param/〉 태그의 value 값을
넣어준다.

```
      〈br〉
```

남은 자리 0으로 채움:
```
〈s:text name="decimal.zero"〉
    〈s:param value="point_number" /〉
```

```
        </s:text>

        <br>

        한국 화폐 단위(₩):
        <s:text name="money.korea">
            <s:param value="money" />
        </s:text>     .

        <br>

        미국 화폐 단위($):
        <s:text name="money.usa">
            <s:param value="money" />
        </s:text>

        <br>

        일본 화폐 단위(¥):
        <s:text name="money.japan">
            <s:param value="money" />
        </s:text>

        </s:form>

    </body>

</html>
```

05 다음의 주소로 접속해 다양한 포맷을 이용한 동적 구성에 대한 예제를 실행시킨다.

> http://localhost/struts2/resDynamicActionForm2.action

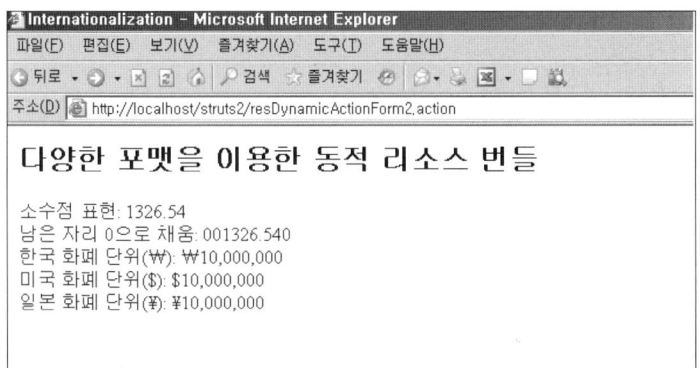

[그림 11-16] 다양한 서식화 출력을 이용한 동적 리소스 번들

같은 값이지만 출력 포맷에 따라 다른 결과가 나오는 것을 알 수 있다. 이와 같이 리소스 번들에 출력할 값의 포맷을 정해주면 [그림 11-16]과 같은 다양한 표현이 가능해진다.

이번 예제를 위해 사용한 포맷은 주로 사용되는 것들을 나타낸 것이고, 이외에도 다양한 출력 형식이 있다. 그러므로 위에서 살펴본 포맷에 대한 종류와 설명들을 잘 알아두어 다양한 메시지에 적용하도록 하자.

지금까지 스트럿츠2의 국제화와 관련한 내용들을 알아보았다. 인터넷의 급속한 발달로 세계와의 거리는 점점 가까워지고 다양한 국가의 다양한 사람들이 인터넷을 사용해 홈페이지에 접속한다. 이러한 세계화의 흐름에 따라 앞으로 국제화의 기능은 더욱 중요해질 것이다. 앞서 살펴보았던 Locale 클래스와 리소스 번들의 설정 및 출력 방법을 잘 이해하고 적용한다면 보다 쉽게 다국어 페이지를 구현할 수 있을 것이다.

12 검색 엔진

Chapter

| Point

현재 대부분의 웹 사이트에서 검색 기능을 기본으로 제공한다. 물론 간단히 데이터베이스 쿼리문을 사용하여 구현할 수도 있겠지만 사이트의 규모가 커지고 콘텐츠가 늘어남에 따라, 이들을 효과적으로 검색할 수 있는 검색엔진의 제공이 필요하다. 이번 장에서는 상업용 사이트 구축에 많이 활용되는 공개 소스 검색엔진을 통해 실제적으로 적용해 본다.

01. 검색 엔진의 원리

검색 엔진이란 인터넷이나 콘솔 등에서 자료를 검색하기 위한 프로그램으로, 찾고자 하는 주제의 키워드를 입력하면 그와 일치하거나 유사한 자료를 찾아 준다. 우리가 일상생활에서 많이 접하는 검색 엔진은 주로 인터넷에서 정보를 얻고자 할 때 많이 사용한다. 네이버나 구글 등과 같은 웹 사이트에 접속해 키워드를 입력하면 관련 정보를 가진 웹 사이트들을 찾아주는데, 검색 엔진의 성능에 따라 얼마나 정확한 결과 값이 출력되는지가 결정된다.

검색 엔진의 원리를 살펴보면,

① 클라우러(Crawler) : 인터넷 상의 수많은 정보들을 수집하는 로봇이다. 웹페이지에 접속해 정보를 가져오고 그 페이지에 링크된 페이지도 계속적으로 접속하며 정보를 수집한다.
② 인덱스(index) 작업 : 색인이라고도 불리며 검색 엔진의 가장 중요한 부분이다. 클라우러가 가져온 수많은 정보들을 분석해 검색에 최적화된 구조를 가진 파일로 만드는 과정이다.
③ 정보 검색 : 생성된 인덱스를 이용하여 원하는 정보를 추출한다.

위와 같은 검색 엔진의 원리를 그림으로 나타내면 [그림 12-1]과 같다.

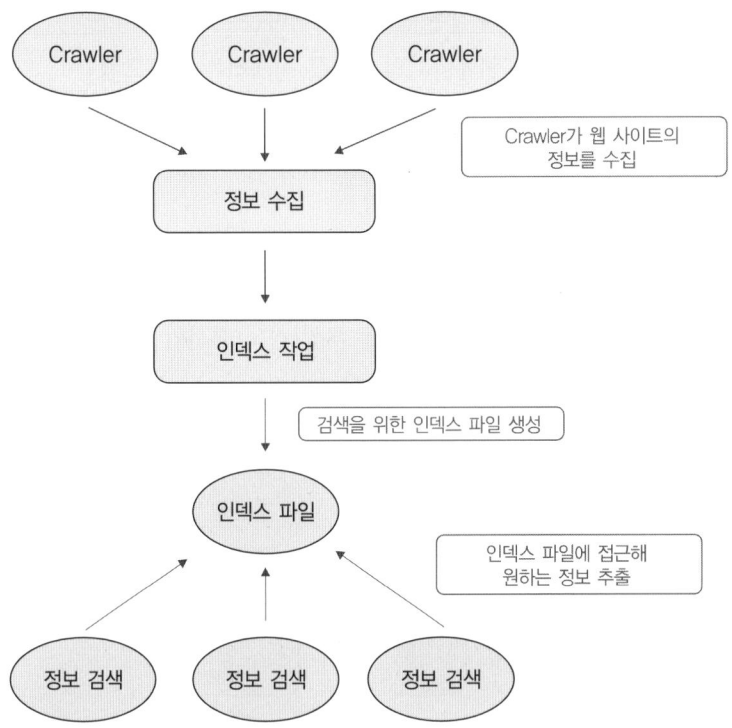

[그림 12-1] 검색 엔진의 원리 도식화

02. 오픈소스 검색 엔진 루씬

루씬(Lucene)이란 아파치 자카르타 프로젝트에서 개발한 Java 기반의 오픈소스 풀 텍스트 (Full-Text) 기반의 검색 엔진이다. 1997년 도그 커팅(Doug Cutting)이 개발해 2000년에 sourceForge.net에 공개되면서 알려지기 시작했다. 루씬은 강력한 검색 기능을 제공하면서도 오픈소스이기 때문에 무료로 사용할 수 있고 자신에게 맞는 프로그램으로 적용할 수 있는 장점이 있다. 또한 검색 엔진의 원리를 모두 알지 못해도 루씬에서 제공하는 기본 클래스들의 사용 방법만 익히면 손쉽게 검색 기능을 구현할 수 있다.

다음은 도그 커팅(Doug Cutting)이 제시한 루씬의 인덱싱과 검색으로 적용 가능한 예를 나타낸다.

① E-Mail 검색 : 저장된 메시지의 검색과 새 메시지의 인덱스 추가 기능을 하는 E-Mail 어플리케이션

② 온라인 문서 검색 : 온라인 문서나 출판물과 같은 문서를 검색하는 어플리케이션

③ 웹페이지 검색 : 사용자가 접속하는 모든 웹페이지의 정보를 검색하는 프로그램

④ 내용 검색 : 저장된 문서에서 특정 내용을 검색할 수 있는 어플리케이션

⑤ 버전 관리 및 콘텐츠 관리 : 문서나 문서의 버전을 인덱스해서 검색이 가능한 문서 관리 시스템

⑥ 뉴스 및 유선(wire) 서비스 : 뉴스가 도착했을 때 기사를 인덱스할 수 있는 뉴스 서버

검색 엔진에서 가장 중요한 것은 인덱스 작업이다 다음은 루씬 검색 엔진의 인덱스 과정을 그림으로 나타낸 것이다.

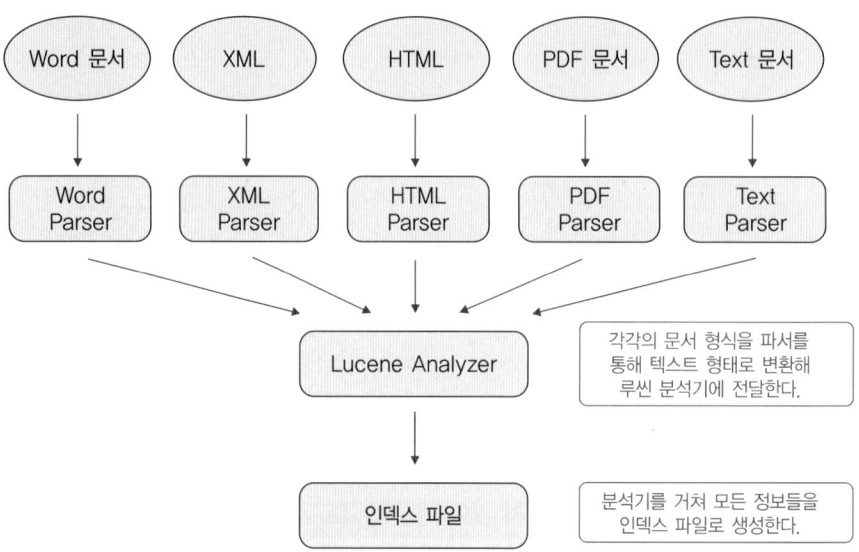

[그림 12-2] 루씬 검색 엔진의 인덱스 과정

루씬은 기본적으로 텍스트 형식의 문서 파일만 인덱스 작업이 가능하다. HTML이나 XML, PDF 등과 같은 문서는 직접 검색 인덱스로 만들 수 없다. 그래서 위 [그림 12-2]에 나타난 것과 같이 각 문서 형태마다 파서(Parser)를 이용하여 모든 문서의 형태를 텍스트 파일로 변환한다. 언뜻 생각하면 지원하는 문서가 텍스트 형식밖에 없어서 매우 불편하다고 생각할 수 있으나 이는 모든 문서나 데이터베이스 등과 같은 정보들을 모두 텍스트 형태로 변환해 인덱스로 만들면, 모든 원하는 검색을 할 수 있다는 뜻이 된다. 단, 현재 루씬 검색 엔진에서는 한글이나 일본어, 중국어 등과 같은 영어권이 아닌 문자를 검색하는데 많은 어려움이 있다. 그러므로 원활한 한글 검색을 위해서는 한글의 형태소 분석을 통한 인덱스 과정을 별도로 작업해 주어야 한다. 대신 영어로 된 문서의 검색은 매우 막강한 기능을 보여준다.

03. 루씬을 이용한 검색 엔진의 구현

여기에서는 이 루씬 검색 엔진을 스트럿츠2 프레임워크를 통해 구현하는 예제를 다루어 볼 것이다. 먼저 루씬의 설치 과정을 알아보고 문서 파일에 대한 인덱스 생성과 HTML 파일의 검색을 위한 인덱스 생성 방법을 살펴본다. 그리고 생성한 인덱스를 키워드로 검색할 수 있는 실질적인 검색 엔진을 구현해 어디서나 쉽게 적용 가능한 검색 엔진을 만들어 볼 것이다. 루씬에서 제공하는 기본 기능을 사용하므로 영어 검색만이 원활하기 때문에 한글 검색을 위해서는 형태소 분석을 통한 파싱 작업을 따로 해줄 것을 권장한다.

(1) 루씬 라이브러리 설치하기

01 루씬은 아파치 프로젝트의 최상위 프로젝트이다. 다음의 아파치 사이트에 접속해 설치 파일을 다운로드 받는다.

> http://lucene.apache.org/java

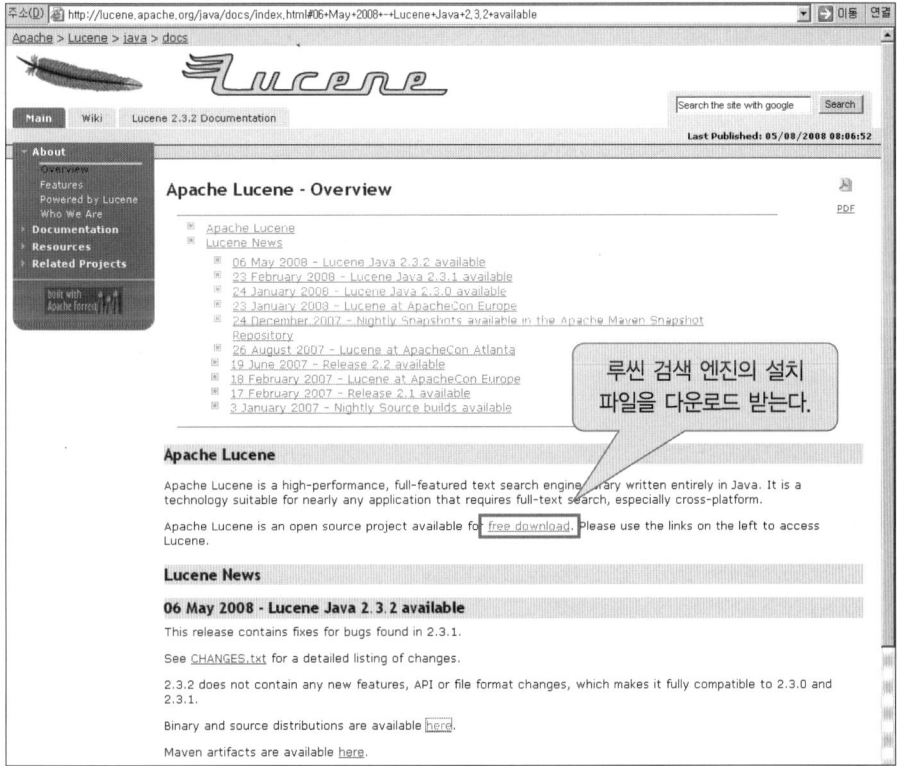

[그림 12-3] 루씬 라이브러리 다운로드 페이지

02 최근 업데이트된 루씬 정보를 볼 수 있다. 현재 최신 버전인 2.3.2 버전을 다운로드 받는다.

[그림 12-4] 다운로드 사이트 미러 화면

03 여러 다운로드 사이트 중 하나를 선택한다.

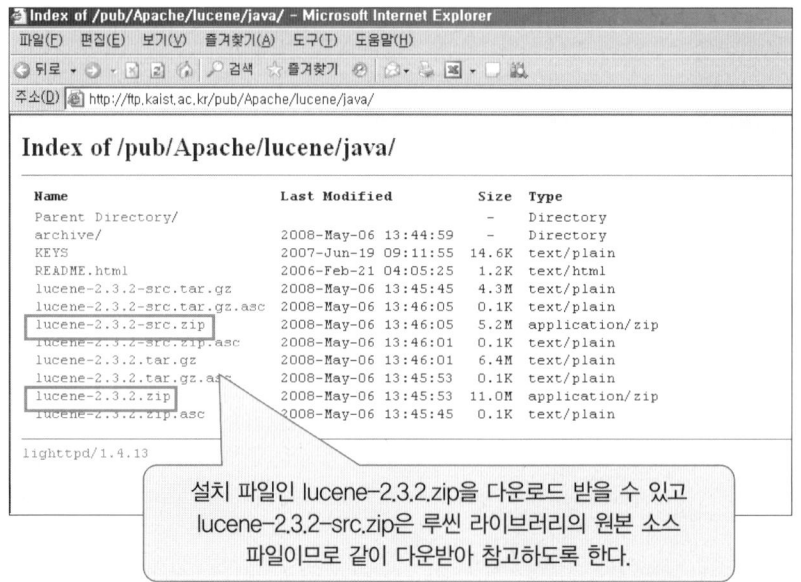

[그림 12-5] 설치 파일과 소스 파일 다운로드

04 자신의 운영체제에 맞게 파일을 다운로드하여 해당 파일의 압축을 풀면 다음과 같은 jar 파일이 나타난다.

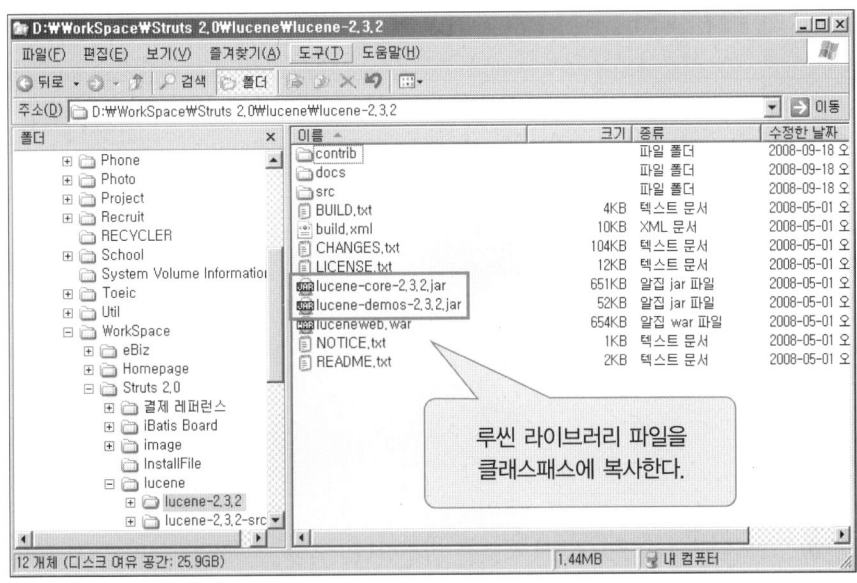

[그림 12-6] lucene-2.3.2.zip의 파일 내용

위와 같이 jar 파일을 자신의 클래스 패스에 등록하면 루씬의 검색 엔진 구현을 위한 라이브러리들을 사용할 수 있게 된다.

(2) 문서 파일 인덱스 생성

검색 엔진을 구현하는 데 있어서 가장 먼저 할 일은 바로 인덱스 파일을 만드는 것이다. 이번에는 텍스트 파일뿐만 아니라 HTML, PDF, XML 등과 같은 파일 형식들을 텍스트로 변환하여 검색이 가능한 색인 파일로 만드는 방법을 알아보자.

01 먼저, 인덱스를 생성하는 액션 클래스와 결과 화면인 jsp 파일을 매핑시킨다.

소스 12-1 : /src/struts.xml

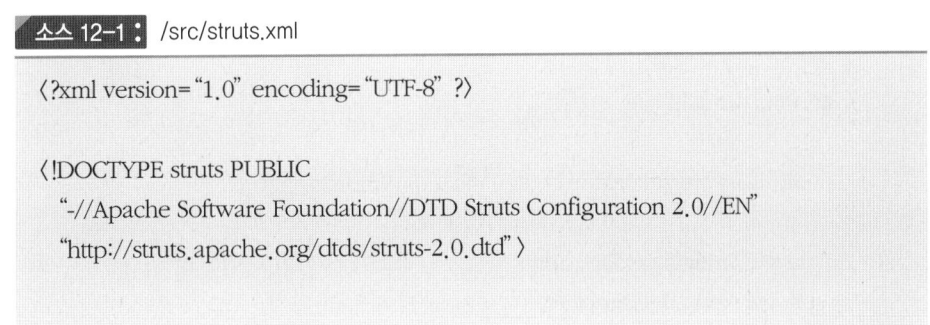

```xml
<?xml version="1.0" encoding="UTF-8" ?>

<!DOCTYPE struts PUBLIC
    "-//Apache Software Foundation//DTD Struts Configuration 2.0//EN"
    "http://struts.apache.org/dtds/struts-2.0.dtd" >
```

```xml
<struts>
    <package name="account" extends="struts-default">

        <!-- File 인덱스 생성. -->
        <action name="createFileIndexForm">
            <result>/jsp/search/createFileIndexForm.jsp</result>
        </action>

        <action name="createFileIndexAction" class="search.createFileIndexAction">
            <result>/jsp/search/createFileIndexResult.jsp</result>
        </action>
    </package>
</struts>
```

02 인덱스 파일을 생성하고, 분석 정보를 설정한다.

소스 12-2 : /src/search/createFileIndexAction.java

```java
package search;

import com.opensymphony.xwork2.ActionSupport;

import org.apache.lucene.analysis.Analyzer;
import org.apache.lucene.analysis.SimpleAnalyzer;
import org.apache.lucene.analysis.StopAnalyzer;
import org.apache.lucene.analysis.WhitespaceAnalyzer;
import org.apache.lucene.analysis.standard.StandardAnalyzer;

import org.apache.lucene.index.IndexWriter;

import java.io.File;
import java.io.IOException;
import java.util.Date;

public class createFileIndexAction extends ActionSupport {

    private String indexDirectory;     //인덱스가 생성될 디렉터리
    private String docDirectory;       //문서 파일의 위치
```

```java
private String setAnalizer;   //분석기 선택
private Boolean indexInit;   //인덱스 생성 여부(true:재생성, false:파일만 추가)

private String successTime;        //인덱스 생성에 걸린 시간

private static int indexCount; //인덱스를 생성한 파일 개수

public String execute( ) throws Exception {

    indexCount = 0;

    final File docDir = new File(docDirectory);

    //문서 디렉터리 유효성 검사
    if (!docDir.exists( ) || !docDir.canRead( )) {
        System.out.println("문서 디렉터리의 위치가 존재하지 않습니다.");
        System.out.println("잘못된 디렉터리: " + docDir.getAbsolutePath( ));
        System.exit(1);
    }

    //인덱스 생성 시작 시간
    Date start = new Date( );

    //IndexWriter 생성
    ❶ IndexWriter writer = new IndexWriter(indexDirectory, createAnalyzer( ), indexInit);

    //인덱스 생성 시작
    System.out.println("Indexing Start...");
    indexDocs(writer, docDir);

    //인덱스 정보 파일로 합치기
    System.out.println("Optimizing index...");
    writer.optimize( );

    //인덱스 닫기
    writer.close( );

    //인덱스 생성 완료 시간
    Date end = new Date( );
```

```java
//인덱스 생성에 걸린 총 시간
successTime = String.valueOf((end.getTime( ) - start.getTime( )));
System.out.println(successTime + " total milliseconds");

return SUCCESS;
}

private Analyzer createAnalyzer( ) {

    Analyzer analyzer;

    //분석기 선택에 따른 인스턴스 생성
    if (setAnalizer.equals("standard"))
        analyzer = new StandardAnalyzer( );
    else if (setAnalizer.equals("whitespace"))
        analyzer = new WhitespaceAnalyzer( );
    else if (setAnalizer.equals("stop"))
        analyzer = new StopAnalyzer( );
    else
        analyzer = new SimpleAnalyzer( );

    return analyzer;
}

static void indexDocs(IndexWriter writer, File file) throws IOException {

    if (file.canRead( )) {

        //하위 디렉터리가 존재하면 재귀적으로 호출
        if (file.isDirectory( )) {
            String[] files = file.list( );

            if (files != null) {
                for (int i = 0; i < files.length; i++) {
                    indexDocs(writer, new File(file, files[i]));
                }
            }
        }
```

❷

❸

❸

```
    }

    //FileDocument의 Document( ) 로 인덱스 생성
    else {
        System.out.println("adding " + file);
        writer.addDocument(FileDocument.Document(file));
        indexCount++;
    }
}
}
```

```
public String getIndexDirectory( ) {
    return indexDirectory;
}

public void setIndexDirectory(String indexDirectory) {
    this.indexDirectory = indexDirectory;
}

public String getDocDirectory( ) {
    return docDirectory;
}

public void setDocDirectory(String docDirectory) {
    this.docDirectory = docDirectory;
}

public String getSetAnalizer( ) {
    return setAnalizer;
}

public void setSetAnalizer(String setAnalizer) {
    this.setAnalizer = setAnalizer;
}

public Boolean getIndexInit( ) {
    return indexInit;
}
```

```
    public void setIndexInit(Boolean indexInit) {
        this.indexInit = indexInit;
    }

    public String getSuccessTime( ) {
        return successTime;
    }

    public void setSuccessTime(String successTime) {
        this.successTime = successTime;
    }

    public int getIndexCount( ) {
        return indexCount;
    }

    public void setIndexCount(int indexCount) {
        this.indexCount = indexCount;
    }
}
```

❶ 인덱스 생성을 위한 핵심 클래스 중에 하나인 IndexWriter는 new IndexWriter
(index Directory, createAnalyzer( ), indexInit); 코드를 통해 생성된다. 이 클래
스는 인덱스 파일을 생성 또는 수정하는데 사용되는데, 파라미터는 각각 인덱스 디
렉터리의 위치와 분석기의 종류, 그리고 인덱스의 재생성 여부를 나타낸다.

❷ 분석기(Analyzer)는 문서를 인덱싱할 때 토큰을 분리하는 역할을 하는 것으로 그
분리 기준에 따라 standard, whitespace, stop, simple 등 여러 가지 종류가 있다.

❸ IndexWriter를 만들었다면 이 값을 indexDocs 메소드에 넣어 실질적인 인덱스를
생성한다. indexDocs은 하위 디렉터리의 문서 파일까지도 모두 재귀 호출로 검색
해서 인덱스 정보에 추가한다. indexDocs 메소드 안에 writer.addDocument(File
Document.Document(file)); 가 인덱스 정보를 추가하는 부분인데, FileDocument.
java 파일 안에 그 내용이 있다.

03 경로, 수정, 콘텐츠 세 가지 필드를 가진 인덱스 문서를 생성한다.

소스 12-3 : /src/search/FileDocument.java

```java
package search;

import java.io.File;
import java.io.FileReader;

import org.apache.lucene.document.DateTools;
import org.apache.lucene.document.Document;
import org.apache.lucene.document.Field;

public class FileDocument {

    /* 3가지 필드를 가진 문서로 생성 - path, modified, contents */

    public static Document Document(File f) throws java.io.FileNotFoundException {

        Document doc = new Document( );

        //path 필드 생성
        doc.add(new Field("path", f.getPath( ), Field.Store.YES, Field.Index.UN_
TOKENIZED));

        //modifed 필드 생성
        doc.add(new Field("modified", DateTools.timeToString(f.lastModified( ),
            DateTools.Resolution.MINUTE), Field.Store.YES,
            Field.Index.UN_TOKENIZED));

        //contents 필드 생성
        doc.add(new Field("contents", new FileReader(f)));

        // 생성된 문서 리턴
        return doc;
    }
}
```

createFileIndexAction.java에서 호출하며 전달한 파일 정보를 바탕으로 파일의 경로 정보인 path 필드와 modified, contents 필드를 각각 생성한다. 모든 작업이 완료되면 doc 형태의 문서로 리턴한다.

04 인덱스 생성을 위한 여러 가지 설정을 정의한다.

소스 12-4 : /jsp/search/createFileIndexForm.jsp

```jsp
<%@ page contentType="text/html; charset=utf-8" %>
<%@ taglib prefix="s" uri="/struts-tags" %>

<?xml version="1.0" encoding="UTF-8" ?>
<!DOCTYPE html PUBLIC "-//W3C//DTD XHTML 1.0 Transitional//EN"
"http://www.w3.org/TR/xhtml1/DTD/xhtml1-transitional.dtd">
<html xmlns="http://www.w3.org/1999/xhtml">
<head>
   <title>검색 엔진 - 문서 파일 인덱스 생성 </title>
   <link rel="stylesheet" href="/search/common/css/css.css" type="text/css">

   <SCRIPT type="text/javascript">
      function validation( ) {

         var frm = document.forms(0);

         if(frm.docDirectory.value == "") {
            alert("문서 위치를 지정해주세요");
            return false;
         }

         else if(frm.indexDirectory.value == "") {
            alert("인덱스 파일의 위치를 지정해주세요");
            return false;
         }

         return true;
      }
</SCRIPT>

</head>

<body>

<table width="600" border="0" cellspacing="0" cellpadding="5">
   <tr>
```

```html
      <td align="center"> <h2>문서 파일 인덱스 생성</h2> </td>
  </tr>
</table>

<form name="frm" action="createFileIndexAction.action" method="post" onsubmit=
"return validation( );">

<table width="600" border="0" cellpadding="5" cellspacing="0">
  <tr>
     <td colspan="2"> </td>
  </tr>
  <tr>
     <td>1. 문서가 있는 디렉터리</td>
     <td> <input type="text" name="docDirectory" size="70" value="C:\sample"> </td>
  </tr>
  <tr>
     <td>2. 생성할 인덱스 파일의 위치</td>
     <td> <input type="text" name="indexDirectory" size="70" value="C:\index"> </td>
  </tr>
  <tr>
     <td>3. 분석기 선택</td>
     <td>
        <select name="setAnalizer">
           <option value="standard">Standard Analyzer</option>
           <option value="whitespace">Whitespace Analyzer</option>

           <option value="simple">SimpleAnalyzer</option>
           <option value="stop">Stop Analyzer</option>
        </select>
     </td>
  </tr>
  <tr>
     <td>4. 인덱스 생성 옵션</td>
     <td>
        <select name="indexInit">
           <option value="true">새 인덱스 생성</option>
           <option value="false">기존 인덱스에 추가</option>
        </select>
     </td>
```

```
    </tr>
    <tr>
      <td align="right" colspan="2"><input type="submit" value="인덱스 생성"
class="inputb"></td>
    </tr>


  </table>


</form>


</body>
</html>
```

먼저, 문서 형식의 파일들이 있는 디렉터리를 지정하고, 이들의 정보를 생성할 인덱스 파일의 디렉터리 위치를 지정한다. 그리고 토큰 분석의 기준이 되는 분석기를 선택하고 마지막으로 새롭게 모든 문서의 인덱스를 생성할지, 아니면 기존 인덱스에 추가되는지를 결정하는 인덱스의 생성 옵션을 정의한다.

05 최종적으로 생성된 인덱스의 정보를 확인하는 페이지이다. 앞에서 정의했던 인덱스의 옵션을 확인하고 생성된 파일 개수, 작업 시간 등을 표시한다.

소스 12-5 : /jsp/search/createFileIndexResult.jsp

```
<%@ page contentType="text/html; charset=utf-8" %>
<%@ taglib prefix="s" uri="/struts-tags" %>


<?xml version="1.0" encoding="UTF-8" ?>
<!DOCTYPE html PUBLIC "-//W3C//DTD XHTML 1.0 Transitional//EN"
"http://www.w3.org/TR/xhtml1/DTD/xhtml1-transitional.dtd">
<html xmlns="http://www.w3.org/1999/xhtml">
<head>
  <title>검색 엔진 - 문서 파일 인덱스 생성</title>
  <link rel="stylesheet" href="/search/common/css/css.css" type="text/css">
</head>


<body>
```

```html
<table width="600" border="0" cellspacing="0" cellpadding="5">
  <tr>
    <td align="center"> <h2>문서 파일 인덱스 생성 결과</h2> </td>
  </tr>
</table>

<table width="500" border="0" cellpadding="5" cellspacing="0">
  <tr>
    <td>1. 문서가 있는 디렉터리:   <b> <s:property value="docDirectory" /> </b> </td>
  </tr>
  <tr>
    <td>2. 생성할 인덱스 파일의 위치:   <b> <s:property value="indexDirectory" /> </b> </td>
  </tr>
  <tr>
    <td>3. 분석기 선택:   <b> <s:property value="setAnalizer" /> </b> </td>
  </tr>
  <tr>
    <td>4. 인덱스 생성 옵션:   <b> <s:property value="indexInit" /> </b> </td>
  </tr>
  <tr>
    <td>================================================</td>
  </tr>
  <tr>
    <td> <b>인덱스로 생성한 총 파일 개수: <s:property value="indexCount" />개</b> </td>
  </tr>
  <tr>
    <td> <b>인덱스 생성에 걸린 시간: <s:property value="successTime" />ms<b> </td>
  </tr>
</table>

</body>
</html>
```

06 다음의 주소로 접속해 인덱스 생성 폼을 호출한다.

http://localhost/search/createFileIndexForm.action

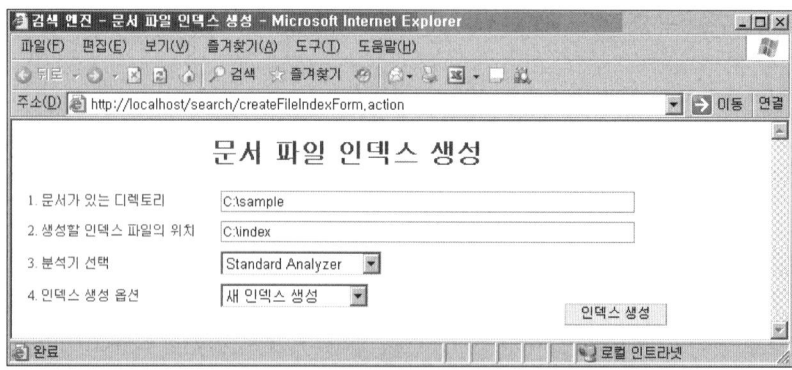

[그림 12-7] createFileIndexForm.action의 결과 화면

각각의 옵션을 지정하고 인덱스 생성 버튼을 클릭하면 아파치의 로그 파일에 다음 [그림 12-8]과 같은 파일 추가 메시지를 볼 수 있다.

```
2008. 9. 20 오후 11:11:24 org.apache.jk.common.ChannelSocket init
정보: JK: ajp13 listening on /0.0.0.0:8009
2008. 9. 20 오후 11:11:24 org.apache.jk.server.JkMain start
정보: Jk running ID=0 time=0/47  config=null
2008. 9. 20 오후 11:11:24 org.apache.catalina.startup.Catalina start
정보: Server startup in 9263 ms
Indexing Start...
adding C:\sample\benchmarks.html
adding C:\sample\benchmarks.pdf
adding C:\sample\benchmarktemplate.xml
adding C:\sample\broken-links.xml
adding C:\sample\contributions.html
adding C:\sample\contributions.pdf
adding C:\sample\demo.html
adding C:\sample\demo.pdf
adding C:\sample\demo2.html
adding C:\sample\demo2.pdf
adding C:\sample\demo3.html
adding C:\sample\demo3.pdf
adding C:\sample\demo4.html
adding C:\sample\demo4.pdf
adding C:\sample\doap.rdf
adding C:\sample\fileformats.html
adding C:\sample\fileformats.pdf
adding C:\sample\gettingstarted.html
adding C:\sample\gettingstarted.pdf
adding C:\sample\index.html
adding C:\sample\index.pdf
adding C:\sample\linkmap.html
adding C:\sample\linkmap.pdf
adding C:\sample\queryparsersyntax.pdf
adding C:\sample\results.txt
adding C:\sample\scoring.html
adding C:\sample\scoring.pdf
Optimizing index...
735 total milliseconds
```

[그림 12-8] 아파치의 로그 파일 내용

그리고 동시에 다음 [그림 12-9]와 같은 결과 화면으로 이동한다.

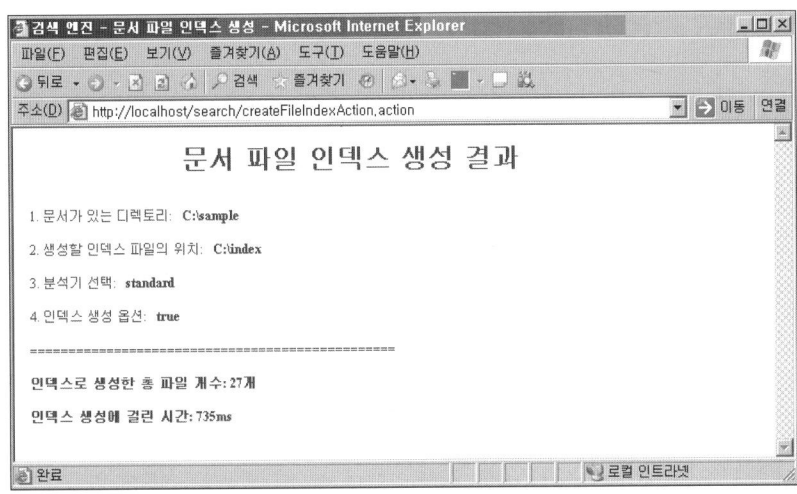

[그림 12-9] 인덱스 생성 결과 화면

이와 같은 결과가 나왔다면 인덱스가 성공적으로 생성된 것이다. 인덱스 파일이 생성된 C:\index 위치를 살펴보면 다음 [그림 12-10]과 같은 인덱스 파일이 생성되었음을 알 수 있다.

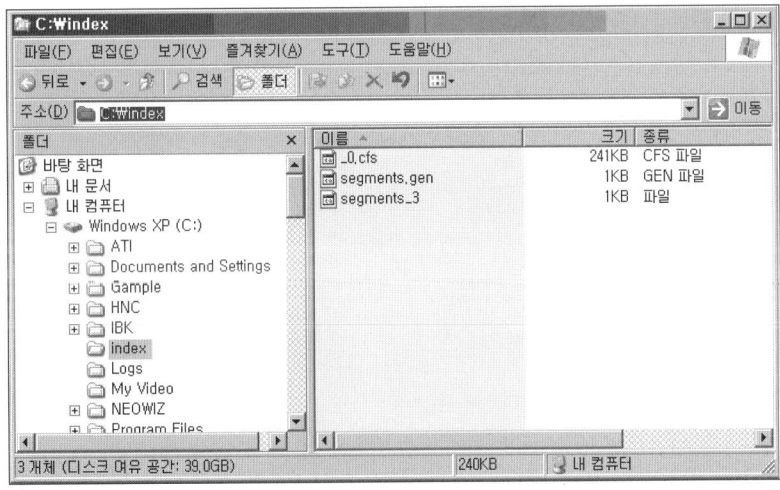

[그림 12-10] 인덱스 파일 생성 확인

이와 같이 인덱스 파일을 만들었지만 결과를 제대로 검색할 수 있는지 알 수가 없다. 결과를 검색하기 위해서는 뒤에서 작업할 〈검색 엔진의 구현〉 부분에서 확인할 수 있다.

04. HTML 파일 인덱스 생성

이번 예제는 HTML 문서 파일의 태그를 분리해 내용을 검색하는 예제이다. 앞의 문서 파일 인덱스 예제는 모든 문서와 HTML의 태그까지도 텍스트로 취급하는 반면, 이 예제는 오로지 HTML 문서의 구조를 읽어 그 내용만 가져오는 것이므로 웹페이지의 검색에 있어서 매우 유용한 방법이라고 할 수 있다. 문서를 파싱해 인덱스에 추가하는 부분이 다르므로 그 점을 주의 깊게 살펴보도록 하자.

01 먼저, HTML 문서의 인덱스를 생성하기 위한 액션 클래스와 결과 화면인 jsp 파일을 매핑시킨다.

소스 12-6 : /src/struts.xml

```
⟨?xml version="1.0" encoding="UTF-8" ?⟩

⟨!DOCTYPE struts PUBLIC
   "-//Apache Software Foundation//DTD Struts Configuration 2.0//EN"
   "http://struts.apache.org/dtds/struts-2.0.dtd" ⟩

⟨struts⟩
     ⟨package name="account" extends="struts-default" ⟩

        ⟨!-- HTML 인덱스 생성. --⟩
        ⟨action name="createHTMLIndexForm" ⟩
           ⟨result⟩/jsp/search/createHTMLIndexForm.jsp⟨/result⟩
        ⟨/action⟩

        ⟨action name="createHTMLIndexAction" class="search.createHTML IndexAction" ⟩
           ⟨result⟩/jsp/search/createHTMLIndexResult.jsp⟨/result⟩
        ⟨/action⟩
     ⟨/package⟩
⟨/struts⟩
```

02 변경된 HTML 파일 정보를 기존의 인덱스와 비교해 존재하지 않는 정보는 삭제를, 새로운 파일 정보는 추가한다.

```java
package search;

import com.opensymphony.xwork2.ActionSupport;

import org.apache.lucene.analysis.Analyzer;
import org.apache.lucene.analysis.SimpleAnalyzer;
import org.apache.lucene.analysis.StopAnalyzer;
import org.apache.lucene.analysis.WhitespaceAnalyzer;
import org.apache.lucene.analysis.standard.StandardAnalyzer;

import org.apache.lucene.document.Document;
import org.apache.lucene.index.IndexReader;
import org.apache.lucene.index.IndexWriter;
import org.apache.lucene.index.Term;
import org.apache.lucene.index.TermEnum;

import java.io.File;
import java.util.Date;
import java.util.Arrays;

public class createHTMLIndexAction extends ActionSupport {

    private static boolean deleting = false; // true during deletion pass
    private static IndexReader reader;       // existing index
    private static IndexWriter writer;       // new index being built
    private static TermEnum uidIter;         // document id iterator


    private String indexDirectory; // 인덱스가 생성될 디렉터리
    private String htmlDirectory;  // HTML 파일의 위치
    private String setAnalizer;    // 분석기 선택
    private Boolean indexInit;     // 인덱스 생성 여부(true:재생성, false:파일만 추가)

    private String successTime;  // 인덱스 생성에 걸린 시간

    private static int indexCount; // 인덱스를 생성한 파일 개수

    public String execute( ) throws Exception {
```

```java
indexCount = 0;

final File htmlDir = new File(htmlDirectory);

// 문서 디렉터리 유효성 검사
if (!htmlDir.exists( ) || !htmlDir.canRead( )) {
    System.out.println("디렉터리의 위치가 존재하지 않습니다.");
    System.out.println("잘못된 디렉터리: " + htmlDir.getAbsolutePath( ) + " ' ");
    System.exit(1);
}

// 인덱스 생성 시작 시간
Date start = new Date( );

// 인덱스 전체 생성이 아니라면(false) deleting을 true로 설정한다
if (!indexInit) {
    deleting = true;
    indexDocs(htmlDir, indexDirectory, indexInit);
}
```

문서 인덱스
예제와 다른 부분

```java
//IndexWriter 생성
writer = new IndexWriter(indexDirectory, createAnalyzer( ), indexInit);

//최대 필드 길이 설정
writer.setMaxFieldLength(1000000);

//인덱스 생성 시작
indexDocs(htmlDir, indexDirectory, indexInit);

//인덱스 정보 파일로 합치기
System.out.println("Optimizing index...");
writer.optimize( );

//인덱스 닫기
writer.close( );

//인덱스 생성 완료 시간
Date end = new Date( );
```

```java
        //인덱스 생성에 걸린 총 시간
        successTime = String.valueOf((end.getTime( ) - start.getTime( )));
        System.out.println(successTime + " total milliseconds");

        return SUCCESS;
    }

    private static void indexDocs(File file, String indexDirectory, boolean indexInit)
throws Exception {

        //기존 인덱스를 열어 문서를 삭제하고 uid를 초기화한다.
        if (!indexInit) {

            reader = IndexReader.open(indexDirectory);
            uidIter = reader.terms(new Term("uid", ""));

            indexDocs(file);

            //변경된 HTML 파일 정보를 기존 인덱스에서 삭제한다.
            if (deleting) {
                while (uidIter.term( ) != null && uidIter.term( ).field( ) == "uid") {
                    System.out.println("deleting" + HTMLDocument.uid2url(uidIter.term( ).text( )));
                    reader.deleteDocuments(uidIter.term( ));
                    uidIter.next( );
                }

                deleting = false;
            }

            //uid iterator 닫는다.
            uidIter.close( );

            //기존 인덱스를 닫는다.
            reader.close( );
        }

        //인덱스 생성
        else
            indexDocs(file);
```

```
    }

    private static void indexDocs(File file) throws Exception {

        //하위 디렉터리가 존재하면 재귀적으로 호출
        if (file.isDirectory( )) {

            String[ ] files = file.list( );
            Arrays.sort(files);

            for (int i = 0; i < files.length; i++)
                indexDocs(new File(file, files[i]));

        }
        //html, htm, txt 파일을 검색해 인덱스에 추가한다.
        else if (file.getPath( ).endsWith(".html") ||
                file.getPath( ).endsWith(".htm") ||
                file.getPath( ).endsWith(".txt"))
        {
            //문서를 위한 uid를 초기화한다.
            if (uidIter != null) {
            String uid = HTMLDocument.uid(file);

                //존재하지 않는 HTML 파일 정보가 있다면 기존 인덱스에서 삭제
                while (uidIter.term( ) != null
                        && uidIter.term( ).field( ) == "uid"
                        && uidIter.term( ).text( ).compareTo(uid) < 0)
                {
                    if (deleting) {
                        System.out.println("deleting" + HTMLDocument.uid2url(uidIter.
term( ). text( )));
                        reader.deleteDocuments(uidIter.term( ));
                    }

                    uidIter.next( );
                }

                //변경 사항이 없으면 그대로 유지
                if (uidIter.term( ) != null && uidIter.term( ).field( ) == "uid"
```

```
                    && uidIter.term( ).text( ).compareTo(uid) == 0) {
                uidIter.next( );
            }


            //추가된 HTML 파일이 있다면 기존 인덱스에 저장
            else if (!deleting) {
                Document doc = HTMLDocument.Document(file);
                System.out.println("adding" + doc.get("path"));
                writer.addDocument(doc);
            }


        }


        //새 인덱스를 생성한다.
        else {
            Document doc = HTMLDocument.Document(file);
            System.out.println("adding" + doc.get("path"));
            writer.addDocument(doc);
        }

        if (!deleting)
            indexCount++;
    }
}

private Analyzer createAnalyzer( ) {

    Analyzer analyzer;

    //분석기 선택에 따른 인스턴스 생성
    if (setAnalizer.equals("standard"))
        analyzer = new StandardAnalyzer( );
    else if (setAnalizer.equals("whitespace"))
        analyzer = new WhitespaceAnalyzer( );
    else if (setAnalizer.equals("stop"))
        analyzer = new StopAnalyzer( );
    else
        analyzer = new SimpleAnalyzer( );
```

```java
        return analyzer;
    }

    public String getIndexDirectory( ) {
        return indexDirectory;
    }

    public void setIndexDirectory(String indexDirectory) {
        this.indexDirectory = indexDirectory;
    }

    public String getHtmlDirectory( ) {
        return htmlDirectory;
    }

    public void setHtmlDirectory(String htmlDirectory) {
        this.htmlDirectory = htmlDirectory;
    }

    public String getSetAnalizer( ) {
        return setAnalizer;
    }

    public void setSetAnalizer(String setAnalizer) {
        this.setAnalizer = setAnalizer;
    }

    public Boolean getIndexInit( ) {
        return indexInit;
    }

    public void setIndexInit(Boolean indexInit) {
        this.indexInit = indexInit;
    }

    public String getSuccessTime( ) {
        return successTime;
    }
```

```
    public void setSuccessTime(String successTime) {
        this.successTime = successTime;
    }

    public static int getIndexCount( ) {
        return indexCount;
    }

    public static void setIndexCount(int indexCount) {
        createHTMLIndexAction.indexCount = indexCount;
    }

}
```

앞에서 살펴본 문서 인덱스 예제와 다른 부분은 if (!indexInit) {deleting = true;
indexDocs(htmlDir, indexDirectory, indexInit);} 부분이다. indexInit은 인덱스의 재
생성 여부를 나타내는 옵션인데, 이 값이 false라면 기존의 인덱스를 추가 또는 삭제하
겠다는 뜻이므로 deleting 변수를 true로 설정해 주고, indexDocs 메소드를 호출한다.

이 indexDocs 메소드는 파라미터의 개수에 따라 같은 이름의 두 가지 메소드로 동작
하게 된다. 세 가지 파라미터를 가진 indexDocs 메소드는 기존의 인덱스에서 변경된
정보를 삭제하는 역할을 주로 하고, 하나의 파라미터를 가진 메소드는 인덱스 정보의
업데이트와 전체 인덱스의 새로운 생성을 담당한다. 기존 인덱스에서 정보를 삭제하기
위해서는 IndexReader라는 객체의 deleteDocuments 메소드를 사용한다.

03 HTML 문서 검색을 위해서 총 5가지 필드를 가진 인덱스로 생성하는 부분이다. 주요
필드로는 파일의 경로를 나타내는 path와 대략적인 개요를 포함하는 summary, 그리
고 문서의 제목을 나타내는 title 필드가 있다. 모든 작업이 완료되면 doc 형태의 문서
로 리턴한다.

> **소스 12-8 :** /src/search/HTMLDocument.java

```
package search;

import java.io.*;
import org.apache.lucene.document.*;
```

```java
import org.apache.lucene.demo.html.HTMLParser;

/** A utility for making Lucene Documents from a File. */

public class HTMLDocument {

  static char dirSep = System.getProperty( "file.separator" ).charAt(0);

  // 인덱스 갱신을 구현하기 위한 유니크한 uid를 설정
  public static String uid(File f) {

    return f.getPath( ).replace(dirSep, '\u0000' ) + "\u0000"
        + DateTools.timeToString(f.lastModified( ), DateTools.Resolution.SECOND);
  }

  // uid의 null을 슬래쉬(/)로 바꿔 url을 만든다.
  public static String uid2url(String uid) {
    String url = uid.replace( '\u0000' , '/' );
    return url.substring(0, url.lastIndexOf( '/' ));
  }

  public static Document Document(File f) throws IOException, InterruptedException {

    Document doc = new Document( );

    //path 필드 생성
    doc.add(new Field( "path" , f.getPath( ).replace(dirSep, '/' ), Field.Store.YES,
Field.Index.UN_TOKENIZED));

    //modified 필드 생성
    doc.add(new Field( "modified" , DateTools.timeToString(f.lastModified( ),
        DateTools.Resolution.MINUTE), Field.Store.YES,
        Field.Index.UN_TOKENIZED));

    //uid 필드 생성
    doc.add(new Field( "uid" , uid(f), Field.Store.NO, Field.Index.UN_ TOKENIZED));

    //파일을 읽어들여 HTML Parser로 파싱한다.
    FileInputStream fis = new FileInputStream(f);
```

```
        HTMLParser parser = new HTMLParser(fis);

        //파싱 객체의 getReader 메소드로 contents 필드를 생성한다.
        doc.add(new Field("contents" , parser.getReader( )));

        //파싱 객체의 getSummary 메소드로 summary 필드를 생성한다.
        doc.add(new Field("summary" , parser.getSummary( ), Field.Store.YES, Field.Index.NO));

        //파싱 객체의 getTitle 메소드로 title 필드를 생성한다.
        doc.add(new Field("title" , parser.getTitle( ), Field.Store.YES, Field.Index. TOKENIZED));

        // 문서를 리턴
        return doc;
    }
}
```

04 인덱스 생성을 위한 여러 가지 설정을 정의하는 페이지이다. 앞에서 작성했던 문서 인
덱스 예제 페이지와 마찬가지로 문서 형식의 파일들이 있는 디렉터리를 지정하고, 이
들의 정보를 생성할 인덱스 파일의 디렉터리 위치와 분석기, 그리고 인덱스의 생성 옵
션을 정의한다.

소스 12-9 : /jsp/search/createHTMLIndexForm.jsp

```
<%@ page contentType="text/html; charset=utf-8" %>
<%@ taglib prefix="s" uri="/struts-tags" %>

<?xml version="1.0" encoding="UTF-8" ?>
<!DOCTYPE html PUBLIC "-//W3C//DTD XHTML 1.0 Transitional//EN" "http://
www.w3.org/TR/xhtml1/DTD/xhtml1-transitional.dtd" >
<html xmlns="http://www.w3.org/1999/xhtml" >
<head>
  <title>검색 엔진 HTML 파일 인덱스 생성 </title>
  <link rel="stylesheet" href="/search/common/css/css.css" type="text/css" >

  <SCRIPT type="text/javascript" >
    function validation( ) {
```

```
        var frm = document.forms(0);

        if(frm.htmlDirectory.value == " ") {
            alert("문서 위치를 지정해주세요");
            return false;
        }

        else if(frm.indexDirectory.value == " ") {
            alert("인덱스 파일의 위치를 지정해주세요");
            return false;
        }

        return true;
    }
</SCRIPT>

</head>

<body>

<table width="500" border="0" cellspacing="0" cellpadding="5">
    <tr>
        <td align="center"> <h2>HTML 파일 인덱스 생성</h2> </td>
    </tr>
</table>

<form name="frm" action="createHTMLIndexAction.action" method="post"
onsubmit="return validation( );">

<table width="600" border="0" cellpadding="5" cellspacing="0">
    <tr>
        <td colspan="2"> </td>
    </tr>
    <tr>
        <td>1. HTML 파일이 있는 디렉터리</td>
        <td> <input type="text" name="htmlDirectory" size="70" value="C:\sample"> </td>
    </tr>
    <tr>
        <td>2. 생성할 인덱스 파일의 위치</td>
```

```html
        <td> <input type="text" name="indexDirectory" size="70" value="C:\index_html"> </td>
    </tr>
    <tr>
        <td>3. 분석기 선택</td>
        <td>
            <select name="setAnalizer">
                <option value="standard">Standard Analyzer</option>
                <option value="whitespace">Whitespace Analyzer</option>

                <option value="simple">SimpleAnalyzer</option>
                <option value="stop">Stop Analyzer</option>
            </select>
        </td>
    </tr>
    <tr>
        <td>4. 인덱스 생성 옵션</td>
        <td>
            <select name="indexInit">
                <option value="true">새 인덱스 생성</option>
                <option value="false">기존 인덱스에 추가/삭제</option>
            </select>
        </td>
    </tr>
    <tr>
        <td align="right" colspan="2"> <input type="submit" value="인덱스 생성" class="inputh"> </td>
    </tr>

</table>

</form>

</body>
</html>
```

05 최종적으로 생성된 인덱스의 정보를 확인한다. 앞에서 정의했던 인덱스의 옵션을 확인하고 생성된 파일 개수, 작업 시간 등을 표시한다.

소스 12-10: /jsp/search/createHTMLIndexResult.jsp

```
<%@ page contentType="text/html; charset=utf-8" %>
<%@ taglib prefix="s" uri="/struts-tags" %>

<?xml version="1.0" encoding="UTF-8" ?>
<!DOCTYPE html PUBLIC "-//W3C//DTD XHTML 1.0 Transitional//EN"
"http://www.w3.org/TR/xhtml1/DTD/xhtml1-transitional.dtd">
<html xmlns="http://www.w3.org/1999/xhtml">
<head>
  <title>검색 엔진 HTML 인덱스 생성 폼</title>
  <link rel="stylesheet" href="/search/common/css/css.css" type="text/css">
</head>

<body>

<table width="500" border="0" cellspacing="0" cellpadding="5">
  <tr>
    <td align="center"><h2>검색 엔진 HTML 인덱스 생성</h2></td>
  </tr>
</table>

<table width="500" border="0" cellpadding="5" cellspacing="0">
  <tr>
    <td>1. HTML 파일이 있는 디렉터리:   <b><s:property value=
"htmlDirectory"/></b></td>
  </tr>
  <tr>
    <td>2. 생성할 인덱스 파일의 위치:   <b><s:property value=
"indexDirectory"/></b></td>
  </tr>
  <tr>
    <td>3. 분석기 선택:   <b><s:property value="setAnalizer"/></b></td>
  </tr>
  <tr>
    <td>4. 인덱스 생성 옵션:   <b><s:property value="indexInit"/></b></td>
  </tr>
```

```
    〈tr〉
       〈td〉========================================〈/td〉
    〈/tr〉
    〈tr〉
       〈td〉〈b〉인덱스로 생성한 총 파일 개수: 〈s:property value="indexCount" /〉개〈/b〉〈/td〉
    〈/tr〉
    〈tr〉
       〈td〉〈b〉인덱스 생성에 걸린 시간: 〈s:property value="successTime" /〉ms〈b〉〈/td〉
    〈/tr〉
  〈/table〉

  〈/body〉
〈/html〉
```

06 다음의 주소로 접속해 인덱스 생성 폼을 호출한다.

> http://localhost/search/createHTMLIndexForm.action

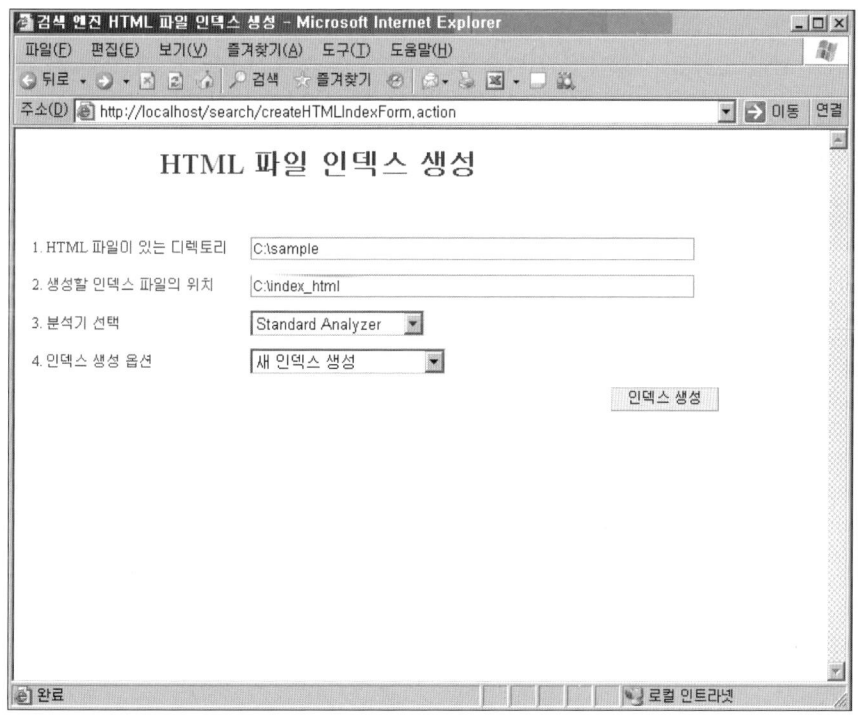

[그림 12-11] createHTMLIndexForm.action의 결과 화면

각각의 옵션을 지정하고 [인덱스 생성] 버튼을 클릭하면 인덱스 파일이 생성되고 다음 [그림 12-12]와 같은 결과 화면을 출력한다.

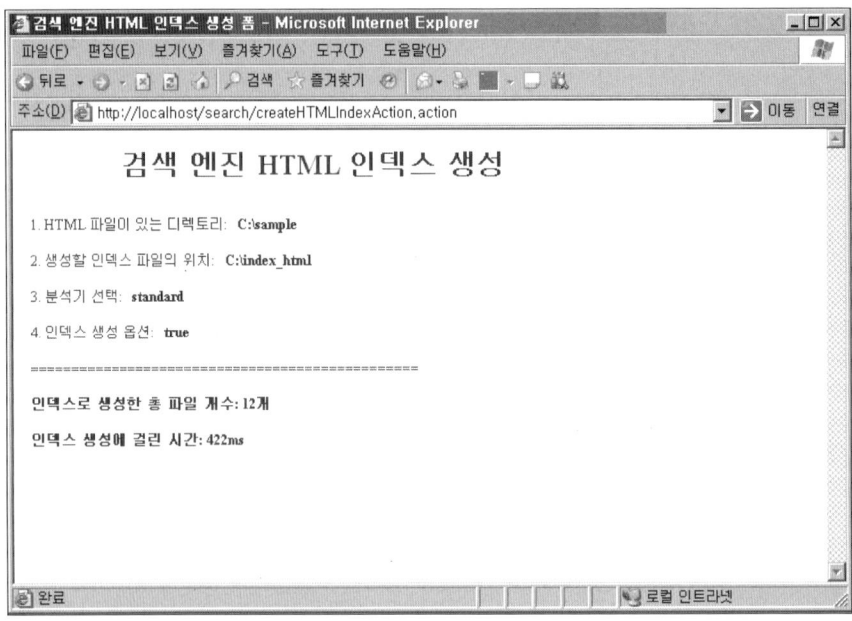

[그림 12-12] 인덱스 생성 결과 화면

위와 같은 결과가 나왔다면 인덱스가 성공적으로 생성된 것이다. 인덱스 파일이 생성된 C:\index 위치를 살펴보면 다음 [그림 12-13]과 같은 인덱스 파일이 생성되었음을 알 수 있다.

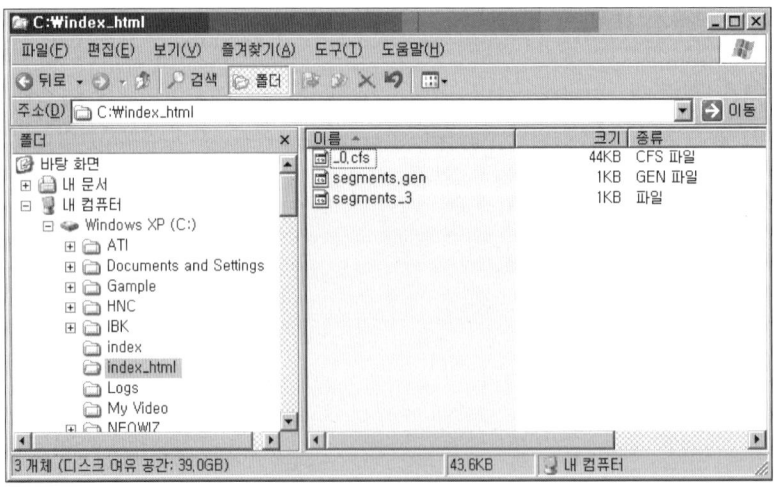

[그림 12-13] 인덱스 파일 생성 확인

이번엔 새로운 인덱스 생성이 아닌 변경된 파일들을 제거하고 추가해서 인덱스를 생성해 보도록 한다. 문서 파일이 들어있는 c:\sample에서 몇 가지 파일을 삭제하고, 새로운 HTML 파일을 복사해 넣은 후 인덱스 생성 폼을 다시 호출한다.

http://localhost/search/createHTMLIndexForm.action - 파일 추가/삭제

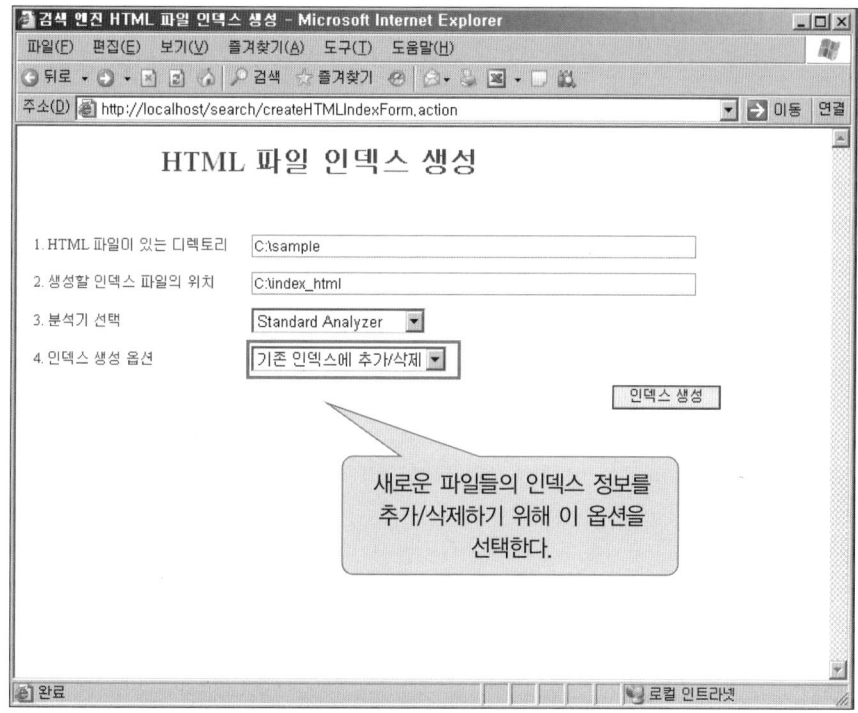

[그림 12-14] [기존 인덱스에 추가/삭제] 선택

[인덱스 생성] 버튼을 클릭해 인덱스를 생성하면 아파치 로그 창에 다음과 같이 존재하지 않는 파일들을 인덱스에서 삭제하고 새롭게 추가된 파일을 인덱스 정보에 새로 추가한 것을 알 수 있다.

```
deleting C:/sample/benchmarks.html
deleting C:/sample/demo2.html
deleting C:/sample/fileformats.html
deleting C:/sample/linkmap.html
deleting C:/sample/queryparsersyntax.html
adding C:/sample/AJAX Validation - points for discussion.html
adding C:/sample/About WebWork.html
adding C:/sample/Acegi Security.html
adding C:/sample/CeWolf charts using Velocity templates.html
Optimizing index...
156 total milliseconds
```

[그림 12-15] 인덱스 업데이트 확인을 위한 아파치 로그 분석

05. 검색 엔진 구현

앞에서 인덱스를 생성하는 방법을 알아보았으니 이제 생성된 인덱스로부터 정보를 검색하는 기능을 구현하도록 한다.

01 먼저, 검색을 위한 액션 클래스와 결과 화면인 jsp 파일을 매핑시킨다.

소스 12-11 : /src/struts.xml

```xml
<?xml version="1.0" encoding="UTF-8" ?>

<!DOCTYPE struts PUBLIC
    "-//Apache Software Foundation//DTD Struts Configuration 2.0//EN"
    "http://struts.apache.org/dtds/struts-2.0.dtd" >

<struts>
    <package name="account" extends="struts-default" >

        <!-- 검색 -->
        <action name="searchForm" >
            <result>/jsp/search/searchForm.jsp</result>
        </action>

        <action name="searchAction" class="search.searchAction" >
            <result>/jsp/search/searchResult.jsp</result>
        </action>
    </package>
</struts>
```

02 검색 결과를 리스트에 담아 출력하기 위해 클래스를 작성한다. 인덱스에서 생성했던 필드 정보 중 주요 정보인 path와 summary, 그리고 title을 보여주기 위해 다음과 같이 각각 정의한다.

```java
package search;

public class searchModel {
    private String path;
    private String summary;
    private String title;

    public searchModel(String path, String summary, String title) {
        this.path = path;
        this.summary = summary;
        this.title = title;
    }

    public String getPath( ) {
        return path;
    }

    public void setPath(String path) {
        this.path = path;
    }

    public String getSummary( ) {
        return summary;
    }

    public void setSummary(String summary) {
        this.summary = summary;
    }

    public String getTitle( ) {
        return title;
    }

    public void setTitle(String title) {
        this.title = title;
    }
}
```

03 실질적인 검색 액션을 가진 클래스를 작성한다.

소스 12-13: /src/search/searchAction.java

```
package search;

import com.opensymphony.xwork2.ActionSupport;

import org.apache.lucene.analysis.Analyzer;
import org.apache.lucene.analysis.SimpleAnalyzer;
import org.apache.lucene.analysis.StopAnalyzer;
import org.apache.lucene.analysis.WhitespaceAnalyzer;
import org.apache.lucene.analysis.standard.StandardAnalyzer;
import org.apache.lucene.document.Document;
import org.apache.lucene.queryParser.QueryParser;
import org.apache.lucene.search.Hits;
import org.apache.lucene.search.IndexSearcher;
import org.apache.lucene.search.Query;

import java.util.ArrayList;

import search.searchModel;

public class searchAction extends ActionSupport {

    private String indexDirectory;          //인덱스가 생성될 디렉터리
    private String searchWord;               //검색 단어
    private String setAnalizer;              //분석기 선택
    private ArrayList <searchModel> searchList; //검색 필드 리스트

    IndexSearcher searcher = null;           //인덱스 파일 경로 정보

    public String execute( ) throws Exception {

        //인덱스 파일 경로 정보를 가진 IndexSearcher 객체 생성
    ❶ searcher = new IndexSearcher(indexDirectory);

        //분석기 생성
    ❷ Analyzer analyzer = createAnalyzer( );
```

```
            //QueryParser 객체 생성
    ❸ QueryParser qp = new QueryParser("contents", analyzer);

            //검색할 단어를 파싱해 쿼리 객체 생성
    ❹ Query query = qp.parse(searchWord);

            //Hits 객체에 query 검색 결과를 담는다.
    ❺ Hits hits = searcher.search(query);

            //검색 필드 정보가 담길 리스트를 생성
        searchList = new ArrayList<searchModel>();

            //검색 결과가 있다면..
        if (hits.length() > 0) {

            for (int i = 0; i < hits.length(); i++) {

                Document doc = hits.doc(i);

                //리스트에 정보를 입력
            ❻ searchList.add(new searchModel(doc.get("path"), doc.get("summary"),
    doc.get("title")));
            }
        }

        return SUCCESS;
    }

    private Analyzer createAnalyzer() {

        Analyzer analyzer;

        //분석기 선택에 따른 인스턴스 생성
        if (setAnalizer.equals("standard"))
            analyzer = new StandardAnalyzer();
        else if (setAnalizer.equals("whitespace"))
            analyzer = new WhitespaceAnalyzer();
        else if (setAnalizer.equals("stop"))
            analyzer = new StopAnalyzer();
```

```java
            else
                analyzer = new SimpleAnalyzer( );

            return analyzer;
        }

        public String getIndexDirectory( ) {
            return indexDirectory;
        }

        public void setIndexDirectory(String indexDirectory) {
            this.indexDirectory = indexDirectory;
        }

        public String getSearchWord( ) {
            return searchWord;
        }

        public void setSearchWord(String searchWord) {
            this.searchWord = searchWord;
        }

        public String getSetAnalizer( ) {
            return setAnalizer;
        }

        public void setSetAnalizer(String setAnalizer) {
            this.setAnalizer = setAnalizer;
        }

        public ArrayList〈searchModel〉 getSearchList( ) {
            return searchList;
        }

        public void setSearchList(ArrayList〈searchModel〉 searchList) {
            this.searchList = searchList;
        }

    }
```

❶ searcher = new IndexSearcher(indexDirectory); 코드를 통해 인덱스 파일 경로 정보를 가진 IndexSearcher 객체를 생성한다.

❷ 그리고 인덱스 생성에서와 마찬가지로 createAnalyzer( ) 메소드를 통해 분석기를 선택하고, ❸ new QueryParser("contents", analyzer); 로 검색할 단어의 쿼리 생성을 위한 QueryParser 객체를 정의한다.

❹ Query query = qp.parse(searchWord); 부분은 검색 키워드를 QueryParser 객체의 parse 메소드로 쿼리 값을 가져오는 부분이고, ❺ Hits 객체는 Hits hits = searcher. search(query); 를 통해 query를 검색 결과를 담는 역할을 한다.

❻ 마지막으로 검색 쿼리를 통해 가져온 결과를 searchList.add(new searchModel (doc.get("path"), doc.get("summary"), doc.get("title"))); 와 같이 리스트에 넣어 결과 페이지에서 보여줄 수 있도록 한다.

04 검색할 인덱스의 위치와 분석기를 정의하고, 검색할 단어를 입력한다.

> 소스 12-14: /jsp/search/searchForm.jsp

```
<%@ page contentType="text/html; charset=utf-8" %>
<%@ taglib prefix="s" uri="/struts-tags" %>

<?xml version="1.0" encoding="UTF-8" ?>
<!DOCTYPE html PUBLIC "-//W3C//DTD XHTML 1.0 Transitional//EN"
"http://www.w3.org/TR/xhtml1/DTD/xhtml1-transitional.dtd">
<html xmlns="http://www.w3.org/1999/xhtml">
<head>
  <title>검색 엔진 문서 검색 폼</title>
  <link rel="stylesheet" href="/search/common/css/css.css" type="text/css">

  <SCRIPT type="text/javascript">
    function validation( ) {

        var frm = document.forms(0);

        if(frm.indexDirectory.value == "") {
          alert("인덱스 파일의 위치를 지정해주세요");
          return false;
        }
```

```
            else if(frm.searchWord.value == "") {
                alert("검색할 단어를 입력해주세요");
                return false;
            }


            return true;
        }
    </SCRIPT>


</head>


<body>


<table width="500" border="0" cellspacing="0" cellpadding="5">
    <tr>
        <td align="center"><h2>전체 문서 검색</h2></td>
    </tr>
</table>


<form name="frm" action="searchAction.action" method="post" onsubmit="return
validation();">


<table width="500" border="0" cellpadding="5" cellspacing="0">
    <tr>
        <td colspan="2"></td>
    </tr>
    <tr>
        <td width="150">검색할 인덱스 파일의 위치</td>
        <td><input type="text" name="indexDirectory" size="30" value="C:\index"></td>
    </tr>
    <tr>
        <td>검색할 단어 입력</td>
        <td><input name="searchWord" size="30" /></td>
    </tr>
    <tr>
        <td>분석기 선택</td>
        <td>
            <select name="setAnalizer">
```

```
        〈option value="standard"〉Standard Analyzer〈/option〉
        〈option value="whitespace"〉Whitespace Analyzer〈/option〉

        〈option value="simple"〉SimpleAnalyzer〈/option〉
        〈option value="stop"〉Stop Analyzer〈/option〉
      〈/select〉
    〈/td〉
  〈/tr〉
  〈tr〉
    〈td colspan="2" align="right"〉〈input type="submit" value="검색 시작" class=
"inputb" /〉〈/td〉
  〈/tr〉
〈/table〉

〈/form〉

〈/body〉

〈/html〉
```

05 파일 경로와 타이틀, 개요 정보를 출력한다.

소스 12-15: /jsp/search/searchResult.jsp

```
〈%@ page contentType="text/html; charset=utf-8" %〉
〈%@ taglib prefix="s" uri="/struts-tags" %〉

〈?xml version="1.0" encoding="UTF-8" ?〉
〈!DOCTYPE html PUBLIC "-//W3C//DTD XHTML 1.0 Transitional//EN"
"http://www.w3.org/TR/xhtml1/DTD/xhtml1-transitional.dtd"〉
〈html xmlns="http://www.w3.org/1999/xhtml"〉
〈head〉
  〈title〉검색 엔진 문서 검색 폼〈/title〉
  〈link rel="stylesheet" href="/search/common/css/css.css" type="text/css"〉
〈/head〉

〈body〉
```

```
<table width="800" border="0" cellspacing="0" cellpadding="5">
  <tr>
    <td align="center"><h2>검색 엔진 전체 문서 검색</h2></td>
  </tr>
</table>


<table width="800" border="1" cellpadding="5" cellspacing="0">

  <tr align="center">
    <td>파일 경로</td>
    <td>타이틀</td>
    <td>개요</td>
  </tr>

  <s:iterator value="searchList" status="stat">

  <tr>
    <td><a href="<s:property value="path" />"><s:property value="path" /></a></td>
    <td><s:property value="title" /> </td>
    <td><s:property value="summary" /> </td>
  </tr>

  </s:iterator>

</table>

</body>
</html>
```

06 다음의 주소로 접속해 검색 폼을 호출한다.

> http://localhost/search/searchForm.action

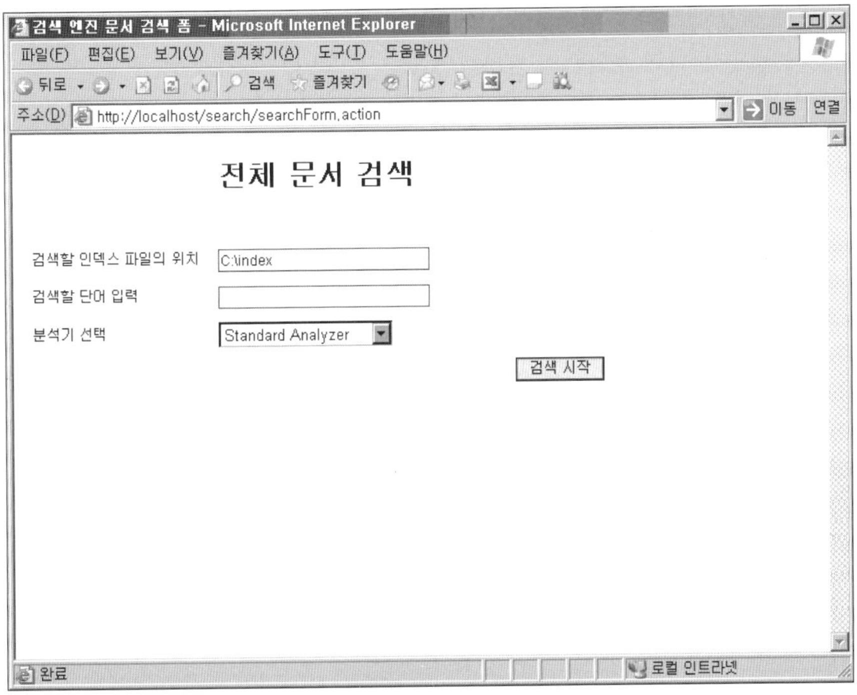

[그림 12-16] searchForm.action의 결과 화면

인덱스의 위치는 앞에서 생성했던 문서 인덱스를 사용하기로 하고, 검색할 단어를 입력한다. 다음은 검색어를 lucene으로 입력했을 때 출력되는 화면이다.

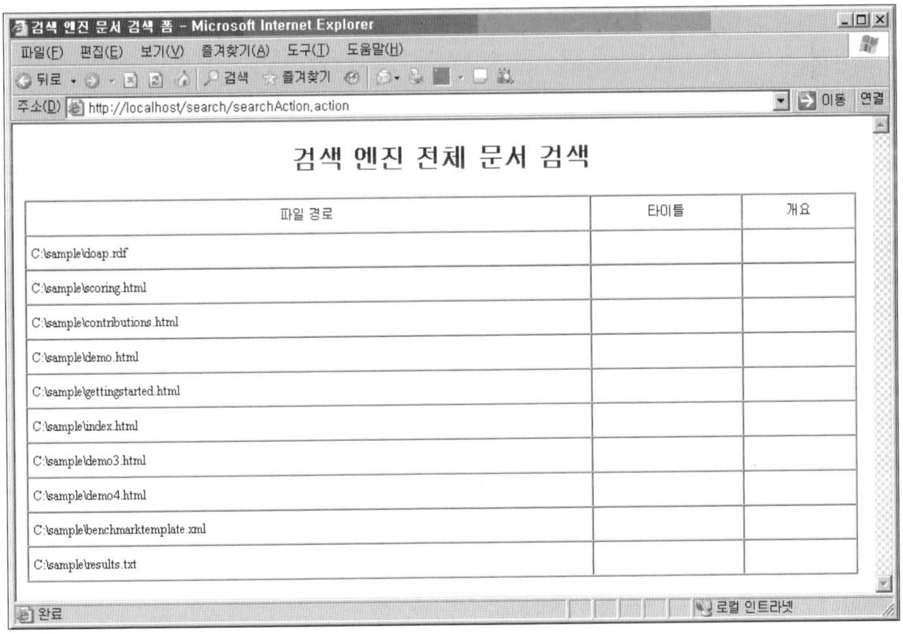

[그림 12-17] 문서 인덱스에서 lucene으로 검색한 결과 화면

앞에서 생성한 문서 인덱스(c:\idnex)에서 가져온 검색 결과 화면이다. lucene이라는 단어가 포함된 모든 문서들을 검색해 준다.

이번에는 검색할 인덱스 파일의 위치를 c:\index_html로 수정한 후 같은 lucene이라는 단어로 검색해 보면 다음과 같은 결과가 출력된다.

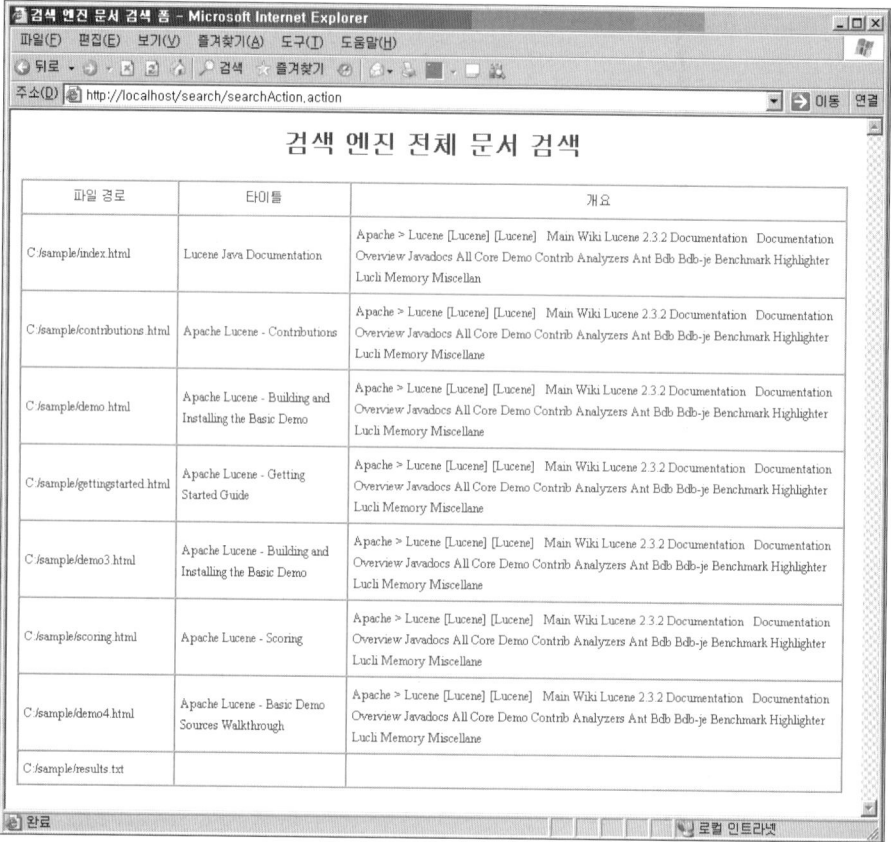

[그림 12-18] cilindex-html HTML 문서 인덱스에서 lucene으로 검색한 결과 화면

이와 같이 HTML 문서에서 lucene이라는 키워드를 가진 파일을 찾아내 경로와 타이틀 개요를 출력해 준다.

루씬은 HTML 파일의 태그를 분리해 페이지 내용에서 검색 값을 가져오기 때문에 인터넷 상의 웹페이지 검색에 매우 유용하다. 여기에 한글 형태소를 분석한 모듈 등과 같은 다양한 기능을 추가하면 상용 검색 엔진이 부럽지 않은 막강한 기능의 검색 엔진도 개발할 수 있을 것이다.

MEMO

13 스트럿츠2와 Ajax

Chapter

| Point

웹 2.0은 참여와 상호작용을 통해 정보를 창조하고 공유하는 이 시대의 트렌드이자 문화이다. 웹 2.0의 몇 가지 특징 중 하나인 Ajax는 이와 같은 웹 2.0의 정의를 보다 효과적으로 구현하는 테크닉으로 오늘날 웹 사이트에서는 필수적으로 사용된다. 검색 엔진에서 쓰이는 검색어 자동 완성 기능이 그것인데, 여기서는 Ajax를 스트럿츠2에서 적용하는 방법에 대해 실습해 본다.

01. Ajax의 이해

(1) Ajax와 스트럿츠2

오늘날 웹 어플리케이션의 트렌드는 단연 웹 2.0이다. 클라이언트는 이제 예전과 같은 정적이고 느린 웹 사이트를 원하지 않는다. 뉴스 기사를 클릭해서 해당 기사의 정보만 보고 싶은데 전체 화면이 전부 갱신된다면 이는 자원의 낭비이자 시간의 낭비가 될 것이다.

웹 2.0은 클라이언트들의 참여와 상호작용을 통해 일방적으로 정보를 제공받지 않는, 스스로 정보를 창조하고 널리 공유하는 하나의 문화라고 볼 수 있다. 이러한 웹 2.0에는 많은 기술들이 있는데 최근 주목받고 있는 기술이 Ajax이다. ActiveX와 같은 프로그램의 추가 설치 없이 웹을 다이나믹하고 직관적으로 만들 수 있고, 마치 데스크톱처럼 사용할 수 있게 한다. 특히 스트럿츠가 2.0으로 업그레이드되면서 Ajax를 간편하게 사용할 수 있도록 태그를 통해서 지원하고 있다.

이번 장에서는 Ajax란 어떤 기술이며 이와 결합한 스트럿츠2의 활용 방안에 대해서 자세히 알아보도록 한다.

(2) Ajax란?

Ajax는 Asynchronous Javascript + Xml의 약자로, 비동기 자바스크립트와 XML의 결합이다. 글자 그대로, 새로운 언어나 신기술이 아닌 기존의 기술들을 잘 조합해서 이용하기 편하게 서버와 비동기 통신을 하는 것이다. 기존의 웹 사이트는 서버가 받은 요청에 대한 응답에 대해서는 각각의 웹페이지를 매번 다시 구성하여 읽어들여야 하는 단점이 있었다.

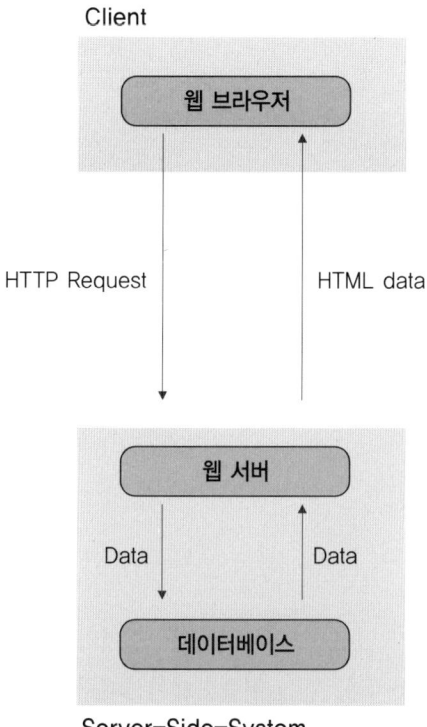

[그림 13-1] 기존의 웹페이지 모델

결국 웹이 클라이언트와의 상호작용을 위해서는 웹 서버와 통신을 해야 하고, 이는 매번 웹 페이지가 갱신되어야 함을 의미한다. 매번의 갱신은 응답성(responsiveness), 사용성 (usability)의 저하를 가져오고 많은 네트워크 자원의 낭비도 초래한다. 이러한 문제점을 보완하기 위해 ActiveX나 애플릿, 플래시 등의 기술이 사용되고 있으나 추가적인 설치가 필요하기 때문에 보안상의 문제나 시스템의 안정성에 불편을 가져올 수 있다.

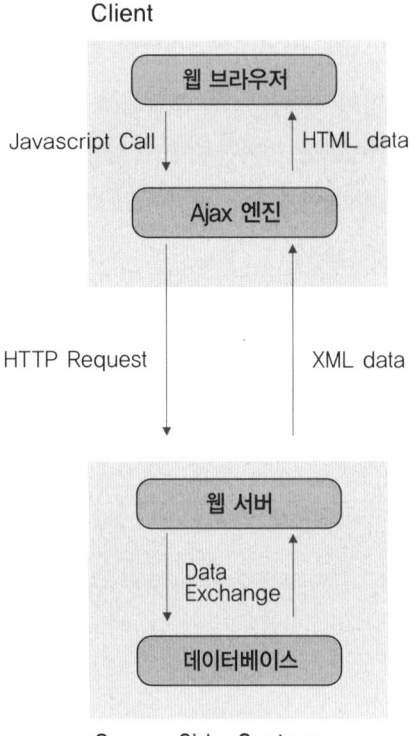

Client

웹 브라우저

Javascript Call / HTML data

Ajax 엔진

HTTP Request / XML data

웹 서버

Data Exchange

데이터베이스

Server-Side-System

[그림 13-2] Ajax 어플리케이션의 모델

기존 웹 어플리케이션의 비효율성과 추가적인 설치가 없이 브라우저만으로도 이러한 단점들을 모두 해결할 수 있는 기술, 그것이 바로 Ajax인 것이다. Ajax 어플리케이션에서는 서버측에 보내는 요청이 비동기적으로 이루어지기 때문에 요청을 보낸 이후에도 응답이 완료되기를 기다리지 않고 또 다른 요청을 보내거나 추가적인 다른 액션을 취할 수 있다. 그러면 이러한 Ajax는 어떠한 구조로 어떻게 실행이 될까? 이제부터 그 궁금증을 하나씩 알아보자.

(3) Ajax의 4가지 구성요소

Ajax는 새로운 기술이 아닌 자바스크립트, CSS, DOM, XMLHttpRequest와 같은 기존의 4가지 기술을 조합해 사용한 것이다.

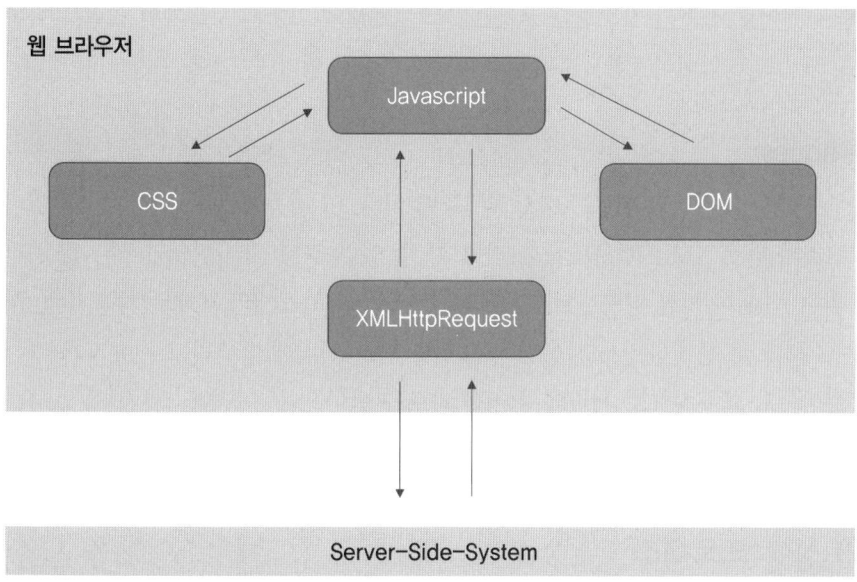

[그림 13-3] Ajax의 4가지 구성요소

① 자바스크립트

웹 브라우저에서 실행하는 객체 기반의 스크립트 프로그래밍 언어이다. 현재 많은 웹 사이트에서 사용되고 있고, 브라우저에 내장된 자바스크립트를 활용해 프로그램을 작성하면 브라우저가 제공하는 다양한 기능을 직접 제어할 수 있다. Ajax에서는 어플리케이션 사용자의 작업 프로세스와 비즈니스 로직을 처리하는 중요한 요소이다.

② CSS

기존의 HTML은 웹 문서를 다양하게 설계하고 변경하는데 많은 제약이 따르는데, 이를 보완하기 위해 만들어진 것이 스타일시트이고, 스타일시트의 표준안이 바로 CSS이다. 웹 문서의 전반적인 스타일을 미리 지정해 두면 별다른 기술 없이도 HTML 문서의 다양한 표현이 가능하다. 한 번의 수정으로 전체 페이지의 내용이 한꺼번에 적용되기 때문에 문서 전체의 일관성을 유지할 수 있고, 작업 시간도 단축된다. Ajax에서의 CSS는 자바스크립트가 DOM으로 만들어낸 웹페이지를 꾸미는 역할을 한다.

③ DOM

DOM은 XML 문서와의 상호 연동을 위한 객체 기반의 문서 모델로 프로그램과 스크립트에 의한 문서의 내용, 구조, 종류의 접근과 변경이 자유롭다. DOM은 스크립트나 프로그램 언어에 웹페이지를 연결해 주고 웹페이지의 모든 구조를 객체로 생성한다. 이러한 객체들은 웹 브라우저에서 스크립트 언어로 접근이 가능하다. Ajax에서의 DOM의 역할은 사용자의 입력을 화면에 표시해 주고 계속해서 업데이트함으로써 다이나믹한 사용자 인터페이스를 구성할 수 있다.

④ XMLHttpRequest

Ajax에 있어서 가장 매력적인 기능은 바로 비동기성이다. 이 비동기성을 구현하는 데 있어 가장 중요한 요소가 바로 XMLHttpRequest라고 할 수 있다. XMLHttpRequest는 웹 서버와 통신하기 위한 Ajax의 핵심 컴포넌트로, 브라우저에서 윈도 객체의 형태로 제공된다. 서버와 계속 비동기적으로 통신하면서 사용자의 요청을 받아 서버에 전달하고 사용자가 다른 작업을 하는 동안에도 계속적으로 서버에서 최신 자료를 받아온다. 이러한 4가지 서로 다른 기술들이 모여 Ajax라는 전혀 다른 새로운 기술을 만든다.

(4) Ajax의 실행 프로세스

Ajax의 구성요소에 대해 알아보았는데 그러면 사용자의 요청부터 응답을 받기까지 어떤 과정을 거치게 될까?

먼저 기존의 웹 어플리케이션의 프로세스 모델에 대해 알아보자.

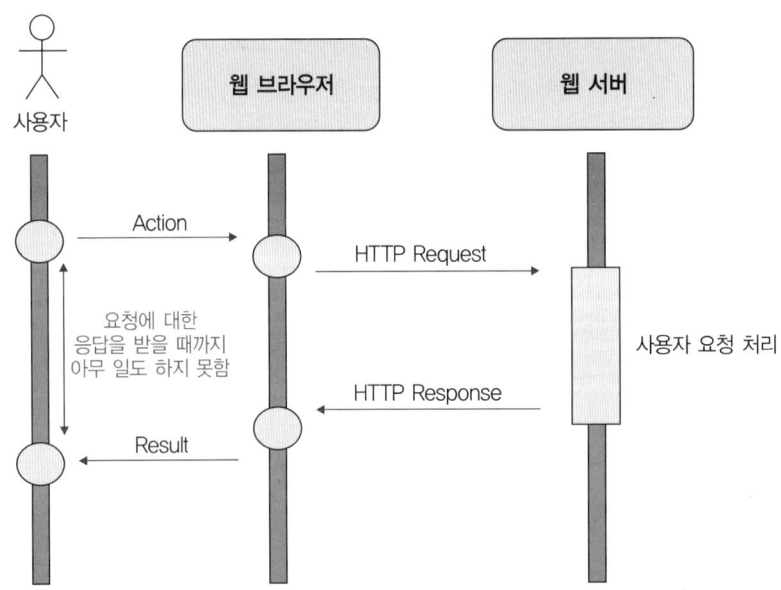

[그림 13-4] 기존 웹 어플리케이션의 프로세스

위와 같이 사용자가 웹 브라우저를 통해 요청을 하면 브라우저는 이를 HTTP Request의 형태로 웹 서버에 전달한다. 웹 서버는 이를 처리해 요청에 대한 응답을 웹 브라우저에 전달하고 사용자는 웹 브라우저를 통해 결과값을 받는다. 현재 대부분의 웹 사이트들이 이러한 프로세스를 통해 서비스되고 있다.

그러나 [그림 13-4]에서 보는 바와 같이 사용자가 한 번 액션을 취하면 결과값을 받기까지 아무런 일도 할 수 없다. 응답이 와서 전체 페이지를 갱신할 때까지 기다려야만 하는 문제점이 있다. 이러한 문제점을 보완하기 위한 Ajax의 실행 프로세스는 대략 다음 [그림 13-5]과 같다.

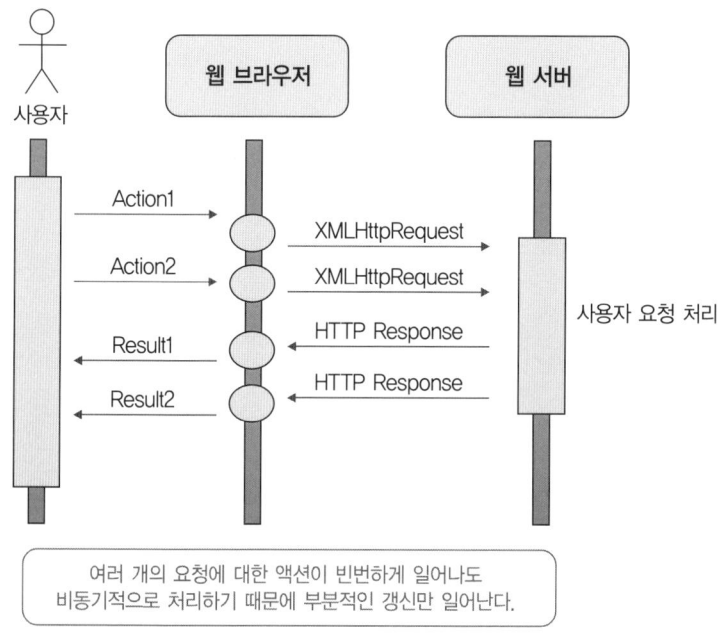

[그림 13-5] Ajax 어플리케이션의 프로세스

[그림 13-5]에 나타난 바와 같이 Ajax를 이용한 경우 사용자의 요청은 비동기적으로 일어나기 때문에 여러 개의 요청에 대한 액션이 일어나도 서버의 응답이 완료되기를 기다리지 않는다. 결과값을 받기 전에 계속적으로 브라우저를 통해 다른 일을 할 수 있고, 또 다른 액션을 보낼 수도 있는 것이다.

(5) Ajax를 이용한 원격 페이지 호출 구현

Ajax의 구성요소와 프로세스에 대해 알아보았으니 이제 실제 어떤 코드로 어떻게 구현되는지 알아보자.

다음 예제는 Ajax를 사용한 html 파일로, 다른 곳에 있는 파일의 내용을 가져와 그 내용을 보여주는 프로그램이다. 즉, Ajax를 이용하여 비동기적으로 페이지를 호출하는 예제이다.

```html
〈html〉
〈head〉
  〈title〉Ajax 예제〈/title〉

  〈script language="javascript"〉
❶ function getXmlHttpRequest( ){
    var xmlhttp = false;

    // Mozilla/Safari
    if (window.xmlhttpuest) {
        xmlhttp = new xmlhttpuest( );
    }

    // IE
    else if (window.ActiveXObject) {
        xmlhttp = new ActiveXObject("Microsoft.XMLHTTP");
    }

    return xmlhttp;
  }

  function loading( ){
    var xmlhttp = getXmlHttpRequest( );
    var url = document.urlForm.url.value;

    if(url){
❷      document.getElementById("result").innerHTML = "Loading...";
❸      xmlhttp.open("GET", url, true);

❹      xmlhttp.onreadystatechange = function( ) {
❺          if(xmlhttp.readyState == 4) {
              if(xmlhttp.status == 200) {
                  document.getElementById("result").innerHTML = xmlhttp.responseText;

              } else {
                  alert("페이지 로딩 실패!");
              }
          }
      }
```

```
        }
        xmlhttp.send(null);
    }
    return false;
}
</script>

</head>

<body>

<h2>Ajax를 이용한 페이지 호출 예제</h2>
</p>

    <form name="urlForm" onsubmit="return loading( );">
        <input type=text name="url" size=50>
        <input type=submit value="가져오기">
    </form>

    <fieldset>
        <legend>출력 결과</legend>
        <div id=result style="height:20px;">
        이 곳에 페이지의 내용이 표시됩니다.
        </div>
    </fieldset>

    </body>
</html>
```

❶ 먼저 getXMLHttpRequest( ) 메소드를 통해 XMLHttpRequest 객체를 생성한다. 이 때 사용자가 사용하는 브라우저에 따라서 객체를 생성하는 방법이 다르다.

❷ document.getElementById("result").innerHTML = "Loading..."; 부분은 요청에 대한 처리를 비동기적으로 할 때 보여지는 메시지를 innerHTML을 통해 삽입하고 있는데, 여기서는 Loading... 이라고 설정한다.

❸ 그리고 xmlhttp.open( ) 메소드가 있는데, 파라미터로는 메소드, URL, 비동기모드 3가지가 각각 순서대로 들어간다. 특히 마지막에 비동기모드는 false로 설정하면

XMLHttpRequest를 동기적으로, true로 설정하면 비동기적으로 이용한다는 것을 의미한다. 여기에서는 비동기적 처리이기 때문에 true 값을 주었다.

[표 13-1] XMLHttpRequest의 메소드 설명

메소드	설명
void open(string method, string url, boolean asynch, string username, string password)	- method : POST, GET, PUT이 들어간다. - url : 요청을 원하는 서버의 URL - asynch : 요청이 비동기인지 여부를 판단, 디폴트는 true로 비동기식 처리를 하고, fasle는 동기식 처리를 한다.
void send(body)	body 값을 넘기면 open( ) 메소드는 post로 설정해야 하며, get 방식으로 요청하려면 null로 설정해야 한다.
void setRequestHeader(string key, string value)	key에 해당하는 value 값으로 HttpRequest 헤더에 값을 설정하는 메소드로 open( ) 다음에 위치한다.
string getAllResponseHeaders( )	응답 헤더를 하나의 문자열 형태로 반환한다.
string getResponseHeader(string header)	응답 헤더 정보 중에서 header에 대응되는 값을 String 형식으로 반환한다.
void abort( )	요청을 중지한다.

❹ XMLHttpRequest를 비동기적으로 이용할 때에는 send( )를 호출하기 전에 XMLHttp Request의 onreadystatechange 프로퍼티에 XMLHttpRequest의 상태가 변할 때마다 실행될 핸들러를 xmlhttp.onreadystatechange = function( )와 같이 function reference의 형태로 줘야 한다.

❺ 그리고 xmlhttp.readyState == 4와 xmlhttp.status == 200을 동시에 만족하면 가져온 페이지의 값을 innerHTML로 출력해 주고, 그렇지 않을 경우 에러 메시지를 띄운다.

[표 13-2] XMLHttpRequest의 속성

속성	설명
onreadystatechange	객체의 readyState 속성이 변경될 때 어떤 이벤트 처리기를 호출할지 결정한다.
readyState	요청(request)에 대한 상태를 나타내는 정수값이다. - 0 = 초기화 안 됨 - 1 = 로드하는 중 - 2 = 로드됨 - 3 = 상호작용 - 4 = 완료됨

responseText	서버로부터 리턴된 데이터로 문자형식이다.
responseXML	서버로부터 리턴된 문서 객체 형식으로 XML 데이터이다.
status	서버가 리턴한 HTTP 상태코드이다 – 200 : OK – 404 : NOT Found – 202 : 결과 값이 없을 때
statusText	서버가 리턴한 HTTP 상태 설명이다.

이런 과정을 거쳐 코딩이 끝나면 다음 [그림 13-6]과 같은 결과를 볼 수 있다.

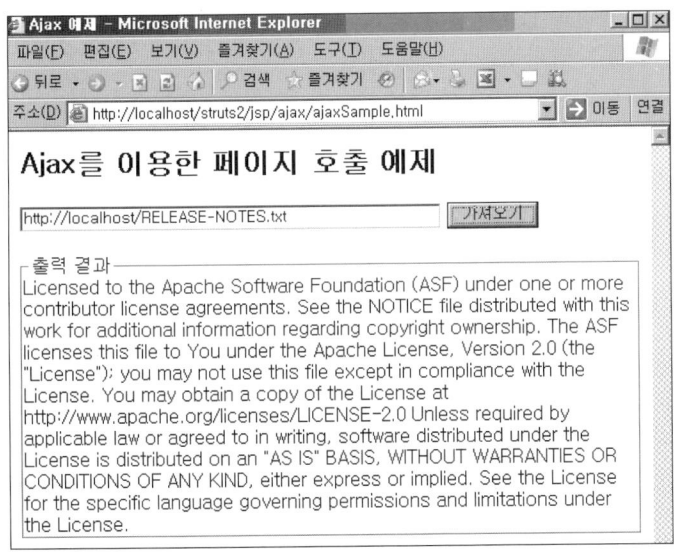

[그림 13-6] Ajax를 이용한 페이지 호출 예제의 결과 화면

위의 화면에서 입력 필드에 가져올 페이지의 주소를 넣고 [가져오기] 버튼을 클릭하면 전체
페이지의 전환 없이 출력할 텍스트 상자 안에만 비동기적으로 업데이트가 일어나 해당 페이
지의 내용을 가져오는 것을 알 수 있다.

02. 스트럿츠2와 Ajax의 결합

(1) 스트럿츠2에서 Ajax 구현 방법

스트럿츠2는 Ajax를 지원한다. 스트럿츠2 자체가 POJO 프레임워크라는 Ajax 라이브러리를 포함하고 있기 때문에 간단한 코드로 사용이 가능하다. POJO는 오픈소스 기반의 자바스크립트 UI 툴킷으로, 자바스크립트 코드의 작성을 쉽고 빠르고 하며, 다이나믹한 인터페이스를 구현할 수 있게 해 준다.

이번에는 스트럿츠2에서 사용되는 Ajax의 활용 방법과 이에 따른 예제를 작성해 보기로 한다. 스트럿츠2에서 Ajax를 구현하는 방법에는 다음과 같이 3가지가 있다.

① jsp Result : 기존의 스트럿츠와 마찬가지로 view 화면인 JSP에서 Ajax 코드를 사용한다.
② Ajax 태그 : 스트럿츠2가 지원하는 Ajax 테마 태그를 사용한다.
③ 플러그인 : 스트럿츠2를 지원하는 Ajax 관련 플러그인(POJO, json 등)을 설치해 사용한다.

우리는 이 세가지 방법 중 가장 편리하게 사용할 수 있는 Ajax 태그에 관해서 알아본다. POJO 위젯에 기반한 Ajax 태그는 스트럿츠2에서 Ajax 어플리케이션을 개발할 때 가장 빠르고 쉬운 방법을 제공한다. Ajax 태그의 기능은 다음과 같다.

• Ajax 클라이언트측의 값 검증
• 원격 폼 서브밋에 대한 지원
• 부분적인 HTML의 동적인 재로딩을 제공하는 진보된 div 템플릿
• 원격지의 자바스크립트를 로딩할 수 있는 기능을 제공하는 진보된 템플릿
• Ajax로만 구성될 수 있는 탭 형태의 패널 구현
• 향상된 이벤트 모델
• 인터렉티브한 자동 완성 태그

(2) Ajax 태그들

일단 Ajax 태그를 사용하려면 사용하려는 모든 페이지의 〈head〉부분에 〈s:head theme= "ajax"〉와 같이 선언을 해야 한다. 이후 사용될 Ajax 태그에도 마찬가지로 theme="ajax"를 기술하면 그와 관련된 태그는 Ajax 태그로 렌더링된다. 이제부터 Ajax 태그들에 대해 자세히 알아보자.

① <s:a>와 <s:div> 태그

a(Anchor) 태그는 클릭시 POJO 프레임워크를 이용해 XMLHttpRequest 호출을 하는 링크를 생성한다. 태그 뒤에 theme="ajax"를 넣으면 비동기적으로 요청을 보내게 되고 Ajax를 통해서 요소들을 갱신할 수 있다.

〈s:a theme="ajax"〉

다음은 a 태그가 주로 사용하는 속성과 그에 대한 설명이다.

[표 13-3] a 태그의 속성

속성	설명	타입
targets	콘텐츠가 갱신될 영역의 id 값을 적는다. 콤마로 구분하면 복수 개의 id도 가능하다.	String
loadingText	콘텐츠가 로딩될 동안 보여줄 text 메시지	String
errorText	콘텐츠 로딩시 오류가 발생하면 보여줄 text 메시지	String

div 태그는 로드할 페이지의 영역을 설정한다. 전체 페이지를 갱신하지 않고 div 태그로 둘러싸인 곳에 해당 내용의 페이지를 불러온 후 이곳에 비동기적으로 갱신하는 기능을 한다.

〈s:div theme="ajax"〉

다음은 div 태그가 주로 사용하는 속성과 그에 대한 설명이다.

[표 13-4] div 태그의 속성

속성	설명	타입
loadingText	콘텐츠가 로딩될 동안 보여줄 text 메시지	String
errorText	콘텐츠가 로딩될 때 오류가 발생하면 보여줄 text 메시지	String
startTimerListenTopics	타이머를 시작할 Topic 이름을 지정한다. (콤마로 구분)	String
stopTimerListenTopics	타이머를 멈출 Topic 이름을 지정한다.	String
delay	첫 번째 요청이 생성되기 전에 기다리는 시간. 밀리세컨드(ms)로 표시한다.	Integer
autoStart	페이지가 로딩되면 타이머가 자동으로 시작된다.	Boolean

다음은 div 태그와 a 태그를 사용하여 일정 영역만 갱신되게 하는 페이지의 구성을 간략하게 도식화한 그림이다.

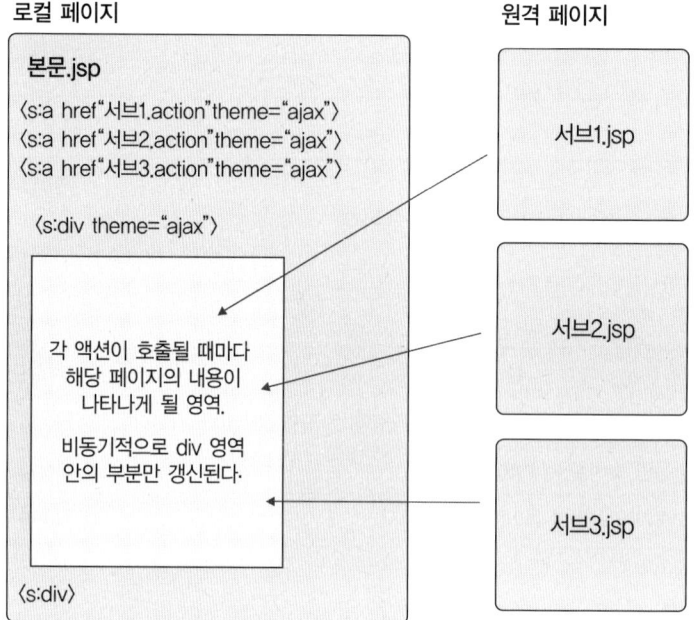

[그림 13-7] div와 a 태그의 간단한 액션 프로세스

그림에서 보는 것과 같이 본문의 페이지에서 링크를 클릭하게 되면 각 서브 페이지의 내용들이 ⟨s:div⟩ 태그 안에 비동기적으로 업데이트된다.

이제 위에서 살펴본 내용을 바탕으로 간단한 예제를 통해 좀 더 자세히 알아보도록 하자. 이번에 작성할 예제들은 Ajax의 태그만을 알아보기 위한 것이므로 액션 클래스는 사용하지 않고 JSP만을 이용해 알아보기로 한다.

■ Ajax 태그의 div와 a 태그를 이용한 원격 페이지 호출 예제
우리가 만드는 예제는 스트럿츠2에서 지원하는 div 태그의 Ajax에 관한 예제이다.

01 jsp 파일을 호출할 액션 이름을 정의한다.

소스 13-2 : /jsp/search/searchResult.jsp

```
⟨struts⟩
    ⟨package name= "ajax" extends= "struts-default"⟩
        ⟨action name= "ajaxDiv"⟩
```

```
〈result〉/jsp/ajax/div.jsp〈/result〉
    〈/action〉
  〈/package〉
〈/struts〉
```

02 간단한 샘플 태그 예제를 작성한다.

소스 13-3 : /jsp/ajax/sample.jsp

```
/* 출력할 임의의 내용을 삽입한다. */
스트럿츠2와 Ajax의 만남!〈br〉
Dojo 프레임워크를 포함하며〈br〉
더욱 간결한 Ajax 태그가 탄생!〈br〉
```

03 원격에 있는 sample.jsp의 내용을 가져오는 div 태그를 작성한다.

소스 13-4 : /jsp/ajax/div.jsp

```
〈%@ page contentType= "text/html; charset=utf-8" %〉
〈%@ taglib prefix= "s" uri= "/struts-tags" %〉

〈?xml version= "1.0" encoding= "UTF-8" ?〉
〈!DOCTYPE html PUBLIC "-//W3C//DTD XHTML 1.0 Transitional//EN"
"http://www.w3.org/TR/xhtml1/DTD/xhtml1-transitional.dtd" 〉
〈html xmlns= "http://www.w3.org/1999/xhtml" 〉
〈head〉
    〈title〉스트럿츠2의 Ajax 태그〈/title〉
  ❶ 〈s:head theme= "ajax" /〉
〈/head〉

〈body〉

    〈h2〉div 태그〈/h2〉
    〈p/〉

    ❷ 〈s:a href= "samplePage.action" theme= "ajax" targets= "result" 〉sample.jsp
내용 가져오기〈/s:a〉
```

```
        〈p/〉

        〈fieldset〉
            〈legend〉비동기 출력 결과 표시 〈/legend〉
        ❸ 〈div id=result theme="ajax" style="height:20px;" 〉
                이 곳에 페이지의 내용이 표시됩니다.
            〈/div〉
        〈/fieldset〉

〈/body〉
〈/html〉
```

위 예제는 원격에 있는 sample.jsp의 내용을 가져오는 예제로 이전 절의 ajax 예제와
같은 기능을 한다. 코드도 거의 비슷하지만, XMLHTTPRequest 객체 관련 코드를 비
롯한 자바스크립트 코드가 전부 사라졌다. 바로 이점이 Ajax 태그의 장점이다.

스트럿츠2가 자동적으로 Ajax 태그를 통해 내부에서 이러한 자바스크립트 코드들을
처리하고 있기 때문에 가독성이 매우 좋아진 것이다. 한 줄씩 코드를 살펴보자.

❶ 먼저, 〈head〉 태그 사이에 〈s:head theme="ajax"/〉를 삽입함으로써 Ajax 태그를
   사용한다는 선언을 한다.

❷ 그리고 〈s:a href="samplePage.action" theme="ajax" targets="result"〉에서 불
   러올 페이지의 주소를 href로 지정하고, targets 속성을 이용해 출력할 영역을
   result라는 이름으로 정의한다. 마지막으로 theme="ajax"를 적음으로써 a 태그를
   Ajax 태그로 렌더링한다고 선언한다.

❸ 이제 불러올 영역에 대한 정의만 남았다. 바로 〈div id=result theme="ajax"
   style="height:20px;"〉부분이다. 마찬가지로 theme="ajax"를 적어주고 id 값은
   result로 정의해줘서 이 영역으로 a 태그와 매칭시킨다. style은 간단한 너비나 높
   이를 정의한다.

04 다음의 주소로 접속해 결과를 확인한다.

http://localhost/struts2/ajaxDiv.action

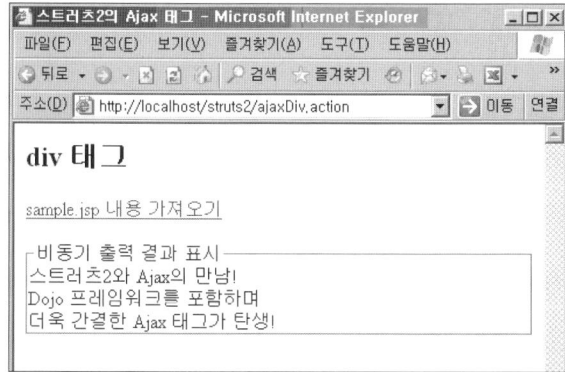

[그림 13-8] ajaxDiv.action 실행 화면

우리가 작업한 것은 스트럿츠2에서 지원하는 div 태그의 Ajax에 관한 예제이므로, 〈s:div〉에서 theme를 'ajax'로 설정하면 sample.jsp의 내용을 비동기적으로 가져와 아래 텍스트 상자에 표시하게 된다. 반면에 theme를 명시하지 않거나 ajax로 설정하지 않는다면 일반적인 페이지의 전환이 일어나며 링크를 수행하게 된다.

② <s:tabbedPanel> 태그

〈s:tabbedPanel〉 태그는 탭 패널을 생성한다. 〈s:div〉 태그를 사용한 어떤 영역들이 〈s:tabbedPanel〉 태그 사이에 있다면, 이들을 각각의 탭으로 생성해낸다. 간단히 설명하면 다음 [그림 13-9]와 같은 구조를 가지게 된다.

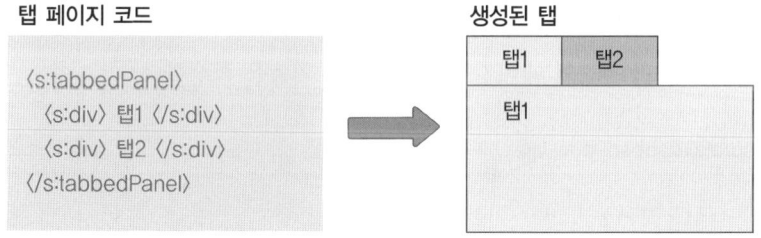

[그림 13-9] 탭 생성 과정

위와 같이 〈s:div〉 태그의 개수에 따라 탭의 개수가 결정된다. 탭 클릭시 불러오는 페이지들도 모두 비동기적으로 불러오므로 로컬 페이지와 원격 페이지를 각각 구성할 때 유용하게 사용할 수 있다. 다음은 tabbedPanel 태그에 주로 쓰이는 속성과 그에 대한 설명이다.

[표 13-5] tabbedPanel 태그의 속성

속성	설 명	타입
closeButton	Close 버튼의 위치를 지정한다. tab, pane 중 선택한다.	String
selectedTab	처음 로딩시 선택되어질 탭의 id를 지정한다.	String
doLayout	탭 영역의 높이를 지정한다. False면 현재 선택되어진 탭만큼의 높이로 적용된다.	Boolean
labelposition	탭의 위치를 설정한다. 디폴트는 top이고 right, bottom, left 등을 지정할 수 있다.	String

살펴본 내용들을 바탕으로 탭을 생성하는 예제를 작성해 보자.

■ Ajax 태그의 tabbedPanel 태그를 이용한 로컬과 원격 페이지 호출 예제

01 JSP 파일을 호출할 액션 이름을 정의한다.

> 소스 13-5 : /src/struts.xml

```
<struts>
    <package name="ajax" extends="struts-default">
        <action name="ajaxTab">
            <result>/jsp/ajax/tabbedPanel.jsp</result>
        </action>
    </package>
</struts>
```

02 탭 기능을 사용하여 로컬과 원격의 페이지들을 불러오는 기능을 작성한다.

> 소스 13-6 : /jsp/ajax/tabbedPanel.jsp

```
<%@ page contentType="text/html; charset=utf-8" %>
<%@ taglib prefix="s" uri="/struts-tags" %>

<?xml version="1.0" encoding="UTF-8" ?>
<!DOCTYPE html PUBLIC "-//W3C//DTD XHTML 1.0 Transitional//EN"
"http://www.w3.org/TR/xhtml1/DTD/xhtml1-transitional.dtd">
<html xmlns="http://www.w3.org/1999/xhtml">
<head>
    <title>스트럿츠2의 Ajax 태그</title>
    <s:head theme="ajax" />
```

```
⟨/head⟩

  ⟨body⟩

    ⟨h2⟩tabbedPanel 태그⟨/h2⟩
    ⟨p/⟩

  ❶ ⟨s:url id="samplePage" value="/samplePage.action" /⟩

  ❷ ⟨s:tabbedPanel id="tab" theme="simple" doLayout="true" labelposition="top"
closeButton="tab" cssStyle="height: 100px;" ⟩
      ⟨s:div id="left" theme="ajax" label="현재 페이지" ⟩
      이 탭은 tabbedPanel.jsp 페이지입니다. ⟨br⟩
      sample.jsp 페이지 탭을 누르면 비동기적으로 ⟨br⟩
      페이지 내용을 호출합니다.
      ⟨/s:div⟩
      ⟨s:div theme="ajax"  href="%{samplePage}" id="ryh1" label="sample.jsp 페
이지" /⟩
    ⟨/s:tabbedPanel⟩

  ⟨/body⟩
  ⟨/html⟩
```

❶ 먼저, ⟨s:url id="samplePage" value="/samplePage.action"/⟩은 url 태그로서 불러올 주소의 값을 id로 지정한다. 그러면 이후 id 값만으로 해당 주소를 호출할 수가 있다.

❷ 이제 tabbedPanel 부분을 보자. ⟨s:tabbedPanel id="tab" theme="simple" doLayout="true" labelposition="top" closeButton="tab" cssStyle="height: 100px;" ⟩과 같이 되어 있는데, 한 부분씩 살펴보면, 일단 id를 "tab"이라는 이름으로 설정한다. doLayout은 true 값을 줌으로써 내용이 출력되는 영역의 높이를 일정하게 한다. Labelposition="top"은 탭의 위치들이 모두 위쪽에 위치하게 하고, closeButton="tab"은 [닫기] 버튼을 탭 안에 넣는다. cssStyle로 탭의 높이를 설정한다. 이렇게 탭을 설정한 후, 그 안에 div 태그를 설정한다. 첫 번째 탭이 될 div는 id를 left라고 지정하고 탭의 이름은 label로 설정한다. 여기에서는 "현재 페이지"로 하고 현재 탭에서 보여질 내용들을 적는다. 두 번째 탭은 원격으로 페이지를 불러온다. 위에서 정의한 url 태그의 id를 href 속성에 매칭시켜 주면 해당 페이지의 내용을 가져온다.

결과 화면은 [그림 13-10]과 같다.

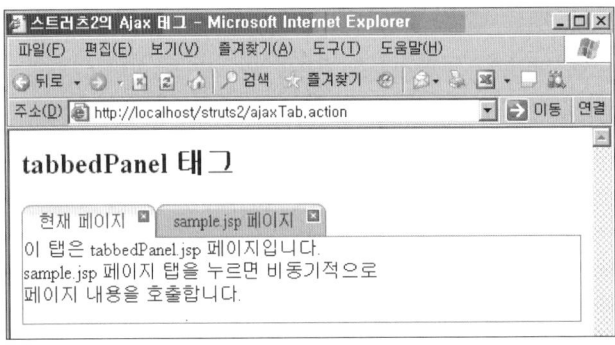

[그림 13-10] tabbedPanel 태그 실행 화면

설명과 같이 탭이 설정되고 각각 [닫기] 버튼도 생성되었다. 두 번째 탭을 클릭하면 sample.jsp 페이지의 내용을 불러와 탭의 내용에 표시한다. [닫기] 버튼을 누르게 되면 해당 탭이 사라진다.

이와 같이 tabbedPanel 태그는 임의로 구성하기 힘든 탭 패널을 아주 손쉽게 구현하도록 해주는 기능을 한다. 페이지의 용도에 따라 얼마든지 응용이 가능하므로 잘 이해하여 실무에 활용하도록 하자.

③ <s:tree>와 <s:treenode> 태그

트리는 우리가 흔히 보는 탐색기의 디렉터리 구조와 같이 상하로 이루어진 형태를 말한다. Ajax 태그 중 이러한 트리를 간단한 태그만으로 생성할 수 있게 해주는 것이 바로 tree 태그와 treenode 태그이다.

먼저, tree 태그로 루트 태그를 정해주고, 그 하위에 treenode 태그를 넣어줌으로써 트리를 구현한다. 간략한 코드와 생성 결과를 보면 다음 [그림 13-11]과 같다.

트리 페이지 코드

생성된 트리

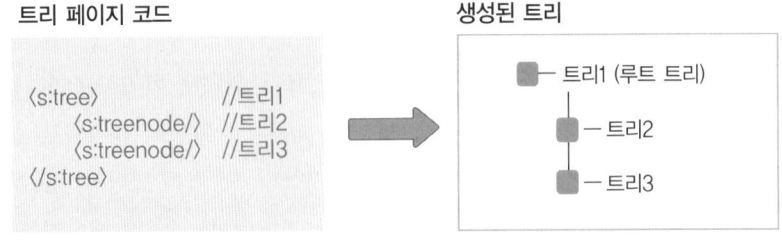

[그림 13-11] 트리 생성 과정

가장 먼저 〈s:tree〉 태그를 통해 트리의 루트가 되는 노드를 정해주고, 그 하위에 〈s:treenode〉 태그를 넣어 트리 위젯을 계속적으로 생성한다. 먼저 나오는 트리가 위에서부터 생성되고 하위의 트리도 계속 생성할 수 있다. 지금까지의 내용을 바탕으로 tree 태그를 이용하여 간단한 디렉터리 구조를 만들어 보자.

■ Ajax 태그의 tree 태그를 이용한 디렉터리 구조 만들기

01 jsp 파일을 호출할 액션 이름을 정의한다.

소스 13-7 : /src/struts.xml

```xml
<struts>
    <package name="ajax" extends="struts-default">
        <action name="ajaxTree">
            <result>/jsp/ajax/tree.jsp</result>
        </action>
    </package>
</struts>
```

02 트리를 생성한다.

소스 13-8 : /jsp/ajax/tree.jsp

```jsp
<%@ page language="java" import="java.util.*" pageEncoding="EUC-KR"%>
<%@ taglib prefix="s" uri="/struts-tags" %>
<html>
    <head>
        <title>스트럿츠2의 Ajax 태그</title>
    <s:head theme="ajax" debug="true" />
    </head>

    <body>

        <h2>tree 태그</h2>
        </p>

        <s:tree theme="ajax" id="root" label="내 컴퓨터">
            <s:treenode theme="ajax" id="level_01" label="<b>C:\</b>">
            <s:treenode theme="ajax" id="level_01_01" label="Program Files" />
```

```
          <s:treenode theme="ajax" id="level_01_02" label="Windows" />
      </s:treenode>

      <s:treenode theme="ajax" id="level_02" label="<b>D:\</b>">
          <s:treenode theme="ajax" id="level_02_01" label="Music" />
          <s:treenode theme="ajax" id="level_02_02" label="Movie" />
      </s:treenode>

      <s:treenode theme="ajax" id="level_03" label="내문서" />

      </s:tree>

  </body>
</html>
```

〈s:tree〉 태그의 id 값으로 root를 주고 화면에 표시할 이름은 label로 설정한다. 〈s:treenode〉 태그도 마찬가지로 id와 label 값을 설정한다. 하위 트리를 생성하려면 〈s:treenode〉 태그 사이에 계속해서 treenode를 추가한다.

02 코드를 실행하여 결과를 확인한다. [그림 13-12]에서 보는 바와 같이 각각 상위와 하위가 나뉘어진 내 컴퓨터 트리가 생성되었다.

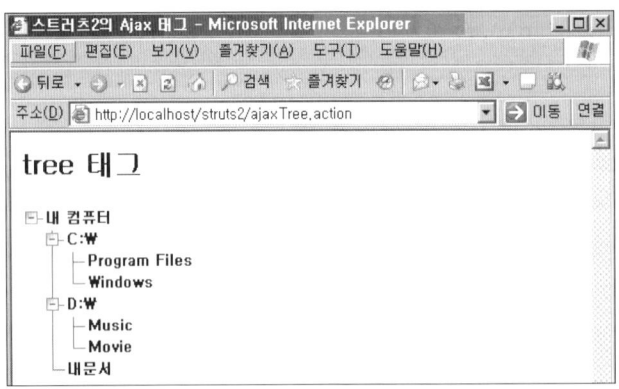

[그림 13-12] tree 태그 실행 화면

이는 매우 간단하게 tree 태그의 기능만을 알아본 것이고, 실제 개발에서 쓰이는 보다 발전된 태그 사용법과 예제는 다음 절에서 다루도록 한다. 이번 예제는 트리 태그의 사용이 어떻게 화면에 보여지는가에 대해서만 이해하면 된다.

④ 기타 Ajax 태그

지금까지 설명한 태그 외에 ajax를 지원하는 태그를 간단히 알아보고 넘어가도록 하자.

① 〈s:submit〉 태그

다른 태그들과 마찬가지로 theme="ajax" 속성 값을 추가한다. submit 태그는 일반 submit과 마찬가지로 폼을 보내는 역할을 하는데, ajax 속성을 이용하면 비동기적으로 요소들의 갱신과 폼의 전송이 일어난다.

② 〈s:textarea〉 태그

스트럿츠2의 Ajax 태그에 이런 기능이 있는 줄 알았다면, 그동안 자바스크립트로 무식하게 HTML 에디터 같은 것은 만들지 않았을 것이다. 버그도 많고 HTML 태그가 제대로 반영되는지 여러모로 신경쓰던 일들이 먼 추억이 될 듯하다. 바로 textarea 태그의 ajax 지원 기능 때문이다. theme="ajax"를 붙이지 않으면 그냥 일반적인 textarea 영역만 나오게 되지만, ajax 속성이 들어가면 아주 편리한 기능의 HTML 에디터로 변신한다.

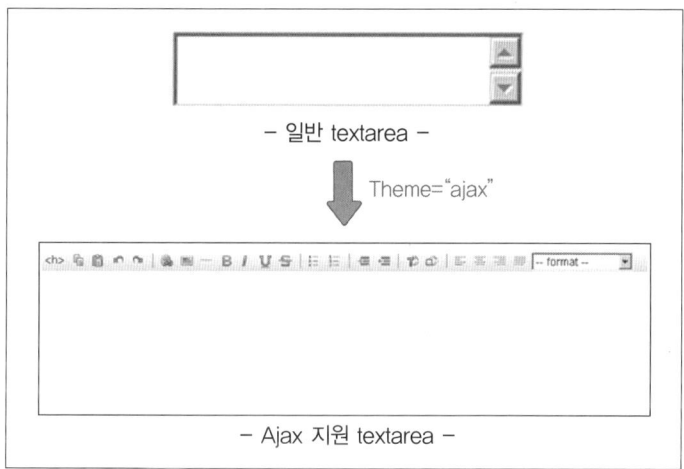

[그림 13-13] textarea 태그의 Ajax 지원에 따른 변화

이러한 기능은 다양한 HTML 툴로 사용자의 요구에 맞게 내용을 꾸밀 수 있기 때문에 개발하는데 있어 여러모로 편리하고 많은 도움이 될 것이다.

③ 〈s:autocompleter〉 태그

이 태그는 포털 사이트의 검색 기능 중 하나인 자동 완성 기능과 같다. 입력란에 글자를 하나씩 칠 때마다 자동으로 추천 단어가 떠오르는 방식이다. 다음의 예를 보자.

```
〈s:autocompleter theme="simple" name="select" list="{ 'fruits', ' colors' }" notifyTopics="/Refresh" /〉
```

이 예제는 ajax 테마가 아닌 simple로 구현 가능한 예이다. List 값에 중괄호로 값을 주고 이를 콤마로 분리해서 넣는다. 그러면 입력란에 이 글자들이 나오게 된다. 단순히 list에 값을 넣어주기 때문에 simple 테마이다. 두 번째는 json 형태의 list로 변환해서 넣는 방식이다.

> Autocompleter 2 〈s:autocompleter theme=“ajax” href=“%{json}” formId=“selectForm” listenTopics=“/Refresh” /〉

이때는 theme를 ajax로 설정해주고 href에 해당 json 객체를 불러올 url 주소를 적어준다. json에 대해서는 내용이 많기 때문에 따로 언급하지는 않는다. 위 두 가지 방식의 결과 화면은 다음 [그림 13-14]과 같다.

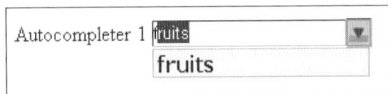

[그림 13-14] autocompleter의 구현 모습

이와 같이 기존의 많은 코딩이 필요하던 Ajax 기능들이 속성 값의 명시 하나만으로 쉽게 구현이 가능하다. 이는 많은 이들에게 개발의 편의를 제공해 주고 직관적인 인터페이스 구현이 가능하다는 장점이 있다. 하지만 이와 같은 태그만으로 완벽하게 원하는 모습을 구현하는 데는 한계가 있다. 그러므로 다양한 방법, 예를 들어 POJO 플러그인이나 그 밖의 많은 라이브러리들을 참조해 함께 개발하는 방향으로 나아가야 할 것이다.

03. Ajax를 이용한 검색어 자동 완성 기능의 구현

앞에서 다룬 여러 가지 태그들은 액션 클래스를 쓰지 않은, 정말 간단하게 기능만 이해하는 예제였다. 이번에 다룰 내용은 검색어 자동 완성 기능은 포털 사이트의 검색 서비스에서 자주 볼 수 있는 기능이다. 이것은 실전 개발에 가까운 내용으로, autocompleter 태그와 div 태그를 이용해 국가 이름 검색 프로그램을 만들어보도록 하자.

01 액션 클래스와 jsp 파일을 매핑시킨다.

소스 13-9 : /src/struts.xml

```xml
<struts>
    <package name="ajax" extends="struts-default">
        <action name="completerAction" class="ajax.completer.completerAction">
            <result>/jsp/ajax/completer/completer.jsp</result>
        </action>
    </package>
</struts>
```

02 국가 이름을 넣을 리스트를 작성한다.

소스 13-10 : /src/ajax/completer/completerAction.java

```java
package ajax.completer;

import com.opensymphony.xwork2.ActionSupport;
import java.util.*;

public class completerAction extends ActionSupport {

❶ private List <String> cntlist = new ArrayList <String>();

    public String execute() throws Exception {

❷     getCountry();
        return SUCCESS;

    }

    public String getCountry() {
        cntlist.add("Afghanistan");
        cntlist.add("Albania");
        cntlist.add("Algeria");
        cntlist.add("Andorra");
        cntlist.add("Angola");
        cntlist.add("Antigua");
        cntlist.add("Argentina");
        cntlist.add("Bahrain");
        cntlist.add("Belgium");
```

```
        cntlist.add( "Brazil" );
        cntlist.add( "Cameroon" );
        cntlist.add( "Canada" );
        cntlist.add( "China" );
        cntlist.add( "Denmark" );
        cntlist.add( "England" );
        cntlist.add( "Finland" );
        cntlist.add( "France" );
        cntlist.add( "Greece" );
        cntlist.add( "Germany" );
        cntlist.add( "Ghana" );
        cntlist.add( "Hungary" );
        cntlist.add( "India" );
        cntlist.add( "Italy" );
        cntlist.add( "Korea" );
        cntlist.add( "Kuwait" );
        cntlist.add( "Poland" );
        cntlist.add( "Portugal" );

        return SUCCESS;
    }

    public List getcntlist( ) {
        return cntlist;
    }

    public void setcntlist(List〈String〉 cntlist) {
        this.cntlist = cntlist;
    }

}
```

❶ private List〈String〉 cntlist = new ArrayList〈String〉( ) 부분에서 국가의 이름을 담을 list 타입의 cntlist를 생성한다.

❷ 그리고 getCountry( )라는 메소드를 만들어 이 안에 cntlist의 add( ) 메소드로 각 국가 이름을 추가한다.

03 autocompleter 태그에서 theme=simple을 사용하여 자동 완성 기능 코드를 작성한다.

소스 13-11: /jsp/ajax/completer/completer.jsp

```
<%@ page contentType="text/html; charset=utf-8" %>
<%@ taglib prefix="s" uri="/struts-tags" %>

<?xml version="1.0" encoding="UTF-8" ?>
<!DOCTYPE html PUBLIC "-//W3C//DTD XHTML 1.0 Transitional//EN"
"http://www.w3.org/TR/xhtml1/DTD/xhtml1-transitional.dtd">
<html xmlns="http://www.w3.org/1999/xhtml">
  <head>
    <title>스트럿츠2의 Ajax 태그</title>
    <s:head theme="ajax" />

    <script type="text/javascript">

    dojo.event.topic.subscribe("/changed", function(data, request, widget){

      var div = dojo.byId("detail");
      div.innerHTML=data;

      //data : 응답을 파싱한 JavaScript 객체
      //request : XMLHttpRequest 객체
      //widget : topic 위젯

    });

    </script>

  </head>

  <body>

    <h2>검색어 자동 완성 기능</h2>
    </p>
❶ <s:label name="stateName" value="셀렉트 박스에서 국가를 선택하세요:" />
    <s:autocompleter theme="simple" list="cntlist" name="name" notifyTopics=
"/changed" />
```

```
            〈/p〉〈br〉


        〈fieldset〉
    〈legend〉선택 결과 표시〈/legend〉
❷ 〈s:div id= "detail" theme= "ajax" listenTopics= "/changed" 〉
        이 곳에 선택한 국가가 표시됩니다.
    〈/s:div〉
        〈/fieldset〉


  〈/body〉
〈/html〉
```

❶ 이 예제는 autocompleter 태그에서 theme=simple을 사용한 예제이다. 테마를 ajax로 설정할 경우 json 객체로 생성해야 하므로, 보다 쉽게 적용하기 위해 액션 클래스에서 리스트를 만들어 list=cntlist라고 설정하였다. 그리고 notifyTopics= "/changed"라고 설정한 부분은, 이 autocompleter 안의 값이 선택될 경우 값이 바뀌었다는 이벤트를 알리는 역할을 한다. 이렇게 알리는 /changed라는 메시지를 Dojo 자바스크립트를 사용해 캐치한다. Dojo 자바스크립트의 dojo.event.topic. subscribe( ) 메소드에서 "/changed"를 설정하면 data와 request, widget 객체를 사용할 수 있게 된다. 이 중 data 객체가 바로 우리가 보낸 autocompleter 태그의 값을 말한다. 이 값을 받아서 div 태그가 설정된 곳의 영역에 innerHTML 속성으로 지정해 주면 해당 영역에 선택된 값이 나오게 되는 것이다.

❷ 마지막으로 div 태그에 listenTopics으로 "/changed" 값을 설정하여 notifyTopics 값과 매칭시킨다.

04 다음의 주소로 접속하여 실행 결과를 확인한다.

> http://localhost/struts2/completerAction.action

셀렉트 박스에서 알파벳을 한 글자씩 칠 때마다 자동으로 연관 검색어가 나온다. 그리고 임의의 국가를 선택할 경우 아래의 div 태그로 설정된 영역에 해당 국가의 이름이 비동기적으로 출력된다.

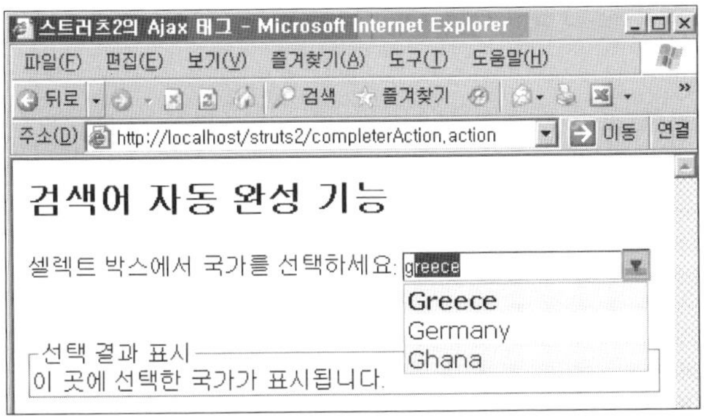

[그림 13-15] 검색어 자동 완성 기능 결과 화면

이와 같은 검색어 자동 완성 기능을 잘 활용하면 어플리케이션에 더욱 편리한 기능을 제공할 수 있을 것이다.

04. Ajax를 이용한 로그인 기능의 구현

이번에는 우리가 회원제 사이트에서 흔히 사용하는 로그인 기능을 구현하도록 하자. 대부분의 사이트는 전체 화면의 갱신과 함께 로그인 체크를 하지만 이번에 만들 예제는 비동기적으로 체크해 에러 메시지를 바로 출력해주는 역할을 한다. 많은 부분에서 응용이 가능하므로 잘 이해하도록 한다.

01 액션 클래스와 jsp 파일을 매핑시킨다.

소스 13-12: /src/struts.xml

```xml
<struts>
    <package name="ajax" extends="struts-default">
        <action name="LoginForm">
            <result>/jsp/ajax/login/loginForm.jsp</result>
        </action>

        <action name="LoginAction" class="ajax.login.LoginAction">
            <result name="input">/jsp/ajax/login/loginForm.jsp</result>
            <result name="error">/jsp/ajax/login/loginForm.jsp</result>
            <result>/jsp/ajax/login/loginSuccess.jsp</result>
        </action>
    </package>
</struts>
```

소스 13-13: /src/ajax/login/LoginAction.java

```java
package ajax.login;

import com.opensymphony.xwork2.ActionSupport;


public class LoginAction extends ActionSupport {

    private String id;
    private String password;

    public String execute( ) throws Exception {

        if(!getId( ).equals("admin")) {
            addActionError("Invalid user ID! Please try again! ");
            return ERROR;

        }else if(!getPassword( ).equals("1234")) {
            addActionError("Invalid user password! Please try again!");
            return ERROR;

        }else {
            return SUCCESS;
        }

    }

    public String getId( ) {
        return id;
    }

    public void setId(String value) {
        id = value;
    }

    public String getPassword( ) {
        return password;
```

```
    }

    public void setPassword(String value) {
        password = value;
    }


}
```

getId( ) 메소드와 getPassword( ) 메소드로 각각 입력받은 아이디와 비밀번호의 정보를 가져온다. 그리고 equals 메소드로 서로 값이 같은지 체크하는데, 아이디가 틀리면 아이디에 관한 에러 메시지가 출력되고, 비밀번호가 틀리면 비밀번호에 관한 메시지가 출력되면서 ERROR를 리턴한다. 이번 예제에서는 아이디는 "admin"으로, 비밀번호는 "1234"로 지정한다.

03 로그인 폼을 작성한다. 헤드에 테마를 ajax로 설정해 주고, 로그인 액션이 일어나는 영역을 div 태그로 처리한다.

소스 13-14: /jsp/ajax/login/loginForm.jsp

```
<%@ page contentType="text/html; charset=utf-8" %>
<%@ taglib prefix="s" uri="/struts-tags" %>

<?xml version="1.0" encoding="UTF-8" ?>
<!DOCTYPE html PUBLIC "-//W3C//DTD XHTML 1.0 Transitional//EN"
"http://www.w3.org/TR/xhtml1/DTD/xhtml1-transitional.dtd">
<html xmlns="http://www.w3.org/1999/xhtml">
  <head>
    <title>Login Action</title>
❶  <s:head theme="ajax" />
  </head>

  <body>
  <p/>
❷  <s:div id="loginDiv" theme="ajax">

      <div style="width:400px; border-style:solid" doLayout="true">
```

```
❸ 〈s:actionerror /〉

❹ 〈s:form action= "LoginAction" 〉

    〈s:textfield name= "id" label= "Login ID" /〉
    〈s:password name= "password" label= "Password" /〉

❺ 〈s:submit value= "Submit"
      theme= "ajax"
      targets= "loginDiv"
      notifyTopics= "/LoginAction" /〉

    〈/s:form〉

  〈/div〉
  〈/s:div〉
 〈/body〉
〈/html〉
```

❶ Head에 테마를 ajax로 설정해 준다. ❷ 그리고 로그인 액션이 일어나는 영역을
〈s:div〉 태그로 지정해주고 ❸ 〈s:actionerror/〉를 통해 액션에서 일어나는 에러 메
시지를 출력한다. ❹ form을 전송할 액션을 LoginAction으로 지정해준 후 아이디
와 비밀번호를 입력할 텍스트 필드와 패스워드 필드에 name을 입력한다.

❺ 마지막으로 가장 중요한 submit 태그를 설정한다. 테마값을 ajax로 해야 비동기적
으로 폼의 전달이 일어난다. 결과값을 출력할 loginDiv 영역을 매칭하고
notifyTopics= "/LoginAction"로 적는다.

04 아이디와 비밀번호를 바르게 입력하면 나오는 화면을 코딩한다. 아이디 값과 패스워드
값이 올바르게 입력되었는지 확인하는 부분이다.

소스 13-15: /jsp/ajax/login/loginSuccess.jsp

```
〈%@ page contentType= "text/html; charset=utf-8" %〉
〈%@ taglib prefix= "s" uri= "/struts-tags" %〉
```

```
<?xml version="1.0" encoding="UTF-8" ?>
<!DOCTYPE html PUBLIC "-//W3C//DTD XHTML 1.0 Transitional//EN"
"http://www.w3.org/TR/xhtml1/DTD/xhtml1-transitional.dtd">
<html xmlns="http://www.w3.org/1999/xhtml">

  <head>
    <title>Login Success</title>
  </head>
  <body>
    </p>
    <font size="5">Login OK!</font> </p>
    <h2> ID: ${id} </h2>
    <h2> Password: ${password} </h2>
  </body>
</html>
```

05 코드를 실행하여 결과를 확인한다. 아이디를 잘못 입력했을 경우 아래와 같이 등록되지 않은 아이디라는 메시지가 출력된다. 예제에서 설정한 올바른 아이디는 admin이었으므로 이와 같은 오류가 발생한 것이며, 오류 메시지 역시 비동기적으로 상단에 출력된다.

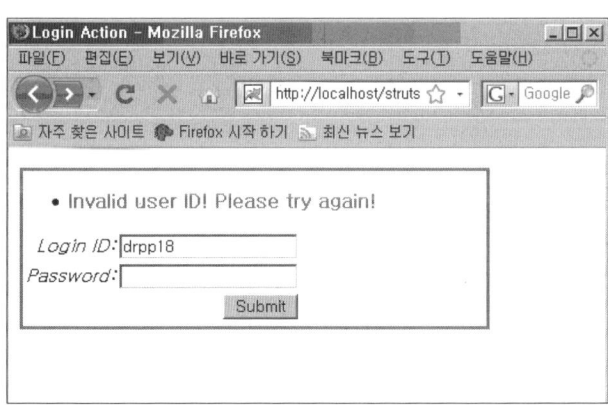

[그림 13-16] 아이디 입력 오류 예제 화면

이번에는 등록된 아이디인 admin을 입력하고 패스워드 값을 다른 값으로 입력하여 패스워드 오류를 발생시키도록 한다.

[그림 13-17] 비밀번호 입력 오류 예제 화면

아이디는 admin으로 바르게 입력이 되었다. 하지만 비밀번호를 넣지 않거나 잘못 입력시 오류가 발생한다. [그림 13-17]에서 보듯이 잘못된 사용자 패스워드라는 메시지가 출력된다. 이처럼 ajax 기능은 서버와의 통신을 통해 값의 유효성을 체크하는 경우 매우 유용하게 사용된다.

다음은 패스워드 입력 부분에 올바른 값인 1234를 입력하여 [Submit] 버튼을 클릭한다.

[그림 13-18] 로그인 성공 예제 화면

로그인이 성공했을 경우 [그림 13-18]과 같은 화면을 보게 될 것이다. 아이디와 비밀번호 값이 모두 맞게 출력되었다. 위의 로그인 예제는 인터넷 익스플로러에서 실행할 경우 에러 메시지가 나오게 된다. 그러므로 올바르게 실행하기 위해서는 파이어폭스(firefox) 등의 다른 브라우저를 통해 출력할 것을 권장한다.

우리는 이번 로그인 예제에서 기존의 로그인 검증을 사용하지 않고 비동기적으로 얼마든지 이러한 같은 기능을 구현할 수 있다는 사실을 알게 되었다. 비동기적 검증과 같은 기능은 로그인 외에도 회원 가입이나 기타 폼을 입력할 때 아주 유용하게 사용될 수 있다. 이번 예제에서는 간단히 다루었지만 다양한 옵션과 다른 태그들과의 조합으로 보다 다이나믹한 페이지의 구성이 가능하므로 잘 익혀두도록 하자.

또한, 차세대 웹 2.0의 핵심 기술이라고 할 수 있는 Ajax와 스트럿츠2의 결합에 관해 살펴봄으로써, 각각의 언어가 홀로 쓰일 때보다 이렇게 함께 조합해서 사용하면 코드도 훨씬 간결해지고 다양한 기능을 손쉽게 구현할 수 있음을 알았다. 위에서 다룬 예제들보다 더 많은 태그와 기능들이 라이브러리에 존재하므로 이를 한 번씩 보면서 사용법을 익히고 실제 실무에 사용해보는 것이 큰 도움이 될 것으로 생각된다.

특히 Ajax의 비동기성 페이지 갱신은 사용자의 기다림을 덜어주고 네트워크 자원의 낭비도 막을 수 있는 매우 멋진 기능이다. 또한 사용자의 편의에 맞춘 인터페이스의 제작이 가능하고 별도의 설치가 없이도 사용 가능하다는 점에서 Ajax의 활용 방안은 앞으로 매우 많아질 것이다.

웹 2.0은 이제 우리들 앞에 다가와 있다. 구식의 기술과 인터페이스들은 잊어버리고 새로운 변화의 물결에 적응을 시작할 때이다.

14 결제 모듈

Chapter

| Point

일반적으로 상업용 웹 사이트 구축에 있어 결제 모듈 사용은 필수적이지만 이를 쉽게 설명하는 책이 없어 어려움을 겪는다. 따라서 이번 장에서는 실질적인 결제 모듈의 예제를 살펴봄으로써 결제 프로세스를 이해하고 스트럿츠2를 이용한 결제 모듈을 보다 쉽게 구현할 수 있도록 한다.

01. 결제 모듈의 이해

(1) 결제 모듈의 필요성

컴퓨터와 인터넷의 급격한 발달로 인해 우리 생활의 상거래 시스템에도 많은 변화가 일어났다. 기존의 오프라인 중심의 상거래에서 이제 온라인 중심으로 그 수요가 점점 증가하고 있다. 밖에서만 살 수 있었던 각종 물건들뿐만 아니라 음악과 영화 등의 콘텐츠까지, 많은 분야에서 전자상거래 시스템이 활발히 사용되고 있다. 이러한 전자상거래의 발달로 인해 없어서는 안 될 요소로 부각되는 것이 결제 시스템이다. 결제 시스템은 물건을 사면 돈을 지불하는 방식을 온라인상에서도 그대로 구현하도록 하는 것으로, 이미 많은 결제사와 결제 모듈들이 존재하고 있다.

(2) 결제 모듈의 원리

일반적으로 결제는 전자 결제 사이트를 통해 이루어진다. 이들 결제 사이트는 다양한 결제 수단을 일일이 가맹하지 않고도 대신 결제 서비스를 할 수 있도록 도와 주기 때문에 결제 대행사 또는 PG(Payment Gateway)사라고도 불린다. PG사는 전자상거래를 통한 거래가 활성화 되면서 생겨난 업종으로, 전자상거래를 이용하는 소비자와 판매자의 사이에서 안전한 거래가 가능하도록 도와준다. 결제 모듈은 이러한 전자 결제 사이트에서 결제 업무가 쉽게 이루어지도록 제공하는 프로그램으로 그 원리는 다음 [그림 14-1]과 같다.

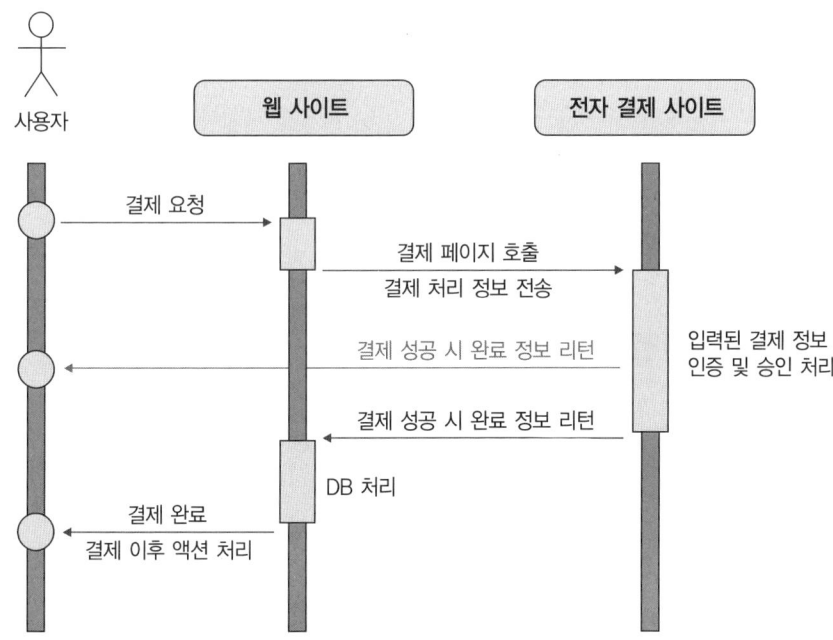

[그림 14-1] 전자 결제 모듈의 원리

사용자가 물건을 주문하거나 콘텐츠 또는 사이버머니 등을 사기 위해 해당 웹 사이트에 결제를 요청하면 웹 사이트에서는 사용자의 정보를 받아 전자 결제 사이트에 정보를 전송할 준비를 한다.

준비가 완료되면 전자 결제 사이트의 결제 페이지를 호출해서 사용자의 요청 정보를 넘기고 승인을 기다린다. 전자 결제 사이트에서는 이 정보를 받아 올바른 정보인지 인증을 하게 되고 이상이 있으면 실패를, 정상이면 성공 처리를 한다. 결제 성공시 결제의 승인 날짜와 결제 정보 등 필요한 정보들을 웹 사이트에 리턴하게 되고, 웹 사이트에서는 이를 받아 자신의 DB에 결제 정보를 기록한다. 모든 DB 처리가 완료되면 사용자에게 결제가 성공적으로 이루어졌다는 메시지를 보여주고 이후 사용자가 요청했던 액션을 처리한다.

(3) 결제 수단의 종류

결제 수단에는 다음과 같이 크게 7가지 정도로 나눌 수 있다.

① **신용카드** : 국내 또는 해외에서 발급된 모든 신용카드를 포함한다.

② 핸드폰 결제 : SMS를 통해 본인 확인을 거쳐 핸드폰으로 결제할 수 있다.

③ 계좌이체 : 해당 업체의 계좌로 바로 이체한다.

④ 가상계좌 : 고객 개개인에게 발급된 고유한 계좌번호를 통해 결제가 가능하다.

⑤ ARS 결제 : 집 전화를 통해 ARS 인증 과정을 거쳐 결제를 할 수 있다.

⑥ 상품권 결제 : 도서, 문화 상품권 등과 같은 상품권으로 결제한다.

⑦ 각종 포인트 결제 : 각종 신용카드의 포인트나 마일리지 등으로 결제한다.

위와 같이 다양한 결제 수단이 존재하고 결제 수단마다 구현 방법이 다른 경우도 있으므로 각각의 경우에 어떻게 구현하는지 잘 알아두어야 한다.

(4) 신청 절차와 설치 방법

① 결제 서비스 신청 절차

자신의 웹 사이트에서 이러한 결제 서비스를 이용하려면 먼저 사용하고자 하는 결제 사이트를 선택해야 한다. 각각의 결제 수단과 업체마다 수수료가 다르므로 잘 살펴보고 자신에게 맞는 서비스를 선택한다. 결제사가 선택되었으면 일반적으로 다음과 같은 절차를 거쳐 신청한다.

② 결제 모듈 설치 방식

결제 시스템의 구축시 결제 모듈을 설치해야 하는데 어떤 방식의 결제 모듈을 이용하느냐에 따라 설치 방법이 달라진다. 일반적으로 다음과 같은 두가지의 방식이 주로 사용된다.

① 링크 방식을 이용한 결제

결제 사이트에서 제공하는 결제 페이지를 호출하는 방식이다. 결제 화면을 별도로 디자인 하지 않고 결제 서비스를 이용할 수 있다. 결제 페이지로 요청 정보를 넘기고 결제 승인 후의 완료 정보만을 받기 때문에 많은 개발 시간이 필요하지 않다는 장점이 있다.

② 직접 구현 방식을 이용한 결제

결제 사이트에서 제공하는 결제 모듈을 다운받아 자신의 웹 사이트에 맞게 설치하고 개발 하는 방식이다. 대부분의 결제 관련 코드가 제공되고 이를 적용해야 하기 때문에 링크 방식에 비해 많은 개발 시간이 요구된다.

02. 실제 결제 모듈 설치 예제

여기에서는 앞에서 살펴보았던 결제 시스템을 직접 구축해 본다. 링크 방식을 이용한 결제 와 직접 구현 방식을 모두 작성해 봄으로써 결제 프로세스에 대한 이해를 높이도록 하자.

(1) 링크 방식을 이용한 결제

앞서 설명했던 것처럼 링크 방식을 이용한 결제는 결제 사이트에서 제공하는 결제 페이지 를 호출하는 방식이다. 결제 정보를 넘기고 받는 페이지 외에는 달리 구현해줄 부분이 없기 때문에 직접 구현 방식보다 코드가 훨씬 간결해진다. 다만 여러 가지 기능이나 디자인 등을 자신이 직접 원하는 대로 만들 수 없다는 단점도 함께 가지고 있다. 다음의 순서로 결제 코드 를 작성해 보자.

01 결제 정보를 입력하는 입력 폼과 결제 완료 화면, 그리고 결제 실패 화면을 정의한다.

> **소스 14-1 :** /src/struts.xml

```
〈?xml version="1.0" encoding="UTF-8" ?〉

〈!DOCTYPE struts PUBLIC
    "-//Apache Software Foundation//DTD Struts Configuration 2.0//EN"
    "http://struts.apache.org/dtds/struts-2.0.dtd"〉
```

```xml
<struts>
  <package name="account" extends="struts-default">
    <!-- 링크 방식 결제 액션. -->
    <action name="linkAccountForm">
      <result>/jsp/account/link/linkAccountForm.jsp</result>
    </action>

    <action name="linkAccountSuccess" class="account.linkAccountAction">
      <result>/jsp/account/link/linkAccountSuccess.jsp</result>
    </action>

    <action name="linkAccountFail">
      <result>/jsp/account/link/linkAccountFail.jsp</result>
    </action>
  </package>
</struts>
```

02 결제를 위한 입력 폼을 작성한다.

소스 14-2 : /jsp/account/link/linkAccountForm.jsp

```jsp
<%@ page contentType="text/html; charset=utf-8" %>
<%@ taglib prefix="s" uri="/struts-tags" %>

<?xml version="1.0" encoding="UTF-8" ?>
<!DOCTYPE html PUBLIC "-//W3C//DTD XHTML 1.0 Transitional//EN" "http://
www.w3.org/TR/xhtml1/DTD/xhtml1-transitional.dtd">
<html xmlns="http://www.w3.org/1999/xhtml">
<head>
  <title>링크 방식을 이용한 가상 결제 프로그램</title>
  <link rel="stylesheet" href="/board/common/css/css.css" type="text/css">

  <script language="javascript">
    function SubmitForm()
    {
        window.open(" ", "popup", 'toolbar=0,location=0,menubar=0,scrollbars=1,
status=1,resizable=0,width=450,height=550');
        document.order.submit();
```

```
        }
    </script>

</head>

<body>

<table width="500" border="0" cellspacing="0" cellpadding="5">
    <tr>
        <td align="center"><h2>링크 방식을 이용한 가상 결제 프로그램</h2></td>
    </tr>
</table>


<form name="order" action="https://pg.billgate.net/card/korea1/pgauth.jsp"
method="post" target="popup" onSubmit="return SubmitForm( );">

<table width="500" border="0" cellpadding="5" cellspacing="0">
    <tr>
        <td>리턴 URL</td>
        <td><input type="text" name="returnURL" size="50" value="http://localhost/
account/linkAccountSuccess.action"></td>
    </tr>
    <tr>
        <td>실패 URL</td>
        <td><input type="text" name="failURL" size="50" value="http://localhost/
account/linkAccountFail.action"></td>
    </tr>
    <tr>
        <td>가맹점 ID</td>
        <td><input type="text" name="ID" value="cyber_test"></td>
    </tr>
    <tr>
        <td>주문번호</td>
        <td><input type="text" name="ORDERNUMBER" value="20040315130101_
A01"></td>
    </tr>
    <tr>
        <td>결제수단</td>
```

```html
      <td> <input type="text" name="PAYMENT" value="card" > </td>
  </tr>
  <tr>
    <td> 가격 </td>
    <td> <input type="text" name="AMOUNT" size="6" value="1000" > </td>
  </tr>
  <tr>
    <td> 고객 이름 </td>
    <td> <input type="text" name="CUSTOMERNAME" value="테스터" > </td>
  </tr>
  <tr>
    <td> 상품명 </td>
    <td> <input type="text" name="ITEM" value="TEST ITEM" > </td>
  </tr>
  <tr>
    <td> 주소 </td>
    <td> <input type="text" name="SHIPPINGADDRESS" value="대한민국" > </td>
  </tr>
  <tr>
    <td> 우편번호 </td>
    <td> <input type="text" name="ZIPCODE" value="111-222" > </td>
  </tr>
  <tr>
    <td> 휴대폰 번호 </td>
    <td> <input type="text" name="MOBILEPHONE" value="011-123-4567" > </td>
  </tr>
  <tr>
    <td> 이메일 </td>
    <td> <input type="text" name="EMAIL" value="test@test.com" > </td>
  </tr>
  <tr>
    <td> 최대 할부 기간 </td>
    <td> <input type="text" name="INSTALLMENTPERIOD" size="2" maxlength="2" value="12" > </td>
  </tr>

  <tr>
    <td colspan="2" align="right" > <input type="submit" name="결제요청" class="inputb" > </td>
```

```
    〈/tr〉

  〈/table〉

  〈/form〉

  〈/body〉
〈/html〉
```

리턴 URL은 결제 성공시에 이동할 페이지의 주소를, 실패 URL은 결제 실패시의 페이지를 적는다. 가맹점 ID는 결제 시스템을 구축하려는 사이트의 고유 ID로 결제사에서 제공한다. 실제 거래가 이루어지면 이 ID 값으로 데이터가 누적되므로 결제 연동을 위한 테스트 작업시에는 테스트 ID를 요청해 사용한다. 주문번호는 각 결제에 대한 고유 번호로 중복되지 않아야 한다. 그리고 가격이나 이름, 상품명 등 결제에 필요한 정보들을 적어준 후 [결제 요청] 버튼을 누르면 결제사의 페이지를 호출하는 팝업창이 뜬다. 이 팝업창에서 실제 결제를 위한 카드 정보나 계좌 정보 등을 적어 결제사의 승인을 요청하게 된다.

03 팝업창에서 모든 결제가 일어난 후 승인까지 완료되면 입력 폼에서 적었던 리턴 URL을 실행하게 하여 결제 정보를 최종 확인한다.

소스 14-3 : /src/account/linkAccountAction.java

```java
package account;

import com.opensymphony.xwork2.ActionSupport;

public class linkAccountAction extends ActionSupport {
    private String ID;
    private String ORDERNUMBER;
    private String PAYMENT;
    private String AMOUNT;
    private String CUSTOMERNAME;
    private String ITEM;
    private String SHIPPINGADDRESS;
    private String ZIPCODE;
```

```java
private String MOBILEPHONE;
private String EMAIL;
private String INSTALLMENTPERIOD;


public String execute( ) throws Exception {

    //결제 성공 후, 결제사로부터 받은 결제 정보 확인
    System.out.println("ID: " + ID);
    System.out.println("ORDERNUMBER: " + ORDERNUMBER);
    System.out.println("PAYMENT: " + PAYMENT);
    System.out.println("AMOUNT: " + AMOUNT);
    System.out.println("CUSTOMERNAME: " + CUSTOMERNAME);
    System.out.println("ITEM: " + ITEM);
    System.out.println("SHIPPINGADDRESS: " + SHIPPINGADDRESS);
    System.out.println("ZIPCODE: " + ZIPCODE);
    System.out.println("MOBILEPHONE: " + MOBILEPHONE);
    System.out.println("EMAIL: " + EMAIL);
    System.out.println("INSTALLMENTPERIOD: " + INSTALLMENTPERIOD);

    /*
     * 결제사로부터 받은 결제 정보를 DB에 저장하는 코드를 이곳에 기술한다.
     *
     */


    /*
     * 결제 완료 이후의 액션을 이곳에 기술한다.
     *
     */


    return SUCCESS;
}

public String getID( ) {
    return ID;
}

public void setID(String id) {
    ID = id;
}
```

```java
public String getORDERNUMBER( ) {
    return ORDERNUMBER;
}

public void setORDERNUMBER(String ordernumber) {
    ORDERNUMBER = ordernumber;
}

public String getAMOUNT( ) {
    return AMOUNT;
}

public void setAMOUNT(String amount) {
    AMOUNT = amount;
}

public String getCUSTOMERNAME( ) {
    return CUSTOMERNAME;
}

public void setCUSTOMERNAME(String customername) {
    CUSTOMERNAME = customername;
}

public String getITEM( ) {
    return ITEM;
}

public void setITEM(String item) {
    ITEM = item;
}

public String getSHIPPINGADDRESS( ) {
    return SHIPPINGADDRESS;
}

public void setSHIPPINGADDRESS(String shippingaddress) {
    SHIPPINGADDRESS = shippingaddress;
}

public String getZIPCODE( ) {
```

```
        return ZIPCODE;
    }

    public void setZIPCODE(String zipcode) {
        ZIPCODE = zipcode;
    }

    public String getMOBILEPHONE( ) {
        return MOBILEPHONE;
    }

    public void setMOBILEPHONE(String mobilephone) {
        MOBILEPHONE = mobilephone;
    }

    public String getEMAIL( ) {
        return EMAIL;
    }

    public void setEMAIL(String email) {
        EMAIL = email;
    }

    public String getINSTALLMENTPERIOD( ) {
        return INSTALLMENTPERIOD;
    }

    public void setINSTALLMENTPERIOD(String installmentperiod) {
        INSTALLMENTPERIOD = installmentperiod;
    }

    public String getPAYMENT( ) {
        return PAYMENT;
    }

    public void setPAYMENT(String payment) {
        PAYMENT = payment;
    }

}
```

입력 폼에 작성한 리턴 URL을 실행한다. 리턴 URL은 이 클래스를 실행하게 되는데 여기에서 결제가 완료된 후의 액션과 DB에 기록하는 등의 코드를 작성한다. 예를 들어, 물건을 구매하고 결제까지 완료되었다면 이 클래스에서 결제한 고객의 정보를 DB에 저장하고, 물건의 구매 상태를 결제 완료 등으로 변경 후, 배송을 요청하는 코드가 들어갈 것이다.

04 결제 완료 페이지를 작성한다. 입력 폼에서 입력했던 결제 정보들을 확인할 수 있다. 실제 사이트에서는 결제 성공 메시지를 출력한 후, 다른 페이지로 이동하는 등의 액션을 취하면 된다.

소스 14-4 : /jsp/account/link/linkAccountSuccess.jsp

```
<%@ page contentType="text/html; charset=utf-8" %>
<%@ taglib prefix="s" uri="/struts-tags" %>

<?xml version="1.0" encoding="UTF-8" ?>
<!DOCTYPE html PUBLIC "-//W3C//DTD XHTML 1.0 Transitional//EN"
"http://www.w3.org/TR/xhtml1/DTD/xhtml1-transitional.dtd">
<html xmlns="http://www.w3.org/1999/xhtml">
<head>
  <title>링크 방식을 이용한 가상 결제 프로그램</title>
  <link rel="stylesheet" href="/board/common/css/css.css" type="text/css">
</head>

<body>

<table width="500" border="0" cellspacing="0" cellpadding="5">
  <tr>
    <td><h2>결제 완료</h2></td>
  </tr>
</table>

<table width="500" border="0" cellpadding="5" cellspacing="0">
  <tr>
    <td colspan="2"><font color="blue">결제가 성공적으로 완료되었습니다.</font></td>
  </tr>
  <tr>
```

```html
        <td colspan="2"> </td>
    </tr>
    <tr>
        <td width="100">가맹점 ID</td>
        <td><s:property value="ID" /></td>
    </tr>
    <tr>
        <td>주문번호</td>
        <td><s:property value="ORDERNUMBER" /></td>
    </tr>
    <tr>
        <td>결제수단</td>
        <td><s:property value="PAYMENT" /></td>
    </tr>
    <tr>
        <td>가격</td>
        <td><s:property value="AMOUNT" /></td>
    </tr>
    <tr>
        <td>고객 이름</td>
        <td><s:property value="CUSTOMERNAME" /></td>
    </tr>
    <tr>
        <td>상품명</td>
        <td><s:property value="ITEM" /></td>
    </tr>
    <tr>
        <td>주소</td>
        <td><s:property value="SHIPPINGADDRESS" /></td>
    </tr>
    <tr>
        <td>우편번호</td>
        <td><s:property value="ZIPCODE" /></td>
    </tr>
    <tr>
        <td>휴대폰 번호</td>
        <td><s:property value="MOBILEPHONE" /></td>
    </tr>
    <tr>
```

```
        〈td〉이메일〈/td〉
        〈td〉〈s:property value="EMAIL" /〉〈/td〉
    〈/tr〉
    〈tr〉
        〈td〉최대 할부 기간〈/td〉
        〈td〉〈s:property value="INSTALLMENTPERIOD" /〉〈/td〉
    〈/tr〉

〈/table〉


〈/body〉
〈/html〉
```

05 결제가 실패할 경우 출력할 페이지를 작성한다. 간단한 출력 메시지를 보여준 후, 다른 페이지로 이동하는 등의 액션을 취한다.

> **소스 14-5 :** /jsp/account/link/linkAccountFail.jsp

```
〈%@ page contentType="text/html; charset=utf-8" %〉
〈%@ taglib prefix="s" uri="/struts-tags" %〉

〈?xml version="1.0" encoding="UTF-8" ?〉
〈!DOCTYPE html PUBLIC "-//W3C//DTD XHTML 1.0 Transitional//EN"
"http://www.w3.org/TR/xhtml1/DTD/xhtml1-transitional.dtd" 〉
〈html xmlns="http://www.w3.org/1999/xhtml" 〉
〈head〉
    〈title〉링크 방식을 이용한 가상 결제 프로그램〈/title〉
    〈link rel="stylesheet" href="/board/common/css/css.css" type="text/css" 〉
〈/head〉

〈body〉

〈table width="500" border="0" cellspacing="0" cellpadding="5" 〉
    〈tr〉
        〈td 〉〈h2〉결제 실패〈/h2〉〈/td〉
    〈/tr〉
〈/table〉
```

```
〈table width="500" border="0" cellpadding="5" cellspacing="0" 〉
  〈tr〉
     〈td〉〈font color="red" 〉결제가 실패하였습니다. 〈/font〉 〈/td〉
  〈/tr〉
  〈tr〉
     〈td〉〈a href="http://localhost/account/linkAccountForm.action" 〉결제폼으로 이
동〈/a〉 〈/td〉
  〈/tr〉
〈/table〉


〈/body〉
〈/html〉
```

06 코드 작성을 모두 마치고 이제 제대로 동작하는지 테스트를 해보도록 한다. 먼저, 다음
의 주소를 입력해서 결제 입력 폼을 띄워보자.

http://localhost/account/linkAccountForm.action

결제 정보 입력을 위한 입력 폼이 표시된다. 모든 입력 값들은 디폴트로 입력해 놓았으
므로 변경하고자 하는 값들을 변경한 후 [결제 요청] 버튼을 클릭한다.

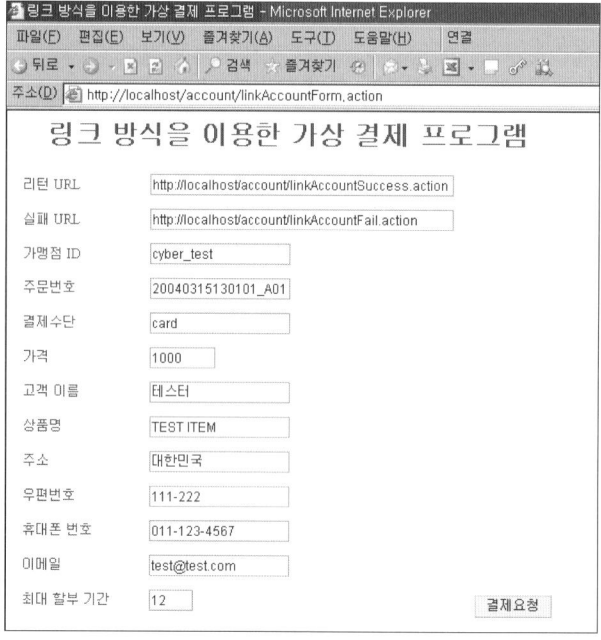

[그림 14-2] 링크 방식을 이용한 결제 입력 폼

이번 테스트는 카드 결제로 진행하도록 한다. 결제사에서 제공하는 화면으로 결제 정보와 카드사를 선택하는 창이 출력된다. 테스트를 수행할 카드를 선택 후 결제 요청을 클릭한다.

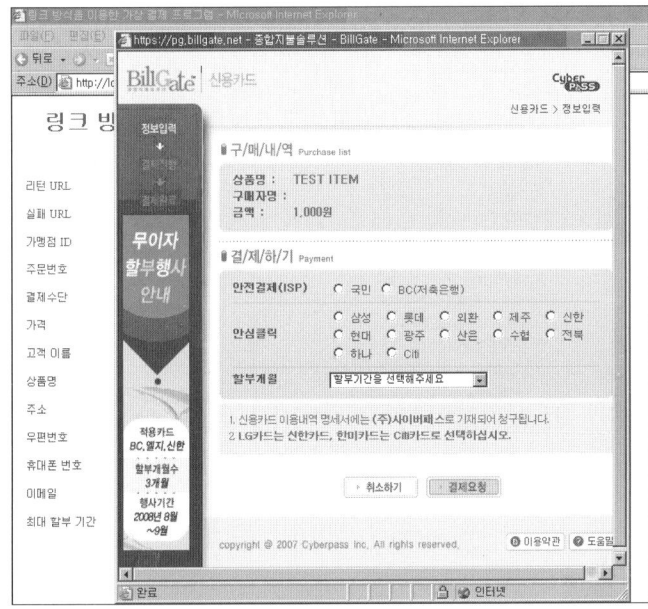

[그림 14-3] 결제할 카드 선택 화면

결제할 해당 카드사의 페이지를 호출한다. 실제 결제가 일어나는 곳이므로 오류없이 모든 정보를 입력한다.

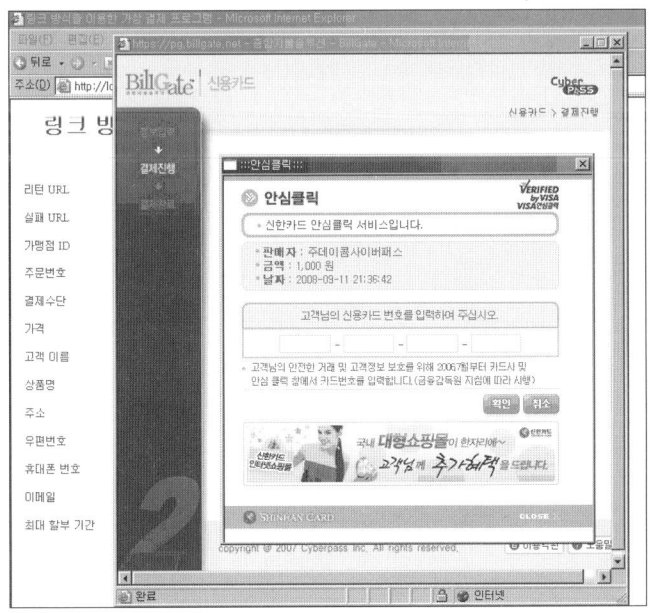

[그림 14-4] 카드 정보 입력 화면

다음 화면은 결제가 성공했을 경우 출력될 메시지와 리턴 URL로의 이동 화면이다. 이 화면이 출력된다면 모든 결제 프로세스가 오류 없이 진행되었다는 것을 의미한다.

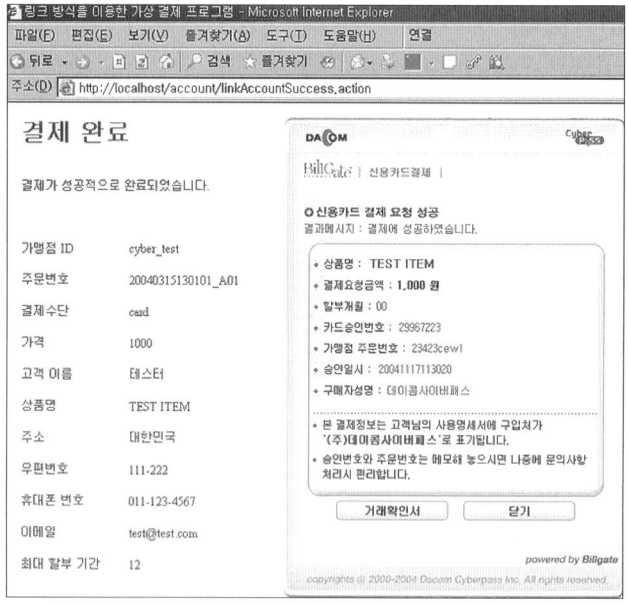

[그림 14-5] 결제 성공 화면

다음은 결제가 실패했을시의 화면이다. 결제 정보에 오류가 있거나 네트워크 장애 등이 있을 수 있으므로 해당 결제사에 문의해서 각 오류 메시지에 맞는 해결 방법을 알아본다.

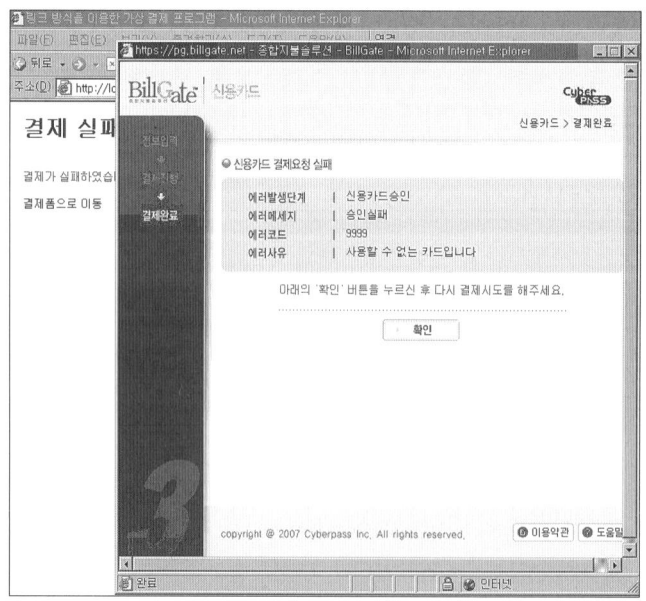

[그림 14-6] 결제 실패 화면

(2) 직접 구현 방식을 이용한 결제

이번에는 대부분의 결제 코드를 직접 구현하는 코드이다. 결제사에 정보를 보낼 때 소켓 통신을 이용하고 이를 암호화해서 보내는 만큼 링크 방식보다 코드도 길고 다루어야 할 부분도 많다. 이번 예제에서는 신용카드 결제에 대해서만 구현한다.

01 Bean 클래스를 작성하여 결제에 필요한 각종 정보와 메소드들을 정의한다.

소스 14-6 : /src/account/implAccountBean.java

```java
package account;

import java.io.*;
import java.net.*;
import javax.servlet.jsp.JspWriter;

public class implAccountBean {
    private Socket socket;
    private DataInputStream in;
    private DataOutputStream out;

    private String IPAddr;
    private int Port;

    private String ErrMsg;
    private int ErrCd;
    private String SplitData[ ] = new String[14]; // 수신 데이터 버퍼
    private String ISP_AuthSplitData[] = new String[9];

    /**********************************************************
    * 생성자( 접속주소, 포트 )
    **********************************************************/
    public implAccountBean(String IPAddr, int Port) {
        this.IPAddr = IPAddr;
        this.Port = Port;
    }

    /**********************************************************
    * 문자열에 한글이 있는지 체크
    **********************************************************/
```

```java
public boolean checkHangul(String OrgData) {
    char oneChar;

    for (int i = 0; i < OrgData.length( ); i++) {
        oneChar = OrgData.charAt(i);

        if (oneChar >= '\uAC00' && oneChar <= '\uD7A3' ) {
            return true;
        }
    }

    return false;
}


/******************************************************************
 * 문자열이 숫자인지 체크
 ******************************************************************/
public boolean checkNumber(String OrgData) {
    long iNum;

    try {
        iNum = Long.parseLong(OrgData);
    } catch (NumberFormatException nfe) {
        return false;
    }

    return true;
}


/******************************************************************
 * 공백, null 값 체크
 ******************************************************************/
public boolean checkNull(String OrgData) {
    if (OrgData == null || OrgData.equals("null") || OrgData.equals("NULL")
        || OrgData.equals("")) {
        return true;
    }

    return false;
```

```java
}

public String null2Space(String OrgData) {

    if (checkNull(OrgData))
        return " ";

    return OrgData.trim( );

}

/*********************************************************************
 * 경고창을 띄우고 옵션에 따라 페이지 이동
 ********************************************************************/
public void alertMsg(JspWriter out, String ErrMsg, String Go) {
    try {
        out.println("〈script language= 'javascript' 〉");
        out.println("alert( '" + ErrMsg + "' );");

        if (Go != null) {
            out.println("history.go( " + Go + " );");
        }

        out.println("〈/script〉");
    } catch (IOException ie) {
        System.out.println(ie.toString( ));
    }

}

public void alertGoBack(JspWriter out, String ErrMsg) {
    alertMsg(out, ErrMsg, "-1");
}

/*********************************************************************
 * 카드 데이터 Encrypt 메소드
 ********************************************************************/
private String encryptAccount(String OrgData) throws NumberFormatException {
    int iDataLen, iOneEnc;
```

```java
    String ReverseData = " ", EncData = " ";

    if (OrgData == null || OrgData.equals(" "))
        return " ";

    // ReverseData = new String( );
    iDataLen = OrgData.length( );

    for (int i = 0; i < iDataLen; i++) {
        ReverseData += OrgData
                .substring((iDataLen - 1) - i, (iDataLen) - i);
    }

    try {
        iDataLen = ReverseData.length( );

        for (int i = 0; i < iDataLen; i++) {
            iOneEnc = (Integer.parseInt(ReverseData.substring(i, i + 1)) + i * 77) % 10;
            EncData += Integer.toString(iOneEnc);
        }
    } catch (NumberFormatException nfe) {
        throw new NumberFormatException("데이터(" + OrgData + ") Encrypt 실
패");
    }

    return EncData;
}

/******************************************************************
* 수신 전문을 Delimeter로 분할한다.
******************************************************************/
private String[ ] splitRecvMsg(String RecvMsg, int RegexNum, String Regex) {
    String SplitData[ ];
    int iRegexNum = 0;
    int iRegexPosOld = 0;
    int iRegexPosNew = 0;

    SplitData = new String[RegexNum];
```

```
        while ((iRegexPosNew = RecvMsg.indexOf(Regex, iRegexPosOld)) != -1) {
            SplitData[iRegexNum] = RecvMsg
                .substring(iRegexPosOld, iRegexPosNew);

            if (checkNull(SplitData[iRegexNum])) {
                SplitData[iRegexNum] = "";
            }
            if (checkNumber(SplitData[iRegexNum])) {
                if (Long.parseLong(SplitData[iRegexNum]) == 0) {
                    SplitData[iRegexNum] = "";
                }
            }

            iRegexPosOld = iRegexPosNew + 1;
            iRegexNum++;
        }

        if (iRegexNum != RegexNum)
            return null;

        return SplitData;
    }


/*************************************************************************
 * 승인요청 전문을 생성하고 암호화 데몬 프로세스로
   데이터를 전송하고 응답을 수신한다.
 *************************************************************************/
public boolean ApproveRequest(String EncType, String AuthTy,
        String StoreId, String UserId, String Amt, String OrdNo,
        String DeviId, String CardNo, String ExpiDt, String Instmt,
        String AuthYn, String Passwd, String SocId, String RcpNm,
        String RcpPhone, String DlvAddr, String OrdNm, String OrdPhone,
        String Remark, String ProdNm, String Cavv, String Xid, String Eci) {
    String DataMsg = "";
    String SendMsg = "";
    String RecvMsg = "";

    try {
        // 승인 요청 전문 생성
```

```
            DataMsg = EncType + AuthTy + "|" + StoreId + "|" + UserId + "|"
                + Amt + "|" + OrdNo + "|" + DeviId + "|"
                + encryptAccount(CardNo) + "|" + encryptAccount(ExpiDt) + "|"
                + Instmt + "|" + AuthYn + "|" + encryptAccount(Passwd) + "|"
                + encryptAccount(SocId) + "|" + RcpNm + "|" + RcpPhone + "|"
                + DlvAddr + "|" + OrdNm + "|" + OrdPhone + "|" + Remark
                + "|" + ProdNm + "|" + Cavv + "|" + Xid + "|" + Eci + "|";

        SendMsg = formatMsg(Integer.toString(DataMsg.getBytes( ).length), 6, '9' )+
DataMsg;

        // 데이터 전송|수신
        RecvMsg = ProcessRequest(IPAddr, Port, SendMsg);

        // 데이터 파싱
        SplitData = splitRecvMsg(RecvMsg, 14, "|" );

    } catch (IOException ie) {
        ErrMsg = "통신에러로 인한 승인요청 실패";
        ErrCd = -1;

        System.out.println(ie.toString( ));
        System.out.println("승인요청 실패");

        return false;
    } catch (NumberFormatException nfe) {
        ErrMsg = "데이터에러로 인한 승인요청 실패";
        ErrCd = -2;

        System.out.println(nfe.toString( ));
        System.out.println("승인요청 실패");

        return false;
    } catch (Exception e) {
        ErrMsg = "에러로 인한 승인요청 실패";
        ErrCd = -99;

        System.out.println(e.toString( ));
        System.out.println("승인요청 실패");
```

```
        return false;
    }

    return true;
}


/*********************************************************************
 * ISP 승인요청 전문을 생성하고 암호화 데몬 프로세스로
   데이터를 전송하고 응답을 수신한다.
 *********************************************************************/
public boolean ISP_ApproveRequest(String EncType, String AuthTy,
        String StoreId, String UserId, String Amt, String OrdNo,
        String DeviId, String RcpNm, String RcpPhone, String DlvAddr,
        String OrdNm, String OrdPhone, String Remark, String ProdNm,
        String KVP_CURRENCY, String partial_mm, String noIntMonth,
        String KVP_CARDCODE, String KVP_SESSIONKEY, String KVP_ENCDATA,
        String KVP_CONAME, String UserIp, String UserEmail) {
    String DataMsg = " ";
    String SendMsg = " ";
    String RecvMsg = " ";

    try {
        // 승인 요청 전문 생성
        DataMsg = EncType + AuthTy + "|" + StoreId + "|" + UserId + "|"
                + Amt + "|" + OrdNo + "|" + DeviId + "|" + RcpNm + "|"
                + RcpPhone + "|" + DlvAddr + "|" + OrdNm + "|" + OrdPhone
                + "|" + Remark + "|" + ProdNm + "|" + KVP_CURRENCY + "|"
                + partial_mm + "|" + noIntMonth + "|" + KVP_CARDCODE + "|"
                + KVP_SESSIONKEY + "|" + KVP_ENCDATA + "|" + KVP_CONAME
                + "|" + UserIp + "|" + UserEmail + "|";

        SendMsg = formatMsg(Integer.toString(DataMsg.getBytes( ).length), 6, '9' )
                + DataMsg;

        // 데이터 전송|수신
        RecvMsg = ProcessRequest(IPAddr, Port, SendMsg);

        // 데이터 파싱
        ISP_AuthSplitData = splitRecvMsg(RecvMsg, 9, "|");
```

```
            } catch (IOException ie) {
                ErrMsg = "통신에러로 인한 승인요청 실패";
                ErrCd = -1;

                System.out.println(ie.toString( ));
                System.out.println("승인요청 실패");

                return false;
            } catch (NumberFormatException nfe) {
                ErrMsg = "데이터에러로 인한 승인요청 실패";
                ErrCd = -2;

                System.out.println(nfe.toString( ));
                System.out.println("승인요청 실패");

                return false;
            } catch (Exception e) {
                ErrMsg = "에러로 인한 승인요청 실패";
                ErrCd = -99;

                System.out.println(e.toString( ));
                System.out.println("승인요청 실패");

                return false;

            }

        return true;
    }


    /*************************************************************************
     * 암호화 데몬으로 승인 요청/취소 전문을 전송하고
       결과를 수신해서 수신전문을 리턴한다
       ***********************************************************************/
    private String ProcessRequest(String addr, int port, String SendMsg)
            throws IOException, NumberFormatException {
        int iRecvLen = 0;
        String RecvLen = " ", RecvMsg = " ";
```

```java
        // 암호화 데몬에 접속 데이터 전송/수신
        this.connectSocket(addr, port);

        System.out.println("접속 주소 : " + addr + " 포트 : " + port);

        // Server에 승인/취소요청 데이터를 보낸다.
        this.writeMsg(SendMsg.getBytes( ));

        try {
            RecvLen = new String(readMsg(6));

            iRecvLen = Integer.parseInt(RecvLen);

            RecvMsg = new String(readMsg(iRecvLen));

            // 수신 데이터 체크
            System.out.println("수신데이터 길이 : " + RecvLen);
            System.out.println("수신데이터 : " + RecvMsg);

        } catch (NumberFormatException nfe) {
            throw new NumberFormatException("수신 전문길이 변환 에러!!");
        } finally {
            closeSocket( );
        }

        closeSocket( );

        return RecvMsg;
    }

/***************************************************************************
 * 소켓 접속
 **************************************************************************/
    private void connectSocket(String addr, int port) throws IOException {
        try {

            socket = new Socket(addr, port);

            in = new DataInputStream(socket.getInputStream( ));
```

```
        out = new DataOutputStream(socket.getOutputStream( ));

    } catch (IOException e) {
        throw new IOException("Cannot connect the server : " + addr + ":" + port + "!!" );
    }
}


/*********************************************************************
 * 데이터 전송
 *********************************************************************/
private void writeMsg(byte[ ] msg) throws IOException {
    try {
        out.write(msg);
        out.flush( );
    } catch (IOException e) {
        throw new IOException("Cannot write to socket!!" );
    }
}


/*********************************************************************
 * 데이터 수신
 *********************************************************************/
private byte[ ] readMsg(int size) throws IOException {
    try {
        byte[ ] msg = new byte[size];
        in.read(msg);
        return msg;
    } catch (IOException e) {
        throw new IOException("Cannot read from socket!!" );
    }
}


/*********************************************************************
 * 소켓 Close
 *********************************************************************/
private void closeSocket( ) throws IOException {
    try {
        socket.close( );
```

```java
        } catch (IOException e) {
            throw new IOException("Cannot close socket!!");
        }
    }


/*******************************************************************
 * 문자열을 지정된 길이로 지정된 문자로 채워서 포맷을 한다.
 *******************************************************************/
private String formatMsg(String str, int len, char ctype) {
    String formattedstr = new String();
    byte[] buff;
    int filllen = 0;

    buff = str.getBytes();

    filllen = len - buff.length;
    formattedstr = "";
    if (ctype == '9') {
        // 숫자열인 경우
        for (int i = 0; i < filllen; i++) {
            formattedstr += "0";
        }

        formattedstr = formattedstr + str;
    } else {
        // 문자열인 경우
        for (int i = 0; i < filllen; i++) {
            formattedstr += " ";
        }

        formattedstr = str + formattedstr;
    }

    return formattedstr;
}


/*******************************************************************
 * 지정된 포맷 순서대로 포맷된 데이터를 리턴
 *******************************************************************/
```

```
    public String[ ] getRecvData( ) {
        return SplitData;
    }

    public String[ ] getISP_AuthRecvData( ) {
        return ISP_AuthSplitData;
    }

    public String getErrMsg( ) {
        return ErrMsg;
    }

    public int getErrCd( ) {
        return ErrCd;
    }
}
```

Bean 클래스의 생성자에서 접속 주소와 포트를 입력받아 설정하고 문자열의 유효성을 체크한다. 또한 alertMsg( )는 결제 실패시 오류 메시지를 자바스크립트로 출력하고 이전 주소로 되돌아 가는 메소드이다.

다음으로 카드 데이터의 Encrypt 메소드인 encryptAccount는 넘겨받은 결제 데이터를 암호화하고 다시 이를 넘겨주는 역할을 한다. ApproveRequest( )는 각종 결제 정보를 파라미터로 받아서 '|'를 구분자로 하나의 메시지를 생성한다. 생성이 완료되면 ProcessRequest( ) 로 서버에 전송하고 결과 값을 다시 리턴받는다.

ProcessRequest( ) 메소드는 암호화 데몬에 소켓으로 접속해 데이터 전송 및 수신을 하고, 수신된 데이터를 체크해 메소드를 호출했던 곳으로 값을 되돌린다. connectSocket( )은 소켓 접속을 위한 정의를, closeSocket( )은 소켓을 닫는다.

02 페이지가 로딩되면 가장 먼저 StartSmartUpdate( ) 스크립트를 실행하여 결제를 위한 플러그인을 설치한다.

```html
<?xml version="1.0" encoding="UTF-8" ?>
<!DOCTYPE html PUBLIC "-//W3C//DTD XHTML 1.0 Transitional//EN"
"http://www.w3.org/TR/xhtml1/DTD/xhtml1-transitional.dtd">
<html xmlns="http://www.w3.org/1999/xhtml">
<head>
<title>직접 구현 방식을 이용한 가상 결제 프로그램</title>
<link rel="stylesheet" href="/account/common/css/css.css" type="text/css">
<script language=javascript src="/account/common/js/implAccount.js"></script>
<script language=javascript>
<!--
// 플러그인 설치를 확인합니다.
StartSmartUpdate( );

function Pay(form){

    if(form.Flag.value == "enable"){

        // 입력된 데이타의 유효성을 검사합니다.
        if(Check_Common(form) == true){

            // 플러그인 설치가 올바르게 되었는지 확인합니다.
            if(document.AGSPay == null || document.AGSPay.object == null){
                alert("플러그인 설치 후 다시 시도 하십시오.");
            }else{

                if(MakePayMessage(form) == true){
                    Disable_Flag(form);

                    //"지불처리중" 이라는 팝업 창연결 부분
                    var openwin = window.open("AGS_progress.html","popup",
"width=300,height=160");

                    form.submit( );
                }else{
                    alert("지불에 실패하였습니다.");  // 취소시 이동페이지 설정부분
                }
            }
        }
    }
```

```
    }
}

function Enable_Flag(form){
    form.Flag.value = "enable"
}

function Disable_Flag(form){
    form.Flag.value = "disable"
}

function Check_Common(form){
    if(form.StoreId.value == " "){
        alert("상점아이디를 입력하십시오.");
        return false;
    }
    else if(form.StoreNm.value == " "){
        alert("상점명을 입력하십시오.");
        return false;
    }
    else if(form.OrdNo.value == " "){
        alert("주문번호를 입력하십시오.");
        return false;
    }
    else if(form.ProdNm.value == " "){
        alert("상품명을 입력하십시오.");
        return false;
    }
    else if(form.Amt.value == " "){
        alert("금액을 입력하십시오.");
        return false;
    }
    else if(form.MallUrl.value == " "){
        alert("상점URL을 입력하십시오.");
        return false;
    }
    return true;
}
```

```html
</script>
</head>
<body topmargin=0 leftmargin=0 rightmargin=0 bottommargin=0 onload="
javascript:Enable_Flag(frmAGS_pay);" >
<form name=frmAGS_pay method=post action=AGS_pay_ing.jsp>
<table border=0 width=100% height=100% cellpadding=0 cellspacing=0>
  <tr>
    <td align=center>
    <table width=650 border=0 cellpadding=0 cellspacing=0>
      <tr> <td> </td> </tr>
      <tr> <td> <hr> </td> </tr>
      <tr> <td > <b>신용카드 결제 테스트 페이지</b> </td> </tr>
      <tr> <td> </td> </tr>
      <tr> <td> </td> </tr>
      <tr> <td > ☞ 표시는 필수 입력사항입니다. </td> </tr>
      <tr> <td> <hr> </td> </tr>
      <tr>
        <td>
        <table width=650 border=0 cellpadding=3 cellspacing=0>
          <tr>
            <td colspan=3> <font color=#006C6C> + 공통 사용 변수</font> </td>
          </tr>
          <tr>
            <td width=170 > ☞ 결제방법</td>
            <td width=300>
            <select name=Job style=width:150px onchange= "javascript:Display
(frmAGS_pay);" >
                <option value= "onlycard" selected>신용카드
            </select>
            </td>
            <td width=180> </td>
          </tr>
          <tr>
            <td > ☞ 상점아이디 (20)</td>
            <td colspan=2> <input type=text style=width:100px name=StoreId
maxlength=20 value= "aegis" > </td>
          </tr>
          <tr>
            <td > ☞ 주문번호 (40)</td>
```

〈td colspan=2〉〈input type=text style=width:100px name=OrdNo maxlength=40 value="1000000001"〉〈/td〉
　　〈/tr〉
　　〈tr〉
　　　〈td 〉☞ 금액 (12)〈/td〉
　　　〈td〉〈input type=text style=width:100px name=Amt maxlength=12 value="1000"〉원 예) 금액 콤마(,)입력불가〈/td〉
　　〈/tr〉
　　〈tr〉
　　　〈td 〉☞ 상점명 (50)〈/td〉
　　　〈td colspan=2〉〈input type=text style=width:300px name=StoreNm value="Store"〉〈/td〉
　　〈/tr〉
　　〈tr〉
　　　〈td 〉☞ 상품명 (300)〈/td〉
　　　〈td colspan=2〉〈input type=text style=width:300px name=ProdNm maxlength=300 value="Computer"〉〈/td〉
　　〈/tr〉
　　〈tr〉
　　　〈td 〉☞ 상점URL (50)〈/td〉
　　　〈td〉〈input type=text style=width:300px name=MallUrl value="http://www.drpp18.com"〉〈/td〉
　　〈/tr〉
　　〈tr〉
　　　〈td 〉주문자이메일 (50)〈/td〉
　　　〈td colspan=2〉〈input type=text style=width:300px name=UserEmail maxlength=50 value="test@test.com"〉〈/td〉
　　〈/tr〉
　　〈tr〉
　　　〈td width=156 〉회원아이디 (20)〈/td〉
　　　〈td colspan=2〉〈input type=text style=width:100px name=UserId maxlength=20 value="test"〉〈/td〉
　　〈/tr〉
　　〈/table〉

　　〈table width=650 border=0 cellpadding=0 cellspacing=0〉
　　　〈tr〉〈td〉 〈/td〉〈/tr〉
　　　〈tr〉
　　　　〈td colspan=3〉〈font color=#006C6C〉+ 카드 결제 사용 변수〈/font〉〈/td〉

```
          〈/tr〉
          〈tr〉
              〈td width=160 〉주문자명 (40)〈/td〉
              〈td width=300〉〈input type=text style=width:100px name=OrdNm
maxlength=40 value="drpp18"〉〈/td〉
              〈td width=190〉〈/td〉
          〈/tr〉
          〈tr〉
              〈td 〉주문자연락처 (21)〈/td〉
              〈td colspan=2〉〈input type=text style=width:100px name=OrdPhone
maxlength=21 value="02-111-1111"〉〈/td〉
          〈/tr〉
          〈tr〉
              〈td 〉주문자주소 (100)〈/td〉
              〈td colspan=2〉〈input type=text style=width:300px name=OrdAddr
maxlength=100 value="서울시 노원구"〉〈/td〉
          〈/tr〉
          〈tr〉
              〈td 〉수신자명 (40)〈/td〉
              〈td colspan=2〉〈input type=text style=width:100px name=RcpNm
maxlength=40 value="홍길동"〉〈/td〉
          〈/tr〉
          〈tr〉
              〈td 〉수신자연락처 (21)〈/td〉
              〈td colspan=2〉〈input type=text style=width:100px name=RcpPhone
maxlength=21 value="02-111-1111"〉〈/td〉
          〈/tr〉
          〈tr〉
              〈td 〉배송지주소 (100)〈/td〉
              〈td colspan=2〉〈input type=text style=width:300px name=DlvAddr
maxlength=100 value="서울시 강남구"〉〈/td〉
          〈/tr〉
          〈tr〉
              〈td 〉기타요구사항 (350)〈/td〉
              〈td colspan=2〉〈input type=text style=width:300px name=Remark
maxlength=350 value="부재중일시에는 경비실에 맡겨주세요"〉〈/td〉
          〈/tr〉
      〈/table〉
```

```
        〈/td〉
      〈/tr〉
      〈tr〉〈td〉〈hr〉〈/td〉〈/tr〉
      〈tr〉
        〈td align=center〉
        〈input type="button" value="지불요청" onclick="javascript:Pay(frmAGS_pay);"〉
        〈/td〉
      〈/tr〉
      〈tr〉〈td〉 〈/td〉〈/tr〉
    〈/table〉
    〈/td〉
  〈/tr〉
〈/table〉


〈!-- 결제 공통 사용 변수 --〉
〈input type=hidden name=Flag value=""〉     〈!-- 스크립트결제사용구분플래그 --〉
〈input type=hidden name=AuthTy value=""〉        〈!-- 결제형태 --〉
〈input type=hidden name=SubTy value=""〉         〈!-- 서브결제형태 --〉


〈!-- 신용카드 결제 사용 변수 --〉
〈input type=hidden name=DeviId value="9000400001"〉〈!-- (신용카드공통) 단말기
아이디 --〉
〈input type=hidden name=QuotaInf value="0"〉        〈!-- (신용카드공통) 일반할부
개월설정변수 --〉
〈input type=hidden name=NointInf value="NONE"〉   〈!-- (신용카드공통) 무이자할
부개월설정변수 --〉
〈input type=hidden name=AuthYn value=""〉          〈!-- (신용카드공통) 인증여부 --〉
〈input type=hidden name=Instmt value=""〉          〈!-- (신용카드공통) 할부개월
수 --〉
〈input type=hidden name=partial_mm value=""〉        〈!-- (ISP사용) 일반할부기간 --〉
〈input type=hidden name=noIntMonth value=""〉        〈!-- (ISP사용) 무이자할부기간 --〉
〈input type=hidden name=KVP_RESERVED1 value=""〉〈!-- (ISP사용)
RESERVED1 --〉
〈input type=hidden name=KVP_RESERVED2 value=""〉〈!-- (ISP사용)
RESERVED2 --〉
〈input type=hidden name=KVP_RESERVED3 value=""〉〈!-- (ISP사용)
RESERVED3 --〉
〈input type=hidden name=KVP_CURRENCY value=""〉〈!-- (ISP사용) 통화코드 --〉
〈input type=hidden name=KVP_CARDCODE value=""〉〈!-- (ISP사용) 카드사코드 --〉
```

```
〈input type=hidden name=KVP_SESSIONKEY value="〉  〈!-- (ISP사용) 암호화코드 --〉
〈input type=hidden name=KVP_ENCDATA value="〉  〈!-- (ISP사용) 암호화코드 --〉
〈input type=hidden name=KVP_CONAME value="〉  〈!-- (ISP사용) 카드명 --〉
〈input type=hidden name=KVP_NOINT value="〉  〈!-- (ISP사용) 무이자/일반여
부(무이자=1, 일반=0) --〉
〈input type=hidden name=KVP_QUOTA value="〉  〈!-- (ISP사용) 할부개월 --〉
〈input type=hidden name=CardNo value="〉  〈!-- (안심클릭,일반사용) 카드
번호 --〉
〈input type=hidden name=MPI_CAVV value="〉  〈!-- (안심클릭,일반사용) 암호
화코드 --〉
〈input type=hidden name=MPI_ECI value="〉  〈!-- (안심클릭,일반사용) 암호
화코드 --〉
〈input type=hidden name=MPI_MD64 value="〉  〈!-- (안심클릭,일반사용) 암호
화코드 --〉
〈input type=hidden name=ExpMon value="〉  〈!-- (일반사용) 유효기간(월) --〉
〈input type=hidden name=ExpYear value="〉  〈!-- (일반사용) 유효기간(년) --〉
〈input type=hidden name=Passwd value="〉  〈!-- (일반사용) 비밀번호 --〉
〈input type=hidden name=SocId value="〉  〈!-- (일반사용) 주민등록번호/
사업자등록번호 --〉

〈/form〉
〈/body〉
〈/html〉
```

페이지가 로딩되면 가장 먼저 StartSmartUpdate( ) 스크립트를 실행한다. 이 스크립트는 결제를 위한 플러그인을 설치한다. 관련 코드는 /common/js/implAccount.js에 있고, 이 플러그인을 설치해야 결제가 진행된다. 그리고 결제와 관련한 입력 값들을 넣고 끝 부분에 hidden 타입으로 카드의 종류에 따른 변수들을 설정한다.

03 신용카드의 종류에 따른 결제 데이터의 승인 요청에 대한 기능을 하는 페이지를 작성한다.

소스 14-8 : /jsp/account/impl/AGS_pay_ing.jsp

```
〈%@ page import="account.implAccountBean,java.text.*,java.net.*,java.lang.*"%〉

〈%
```

```
/*******************************************************************
*
* 소켓 통신 IP/포트 번호 설정
*
* ENCTYPE : 결제 종류에 따른 구분(0:안심클릭,일반결제 2:ISP)
* LOCALADDR : PG 서버와 통신을 담당하는 암호화Process가 위치해 있는 IP
* LOCALPORT : 포트
*
*******************************************************************/

String LOCALADDR = "220.85.12.3";
int LOCALPORT = 29760;
String ENCTYPE = "0";

/* Bean 객체 생성 */
implAccountBean pcb = new implAccountBean( LOCALADDR, LOCALPORT );

/*공통사용*/
String AuthTy = pcb.null2Space( request.getParameter("AuthTy") ); //결제형태
String SubTy = pcb.null2Space( request.getParameter("SubTy") ); //서브결제형태
String StoreId = pcb.null2Space( request.getParameter("StoreId") ); //상점아이디
String OrdNo = pcb.null2Space( request.getParameter("OrdNo") ); //주문번호
String Amt = pcb.null2Space( request.getParameter("Amt") ); //금액
String UserEmail = pcb.null2Space( request.getParameter("UserEmail") ); //주문자이메일
String ProdNm = pcb.null2Space( new String( request.getParameter ("ProdNm").
getBytes("8859_1"),"KSC5601" )); //상품명

/*신용카드&가상계좌사용*/
String MallUrl = pcb.null2Space( request.getParameter("MallUrl") ); //상점URL주소
String UserId = pcb.null2Space( request.getParameter("UserId") ); //회원아이디

/*신용카드사용*/
String OrdNm = pcb.null2Space( new String( request.getParameter("OrdNm").
getBytes("8859_1"),"KSC5601" )); //주문자명
String OrdPhone = pcb.null2Space( request.getParameter("OrdPhone") ); //주문자연락처
String OrdAddr = pcb.null2Space( new String( request.getParameter("OrdAddr").
getBytes("8859_1"),"KSC5601" )); //주문자주소
String RcpNm = pcb.null2Space( new String( request.getParameter("RcpNm").
getBytes("8859_1"),"KSC5601" )); //수신자명
String RcpPhone = pcb.null2Space( request.getParameter("RcpPhone") ); //수신자연락처
String DlvAddr = pcb.null2Space( new String( request.getParameter("DlvAddr").
```

```
getBytes("8859_1"),"KSC5601")); //배송지주소
String Remark = pcb.null2Space( new String( request.getParameter("Remark").
getBytes("8859_1"),"KSC5601")); //기타요구사항
String DeviId = pcb.null2Space( request.getParameter("DeviId")); //단말기아이디
String AuthYn = pcb.null2Space( request.getParameter("AuthYn")); //인증여부
String Instmt = pcb.null2Space( request.getParameter("Instmt")); //할부개월수
String UserIp = request.getRemoteAddr(); //회원 IP

/*신용카드(ISP)*/
String partial_mm = pcb.null2Space( request.getParameter("partial_mm")); //일반할
부기간
String noIntMonth = pcb.null2Space( request.getParameter("noIntMonth")); //무이
자할부기간
String KVP_CURRENCY = pcb.null2Space( request.getParameter("KVP_CURRENCY"));
//KVP_통화코드
String KVP_CARDCODE = pcb.null2Space( request.getParameter("KVP_CARDCODE"));
//KVP_카드사코드
String KVP_SESSIONKEY = request.getParameter("KVP_SESSIONKEY");//KVP_SESSIONKEY
String KVP_ENCDATA = request.getParameter("KVP_ENCDATA"); //KVP_ENCDATA
String KVP_CONAME = pcb.null2Space( new String( request.getParameter("KVP_
CONAME").getBytes("8859_1"),"KSC5601")); //KVP_카드명
String KVP_NOINT = pcb.null2Space( request.getParameter("KVP_NOINT")); //KVP_
무이자=1 일반=0
String KVP_QUOTA = pcb.null2Space( request.getParameter("KVP_QUOTA"));
//KVP_할부개월

/*신용카드(안심)*/
String CardNo = pcb.null2Space( request.getParameter("CardNo")); //카드번호
String MPI_CAVV = request.getParameter("MPI_CAVV"); //MPI_CAVV
String MPI_ECI = request.getParameter("MPI_ECI"); //MPI_ECI
String MPI_MD64 = request.getParameter("MPI_MD64"); //MPI_MD64

/*신용카드(일반)*/
String ExpMon = pcb.null2Space( request.getParameter("ExpMon")); //유효기간(월)
String ExpYear = pcb.null2Space( request.getParameter("ExpYear")); //유효기간(년)
String Passwd = pcb.null2Space( request.getParameter("Passwd")); //비밀번호
String SocId = pcb.null2Space( request.getParameter("SocId")); //주민등록번호/사업
자등록번호

/* 데이터 유효성 체크.*/
StringBuffer ERRMSG = new StringBuffer(" ");
```

```java
if( pcb.checkNull( StoreId ) )
{
    ERRMSG.append( "상점아이디 입력 여부 확인요망 <br>" );   //상점아이디
}

if( pcb.checkNull( OrdNo ) )
{
    ERRMSG.append( "주문번호 입력 여부 확인요망 <br>" );     //주문번호
}

if( pcb.checkNull( ProdNm ) )
{
    ERRMSG.append( "상품명 입력 여부 확인요망 <br>" );       //상품명
}

if( pcb.checkNull( Amt ) )
{
    ERRMSG.append( "금액 입력 여부 확인요망 <br>" );         //금액
}

if( pcb.checkNull( DeviId ) )
{
    ERRMSG.append( "단말기아이디 입력 여부 확인요망 <br>" );//단말기아이디
}

if( pcb.checkNull( AuthYn ) )
{
    ERRMSG.append( "인증여부 입력 여부 확인요망 <br>" );     //인증여부
}

/*************************************************************
*
* 결과 데이터를 저장할 변수 선언
*
***************************************************************/
//공통
String rStoreId = "";
String rOrdNo = "";
String rAmt = "";
String rProdNm = "";
```

```
//소켓통신결제사용
String rSuccYn = "";
String rResMsg = "";
String rApprTm = "";

//카드공통
String rBusiCd = "";
String rApprNo = "";
String rInstmt = "";
String rCardCd = "";

//카드ISP
String rDealNo = "";

//카드안심,일반
String rCardNm = "";
String rMembNo = "";
String rAquiCd = "";
String rAquiNm = "";
String rBillNo = "";

if( ERRMSG.toString( ).equals( "" ) )
{
  if( AuthTy.toString( ).equals( "card" ) )
  {
    if( SubTy.toString( ).equals( "isp" ) )
    {
      ENCTYPE - "2";

      try
      {
        /** 승인 요청 처리 **/

        if( pcb.ISP_ApproveRequest( ENCTYPE, "plug15", StoreId, UserId, Amt,
OrdNo, DeviId, RcpNm, RcpPhone, DlvAddr, OrdNm, OrdPhone,
          Remark, ProdNm, KVP_CURRENCY, partial_mm, noIntMonth,
          KVP_CARDCODE, KVP_SESSIONKEY, KVP_ENCDATA, KVP_CONAME,
          UserIp, UserEmail ) )
        {
          String rSplitData[ ] = new String[9];
          rSplitData = pcb.getISP_AuthRecvData( );
```

```
                    rStoreId = rSplitData[0];
                    rBusiCd = rSplitData[1];
                    rOrdNo = OrdNo;
                    rDealNo = rSplitData[2];
                    rApprNo = rSplitData[3];
                    rProdNm = ProdNm;
                    rAmt = rSplitData[4];
                    rInstmt = KVP_QUOTA;
                    rSuccYn = rSplitData[5];
                    rResMsg = rSplitData[6];
                    rApprTm = rSplitData[7];
                    rCardCd = rSplitData[8];

                }
            else
            {
                if( pcb.getErrCd( ) == -1 )
                {
                    rSuccYn = "n";
                    rResMsg = "통신오류(sock)로 인한 승인거절";
                }
                else if( pcb.getErrCd( ) == -2 )
                {
                    rSuccYn = "n";
                    rResMsg = "통신오류(msg)로 인한 승인거절";
                }
            }
        }
        catch( Exception e )
        {
            /** 기타 이유로 인한 요청 실패 처리 **/

            rSuccYn = "n";
            rResMsg = "시스템오류로 인한 승인 거절";
        }
    }
    else if( SubTy.toString( ).equals( "visa3d" ) || SubTy.toString( ).equals( "normal" ) )
    {
        ENCTYPE = "0";
```

```
    try
    {
        /** 승인 요청 처리 **/

        if( pcb.ApproveRequest( ENCTYPE, "plug15", StoreId, UserId, Amt,
OrdNo, DeviId, CardNo, ExpYear+ExpMon, Instmt, AuthYn, Passwd, SocId,
            RcpNm, RcpPhone, DlvAddr, OrdNm, UserIp + ";" + OrdPhone,
            UserEmail + ";" + Remark, ProdNm, MPI_CAVV, MPI_MD64, MPI_ECI) )
        {

            String rSplitData[ ] = new String[14];
            rSplitData = pcb.getRecvData( );

            rStoreId = rSplitData[0];
            rBusiCd = rSplitData[1];
            rOrdNo = rSplitData[2];
            rApprNo = rSplitData[3];
            rInstmt = Instmt;
            rAmt = rSplitData[4];
            rSuccYn = rSplitData[5];
            rResMsg = rSplitData[6];
            rCardNm = rSplitData[7];
            rApprTm = rSplitData[8];
            rCardCd = rSplitData[9];
            rMembNo = rSplitData[10];
            rAquiCd = rSplitData[11];
            rAquiNm = rSplitData[12];
            rBillNo = rSplitData[13];
        }
        else
        {
            if( pcb.getErrCd( ) == -1 )
            {
                rSuccYn = "n";
                rResMsg = "통신오류(sock)로 인한 승인거절";
            }
            else if( pcb.getErrCd( ) == -2 )
            {
                rSuccYn = "n";
                rResMsg = "통신오류(msg)로 인한 승인거절";
            }
```

```
                }
            }
        catch( Exception e )
        {
            /** 기타 이유로 인한 요청 실패 처리 **/

            rSuccYn = "n";
            rResMsg = "시스템오류로 인한 승인 거절";
        }
    }
}
else
{
  rSuccYn = "n";
  rResMsg = ERRMSG.toString( );
}
%>

<html>
<head>
</head>
<body onload="javascript:frmAGS_pay_ing.submit( );">
<form name=frmAGS_pay_ing method=post action=AGS_pay_result.jsp>

<!-- 결제 공통 사용 변수 -->
<input type=hidden name=AuthTy value="<%=AuthTy%>">         <!-- 결제형태 -->
<input type=hidden name=SubTy value="<%=SubTy%>">          <!-- 서브결제형태 -->
<input type=hidden name=rStoreId value="<%=rStoreId%>">     <!-- 상점아이디 -->
<input type=hidden name=rOrdNo value="<%=rOrdNo%>">         <!-- 주문번호 -->
<input type=hidden name=rProdNm value="<%=ProdNm%>">        <!-- 상품명 -->
<input type=hidden name=rAmt value="<%=rAmt%>">            <!-- 결제금액 -->
<input type=hidden name=rOrdNm value="<%=OrdNm%>">         <!-- 주문자명 -->

<input type=hidden name=rSuccYn value="<%=rSuccYn%>">       <!-- 성공여부 -->
<input type=hidden name=rResMsg value="<%=rResMsg%>">       <!-- 결과메시지 -->
<input type=hidden name=rApprTm value="<%=rApprTm%>">      <!-- 결제시간 -->

<!-- 신용카드 결제 사용 변수 -->
<input type=hidden name=rBusiCd value="<%=rBusiCd%>">      <!-- (신용카드공통)
전문코드 -->
```

```
<input type=hidden name=rApprNo value="<%=rApprNo%>"> <!-- (신용카드공통)
승인번호 -->
<input type=hidden name=rCardCd value="<%=rCardCd%>"> <!-- (신용카드공통)
카드사코드 -->

<input type=hidden name=rCardNm value="<%=rCardNm%>"> <!-- (안심클릭,일반
사용)카드사명 -->
<input type=hidden name=rMembNo value="<%=rMembNo%>"> <!-- (안심클릭,일반
사용)가맹점번호 -->
<input type=hidden name=rAquiCd value="<%=rAquiCd%>"> <!-- (안심클릭,일반
사용)매입사코드 -->
<input type=hidden name=rAquiNm value="<%=rAquiNm%>"> <!-- (안심클릭,일반
사용)매입사명 -->
<input type=hidden name=rBillNo value="<%=rBillNo%>">      <!-- (안심클릭,일반
사용)전표번호 -->

<input type=hidden name=rDealNo value="<%=rDealNo%>">   <!-- (ISP사용)거래고
유번호 -->

</form>
</body>
</html>
```

이 페이지는 신용카드의 종류에 따른 결제 데이터의 승인 요청에 대한 기능을 한다. 페이지 최상단에 page import="account.implAccountBean" 코드를 적어줌으로써 implAccountBean 클래스의 메소드들을 이용할 수 있도록 선언한다.

ENCTYPE, LOCALADDR, LOCALPORT는 소켓 통신을 위한 정보들로 결제 종류, IP, 포트 번호를 각각 가리킨다. 이 값들을 해당 결제사에 맞게 설정해 주고 implAccountBean pcb = new implAccountBean(LOCALADDR, LOCALPORT); 와 같이 implAccountBean 클래스에 IP와 포트 값을 초기화 값으로 작성한다.

아래 부분에서는 결제에 사용하는 변수들을 정의하고 데이터의 유효성을 체크하기 위한 checkNull 메소드를 적용해 빈 값이 없는지 검사한다. 모든 검사 후 오류가 없다면 isp와 visa3d를 구분하고 카드 승인을 요청한다. 요청은 implAccountBean 클래스의 메소드인 ISP_ApproveRequest를 호출해 데이터를 전송하고 리턴받은 값들을 각 변수에 저장한다.

04 카드 결제가 성공적으로 이루어지면 지금까지 입력했던 결제 정보들을 간단히 출력한다. 카드의 결제 형태에 따라 각기 다른 메시지를 보여주고 결제를 완료한다.

소스 14-9 : /jsp/account/impl/AGS_pay_result.jsp

```jsp
<%@ page contentType="text/html; charset=utf-8" %>
<%@ page import="java.util.*,java.text.*,java.net.*" %>
<%@ taglib prefix="s" uri="/struts-tags" %>

<%
//공통 사용
String SubTy = request.getParameter("SubTy");           //서브 결제 형태
String rStoreId = request.getParameter("rStoreId");     //업체ID
String rOrdNo = request.getParameter("rOrdNo");         //주문번호
String rAmt = request.getParameter("rAmt");             //거래금액
String rProdNm = new String( request.getParameter("rProdNm").getBytes("8859_1"),
  "KSC5601" ); //상품명
String rOrdNm = new String( request.getParameter("rOrdNm").getBytes("8859_1"),
  "KSC5601" ); //주문자명

//소켓통신결제(신용카드,핸드폰,일반가상계좌)시 사용
String rApprTm = request.getParameter("rApprTm");       //승인시각

//신용카드공통
String rBusiCd = request.getParameter("rBusiCd");       //전문코드
String rCardCd = request.getParameter("rCardCd");       //카드사코드

//신용카드(안심,일반)
String rBillNo = request.getParameter("rBillNo");       //전표번호
%>

<?xml version="1.0" encoding="UTF-8" ?>
<!DOCTYPE html PUBLIC "-//W3C//DTD XHTML 1.0 Transitional//EN"
"http://www.w3.org/TR/xhtml1/DTD/xhtml1-transitional.dtd">
<html xmlns="http://www.w3.org/1999/xhtml">
<head>
<title>직접 구현 방식을 이용한 가상 결제 프로그램</title>
<link rel="stylesheet" href="/account/common/css/css.css" type="text/css">
<script language=javascript>
<!--
```

```
var openwin = window.open("AGS_progress.html","popup","width=300, height=160");
openwin.close( );
-->
</script>
</head>
<body topmargin=0 leftmargin=0 rightmargin=0 bottommargin=0>
<table border=0 width=100% height=100% cellpadding=0 cellspacing=0>
  <tr>
    <td align=center>
    <table width=400 border=0 cellpadding=0 cellspacing=0>
      <tr>
        <td> <hr> </td>
      </tr>
      <tr>
        <td align="center" > <b> 결제 완료</b> </td>
      </tr>
      <tr>
        <td> <hr> </td>
      </tr>
      <tr>
        <td>
        <table width=400 border=0 cellpadding=5 cellspacing=0>
          <tr>
            <td width="100" > 결제형태 : </td>
            <td>
              <%

                  if( SubTy.toString( ).equals( "isp" ) )
                  {
                      out.println("신용카드결제-안전결제(ISP)");
                  }
                  else if( SubTy.toString( ).equals( "visa3d" ) )
                  {
                      out.println("신용카드결제-안심클릭");
                  }
                  else if( SubTy.toString( ).equals( "normal" ) )
                  {
                      out.println("신용카드결제-일반결제");
                  }
```

```
                %〉
            〈/td〉
        〈/tr〉
        〈tr〉
            〈td〉상점아이디 : 〈/td〉
            〈td〉〈%=rStoreId%〉〈/td〉
        〈/tr〉
        〈tr〉
            〈td〉주문번호 : 〈/td〉
            〈td〉〈%=rOrdNo%〉〈/td〉
        〈/tr〉
        〈tr〉
            〈td〉주문자명 : 〈/td〉
            〈td〉〈%=rOrdNm%〉〈/td〉
        〈/tr〉
        〈tr〉
            〈td〉상품명 : 〈/td〉
            〈td〉〈%=rProdNm%〉〈/td〉
        〈/tr〉
        〈tr〉
            〈td〉결제금액 : 〈/td〉
            〈td〉〈%=rAmt%〉〈/td〉
        〈/tr〉
        〈tr〉
            〈td〉승인시각 : 〈/td〉
            〈td〉〈%=rApprTm%〉〈/td〉
        〈/tr〉
        〈tr〉
            〈td〉전문코드 : 〈/td〉
            〈td〉〈%=rBusiCd%〉〈/td〉
        〈/tr〉
        〈tr〉
            〈td〉카드사코드 : 〈/td〉
            〈td〉〈%=rCardCd%〉〈/td〉
        〈/tr〉
        〈tr〉
            〈td〉전표번호 : 〈/td〉
            〈td〉〈%=rBillNo%〉〈/td〉
```

```
              </tr>
          </table>
          </td>
      </tr>
      <tr>
          <td> <hr> </td>
      </tr>

      </table>
      </td>
  </tr>
  </table>
  </body>
  </html>
```

05 결제 처리시 완료되기를 기다리는 동안 사용자에게 출력해 주는 메시지를 작성한다. 메시지와 함께 동적 이미지 파일을 보여준다.

소스 14-10 : /jsp/account/impl/AGS_progress.html

```
<html>
<head>
<title>
결제 처리중...
</title>
<style type="text/css">
<!--
body { font-family:"돋움"; font-size:9pt; color:#000000; font-weight:normal; letter-
spacing:0pt; line-height:180%; }
td { font-family:"돋움"; font-size:9pt; color:#000000; font-weight:normal; letter-
spacing:0pt; line-height:180%; }
.clsright { padding-right:10px; text-align:right; }
.clsleft { padding-left:10px; text-align:left; }
-->
</style>
</head>
<body topmargin=0 leftmargin=0 rightmargin=0 bottommargin=0 onblur=
"window.document.abc.focus( );">
```

```
〈table border=0 width=100% height=100% cellpadding=0 cellspacing=0〉
   〈tr〉
      〈td align=center〉
      처리중입니다. 잠시만 기다려 주십시오.
      〈br〉
      〈br〉
      〈img src=/common/img/progress.gif name=abc〉
      〈/td〉
   〈/tr〉
〈/table〉
〈/body〉
〈/html〉
```

06 이번 예제의 결제 모듈을 위한 플러그인 동작을 제어하는 자바스크립트 파일이다. 많은 내용이 포함되어 있어 중요한 코드 부분만 간단히 살펴보고 넘어가도록 한다.

소스 14-11: /common/js/implAccount.js

```
/common/js/implAccount.js
…………
function StartSmartUpdate( )
{
   if(navigator.appName == 'Netscape' )
   {
      alert("Internet Explorer 에서만 작동합니다.");
   }
   else
   {
      if(IsVista( ) == true)
      {
         document.writeln("〈OBJECT ID=AGSPay CLASSID=CLSID:9A09EAA0-EC66-
4A07-B6C8-B54C27BC94A6 width=0 height=0 CODEBASE=http://www.allthegate.
com/plugin/AGSWalletforVista.cab#Version=1,0,0,1 onerror=OnErr( )〉〈/OBJECT〉");
      }
      else
      {
         document.writeln("〈OBJECT ID=AGSPay CLASSID=CLSID:8C99859C-05D9-
4CA5-B7DB-BCE80E4185BC width=0 height=0 CODEBASE=http://www.allthegate.
```

```
com/plugin/AGSWallet.cab#Version=1,0,0,5 onerror=OnErr( )〉〈/OBJECT〉");
     }
   }
 }
............
```

앞에서 우리는 결제 첫 페이지인 AGS_pay.html에서 플러그인 설치를 위한
StartSmartUpdate( ) 스크립트를 실행했었다. 위 코드가 결제 플러그인을 설치하는
코드로 OBJECT 태그를 이용해 해당 결제사의 플러그인을 다운받아 설치한다.

07 결제 코드를 모두 작성하였면 이제 제대로 동작하는지 테스트를 해보자.

먼저 다음 [그림 14-7]의 주소를 입력해 결제 정보를 입력한다. 편의를 위해 기본 값으
로 정보를 입력하였다. 수정하고자 하는 정보를 입력 후 지불 요청을 누른다.

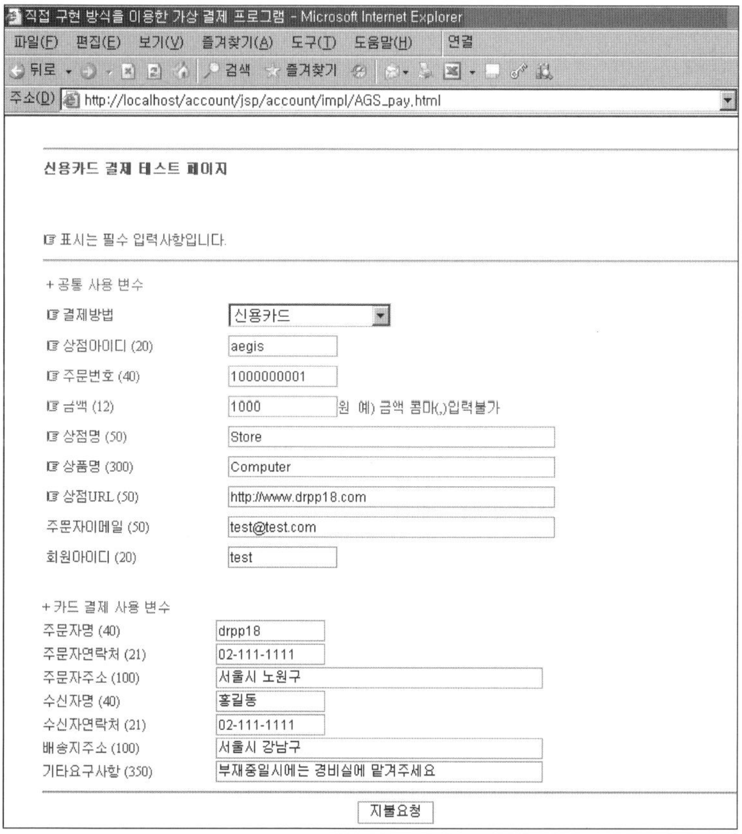

[그림 14-7] 신용카드 결제 정보 입력 폼

신용카드의 결제 종류를 선택하는 페이지를 호출한다. 안심클릭과 ISP 안전 결제가 있는데 어떤 종류를 선택하느냐에 따라 코드가 달라지므로 이에 주의하여 선택한다.

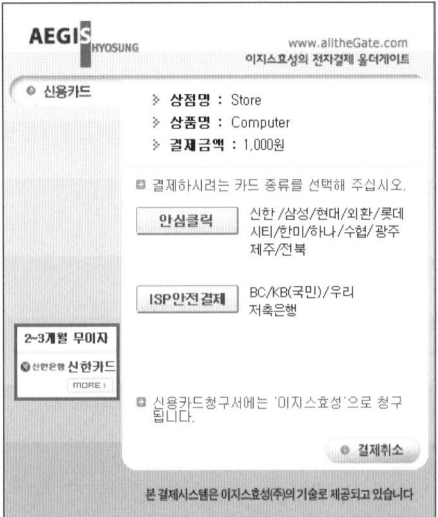

[그림 14-8] 결제 페이지 호출

다음 화면은 안심클릭으로 선택했을 때 보여지는 화면이다. 카드 종류와 할부 개월을 선택한 후 다음을 클릭한다.

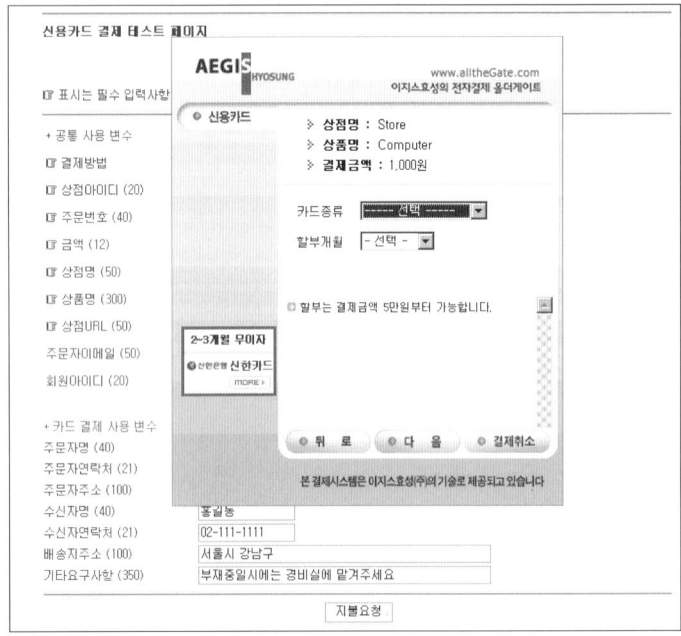

[그림 14-9] 카드 선택 화면

해당 카드를 선택하면 카드 번호 입력 화면이 출력된다. 카드와 관련한 모든 정보를 입력하는 화면이 계속 나오게 되면 확인을 클릭해 다음 화면으로 넘어간다.

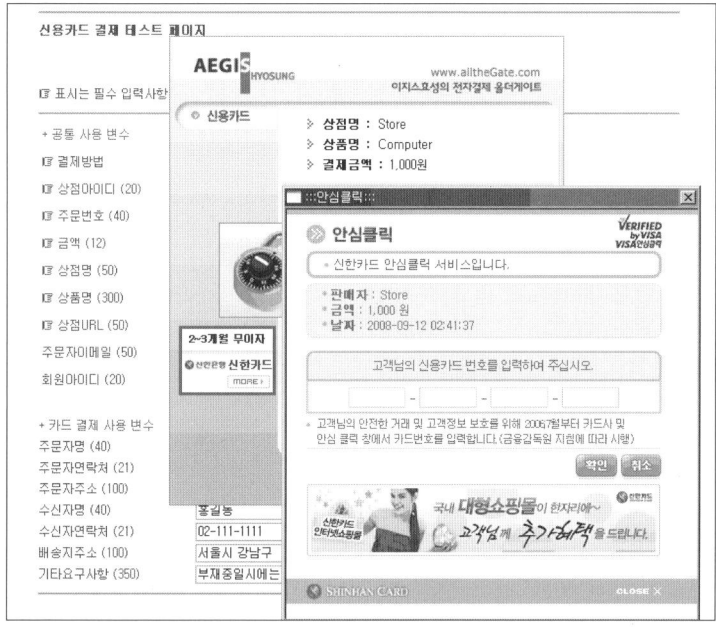

[그림 14-10] 카드 번호 입력 화면

모든 결제 정보가 확인되면 지금까지 입력했던 정보들을 출력하고 결제가 완료된다.

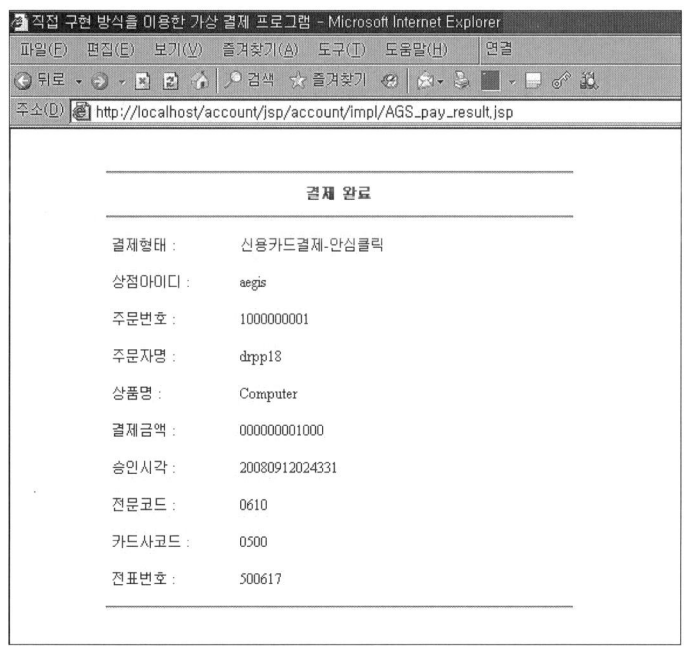

[그림 14-11] 결제 완료 화면

15 벨로시티(Velocity)

Chapter

| Point

벨로시티는 동적 프레젠테이션을 가능하게 하는 자바 기반의 템플릿 언어이다. 스트럿츠2 프레임워크
가 생성하고 넘겨준 데이터를 화면에 표시하는 일련의 과정을 벨로시티가 처리한다. 이때 스트링으로
일일이 변경하고 화면 처리에 신경을 쓰는 수고를 덜어주고 다양한 동적 레이아웃을 지원하기 위해 많
은 개발자들이 벨로시티를 사용한다.

01. 벨로시티란

벨로시티(Velocity)는 자바 기반의 템플릿 언어로써, 자바 코드와 디자인 코드를 분리해
MVC(Model-View-Controller) 패턴의 구현을 도와준다. 템플릿이란 화면에 보여지는 어떠
한 틀을 말하며, 벨로시티는 이 틀을 생성해 데이터와 결합시켜 새로운 페이지를 생성해 내는
것이다. 이는 개발자와 디자이너의 업무 충돌을 막아주며 유지보수 또한 매우 용이하게 한다.
또한 코드의 분리 효과 뿐만 아니라 XML 파일의 생성과 텍스트 파일 스트림과 같은 다양한
결과물을 만들어 낼 수도 있다.

벨로시티는 같은 데이터를 가지고 여러 종류의 파일을 생성할 수 있는 만큼 다양한 어플리
케이션에 응용이 가능하다. 벨로시티를 이용하여 프로그램을 개발할 경우의 장점은 다음과
같다.

- 템플릿 디자인과 개발 코드의 분리로 독립적인 개발과 유지보수가 가능하다.
- 벨로시티 엔진은 다양한 어플리케이션에 적용이 가능하다.
- 디자이너의 입장에서도 보다 쉽게 페이지를 꾸밀 수 있다.
- 다양한 레이아웃으로의 전환이 쉽다.
- 벨로시티 템플릿 언어는 익히기가 매우 쉽다.

벨로시티가 결과 화면으로 변환되는 과정을 그림으로 표현하면 다음과 같다.

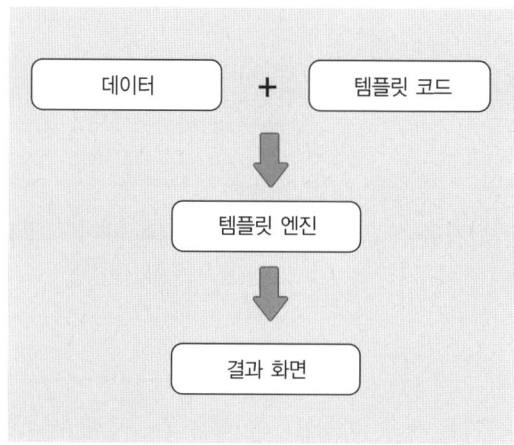

[그림 15-1] 벨로시티(Velocity) 변환 과정

위 그림에서 보듯이 클라이언트에게 보이게 되는 디자인인 템플릿 코드를 작성하고 이에 들어갈 데이터를 생성한다. 이 둘을 템플릿 엔진에서 결합하여 그 결과를 렌더링하여 결과 화면을 출력한다. 여기에서 데이터와 템플릿 코드 사이의 정보들은 컨텍스트(Context) 객체를 통해 이동하며, 템플릿 코드의 내용에 따라서 HTML이나 XML 등 여러 파일로 변환될 수 있다. 여기에서 컨텍스트란 일종의 컨테이너로써 자바 코드와 템플릿 레이어 사이의 데이터 이동을 담당하는 매우 중요한 요소이다. key-value의 쌍으로 구성되기 때문에 자바에서 일반적으로 사용되는 맵과 함께 사용한다.

지금까지 벨로시티의 간단한 개념에 대해 알아보았고, 이제부터는 벨로시티를 사용하기 위해 알아두어야 할 VTL(Velocity Template Language)에 대해 알아보기로 한다. VTL은 템플릿을 작성하기 위해 꼭 필요한 언어이므로 자세히 살펴보자.

02. 벨로시티 템플릿 언어

VTL(Velocity Template Language)은 벨로시티에서 템플릿 개발에 사용되는 언어로 레퍼런스(Reference), 디렉티브(Directive), 그리고 주석(Comment)으로 구성된다. 이 언어는 코드가 매우 간결하고 한눈에 알아보기 쉬워 익히는데 어려움은 없을 것이다. 세가지 구성요소를 차례로 살펴보자.

(1) 레퍼런스(Reference)

변수나 프로퍼티, 메소드 등을 참조한다.

① **variables(변수)** : 변수는 $ 문자와 식별자를 붙여서 사용한다.

```
$var
```

② **property(특성)** : 프로퍼티는 $문자와 식별자를 쓰고, 마침표(.)를 찍은 후 다시 식별자를 기술한다.

```
$var.name
```

③ **method(메소드)** : 메소드는 $문자와 식별자를 쓰고, 마침표(.)를 찍은 후 호출할 메소드의 이름을 기술한다.

```
$var.getName( )
```

(2) 디렉티브(Directive)

조건과 반복, 파싱(parsing)과 매크로 등의 프로세스 흐름을 제어한다.

- #set : 레퍼런스의 값을 설정한다.
- #if/elseif/else : if를 이용한 조건문을 설정한다.
- #foreach : for를 이용한 반복문을 제어한다.
- #include : velocity로 파싱되지 않은 파일을 출력한다.
- #parse : velocity로 파싱된 파일을 출력한다.
- #stop : template 엔진을 멈춘다.
- #macro : 반복적으로 사용할 vm을 매크로로 정의한다.

(3) 주석(Comment)

벨로시티 템플릿 언어를 위한 주석을 제공한다.

- ## : 한 줄 주석을 정의한다.
- #* ... *# : 여러 줄의 주석을 정의한다.

이와 같이 VTL은 매우 단순한 템플릿 언어이므로 위의 내용을 숙지하여 실제 예제 코드를 만들 때 잘 이용하도록 하자.

03. 벨로시티 설치 방법

벨로시티를 구현하기 위해서는 벨로시티 엔진 파일을 다운받아야 한다.

01 다음의 주소로 접속해 해당 파일을 다운로드 받는다.

> http://velocity.apache.org/download.cgi

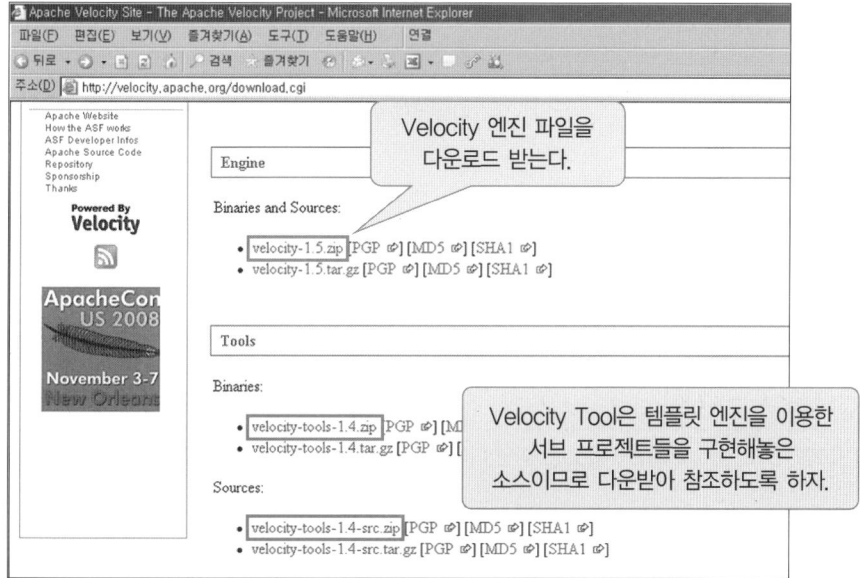

[그림 15-2] Velocity 엔진 파일 다운로드 페이지

02 다운로드 받은 파일의 압축을 해제하면 velocity-1.5.jar 파일과 velocity-dep-1.5.jar 파일이 나오는데, 이 파일들을 프로젝트의 클래스패스에 등록한다. 또한 Velocity-tools에는 각종 예제 코드가 들어있으므로 참고하도록 하자.

03 벨로시티 엔진 파일뿐만 아니라 파일도 클래스 패스에 추가되어야 한다. 다음의 주소로 접속하여 다운로드 받도록 한다.

> http://commons.apache.org/downloads/download_digester.cgi

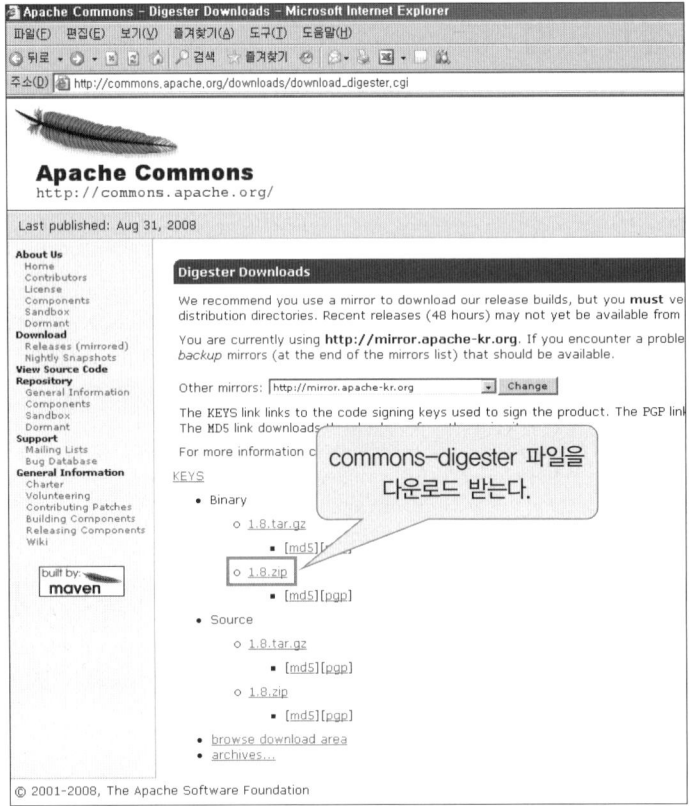

[그림 15-3] commons-digester 파일 다운로드 페이지

04. 벨로시티 구현

스트럿츠2에서의 벨로시티 구현은 매우 간단하다. 스트럿츠1에서 벨로시티를 사용하기 위해서는 web.xml을 비롯해 여러 가지 환경 설정을 위한 코드들을 기술해 주어야 하는 반면, 스트럿츠2에서는 리절트 타입을 벨로시티로 설정해주는 것으로 사용이 가능하다.

다음은 벨로시티의 구현을 위해 이해해야 할 동작 원리를 나열한 것이다.

① init( ) 메소드를 이용한 벨로시티의 초기화
② Context 객체의 생성
③ Context에 사용자의 데이터 객체를 추가
④ 템플릿 선택
⑤ 산출물을 만들기 위한 템플릿과 사용자의 데이터의 병합(Merge)

(1) 메시지 출력 예제

벨로시티의 구현을 위한 첫 예제는 간단한 템플릿 언어를 알아보고 메시지를 출력해 보는 것이다. 이제부터 코드를 차례로 살펴보자.

01 리절트 타입을 벨로시티로 하여 자동으로 vm 파일로 매핑시킨다.

소스 15-1 : /src/struts.xml

```xml
<?xml version="1.0" encoding="UTF-8" ?>

<!DOCTYPE struts PUBLIC
    "-//Apache Software Foundation//DTD Struts Configuration 2.0//EN"
    "http://struts.apache.org/dtds/struts-2.0.dtd">

<struts>

    <package name="account" extends="struts-default">
        <!-- velocityTest 예제 -->
        <action name="velocityTestAction" class="velocity.velocityTestAction">
            <result type="velocity" name="success">/jsp/velocity/velocityTestAction/velocityTest.vm</result>
        </action>
    </package>

</struts>
```

여기에서 중요한 것은 result type="velocity" 부분이다. 일반적으로 jsp로 리절트 페이지를 매핑시켰는데 리절트 타입을 velocity로 적어주면 자동으로 vm 파일로 매핑한다. 여러 가지 설정이 필요했던 스트럿츠1과는 다른 부분이다.

02 벨로시티 파일에서 보여줄 메시지를 "Hello World!"로 설정한다. 이 메시지를 vm 파일에서 출력하도록 코드를 작성할 것이다.

소스 15-2 : /src/velocity/velocityTestAction.java

```java
package velocity;

import com.opensymphony.xwork2.ActionSupport;

public class velocityTestAction extends ActionSupport {

  private String message;

  public String execute( ) throws Exception {

     message = "Hello World!" ;

     return SUCCESS;
  }

  public String getMessage( ) {
     return message;
  }

  public void setMessage(String message) {
     this.message = message;
  }
}
```

03 앞에서 알아보았던 VTL 문법을 사용해 코드를 작성한다. 클래스 파일에서 설정했던 메시지를 $message 로 기술하여 출력을 표시하고, set과 if, foreach, 링크 테스트 등을 수행한다.

소스 15-3 : /jsp/velocity/velocityTestAction/velocityTest.vm

```
〈html〉
〈head〉
  〈title〉Velocity 예제 - VTL 테스트〈/title〉
  〈link rel="stylesheet" href="/velocity/common/css/css.css" type="text/css"〉
〈/head〉
〈body〉

〈table width="500" border="0" cellspacing="0" cellpadding="5"〉
  〈tr〉
```

```
        <td align="center"> <h2>Velocity 예제 - VTL 테스트</h2> </td>
    </tr>
</table>

<table width="500" border="0" cellpadding="5" cellspacing="0">
    <tr>
        <td width="120"> 메시지 출력: </td>
        <td align="left"> $message</td>
    </tr>
    <tr>
        <td> \#set 테스트: </td>
        <td>
            #set( $testSet = "VTL" )
            $testSet 은 Velocity Template Engine이다.
        </td>
    </tr>
    <tr>
        <td> \#foreach 테스트: </td>
        <td> #foreach($i in [1..5])$i #end</td>
    </tr>
    <tr>
        <td> \#if 테스트: </td>
        <td>
            #if ($testSet == "VTL" )
                \$testSet 문자열은 "VTL" 이다.
            #else
                \$testSet 문자열은 "VTL" 이 아니다.
            #end
        </td>
    </tr>
    <tr>
        <td> 페이지 링크 테스트: </td>
        <td>
            #surl ("id=url" "action=dynamicOutputAction" )
            <a href="${url}">dynamicOutputAction 페이지로 이동</a>
        </td>
    </tr>

</table>

</body>
</html>
```

04 코드의 작성을 완료하였다면 다음의 주소로 접속해 결과를 확인한다.

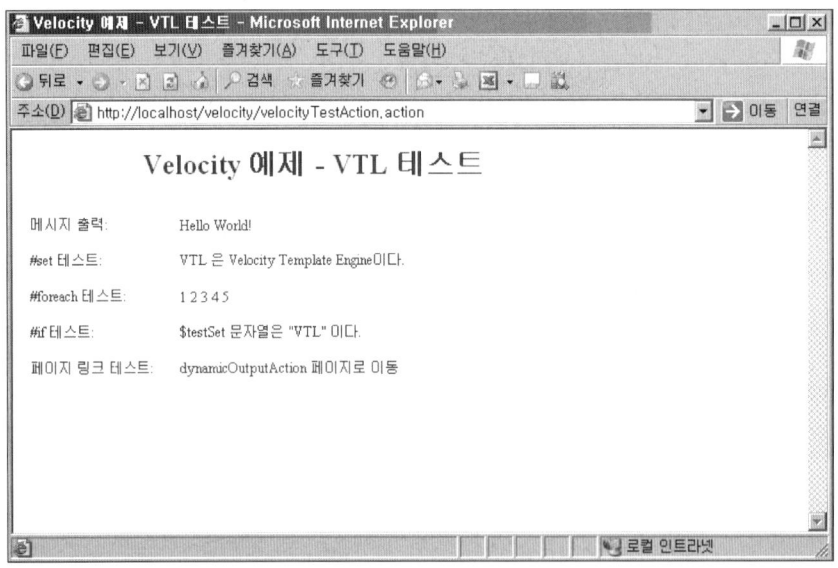

[그림 15-4] 벨로시티 예제 테스트 결과

이번 예제는 벨로시티의 기본 기능을 알아보기 위한 간단한 예제이므로 작성에 어려운 점은 없었을 것이다. 다음은 다양한 출력 파일을 제공하는 벨로시티 예제를 실습한다.

(2) 동적 파일 생성 예제

이번 예제는 벨로시티의 템플릿만을 바꿔서 HTML과 XML 파일로 각각 출력하는 프로그램이다. 제품의 상품 정보를 입력하고 이를 HTML 페이지와 XML 파일 형식으로 출력한다. 상황에 따라 다양한 형식의 포맷이 필요한 경우 유용하게 사용할 수 있으므로 다음의 코드를 잘 이해하도록 하자.

01 HTML을 출력 형식과 xml 포맷 형식을 출력하는 코드를 작성한다.

소스 15-4 : /src/struts.xml

```xml
<?xml version="1.0" encoding="UTF-8" ?>

<!DOCTYPE struts PUBLIC
    "-//Apache Software Foundation//DTD Struts Configuration 2.0//EN"
    "http://struts.apache.org/dtds/struts-2.0.dtd" >

<struts>
```

```
⟨package name="account" extends="struts-default"⟩
    ⟨!-- dynamicOutputAction 예제 --⟩
    ⟨action name="dynamicOutputAction" class="velocity.dynamicOutputAction"⟩
        ⟨result type="velocity" name="success"⟩/jsp/velocity/dynamicOutput
Action/catalog_html.vm ⟨/result⟩
    ⟨/action⟩

    ⟨action name="dynamicOutputAction_xml" class="velocity.dynamicOutput
Action"⟩
        ⟨result type="velocity" name="success"⟩/jsp/velocity/dynamicOutputAction/
catalog_xml.vm ⟨/result⟩
    ⟨/action⟩
⟨/package⟩

⟨/struts⟩
```

첫 번째 dynamicOutputAction 액션은 HTML을 출력을, 아래의 dynamicOutput
Action_xml 액션은 xml 포맷 형식으로 출력한다.

02 ArrayList에 상품 정보를 입력하고 이를 getter, setter 메소드로 정의한다. 추가 코드
는 VelocityEngine을 이용하여 컨텍스트와 결합해 출력해 주는 예제이다. Template의
merge 메소드를 이용해 같은 결과를 만들어 낼 수 있으므로 같이 기억해 두도록 한다.

소스 15-5 : /src/velocity/dynamicOutputAction.java

```java
package velocity;

import com.opensymphony.xwork2.ActionSupport;
import java.util.*;
import java.io.*;
import org.apache.velocity.Template;
import org.apache.velocity.VelocityContext;
import org.apache.velocity.app.VelocityEngine;

public class dynamicOutputAction extends ActionSupport {

    ArrayList⟨Map⟩ productList;
```

```java
Map<String, String> productMap;
Template template;

public String execute( ) throws Exception {

    // 상품 정보를 담을 list 객체 초기화
    productList = new ArrayList<Map>( );

    // 상품 정보를 Map에 넣은 후 productList에 추가
    productMap = new HashMap<String, String>( );
    productMap.put("product", "TV");
    productMap.put("price", "1,000,000");
    productMap.put("publish", "2008년 5월");
    productList.add(productMap);

    productMap = new HashMap<String, String>( );
    productMap.put("product", "오디오");
    productMap.put("price", "400,000");
    productMap.put("publish", "2008년 2월");
    productList.add(productMap);

    productMap = new HashMap<String, String>( );
    productMap.put("product", "MP3 플레이어");
    productMap.put("price", "250,000");
    productMap.put("publish", "2008년 9월");
    productList.add(productMap);

    /* 추가 코드 - 템플릿과 컨텍스트 객체를 결합하여 사용 가능 */

    // velocity 템플릿 엔진 초기화
    VelocityEngine ve = new VelocityEngine( );
    ve.init( );

    // velocity 컨텍스트 객체 초기화
    VelocityContext context = new VelocityContext( );

    // StringWriter 객체 초기화
    StringWriter writer = new StringWriter( );
```

```
        // 템플릿 파일 로딩
        template = ve.getTemplate("webapps\\velocity\\jsp\\velocity\\dynamic
OutputAction\\catalog_html.vm");

        // 템플릿 파일과 컨텍스트 결합
        template.merge(context, writer);

        // 결과 출력
        System.out.println(writer.toString());


        return SUCCESS;
    }

    public ArrayList<Map> getProductList() {
        return productList;
    }

    public void setProductList(ArrayList<Map> productList) {
        this.productList = productList;
    }

}
```

03 상품의 목록을 HTML 로 출력하는 페이지를 작성한다.

> **소스 15-6 :** /jsp/velocity/dynamicOutputAction/catalog_html.vm

```html
〈html〉
〈head〉
  〈title〉Velocity를 이용한 동적 파일 생성 - HTML〈/title〉
  〈link rel="stylesheet" href="/velocity/common/css/css.css" type="text/css" 〉
〈/head〉
〈body〉

〈table width="500" border="0" cellspacing="0" cellpadding="5" 〉
  〈tr〉
      〈td align="center" 〉 〈h2〉상품 목록 생성 - HTML〈/h2〉 〈/td〉
```

```
    〈/tr〉
〈/table〉

〈table width="500" border="1" cellpadding="5" cellspacing="0"〉

  〈tr align="center"〉
     〈td〉번호〈/td〉
     〈td〉상품명〈/td〉
     〈td〉가격〈/td〉
     〈td〉출시일〈/td〉
  〈/tr〉

#set( $ count = 1 )
#foreach( $ product in $productList )

  〈tr align="center"〉
     〈td〉$ count〈/td〉
     〈td〉$ product.product〈/td〉
     〈td〉$ product.price 원〈/td〉
     〈td〉$ product.publish〈/td〉
  〈/tr〉

#set( $ count = $ count + 1 )

#end

〈/table〉

〈table width="500" border="0" cellspacing="0" cellpadding="5"〉
  〈tr〉
     〈td align="right"〉〈b〉전체 상품수: $productList.size( )개〈/b〉〈/td〉
  〈/tr〉
〈/table〉

〈/body〉
〈/html〉
```

　　#set($count = 1)로 카운트를 1로 설정한 뒤, #foreach($product in $productList) 코드를 통해 클래스 파일에서 작성했던 productList의 값을 불러와 for문을 수행한다. $product.product, $product.price와 같이 값을 출력하고, #set($count = $count +

1)로 카운트 숫자를 1 늘린다. 마지막으로 전체 상품의 개수는 $productList.size( ) 메
소드로 나타낸다.

04 상품 정보를 xml 파일 형식으로 출력한다. 각 태그에 맞춰 알맞게 VTL 문법을 기술한다.

소스 15-7 : /jsp/velocity/dynamicOutputAction/catalog_xml.vm

```
〈?xml version= "1.0" encoding= "UTF-8" ?〉

〈catalog〉

#foreach( $product in $productList )

  〈product〉
     〈name〉 $product.product 〈/name〉
     〈price〉 $product.price 〈/price〉
     〈publish〉 $product.publish 〈/publish〉
  〈/product〉

#end

〈/catalog〉
```

05 먼저 HTML 페이지를 출력하기 위해 다음의 주소를 입력하자.

http://localhost/velocity/dynamicOutputAction.action

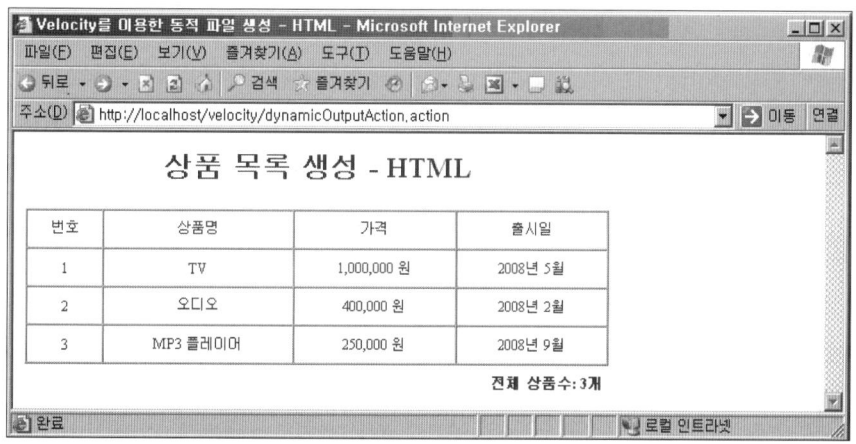

[그림 15-5] Velocity를 이용한 HTML 페이지 생성

이와 같이 상품 목록을 HTML로 생성하였다. 이번에는 같은 상품 정보 값으로 XML 형식으로 출력해 보도록 한다.

> http://localhost/velocity/dynamicOutputAction_xml.action

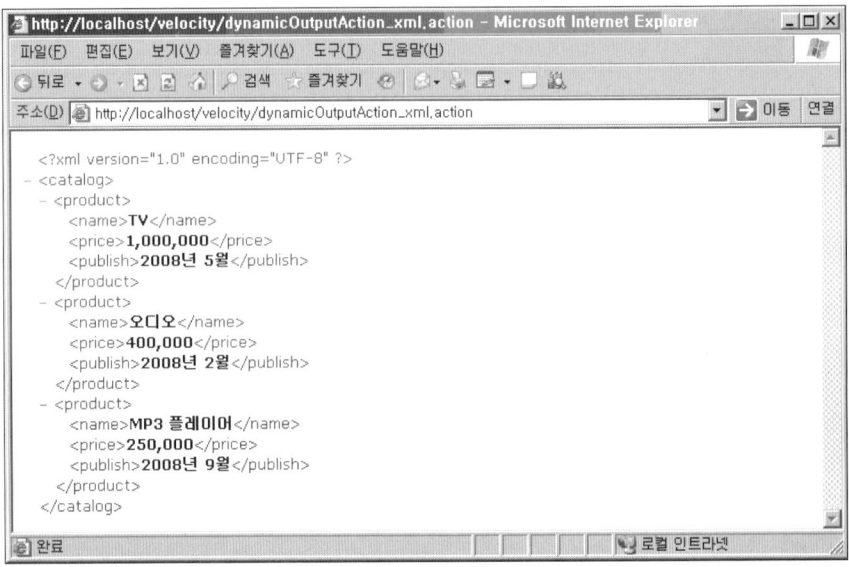

[그림 15-6] 벨로시티를 이용한 XML 페이지 생성

이와 같이 XML 형식으로 출력됨을 알 수 있다.

(3) 동적 레이아웃 변환 예제

이번 예제는 벨로시티와 스타일 시트 파일을 이용하여 페이지의 색상을 다양하게 바꾸는 예제이다. 각 영역별로 파일들을 나눈 후 이들의 색상을 공통적으로 스타일시트 파일에 기술한다. 구성은 Top과 Left 메뉴, Body, 그리고 Bottom 부분으로 나누고, 이들에 각각 공통적인 벨로시티 템플릿 언어를 적용한다. 지금부터 이 예제를 구현하기 위한 코드를 작성해 보자.

01 리절트 타입을 velocity로 설정하고 클래스 파일을 매핑시킨다.

소스 15-8 : /jsp/velocity/dynamicOutputAction/catalog_xml.vm

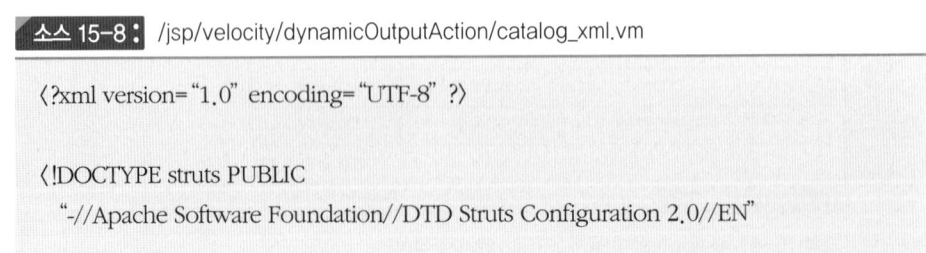

```
<?xml version="1.0" encoding="UTF-8" ?>

<!DOCTYPE struts PUBLIC
    "-//Apache Software Foundation//DTD Struts Configuration 2.0//EN"
```

```
  "http://struts.apache.org/dtds/struts-2.0.dtd" >

〈struts〉

    〈package name="account" extends="struts-default" 〉
      〈!-- dynamicLayoutAction 예제 --〉
      〈action name="dynamicLayoutAction" class="velocity.dynamicLayoutAction" 〉
        〈result type="velocity" name="success" 〉/jsp/velocity/dynamic
LayoutAction/index.vm〈/result〉
      〈/action〉
    〈/package〉

〈/struts〉
```

02 동적 레이아웃의 액션 클래스 페이지를 작성한다.

소스 15-9 : /src/velocity/dynamicLayoutAction.java

```
package velocity;

import com.opensymphony.xwork2.ActionSupport;
import java.util.*;
import java.io.StringWriter;
import org.apache.velocity.Template;
import org.apache.velocity.VelocityContext;
import org.apache.velocity.app.VelocityEngine;

public class dynamicLayoutAction extends ActionSupport {

    private String layout;         //레이아웃 색상 설정
    private String layout_text;     //선택 색상 텍스트 메시지
    private String layout_li;       //메뉴 색상 설정

    public String execute( ) throws Exception {

        //layout 파라미터가 없을시 초기값을 red 로 설정
        if (layout == null)
            layout = "red";
```

```
        layout_text = layout + "style";
        layout_li = layout + "_li";

        return SUCCESS;
    }

    public String getLayout( ) {
        return layout;
    }
    public void setLayout(String layout) {
        this.layout = layout;
    }

    public String getLayout_text( ) {
        return layout_text;
    }

    public void setLayout_text(String layout_text) {
        this.layout_text = layout_text;
    }

    public String getLayout_li( ) {
        return layout_li;
    }

    public void setLayout_li(String layout_li) {
        this.layout_li = layout_li;
    }
}
```

layout은 파라미터로 받은 색상 값을 저장하는 변수이다. layout_text는 화면에 출력할 색상 값의 메시지를, layout_li 는 메뉴의 색상 값을 각각 나타낸다.

if(layout == null) layout = "red"; 코드는 초기 파라미터 값이 없으면 red 스타일로 설정한다는 의미이다. 그리고 layout_text 와 layout_li 는 각각 뒤에 문자열을 붙여 설정한다.

03 페이지 생성을 위한 index 화면 페이지를 작성한다.

소스 15-10: /jsp/velocity/dynamicLayoutAction/index.vm

```
〈!DOCTYPE HTML PUBLIC "-//W3C//DTD HTML 4.01//EN"
"http://www.w3.org/TR/html4/strict.dtd"〉

#if( $ layout != 'nocss' )
  #set( $ stylesheet = 'common/css/layout.css' )
#end


〈!-- header HTML 호출 --〉
#parse( 'jsp/velocity/dynamicLayoutAction/header.vm' )


〈!-- Top 레이아웃 --〉
〈div id="$layout" class="top_bottom"〉
  〈h2 align="center"〉Velocity를 이용한 동적 레이아웃 예제 Top ($layout_text)〈/h2〉
〈/div〉


〈!-- Left 레이아웃 --〉
〈div id="left_menu"〉
  〈div id="$layout" class="menu"〉
    #parse( 'jsp/velocity/dynamicLayoutAction/layoutmenu.vm' )
  〈/div〉
〈/div〉


〈!-- Body 레이아웃 --〉
〈div id="$layout" class="content"〉
  〈h2〉Velocity를 이용한 동적 레이아웃 예제 Body ( $layout_text )〈/h2〉
〈/div〉


〈!-- Bottom 레이아웃 --〉
〈div id="$layout" class="top_bottom"〉
  〈h2 align="center"〉Velocity를 이용한 동적 레이아웃 예제 Bottom ($layout_text)〈/h2〉
〈/div〉


〈!-- footer HTML 호출 --〉
#parse( 'jsp/velocity/dynamicLayoutAction/footer.vm' )
```

먼저, 파라미터로 입력받은 $layout 값이 'nocss'라면 $stylesheet 값을 null로 설정하고, 그렇지 않다면 'common/css/layout.css'로 설정한다. 다음으로 #parse 코드로 header.vm과 layoutmenu.vm, 그리고 footer.vm 파일을 각각 호출해서 페이지를 구성한다.

04 페이지의 헤더 부분을 작성한다. HTML의 head 태그와 title 태그를 각각 설정하고 $stylesheet 값이 있다면 css를 호출하도록 한다.

소스 15-11: /jsp/velocity/dynamicLayoutAction/header.vm

```
〈html〉
〈head〉
  〈title〉Velocity를 이용한 동적 레이아웃 - $layout_text〈/title〉

#if( $stylesheet )
  〈style type="text/css" media="screen"〉@import "$stylesheet";〈/style〉
#end

〈/head〉
〈body〉
```

05 페이지의 왼쪽 메뉴를 구성하는 코드를 작성한다.

소스 15-12: /jsp/velocity/dynamicLayoutAction/layoutmenu.vm

```
#set ( $url = "dynamicLayoutAction.action" )

〈h2 align="center"〉레이아웃 메뉴〈/h2〉
〈ul〉
  〈li id="$layout_li"〉〈a href="${url}?layout=red"〉  Red Style〈/a〉〈/li〉
  〈li id="$layout_li"〉〈a href="${url}?layout=blue"〉  Blue Style〈/a〉〈/li〉
  〈li id="$layout_li"〉〈a href="${url}?layout=purple"〉  Purple
Style〈/a〉〈/li〉
  〈li id="$layout_li"〉〈a href="${url}?layout=green"〉  Green
Style〈/a〉〈/li〉
  〈li id="$layout_li"〉〈a href="${url}?layout=nocss"〉  No CSS〈/a〉〈/li〉
〈/ul〉
```

#set($url = "dynamicLayoutAction.action")을 통해 링크할 url을 설정한다. li 태그로 링크 메시지를 구성하고, id는 $layout 값에 _li 문자열을 결합한 값을 사용한다. 각 색상 별로 페이지를 구성하고, 마지막은 css 파일을 사용하지 않는 NO CSS로 기술한다.

06 페이지의 하단에 들어가는 정보(footer) 부분으로, body 태그와 html 태그를 닫는 코드로 구성한다.

소스 15-13: /jsp/velocity/dynamicLayoutAction/footer.vm

```
</body>
</html>
```

07 페이지의 디자인과 구성을 담당하는 스타일시트 파일을 작성한다.

소스 15-14: /common/css/layout.css

```
body
{
    color:#333;
    background-color:white;
    margin:10px;
    padding:0px;
    font:11px verdana, arial, helvetica, sans-serif;
}

h2
{
    font:bold 12px/14px verdana, arial, helvetica, sans-serif;
    margin:0px 0px 0px 0px;
    padding:5px;
}

.top_bottom
{
    position:relative;
    width:660px;
    min-width:120px;
    margin:0px 0px 0px 0px;
```

```
    border:1px solid black;
    padding:5px;
    z-index:3;
}

.content
{
    position:absolute;
    width:500px;
    height:137px;
    min-width:120px;
    margin:-155px 0px 0px 160px;
    border:1px solid black;
    padding:5px;
    z-index:1;
}

#left_menu
{
    position:relative;
    width:190px;
    top:6px;
    left:1px;
    right:10px;
    border:1px;
    padding:0px;
    z-index:1;
}

#blue
{
    background-color: #90bade;
}

#blue_li
{
    background-color: #2175bc;
}
```

```
#red
{
  background-color: #FAD2CE;
}

#red_li
{
  background-color: #F2AAA1;
}

#purple
{
  background-color: #DAD6F6;
}

#purple_li
{
  background-color: #B2AAFF;
}

#green
{
  background-color: #90EE90;
}

#green_li
{
  background-color: #3CB371;
}

.menu
{
  width: 13.3em;
  border-right: 0px solid #000;
  padding: 0 0 0 0;
  margin-bottom: 1em;
  font-family: 'Trebuchet MS' , 'Lucida Grande' ,
      Verdana, Lucida, Geneva, Helvetica,
      Arial, sans-serif;
```

```css
    color: #333;
}

.menu ul
{
  list-style: none;
  margin: 0;
  padding: 0;
  border: none;
}

.menu li
{
  border-bottom: 1px solid #ffffff;
  margin: 0;
}

.menu li a
{
  display: block;
  padding: 4px 4px 4px 0.2em;
  color: #fff;
  text-decoration: none;
  width: 100%;
}

.menu li a:hover
{
  background-color: #800000;
  color: #fff;
}
```

top_bottom과 content, left_menu가 각 영역을 나타내는 div 태그의 위치와 모양을 정의한다. position 속성은 레이아웃의 위치를 나타내고 크기와 여백 값도 설정한다. 그리고 #blue, #blue_li 등과 같이 각 색상의 ID를 지정해 해당 파라미터 값과 일치시킨다. menu와 menu ul, menu li 등은 왼쪽 메뉴의 구성과 스타일을 정의한다.

08 다음의 주소를 입력해 결과 화면을 출력한다.

http://localhost/velocity/dynamicLayoutAction.action

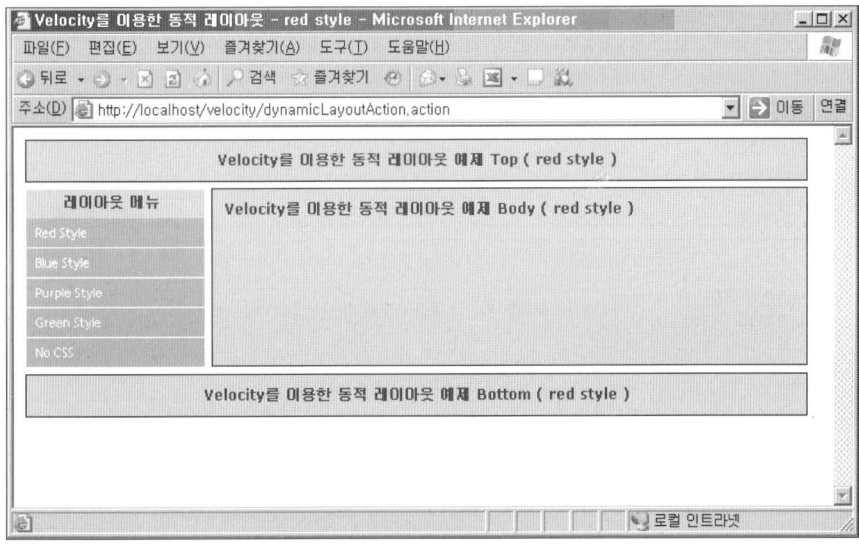

[그림 15-7] 벨로시티를 이용한 동적 레이아웃 페이지 – Red Style

일단 파라미터 값인 layout 값이 없기 때문에 디폴트 값인 red로 설정된 모습이다. 다음
으로 Blue Style을 클릭하면 파라미터와 함께 값이 넘어가 다음의 화면을 출력하게 된다.

http://localhost/velocity/dynamicLayoutAction.action?layout=blue

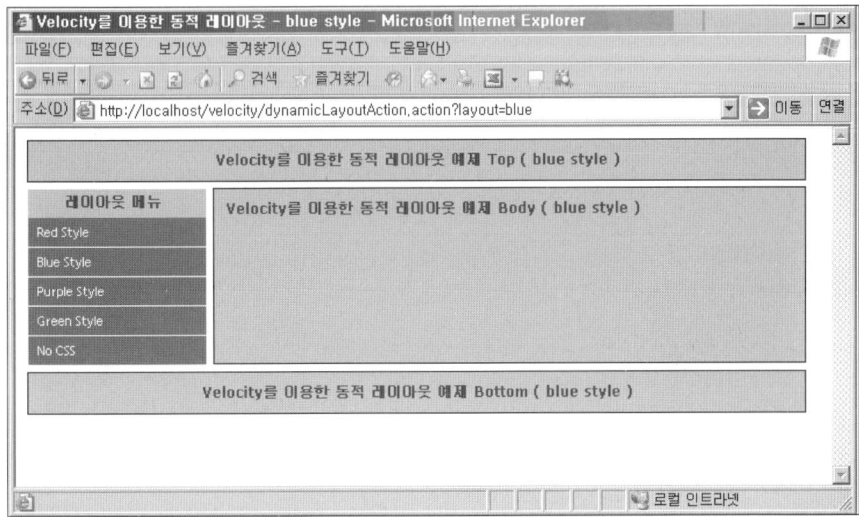

[그림 15-8] 벨로시티를 이용한 동적 레이아웃 페이지 – Blue Style

전체적인 색상이 파란색의 스타일로 바뀌었다. 파라미터 값인 layout은 blue로 설정되었다. 마찬가지로 Purple Style을 클릭하면 파라미터와 함께 값이 넘어가 다음의 화면을 출력하게 된다.

http://localhost/velocity/dynamicLayoutAction.action?layout=purple

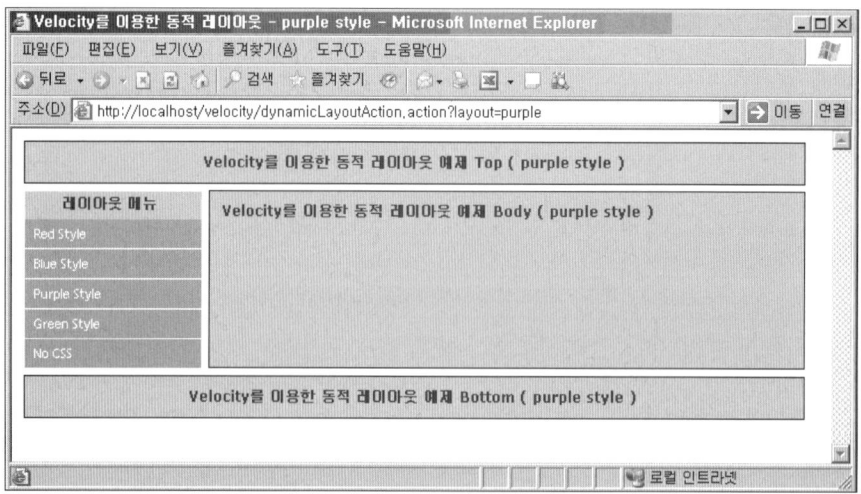

[그림 15-9] 벨로시티를 이용한 동적 레이아웃 페이지 - Purple Style

마찬가지로 Green Style을 클릭하면 파라미터와 함께 값이 넘어가 다음의 화면을 출력하게 된다.

http://localhost/velocity/dynamicLayoutAction.action?layout=green

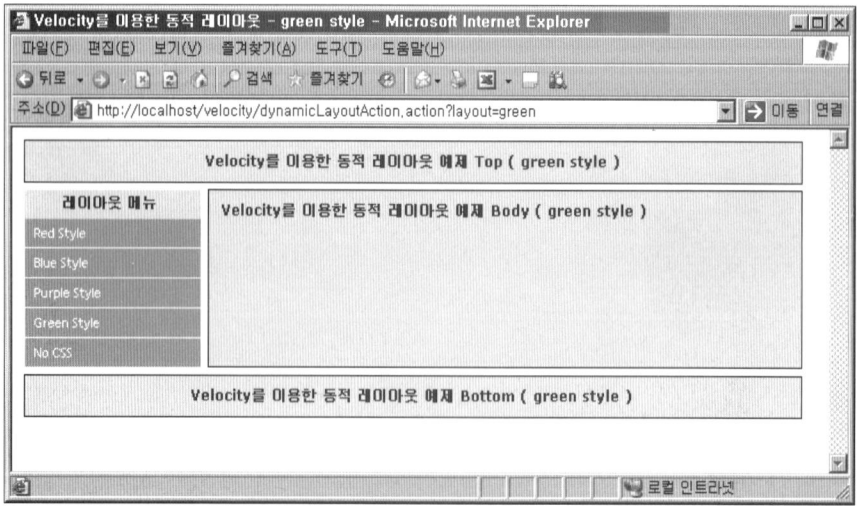

[그림 15-10] 벨로시티를 이용한 동적 레이아웃 페이지 - Green Style

No CSS를 클릭하면 다음과 같이 layout.css를 적용하지 않은 형태가 출력된다.

http://localhost/velocity/dynamicLayoutAction.action?layout=nocss

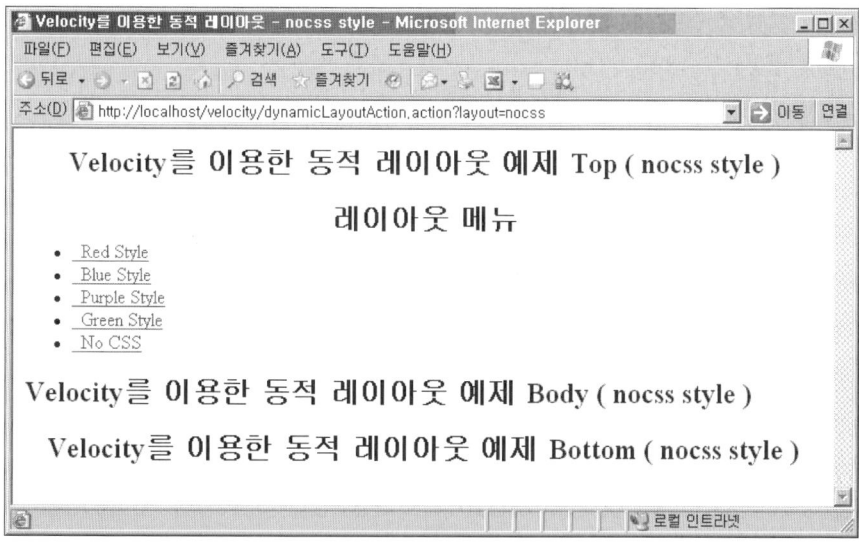

[그림 15-11] 벨로시티를 이용한 동적 레이아웃 페이지 – 스타일 적용 안함

위의 화면은 layout.css를 적용하지 않은 형태를 출력한 것으로, 스타일시트에 따라 Index.vm 파일의 출력이 이와 같이 확연히 달라질 수 있음을 알 수 있다.

벨로시티는 템플릿을 정의해 손쉽게 다양한 출력 결과를 내는 기술이라고 할 수 있다. 앞에서 살펴본 바와 같이 HTML 페이지뿐만 아니라 XML 포맷 형식도 출력이 가능하고, 화면 구성도 다양하게 변화시킬 수 있는 등 여러 가지 부분에서 활용이 가능하므로 잘 알아두도록 한다.

16

Chapter

자바를 위한 SOAP 결합 API(SAAJ)

| Point

웹 서비스는 서로 다른 이기종 컴퓨터를 간에 상호간 서비스 검색 및 공유를 가능하게 하는 기술이다. 오늘날과 같이 서로 다른 네트워크와 서버들이 혼용되는 환경에서 서비스를 함께 공유하기 위해 도입된 개념이다. 여기서 서비스란 웹 어플리케이션에서 사용되는 비즈니스 로직, 일반 어플리케이션에서 활용 가능한 컴포넌트 등 모두를 총칭한다. 이번 장에서는 웹 서비스 기본 개념과 스트럿츠2에서의 활용 방법에 대해 알아본다.

01. SOAP와 웹 서비스

SAAJ에 대한 내용을 알아보기 전에 먼저 웹 서비스의 개념을 이해해야 한다. 웹 서비스는 네트워크 상에서 서로 다른 종류의 컴퓨터들 간에 상호 통신을 하기 위한 시스템이다. 웹 서비스는 분산 컴퓨팅 기술의 일종으로, 사용하는 프로토콜은 XML 기반의 SOAP이다.

웹 서비스는 외부에서 접근 가능해야 하고 상태 정보를 유지하지 않아야 하며, 서버와 클라이언트 간에 지속적인 연결을 가지지 않는 특징이 있다. 그렇다면, 최근 IT분야에서 큰 이슈가 되고 있는 자바를 통한 웹 서비스 기술 구현에 대하여 알아보도록 하겠다. 이를 위해서는 웹 서비스 기술에 대한 소개와 자바를 통한 구현 방밥을 알아야 한다.

(1) 웹 서비스란?

웹 서비스의 개념에 대한 이해를 돕기 위해 웹 스트리밍 관련 프로그램의 예를 들어보자. 최근에는 기존에 개발되어 있는 웹 스트리밍 서버의 콘텐츠 저작(Content Authoring) 과정을 웹 브라우저 하나로 할 수 있도록 하는 일종의 SI(System Integration) 업무가 활발하다. 인터넷이 활성화되면서 기존에 개발된 여러 서비스들에 대해 웹 브라우저를 통하여 한 번에 접근이 가능한 환경으로 시스템을 통합하는 업무가 기업 곳곳에서 필요해지기 때문이다.

웹 스트리밍 서버의 콘텐츠 저작 과정은 여러 단계를 거친다. 멀티미디어 데이터 파일(MPEG과 같은 파일 형식)에 대해 스트리밍 서비스를 제공하기 위해서는 파일의 내용, 주제, 대표 화면 추출, 빠른 탐색(fast forward) 기능을 위한 프레임 추출 등의 과정이 필요하다. 그런데, 이들 여러 단계에 대하여 기존의 시스템은 각각의 다른 컴포넌트들이 존재하였으며, 이들은 몇몇 다른 언어로 구현되어 있다(각 서비스 개발에 적합한 고유의 언어를 선택하였기 때문).

이런 각 컴포넌트들의 통합 과정에서 가장 문제점이라 볼 수 있는 것은 바로 작업 자체의 어려움이라기보다는 각 언어별 특성에 따른 호환성의 결여 문제이다. 실제로 자바의 스트림 개념은 C언어에서는 존재하지 않는다. 따라서, 자바 프로그램과 C언어로 개발된 프로그램의 TCP/IP 전송을 위해서는 자바 스트림에서 수시로 바이트당 전송을 해 주어야 한다. 이와 같은 상황은 소프트웨어 개발자 입장에서는 한두 번쯤 겪어봄 직한 문제이다. 이러한 문제점에 대해서는 개발자들뿐만 아니라 각 솔루션벤더들도 공감해온 것이 사실이다. 또한, 이를 해결하기 위한 시도도 곳곳에서 진행되어왔고, 그 중 몇몇은 개발자들에 의해 어느 정도의 호응을 이끌어낸 것이 사실이다. 그러나 이러한 기술들도 특정 플랫폼 사용을 요구한다든지 하는 문제점을 드러내었고 결국은 웹 서비스에까지 이르게 되었다.

웹 서비스는 다양한 디바이스, 데이터베이스, 네트워크 등을 하나의 가상 컴퓨팅 조직을 통합하여 사용자가 웹 브라우저 하나로 쉽게 작업할 수 있도록 한다. 사용자가 원하는 서비스 자체는 사용자의 PC가 아닌 웹 기반의 서버에서 실행된다.

결국, 웹 서비스는 데이터와 어플리케이션이 사용자의 데스크톱으로부터 웹 서비스 제공자의 서버상으로 옮겨지게 할 것이며, 사용자와 기업의 비즈니스 로직간에 복잡한 트랜잭션이 일어나게 될 어플리케이션 서버는 웹 서비스의 핵심적인 부분으로 자리잡게 된다. 즉, 사용자들은 단지 웹 브라우저를 사용할 수 있는 인터넷에 연결된 머신(PC뿐만 아니라 단순한 기능의 터미널 혹은 PDA도 가능)만으로 각자의 목적에 부합하는 서비스를 사용할 수 있는 것이다. 이렇게 웹 서비스는 콘텐츠를 읽거나 다운로드하는데 주로 사용되는 현재의 인터넷을 향후 차세대 컴퓨팅 플랫폼으로 바꾸어 놓을 것이다.

> **참고**
>
> **웹 서비스 정의**
>
> 웹 서비스는 플랫폼, 언어, 객체 모델에 중립적인 형태로 웹을 통해 다른 프로그램에서 어떤 표준화된 웹 서비스 프로토콜을 사용하여 호출할 수 있는 서비스를 의미한다. 즉, 웹이 사람을 위한 서비스라면 웹 서비스는 어플리케이션을 위한 서비스인 것이다. 표준화된 웹 서비스 프로토콜은 SOAP(Simple Object Access Protocol), UDDI(Universal Description, Discovery and Integration), WSDL(Web Service Description Language)를 포함한다.

다음 그림은 웹 서비스를 구성하는 컴포넌트들간의 상호 작용을 나타낸 것이다. 이 [그림 16-1]에서 각 컴포넌트는 다음과 같은 기능을 수행한다.

- 서비스 제공자 : 자신의 서비스를 공개하고 적용하기 위해서 서비스 레지스트리에 등록한다.
- 서비스 요청자 : 공개된 서비스의 서비스 브로커 레지스트리 검색을 통해 서비스를 검색한 뒤, 사용 가능한 서비스인 경우 서비스 제공자를 통해 서비스에 바인드한다.

이들 서비스 제공자와 서비스 요청자의 통신에는 세 가지의 통신 프로토콜이 관여한다.

① 서비스를 공개하기 위하여 UDDI API를 사용한다.
② 서비스를 검색하기 위해서는 WSDL과 UDDI를 함께 사용한다.
③ 서비스에 바인딩하기 위하여 WSDL과 SOAP을 사용한다.

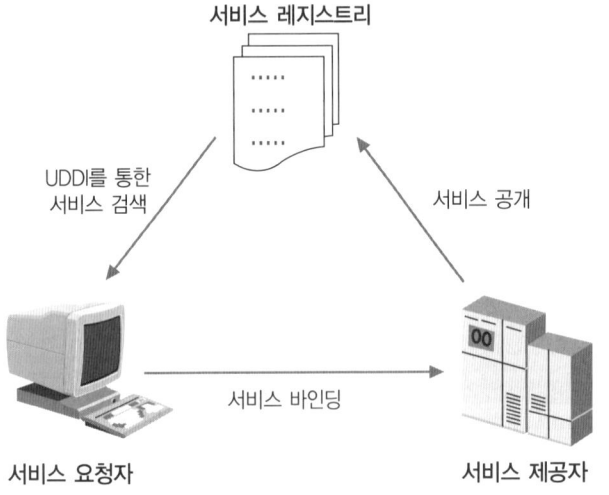

[그림 16-1] 서비스 제공자와 서비스 요청자간 통신에 관여하는 통신 프로토톨

웹 서비스는 일련의 개방 표준을 사용하여 상호 운영성을 실현한다. XML은 가장 중요한 웹 서비스 표준으로, 다른 웹 서비스 표준에 대한 기반을 제공한다. XML은 HTML과는 달리 사용자가 직접 자신의 마크업 태그를 정의하여 사용할 수 있으며, 이 태그는 문서 내의 데이터에 관련된 정보를 자체적으로 제공하므로 플랫폼 독립적인 통신을 가능하게 하여 다른 종류의 기업 시스템들간에 시스템 통합을 가능하도록 한다.

웹 서비스 어플리케이션을 실행하기 위해서는 SOAP을 사용하여야 하는데, SOAP은 한 운영체제상에서 어떤 프로그램이 다른 운영체제에서의 프로그램과 XML을 통하여 정보 교환을 할 수 있도록 해주는 프로토콜이다. 일반적으로 SOAP 메시지는 XML을 통하여 표현되며,

주로 HTTP 프로토콜을 통하여 전송된다(이때, HTTP가 아닌 SMTP, JMS와 같은 다른 프로토콜이 아니어도 관계없다. SOAP은 전송 계층에 대한 제한을 하지 않고 있다). 결국, XML에 기반한 RPC 메커니즘이라 할 수 있다. 부가적으로 웹 서비스가 한 운영체제 혹은 어떤 웹 브라우저상에서 이용될 수 있는가를 판단하기 위해서는 오직 SOAP 프로토콜을 통한 통신이 가능한지 여부만 확인해 보면 된다.

XML기반의 WSDL(Web Service Description Language)은 웹 서비스에 관한 정보를 기술한다. WSDL은 또한 웹 서비스 인터페이스를 통해 전달해야 할 속성 정보를 제공함으로써 사용자가 웹서비스에 접근하기 쉽도록 도와준다. 실제로, 해당 웹 서비스가 무슨 일을 하는지, 어디에 위치하는지, 그리고 어떻게 호출하는지에 관한 정보를 기술한다.

사용자들은 UDDI(Universal Description, Discovery and Integration)에 기초한 XML 기반의 레지스트리를 통하여 인터넷 상에서 제공되고 있는 웹 서비스들의 리스트를 검색하고 바인딩할 수 있다. 실제로 웹 서비스 제공자들은 개발자들에게 그들의 목적에 맞는 폭넓은 API를 제공하고 있는 것이다.

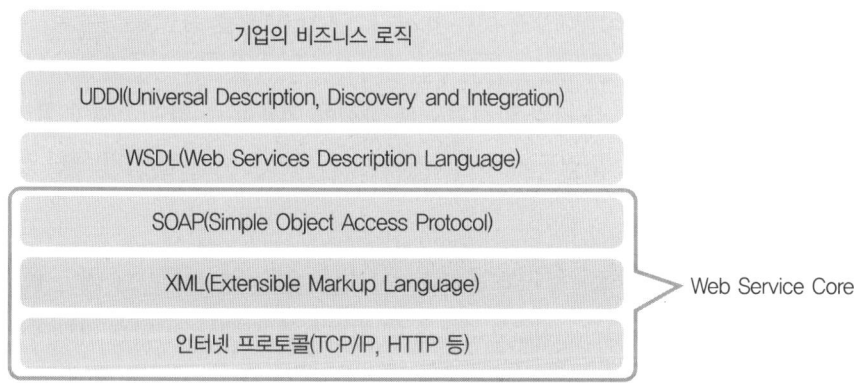

[그림 16-2] 웹 서비스 프로토콜 스택

앞에서 알 수 있듯이 웹 서비스에서는 여러 컴포넌트들 간에 표준화된 통신 프로토콜을 사용한 복잡한 상호 작용이 일어난다. 그러나 이해를 쉽게 하기 위하여 좀 더 단순화하면 위 그림과 같이 관련 기술들을 스택 구조로 표현할 수 있다.

기본적으로 보면 웹 서비스도 두 어플리케이션 사이의 커넥션을 기반으로 서비스를 요청하고 그에 대한 응답을 받는 형태로 되어 있다. 즉, 일반 TCP/IP 및 HTTP 프로토콜 하에서 XML 형식을 사용하여 메시지를 교환하게 된다. Web Service Core 계층은 표준에 의해 정의되어 있는 기본적인 웹 서비스 통신을 정의한다. 따라서, 어떤 벤더가 웹 서비스 플랫폼을 구현하더라도 서로 다른 벤더의 웹 서비스 플랫폼과 상호 연동이 가능한 것이다. 상위 계층은 현재까지 많은 기업에 의해서 다양한 시도가 이루어졌으며, 대체적으로 WSDL과 UDDI쪽으로 대세가 기울고 있다(물론, 차후 설명드리겠지만 이 대세를 따르지 않는 구현도 존재한다).

(2) 웹 서비스 기술 개발 현황

현재 벤더들의 웹 서비스 기술 개발은 어떻게 되어가고 있는지 또 개발자들 입장에서는 어디를 따라가야 하는지에 관한 생각을 해보도록 하겠다.

웹 서비스 관련 기술 개발 및 표준화에서 주도권을 쥐고 웹 서비스에 큰 관심을 보이고 있는 벤더는 마이크로소프트와 IBM이다. 마이크로소프트는 닷넷 프레임워크를 통하여 그리고 IBM은 웹 스피어를 통하여 웹 서비스 플랫폼을 제공하고 있다. 지금까지의 여러 벤더들의 노력 결과, 웹 서비스는 시작 단계에서 벗어나 지금은 성숙 단계에 있다고 할 수 있다. 웹 서비스는 그동안 EJB, MTS 등의 기술들이 원했던 바를 플랫폼과 운영체제에 독립적인 방법으로 실현하고 있다.

그러나, 현재로서는 아직 기업 환경에서 SOAP, WSDL, UDDI와 같은 표준들을 사용할 웹 서비스 구현이 제대로 시도되거나 테스트되거나 혹은 효과적으로 동작한다고 증명되지 않은 상태이다. 그렇다고 해서 웹 서비스를 기업 환경의 문제 해결에 적용할 수 없다고 봐야 할까? 혹은 미션 크리티컬한 환경에 적합할 정도의 수준까지 도달할 때까지 이런 웹 서비스를 사용하지 말아야 할까? 그렇지는 않다.

현재의 마이크로소프트의 닷넷(.NET) 플랫폼이나 Apache SOAP에서의 IBM 웹 서비스 툴킷(WSTK)은 성능면에서뿐만 아니라 엔터프라이즈 웹 서비스를 개발할 수 있을 정도의 안정성도 제공하고 있다. 마이크로소프트사나 IBM뿐만 아니라 SUN사 등 최소한 40여 개 사로부터 서로 다른 SOAP 구현이 존재하고 있고, 이들 각각은 호환성, 표준 구현 정도, 기능면에서 다양한 수준의 서비스를 제공하고 있다. 게다가 이들은 모두 최소한 SOAP 메시지를 생성하거나 읽어들이는 능력에 있어서도 전체적으로 만족할 만한 서비스를 제공하고 있다. 다만, 툴이 구현되는 과정이나 어떤 환경에 기반하였는지에 따라 상호 운용성 측면에서 다른 플랫폼에서의 SOAP 구현과 잘 호환되지 않을 수 있다. 실제로 2001년 IBM과 마이크로소프트사는 양 사의 SOAP 구현 첫 버전을 발표하였다. 그러나 앞서 약속했던 크로스 플랫폼 상호 운용성 문제는 각사의 SOAP의 구현 특성 및 버그로 인하여 이들 두 툴을 사용한 통신이 사실상 어려웠다. 물론, 현재까지 계속된 버전업과 업그레이드로 많은 부분에 걸쳐 변화가 있었다는 사실이다. 그러나 xml.apache.org에서 구현하고 있는 또 다른 SOAP의 구현인

Apache SOAP과 마이크로소프트의 상호 운용성 문제 또한 현재 이슈가 되고 있다.

다음 [표 16-1]는 Apache SOAP과 마이크로소프트 SOAP의 구현에 있어서의 공통점과 차이점을 표시한 것이다.

[표 16-1] SOAP 구현에서의 공통점 및 차이점

특징	Apache SOAP	MS SOAP
SOAP 1.1 호환성		
1차원 배열	O	O
다차원 배열	×	O
지원 가능 전송 계층(transport)		
SMTP	O	×
POP3	×	×
FTP	×	×
TCP	×	×
HTTP	O	O
보안		
SSL	O	O
디지털 서명	×	×
메시지 다이제스트 인증	×	O
관리 및 환경 설정		
메시지 로깅	△(일부 지원)	O
파일기반 환경 설정	○	O
메시지 형태		
단방향 메시지	O	×
비동기 메시지	×	×
서비스 기술(description)		
WSDL		
읽기	×	O
생성	×	
스텁(stub)	static	dynamic
복잡한 구조체	×	O

위에서 나열한 사항 외에도 각 SOAP 구현 간의 많은 차이점이 존재하지만 특히 심각한 것은 위 표의 하단부에 표시되어 있는 Apache SOAP과 MS SOAP간의 WSDL 지원 여부이다.

실제로 필자는 최근 Linux 운영체제에서 Apache 서버(Servlet과 JSP를 위한 Tomcat 서버, XML 파서, Apache SOAP)상에서 마이크로소프트측의 SOAP 클라이언트(VB, VB 어플리케이션 혹은 윈도 환경의 웹 브라우저를 통한 스크립트)와 연동시키는 작업을 하였다. 이때 마이크로소프트 SOAP 클라이언트(웹 브라우저)에서 웹 서비스를 아무리 호출해도 이에 대한 결과가 제대로 리턴되지 않았다. 많은 시간을 낭비한 후에 결국 찾아낸 결과는 앞의 표에서 나타난 바와 같이 Apache SOAP은 WSDL을 지원하지 않는다는 사실이었다. 마이크로소프트측 클라이언트에서는 원하는 웹 서비스를 기술하기 위해서 WSDL을 사용한다.

이에 대한 해결책을 간단히 설명하면 IBM의 웹 서비스 툴킷(WSTK)을 통해 Apache SOAP을 위한 WSDL을 생성해 주는 방법으로, 이를 통해 상호 운용성 문제를 어느 정도 해결할 수 있다. 물론 이때 웹 서비스 툴킷이 생성한 WSDL이 마이크로소프트 SOAP에서 인식하는 형태와 조금 다르기 때문에 코딩을 통해 약간의 수정 과정을 거쳐야만 Apache SOAP에서 제대로 동작할 수 있다. 그러나 가급적 서버측과 클라이언트측에서 같은 벤더의 제품 또는 솔루션을 일관성있게 사용하는 편이 이러한 복잡한 문제의 발생을 근원적으로 제거할 수 있는 방법이다.

웹 서비스의 형태는 다음의 두 가지가 있다.

① 동기적 웹 서비스 : 서버에 요청 후 응답을 받는 형태이다.
② 비동기적 웹 서비스 : 단방향 메시징으로 메시지 큐를 사용하여 요청을 받는다.

웹 서비스는 다음과 같은 표준 규격으로 이루어진다.

① WSDL(Web Service Description Language)

웹 서비스 기술 언어로 XML 언어로 되어 있으며 사람과 프로그램간의 인터페이스를 담당한다. 서비스 제공 위치, 메시지 포맷, 프로토콜 등과 같은 웹 서비스의 내용이 상세히 기술되어 있다.

② UDDI(Universal Description, Discovery and Integration)

웹 서비스 정보의 공개 및 검색을 위한 표준이다. UDDI를 통해 요청된 서비스를 검색해서 이를 사용할 수 있다.

③ SOAP(Simple Object Access Protocol)

웹 서비스에서의 기본적인 메시지 전달 수단으로 XML 기반의 메시지를 컴퓨터 네트워크 상에서 교환하는 형태의 프로토콜이다.

④ JAX-RPC(Java API for XML-based RPC)

Sun Microsystems에서 제공하는 XML 기반 RPC를 위한 자바 API이다.

⑤ SAAJ(SOAP with Attachments API for Java)

SAAJ는 SOAP 메시지와 첨부된 파일을 다루기 위한 Java API로 XML 문서를 전달하는 표준 방법을 제공한다.

참고

웹 서비스는 비즈니스 모델인가?

웹 서비스는 비즈니스 모델이 아니다. 비록 웹 서비스를 통해 소프트웨어 회사들이 소프트웨어를 제공하는 방식이나 가격 정책에서의 변화를 가져올 수 있지만 웹 서비스는 특정 비즈니스 모델에 국한되는 것이 아니라 기술 개발을 위한 모델이다.

웹 서비스를 위한 표준은 누가 개발하는가?

웹 서비스는 수많은 회사와 소프트웨어 벤더들의 협력을 통해 현재의 모습을 갖추어 왔다. 물론, 웹 서비스 프로토콜의 일부는 W3C에서 표준화 작업을 하였지만 상당 부분은 일반 기업들이 산업 표준으로서의 기반을 다져왔다. 마이크로소프트에서 SOAP을 개발하였고, 이후 IBM과 Ariba가 마이크로소프트와 함께 UDDI를 개발하는데 함께 하였다. 그 뒤로 IBM은 부가적인 웹 서비스 스펙을 마련하는데 힘을 쏟아 WSDL, WSFL을 개발하여 현재에 이르고 있다.

CORBA와 같은 이전의 분산 컴퓨팅 모델들과의 차이점은 무엇인가?

웹 서비스는 단순히 하나의 기술을 말하는 것이 아니다. 웹 서비스는 SOAP, UDDI, WSDL과 같은 여러 통신 프로토콜 들의 집합체로서 어떠한 컴퓨터 플랫폼에서도 어떤 개발 환경에서도 개발되고 사용될 수 있으며 이런 표준화된 통신 프로토콜을 사용하여 다른 웹 서비스들과 통신할 수 있다. 반면 이전의 분산 컴퓨팅 모델들은 특정 플랫폼 혹은 개발 환경에서 지정된 프로토콜 혹은 한정된 포트로만 통신이 가능했다.

웹 서비스 기술에 대한 개발 및 지원에 있어 주요 벤더들로는 어떤 회사가 있는가?

현재로서는 IBM과 마이크로소프트가 웹 서비스 기술에 있어 대표주자라 할 수 있다. 이들 회사들은 웹 서비스 관련 표준화 작업과 함께 이를 구현한 제품을 제공하면서 웹 서비스 기술에 있어 서로를 앞서가려는 노력을 경주하고 있다. 이 뿐만 아니라 SUN, HP, BEA, Bolland, Bowstreet 등의 회사도 웹 서비스에 대한 깊은 관심을 보여주고 있는데, 몇몇 회사들은 웹 서비스 구현 제품도 이미 출시한 바 있다.

다음은 웹 서비스의 구성 및 역할을 그림으로 도식화한 것이다.

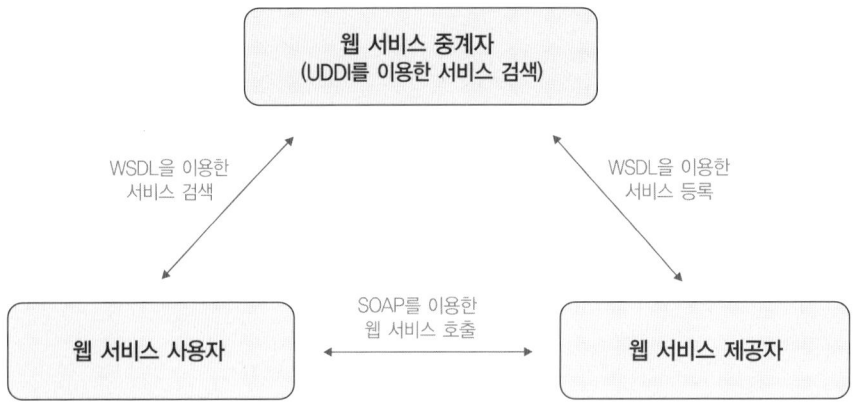

[그림 16-3] 웹 서비스의 구성 및 역할

02. SOAP 메시지의 구조

앞에서 알아본 웹 서비스를 이용하기 위해서는 SOAP(Simple Object Access Protocol)이라는 기본적인 메시지 프로토콜을 사용한다. SOAP은 일반적으로 널리 알려진 HTTP 등을 사용하여 XML 기반의 메시지를 네트워크상에서 통신하는 형태의 프로토콜이다. HTTP를 사용함으로써 방화벽의 제한을 받지 않고 효율적으로 통신할 수 있다는 장점이 있다. SAAJ는 SOAP 메시지를 만들고 이를 다루기 위한 JAVA API를 제공한다. 그러므로 SAAJ의 작성을 위해서는 SOAP 메시지에 대한 확실한 이해가 필요하다.

SOAP 메시지는 다음과 같은 4가지 요소로 구성되는데 이에 대해 자세히 알아보자.

(1) SOAP 메시지의 구성요소

① Envelope : 루트 태그이고 SOAP 메시지의 시작을 나타낸다.
② Header : 선택 사항으로 인증이나 트랜잭션의 관리를 위해 기술한다.
③ Body : 전하고자 하는 메시지의 내용을 기술한다.
④ Content : 서비스에 대한 요청이나 응답을 기술한다.

(2) SOAP 메시지의 구조

SOAP 메시지의 구조는 다음과 같다.

```
〈Envelope〉
    〈Header〉
      ......
    〈/Header〉
    〈Body〉
        〈Content〉
          ......
        〈/Content〉
    〈/Body〉
〈/Envelope〉
```

SOAP 메시지는 javax.xml.soap 패키지의 클래스들을 이용하며, 다음과 같은 두개의 메시지 타입을 가지고 있다.

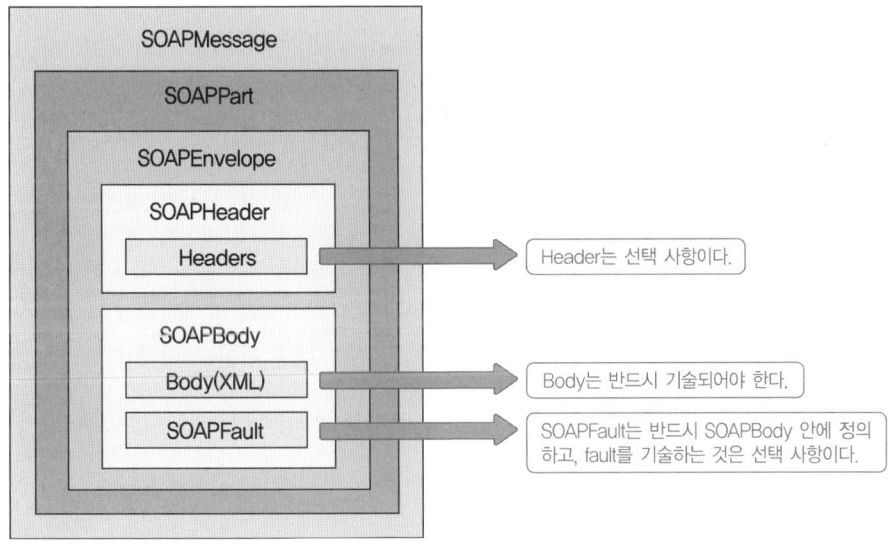

[그림 16-4] 첨부 파일이 없는 SOAP 메시지

첨부 파일이 없는 SOAPMessage는 SOAPPart, SOAPEnvelope, SOAPHeader(선택 사항), SOAPBody의 구조로 되어 있다. 새로운 SOAPMessage 객체를 생성하면 SOAPPart, SOAPEnvelope, SOAPHeader, SOAPBody가 차례로 자동 생성된다.

SOAPHeader 객체는 선택사항이지만 별도의 정의가 없어도 기본적으로 생성되며, 하나 이상의 header를 포함할 수 있다. SOAPBody 객체는 보내고자 하는 메시지의 내용을 기술한다. SOAPFault는 SOAPBody 안에 기술되는 객체로 오류, 상태 정보 등이 담겨 있다.

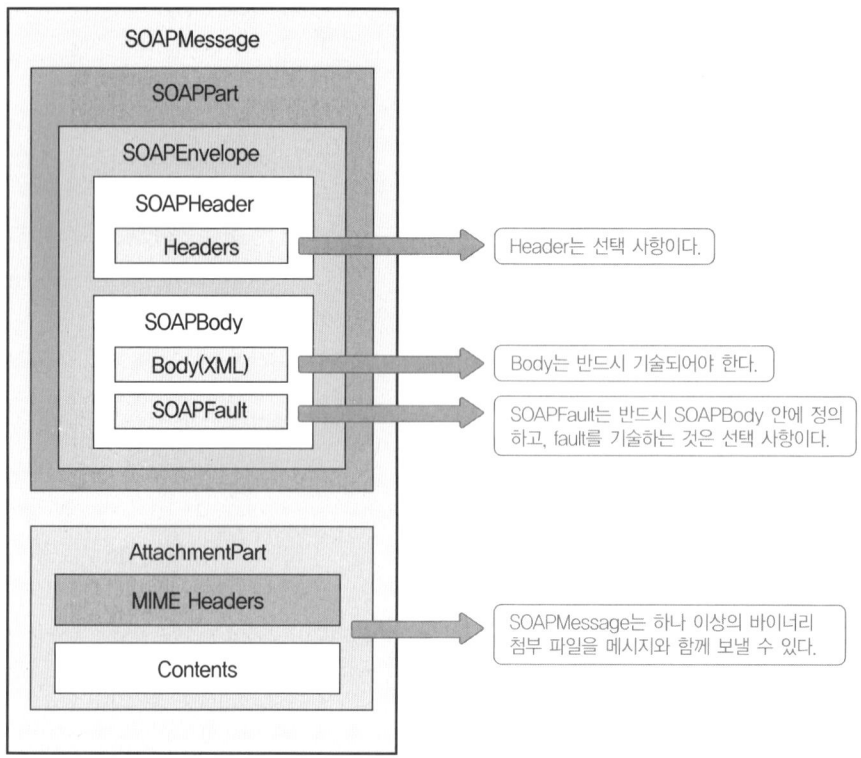

[그림 16-5] 첨부 파일이 있는 SOAP 메시지

SOAP 메시지는 SOAPPart와 함께 첨부 파일을 보낼 수 있다. SAAJ에서는 javax.xml. soap.AttachmentPart 클래스를 이용해 SOAP 메시지의 첨부 파일 부분을 나타낸다.

AttachmentPart 객체는 하나 이상의 첨부 파일을 기술할 수 있으며, 데이터의 타입을 가리키는 MIME Header와 첨부 파일을 나타내는 Contents로 이루어져 있다.

03. UDDI

(1) UDDI란?

웹 서비스를 구현하기 위해서는 해당 컴포넌트를 서비스 레지스트리로부터 UDDI를 통해 서비스를 검색하고 해당 서버에 바인딩할 수 있도록 하여야 한다. 여기서부터는 본격적으로 웹 서비스에 있어 전화번호부의 역할을 하는 UDDI(Universal Description, Discovery and Integration)에 관하여 살펴보도록 하겠다.

지구상에서 IT분야에 종사하는 개발자의 수가 얼마나 될까? 생각해본 적도 없는 또 의미없는 질문일지도 모른다. 그러나 웹 서비스가 널리 사용되는 시대가 왔을 때, 모든 개발자들이 웹서비스를 하나씩 작성한다면 엄청나게 많은 웹 서비스가 생길 것이다. 그 중에서 자신이 필요로 하는 웹 서비스를 검색하고 사용할 수 있도록 하기 위해서 웹 서비스를 검색하는 방법은 물론, 웹 서비스를 관련성에 따라 분류하는 방법, 혹은 어떤 응용 프로그램이 특정 웹 서비스를 필요로 하는 경우 이러한 검색 메커니즘과 자동으로 상호 작용할 수 있는 방법이 마련되어야 한다. 바로 이런 이유 때문에 등장한 것이 바로 UDDI이다.

UDDI(Universal Description, Discovery and Integration)는 인터넷상의 비즈니스 클라이언트들 간에 서로를 검색하고 또 해당 서비스에 대한 자세한 정보를 조회할 수 있도록 하는 표준화된 방법을 제공한다. 이러한 관점에서 UDDI는 일종의 전화번호부라 생각할 수 있다 (물론 단순히 이름과 전화번호를 나열하는 것 이상의 역할을 할 수 있다). 즉, UDDI는 웹 서비스의 이름, 웹 서비스가 어떤 서비스를 제공하는지에 관한 자세한 기술적 설명 그리고 웹 서비스 제공자의 주소와 관련된 정보를 담고 있다.

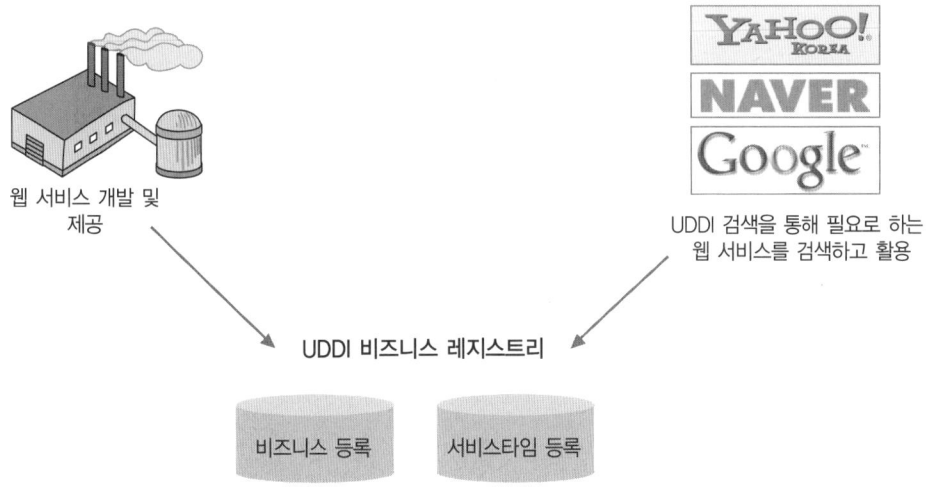

[그림 16-6] UDDI 구조

UDDI는 인터넷이 연결되어 있다면 전 세계 어느곳에서도 접근할 수 있으며, 웹 서비스를 위한 SOAP 연결점을 제공한다. 게다가 UDDI는 인트라넷 환경에서 방화벽이 설치되어 있는 구조에서도 제 역할을 수행하는데, 이는 RMI나 CORBA 또는 DCOM과 같은 프로토콜들과는 구별되는 특징이다.

이런 UDDI 서비스를 누가 운영하는지도 이슈가 된다. 왜냐하면 특정 운영자별로 보유하고 있는 웹 서비스 정보가 다르다거나 어떤 한 UDDI 운영자가 가지고 있는 웹 서비스가 다른 운영자의 서버에는 없거나 하는 경우 UDDI의 당초 개념이 제 구실을 할 수 없게 되기 때문이다. 그러나 오늘날에는 이런 걱정은 할 필요가 없다. 왜냐하면 지금은 웹 서비스용 기반 구조 (infrastructure)가 잘 구축되어 있어 웹 서비스에 대한 데이터를 특정 공급업체와 무관한 보편적인 방법으로 일관성 있고 안정적으로 검색하고 사용할 수 있기 때문이다.

(2) UDDI의 구조

UDDI를 이해하기 위해서는 우선 웹 서비스를 WSDL로 어떻게 기술하는가에 관하여 알고 있어야 한다. WSDL은 어떤 웹 서비스가 무슨 기능을 제공하는지, 어떻게 통신할 것인지 그리고 이 웹 서비스에 어떻게 접근할 것인지에 관하여 기술한다. 즉, 클라이언트측에서 이 웹 서비스를 사용하고자 할 때 인터페이스를 통해 어떠한 속성 값을 전달해야 하는지에 관한 정보를 제공함으로써 사용자가 웹 서비스에 접근하기 쉽도록 도와준다. 실제로 WSDL 파일의 일부는 다음과 같은 형식을 가진다.

```
〈message name=' WebService.Add' 〉
    〈part name=' A' type=' xsd:double' /〉
    〈part name=' B' type=' xsd:double' /〉
〈/message〉

                    :
                    :

〈service name= 'TestWebService' 〉
    〈port name= 'WebServiceSoapPort' binding=' wsdlns:WebServiceSoapBinding' 〉
        〈soap:address location= 'http://adam.samyangm.com/soaplisten/
TestWebService. WSDL' /〉
    〈/port〉
〈/service〉
```

이를 통해 웹 서비스를 사용하는 클라이언트는 이 웹 서비스를 사용해 배정도 실수 (double) 두 개를 입력받아 덧셈 연산을 할 수 있게 된다.

그러면 이제 본격적으로 UDDI에 관하여 알아보도록 하겠다. UDDI를 이해하기 위해서는 UDDI에서 사용하는 데이터 구조들에 대하여 먼저 이해하여야 한다. UDDI에서 사용되는 데이터 구조는 네가지로 나누어 볼 수 있다.

① businessEntity
② businessService
③ businessTemplate
④ tModel

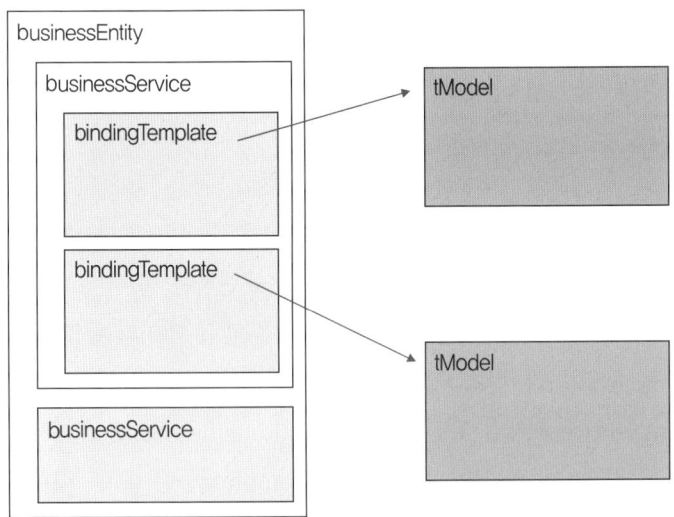

[그림 16-7] UDDI에서 사용되는 데이터 구성

위의 네 가지 개념을 설명해 놓은 많은 참고서적이나 자료들이 있지만 대부분 애매한 용어로 풀이하고 것들이 대부분이다. 필자는 이제 막 웹 서비스로의 첫 발을 딛는 개발자들에게 혼란만을 가중시킬 수 있다고 생각해왔다. 따라서, 이번 기회를 빌어 조금 더 명확한 설명을 위해 노력을 했는데, 독자들의 웹 서비스에 대한 기초를 닦는 데 도움이 되었으면 한다.

① businessEntity

businessEntity는 business에 관한 정보를 포함하며 그 자신 혹은 해당 businessEntity가 제공하는 서비스에 관한 관한 정보를 공표하고자 할 때 business에 의해서 사용된다. XML 관점에서 보면 businessEntity는 비즈니스나 개체에 관한 정보를 갖는 최상위 수준의 데이터 구조이다. businessEntity는 UDDI에서 비즈니스와 데이터를 식별할 수 있도록 하는 자신의 고유한 키를 가진다. 여기서 business란 말 그대로 한 회사에서 추진하는 사업을 의미한다. 예를 들어, 벤처기업인 A사의 사업분야가 인터넷 웹 게시판 개발인 경우, 이 회사의 business는 웹 게시판 사업이 될 수 있다. 일반적으로 회사에서는 자사의 사업을 추진하기 위해서 여러 개의 서브팀들이 작업을 진행하는데, 마찬가지로 하나의 businessEntity 데이터 구조에는 여기서 목적하는 바를 실제로 추진하기 위해서 개발된 여러 개의 웹 서비스들에 대한 정보 즉, businessService가 포함될 수 있다. 한 회사가 자사의 사업 분야에 맞는 여러 개의 웹 서비스를 개발하여 UDDI 레지스트리에 등록할 수 있다는 이야기이다.

② businessService

businessService는 businessEntity를 위해 제공하는 비즈니스 프로세스 즉, 웹 서비스를 의미한다. 일반적으로 businessService 내에는 이 개체가 나타내는 서비스를 식별하기 위한 고유한 키와 서비스 이름, 부가 정보, 그리고 그 밖에 기술 정보를 포함하는 bindingTemplate 개체로 구성된다.

③ bindingTemplate

businessTemplate 구조는 위의 businessService 데이터 구조가 표현하는 웹 서비스를 어떻게 그리고, 어느곳으로부터 사용할 수 있는지에 관련된 세부사항을 갖는 데이터 구조이다. bindingTemplate 데이터 구조는 실제로 웹 서비스를 호출하기 위해 요구되는 정보를 가지고 있으며, 이들은 하나의 businessService 개체를 가진다. 즉, 하나의 businessService 개체는 여러 개의 bindingTemplate을 가질 수 있지만, 그 bindingTemplate들은 모두 하나의 businessService에 속해야 한다는 이야기이다.

bindingTemplate 역시 다른 데이터 구조들과 마찬가지로 자신을 식별하기 위한 자체의 키 및 이와 결합된 서비스 키에 대한 정보를 갖는다. 그리고 데이터는 구조에서 이 서비스에 대한 accessPoint를 지정하는데, 이는 주어진 웹 서비스를 호출하기 위한 주소를 나타내는 것으로 일반적으로 URL을 사용한다. 결국 bindTemplate은 WSDL 인터페이스를 의미한다고 봐도 좋다.

④ tModel

tModel은 기술 모델(Technology Model)의 약어로서 미리 정의된 분류 방법에 따라 분류한 서비스의 타입을 나타낸다. 예를 들면, HTTP 기반 혹은 웹 브라우저 기반의 서비스는 uddi-org:http로, email을 기반으로 하는 서비스는 uddi-org:smtp라 불리우는 tModel을 갖는다. 각 tModel은 tModelKey라고 불리는 UUID를 가지며, 서비스의 타입을 기술하기 위해서 각 bindingTemplate은 tModelKey를 사용하여 tModel을 참조한다.

분류코드

회사에 적절한 범주를 입력하기 위해서 UDDI에서 지원되는 분류코드에 관하여 알아보도록 하겠다. 현재 지원되는 분류법은 NAICS, UNSPSC, ISO 3166, SIC 및 GeoWeb Geographic Classification이다. 회사를 잘 나타낼 수 있는 범주를 선택하여야 한다.

• North American Industry Classification System(NAICS - 1997)

1991년 미국에서 열린 "경제 활동의 분류에 관한 국제 학회(International Conference on the Classification of Economic Activities)"에서 급변하는 세계 경제 속에서 경제 활동을 분류하는 새로운 접근 방법에 대하여 논의되었다. 그 후 1992년 Economic Classification Policy Committee(ECPC)를 창설하고 NAICS를 개발하였다. NAICS는 6자리 코드로 식별된다. 기존 SIC에서 사용하던 4자리 코드에 비해 하위 분류 항목을 생성하는 데 유연하다. 아래 리스트는 20 개의 최상위 분류 항목이다.

011 Code NAICS Sectors (NAICS 홈페이지 - http://www.naics.com/search.htm)

11 Agriculture, Forestry, Fishing and Hunting
21 Mining
22 Utilities
23 Construction
31-33 Manufacturing
42 Wholesale Trade
44-45 Retail Trade
48-49 Transportation and Warehousing
51 Information
52 Finance and Insurance
53 Real Estate and Rental and Leasing
54 Professional, Scientific, and Technical Services
55 Management of Companies and Enterprises
56 Administrative and Support and Waste Management and Remediation Services
61 Education Services
62 Health Care and Social Assistance
71 Arts, Entertainment, and Recreation
72 Accommodation and Food Services
81 Other Services (except Public Administration)
92 Public Administration

• Universal Standard Products and Services Codes(UNSPSC - 7.03)

1999년 4월 창설되었다. Electronic Commerce Code Management Association(ECCMA) 에 의해서 개발 및 운영되고 있다(UNSPSC 홈페이지 - http://eccma.org/unspsc).

• ISO 3166 Geographic Taxonomy

1970년대 초반 지리 및 국가 코드 관리 및 계속적인 업데이트를 위해 International Standard ISO 3166이 개발되었다. 비즈니스나 서비스가 제공되는 특정 지리 영역을 나타내는 분류를 정의한 다(ISO 3166 홈페이지 - http://www.din.de/gremien/nas/nabd/iso3166ma/).

(3) UDDI 레지스트리에 비즈니스명 등록 예제

이렇게 개념만 설명하면 잘 이해가 되지 않을 것이다. 이제부터 실제 예를 살펴보도록 하자.

다음은 마이크로소프트의 UDDI 레지스트리에 TestWeb이라는 비즈니스명으로 등록한 것이다. ❷번 항목의 authorizedName은 해당 businessEntity를 공표한 개체의 이름이며, ❶번 항목에서 operator는 businessEntity의 마스터 카피를 보유하고 있는 UDDI 레지스트리 사이트 운영자의 이름이다. 현재는 마이크로소프트와 IBM이 UDDI operator 사이트를 운영하고 있으며, 여기서는 마이크로소프트의 것을 이용한다.

소스 16-1 : UDDI 기술 XML 파일 예제 1

```
〈businessEntity xmlns:xsi="http://www.w3.org/2001/XMLSchema-instance"
xmlns:xsd="http://www.w3.org/2001/XMLSchema"
businessKey="bb819619-da53-4819-8854-b8bf5ada9ee6"
❶ operator="Microsoft Corporation"
❷ authorizedName="Jin Young Choi" xmlns="urn:uddi-org:api" 〉

    〈discoveryURLs〉
❸ 〈discoveryURL useType="businessEntity" 〉
http://uddi.microsoft.com/discovery?businessKey=bb819619-da53-4819-8854-b8bf5ada9ee6
    〈/discoveryURL〉
    〈/discoveryURLs〉


❹ 〈name〉TestWeb〈/name〉
    〈description xml:lang="en" /〉 Test Web Services 〈/description〉
    〈contacts〉
❺ 〈contact useType="CEO, COO" 〉
    〈description xml:lang="en"〉ABC Soft 〈/description〉
    〈personalName〉 Jin Young Choi 〈/personalName〉
    〈phone useType="work" 〉 042-869-1234 〈/phone〉
    〈email useType=" " 〉 dieter@altavista.co.kr 〈/email〉
    〈/contact〉
    〈/contacts〉
```

❸번 항목의 discoveryURLs는 선택사항으로, 이는 파일 기반의 서비스 검색 메커니즘의 경우에 대체 용도로 사용되는 URL이다. ❹번 항목의 name 속성은 컴퓨터가 아닌 개발자 입장에서 쉽게 이해할 수 있도록 적어놓은 businessEntity의 이름으로 선택적 기입 사항이다.

❺번 항목 역시 선택사항으로 해당 웹 서비스에 관한 문의사항이 있거나 할 때 담당자와 접촉할 수 있는 경로(이름, 전화번호, E-mail 주소 등)를 적어두는 것이다.

소스 16-2 : UDDI 기술 XML 파일 예제 2

```
〈businessServices〉
    〈businessService serviceKey="4e178a5e-c033-4bec-b80d-574ae953bf15"
❻ businessKey="bb819619-da53-4819-8854-b8bf5ada9ee6"〉
    〈name〉TestWebService〈/name〉
    〈description xml:lang="en" /〉
Addition, Multiplication, Division, Subtraction
    〈/description〉
❼ 〈bindingTemplates〉
    〈bindingTemplate bindingKey="7BB6C260-7586-11D5-889B-0004AC49CC1E"
❽ serviceKey="7BB589E0-7586-11D5-889B-0004AC49CC1E"〉
    〈description xml:lang="en"〉
this service could be executed by invoking some methods that is exposed before.
    〈/description〉
❾ 〈accessPoint URLType="http"〉
http://adam.samyangm.com/~jychoi/webservice/testwebservice.jsp
    〈/accessPoint〉
    〈tModelInstanceDetails〉
    〈tModelInstanceInfo tModelKey="UUID:38E12427-5536-4260-A6F9-B5B530E63A07"〉
    〈/tModelInstanceDetails〉
    〈/bindingTemplate〉
    〈/businessService〉
〈/businessServices〉
〈/businessEntity〉
```

❻번 항목의 businessKey 항목은 businessService 데이터가 XML로 표현될 때 businessEntity가 자신의 데이터로 businessKey를 포함하지 않을 때 이 businessKey의 값이 제공된다. ❼번 항목은 주어진 비즈니스 서비스 패밀리에 연관된 서비스 기술 정보를 저장한다. ❽번 항목은 어떤 주어진 businessService의 고유한 키다. ❾번 항목은 accessPoint 항목으로 다양한 종류의 접속 형태를 지원하기 위한 것이다. 현재는 mailto, http, https, ftp, fax의 다섯 가지 URLType의 값이 가능하다.

① mailto: accessPoint 문자열이 E-mail 주소 형식으로 포맷화된다.

   (e.g., mailto:dieter@altavista.co.kr)

② http: accessPoint 문자열이 HTTP와 호환 가능한 URL 타입으로 제시된다.

   (e.g., http://adam.samyangm.com/~jychoi/webservice/testwebservice.jsp)

③ https: accessPoint 문자열이 secure HTTP를 지원하는 URL 타입으로 제공된다.

   (e.g., https://adam.samyangm.com/~jychoi/webservice/testwebservice.jsp)

④ ftp: accessPoint 문자열이 FTP 디렉터리 주소 형태로 표현된다.

   (e.g., ftp://adam.samyangm.com/public)

⑤ fax: accessPoint 문자열을 전화번호 혹은 팩스 형식으로 지정한다.

   (e.g., 042-879-1234)

(4) UDDI 레지스트리 검색하기

대부분의 플랫폼에서 UDDI의 서비스에 접근할 수 있도록 하기 위해서, UDDI 디렉터리는 SOAP 기반 웹 서비스에서 몇 가지 API들을 제공한다. 현재에는 마이크로소프트와 IBM의 http://uddi.microsoft.com/inquire와 http://www-3.ibm.com/services/uddi/inquiryapi 에서 UDDI 웹 서비스를 제공하고 있다. 혹시나 시험 삼아 웹 서비스를 개발해보고, 이를 UDDI 디렉터리에 등록하여 실행을 확인해 보고 싶어하는 독자들이 있다면 이러한 목적으로 제공되는 별도의 테스트 서버인 http://test.uddi.microsoft.com를 사용하도록 한다. 이곳에는 어떠한 상태의 웹 서비스를 등록시켜도 관계없다.

이제 UDDI 데이터베이스가 어떻게 작동하는지를 알아볼 시간이다. UDDI를 위한 프로그래밍 인터페이스는 검색(Inquiry)하는 API와 공표(Publish)하는 API, 두 가지 부분으로 구성된다. 우선 이들 API에 어떠한 것들이 존재하는지 알아본 뒤, 어떻게 하면 Inquiry API를 사용하여 UDDI 레지스트리와 작동할 수 있도록 만들 수 있는지에 관하여 살펴보도록 하겠다.

[표 16-2] UDDI 프로그래밍 인터페이스

검색 메시지	분류
find_business	Inquiry
find_service	Inquiry
find_binding	Inquiry
find_tModel	Inquiry

정보를 얻어오기 위한 메시지	
get_businessDetail	Inquiry
get_serviceDetail	Inquiry
get_bindingDetail	Inquiry
get_tModelDetail	Inquiry
저장 메시지	
save_business	Publishing
save_service	Publishing
save_binding	Publishing
save_tModel	Publishing
삭제 메시지	
delete_business	Publishing
delete_service	Publishing
delete_binding	Publishing
delete_tModel	Publishing
보안 관련	
get_authToken	Publishing
dicard_authToken	Publishing

위의 API를 호출하기 위해서는 적절한 body 내용을 설정하여 SOAP 메시지를 보내면 된다. 물론, 잠시 후 Visual Basic을 사용한 예를 보여겠지만, 툴을 사용하기 전에 low-level에서 어떻게 구성된 메시지가 전송되고 수신되는지의 개념을 파악하는 것도 매우 중요하다. 실제로 ABCSoft사를 검색하고자 한다면 아래와 같은 XML을 갖는 SOAP 메시지를 보내면 된다.

```
〈find_business generic= '1.0' xmlns= 'urn:uddi-org:api' 〉
    〈name〉ABCsoft〈/name〉
〈/find_business〉
```

이에 모든 업체들에 대한 정보를 갖고 있는 UDDI로부터 받은 SOAP 응답 메시지는 businessInfos라 불리는 data structure에 담겨져 넘어오게 되며, 그 형식은 다음과 같다.

```
⟨businessList generic= "2.0" operator= "uddi.sourceOperator "
truncated= "true" xmlns= "urn:uddi-org:api_v2" ⟩
    ⟨businessInfos⟩
⟨businessInfo businessKey= "F5E65…" ⟩
    ⟨name⟩ABCSoft⟨/name⟩
ⓐ ⟨serviceInfos⟩
    ⟨serviceInfo serviceKey= "3D45…" ⟩
    ⟨name⟩Purchase Orders⟨/name⟩
    ⟨/serviceInfo⟩
    ⟨/serviceInfos⟩
⟨/businessInfo⟩
ⓑ[⟨businessInfo/⟩…]
    ⟨/businessInfos⟩
⟨/businessList⟩
```

각 businessInfo 구조는 회사 이름 및 부가적인 회사에 관련된 데이터를 serviceInfo라 명명된 컬렉션 개체를 통해 갖는다. 실제로, ⓐ 항목에서 볼 수 있듯이 businessInfo 구조가 컬렉션 구조이므로 한 회사가 하나 이상의 서비스를 제공할 수 있다는 이야기다. ⓑ 항목은 유사한 이름의 업체가 여러 개일 때 검색된 업체들에 관한 businessInfo 정보가 하나 이상 전달될 수 있음을 나타낸다.

위와 같이 우선 관심있는 회사를 찾았다면 다음 단계는 그 회사가 제공하는 서비스들의 분류를 찾는 것이다. UDDI는 이를 위해서 어떤 특정 업체가 제공하는 서비스들의 축약어 리스트를 찾는 방법을 제공한다. 업체의 서비스를 검색하고 원하는 서비스를 선택한 다음에는 관심있는 tModel들을 찾아야 한다. 이때에는 앞에서 살펴 본 바 있는 NAICS, UNSPSC, ISO 3166, SIC 같은 분류를 통해 사용자가 적절한 검색 기준을 제공해야 한다. 즉, UDDI는 웹 서비스를 검색할 수 있는 메커니즘을 제공할 뿐만 아니라 동시에 업체 분류를 위한 확장성 있는 프레임워크를 제공한다. 마지막으로 사용자는 관심있는 업체의 서비스에 바인딩한다.

바인딩 메소드 호출시 UDDI 레지스트리는 businessService가 포함하고 있는 모든 bindingTemplate의 리스트를 사용자에게 전달해 준다. 그러면 사용자는 관심있는 서비스에 대하여 UDDI API의 get_ 메소드를 사용하여 앞에서 언급한 serviceInfo와 같은 구조의 자세한 정보를 전송받는다.

UDDI 레지스트리의 현재

UDDI 레지스트리는 웹 서비스 검색을 위한 주요한 수단으로 자리잡고 있지만 이를 정작 실제 업무에 활용하기 위한 웹 서비스 환경은 상당히 낙후되어 있다. 실제로, 현재의 많은 SOAP 플랫폼 들은 베타버전인 경우가 많고, 아직 완전한 테스트가 이루어지지 않은 제품이 많으므로 완전한 제품이 나올 때까지 상업용 시스템을 웹 서비스로 개발하려는 시도를 미루는 경향이다. 조사에 따르면 웹 서비스 분류법에서 URL을 통해 등록된 서비스들의 상당수가 더 이상 사용 가능하지 않은 dead link 상태인 경우가 많은 것으로 나타났다.

04. 웹 서비스 통신 프로토콜 SOAP

(1) SOAP이란?

앞에서 웹 서비스의 기본 개념과 WSDL(Web Service Description Language), UDDI(Universal Descriptoin, Discovery and Integration)에 대하여 알아 보았다. 즉, 웹 서비스의 기술과 검색을 다루는 계층이었다면 여기에서 다룰 SOAP은 HTTP와 XML을 기반으로 하여 서로 다른 환경에 존재하는 객체들간의 함수 호출을 다루는 프로토콜로서 웹 서비스의 핵심 계층이다.

이쯤되면 웹 서비스 전체 프로토콜 스택에 대한 정리가 필요할 것으로 보인다. 지금까지 알아보았던 WSDL과 UDDI 그리고 이번 절에서 설명할 SOAP가 어떤 관계에 있고, 어떻게 상호 작용을 하는지 잘 알아야 웹 서비스를 제대로 이해하였다고 볼 수 있기 때문이다.

웹 서비스 프로토콜 스택의 최하단에는 전송 계층으로 주로 사용되는 HTTP/SMTP/FTP 등이 위치하고, 그 위에 XML, SOAP 등의 포맷, 메시지 계층이 위치한다. 이들 3개 프로토콜은 각 웹 서비스들간의 상호 작용을 정의하는 것으로, W3C(World Wide Web Consortium, http://www.w3.org)에 의하여 표준으로 받아들여져 있다.

WSFL/XLANG	workflows
UDDI	Searching and finding
WSDL	description
SOAP	messaging
XML	formatting
HTTP/SMTP/FTP etc.	transport

[그림 16-8] 웹 서비스 프로토콜 스택

대부분의 구현에서 전송 계층에는 HTTP를 주로 선택하고 있는데, 그 이유는 범용성에 있다. 거의 모든 플랫폼에서 HTTP를 지원하고 있고, HTTP는 런타임 서포트가 없더라도 잘 동작할 수 있는 간단한 프로토콜이다. 여기서 간단하다는 이야기는 부가적인 오버헤드가 별로 없다는 의미이기도 하다. 또한, 대부분의 경우 connectionless 방식으로 통신이 이루어지므로 세션이나 상태 유지가 필요없는 장점도 존재한다. 그러나, 뭐니뭐니해도 가장 큰 장점이라 할 수 있는 것은 방화벽을 통과할 수 있는 거의 유일한 프로토콜이라는 점일 것이다.

SOAP(Simple Object Access Protocol)은 XML에 기반하여 응용 프로그램들이 HTTP 프로토콜 상에서 정보를 교환할 수 있도록 해주는 프로토콜 명세(protocol specification)이다. 즉, XML과 HTTP를 사용하여 RPC 호출 메커니즘을 제공하는 것이라 볼 수 있다. 물론, 반드시 HTTP 프로토콜이어야만 하는 것은 아니고 SMTP, JMS와 같은 다른 프로토콜이어도 관계 없다. 왜냐하면 SOAP은 전송 계층에 대한 제한을 하지 않고 있기 때문이다. 그러나, HTTP를 사용함으로써 얻을 수 있는 장점(널리 사용된다는 것과 방화벽 및 프록시 필터링을 통과할 수 있는 점)이 많기 때문에 대부분의 벤더들이 HTTP를 기반으로 한 SOAP 프로토콜을 제공하고 있다.

SOAP은 XML을 사용하므로 프로그래밍 언어나 운영체제 플랫폼에 독립적이며, 메소드 호출에 관한 최소한의 기능을 위해 설계된 일종의 RPC 프로토콜이라 볼 수 있다.

(2) SOAP 구조

SOAP은 크게 세 가지 부분으로 나뉘어질 수 있다.

① SOAP Envelope
② SOAP Encoding Rules
③ SOAP RPC

SOAP Envelope은 메시지 안에 무슨 내용이 있는지, 누가 그 메시지와 관련이 있는지에 관한 정보를 포함한다. SOAP Encoding Rules는 응용 프로그램에서 정의된 데이터 타입들에 대한 정보를 교환하는 데 사용되는 직렬화 메커니즘이다. 마지막으로 SOAP RPC 표현은 RPC 호출과 이에 대한 응답을 나타내기 위해서 사용되는 관례를 나타낸다.

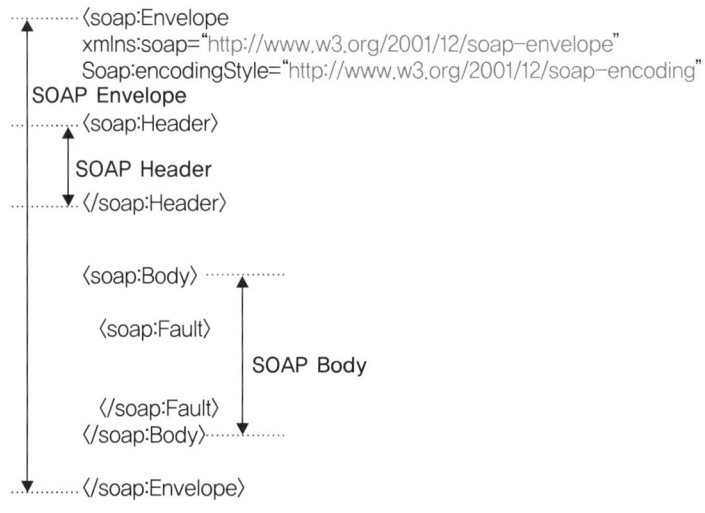

[그림 16-9] SOAP 메시지 구조

위 [그림 16-9]은 SOAP 메시지의 구조를 나타내고 있다. SOAP Envelope와 SOAP Body는 항상 존재하여야 하며, SOAP Header는 상황에 따라 있을 수도 있고 없을 수도 있다.

① SOAP Envelope

SOAP Envelope은 메시지를 나타내는 XML 문서의 최상위 요소이다. SOAP 메시지는 SOAP Envelope, SOAP Header(선택적), SOAP Body로 구성되어 있는 XML 문서이다.

Envelope의 글로벌 속성 중에서 xmlns:soap(XML Name Space)는 어플리케이션에서 SOAP 메시지를 식별하기 위하여 사용한다. Soap:encodingStyle은 SOAP 메시지에서 사용되는 직렬화 규칙을 나타내기 위하여 사용될 수 있다.

```
〈soap:Envelope
xmlns:soap= "http://www.w3.org/2001/12/soap-envelope"
soap:encodingStyle= "http://www.w3.org/2001/12/soap-encoding" 〉

...
Message information goes here

...
〈/soap:Envelope〉
```

② SOAP Header

SOAP Header는 서로 통신하는 두 개체들 간에 사전 약속없이 SOAP 메시지에 특정한 기능을 추가할 수 있도록 하기 위한 일반적인 메커니즘이다. SOAP Header에는 어떤 개체가 이러한 기능을 구현 혹은 처리하는지에 대한 정보와 반드시 이를 처리해야 하는지 혹은 선택적으로 구현할 수 있는지에 관한 사항을 정의한다. 이러한 기능을 하는 속성(attribute)으로서 SOAP-ENV:mustUnderstand와 SOAP-ENV:actor 가 있다. mustUnderstand는 '1' 또는 '0' 의 값을 가지며, 1인 경우 이 메시지를 반드시 처리해야 하는 것을 의미하며, '0' 은 그렇지 않은 경우를 나타낸다. actor 속성은 메시지를 수신하거나 포워딩할 대상을 URI를 통해 식별한다. "http://schemas.xmlsoap.org/soap/actor/next"와 같은 특수한 URI는 한 홉씩 메시지를 전달하고자 할 때 사용되며, actor 속성이 생략되는 경우는 해당 메시지를 처리할 수 있는 최종 목적지임을 나타낸다.

```
〈soap:Header〉
  〈m:country xmlns:m="http://www.w3schools.com/country/" 〉
    〈m:language〉N〈/m:language〉
    〈m:currency〉NKR〈/m:currency〉
  〈/m:country〉
〈/soap:Header〉
```

③ SOAP Body

SOAP Body는 최종 메시지 수신자에게 전달하고자 하는 정보를 포함한다. Body에는 일반적인 RPC 호출에서의 마셜링(marshalling)과 에러 리포팅(reporting) 기능을 지원한다. Body 내에는 Body Entry라 부르는 여러 가지 서브 항목들이 존재하며, 이들 각 Body Entry는 SOAP Body내에서 독립적인 요소로서 인식한다. 이때, Body Entry는 각각 element name과 Name Space URI를 가진다.

```
〈soap:Body〉
  〈m:GetPrice xmlns:m="http://www.w3schools.com/prices/" 〉
    〈m:Item〉Apples〈/m:Item〉
  〈/m:GetPrice〉
〈/soap:Body〉
```

④ SOAP Fault

SOAP Fault는 SOAP 메시지 내에 에러나 상태 정보 등을 전달하는 역할을 한다. SOAP

Fault 메시지가 SOAP Body에 나타나게 되는 경우는 SOAP Fault를 제외한 더 이상의 Body Entry가 존재하지 않는다. SOAP Fault는 다시 4가지 하위 요소들로 구성되는데, faultcode, faultstring, faultactor, detail이 그것이다.

faultcode는 어떠한 종류의 fault가 발생하였는지 식별하기 위한 것이다. SOAP Fault Code로 정의된 값들은 VersionMismatch, MustUnderstand, Client, Server의 4가지가 있다. faultstring은 해당 fault에 대한 이해를 돕기 위하여 설명을 제공한다. faultactor는 메시지가 전달되는 경로상에서 어떤 개체에 의해서 fault가 발생하였는가에 관한 정보를 제공하기 위한 것이다. 마지막으로, detail은 어플리케이션마다 fault를 다루기 위해 각각 필요로 하는 세부적인 사항을 제공하기 위한 것이다.

```
〈soap:Body〉
  〈soap:Fault〉
    〈faultcode〉soap:Server〈/faultcode〉
    〈faultstring〉Server Error〈/faultstring〉
  〈/soap:Fault〉
〈/soap:Body〉
```

다음은 실제로 HTTP 요청에 포함된 SOAP 메시지를 보여주고 있다.

소스 16-3 : 실제 HTTP 요청의 일부인 SOAP 메시지 예제

```
POST /StockQuote HTTP/1.1
Host: www.stockquoteserver.com
Content-Type: text/xml; charset="utf-8"
Content-Length: nnnn
SOAPAction: "Some-URI"

〈SOAP-ENV:Envelope
  xmlns:SOAP-ENV="http://schemas.xmlsoap.org/soap/envelope/"
  SOAP-ENV:encodingStyle="http://schemas.xmlsoap.org/soap/encoding/"〉
    〈SOAP-ENV:Body〉
    〈m:GetLastTradePrice xmlns:m="Some-URI"〉
        〈symbol〉DIS〈/symbol〉
        〈/m:GetLastTradePrice〉
    〈/SOAP-ENV:Body〉
〈/SOAP-ENV:Envelope〉
```

이러한 요청 메시지에 대한 응답 메시지는 다음과 같다.

소스 16-4 : soap:envelope에 대한 응답 메시지

```
HTTP/1.1 200 OK
Content-Type: text/xml; charset="utf-8"
Content-Length: nnnn

〈SOAP-ENV:Envelope
   xmlns:SOAP-ENV="http://schemas.xmlsoap.org/soap/envelope/"
   SOAP-ENV:encodingStyle="http://schemas.xmlsoap.org/soap/encoding/" /〉
〈SOAP-ENV:Body〉
〈m:GetLastTradePriceResponse xmlns:m="Some-URI" 〉
〈Price〉 34.5 〈/Price〉
〈/m:GetLastTradePriceResponse〉
〈/SOAP-ENV:Body〉
〈/SOAP-ENV:Envelope〉
```

위의 소스 16-4에서 볼 수 있듯이 GetLastTradePrice라는 이름을 가진 메소드를 DIS라는 인수와 함께 호출하고 있고 실행결과로서 GetLastTradePriceResponse라는 이름으로 34.5를 반환하고 있다.

(3) SOAP 사용하기

지금까지 SOAP 프로토콜에 대한 기본 개념과 그 구성요소들에 관하여 살펴보았다. 전산학의 어떤 것이든 그렇듯이 그냥 한 번 읽어보고 넘어가는 것과 실제로 한 번 해보는 것은 엄청난 차이가 있다. 여담이지만 회사에서 필요로 하는 인력은 제품을 잘 만들어내는 사람이고 대학원에서 필요로 하는 인력은 좋은 논문을 쓸 수 있는 사람이다. 구현을 제대로 할 줄 아는 사람만이 좋은 논문을 쓸 수 있다. 그만큼 실전의 중요성은 굳이 강조하지 않더라도 알 수 있다.

본서에서는 Linux에서 SOAP을 위한 설정 방법을 소개하도록 할 것이다. 윈도의 환경 설정은 Microsoft의 툴을 사용하면 손쉽게 설치할 수 있으므로 여기서 설명하는 것은 별 의미가 없다고 보여진다. Linux에서 SOAP을 사용하기 위해서는 다음과 같은 컴포넌트들이 필요하다.

• Java Development Kit(JDK)
• Open source Jakarta-Tomcat Server
• Open source Apache Soap

- Open source Apache XML Parser, Xerces
- JavaMail
- JavaBeans Activation Framework

필요한 도구들이 왜 이렇게 많은 것일까? 아무래도 이들 툴들이 통합되어 있어 손쉽게 설치할 수 있는 그 날(?)이 와야만 마이크로소프트의 제품들에 대한 경쟁력을 갖출 수 있을 것이다. 그러나 Linux 환경에서의 장점(공개된 소스, 무료, 범용성 등)이 설치 과정에서의 오는 번거로움을 충분히 커버할 수 있다고 본다. 환경 설정 과정을 차근차근 설명하도록 할테니 부담가지지 말고 따라해보기를 권한다.

① 자바 개발 키트(JDK : Java Development Kit) 설치

http://java.sun.com에 접속하여 JAVA 2 SDK를 다운로드하여 설치한다. 플랫폼은 Linux용으로 선택한다. 다운로드가 완료되면 해당 파일을 /usr/local에서 압축 해제한다. 그러면, /usr/local/jdk 디렉터리가 생성되며, PATH에 해당 디렉터리를 추가하면 JDK에 대한 설정은 완료된다.

- C chell의 경우 : ~/.cshrc 파일을 수정, set path=(/usr/local/jdk/bin $path)
- ksh, bash의 경우 : ~/.profile 파일을 수정, PATH=/usr/local/jdk/bin:$PATH

> **참고**
>
> JAVA 2 SDK 에 대한 설치는 본서의 '2장 스트럿츠2 어플리케이션 무작정 따라하기'를 참고하기 바란다.

② Open source Jakarta-Tomcat Server 설치

Jakarta-Tomcat Server는 Java Servlet과 JavaServer Page를 사용하기 위한 것이다. http://jakarta.apache.org/tomcat/index.html에 접속하여 바이너리(Binary) 버전을 다운로드한다. 바이너리 버전이므로 이미 컴파일되어 있으며 압축을 풀기만 하면 된다.

Jakarta-Tomcat Server를 사용하기 위해서는 jakarta-tomcat-3.2/bin 디렉터리에 존재하는 여러 가지 shell script 파일을 사용한다. 서버를 스타트하고자 한다면 startup.sh를, 셧다운시키고자 한다면 shutdown.sh를 실행한다. 실제로 JAVA 2 SDK와 Jakarta-Tomcat Server가 정상적으로 설치되었다면 startup.sh 스크립트 실행시 다음 [그림 16-10]과 같은 내용이 출력되어야 한다.

```
[mchoi@can5 jakarta-tomcat-3.2]$ cd bin
[mchoi@can5 bin]$ ls
ant*      antRun.bat    jspc.sh*      startup.bat   tomcat.sh*
ant.bat   cpappend.bat  shutdown.bat  startup.sh*   tomcatEnv.bat
antRun*   jspc.bat      shutdown.sh*  tomcat.bat
[mchoi@can5 bin]$ ./startup.sh
Guessing TOMCAT_HOME from tomcat.sh to ./..
Setting TOMCAT_HOME to ./..
Using classpath: ./../lib/ant.jar:./../lib/jasper.jar:./../lib/jaxp.jar:./../lib
/parser.jar:./../lib/servlet.jar:./../lib/test:./../lib/webserver.jar:/usr/local
/jdk1.2.2/bin/../lib/tools.jar
[mchoi@can5 bin]$ 2002-05-22 04:41:22 - ContextManager: Adding context Ctx( /exa
mples )
Starting tomcat. Check logs/tomcat.log for error messages
2002-05-22 04:41:22 - ContextManager: Adding context Ctx( /admin )
2002-05-22 04:41:22 - ContextManager: Adding context Ctx(  )
2002-05-22 04:41:22 - ContextManager: Adding context Ctx( /test )
2002-05-22 04:41:26 - PoolTcpConnector: Starting HttpConnectionHandler on 8080
2002-05-22 04:41:26 - PoolTcpConnector: Starting Ajp12ConnectionHandler on 8007
```

[그림 16-10] startup.sh 스크립트 실행 결과

실행중인 Jakarta-Tomcat 서버를 중지시키고자 할 때에는 Ctrl + C를 사용하지 말고 정상적으로 shutdown.sh 스크립트를 이용하기 바란다. 그러면, 다음 [그림 16-11]과 같은 메시지가 출력되면서 서버가 종료된다.

```
2002-05-22 04:45:23 - ContextManager: Removing context Ctx( /examples )
2002-05-22 04:45:23 - ContextManager: Removing context Ctx( /admin )
2002-05-22 04:45:23 - ContextManager: Removing context Ctx(  )
2002-05-22 04:45:23 - ContextManager: Removing context Ctx( /test )
```

[그림 16-11] Tomcat 서버 정상 종료 화면

3 Open source Apache Soap 설치

Open source Apache Soap의 설치는 soap을 위한 자바 class 파일들에 대한 라이브러리를 사용하기 위한 것이다. http://xml.apache.org/soap/index.html에서 soap-bin-2.1을 다운로드하여 압축을 해제하면 soap-2_1 디렉터리가 생성된다. Open source Apache Soap의 경우는 별도의 컴파일이나 인스톨 과정이 필요한 것은 아니며, soap-2_1/lib에 위치한 soap.jar 파일을 CLASSPATH에 추가하기만 하면 된다. 일단 현재까지의 CLASSPATH 설정 값은 다음과 같다.

```
CLASSPATH=~/websvc/soap-2_1/lib/soap.jar:
CLASSPATH=/usr/local/jdk1.2.2/lib:/usr/local/jdk1.2.2/jre/lib:.:$CLASSPATH
```

참고로, 위 CLASSPATH 맨 마지막 부분의 '.' 은 현재 디렉터리에서 class 파일을 찾기 위해서 넣어주는 것이다.

④ Open source Apache XML Parser, Xerces 설치

앞에서 SOAP은 XML에 기반하여 응용 프로그램들이 HTTP 프로토콜 상에서 정보를 교환할 수 있도록 해주는 프로토콜이라고 하였다. 따라서, XML 파서(Parser)는 필수이다. 이를 위해서 Apache XML Parser인 Xerces를 설치한다. http://xml.apache.org/xerces2-j/index.html에 접속하여 Xerces-J-bin.1.4.4를 다운로드 한다.

Xerces도 마찬가지로 설치를 위하여 별도의 컴파일이나 인스톨 과정이 필요하지는 않다. 다만, 압축 해제 후 생기는 xerces-1_4_4 디렉터리에 위치한 xerces.jar 파일을 CLASSPATH에 추가하여 주면 된다. 현재까지의 CLASSPATH 설정은 다음과 같다.

```
CLASSPATH=~/websvc/soap-2_1/lib/soap.jar:
CLASSPATH=/usr/local/jdk1.2.2/lib:/usr/local/jdk1.2.2/jre/lib:.:$CLASSPATH
CLASSPATH=~/websvc/xerces-1_4_4/xerces.jar:$CLASSPATH
```

⑤ JavaMail 설치

JavaMail은 Apache SOAP에 의하여 필요로 하기 때문에 설치해 주어야 한다. http://java.sun.com/products/javamail/index.html에 접속하여 JavaMail API Implementation Version 1.2를 다운로드 한다.

JavaMail도 설치를 위한 컴파일이나 인스톨이 필요하지 않다. 압축 해제 후 javamail-1.2 디렉터리에 위치한 mail.jar 파일을 CLASSPATH에 추가해 준다. 현재까지의 CLASSPATH 설정은 다음과 같다.

```
CLASSPATH=~/websvc/soap-2_1/lib/soap.jar:
CLASSPATH=/usr/local/jdk1.2.2/lib:/usr/local/jdk1.2.2/jre/lib:.:$CLASSPATH
CLASSPATH=~/websvc/xerces-1_4_4/xerces.jar:$CLASSPATH
CLASSPATH=~/websvc/javamail-1.2/mail.jar:$CLASSPATH
```

⑥ JAF(JavaBeans Activation Framework) 설치

마지막으로 JAF만 설치하면 된다. JAF 역시 Apache Soap에서 필요로 하기 때문에 설치하여야 하며, JavaMail을 통하여 사용된다. http://java.sun.com/products/javabeans/glasgow/jaf.html에 접속하여 JavaBeans Activation Framework 1.0을 다운로드한다.

JAF 역시 별도의 컴파일이나 인스톨 과정이 필요하지 않으며, 압축해제 후 jaf-1.0.1 디렉터리에 위치한 activation.jar 파일을 CLASSPATH에 추가한다. 최종적인 CLASSPATH 설정은 다음과 같다.

```
CLASSPATH=~/websvc/soap-2_1/lib/soap.jar:
CLASSPATH=/usr/local/jdk1.2.2/lib:/usr/local/jdk1.2.2/jre/lib:.:$CLASSPATH
CLASSPATH=~/websvc/xerces-1_4_4/xerces.jar:$CLASSPATH
CLASSPATH=~/websvc/javamail-1.2/mail.jar:$CLASSPATH
CLASSPATH=~/websvc/jaf-1.0.1/activation.jar:$CLASSPATH
```

이제 모든 설치 과정이 마무리되었다. 그러나 한 가지 추가적으로 해주어야 할 부분이 있다. Jakarta-Tomcat 서버에 soap을 등록하는 과정이다. 이는 Tomcat server의 설정 파일(configuration file)인 server.xml을 수정하면 된다. 이 파일은 Jakarta-Tomcat 서버가 설치된 jakarta-tomcat-3.2의 conf 디렉터리에 위치한다. 파일 맨 끝의 〈/Server〉 항목 바로 윗 부분에 다음을 추가한다.

```
〈Context path="/soap"
docBase="C:/soap/apache-soap/webapps/soap"
debug="1"
reloadable="true" 〉
〈/Context〉
```

Jakarta-Tomcat 서버를 실행하기 위해서는 jakarta-tomcat-3.2/bin/startup.sh 스크립트를 사용한다. 또, 서버를 종료시키기 위해서는 Ctrl + C를 누르지 말고 jakarta-tomcat-3.2/bin/shutdown.sh 스크립트를 사용하도록 한다.

참고

Tomcat 문제 해결법

Tomcat 서버의 실행이나 deploy, undeploy 등의 메뉴를 눌렀을 때 예외(exception)가 발생한다면 환경 설정이 잘못된 것이다. 가장 흔히 발생하는 실수는 CLASSPATH 설정과 관련된 문제인데, xerces.jar 파일은 어떤 다른 파서(parser)보다 CLASSPATH 상에서 앞에 위치하여야 한다. 일반적으로 이러한 문제에 부딪히지 않기 위해서 CLASSPATH의 가장 앞부분에 xerces.jar를 등록한다. 또, JAVA 2 SDK 설치 후 bin 디렉터리를 PATH에 등록하는 것도 잊지 말아야 한다.

그런 다음, 웹 브라우저를 열고 http://서버이름:8080/soap/index.html와 같이 입력하였을 때 다음 [그림 16-12]와 같은 화면이 출력되는지 확인한다.

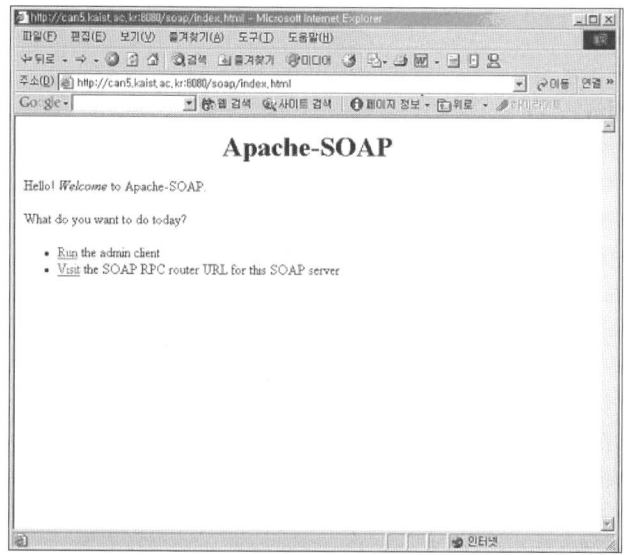

[그림 16-12] Tomcat 서버에 웹 브라우저로 접속한 화면

startup.sh을 실행한 콘솔 화면에는 다음 [그림 16-13]와 같은 문자열이 출력되어야만 한다.

```
[nchoi@can5 bin]$ ./startup.sh
Guessing TOMCAT_HOME from tomcat.sh to ./..
Setting TOMCAT_HOME to ./..
Using classpath: ./../lib/ant.jar:./../lib/jasper.jar:./../lib/jaxp.jar:./../lib
/parser.jar:./../lib/servlet.jar:./../lib/test:./../lib/webserver.jar:/usr/local
/jdk1.2.2/bin/../lib/tools.jar
[nchoi@can5 bin]$ 2002-05-22 06:20:16 - ContextManager: Adding context Ctx( /exa
mples )
2002-05-22 06:20:16 - ContextManager: Adding context Ctx( /admin )
2002-05-22 06:20:16 - Ctx( /soap ): Set debug to 1
Starting tomcat. Check logs/tomcat.log for error messages
2002-05-22 06:20:16 - ContextManager: Adding context Ctx( /soap )
2002-05-22 06:20:16 - ContextManager: Adding context Ctx( )
2002-05-22 06:20:16 - ContextManager: Adding context Ctx( /test )
2002-05-22 06:20:17 - Ctx( /soap ): XmlReader - init  /soap /home/mchoi/websvc/s
oap-2_1/webapps/soap
2002-05-22 06:20:17 - Ctx( /soap ): Reading /home/mchoi/websvc/soap 2_1/webapps/
soap/WEB-INF/web.xml
2002-05-22 06:20:17 - Ctx( /soap ): Loading -2147483646 jsp
2002-05-22 06:20:18 - PoolTcpConnector: Starting HttpConnectionHandler on 8080
2002-05-22 06:20:18 - PoolTcpConnector: Starting Ajp12ConnectionHandler on 8007
```

[그림 16-13] SOAP Servlet 등록 후의 Tomcat 서버 실행 화면

앞의 화면에 비해서 달라진 점은 방금전에 Tomcat 서버에 등록시킨 SOAP Servlet에 대한 정보가 나타났다는 점이다.

Apache SOAP 페이지에서 admin client를 실행시켜 보도록 하자. 다음 [그림 16-14]과 같은 화면이 나타난다.

[그림 16-14] Tomcat 서버가 제공하는 Web Service List 출력 화면

List, Deploy, Un-deploy의 세 가지 메뉴가 존재하며, 여기서는 직접 Deploy 메뉴와 자바스크립트를 이용하여 서비스를 디플로이해 보도록 하겠다. 일반적으로는 XML 파일(DeploymentDescriptor.xml)을 통해 다음과 같은 명령을 사용하여 디플로이하는 것이 일반적이다.

[jyhoi@adam jychoi]$ java org.apache.soap.server.ServiceManagerClient http://adam.samyangm.com:8080/apache-soap/servlet/rpcrouter deploy DeploymentDescriptor.xml

---

참고

Q : SOAP은 객체지향인가?

A : SOAP은 객체에 기반한 통신을 의무화하지도 혹은 금지하고 있지도 않다. SOAP 클라이언트들은 SOAP 서버에 request 메시지를 보내고, SOAP 서버가 이러한 request에 대하여 COM 혹은 JAVABean 객체로 dispatch한다면 객체에 기반한 통신이 가능할 것이다.

Q : SOAP이 현재 이미 존재하는 웹 서버 프로그램과 함께 작동할 수 있는가?

A : 대부분의 웹 서버 프로그램이 지원하고 있는 바와 같이 HTTP 요청에 대한 응답을 제공하기 위해 특정 코드를 실행할 수 있는 기능을 통해 가능하다. 널리 쓰이는 마이크로소프트의 IIS와 Apache에 대한 지원 걱정은 할 필요가 없다.

Q : SOAP이 방화벽을 통해서도 잘 동작할 수 있는가?

A : 일단은 그렇다. 앞에서도 언급한 바 있듯이 HTTP 프로토콜을 사용하기 때문이다. 그러나, 방화벽에서 일반 패킷과 SOAP 패킷을 손쉽게 구분할 수 있으며(Content-Type : text/xml-SOAP), 특별히 원한다면 충분히 필터링할 수 있다.

> **Q : SOAP은 인터넷 표준인가?**
>
> A : SOAP의 명세는 IETF의 Internet Draft이다. 누구든지 SOAP을 더 효율적이고 편리한 방향으로 개선할 수 있다. (http://www.ietf.org/internet-drafts/draft-box-http-soap-01.txt 참고)

위의 Apache SOAP admin client에서 좌측의 [Deploy] 버튼을 누르면 웹 서비스를 디플로이할 수 있는 입력 양식이 나온다. 여러 항목들이 존재하는데 다음과 같이 입력한다.

위와 같이 입력하면 웹 서비스 디플로이를 위한 절차가 마무리된 셈이다.

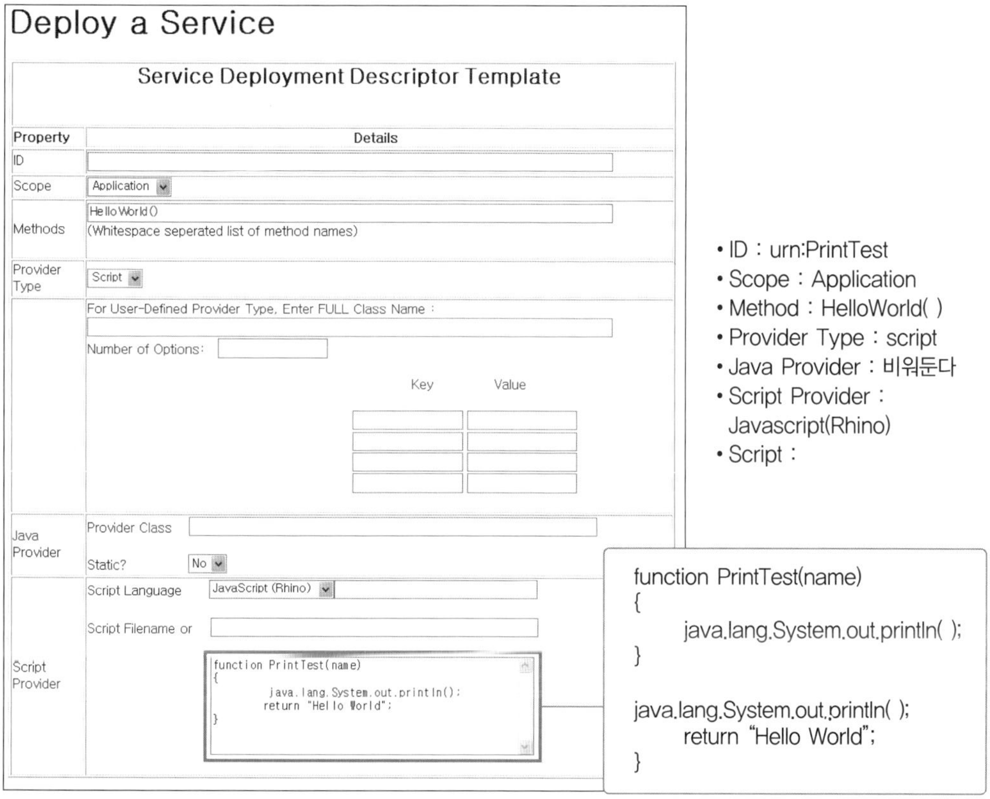

Deploy a Service
Service Deployment Descriptor Template
Property
Details
ID
Scope
Application
Methods
HelloWorld()
(Whitespace seperated list of method names)
Provider Type
Script
For User-Defined Provider Type, Enter FULL Class Name :
Number of Options:
Key
Value
Java Provider
Provider Class
Static?
No
Script Language
JavaScript (Rhino)
Script Filename or
Script Provider
function PrintTest(name)
{
java.lang.System.out.println();
return "Hello World";
}
• ID : urn:PrintTest
• Scope : Application
• Method : HelloWorld( )
• Provider Type : script
• Java Provider : 비워둔다
• Script Provider : Javascript(Rhino)
• Script :
function PrintTest(name)
{
java.lang.System.out.println( );
}
java.lang.System.out.println( );
return "Hello World";
}

[그림 16-15] 웹 서비스 디플로이 화면

그러면 디플로이 작업이 성공적으로 완료되었음을 알리는 메시지가 나타나고 좌측 [List] 버튼을 눌러 현재 등록되어 있는 웹 서비스들을 조회해 보면 urn:PrintTest라는 이름을 갖는 웹 서비스가 등록되어 있음을 확인할 수 있다. 이 웹 서비스를 사용하려면 다음과 같은 명령을 입력한다.

```
[jyhoi@adam jychoi]$ java org.apache.soap.server.ServiceManagerClient http://adam.samyangm.com:8080/soap/servlet/rpcrouter query urn:PrintTest
```

정상적으로 실행되었다면 "Hello World" 문장이 출력될 것이다.

[그림 16-16] "Hello Word" 문장 출력 화면

　지금까지 웹 서비스의 각 구성요소와 그 관계를 살펴보고 실제 구현을 통해 세부 사항을 알아 보았다. "웹 서비스" 부분에서는 웹 서비스의 기본 개념과 윈도 플랫폼에서 웹 서비스를 쉽게 개발하고 적용할 수 있도록 하는 마이크로소프트 SOAP 툴킷과 Visual Basic을 통하여 웹 서비스를 구현하는 방법에 관하여 다루었고 "UDDI" 부분에서는 전 세계의 방대한 웹 서비스 데이터베이스에서 자신이 필요로 하는 웹 서비스를 검색하고 사용할 수 있기 위해서 웹 서비스를 검색하는 방법, 웹 서비스를 관련성에 따라 분류하는 방법, 그리고 특정 웹 서비스를 필요로 하는 응용 프로그램과 이러한 검색 메커니즘과 자동으로 상호 작용할 수 있는 방법에 관하여 소개하였다. 그리고 아무리 웹 서비스를 개발하더라도 또, 이를 검색할 수 있는 메커니즘을 제공한다 할지라도 이러한 웹 서비스를 실제로 서버에서 제공하고 운용하기 위한 방법에 관하여 "SOAP" 부분에서 소개하였다. 웹 서비스의 상호 운용성에 관하여서도 다루려고 했었지만 대부분의 경우 한 가지 벤더의 제품만을 사용하여 웹 서비스를 구현 및 제공하는 경우가 주를 이루어 큰 이슈가 되지 않으므로 다루지 않았다.

　웹 서비스는 일개 기술일 뿐이다. 웹 서비스가 목적이 되어서는 안 되며, 효율적인 소프트웨어 아키텍처를 구성하기 위한 일종의 도구인 것이다.

05. SAAJ에 대한 이해

(1) SAAJ와 SOAP

　앞에서 웹 서비스에 대해서 알아보았다. 여기서부터는 웹 서비스로부터 한 단계 발전한 형태인 SAAJ에 대해 알아보겠다. SAAJ(SOAP with Attachments API for Java)는 SOAP 메시지와 첨부된 파일을 다루기 위한 Java API로, XML 문서를 전달하는 표준 방법을 제공한다. 간단히 말해서 SOAP 메시지를 작성하고 이를 보내는 과정을 JAVA 코드로 쉽게 구현할 수 있도록 도와주는 JAVA API라고 할 수 있다.

다음은 SAAJ를 이용하여 작성한 코드가 SOAP으로 변환되는 몇 가지 예를 나타낸 것이다.

SAAJ에서의 SOAPEnvelope 생성 코드

```
SOAPEnvelope envelope = soapPart.getEnvelope( );
envelope.addNamepaceDeclaration("xsd", "http://www.w3.org/2001/XMLSchema");
```

 SAAJ 코드가 SOAP 메시지로 변환

SOAP 메시지의 SOAPEnvelope 태그

```
〈SOAP-ENV:Envelope xmlns:SOAP-ENV="http://schemas.xmlsoap.org/soap/envelope/"
                    xmlns:xsd="http://www.w3.org/2001/XMLSchema"〉
〈SOAP-ENV:Header〉
```

[그림 16-17] SOAPEnvelope 태그 변환

SAAJ에서의 SOAPHeader 생성 코드

```
SOAPHeader header = envelope.getHeader( );
SOAPHeaderElement headerElement = header.addHeaderElement("header");
SOAPElement childElement = headerElement.addChildElement("child");
childElement.addTextNode("text");
```

 SAAJ 코드가 SOAP 메시지로 변환

SOAP 메시지의 SOAPHeader 태그

```
〈SOAP-ENV:Header〉
  〈header〉
    〈child〉text〈/child〉
  〈/header〉
〈/SOAP-ENV:Header〉
```

[그림 16-18] SOAPHeader 태그 변환

SAAJ에서의 SOAPBody 생성 코드

```
SOAPBody body = envelope.getBody( );
SOAPBodyElement bodyElement = body.addBodyElement("body", prefix, namespace);
SOAPElement childElement = bodyElement.addChildElement(soapFactory.createName("test"));
childElement.addTextNode("SAAJ Test!");
```

 SAAJ 코드가 SOAP 메시지로 변환

SOAP 메시지의 SOAPBody 태그

```
〈SOAP-ENV:Body〉
  〈prefix:body〉
    〈child〉text〈/child〉
  〈/prefix:body〉
〈/SOAP-ENVBody〉
```

[그림 16-19] SOAPBody 태그 변환

SAAJ에서의 SOAPFault 생성 코드

```
SOAPFault fault = body.addFault( );
fault.setFaultCode(soapFactory.createName "Client"," SOAPConstants. URI_NS_SOAP_ENVELOPE));
fault.setFaultString("Fault Message");
```

SAAJ 코드가 SOAP 메시지로 변환

SOAP 메시지의 SOAPFault 태그

```
<SOAP-ENV:Fault>
  <faultcode>SOAP-ENV:Client</faultcode>
  <faultstring>Fault Message</faultstring>
</SOAP-ENV:Fault>
```

[그림 16-20] SOAPFault 태그 변환

(2) SAAJ를 이용한 메시지 전송 예제

이번에는 앞에서 알아보았던 SAAJ를 이용하여 SOAP 메시지를 전송하는 예제 코드를 작성해 본다. 그리고 웹 서비스 개발 패키지인 JWSDP(Java Web Services Development Pack)에서 제공하는 웹 서비스 예제를 사용하여 SOAP 메시지를 주고받는 과정을 테스트해 본다.

① JWSDP 2.0 설치

SAAJ는 웹 서비스를 서버에 요청하고 클라이언트에서 응답을 받는 구조이므로 서로 다른 2대의 컴퓨터에 서버와 클라이언트를 구성해야 한다. 지금 설치하려는 JWSDP 2.0은 웹 서비스를 제공하는 서버의 역할을 하게 될 것이므로 네트워크로 접속 가능한 다른 컴퓨터에 설치하는 것을 권장한다. 상황이 여의치 않을 경우 한 컴퓨터에 모두 설치하고 포트로 구분해서 테스트하는 것도 가능하다.

 먼저, Java Web Services Developer Pack 다운로드 페이지에서 JWSDP 2.0을 다운로드한 후, 설치를 시작한다.

http://java.sun.com/webservices/downloads/previous/index.jsp

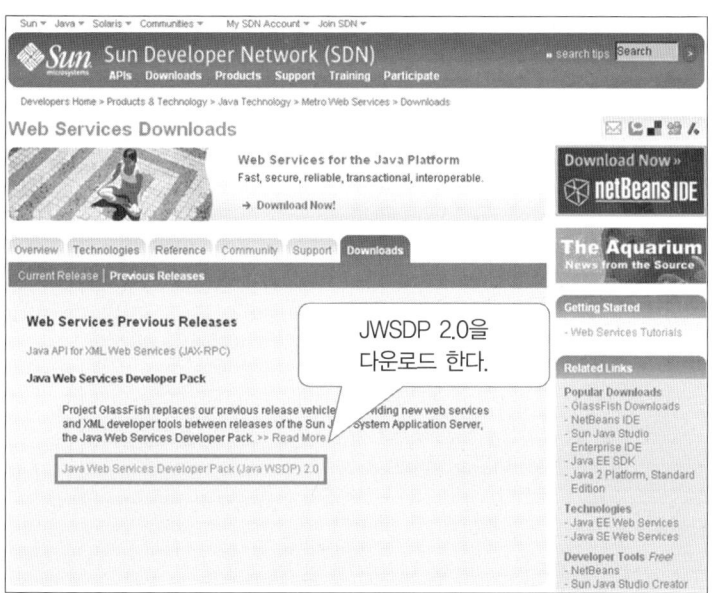

[그림 16-21] Java Web Services Developer Pack 다운로드 페이지

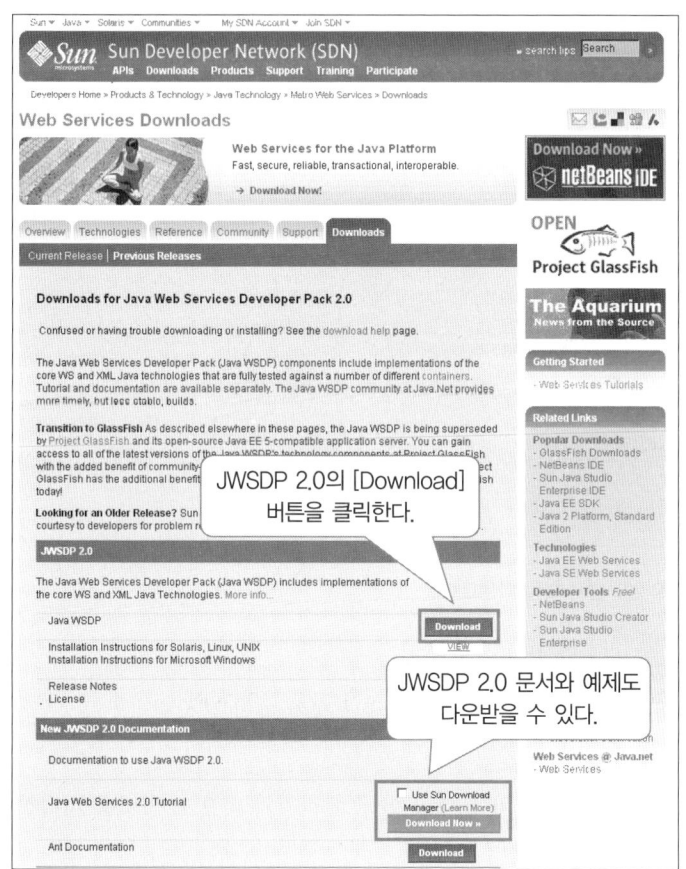

[그림 16-22] JWSDP 2.0 설치 파일과 문서, 예제 다운로드 선택 페이지

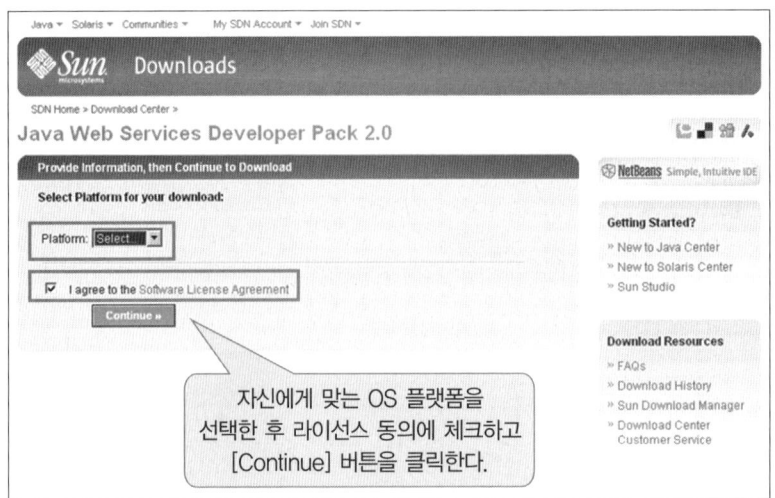

[그림 16-23] 플랫폼과 라이선스 체크 페이지

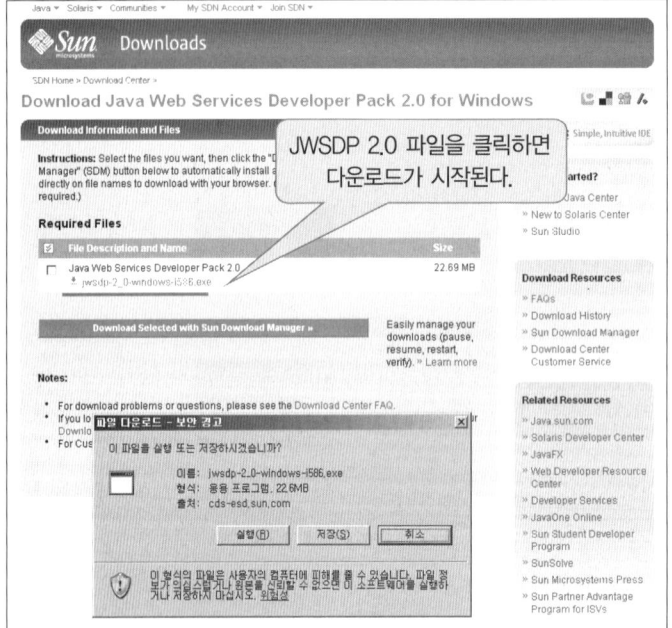

[그림 16-24] JWSDP 2.0 설치 파일 다운로드

02 다운로드가 모두 완료되었다면 해당 폴더로 가서 설치 파일을 실행시킨다.

03 설치가 시작되면 JWSDP 2.0 설치에 대한 안내 메시지가 나오고 설치를 시작한다. [다음] 버튼을 클릭한다.

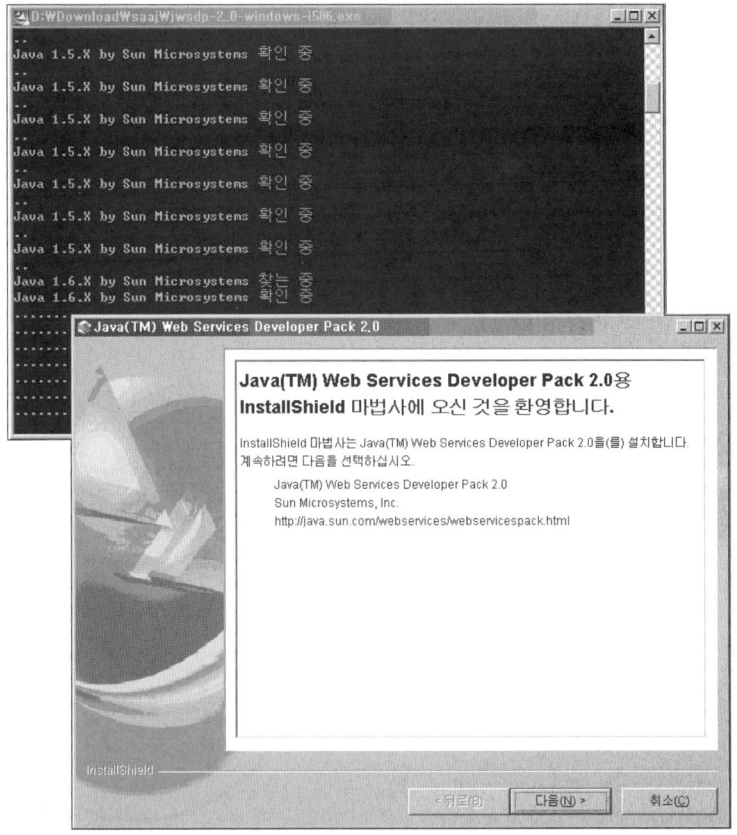

[그림 16-25] JWSDP 2.0 설치 초기 화면

04 소프트웨어에 대한 라이선스 동의 메시지가 나온다. APPROVE에 체크하고 [다음] 버튼을 클릭한다.

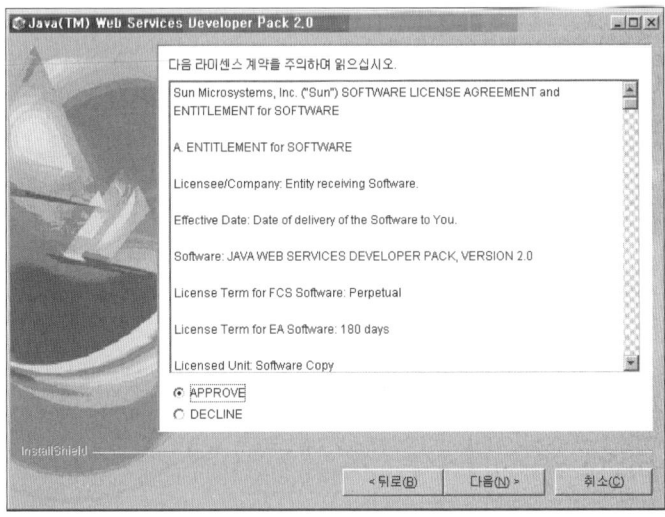

[그림 16-26] 라이선스 동의 여부 체크

05 기존에 설치한 JDK를 선택하는 화면이다. JWSDP 2.0이 자바 기반에서 실행되는 프로그램이므로 JDK가 설치되었는지 확인한다. 현재 자신에게 설치된 jdk의 설치 위치가 나온다. 만약 JDK가 없다면 http://java.sun.com/j2se 주소로 접속해 다운받는다. 선택이 되었다면 [다음] 버튼을 클릭한다.

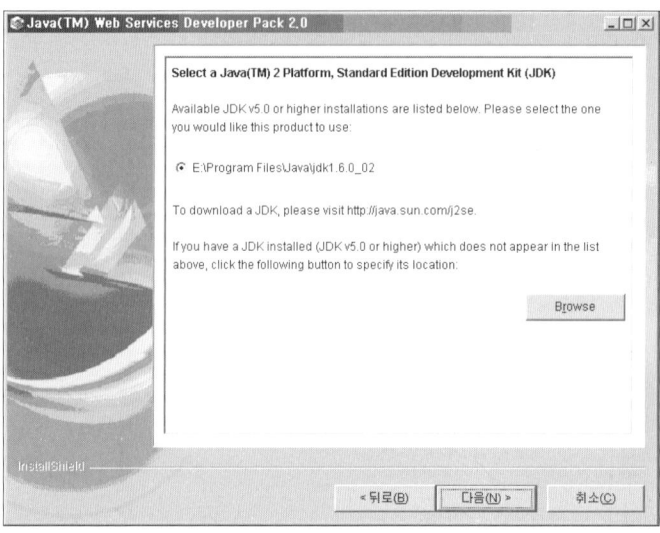

[그림 16-27] JDK 위치 선택

06 웹 컨테이너를 함께 설치할 것인지를 결정한다. Sun Java System의 다른 웹 어플리케이션을 사용하고 있다면 No Web Container를 선택한다. 그렇지 않다면 첫 번째 선택인 Download a Web은 선택해 웹 컨테이너를 다운받는다. 여기에서는 웹을 통해 다운로드받는 것을 선택하고, [다음]을 클릭한다.

[그림 16-28] 웹 컨테이너 선택

07 웹 브라우저가 실행되면서 위와 같은 웹 컨테이너 다운로드 화면이 출력된다. JWSDP
를 위한 Tomcat 5.0 웹 컨테이너를 다운로드한다. 다운받은 tomcat50-jwsdp.zip 파
일을 압축 해제한 후 원하는 폴더에 위치시킨다.

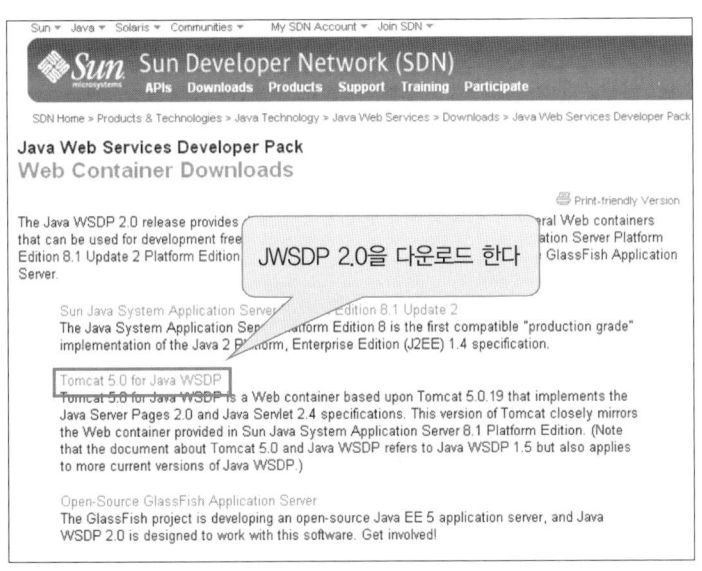

[그림 16-29] 웹 컨테이너 다운로드 페이지

08 웹 컨테이너 폴더가 위치하는 경로를 찾아 입력하고 [다음] 버튼을 클릭한다.

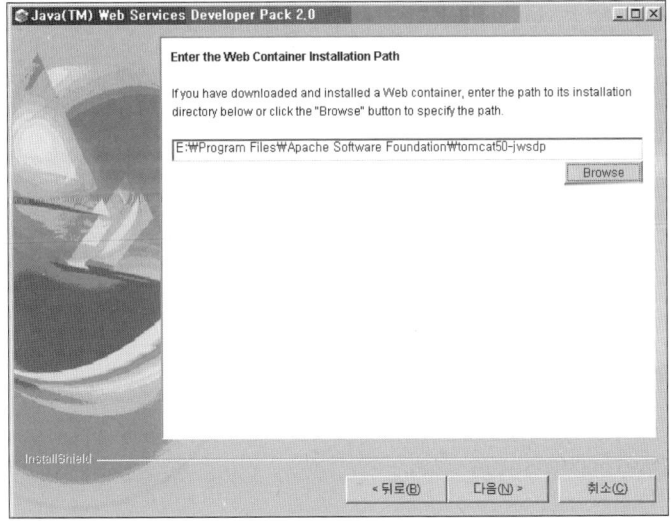

[그림 16-30] 웹 컨테이너 설치 경로 입력

09 JWSDP 2.0을 설치할 경로를 지정하고 [다음] 버튼을 클릭한다.

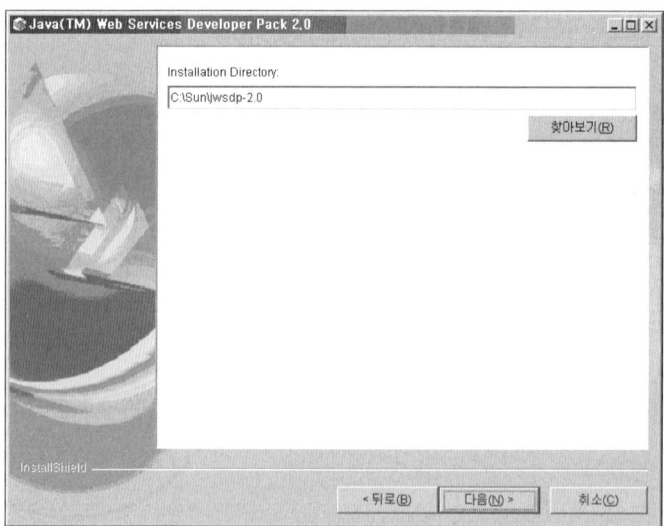

[그림 16-31] JWSDP 2.0 설치 경로 지정

10 JWSDP 2.0의 설치 유형을 선택한다. 보다 자세한 설치 옵션을 선택하려면 [사용자 설치]를 클릭한다. 일반적인 설치 유형인 'Typical'을 선택하고 [다음] 버튼을 클릭한다.

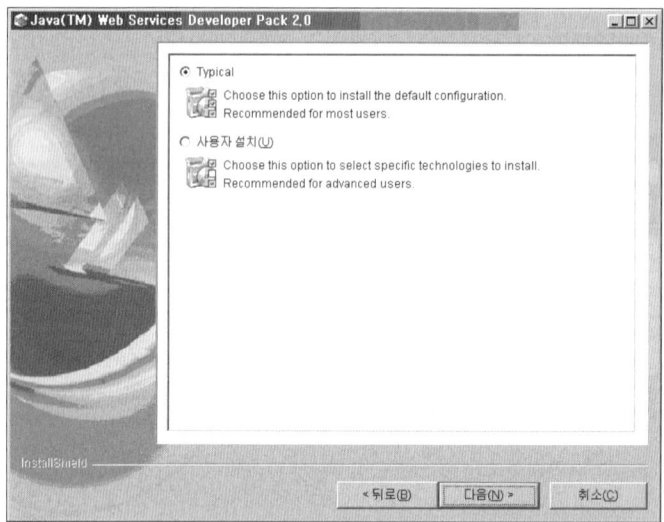

[그림 16-32] JWSDP 2.0 설치 유형 선택

11 웹 컨테이너로 설치했던 Tomcat을 사용하기 위한 사용자를 생성한다. 설치 후 관리자 기능을 이용하기 위해 이 계정이 필요하므로 잘 기억해 둔다. 이름과 비밀번호를 입력한 후 [다음] 버튼을 클릭한다.

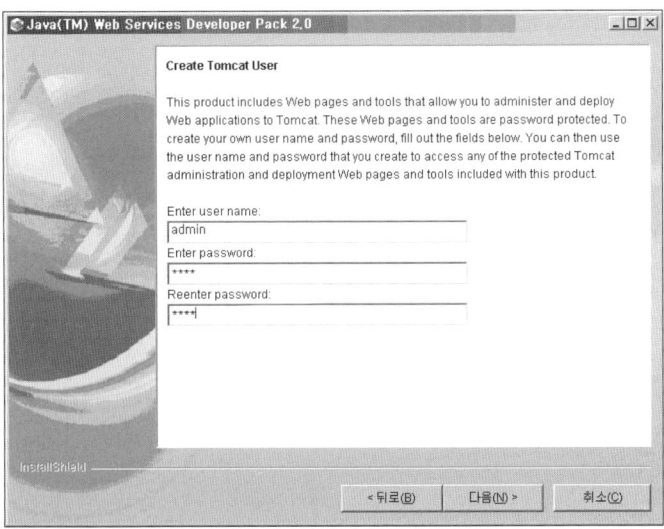

[그림 16-33] Tomcat 사용자 생성

12 HTTP Proxy를 이용해 인터넷에 접속하고 있다면 이 프록시 정보들을 입력한다. 해당 사항이 없으면 입력 없이 [다음] 버튼을 클릭한다.

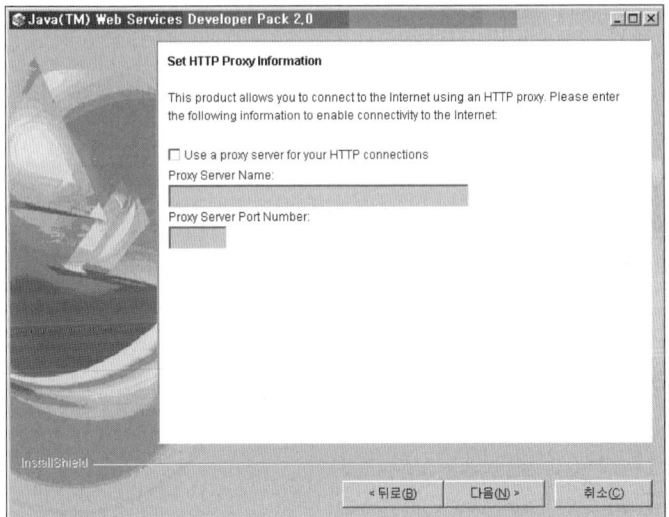

[그림 16-34] HTTP Proxy 설정

13 지금까지 진행해 온 설치 정보를 확인하고 [다음] 버튼을 클릭하면 설치가 시작된다.

[그림 16-35] JWSDP 2.0 전체 설치 정보 확인

14 설치가 모두 완료되면 다음과 같은 설치 마법사 화면이 출력된다. 몇 가지 설정을 위한 마법사를 실행한다. [다음] 버튼을 클릭한다.

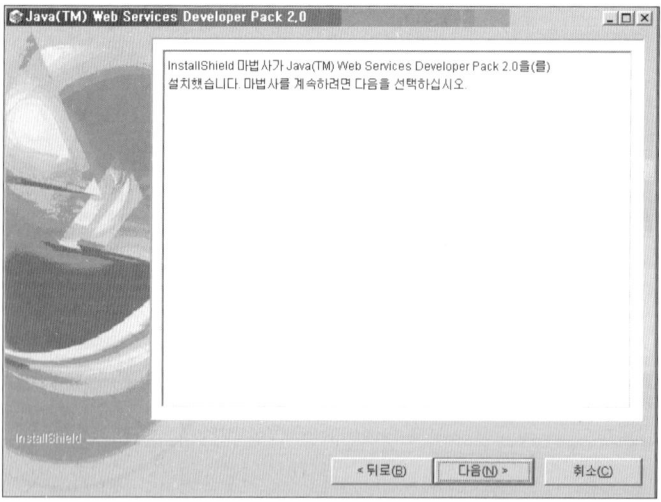

[그림 16-36] JWSDP 2.0 설정 마법사

15 JDK 1.5 버전의 사용자들은 아래와 같이 해당 경로의 파일을 다른 곳에 복사해야 한다.

• 복사할 원본 파일

C:\Sun\jwsdp-2.0\jaxp\lib\jaxp-api.jar
C:\Sun\jwsdp-2.0\jaxp\lib\endorsed 의 모든 파일

이 파일들을 다음의 경로에 복사한다.

> ⟨JAVA_HOME⟩ \jre 1.x.x\lib

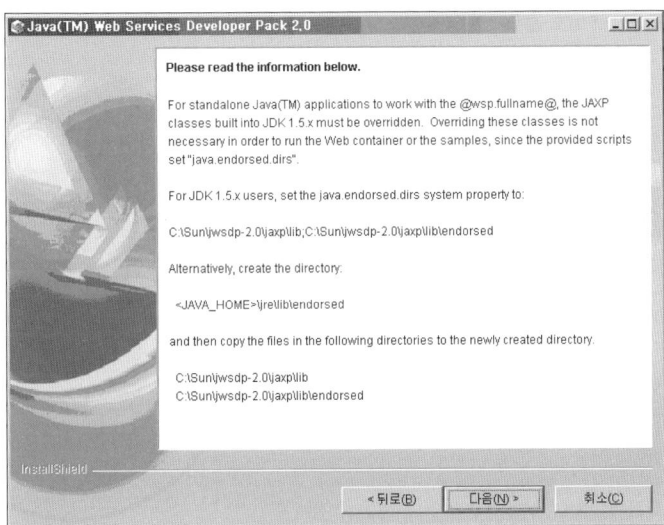

[그림 16-37] 라이브러리 파일 복사 안내

16 ⟨JAVA_HOME⟩은 일반적으로 C:\Program Files\Java\ 이다. 위와 같이 복사가 완료되었다면 [다음] 버튼을 클릭한다.

17 JWSDP 2.0의 사용자 등록 화면이다. 등록을 원하면 체크를, 아니면 선택하지 않고 [다음] 버튼을 클릭한다.

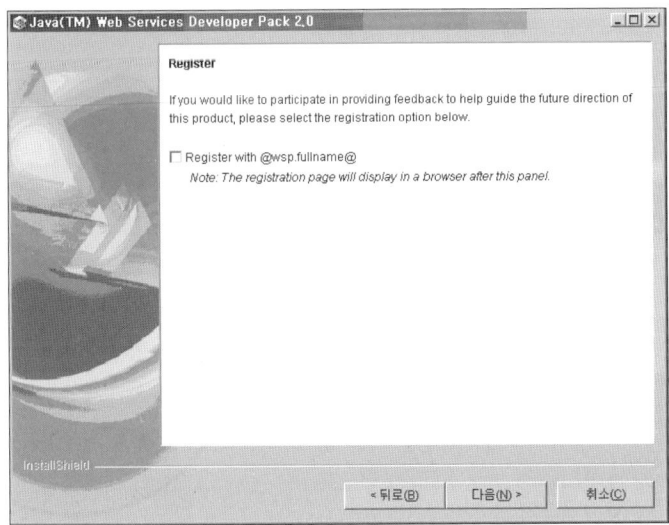

[그림 16-38] 제품 등록 여부 선택

18 톰캣의 시작 방법과 JWSDP 2.0을 사용하기 위한 안내 페이지의 주소를 출력한다. [다음] 버튼을 클릭한다.

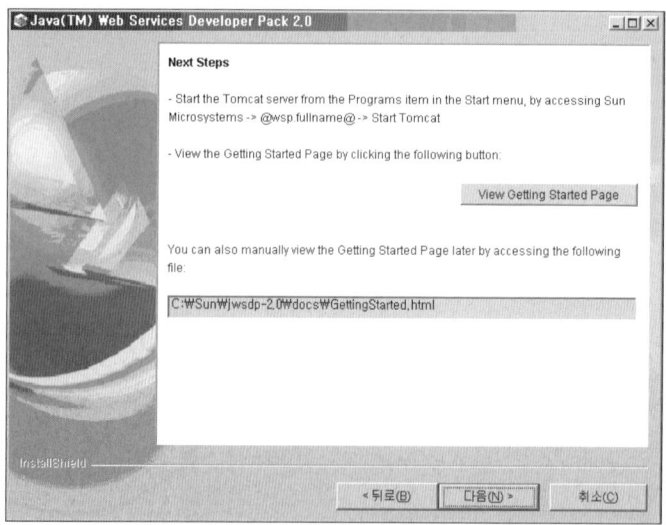

[그림 16-39] 톰캣 시작 방법과 JWSDP 2.0 안내 페이지 소개

19 모든 설치가 완료되면 [종료] 버튼을 클릭해 시스템을 재시작한다.

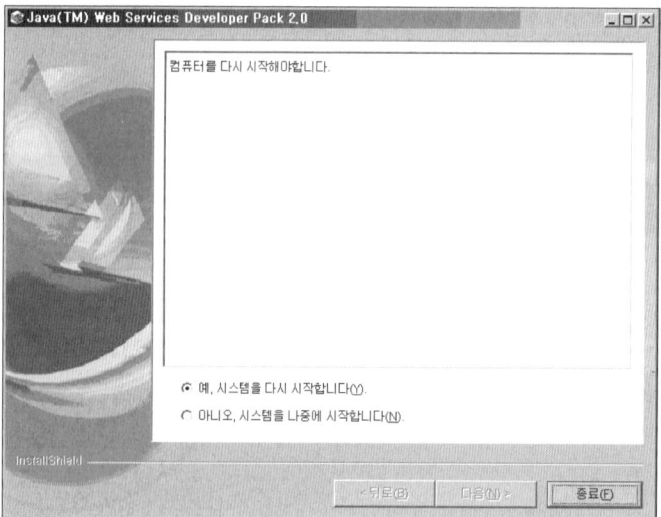

[그림 16-40] 시스템 재시작 화면

20 설치가 완료되었으니 이제 웹 서비스를 위한 JWSDP 2.0을 실행한다. 다음과 같이 메뉴를 클릭해 톰캣 웹 컨테이너를 시작하도록 한다.

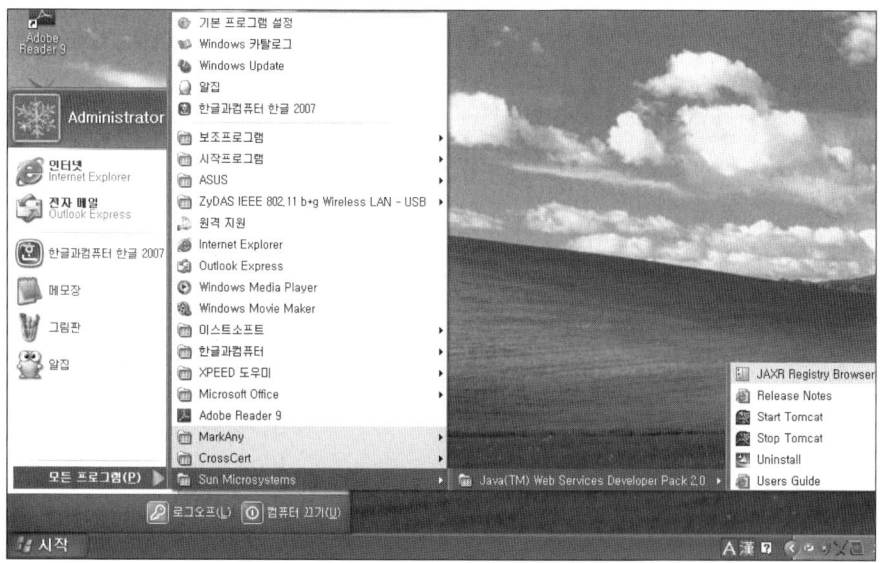

[그림 16-41] 웹 컨테이너 시작 방법

만약 톰캣의 위치를 찾을 수 없다는 메시지가 나오면 Start Tomcat 바로 가기 아이콘
의 경로를 다음과 같이 변경한다.

> "tomcat50-jwsdp이 위치하는 경로\bin\catalina.bat" start

이제 모든 설치가 끝나고 웹 서비스를 실행할 준비가 되었다. JWSDP 2.0은 웹 서비스
의 개발과 배포를 쉽게 할 수 있도록 도와주는 프로그램이므로 자신의 웹 서비스를 만
들고 싶다면 GettingStarted.html 페이지를 참고하도록 한다.

우리는 JWSDP 2.0 이 제공하는 간단한 웹 서비스 서블릿을 사용할 것이다. 이제 이
웹 서비스에 SOAP 메시지를 통해 통신하는 SAAJ 코드를 작성해 보도록 하자.

② SAAJ 코드 작성

웹 서비스를 제공하는 웹 컨테이너를 설치하였으니 이제 클라이언트에서 SAAJ를 통해
SOAP 메시지를 보내는 프로그램을 구현해 보자. 간단한 메시지와 첨부 파일을 보내는 예제
이므로 다음 순서를 따라 작성하도록 한다.

01 실행할 액션 클래스와 결과 JSP 페이지를 매핑한다.

소스 16-5 : /src/struts.xml

```xml
<?xml version="1.0" encoding="UTF-8" ?>

<!DOCTYPE struts PUBLIC
  "-//Apache Software Foundation//DTD Struts Configuration 2.0//EN"
  "http://struts.apache.org/dtds/struts-2.0.dtd">

<struts>

    <package name="account" extends="struts-default">

        <!-- SAAJ 전송 액션 -->
        <action name="saajSendAction" class="saaj.saajSendAction">
            <result>/jsp/saaj/saajSendResult.jsp</result>
        </action>

    </package>

</struts>
```

02 HTML 태그에 대한 스타일시트를 정의한다.

소스 16-6 : /common/css/css.css

```css
textarea {color:#000000; font-family:"굴림"; font-size:9pt; line-height:120%;
background-color: #FFFFFF; border: 1 solid #999999}
td { color:#3f3f3f; font-family:"굴림"; font-size:9pt; line-height:170%;}
td a { color:#333377; font-family:"굴림"; font-size:9pt; line-height:170% ; text-
decoration: none; }
td a:hover { color:#3366CC; font-family:"굴림"; font-size:9pt; line-height:170% ; text-
decoration: underline;}
input {color:#000000; font-family:"굴림"; font-size:9pt; line-height:120%;background-
color: #FFFFFF; border: 1 solid #999999}

.inputb {BORDER-BOTTOM: #999999 1px solid; BORDER-LEFT: #cecece 1px
solid;BORDER-RIGHT: #999999 1px solid; BORDER-TOP: #cecece 1px solid; COLOR:
#000000; FONT-SIZE: 9pt;background-color: #EDEDED;}
```

03 SOAP 메시지와 함께 보낼 첨부 파일을 생성한다.

소스 16-7 : /common/upload/saajTest.html

```html
<html>
<head> SAAJ Test </head>
<body>

<table width="500" border="0" cellspacing="0" cellpadding="5">
  <tr>
    <td align="center"> <h2> SAAJ Test </h2> </td>
  </tr>
</table>

<table width="500" border="0" cellpadding="5" cellspacing="0">
  <tr>
    <td> Test Message </td>
  </tr>
</table>

</body>
</html>
```

04 실질적인 SAAJ 코드를 이용해 SOAP 메시지를 작성한다.

소스 16-8 : /src/saaj/saajSendAction.java

```java
package saaj;

import com.opensymphony.xwork2.ActionSupport;
import java.io.*;
import javax.xml.soap.*;
import java.net.*;
import javax.activation.DataHandler;

public class saajSendAction extends ActionSupport {

    String reqval;  //JSP 페이지에 출력할 요청 메시지
    String retval;  //JSP 페이지에 출력할 응답 메시지
```

```java
public String execute( ) throws Exception {

    /* SOAP 메세지 생성 */
❶  MessageFactory messageFactory = MessageFactory.newInstance( );
❷  SOAPMessage requestMessage = messageFactory.createMessage( );

    /* SOAPPart 생성 */
❸  SOAPPart soapPart = requestMessage.getSOAPPart( );

    /* SOAPEnvelope 생성 */
    SOAPEnvelope envelope = soapPart.getEnvelope( );

    // 네임스페이스 설정
❹  envelope.addNamespaceDeclaration("xsd","http://www.w3.org/2001/ XMLSchema");
    envelope.addNamespaceDeclaration( "xsi" , "http://www.w3.org/2001
/XMLSchema-instance");
    envelope.addNamespaceDeclaration( "enc" , "http://www.w3.org/schemas.
xmlsoap.org/soap/encoding/");
    envelope.addNamespaceDeclaration( "ns1" , "http://localhost:8080/simple/");

    // 인코딩 방식 지정
❺  envelope.setEncodingStyle( "http://schemas.xmlsoap.org/soap/encoding/");

    // SOAPFactory 인스턴스 생성
❻  SOAPFactory soapFactory = SOAPFactory.newInstance( );

    /* SOAPHeader 정의 부분 */
❼  SOAPHeader header = envelope.getHeader( );

    // SOAPHeader의 각 Element Name 설정
    Name createHearderName = soapFactory.createName( "member" , "mem" ,
"http://localhost/saaj");
    Name createChildName = soapFactory.createName("name");
    Name createChildemail = soapFactory.createName("email");

    // SOAPHeader의 Header Element 설정
    SOAPHeaderElement headerElement = header.addHeaderElement(create
HearderName);
    headerElement.setActor("http://localhost/saaj");
```

```
    headerElement.setMustUnderstand(true);

    // SOAPHeader의 Child Element 설정 - name, email
    SOAPElement nameElement = headerElement.addChildElement(create ChildName);
    nameElement.addTextNode("drpp18");

    SOAPElement emailElement = headerElement.addChildElement(create Childemail);
    emailElement.addTextNode("drpp18@nate.com");

    /* SOAPBody 정의 부분 */
❽ SOAPBody body = envelope.getBody( );

    // SOAPBody의 각 Element Name 설정
    Name createBodyName = soapFactory.createName("getInfo", "ns1", null);
    Name createChildTest = soapFactory.createName("test");
    Name createChildAttribute = soapFactory.createName("type", "xsi", null);

    // SOAPBody의 Body Element 설정
    SOAPBodyElement bodyElement = body.addBodyElement(createBodyName);

    // SOAPBody의 Child Element 설정
    SOAPElement childElement = bodyElement.addChildElement(createChildTest);
    childElement.addAttribute(createChildAttribute, "xsd:string");
    childElement.addTextNode("SAAJ Test!");

    /* SOAPFault 정의 부분 */
❾ SOAPFault fault = body.addFault( );

    // SOAPFault의 Fault Code Name 설정
    Name faultName = soapFactory.createName("Client", " ", SOAPConstants.URI_
NS_SOAP_ENVELOPE);

    // SOAPFault의 Fault Code, Actor, String 설정
    fault.setFaultCode(faultName);
    fault.setFaultActor("http://localhost/saaj");
    fault.setFaultString("Message does not have necessary info");

    // 상세 정보 생성
    Detail detail = fault.addDetail( );
```

```
DetailEntry entry = detail.addDetailEntry(soapFactory.createName("message"));
entry.addTextNode("Quantity element does not have a value");

// 첨부 파일 위치와 ID 지정
URL url = new URL("http://localhost/saaj/common/upload/saajTest.html");
⑩ String contentId = "attachFile_HTML";

/* AttachmentPart 정의 부분 */
⑪ DataHandler dataHandler = new DataHandler(url);
⑫ AttachmentPart attachment = requestMessage.createAttachmentPart(dataHandler);
attachment.setContentId(contentId);

// SOAP 메시지에 AttachmentPart 첨부
requestMessage.addAttachmentPart(attachment);

// 지금까지 생성된 요청 SOAP 메시지를 화면에 출력한다
System.out.println("\n\nOn message called in sending servlet");
System.out.println("Here's the message:");
requestMessage.writeTo(System.out);
System.out.println("\n\n");

// 요청 SOAP 메시지를 파일로 생성한다
⑭ FileOutputStream sentFile = new FileOutputStream("saajSend.msg");
⑬ requestMessage.writeTo(sentFile);
sentFile.close();

// saajSendResult.jsp 파일에 출력할 메시지 생성
reqval = "saajSend.msg 파일 : Soap 요청 메시지 생성!";

// SOAPConnection 열기
SOAPConnectionFactory soapConnectionFactory = SOAPConnectionFactory.
newInstance();
⑮ SOAPConnection connection = soapConnectionFactory.createConnection();

// requestMessage 를 보내고, 결과를 responseMessage 로 받기
⑯ SOAPMessage responseMessage = connection.call(requestMessage,
"http://192.168.10.99:8080/saaj-simple/receiver");

// SOAPConnection 닫기
```

```
❼ connection.close( );

    // 웹 서비스에 요청한 후 받은 메시지를 파일로 생성한다.
    FileOutputStream responseFile = new FileOutputStream("saajReceive.msg");
❽ responseMessage.writeTo(responseFile);
    sentFile.close( );

    // saajSendResult.jsp 파일에 출력할 메시지 생성
    retval += " saajReceive.msg 파일 : 요청 후 받은 메시지 생성!";

    return SUCCESS;
}

public String getReqval( ) {
    return reqval;
}

public void setReqval(String reqval) {
    this.reqval = reqval;
}

public String getRetval( ) {
    return retval;
}

public void setRetval(String retval) {
    this.retval = retval;
}

}
```

❶ 먼저 MessageFactory messageFactory = MessageFactory.newInstance( ); 를 통
해 메시지 팩토리의 인스턴스를 생성한다. 메시지 팩토리는 자바 디자인 패턴 중의
하나로 클래스의 인스턴스를 만드는 일을 서브 클래스에게 맡겨 처리하는 것이다.

❷ 그리고 SOAPMessage requestMessage = messageFactory.createMessage( ); 로
SOAP 요청 메시지를 생성한다.

❸ 그리고 SOAPPart와 SOAPEnvelope을 생성한 후 ❹ addNamespaceDeclaration

로 네임스페이스를 정의한다. 네임스페이스는 엘리멘트를 만들 때 정의해도 되지만 한 곳에 따로 정의해 두는 것이 개발의 편의성 측면에서 더 낫다. 또한 setEncodingStyle 메소드를 통해 인코딩 방식을 설정하고, ❻ SOAPFactory soapFactory = SOAPFactory.newInstance( ); 코드로 SOAPFactory 인스턴스를 생성한다.

❼ 위와 같이 SOAP 메시지를 위한 설정 코드를 작성한 후에는 Header와 Body, Fault 부분을 작성해야 한다. SOAPHeader는 SOAPHeader header = envelope.getHeader( ); 를 작성함으로써 정의된다. addHeaderElement 메소드를 통해 헤더를 정의하고 setActor, setMustUnderstand로 각각 속성을 정의한다. Header가 정의되었으면 그 안에 들어갈 Child Element를 정의한다. 하나 이상의 Element와 addTextNode 메소드로 값을 작성한다. 이와 같은 과정을 거쳐 SOAPHeader가 생성된다.

❽ 다음은 SOAPBody 부분이다. SOAPBody body = envelope.getBody( ); 를 통해 SOAPBody를 생성한다. Header와 마찬가지로 Body Element를 정의하고 그 안에 Child Element를 작성함으로써 값을 생성하게 된다. childElement.addAttribute (createChild Attribute, "xsd:string"); 에서 값의 속성을 정의하고 addTextNode 메소드로 값을 정의한다.

❾ 마지막으로 SOAPFault 부분이다. SOAPFault는 SOAPBody안에 기술되어야 하고, 선택 사항이다. setFaultCode 메소드를 통해 오류 코드의 이름을 정의하고, setFaultActor와 setFaultString으로 속성과 오류 메시지를 각각 작성한다. 그리고 Detail detail = fault.addDetail( ); 코드로 상세 정보를 생성하고 DetailEntry 의 addTextNode 메소드로 보여줄 상세 메시지를 기술한다.

이제 SOAP 메시지를 위한 정의는 완료가 되었고, 이제 첨부 파일을 위한 SAAJ 코드를 작성해 보자.

❿ 먼저 URL 메소드로 첨부 파일의 위치를 지정하고 파일의 ID를 "attachFile_HTML" 라고 정의한다. 그리고 실질적인 AttachmentPart 부분을 작성해야 한다.

⓫ DataHandler dataHandler = new DataHandler(url);를 통해 dataHandler를 생성하고, ⓬ createAttachmentPart 메소드에 넣어 AttachmentPart를 생성한다. 그리고 SOAP 메시지에 첨부하려면 addAttachmentPart 메소드를 사용한다.

이로써 SOAP 메시지 생성과 관련한 코드가 완료되었고, 지금부터는 결과를 로그에 기록하고 웹 서비스의 서버에 SOAP 메시지를 보내는 코드를 작성해 보자.

⓭ requestMessage.writeTo(System.out); 를 통해 로그를 시스템에 기록하고, ⓮

FileOutputStream으로 파일을 생성해 로그 내용을 기록한다.

다음으로 SOAP 메시지를 보내는 부분인데, 웹 서비스를 요청하려면 먼저 SOAPConnection으로 서버와의 연결을 만들어야 한다.

⓯ soapConnectionFactory.createConnection( ); 으로 연결을 만들고, ⓰ connection. call(requestMessage, "http://192.168.10.99:8080/saaj-book/receiver"); 코드를 통해 원격 서버에 requestMessage를 보내게 된다. 여기서 http://192.168.10.99: 8080/saaj-book/receiver는 로컬 컴퓨터가 아닌 JWSDP 2.0이 설치된 원격의 컴퓨터의 웹 서비스 주소이다. 로컬 컴퓨터에 JWSDP 2.0을 설치했다면 주소를 http:// localhost:8080/saaj-book/receiver으로 바꿔서 기술해 준다. 이러한 과정을 거쳐서 요청 메시지를 보내면 서버에서 이를 받아 응답 메시지를 보내게 되고 이를 다시 responseMessage에 저장해서 확인할 수 있게 된다.

⓱ 메시지 전송이 끝났으면 connection.close( ); 코드로 연결을 반드시 닫아준다. ⓲ 마지막으로 응답받은 responseMessage를 이용해 시스템 로그에 기록하고 이 역시 파일을 생성해 함께 기록한다.

05 saajSendAction 클래스를 실행한 후 결과를 출력하는 JSP 페이지이다. 간단히 전송이 완료되었다는 메시지만 보여준다.

소스 16-9 : /jsp/saaj/saajSendResult.jsp

```
<%@ page contentType="text/html; charset=utf-8" %>
<%@ taglib prefix="s" uri="/struts-tags" %>

<?xml version="1.0" encoding="UTF-8" ?>
<!DOCTYPE html PUBLIC "-//W3C//DTD XHTML 1.0 Transitional//EN" "http://
www.w3.org/TR/xhtml1/DTD/xhtml1-transitional.dtd">
<html xmlns="http://www.w3.org/1999/xhtml">
<head>
  <title>SAAJ 전송</title>
  <link rel="stylesheet" href="/board/common/css/css.css" type="text/css">
</head>

<body>

<table width="500" border="0" cellspacing="0" cellpadding="5">
```

```
  〈tr〉
      〈td align="center"〉 〈h2〉SAAJ 전송 테스트〈/h2〉 〈/td〉
  〈/tr〉
〈/table〉

〈table width="500" border="0" cellpadding="5" cellspacing="0"〉
  〈tr〉
      〈td〉 〈s:property value="reqval" /〉 〈/td〉
  〈/tr〉
  〈tr〉
      〈td〉 〈s:property value="retval" /〉 〈/td〉
  〈/tr〉

〈/table〉

〈/body〉
〈/html〉
```

다음의 소스 16-10은 JWSDP 2.0에서 제공하는 Book 웹 서비스의 receiver 코드이다. 이와 관련한 코드는 /〈tomcat50-jwsdp Home〉/saaj/webapps/book.war에 포함되어 있다. 우리가 SAAJ 코드를 작성해서 보내면 이 코드에서 실행해 다시 클라이언트로 응답 메시지를 보내주게 된다.

소스 16-10: ReceivingServlet.java 예제

```
/*
 * Copyright 2004 Sun Microsystems, Inc. All rights reserved.
 * SUN PROPRIETARY/CONFIDENTIAL. Use is subject to license terms.
 */

package book.receiver;

import java.util.Iterator;
import java.util.logging.Level;
import java.util.logging.Logger;

import javax.xml.soap.*;
```

```java
import com.sun.xml.messaging.soap.server.SAAJServlet;

/**
 * Sample servlet that receives messages.
 *
 * @author Krishna Meduri (krishna.meduri@sun.com)
 */

public class ReceivingServlet extends SAAJServlet {

    static Logger logger = Logger.getLogger( "Samples/Book" );

    // This is the application code for handling the message.. Once the
    // message is received the application can retrieve the soap part, the
    // attachment part if there are any, or any other information from the
    // message.

    public SOAPMessage onMessage(SOAPMessage message) {
        System.out.println( "On message called in receiving servlet" );
        try {
            System.out.println( "Here's the message: " );
            message.writeTo(System.out);

            SOAPHeader header = message.getSOAPHeader( );
            SOAPBody body = message.getSOAPBody( );

            Iterator headerElems = header
.examineMustUnderstandHeaderElements( "http://saaj.sample/receiver" );

            while (headerElems.hasNext( )) {
                SOAPHeaderElement elem = (SOAPHeaderElement) headerElems.next( );
                String actor = elem.getActor( );
                boolean mu = elem.getMustUnderstand( );
                Iterator elemChildren = elem.getChildElements( );

                System.out.println( "*************" );
                System.out.println( "actor and mu are " + actor + " " + mu);
                while (elemChildren.hasNext( )) {
```

```
            SOAPElement elem1 = (SOAPElement) elemChildren.next( );
            org.w3c.dom.Node child = elem1.getFirstChild( );
            String childValue = child.getNodeValue( );
            System.out.println("childValue is " + childValue);
         }
      }


      return message;


   } catch (Exception e) {
      logger.log(Level.SEVERE,
            "Error in processing or replying to a message" , e);
      return null;
   }
  }
}
```

③ 원격 전송 테스트

앞에서 작성한 SAAJ 코드를 실행하고 다음과 같은 절차를 통해 테스트해 보자.

> 요청할 SOAP 메시지와 첨부 파일을 시스템 로그로 확인하고 결과를
> saajSend.msg 파일로 생성한다. (로컬 컴퓨터 – http://localhost)

> 웹 서비스 서버에 보낸 메시지와 클라이언트의 접속 로그를 확인한다.
> (원격 컴퓨터 – http://192.168.10.99:8080)

> 메시지를 보낸 후 응답으로 받은 메시지와 시스템 로그를 확인한다. 결과를
> saajReceive. msg 파일로 생성한다. (로컬 컴퓨터 – http://localhost)

01 먼저, 다음의 주소로 접속해 saajSendAction 클래스를 실행한다.

> * http://localhost/saaj/saajSendAction.action

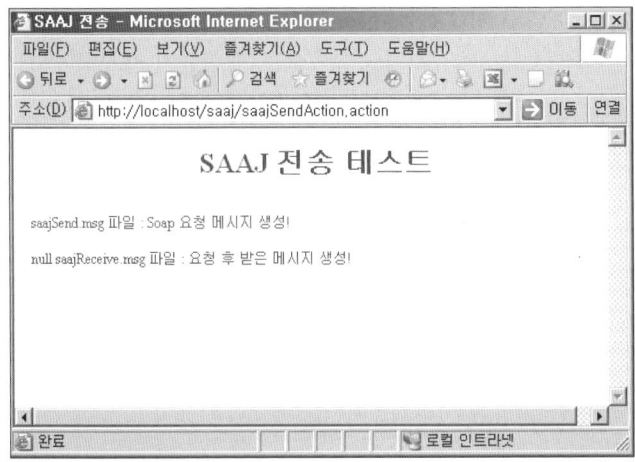

[그림 16-42] SAAJ 전송 테스트 페이지

02 위 그림과 같은 결과가 출력된다면 SAAJ를 이용한 전송이 성공적으로 완료되었다는 것을 뜻한다. 이제 전송이 제대로 되었는지 확인해 보도록 한다.

http://localhost/〈Tomcat_Home〉/logs/stdout_20080906.log

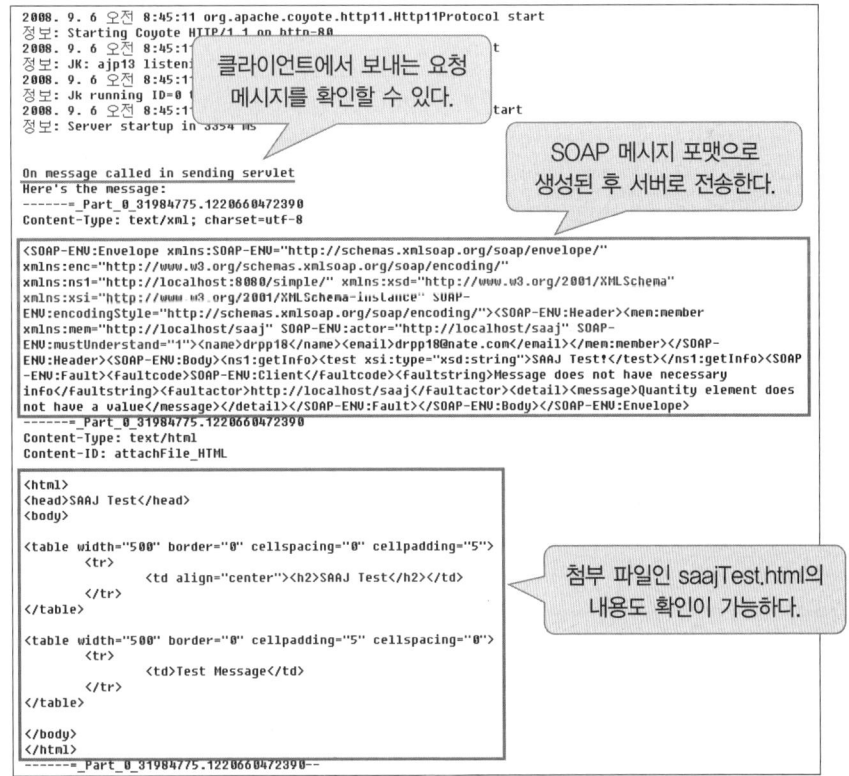

[그림 16-43] 로컬 컴퓨터의 시스템 로그

03 위와 같이 보내는 메시지가 어떤 내용인지 로컬 컴퓨터의 시스템의 로그를 통해 확인할 수 있다. 또한 이 메시지를 saajSend.msg 파일에도 생성했기 때문에 아래 파일을 열어서 내용을 확인할 수도 있다.

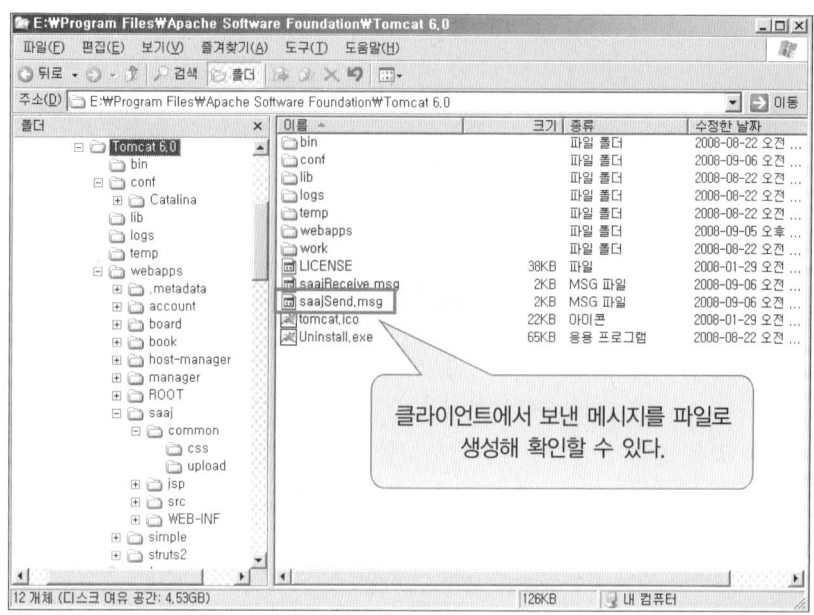

[그림 16-44] saajSend.msg 파일 생성

[그림 16-45] http://localhost/<Tomcat_Home>/saajSend.msg 파일 내용 확인

04 이와 같이 로컬 컴퓨터에서 보내는 메시지를 확인해 보았다. 이제 원격 컴퓨터의 웹 서비스 서버에서 이 메시지를 받았는지 확인해 보자.

> * http://192.168.10.99:8080/⟨tomcat50-jwsdp Home⟩/logs/launcher.server.log

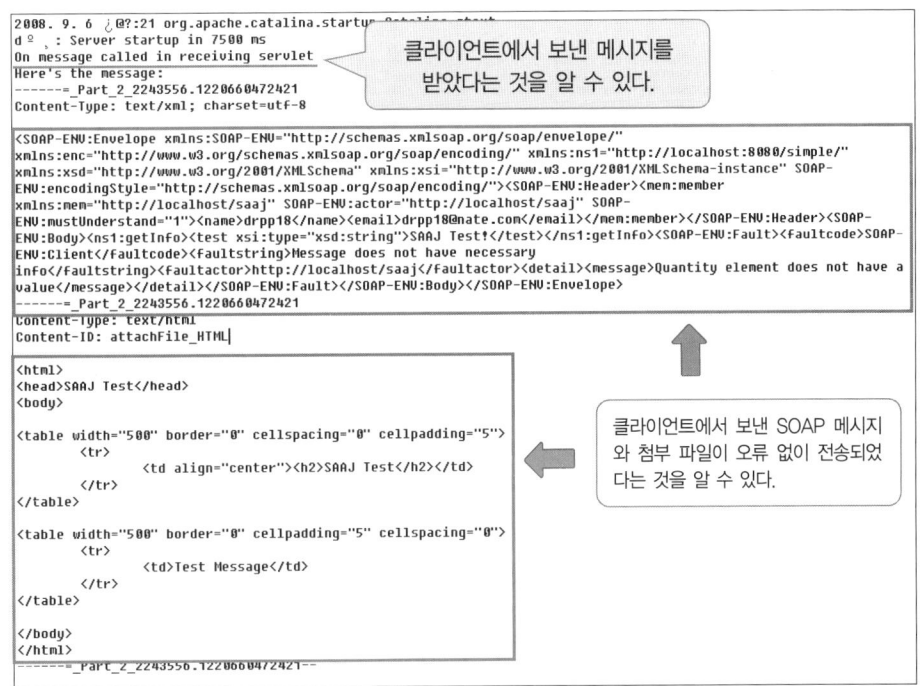

[그림 16-46] 원격 컴퓨터의 launcher.server.log 내용 확인

⟨tomcat50-jwsdp Home⟩은 JWSDP 2.0을 위해 설치한 톰캣 웹 컨테이너의 경로를 뜻한다. launcher.server.log는 이 톰캣 서버의 시스템 로그를 기록하는 파일이다. 위와 같이 클라이언트로부터 요청 받은 메시지가 오류 없이 받은 것을 알 수 있다.

05 다음은 클라이언트로부터의 접속 정보를 기록한 파일을 확인해 보자.

> http://192.168.10.99:8080/⟨tomcat50-jwsdp Home⟩/logs/ access_log.2008-09-06.txt

```
192.168.10.77 - - [06/Sep/2008:08:19:50 +0900] "POST /saaj-simple/receiver HTTP/1.1" 200 186
192.168.10.77 - - [06/Sep/2008:08:23:15 +0900] "POST /saaj-book/receiver HTTP/1.1" 200 1467
192.168.10.77 - - [06/Sep/2008:08:24:19 +0900] "POST /saaj-book/receiver HTTP/1.1" 200 1467
192.168.10.77 - - [06/Sep/2008:08:25:42 +0900] "POST /saaj-book/receiver HTTP/1.1" 200 1467
192.168.10.77 - - [06/Sep/2008:08:27:25 +0900] "POST /saaj-book/receiver HTTP/1.1" 200 1467
192.168.10.99 - - [06/Sep/2008:08:29:44 +0900] "GET /saaj-book/bookinfo.xml HTTP/1.1" 200 313
192.168.10.99 - - [06/Sep/2008:08:29:44 +0900] "GET /saaj-book/index.html HTTP/1.1" 200 231
192.168.10.99 - - [06/Sep/2008:08:29:44 +0900] "GET /saaj-book/index.html HTTP/1.1" 200 231
192.168.10.99 - - [06/Sep/2008:08:29:44 +0900] "GET /saaj-book/index.html HTTP/1.1" 200 231
192.168.10.99 - - [06/Sep/2008:08:29:44 +0900] "POST /saaj-book/receiver HTTP/1.1" 200 1032
192.168.10.77 - - [06/Sep/2008:08:29:44 +0900] "GET /saaj-book/sender HTTP/1.1" 200 97
192.168.10.77 - - [06/Sep/2008:08:30:08 +0900] "POST /saaj-book/receiver HTTP/1.1" 200 1467
192.168.10.77 - - [06/Sep/2008:08:35:20 +0900] "POST /saaj-book/receiver HTTP/1.1" 200 1467
127.0.0.1 - - [06/Sep/2008:08:38:24 +0900] "GET / HTTP/1.1" 200 3101
127.0.0.1 - - [06/Sep/2008:08:38:24 +0900] "GET /Components.js HTTP/1.1" 200 310
127.0.0.1 - - [06/Sep/2008:08:38:24 +0900] "GET /javaxml.gif HTTP/1.1" 200 3017
127.0.0.1 - - [06/Sep/2008:08:38:28 +0900] "GET /saaj-simple/ HTTP/1.1" 200 149
127.0.0.1 - - [06/Sep/2008:08:38:30 +0900] "GET /saaj-simple/index.html HTTP/1.1" 200 149
127.0.0.1 - - [06/Sep/2008:08:38:30 +0900] "GET /saaj-simple/index.html HTTP/1.1" 200 149
127.0.0.1 - - [06/Sep/2008:08:38:30 +0900] "GET /saaj-simple/index.html HTTP/1.1" 200 149
127.0.0.1 - - [06/Sep/2008:08:38:30 +0900] "POST /saaj-simple/receiver HTTP/1.1" 200 186
127.0.0.1 - - [06/Sep/2008:08:38:30 +0900] "GET /saaj-simple/sender HTTP/1.1" 200 97
127.0.0.1 - - [06/Sep/2008:08:39:02 +0900] "GET /saaj-book/ HTTP/1.1" 200 231
127.0.0.1 - - ... o.xml
127.0.0.1 - ... ml H
127.0.0.1 - ... ml H
127.0.0.1 - ... ml H
127.0.0.1 - ... r HT
127.0.0.1 - ... TTP/
127.0.0.1 - ... TTP/
127.0.0.1 - ... .xml
127.0.0.1 - - [06/Sep/2 ... :41:24 +0900] "GET /saaj-book/index.html HTTP/1.1" 200 2
127.0.0.1 - - [06/Sep/2 ... 08:41:24 +0900] "GET /saaj-book/index.html HTTP/1.1" 200 2
127.0.0.1 - - [06/Sep/2 ... :08:41:24 +0900] "GET /saaj-book/index.html HTTP/1.1" 200 2
127.0.0.1 - - [06/Sep/2008:08:41:24 +0900] "GET /saaj-book/sender HTTP/1.1" 200 97
127.0.0.1 - - [06/Sep/2008:08:41:24 +0900] "POST /saaj-book/receiver HTTP/1.1" 200 1032
192.168.10.77 - - [06/Sep/2008:09:07:30 +0900] "POST /saaj-book/receiver HTTP/1.1" 200 1467
```

클라이언트(192. 168. 10. 77)에서 접속해 /saaj-book/receiver 웹 서비스를 실행했음을 알 수 있다.

200이라는 메시지를 클라이언트와의 통신이 성공적으로 이루어졌다는 것을 뜻한다.

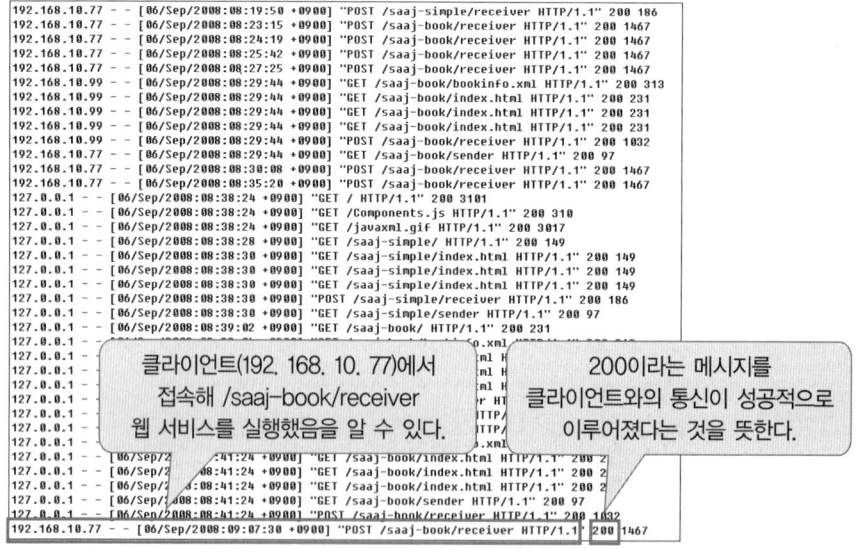

[그림 16-47] 원격 컴퓨터의 access_log.2008-09-06.txt 내용 확인

위 화면에서 보여지는 메시지와 같이, 192.168.10.77(클라이언트)에서 이 서버로 접속한 사실을 알 수 있다. 접속한 시간과 자세한 정보가 출력되고 오류 없이 통신이 되었다면 〈200〉이라는 메시지를 기록한다.

06 지금까지 클라이언트에서 요청한 메시지를 웹 서비스 서버에서 제대로 받았는지 확인해 보았다. 다음은 서버가 응답 메시지를 클라이언트로 다시 리턴한 결과를 확인해 보자.

```
http://localhost/〈Tomcat_Home〉/logs/stdout_20080906.log
```

```
On message called in receiving servlet
Here's the message:
------=_Part_2_2243556.1220660472421
Content-Type: text/xml; charset=utf-8

<SOAP-ENV:Envelope xmlns:SOAP-ENV="http://schemas.xmlsoap.org/soap/envelope/"
xmlns:enc="http://www.w3.org/schemas.xmlsoap.org/soap/encoding/"
xmlns:ns1="http://localhost:8080/simple/" xmlns:xsd="http://www.w3.org/2001/XMLSchema"
xmlns:xsi="http://www.w3.org/2001/XMLSchema-instance" SOAP-
ENV:encodingStyle="http://schemas.xmlsoap.org/soap/encoding/"><SOAP-ENV:Header><mem:member
xmlns:mem="http://localhost/saaj" SOAP-ENV:actor="http://localhost/saaj" SOAP-
ENV:mustUnderstand="1"><name>drpp18</name><email>drpp18@nate.com</email></mem:member></SOAP-
ENV:Header><SOAP-ENV:Body><ns1:getInfo><test xsi:type="xsd:string">SAAJ Test!</test></ns1:getInfo><SOAP
-ENV:Fault><faultcode>SOAP-ENV:Client</faultcode><faultstring>Message does not have necessary
info</faultstring><faultactor>http://localhost/saaj</faultactor><detail><message>Quantity element does
not have a value</message></detail></SOAP-ENV:Fault></SOAP-ENV:Body></SOAP-ENV:Envelope>
------=_Part_2_2243556.1220660472421
Content-Type: text/html
Content-ID: attachFile_HTML

<html>
<head>SAAJ Test</head>
<body>

<table width="500" border="0" cellspacing="0" cellpadding="5">
        <tr>
                <td align="center"><h2>SAAJ Test</h2></td>
        </tr>
</table>

<table width="500" border="0" cellpadding="5" cellspacing="0">
        <tr>
                <td>Test Message</td>
        </tr>
</table>

</body>
</html>
------=_Part_2_2243556.1220660472421--
```

서버에서 받은 응답 메시지의 내용이다. SOAP 메시지와 첨부 파일의 내용이 오류 없이 전달되었음을 알 수 있다.

[그림 16-48] 로컬 컴퓨터의 stdout 로그 파일 확인

서버에서 보낸 응답 메시지를 받아 시스템 로그에 출력한다. 요청 메시지와 같은 결과가 리턴된 것을 확인할 수 있고, 이는 메시지가 제대로 서버에 전달되었다는 것을 의미한다. 또한 응답 메시지로 받은 내용을 saajReceive.msg 파일을 생성해 기록하고 이 파일에서도 응답 메시지를 확인할 수 있다.

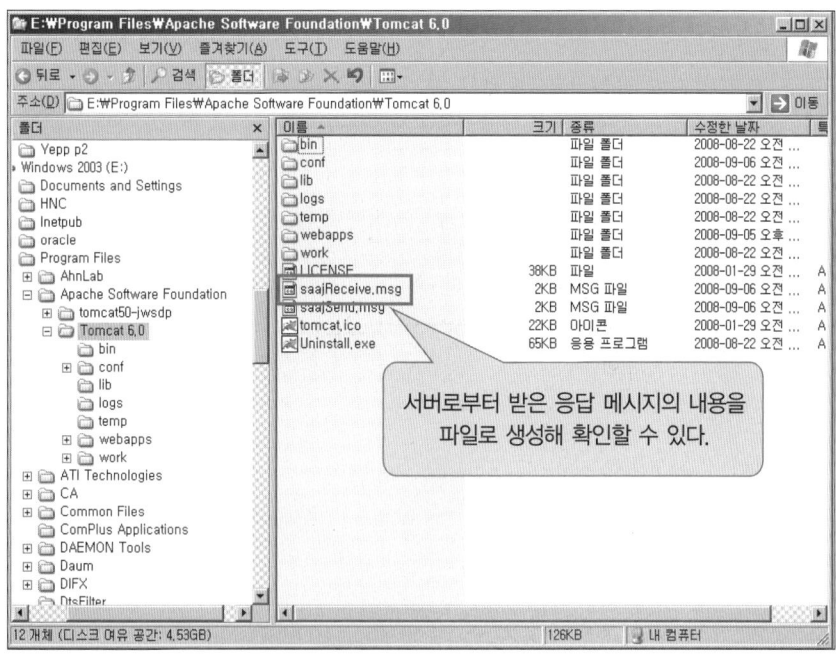

[그림 16-49] saajReceive.msg 파일 생성 확인

[그림 16-50] saajReceive.msg 파일의 내용 확인

지금까지 살펴본 바와 같이 SAAJ를 이용해 코드를 작성하면 SOAP 메시지로 변환해 웹 서비스 서버에 보낸다. 서버에서도 메시지가 제대로 전송이 되었는지 여러 가지 로그 파일을 통해서 이를 확인할 수 있었다.

현재 코드는 SAAJ 코드를 이용해 메시지를 보내는 방법에 대해 중점을 두고 알아보았다. 하지만 보다 유연하고 기능적인 프로그램을 개발하려면 JWSDP 2.0 프로그램을 이용해 웹 서비스를 직접 만들어 보는 것이 좋은 방법이 될 것이다.

INDEX

찾아보기

INDEX

693

찾아보기